U0363806

江苏省金陵科技著作出版基金
江苏高校优势学科建设工程资助项目（PAPD）

# 观赏鹅耳枥

祝遵凌 著

江苏凤凰科学技术出版社 · 南京

**图书在版编目（CIP）数据**

观赏鹅耳枥 / 祝遵凌著. -- 南京：江苏凤凰科学技术出版社，2024. 12

ISBN 978－7－5713－3963－0

Ⅰ. ①观… Ⅱ. ①祝… Ⅲ. ①鹅耳枥属—研究 Ⅳ. ①Q949. 736. 2

中国国家版本馆 CIP 数据核字（2024）第 015813 号

**观赏鹅耳枥**

| | |
|---|---|
| **著　　者** | 祝遵凌 |
| **策划编辑** | 张小平 |
| **责任编辑** | 张小平　韩沛华 |
| **责任校对** | 仲　敏 |
| **责任监制** | 刘文洋 |
| **责任设计** | 孙达铭 |
| **出版发行** | 江苏凤凰科学技术出版社 |
| **出版社地址** | 南京市湖南路 1 号 A 楼，邮编：210009 |
| **编读信箱** | skkjzx@ 163. com |
| **照　　排** | 江苏凤凰制版有限公司 |
| **印　　刷** | 江苏凤凰通达印刷有限公司 |
| **开　　本** | 787mm×1092mm　1/16 |
| **印　　张** | 27. 5 |
| **插　　页** | 4 |
| **字　　数** | 500 000 |
| **版　　次** | 2024 年 12 月第 1 版 |
| **印　　次** | 2024 年 12 月第 1 次印刷 |
| **标准书号** | ISBN 978－7－5713－3963－0 |
| **定　　价** | 118. 00 元（精） |

图书如有印装质量问题，可随时向我社印务部调换。联系电话：025－83657629

# 致读者

社会主义的根本任务是发展生产力，而社会生产力的发展必须依靠科学技术。当今世界已进入新科技革命的时代，科学技术的进步已成为经济发展，社会进步和国家富强的决定因素，也是实现我国社会主义现代化的关键。

科技出版工作肩负着促进科技进步，推动科学技术转化为生产力的历史使命。为了更好地贯彻党中央提出的“把经济建设转到依靠科技进步和提高劳动者素质的轨道上来”的战略决策，进一步落实中共江苏省委，江苏省人民政府作出的“科教兴省”的决定，江苏凤凰科学技术出版社有限公司（原江苏科学技术出版社）于1988年倡议筹建江苏省科技著作出版基金。在江苏省人民政府、江苏省委宣传部、江苏省科学技术厅（原江苏省科学技术委员会）、江苏省新闻出版局负责同志和有关单位的大力支持下，经江苏省人民政府批准，由江苏省科学技术厅（原江苏省科学技术委员会）、凤凰出版传媒集团（原江苏省出版总社）和江苏凤凰科学技术出版社有限公司（原江苏科学技术出版社）共同筹集，于1990年正式建立了“江苏省金陵科技著作出版基金”，用于资助自然科学范围内符合条件的优秀科技著作的出版。

我们希望江苏省金陵科技著作出版基金的持续运作，能为优秀科技著作在江苏省及时出版创造条件，并通过出版工作这一平台，落实“科教兴省”战略，充分发挥科学技术作为第一生产力的作用，为全面建成更高水平的小康社会、为江苏的“两个率先”宏伟目标早日实现，促进科技出版事业的发展，促进经济社会的进步与繁荣做出贡献。建立出版基金是社会主义出版工作在改革发展中新的发展机制和新的模式，期待得到各方面的热情扶持，更希望通过多种途径不断扩大。我们也将在实践中不断总结经验，使基金工作逐步完善，让更多优秀科技著作的出版能得到基金的支持和帮助。这批获得江苏省金陵科技著作出版基金资助的科技著作，还得到了参加项目评审工作的专家、学者的大力支持。对他们的辛勤工作，在此一并表示衷心感谢！

江苏省金陵科技著作出版基金管理委员会

# 《观赏鹅耳枥》编委会

# 序

作为植物研究工作者，每去一个地方，我总会不自觉关注当地的植物，这是一种职业习惯，更是一种对植物的偏爱。

我曾多次去过欧洲，在公园、街道和居住区等地方常见欧洲鹅耳枥的身影，被用作行道树、绿篱或者孤植独赏。这种植物不仅自然树形优美，还具有极强的可塑性，尤其是秋季叶色金黄，给我留下了深刻的印象。心里也暗自思索，欧洲鹅耳枥是否可以“移民”到中国，来美化我们的城市？

缘分使然，大约是2006春季，我的学生祝遵凌访欧回国之后，告诉我想研究欧洲鹅耳枥，将其引入中国。我心中窃喜，这不就是师徒之间的共鸣吗？作为年轻人，能对植物保持有敏锐的洞察力，并进行科学研究，落地于实践，是一件难能可贵的好事。

随着我对欧洲鹅耳枥了解的深入，发现其不仅具有重要的观赏价值，在生态和经济价值方面也极为突出，是欧美景观和工业生产中不可替代的树种。同时，我还发现中国是鹅耳枥属植物的世界分布中心之一，具有丰富的种质资源，部分鹅耳枥用途多样、经济价值极高，但由于缺乏

相关的研究，其开发利用甚少。

始于国际视野，立足本土资源，探索鹅耳枥属植物资源的开发与利用价值，祝遵凌多次与我交流研究思路与进展，并坚信中国的鹅耳枥一定能走向世界舞台，这些应该是祝遵凌团队坚持多年研究鹅耳枥的缘由。

18 年来，祝遵凌及其团队与鹅耳枥共成长，他也从讲师一步一个脚印成长为二级教授。团队聚焦观赏鹅耳枥，承担了国家自然科学基金、国家林业局“948”项目、林草科技成果国家级推广计划、江苏省科技支撑计划和企业合作等多项课题，围绕观赏鹅耳枥的种质资源、生物学特性、引种适应性、抗逆性、栽培繁殖技术及产业化开发等方面进行了全面系统的研究，并取得了一系列研究成果，为观赏鹅耳枥的多用途开发、栽培与利用提供了扎实的基础，也获得了令人欣喜的科技奖励和荣誉。

今天，看到《观赏鹅耳枥》书稿，我很是欣慰。这本专著展现了祝遵凌教授团队近 20 年来对观赏鹅耳枥的研究成果，讲述了鹅耳枥在生态、经济与园林应用等方面的价值，是对观赏鹅耳枥综合研究的重要科学论著。本书内容丰富、结构严谨、图文并茂、可读性较强。该书的出版对研究鹅耳枥，宣传和推广鹅耳枥属植物资源的应用价值，挖掘鹅耳枥的应用潜力，有序开发利用鹅耳枥属植物资源，大有裨益。

借此作序之际，我还想赞扬祝遵凌教授研究小组，他们作为我科研团队的重要组成部分，多年来一直坚持把科研成果种在大地上，同时将科研、教学、服务社会和培养人才紧密结合，已培养 150 多名博士和硕士研究生，成果丰硕。期待祝遵凌教授，将“树木树人”精神继续传承创新，在新时代带领更多年轻人，躬耕田地，培育英才，在研究领域取得更多优异成绩。

曹福亮

2024 年 10 月

（曹福亮，南京林业大学教授，中国工程院院士）

# 前言

挖掘新优植物资源，科技创新应用，服务人类美好生活，是许多植物研究工作者的信念和愿景。2006年，本人参访欧洲多国，被当地广泛应用且观赏价值极高的欧洲鹅耳枥所触动，我国虽是鹅耳枥属植物的分布中心，但对鹅耳枥的研究与应用却相对较少。因此，回国后便带领团队，展开对欧洲鹅耳枥引种驯化、繁殖栽培和应用推广方面的研究，同时挖掘、研究并推广本土观赏鹅耳枥优秀种质资源。

多年来，团队依托国家林业局“948”项目“观赏欧洲鹅耳枥优良种质资源与园艺栽培技术引进”，江苏省科技支撑计划“观赏鹅耳枥良种选育”，林草科技成果国家级推广项目“观赏鹅耳枥扩繁及栽培技术示范推广”等多项省部级项目，以及企业横向项目的支持，投入600多万元，开展鹅耳枥系统研究。相关成果得到省部级科研部门的成果鉴定，获得梁希林业科技进步二等奖、江苏省高等学校科学技术研究成果奖二等奖等奖项；完成研究生学位论文20余篇，发表学术论文100余篇，授权发明专利10余项。通过对观赏鹅耳枥繁育技术的研究与推广，对企业进行苗木培育、种植的技术指导，不仅团队工作受到

了社会的广泛认可，观赏鹅耳枥作为优良的园林绿化树种，也备受苗木市场的青睐，成为园林绿化的新起之秀，应用潜力巨大。

在对观赏鹅耳枥植物的研究与探索过程中，我们的足迹遍布全国各地，以及欧洲的法国、瑞士、意大利、奥地利和大洋洲的新西兰等国家，积累了大量观赏鹅耳枥的珍贵素材。随着时间的推移和研究的逐步深入，我们越来越认识到，鹅耳枥是大自然馈赠人类的珍贵财富。鹅耳枥不仅姿态优美，而且全身是宝，需要我们不断探索，合理利用。

本书总结、提炼了团队在观赏鹅耳枥领域近20年的研究成果，展示了观赏鹅耳枥多角度的应用价值。全书共分为8个部分，包括：观赏鹅耳枥概述、生物学特性、引种适应性、抗性研究、无性繁殖研究、有性繁殖研究、栽植技术研究，以及观赏鹅耳枥叶提取物测定与生物活性研究。本书信息量大，内容丰富，是国内第一部全面、系统研究观赏鹅耳枥的专业指导书。

多年来，著者团队得到了国家林业和草原局、江苏省科技厅、南京林业大学，及相关企业的关心与支持，得到了恩师曹福亮院士的关心和指导。聚焦观赏鹅耳枥相关研究，团队培养了许园园、王飒、林庆梅、金纯子、周琦、汪坤、金建邦、钱燕萍、施曼、程龙霞、圣倩倩、火艳、吴驭帆、丁志彬、汪佳晴、何倩倩、赵儒楠等硕士和博士研究生，他们也为本书的成稿做出了基础性的研究工作，付出了辛勤的劳动，在此一并表示感谢！本书成稿之际，我还要特别感谢江苏紫藤园艺绿化工程有限公司原董事长徐惠群先生对鹅耳枥的研究和应用所做出的贡献。

观赏鹅耳枥种质资源丰富，有许多优良资源等待我们去挖掘、去探索。我们愿以此书抛砖引玉，与关心此行业的朋友们一道，为建设美丽的人居环境而共同努力！由于笔者水平有限，难免存在不足，不妥之处，恳请广大读者批评指正！

2024年10月

（祝遵凌，南京林业大学教授）

# 目录

# 第一章

# 观赏鹅耳枥概述

鹅耳枥属（*Carpinus*）隶属于桦木科（Betulaceae）榛亚科（Coryloideae），全属50余种。属内植物多为乔木或小乔木，少数为灌木，主要生长在温带森林的林缘或山谷杂木林中，有些耐干旱贫瘠的种类则生长于岩石山坡的灌丛中。其广泛分布于东亚、北美和欧洲，中国约有30余种，是鹅耳枥属植物的分布中心之一。

鹅耳枥属植物应用广泛，在园林观赏、材用及药用等方面都有十分重要的价值。其材质坚硬细密，可制造家具、农具和乐器等，也可用作建筑材料；多脉鹅耳枥（*C. polyneura*）与千金榆（*C. cordata*）的根皮可入药，是传统中药；欧洲鹅耳枥（*C. betulus*）叶片中的脱镁叶绿酸a和类黄酮等，为潜在的抗癌活性物质，具有一定的药用价值（Sheng et al.，2016）。此外，鹅耳枥属植物在水土保持和涵养水源等方面具有重要的生态意义（梁士楚，1992）。

我国对于鹅耳枥属植物的研究，在相当长的一段时间主要集中在系统分类、起源与演化、形态解剖和群落生态学等方面。笔者团队以鹅耳枥的观赏价值为主线，对鹅耳枥栽植、园林应用及产业开发等进行了深入研究，填补了相关领域的空白，由此，也产生了“观赏鹅耳枥”这一名词。植物无论是材用或是药用等，观赏价值通常是其基本属性之一，也是最受到关注的园林应用价值。观赏鹅耳枥，狭义理解是观赏价值较高、园林应用较多的一类鹅耳枥属植物；广义理解则是具有园林观赏潜质、能够作为人工栽培种质资源的所有鹅耳枥属植物。

# 1.1 观赏鹅耳枥的概况

## 1.1.1 鹅耳枥属的起源与散布

鹅耳枥叶片、果苞以及孢粉的化石在新生代地层中被广泛发现。对河北黄骅上新世孢粉组合研究表明，晚第三纪孢粉组合以落叶阔叶林植物为主，鹅耳枥便是其中的一种且被认为是从早第三纪保留下来的（李文漪 等，1981）。陈之端（1994）通过对化石资料的研究，指出鹅耳枥属在晚始新世（之前）起源于欧亚大陆。王荷生（1999）研究表明，至始新世中期、晚期，鹅耳枥就已经在北京地区生长，到中新世鹅耳枥在华北地区就已经广泛分布了。而中新世山东山旺植物群甚至鉴定出了 6 种鹅耳枥属植物（孙博 等，1992）。云南腾冲市上新统芒棒组发现的植物化石密脉鹅耳枥（*C. miofangiana*）具有鹅耳枥属的典型特征，其表皮细微结构特征与现生植物川黔千金榆（*C. fangiana*）非常相似（戴静 等，2009）。鹅耳枥属植物在地史时期主要生活于亚热带山地湿润气候或暖温带气候下。因此，鹅耳枥属植物大约起源于始新世的早期甚至更早。

对于鹅耳枥属植物如今在世界的分布格局，陈之端（1994）认为鹅耳枥属某些类型沿着古地中海的退缩路线向欧洲散布，接着通过北极陆桥，到达北美洲，而后散布到墨西哥湾。显然，陆桥在鹅耳枥属植物的散布过程中起到了巨大的作用。然而也有许多学者对陆桥学说提出了质疑，因此鹅耳枥属在世界的分布格局还需要进一步研究。

王文采（1992）认为，云贵和四川一带的山地为鹅耳枥属植物在中国的起源地。千金榆组是鹅耳枥属的原始类型，结合东亚植物区系的迁徙、中国种子植物分布类型及鹅耳枥属植物的现代分布格局，研究推测鹅耳枥属可能起源于我国的西南地区。随后向华中、华东散布，一些喜暖温带气候的类型向华北、东北散布，而喜热带及泛热带气候的类型向华南散布。晚第三纪及第四纪的气候动荡、造山运动及冰期、间冰期更替，可能加速了这一进程。

## 1.1.2 鹅耳枥属的分类与演化

陈之端等（1991）对桦木科叶表皮特征和花粉形态进行观察研究后提出，应将桦木科分为桦木族（Betuleae）、榛族（Coryleae）、鹅耳枥族（Carpineae），并将虎榛子属（*Ostryopsis*）从榛族中剔出后归入鹅耳枥族中。花粉的形态及解剖结构不容易随环境条件的变化而发生变异，在植物分类学中具有重要的地位。因此，将桦木科分为三族的观点更科学。化石资料的缺失以及各属之间过渡类型的灭绝，给桦木科植物属间的分类造成了许多困难。前人从木材解剖学、形态学、血清学等不同的层次和方面对鹅耳枥属与其他几属的系统关系进行了探讨和研究，得出的结论差异较大。陈之端等对叶片的解剖结构和花的形态及解剖结构的研究与利用分支分析研究均得出鹅耳枥属植物在桦木科中进化程度最高。

许多学者赞同根据花的苞片、果序和果序大小将鹅耳枥属分为千金榆组（Sect. *Distegocarpus*）和鹅耳枥组（Sect. *Carpinus*）的分类法。随着研究的深入，Jeon 等（2007）又从叶片化学成分方面来研究鹅耳枥属植物的系统学问题，最终把所研究的 8 种鹅耳枥分为两类，但未发现叶片中类黄酮物质与鹅耳枥属植物的分布格局有必然联系。

20 世纪 90 年代，我国植物学家陆续发现鹅耳枥属新种（刘克旺 等，1986；梁书宾 等，1991；易同培，1992），同时对鹅耳枥属植物的整理工作也在不断进行。将白皮鹅耳枥（*C. poilanei*）归并入短尾鹅耳枥（*C. londoniana*），大穗鹅耳枥（*C. fargesii*）并入雷公鹅耳枥（*C. viminea*）中（李沛琼 等，1979；胡先骕，1964）。川鄂鹅耳枥（*C. hupeana*）、遵义鹅耳枥（*C. tsunyihensis*）、松潘鹅耳枥（*C. sunpanensis*）、镰苞鹅耳枥（*C. falcatibracteata*）在《中国植物志》中均被下降至变种的地位（李沛琼 等，1979），而小叶鹅耳枥（*C. turczaninowii* var. *stipulate*）由变种提升为种（傅立国，2003；Li et al.，1999）。

由于生境的不同，鹅耳枥属植物的叶、果序、果苞会产生许多变异类型，在分布区的交叉地方过渡类型则更常见，甚至同一植株上的也有很大的不同，故给植物命名造成了很大的困难。因此，一方面要对全国的鹅耳枥属植物的标本进行研究，尤其对此属分布交叉区标本的详细鉴定；另一方面应结合细胞生物学、分子生物学研究其微观结构，以便为分类工作奠定基础。

## 1.2　观赏鹅耳枥的自然种群

我国鹅耳枥野生种质资源分布范围广，在辽宁南部、山西、河北、河南、山东、陕西、甘肃均有其分布。其生于海拔 500~2 000 m 的山坡或者山谷林中，山顶及贫瘠山坡同样可以生长，生态适应性极强（彩图 1-1）。从种质资源开发利用角度看，观赏鹅耳枥其实涵盖了鹅耳枥属植物的所有自然种群。

鹅耳枥属植物部分极具地域特征，如普陀鹅耳枥（*C. putoensis*）仅发现于浙江舟山（彩图 1-2），且全球仅此一棵，极其珍贵；天台鹅耳枥（*C. tientaiensis*）仅产于浙江（彩图 1-3）。具有地方特色的树种对于该地区来说，是一种象征，若应用得当，还会成为地方特色。

国内尚有不少待开发利用的观赏鹅耳枥野生资源。其中，雷公鹅耳枥作为属内广布

种，其树形高大通直，新生叶片为暗紫红色，叶形清新秀气，是不可多得的园林绿化潜力树种（彩图 1－4）。

欧洲鹅耳枥则广泛分布于欧洲、小亚细亚和伊朗（彩图 1－5 至彩图 1－7），在山地、河边均能见其自然分布种群，是欧洲主要经济和观赏树种之一，在园林应用中十分广泛。

## 1.3 观赏鹅耳枥的观赏价值

从狭义来讲，观赏鹅耳枥指的是鹅耳枥属植物中观赏价值较高且园林应用较多的一类树种，其枝叶浓密，株型多样，叶型秀丽，花序果穗奇特（彩图 1－8 至彩图 1－11），垂挂枝上，别有一番风趣，是城市绿化不可或缺的优良树种。大多数种类多分枝，极耐修剪，可以通过人工整形形成各种造型，用以丰富植物景观，如欧洲鹅耳枥（*C. betulus*）在早期的欧美花园中常修剪成绿篱（彩图 1－12 至彩图 1－15）。如今，其已广布欧美地区，做草坪中央的孤景树、道路两旁的行道树、街头绿地对植的入口景观树等，效果俱佳，极具欧美特色，已成为欧美植物景观中不可替代的绿化树种（彩图 1－16 至彩图 1－18）。

在我国，观赏鹅耳枥作为观赏树植于校园中（彩图 1－19），或作为彩色植物美化城市广场（彩图 1－20），或植于植物园中（彩图 1－21、彩图 1－22），别具一格。作为在我国分布广、种类多的树种，观赏鹅耳枥可孤植、对植、列植、群植于城市绿地系统中，不仅增加了我国特色树种的多样性，同时还丰富了植物景观的树种选择性。

### 1.3.1 观赏鹅耳枥的园林应用形式

#### 1.3.1.1 孤植

观赏鹅耳枥树冠饱满、细腻，果形奇特，秋色叶金黄，观赏性极强，在造景中可作为视线的中心点而独立栽植，突出显示它的个体美。种植时应选择开阔空旷的地点，如大片草坪上、花坛中心、道路交叉点、道路转折点、缓坡、平阔的湖岸池边等处（彩图 1－23、彩图 1－24）。配植时不能孤立地只注重观赏鹅耳枥本身，而必须考虑其与环境间的对比及烘托关系。

#### 1.3.1.2 对植

将不同造型的观赏鹅耳枥植株对植房屋和建筑前、广场入口、大门两侧，以及桥头两旁、道路两侧等（彩图 1－25），起衬托主景的作用，或形成配景、夹景，以增强透视的纵深感（Petrooshina，2003）。

#### 1.3.1.3 列植

观赏鹅耳枥树干直立、树冠开展、枝叶繁茂、抗性强、病虫害少，可广泛用于建筑、道路边沿、市区中心地带做行道树或景观树，行列栽植形成的景观整齐简洁，不仅可以提升周边的环境质量、降低噪声，还具有优美的观赏效果（彩图 1－26）。

#### 1.3.1.4 丛植

丛植时应把观赏鹅耳枥作为主调树，与其他树种搭配种植。既强调了主体景观有利于形成稳定的群落结构，又产生很好的景观效果（彩图 1－27）。这种方式可广泛用于公园绿化、风景区绿化、居住区绿化等，与低矮的花灌木、草本花卉形成绿树成林、繁花似锦的优美景观。亦可作为背景树栽植于草坪、绿地的边缘地带，形成绿色屏障，起到丰富景观层次、衬托前景植物的作用（彩图 1－28）。

#### 1.3.1.5 林植

观赏鹅耳枥具有良好的抗性，可作为高速公路、工矿区、河道的防护林带，城市外围的绿化带及风景区的风景林带，有降低风速、阻滞尘埃、抗击污染等作用（彩图 1－29）。

#### 1.3.1.6 绿篱及绿墙

观赏鹅耳枥适合修剪成中篱、高篱或绿墙（彩图 1－30、彩图 1－31）。适合种植在公园、草坪边缘、围墙、池塘边、高速公路两岸的防护林带和中央隔离带及小区的绿化林带等，具有分隔空间、滞尘、降噪、挡风等作用。欧洲鹅耳枥的绿篱造型可分为规则式和非规则式绿篱。规则式绿篱有规整的轮廓，修剪得整齐而简洁，给定空间轮廓鲜明的分界线，能够控制参观者的游览路线。非规则式绿篱富于变化（Croxton et al.，2004），将欧洲鹅耳枥与其他植物混栽在一起，可以形成色彩丰富、多观赏角度的绿篱。

#### 1.3.1.7 盆景

在我国，观赏鹅耳枥多以盆景的姿态出现在大众的面前（彩图 1－32、彩图 1－33）。在众多观赏鹅耳枥中，鹅耳枥是制作盆景的主要材料，人工培育的样式丰富多彩，尤其是制作枯干式盆景，具有古朴沧桑、蓬勃向上及残缺之美感。甚至连树桩也可制成盆景，形象逼真，生动活泼。

#### 1.3.1.8 造型

观赏鹅耳枥株型密实，耐修剪，适合各种大型的造型（彩图 1－34）。通过对成行、成片的植株进行修剪，可以将其修剪形成高大、气派的绿色门廊或通道，还可以通过艺术造型将其修剪成各种立体造型或动物图案造型，可广泛用于各种城市绿化中。

### 1.3.2 观赏鹅耳枥造型艺术

植物造型的最初灵感来自草食动物对灌木的影响，动物对植物啃食，使之形成各种形状，从而引发了人们对观赏植物进行艺术造型（戴维·乔伊斯，2001）。欧洲鹅耳枥的艺术造型主要有自然式造型、几何造型、独干树造型、绿篱造型、编结和绑扎造型等。

#### 1.3.2.1 自然式造型

欧洲鹅耳枥的自然式造型（彩图 1－35），对树体不做太多的人为修剪，只对生长过程中扰乱生长平衡、破坏树形的徒长枝、内膛枝、并生枝、枯枝、病虫枝等进行修

剪，以维护树冠的匀称完整。

#### 1.3.2.2 几何造型

欧洲鹅耳枥株型饱满、密实，不仅可以修剪成简单的几何造型，也可以修剪形成复合式几何造型。由于欧洲鹅耳枥的木质会随着树龄的增长变得越来越硬，故修剪和造型要在早期进行（Zanabonia et al.，1989）。适于欧洲鹅耳枥的简单几何造型主要有锥形、塔形、立方形、柱形等（图 1－36）。复合几何造型就是将不同的几何造型进行组织，制作的难度远比简单几何造型大。这需要在前期对欧洲鹅耳枥进行轻度修剪以刺激植株生长得更加密实，再经几次修剪使之形成理想的造型。

#### 1.3.2.3 独干树造型

由于欧洲鹅耳枥的分支点较低，须将植株的下部枝条全部剪去，对其树冠进行修剪，使之形成各种各样的造型，常见的造型有球形、蘑菇形、锥形、柱形、方形等（图 1－37）。

#### 1.3.2.4 编结和绑扎造型

由于欧洲鹅耳枥的枝条柔软，可以将其编结和绑扎在一起，从而形成各种规整而又美丽的造型，如高干绿篱、绿廊、截顶树、屏障等。在园林中起到分割空间、场地、遮蔽视线、衬托景物、美化环境和防护的作用。借助一些辅助措施（如木棒、框架等），可以修剪成不同的形状，如拱形门、窗户、城墙等（彩图 1－38、彩图 1－39）。

### 1.3.3 观赏鹅耳枥景观配置

#### 1.3.3.1 季相变化设计与搭配

欧洲鹅耳枥秋季叶色变黄且经冬不落，与其他秋色叶树种结合可构成绚烂的秋景，同时要注重与不同季节代表植物的搭配（彩图 1－40、彩图 1－41）。如春季的垂丝海棠、碧桃，夏季的木槿、合欢，秋季的木芙蓉、乌桕，冬季的蜡梅、山茶等来营造丰富的四季景观。

#### 1.3.3.2 质地问题

欧洲鹅耳枥具有小的叶片、浓密的枝条，属于细质型的植物材料。欧洲鹅耳枥与不同细质型植物材料配置在一起，其本身的质感会在对比之中产生一些微妙的变化（彩图 1－42、彩图 1－43）。与粗质型的材料如无患子、广玉兰、枇杷、欧洲七叶树、梧桐配置在一起，可反衬它细腻的质感和悠然的风格；与细质型的植物材料如落羽杉、水杉、云南黄馨、水松等配置在一起可产生协调统一之感。

#### 1.3.3.3 体量的搭配

观赏鹅耳枥种类繁多，不同品种或同一品种的不同生长期在体量上都会存在很大的变化。在进行组合配置时，要注重视觉上的平衡。如希望吸引人眼球，有较强的视觉冲击力，可将体量较大的植株与体量小的植株搭配；或者希望形成一种均衡感，可将相似体量的搭配在一起（彩图 1－44、彩图 1－45）。

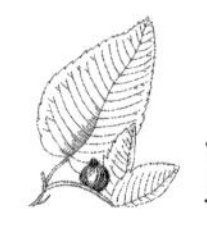

# 1.4 观赏鹅耳枥的产业利用

## 1.4.1 鹅耳枥茶

国内外研究发现，鹅耳枥含有丰富的生物活性物质，可用于茶饮品的制备。茶多酚和咖啡因含量和活性容易受到一些茶叶制作工艺条件的影响，通过调整一些茶叶制作工艺条件（如杀青温度和时间等）能在制备过程中较好地保留其活性成分。

摘取鹅耳枥一芽一叶，去除病虫害叶、黄叶和破损叶。将筛选后的鹅耳枥叶在275 ℃的条件下杀青2.5 min后，在25 ℃的条件下冷却23 min，得到冷却鹅耳枥叶；沿同一方向，以85 r/min的转速将冷却鹅耳枥叶揉捻20 min后，在100 ℃下干燥11 min，边干燥边以1 440 r/min的转速翻转鹅耳枥叶，干燥后过8目筛，得到鹅耳枥叶茶。制备得到的鹅耳枥叶茶中含有咖啡因和茶多酚等，活性成分含量高。

## 1.4.2 灵芝菌材与黑木耳耳树

灵芝栽培业是我国吉林东部多种经营项目中的主要产业，灵芝栽培业给栽培者带来可观的收入，给地方经济注入新的活力。为了提高产量，多年来人们栽培灵芝选用的一直是千金榆（图1-46）。

绝大部分树种都能生长黑木耳，但不同树种栽培效果不同。应因地制宜，通过栽培试验，选择资源丰富、产量高的树种做耳树。在辽宁东部，相较于其他树种，千金榆经济效益高，是常用的耳树。树体进入休眠阶段均可砍伐，一直可以进行到第二年根系活动前。这期间树体内营养物质较丰富，含水量相对较少。树皮与木质部结合紧密，砍浅后树皮不易脱落，有利于木耳生长发育。为了便于管理，一般架式栽培耳木长度1.2 m较好。卧式栽培耳木长度在1.5~2.0 m均可。耳木截段后要进行架晒以降低耳木内的含水量，并促进耳木内组织死亡。

## 1.4.3 木材加工

欧洲鹅耳枥木质细而匀，质硬、强度高、切面光滑，易于染色、磨光，且弯曲性能良好。其英文名字hornbeam的含义是牛角梁，表示像牛角一样坚硬。作为木材太短，所以只能用做一些精细的用途，比如小提琴的琴马、钢琴、箭杆箭头、风车齿轮、切菜砧板、细木工制品等。

### 1.4.4 生物医药与美容保健

鹅耳枥叶片中含有丰富的生物活性物质，在生物医药、保健食品、化妆品及美容等领域具有广阔的应用前景。欧洲鹅耳枥的脱镁叶绿酸 a 和黄酮类提取物对肿瘤细胞有较好的抑制效果，表明鹅耳枥具有研制抗肿瘤药物的潜力。昌化鹅耳枥叶提取物有抗炎作用。其提取物表现出有效的抗氧化、抗炎活性和抗皮肤衰老的能力，可被开发用以改善敏感皮肤。此外，昌化鹅耳枥叶提取物的组合物具有预防脱发、促进毛发生长的功效，具有较大的应用价值。

## 1.5 观赏鹅耳枥产业化展望

鹅耳枥属种质资源丰富，具有广阔的应用前景。现今对观赏鹅耳枥种质资源的保护力度不够，新品种选育工作有待开展。国内有关观赏鹅耳枥的应用极少，对观赏鹅耳枥的研究仍不够深入，仍有许多优良的野生种质有待发掘。为进一步保护与利用观赏鹅耳枥种质资源，可从以下几方面展开研究：

（1）开展观赏鹅耳枥植物分类研究及种质资源调查、保护与收集

我国鹅耳枥属植物的野生资源状况不明，其分类演化地位更有待深入探索。故应加强对已有标本的鉴定比较，并结合种质资源调查，开展鹅耳枥属植物分类演化与系统发育研究。利用现代分子生物学技术，研究世界鹅耳枥属植物的亲缘关系，为鹅耳枥属植物的系统分类以及起源与演化进一步提供理论基础。对一些处于濒危状态的种质资源，如普陀鹅耳枥、天台鹅耳枥等不仅要保护其生境，更要深入研究其濒危机制。

（2）加快鹅耳枥属植物引种驯化与新优品种培育研究

西方国家栽培欧洲鹅耳枥已有上百年的历史，选出圆柱状欧洲鹅耳枥、金字塔欧洲鹅耳枥、垂枝欧洲鹅耳枥等观赏价值较高的类型（嘉颖，2002）。我国上海、芜湖、南京等地近十年才开始引种栽培欧洲鹅耳枥，对其研究也仅限于造型应用、种子萌发等方面。我国是鹅耳枥属植物的分布中心之一，许多鹅耳枥资源处于野生状态，需要进一步开发利用。一方面要加速对国内鹅耳枥属植物的驯化选择，另一方面可以积极引进西方国家的优良资源。因此，园林工作者应加强引种工作，进行驯化育种，并通过长期的选育，选出能适合园林应用的植物种类，加快推进鹅耳枥属植物苗木的产业化进程。

（3）推广鹅耳枥属植物园林应用

欧洲鹅耳枥在欧洲的园林应用中历史非常悠久，应用形式也多种多样，从规则的绿篱到用作观赏的孤植树，形式多变灵活，是欧洲园林一道亮丽的风景线。而我国的鹅耳枥属植物除有少量的盆景应用外，在园林绿地中的应用还未见报道。故要加快我国鹅耳枥属植物的园林绿化应用，以便进一步美化城市景观、丰富城市的物种多样性。

(4) 推动观赏鹅耳枥产业化应用

推动观赏鹅耳枥产业化推广，研究木耳、灵芝林下仿野生栽培，通过栽培试验，选择资源丰富、产量高的鹅耳枥树种做木耳和灵芝耳树。深入挖掘观赏鹅耳枥生物活性物质，开发美容美妆产品，基于鹅耳枥叶片提取物开发化妆品以改善敏感皮肤，开发洗护产品。将园林植物繁育与产业化发展结合，开展木耳、灵芝高效栽培、美容美妆产品开发等产业研究，推动园林植物全产业链一体化发展。

# 第二章

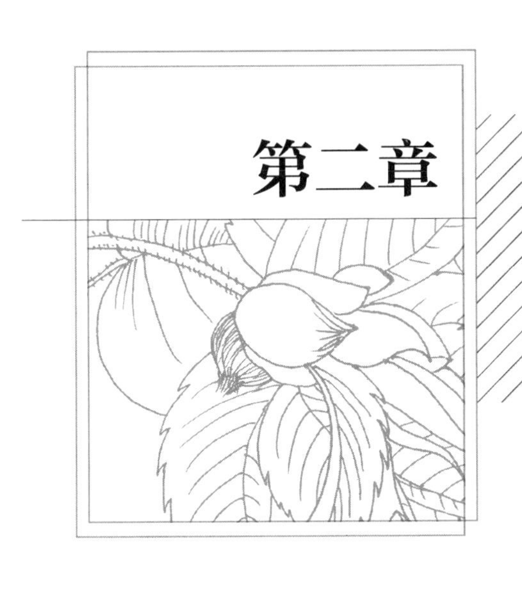

# 观赏鹅耳枥的生物学特性

植物的生物学特性，指的是植物在生长发育、繁殖过程中所表现出来的特点和有关性状，如种子萌发，根、茎、叶的生长，花、果发育等一系列的特性。观赏鹅耳枥植物的生长发育规律，除遗传因子外，还受周围环境影响，形成了其特有的生物学特性。尤其是在叶色方面，观赏鹅耳枥独特的叶色变化，使之成为园林著名的色叶植物。

本团队对观赏鹅耳枥营养器官及生殖器官的形态特征进行了观测，重点研究了花粉形态、种子生物学特征、叶色变化规律以及主要栽培因子对叶色变化的影响，为其良种繁育及园林观赏奠定理论基础。

# 2.1 观赏鹅耳枥的形态特征

## 2.1.1 营养器官

观赏鹅耳枥多为乔木或小乔木，稀灌木（彩图 2－1、彩图 2－2）；根系十分发达（彩图 2－3）；树皮暗灰褐色，粗糙，浅纵裂；枝细瘦，灰棕色，无毛（彩图 2－4）；小枝被短柔毛。树冠开展，株型密实，耐修剪且易造型（彩图 2－5、彩图 2－6）；芽顶端锐尖，具多数覆瓦状排列的芽鳞，多为紫红色（彩图 2－7）；单叶互生，具叶柄；叶缘具重锯齿或单齿，叶脉羽状，第三次脉与侧脉垂直（彩图 2－8 至彩图 2－14），托叶早落，稀宿存。

## 2.1.2 生殖器官

### 2.1.2.1 花与果的形态

观赏鹅耳枥植物花单性，雌雄同株，开放于春季。雄花序生于上一年枝上，苞鳞成覆瓦状排列，每苞鳞内有 1 朵雄花，无小苞片，雄花无花被；花丝短，顶端分叉；花药二室，药室分离，顶端有一簇毛。雌花序生于上部枝顶或腋生在短枝上，单生，直立或下垂；苞鳞成覆瓦状排列，每苞鳞内有 2 朵雌花；雌花基部具 1 枚苞片和 2 枚小苞片，三者在发育过程中近愈合（果时扩大成叶状，称果苞），具花被；花被与子房贴生，顶端具不规则的浅裂；子房下位，不完全二室，每室具 2 枚倒生胚珠，但其中一枚败育；花柱 2。叶状果苞，具裂片；小坚果着生于果苞基部，顶端有宿存花被，具数肋条；果皮不开裂，坚硬；具 1 种子，肉质（彩图 2－15 至彩图 2－19）（李沛琼 等，1979）。

观赏鹅耳枥花序、果序奇特，其特有的果苞，极具观赏价值（彩图 2－20 至彩图 2－22），深受人们喜爱。

### 2.1.2.2 花粉形态

花粉是植物特有的器官，是经过长期的演化从而形成的特定形态，通常如花粉形态、极性、外壁雕纹和萌发孔类型等这些特征由基因控制，还受内环境影响，不同种之间有特异性，是被子植物分类处理的一个重要理论支撑，不仅可以探讨物种起源及演化关系，还可用来辨别与鉴定植物种类，在植物遗传学与分类学方面应用广泛（额尔特曼，1962；王伏雄，1995；武海霞 等，2012）。

（1）供试材料

采集观赏鹅耳枥盛花期成熟的雄花序，自然晾干，收集花粉，进行其花粉形态的扫描电镜观察。具体供试材料信息见表 2－1。

**表 2－1　供试的 3 种观赏鹅耳枥植物的名称、采集地及生长情况**

| 名称 | 采集地 | 生长情况 |
|---|---|---|
| 鹅耳枥（*C. turczaninowii*） | 河南嵩县天池山国家森林公园 | 地径 22.5 cm；树高 12.5 m，树冠 5.4 m×6.5 m，生长旺盛，开花结实正常 |
| 欧洲鹅耳枥（*C. betulus*） | 南京林业大学 | 地径 11.8 cm；树高 3.8 m，树冠 2.1 m×2.8 m，生长旺盛，树龄 15 年左右 |
| *C. betulus*‘Fastigiata’ | 南京林业大学白马教学科研基地 | 地径 8.5 cm；树高 3.2 m，树冠 2.3 m×2.8 m，生长旺盛，苗龄 10 年左右 |

（2）花粉特征

供试的观赏鹅耳枥植物的花粉均为近球形，单粒花粉，极面观为近圆形，赤道面为近椭圆形。从花粉粒大小比较，*C. betulus*‘Fastigiata’的花粉粒相对较大，欧洲鹅耳枥次之，鹅耳枥最小。3 种观赏鹅耳枥植物花粉的极和远极形态结构基本相似，都为等极花粉。

3 种观赏鹅耳枥植物花粉极轴长度与赤轴长度的多重比较见表 2－2。花粉特征值比较结果显示，花粉极轴的长度为 22.600～30.884 μm，*C. betulus*‘Fastigiata’的最大，为 30.884 μm；其次是欧洲鹅耳枥，为 28.834 μm；最小的是鹅耳枥，为 22.600 μm，极显著小于其中种的极轴长度。观赏鹅耳枥植物花粉赤道轴长度为 21.269～30.001 μm，*C. betulus*‘Fastigiata’的最大，为 30.001 μm；其次是欧洲鹅耳枥，为 26.242 μm；鹅耳枥的最小，为 21.269 μm。*C. betulus*‘Fastigiata’为 3 种观赏鹅耳枥植物中花粉体积相对最大的，鹅耳枥为花粉体积相对最小的。

**表 2－2　3 种观赏鹅耳枥植物花粉特征值比较**

| 名称 | 极轴/μm | 赤道轴/μm | 极轴：赤道轴 | 大小（极轴×赤道轴）/μm | 花粉形态类型 |
|---|---|---|---|---|---|
| 鹅耳枥（*C. turczaninowii*） | 22.600 Cc | 21.269 Cc | 1.063 | 480.679 | 近球形 |
| 欧洲鹅耳枥（*C. betulus*） | 28.834 Aa | 26.242 Aa | 1.099 | 756.662 | 近球形 |
| *C. betulus*‘Fastigiata’ | 30.884 ABab | 30.001 Aa | 1.029 | 926.551 | 近球形 |

注：不同小写和大写字母分别表示不同处理之间在 0.05 和 0.01 水平存在显著性差异。余类同。

（3）萌发孔和外壁纹饰特征

根据萌发孔长轴与短轴之比，萌发孔可分为两大类：长：宽>2 的称为沟，又叫长的萌发孔；长：宽<2 的称为孔，又叫短的萌发孔（聂二保 等，2009）。3 种观赏鹅耳

枥植物花粉的萌发孔均为简单萌发孔，且孔的结构类似，形状都为椭圆形，萌发孔在花粉表面不同程度升高，有向外凸起的孔膜将孔的外壁部分覆盖住，花粉管可从孔中萌发出来。其中，欧洲鹅耳枥和 *C. betulus* ‘Fastigiata’ 萌发孔表面升高程度较其他种较低。

由表 2－3 可知，3 种观赏鹅耳枥植物花粉的萌发孔长度为 1. 494～2. 002 μm，*C. betulus* ‘Fastigiata’ 最大，为 2. 002 μm，其次是欧洲鹅耳枥，为 1. 774 μm，最小的是鹅耳枥，为 1. 494 μm。萌发孔的宽度为 1. 146～1. 618 μm，*C. betulus* ‘Fastigiata’ 的最大（1. 618 μm），其次是欧洲鹅耳枥（1. 358 μm），最小的是鹅耳枥（1. 146 μm）。由此得出，*C. betulus* ‘Fastigiata’ 和欧洲鹅耳枥的花粉萌发孔均较大，而鹅耳枥的花粉萌发孔却较小。

**表 2－3　3 种观赏鹅耳枥植物花粉萌发孔特征值比较**

| 名称 | 长度/μm | 宽度/μm | 长：宽 | 形态类型 |
|---|---|---|---|---|
| 鹅耳枥（*C. turczaninowii*） | 1. 494 ABab | 1. 146 ABab | 1. 304 | 椭圆 |
| 欧洲鹅耳枥（*C. betulus*） | 1. 774 Aa | 1. 358 Aa | 1. 306 | 椭圆 |
| *C. betulus* ‘Fastigiata’ | 2. 002 ABbc | 1. 618 ABabc | 1. 237 | 椭圆 |

3 种观赏鹅耳枥的花粉表面纹饰较为相似，大致呈微皱波状纹饰，有脊状突起，表面具颗粒。其中鹅耳枥表面颗粒分布相对来说较为密集。

#### 2.1.2.3　种子生物学特性

（1）种子特征

1）种子基本形态

欧洲鹅耳枥，小坚果，果期为 9—10 月。卵圆形，外部覆有呈 3 裂状的苞片，去除外部苞片，种皮风干后为褐色，具钝脊，坚硬。

成熟的欧洲鹅耳枥种子的大小存在较大差异，种子横径约为 5. 82 mm，纵径约为 5. 98 mm。用百粒法测得千粒重为 53. 2 g，变异系数为 3. 3%。

2）种皮结构

欧洲鹅耳枥种子由种皮和种胚 2 部分构成。风干后种皮呈褐色，种皮较为坚硬，由外种皮、中种皮及内种皮 3 层构成。外种皮由一层厚壁细胞组成，表面角质化，呈鳞片状，凹凸不平，厚约为 36. 8 μm，角质层细胞小而排列紧密，细胞壁加厚；中种皮由数层木栓化的厚壁细胞组成，透水性差，厚约为 0. 79 mm，中种皮两侧细胞排列极为致密，中部细胞排列较为疏松；内种皮膜质，由数层石细胞组成。欧洲鹅耳枥种皮的这种结构可能会阻碍种子的水分吸收和气体交换，在一定程度上给种子萌发带来困难。

3）种胚发育情况

欧洲鹅耳枥种子内部几乎完全被子叶所充满，子叶蜡白色、油质。新鲜欧洲鹅耳枥种子胚芽和胚根较小，且发育不完全，长度仅为整个胚的 1/5～1/4，位于中轴底部，为蜡白色，不易被观察到。

（2）种子的生活力

种子是遗传因素的载体之一，种子的质量在很大程度上决定了植株的生长发育和产量。而种子的生活力是种子萌发的生理基础，也是种子质量的重要指标之一。参考国家标准《林木种子检验规程》（GB 2772—1999）以及《种子四唑测定手册》，并根据欧洲鹅耳枥种子的特点，对欧洲鹅耳枥种子生活力测定（彩图 2－23）的判定采取以下标准：

有生活力种子：胚全部正常染色；胚根、胚轴正常染色，子叶小部分未染色。

无生活力种子：胚根、胚轴正常染色，子叶未染色；胚全部未染色。

根据以上标准，经四唑染色法测定欧洲鹅耳枥种子生活力结果表明，有生活力的种子为 79.25%，无生活力和腐坏粒种子分别为 9.75%和 11%（表 2－4）。表明供试的欧洲鹅耳枥种子具有较高的生活力。

**表 2－4　四唑染色法检验欧洲鹅耳枥种子的生活力**

| | 重复 1 | 重复 2 | 重复 3 | 重复 4 | 平均数 | 百分率/% |
|---|---|---|---|---|---|---|
| 有生活力种子 | 81 | 79 | 83 | 74 | 79.25 | 79.25 |
| 无生活力种子 | 10 | 9 | 7 | 13 | 9.75 | 9.75 |
| 腐坏种子 | 9 | 12 | 10 | 13 | 11 | 11 |

（3）小结

新鲜欧洲鹅耳枥种子为卵圆形坚果，风干后为褐色，具钝脊，坚硬。种子的大小存在较大差异，横径约为 5.82 mm，纵径约为 5.98 mm，千粒重测定结果为 53.2 g。种胚结构完整，种皮由外种皮、中种皮及内种皮构成，同时种皮角质化且细胞排列致密，可能阻碍了种子内部与外界的水气交换。

## 2.2　观赏鹅耳枥叶色变化研究

高等植物叶片中色素的种类与含量的不同直接导致了丰富多彩的叶色表现，而这种差异是植物的遗传因素与外部环境（包括自然环境因素、栽培因素）共同作用的结果。

目前国内园林应用的彩叶植物种类较少，急需引进和开发新的彩叶园林植物以丰富园林绿地景观，增加园林观赏植物的物种多样性。栽培过程中发现鹅耳枥红叶持续时间不长，仅为 1 个月左右，且有些植株出现未变色情况，这给我国彩叶资源造成浪费；欧洲鹅耳枥作为我国引进的彩叶树种，在我国的变色情况也较原产地差，未呈现应有的观赏效果。研究鹅耳枥、欧洲鹅耳枥叶片观赏期变色的生理学，解析鹅耳枥春季叶色变红、又返绿的过程，以及欧洲鹅耳枥等常见园艺品种秋季叶色变化的生理生化过程，探究主要栽培因子光照、温度对叶色变化的影响，探究如何保持叶片观赏效果的方法，并运用到栽培绿化中，对丰富我国彩叶植物资源有重要作用。

## 2.2.1 鹅耳枥春季叶色变化的生理学研究

### 2.2.1.1 材料与方法

试验在南京林业大学实验教学中心和园林实验室进行。供试鹅耳枥来自江西省，为2年生实生苗，试验选用生长健壮、长势一致的鹅耳枥实生苗，进行统一的肥水管理。

从2014年4月1日（植株完全展叶）至5月10日每隔10天取样1次，取鹅耳枥春季红叶植株为实验材料，叶片未变色的绿叶植株为对照，每次取样均在早晨9：30进行，选择扦插苗植株中部相同部位的叶片。每处理每次100张叶片，具体采样日期与叶片状况见彩图2－24、表2－5。

表2－5 试材情况一览表

| 取样日期及叶色变化 | | | | | |
|---|---|---|---|---|---|
| 植株类型 | 4月1日 | 4月10日 | 4月20日 | 4月30日 | 5月10日 |
| 红叶植株 | 深红色 | 深红、暗红 | 暗红色 | 逐渐褪色 | 返绿 |
| 绿叶植株 | 浅绿色 | 浅绿、鲜绿 | 鲜绿色 | 绿色 | 深绿色 |

### 2.2.1.2 鹅耳枥叶片叶绿素含量的变化

（1）红叶植株叶片的变化

由图2－1可知，春季叶片转色期，鹅耳枥红叶植株鲜叶的光合色素含量均呈现总体平稳的上升趋势。叶绿素a、叶绿素b与类胡萝卜素相对含量分别上升了40.58%、50.43%、31.96%；叶绿素总量变化趋势与叶绿素a较一致，上升了43.30%。这说明随着叶片发育成熟及光照和温度的增加，叶片中的光合色素含量呈上升趋势；叶绿素a占植物叶片中叶绿素总量的3/4，呈蓝绿色，是叶片呈现绿色的主要因素；叶绿素b含量较少且相对不稳定；红叶植株展叶后期，红叶逐渐变淡呈浅绿色，可能是因为叶绿素a含量比重增加导致的叶色变化。

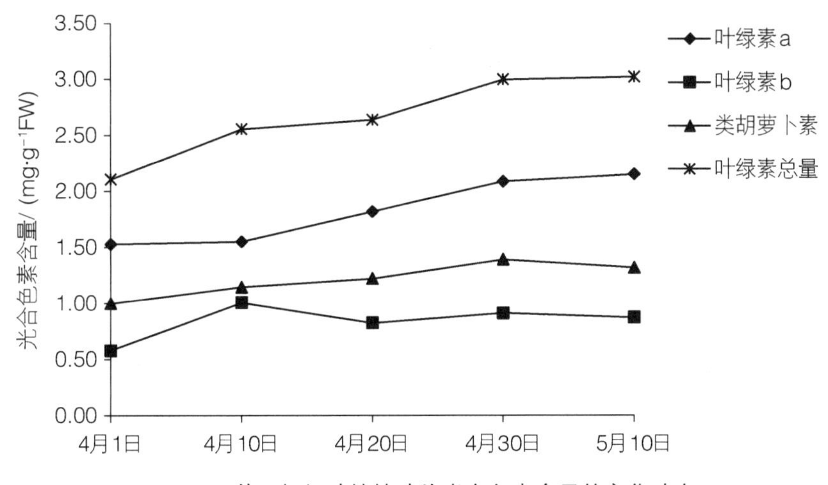


图2－1 鹅耳枥红叶植株叶片光合色素含量的变化动态

(2) 绿叶植株叶片的变化

由图2-2可知，与红叶植株相比，绿叶植株鲜叶的光合色素含量呈明显上升趋势。其中，叶绿素a与叶绿素总量的变化趋势较为一致，在4月20日前平稳上升，之后呈显著的上升趋势。绿叶植株叶片内叶绿素含量较高，随着叶片逐渐发育成熟，叶绿素积累速度加快，导致叶片呈色由浅绿向深绿转变。类胡萝卜素与叶绿素b上升趋势较为一致，呈现缓慢上升，相对增幅分别为110.74%和138.68%。

转色期绿叶植株叶片光合色素的增幅高于红叶植株，尤其是叶绿素a和叶绿素总量的相对含量高出红叶植株59.59%、62.26%，色素含量差异可能是叶片呈色不同的原因。

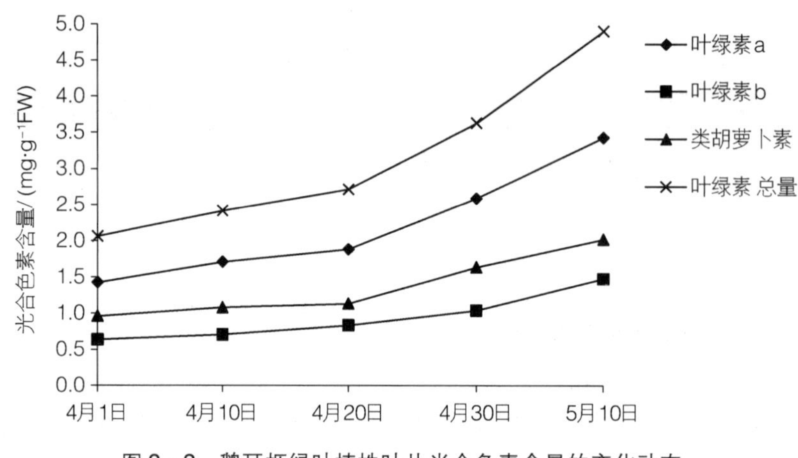


图2-2　鹅耳枥绿叶植株叶片光合色素含量的变化动态

#### 2.2.1.3　鹅耳枥叶片花色素苷相对含量的变化

花色素苷是一类酚类化合物，是植物体内的次生代谢物质，它在植物体内通常与糖结合为花色素苷，使植物叶片呈现彩色（Vaknin et al.，2005）。由图2-3可知，春季展叶初期（4月1—10日），鹅耳枥红叶植株的花色素苷相对含量非常高，为25.96~24.89 U·$g^{-1}$FW，原因可能是初春温度较低，昼夜温差大，这一时期花色素苷大量合成，导致叶片呈现深红色；展叶中期（4月10—30日），花色素苷合成缓慢，相对含量下降到9.99 U·$g^{-1}$FW，降幅为59.86%；至展叶后期（4月30日至5月10日），积累的花色素苷开始降解，相对含量下降到4.54 U·$g^{-1}$FW，降幅为54.55%，红叶植株花色素苷的含量变化是导致叶片转色的原因之一。相比而言，绿叶植株的花色素苷相对含量远小于红叶植株，呈缓慢上升后下降的趋势。展叶初期，绿色叶片花色素苷含量为11.77 U·$g^{-1}$FW，随后增加到12.43 U·$g^{-1}$FW，增幅为5.6%；展叶中后期，花色素苷含量下降至6.73 U·$g^{-1}$FW，降幅为45.86%。随着时间变化，如环境温度的增加，两种植株花色素苷含量均呈下降趋势，且绿叶植株降幅较小，红叶降幅显著。

研究发现，叶色表现是遗传因素和外部环境共同作用的结果，它与叶片细胞内色素的种类、相对含量以及在叶片中的分布有关（Richard et al.，2002）。因此推测，在外部

环境相同的条件下，两种植株叶片呈色差异的原因可能是由于内部的遗传因素不同，导致色素相对含量及分布不同，从而引起呈色的差异。

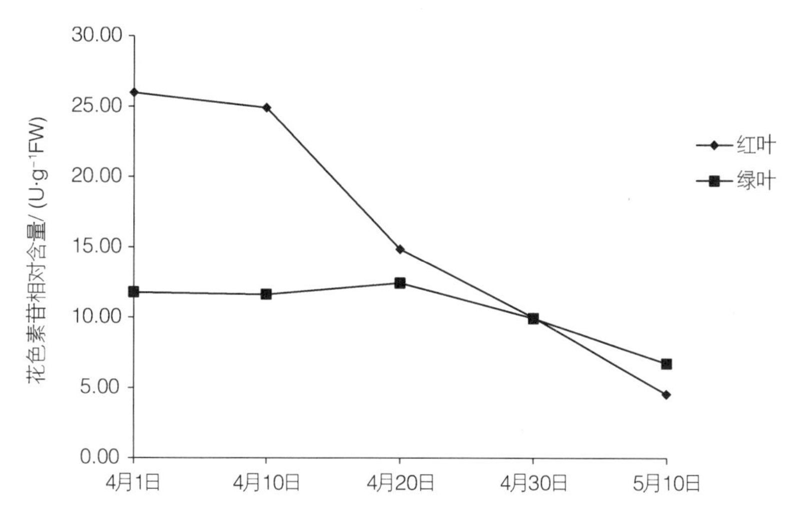


图2－3　2种叶色鹅耳枥植株转色期花色素苷相对含量的变化趋势比较

### 2.2.1.4　鹅耳枥叶片可溶性糖相对含量的变化

糖是花色素苷合成的前体物质，也是花色素苷分子结构的组分之一。在信号转导方面，糖作为信号分子通过调节花色素苷合成酶的基因表达调控其合成。由图2－4可知，春季展叶初期，鹅耳枥红叶植株可溶性糖含量呈较显著的下降趋势，降幅为42.31%，可能是因为这一时期花色素苷的大量合成消耗了较多的可溶性糖，导致其含量降低；展叶中期，随着花色素苷的合成渐缓并不断分解，可溶性糖相对含量又有所回升，增幅为35.56%。展叶前期，鹅耳枥绿叶植株可溶性糖含量呈平稳的下降趋势，降幅为17.67%；随后呈先上升后下降的变化趋势，但变化幅度均较小。

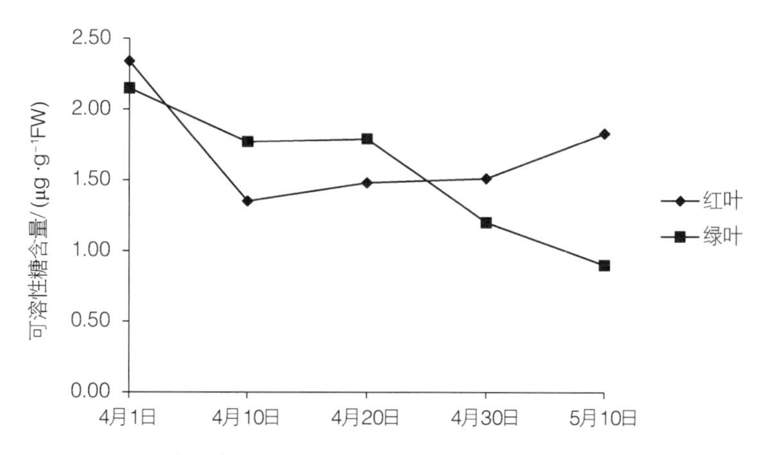


图2－4　2种叶色鹅耳枥植株转色期叶片可溶性糖相对含量的变化趋势

### 2.2.1.5　鹅耳枥叶片苯丙氨酸解氨酶活性变化

苯丙氨酸解氨酶（Phenylalanine ammonia-Lyase，PAL）是植物苯丙酸类代谢途径和花色素苷合成的第一个关键酶（洪丽，2008）。由图2－5可知，鹅耳枥红叶植株PAL活性呈下降趋势，展叶初期下降幅度较大，为43.73%；随后呈平稳的下降趋势，降幅为10.59%，叶片PAL活性的最大值与花色素苷相对含量出现最大值的时间一致，随着红叶转绿，两者含量均下降。这说明PAL与花色素苷可能有着相关关系，共同影响叶片呈色。鹅耳枥绿叶植株的PAL活性变化幅度很小，4月1日至5月10日仅下降了12.98%，这表明PAL对绿叶植株叶片呈色影响较小，可猜测PAL与叶绿素没有显著的相关关系。

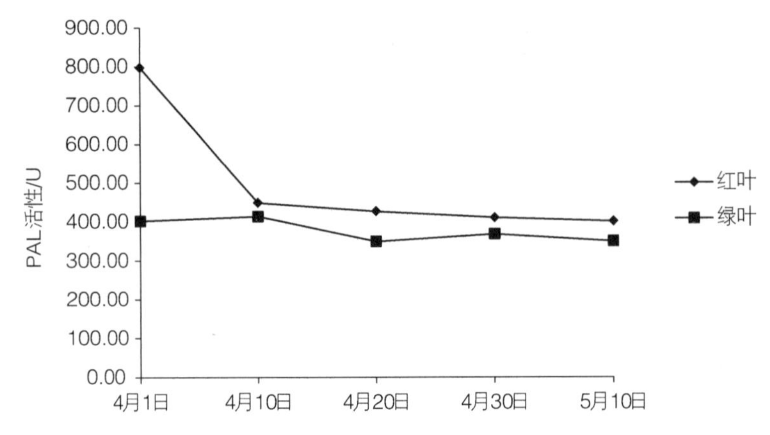


图2－5　2种叶色鹅耳枥植株转色期PAL活性的变化趋势比较

#### 2.2.1.6　鹅耳枥叶片过氧化物酶活性变化

过氧化物酶（POD）是植物体内一种重要的保护酶，POD参与酚类物质的形成，其活性大小影响花色素苷的合成（吴明江　等，1994）。由图2－6可知，展叶初期至中期（4月1—30日），鹅耳枥红叶植株的POD活性显著高于绿叶植株；展叶后期，随着红叶植株叶色逐渐返绿，两者POD活性大小趋于一致。整体来说，POD活性在红色叶片中最高，绿色叶片中最低，这与花色素苷含量的变化趋势一致。这表明POD活性可能影响叶片花色素苷的含量，POD活性越大，叶片花色素苷积累越多。

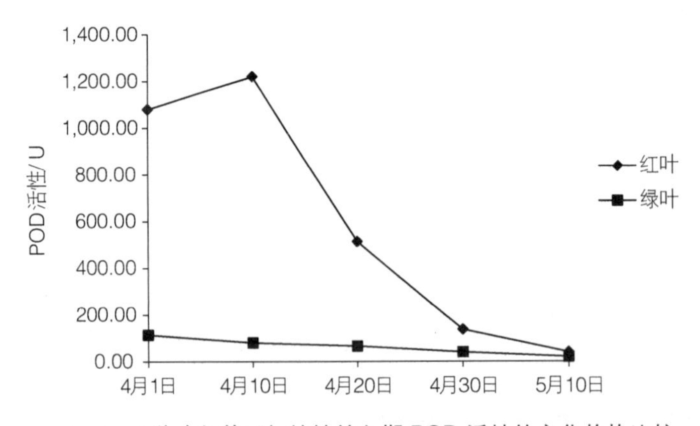


图2－6　2种叶色鹅耳枥植株转色期POD活性的变化趋势比较

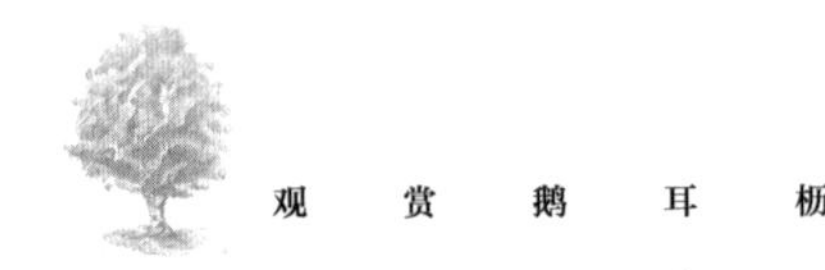

#### 2.2.1.7 鹅耳枥叶片各生理指标间的相关性分析

鹅耳枥红叶植株叶绿素 a 与花色素苷含量、POD 活性呈极显著的负相关，与可溶性糖、PAL 呈显著的负相关；叶绿素 b 与花色素苷、可溶性糖、PAL、POD 的相关性均不显著；叶绿素总量与花色素苷、PAL 呈极显著负相关，与可溶性糖、POD 呈并不显著的负相关性；花色素苷与可溶性糖、PAL 间相关性均不显著，但与 POD 呈极显著正相关（表 2－6）。以上结果表明：红叶植株的花色素苷含量随叶绿素含量的升高而降低，负相关性极显著；可溶性糖、PAL、POD 在一定程度上均促进花色素苷的合成，进而影响叶片呈色。

**表 2－6 鹅耳枥红叶植株各生理指标间的相关性**

| 指标 | 叶绿素 a | 叶绿素 b | 叶绿素总量 | 花色素苷 | 可溶性糖 | PAL | POD |
|---|---|---|---|---|---|---|---|
| 叶绿素 a | | | | | | | |
| 叶绿素 b | — | | | | | | |
| 叶绿素总量 | 0.912** | 0.674 | | | | | |
| 花色素苷 | -0.987** | 0.340 | -0.899** | | | | |
| 可溶性糖 | -0.800** | 0.247 | -0.746 | 0.701 | | | |
| PAL | -0.656 | -0.874** | -0.884** | 0.677 | — | | |
| POD | -0.988** | — | -0.852** | 0.981** | 0.745* | 0.591 | |

注：* 表示差异显著（$P<0.05$），** 表示差异极显著（$P<0.01$）。余类同。

鹅耳枥绿叶植株中叶绿素 a 与花色素苷含量、可溶性糖含量、POD 活性均呈极显著负相关，与 PAL 活性呈并不显著的负相关；叶绿素 b 与花色素苷含量、可溶性糖含量、POD 活性均呈显著的负相关，与 PAL 相关性不显著；叶绿素总量与花色素苷含量、PAL、POD 活性呈显著负相关，与可溶性糖含量呈极显著负相关性；花色素苷含量与可溶性糖含量呈显著相关，与 PAL、POD 活性呈显著正相关；可溶性糖与 POD 呈极显著正相关（表 2－7）。以上结果表明：绿叶植株的花色素苷、可溶性糖含量、POD 活性均随着叶绿素含量的升高而降低，相关性极显著；可溶性糖对花色素苷的合成有显著的促成作用，PAL、POD 均影响花色素苷的合成。

**表 2－7 鹅耳枥绿叶植株各生理指标间的相关性**

| 指标 | 叶绿素 a | 叶绿素 b | 叶绿素总量 | 花色素苷 | 可溶性糖 | PAL | POD |
|---|---|---|---|---|---|---|---|
| 叶绿素 a | | | | | | | |
| 叶绿素 b | — | | | | | | |
| 叶绿素总量 | 0.999** | 0.997** | | | | | |
| 花色素苷 | -0.945** | -0.948** | -0.945* | | | | |
| 可溶性糖 | -0.977** | -0.947** | -0.970** | 0.893** | | | |
| PAL | -0.678 | -0.706* | -0.693* | 0.462 | 0.621 | | |
| POD | -0.943** | -0.918* | -0.939* | 0.794* | 0.973** | 0.737* | |

## 2.2.2 欧洲鹅耳枥秋季叶色变化的生理学研究

以欧洲鹅耳枥原种（*C. betulus*）及3种常见园艺品种（*C. betulus*‘Albert Beekman’、*C. betulus*‘Frans Fontaine’、*C. betulus*‘Lucas’）为研究对象，主要研究光照因子对欧洲鹅耳枥秋季叶色变化的影响。光照、温度是影响鹅耳枥属植物叶色变化的最主要因子，其通过直接改变叶片中光合色素的比例影响叶色的表达，该研究通过对比不同光照强度下欧洲鹅耳枥转色期的叶色表现及相关生理变化，明确光照因子对欧洲鹅耳枥秋季叶色表达的作用，为以后的引种驯化及园林栽培提供一定的理论依据。

### 2.2.2.1 材料与方法

试验在南京林业大学实验教学中心和园林实验室进行。供试欧洲鹅耳枥原种及3种园艺品种均为三年生实生植株，试验选用生长健壮，长势、高度基本一致的欧洲鹅耳枥植株，进行统一的肥水管理。

2014年6月30日至9月30日，选用标准透光率为50%的黑色遮阴网对欧洲鹅耳枥4种实生植株进行遮阴处理，遮阴梯度为透光率100%（全光照）、透光率50%（一层遮阴网遮光）、25%（双层遮阴网遮光）3种处理，每种处理10盆植株，每处理重复3次，4个品种共120盆。为避免互相遮光，每盆植株的间隔为1 m。取样从遮阴处理后的20 d开始，即欧洲鹅耳枥常规变色期开始前后（10月20日），每隔10 d采样1次，至12月10日结束，每次取样均取树冠外围南面中上部位置基本一致的叶片进行叶色观测及生理指标的测定。

### 2.2.2.2 不同光照强度下欧洲鹅耳枥转色期的叶片观测分析

由观测结果（彩图2－25至彩图2－28，表2－8）可以看出，不同品种的欧洲鹅耳枥在同一处理水平下的变色情况基本一致，同一品种在不同处理水平下变色差异较显著，表现为：自然全光下（CK）的变色时间较早，由10月底开始至11月初，变色程度随时间不断加深，呈橙黄色，因此CK下的最佳观赏期为11月中旬以后至12月中旬左右；W1为50%透光率（中度遮阴）下的变色情况，相比CK，变色时间较缓慢，变色程度较浅，12月10日仍呈现暗黄色，但变色程度不断加深，因此50%透光率下的欧洲鹅耳枥观赏效果最佳时期应为12月中上旬以后，较CK推迟10天左右；W2为25%透光率（重度遮阴）下的变色情况，相比CK、W1，原种、‘Albert Beekman’、‘Lucas’的变色不明显，12月10日颜色呈现暗黄绿色，观赏效果较差，且叶片开始呈现焦枯的状态，已失去了原有的观赏效果。‘Frans Fontaine’在全光照及50%遮阴下均呈现明显的变色，50%遮阴下的叶色鲜艳程度低于对照，叶色呈现淡黄色，有一定观赏价值；25%透光率下呈暗黄绿色。这表明遮阴程度的不同会导致欧洲鹅耳枥各品种变色情况呈现差异，遮阴程度越高，变色效果越差，变色时间越长。重度遮阴下甚至出现不变色的情况，使秋叶失去其观赏价值。这说明光照因子可能直接影响欧洲鹅耳枥的叶色变化。

表 2－8　不同品种、不同处理水平下的欧洲鹅耳枥秋季叶色变化情况

| 品种 | 处理水平 | 叶色变化调查时间及变化情况 | | | | | |
|---|---|---|---|---|---|---|---|
| | | 20 d（10 月 20 日） | 30 d（10 月 30 日） | 40 d（11 月 10 日） | 50 d（11 月 20 日） | 60 d（11 月 30 日） | 70 d（12 月 10 日） |
| 原种 | CK | 鲜绿色 | 绿色 | 暗黄绿色 | 叶面 40%已变黄 | 暗橙黄色 | 橙黄色、变色明显 |
| | W1 | 深绿色 | 鲜绿色 | 绿色、叶缘泛黄 | 退绿、叶面 3%变黄 | 退绿，叶面 10%变黄 | 暗橙黄色、变色未完全 |
| | W2 | 深绿色 | 深绿色 | 暗绿色 | 暗黄绿色 | 仍未退绿 | 退绿、叶面呈暗黄绿色 |
| ‘Albert Beekman’ | CK | 鲜绿色 | 绿色 | 浅黄绿色 | 黄绿色、黄色加深 | 黄色 | 橙黄色、变色明显 |
| | W1 | 深绿色 | 鲜绿色 | 鲜绿色 | 退绿、浅黄绿色 | 逐渐退绿、叶面60%变黄 | 暗黄色、变色效果不及 CK |
| | W2 | 深绿色 | 绿色 | 绿色 | 暗绿色 | 暗绿、有些许退绿 | 退绿面积增大，未变黄 |
| ‘Frans Fontaine’ | CK | 鲜绿色 | 10%退绿 | 40%～50%退绿 | 叶面呈浅黄绿色、浅黄色 | 暗橙黄色、变色未完全 | 橙黄色、变色明显 |
| | W1 | 鲜绿色 | 鲜绿色 | 暗黄绿色 | 暗黄绿色、黄色加深 | 浅黄绿色 | 浅黄色、颜色较 CK 浅 |
| | W2 | 深绿色 | 深绿色 | 5%～10%退绿 | 暗黄绿色、黄色不明显 | 黄绿色 | 浅黄绿色、浅黄色明显 |
| ‘Lucas’ | CK | 深绿色 | 鲜绿色 | 暗黄绿色 | 浅黄绿色 | 暗橙黄色 | 橙黄色 |
| | W1 | 深绿色 | 鲜绿色 | 暗绿色 | 暗黄绿色 | 60%浅黄绿色 | 浅黄绿色 |
| | W2 | 深绿色 | 鲜绿色 | 暗绿色 | 暗黄绿色、黄色不明显 | 40%暗黄绿色 | 暗黄绿色、变色不明显 |

#### 2.2.2.3　光照对欧洲鹅耳枥叶片光合色素的影响

（1）光照对 *C. betulus* 光合色素含量的影响

由图 2－7 和图 2－8 可知，原种欧洲鹅耳枥叶绿素 a 和叶绿素 b 的含量在不同光照强度下变化趋势存在差异，表现为：重度遮阴（W2）下的叶绿素 a 含量呈小幅下降，叶绿素 b 呈小幅上升趋势；叶绿素 a 含量降幅仅为 33.35%；叶绿素 b 含量增幅为 32.18%，两者变化趋势较为缓慢。这表明重度遮阴下的叶绿素含量变化并不明显，而观测结果显示处理 20 d（10 月 20 日）至处理 70 d（12 月 10 日）时叶色变化程度不高，

两者呈现结果一致。中度遮阴（W1）下的叶绿素 a 含量在处理前期呈较快地下降趋势，到处理 50 d 时达到最小值，降幅为 65.45%，随后叶绿素 a 含量维持在平均 1.069 $mg \cdot g^{-1}$ 的较低水平。叶绿素 b 的含量在整个处理期呈不明显的下降趋势，降幅为 22.39%。全光照（CK）下的叶绿素 a 含量变化幅度很大，总体呈快速下降趋势，在处理前期降幅达到 42.63%，随后仍不断下降，降幅达 57.52%。叶绿素 b 含量呈先增长后下降的变化趋势，增长幅度为 54.34%，于处理 40 d 后下降，降幅为 57.52%。

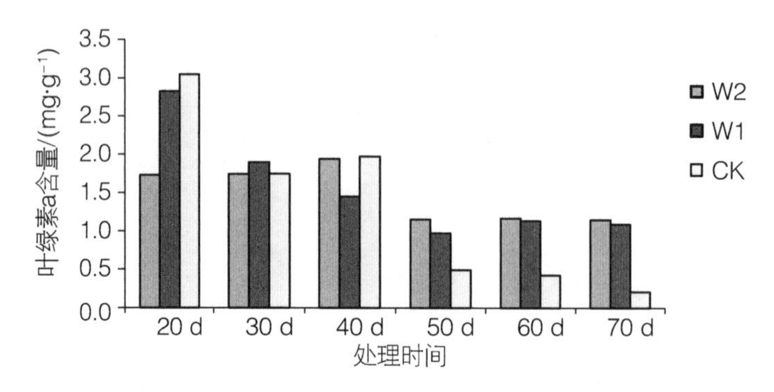


图 2－7　不同光照强度下 *C. betulus* 叶片中叶绿素 a 随处理时间的变化

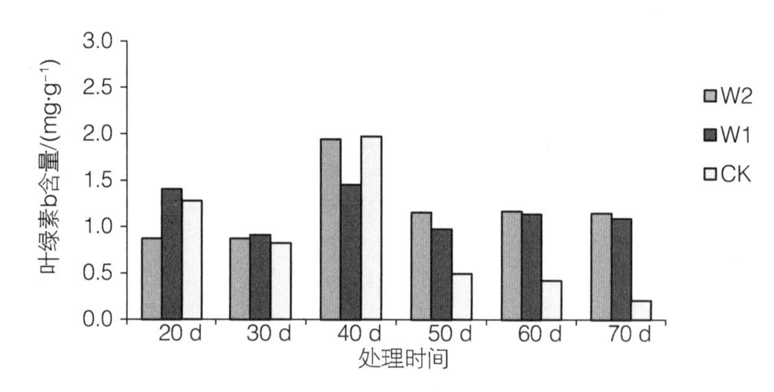


图 2－8　不同光照强度下 *C. betulus* 叶片中叶绿素 b 随处理时间的变化

综上可知，叶绿素 a 与叶绿素 b 含量在处理前期（处理 40 d 之前）表现为 CK>W1>W2，且变化幅度也表现为 CK>W1>W2，处理后期（处理 50 d 后）表现为 W2>W1>CK，变化幅度表现为 CK>W1>W2。这说明全光照下的叶绿素 a、叶绿素 b 含量变化幅度最大，处理前期含量高于其他处理，处理后期明显低于其他处理，表明全光照下的叶色变化最明显。

由图 2－9 和图 2－10 可知，在不同光照强度下叶绿素总量（叶绿素 a+b）的变化趋势与叶绿素 a 相似，这是因为叶片中叶绿素 a 含量占叶绿素总量比例远高于叶绿素 b。CK 和 W1 的叶绿素总量在处理前期含量均最高，后逐渐下降，降幅分别为 34.91%、50.03%，处理 40 d 后 CK 的叶绿素总量呈大幅度下降趋势，降幅达到 73.25%，W1 呈缓慢的变化趋势，降幅仅为 39%。W2 叶绿素总量变化趋势最平稳，总体降幅为 36%，且含量维持在 2.128 $mg \cdot g^{-1}$ 的水平。

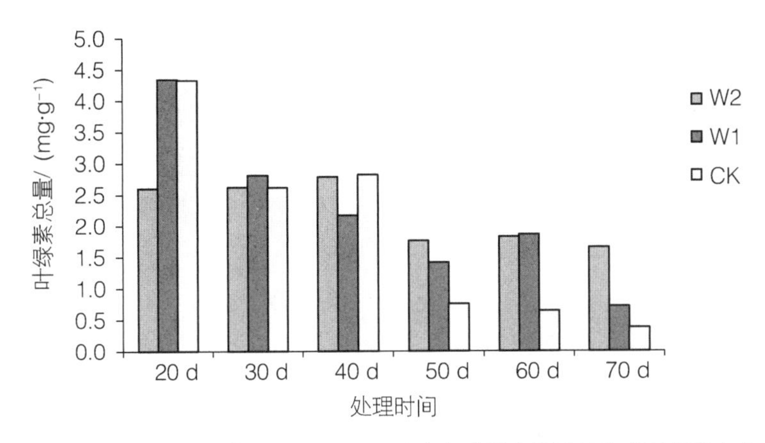


图 2-9　不同光照强度下 *C. betulus* 叶片中叶绿素总量随处理时间的变化

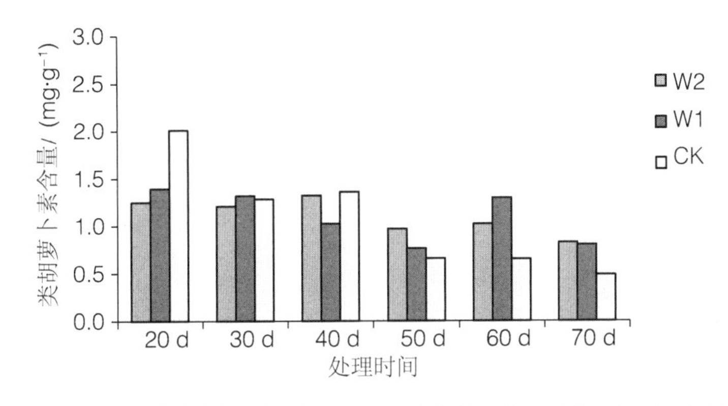


图 2-10　不同光照强度下 *C. betulus* 叶片中类胡萝卜素随处理时间的变化

处理前期，叶片中类胡萝卜素的含量明显低于叶绿素总量，但总体变化趋势平稳，随着处理时间的变化，处理 50 d 后 CK 组的类胡萝卜素总量开始超过叶绿素总量，而观测结果显示 11 月 20 日（处理 50 d）时 CK 组的原种欧洲鹅耳枥呈现叶色完全变黄的现象，处理 60 d 后 W1 组的类胡萝卜素总量开始超过叶绿素总量，而观测结果显示 11 月 20 日（处理 50 d）时 W1 组则叶色变黄，整个处理过程 W2 组的类胡萝卜素含量低于其他处理，且低于叶绿素总量，因此重度遮阴下的原种叶片并未变色，仅是表现出叶片绿色转淡的现象，处理前期全光照下叶片叶绿素含量最高，W1 组次之，W2 组含量最少，随着遮阴时间的增加，CK 组叶片的叶绿素含量下降速度很快，而 W2 组的叶绿素含量变化不明显，这表明随着处理时间的延长，全光照下的叶片叶绿素分解最快，重度遮阴次之，而低光照强度下叶绿素分解较慢，甚至有少量累积。这表明秋季变色期，光照条件越强，越有利于叶片中叶绿素的分解，导致类胡萝卜素占比增加，引起 *C. betulus* 的叶色变化。

（2）光照对 *C. betulus*‘Albert Beekman’光合色素含量的影响

由图 2-11 和图 2-12 可知，不同的光照强度下品种‘Albert Beekman’叶片叶绿素 a、叶绿素 b 含量的变化与原种不同，表现在：处理前期，W1 组叶绿素 a、叶绿素 b 含量最高，且随着遮阴时间的延长叶绿素含量变化趋势不明显，降幅分别为 23.97%、27.95%；处理后期叶绿素 a、叶绿素 b 下降较快，降幅分别为 43.81%、43.54%；W2 组叶绿素 a、叶绿素 b 含量次之，且随着遮阴时间的延长叶绿素含量变化趋势不明显，降幅分别为 39.48%、33.48%；CK 组叶绿素 a、叶绿素 b 含量与 W2 组差异不大，但随着遮阴时间的延长，降幅达到 80.4%、79.51%。

综上可知，叶绿素 a 与叶绿素 b 含量在处理前期表现为 W1>W2>CK，且变化幅度表现为 CK>W2>W1，处理后期表现为 W2>W1>CK，变化幅度表现为 CK>W1>W2。这说明与原种不同，'Albert Beekman' 在中度遮阴下叶绿素 a、叶绿素 b 的积累量最高，重度遮阴和全光照下叶绿素积累量差别较小，但全光照下处理后期叶绿素 a、叶绿素 b 降幅最大，这表明中度遮阴可能是 'Albert Beekman' 叶片叶绿素前期积累的最佳光照条件，另一方面叶绿素的积累则不利于其在秋季的叶色变化。

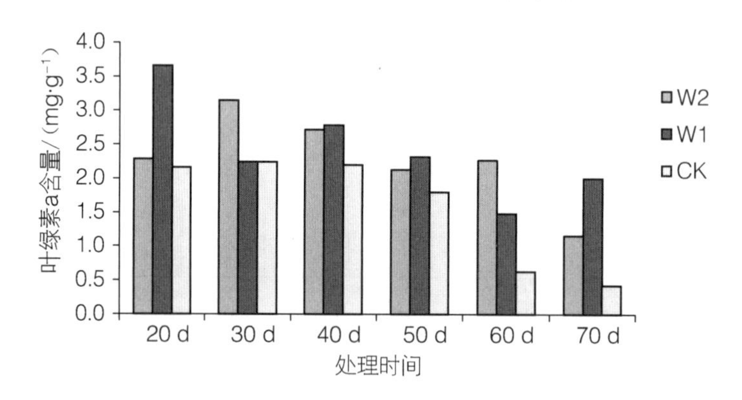


图 2－11　不同光照强度下 'Albert Beekman' 叶片中叶绿素 a 随处理时间的变化

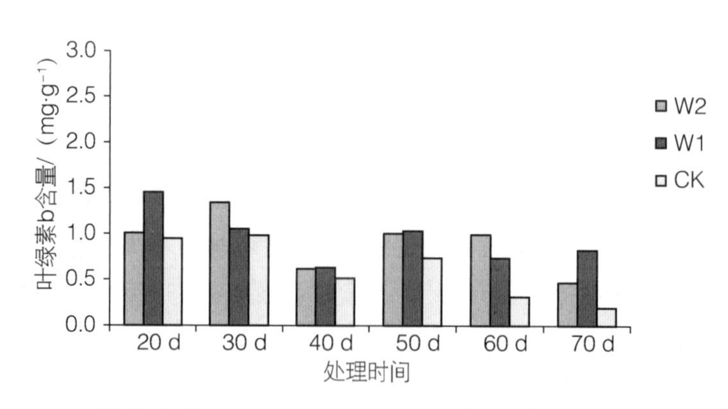


图 2－12　不同光照强度下 'Albert Beekman' 叶片中叶绿素 b 随处理时间的变化

由图 2－13 和图 2－14 可知，不同光照强度下叶绿素总量变化较不稳定，处理前期叶绿素含量 W1>W2>CK，随着处理时间的延长，叶绿素总量开始下降，降幅 W1>CK>W2，W2 组的叶绿素总量变化不明显，在处理 60 d 时出现含量的增加，这可能是因为低光照条件抑制了叶绿素的分解，有利于叶绿素总量的积累。整个处理过程中类胡萝卜

素含量变化较平稳，呈总体的下降趋势，CK、W1、W2 组的降幅分别为 75.82%、42.26%、33.7%。处理前期 CK 组的类胡萝卜素含量高于 W1、W2 组，但处理后期降幅较大，这表明光照在一定条件下有利于类胡萝卜素的积累。因此，全光照下处理 40 d（11 月 10 日）后类胡萝卜素含量高于叶绿素总量，'Albert Beekman' 叶片逐渐变黄，这与观测结果相吻合。

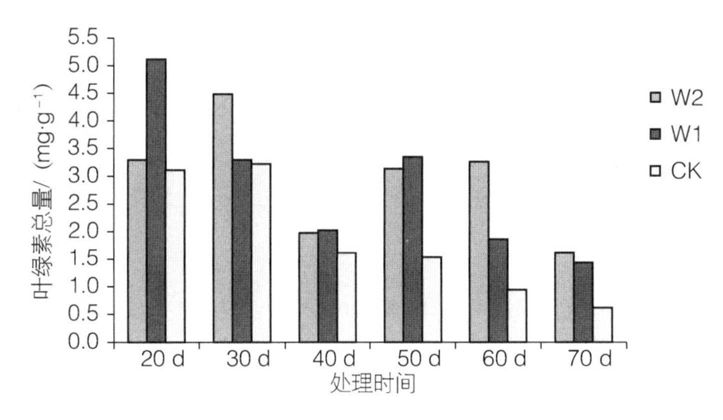


图 2-13　不同光照强度下 'Albert Beekman' 叶绿素总量随处理时间的变化

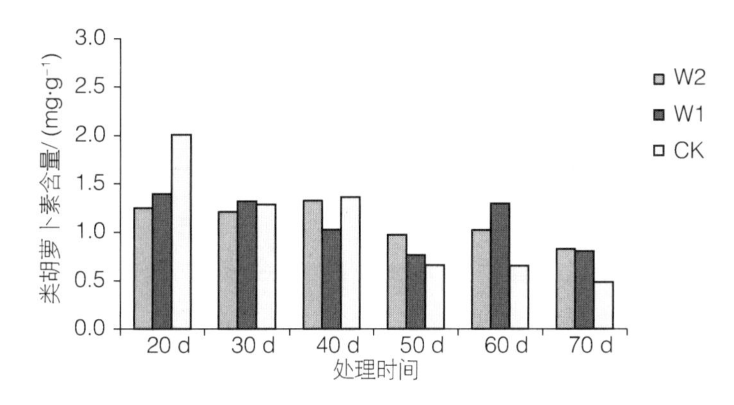


图 2-14　不同光照强度下 'Albert Beekman' 类胡萝卜素随处理时间的变化

（3）光照对 *C. betulus* 'Frans Fontaine' 光合色素含量的影响

由图 2-15 和图 2-16 可知，不同的光照强度下品种 'Frans Fontaine' 叶片叶绿素 a、叶绿素 b 含量的变化与原种、'Albert Beekman' 均不同，表现在：处理前期，3 组处理的叶绿素 a、叶绿素 b 含量差异不明显，W1、CK 组的叶绿素 a 含量呈缓慢的下降趋势，降幅分别为 14.96%、13%；W2 组的叶绿素 a、叶绿素 b 含量呈缓慢的上升趋势，增幅为 13.35%、7%。这表明秋季转色期，光照条件对 'Frans Fontaine' 叶片叶绿素含量影响不大，低光照条件反而有利于叶绿素 a、叶绿素 b 的积累。处理后期 3 组处理下的 'Frans Fontaine' 叶片叶绿素 a、叶绿素 b 含量均呈较显著的下降趋势，处理 70 d 时 CK 组的叶绿素 a 含量显著低于 W2、W1 组，分别为 0.137 $mg \cdot g^{-1}$、0.201 $mg \cdot g^{-1}$、

0.699 mg · g$^{-1}$；CK 组的叶绿素 b 含量略低于 W2、W1，分别为 0.138 mg · g$^{-1}$、0.154 mg · g$^{-1}$、0.233 mg · g$^{-1}$。这表明：25%透光率较其他光照条件更有利于'Frans Fontaine'叶片叶绿素的积累。

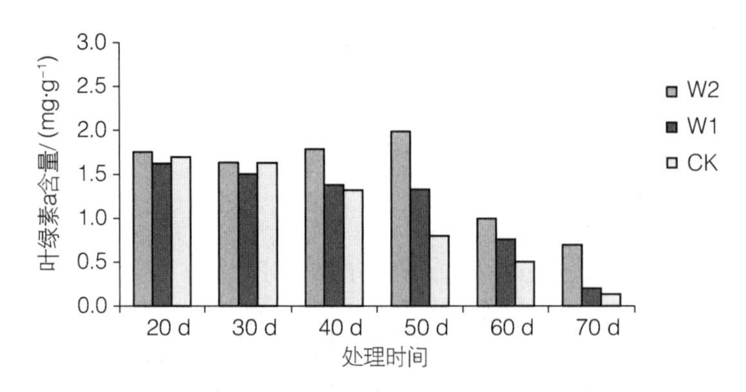


图 2-15 不同光照强度下'Frans Fontaine'叶绿素 a 随处理时间的变化

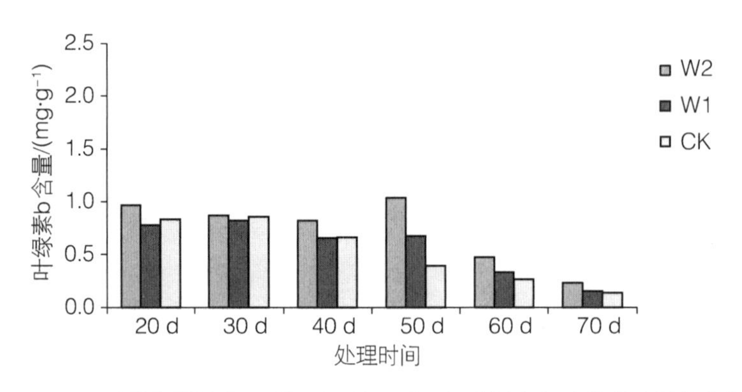


图 2-16 不同光照强度下'Frans Fontaine'叶绿素 b 随处理时间的变化

由图 2-17 和图 2-18 可知，品种'Frans Fontaine'的叶绿素总量明显低于原种和'Albert Beekman'，从观测图片来看'Frans Fontaine'叶片颜色较浅，呈鲜绿色；处理前期 3 种光照条件下的叶绿素总量差异不明显，随着处理时间的延长，W2 组的叶绿素总量先上升后下降，W1 和 CK 组则呈下降趋势，这表明低光照条件不利于'Frans Fontaine'的变色，而中度遮阴或全光照对叶绿素总量影响不大；CK、W1 组类胡萝卜素含量均较为稳定，总体呈缓慢的下降趋势，降幅分别为 49.3%、56%。W2 组类胡萝卜素呈现增长后下降的趋势，平均含量最高为 0.947 mg · g$^{-1}$。这进一步说明低光照条件极不适合'Frans Fontaine'在秋冬观赏期的叶色变化，由观测图片可知，处理 40 d 后全光照和处理 50 d 后中度遮阴下的'Frans Fontaine'叶片均变为橙黄色，而重度遮阴下的'Frans Fontaine'叶片仍显现淡绿色，这是因为一定的光照强度下叶绿素分解较快，叶片中含量越少，在类胡萝卜素相对稳定的情况下，叶片显现类胡萝卜素的颜色。

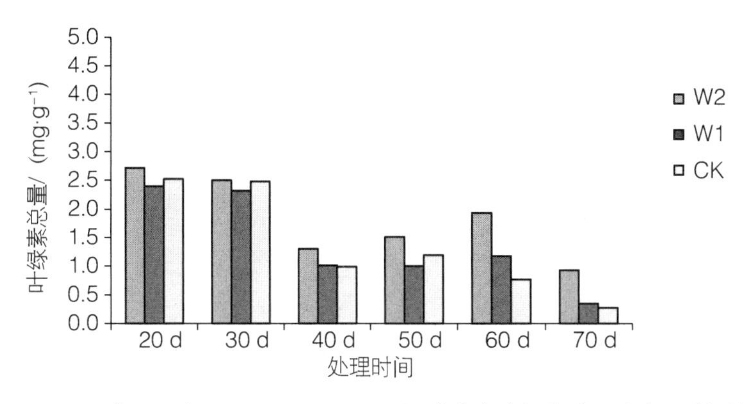


图 2－17　不同光照强度下‘Frans Fontaine’叶片中叶绿素总量随处理时间的变化

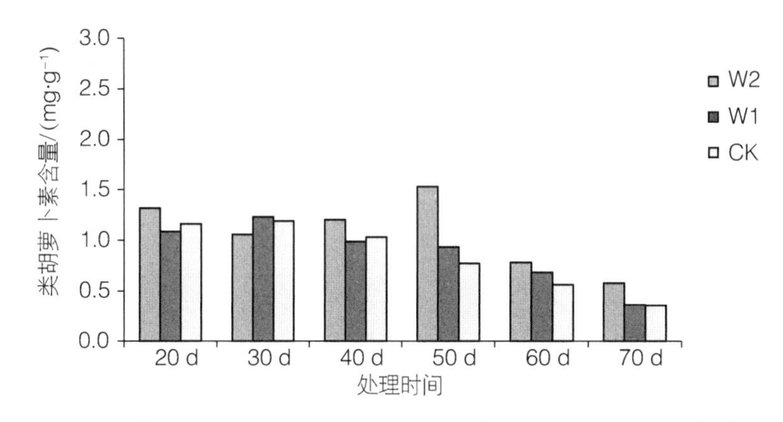


图 2－18　不同光照强度下‘Frans Fontaine’叶片中类胡萝卜素随处理时间的变化

（4）光照对 *C. betulus*‘Lucas’光合色素含量的影响

由图 2－19 和图 2－20 可知，不同的光照强度条件下，品种‘Lucas’叶绿素 a 含量的变化趋势均不相同。处理前期，CK 组的叶绿素 a 含量呈平稳的下降趋势，处理 50 d 及以后下降速度明显加快，降幅分别为 4.49%、62.42%；处理前期，W1 组的叶绿素 a 含量呈小幅上升趋势，增幅达到 9.92%，处理后期开始呈下降趋势，降幅达到 45.76%；W2 组的叶绿素 a 含量变化较 CK、W1 组最不稳定，呈先升高后降低的趋势，增幅达到 54.55%。不同的光照强度条件下，‘Lucas’叶绿素 b 含量的变化趋势与叶绿素 a 含量的变化趋势相似，处理前期 CK 组的叶绿素 b 含量变化不明显，为 1.013~1.073 $mg \cdot g^{-1}$，而后下降速度加快，降幅达到 64.56%。W1 组的叶绿素 b 含量变化较不稳定，大体上呈下降趋势，W2 组的叶绿素 b 含量呈先上升后下降的变化趋势。以上分析表明：‘Lucas’叶绿素 a、叶绿素 b 的含量变化幅度为 W2>W1>CK，叶绿素 a、叶绿素 b 含量处理前期表现为 CK>W1>W2，处理后期表现为 W2>W1>CK。

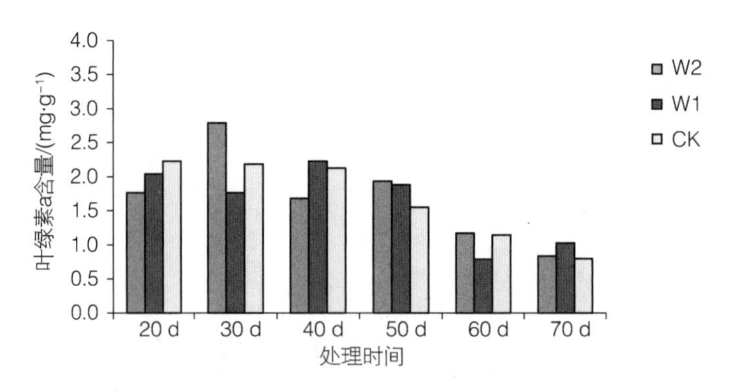


图 2－19　不同光照强度下‘Lucas’叶片中叶绿素 a 随处理时间的变化

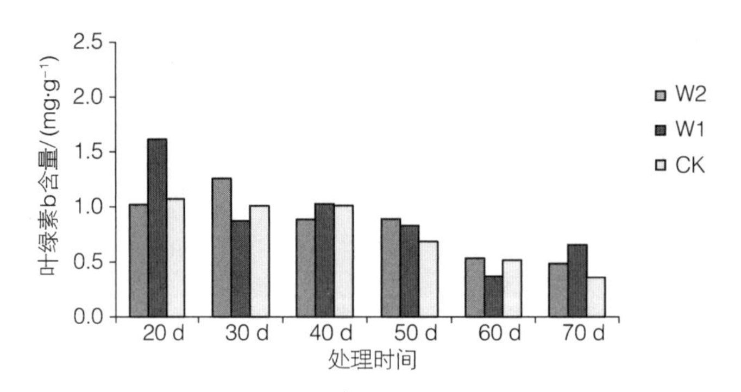


图 2－20　不同光照强度下‘Lucas’叶片中叶绿素 b 随处理时间的变化

由图 2－9、图 2－13、图 2－17 和图 2－21 可知，在整个秋冬叶片转色期，3 种不同光照强度下，‘Lucas’叶片中叶绿素总量明显高于原种、‘Albert Beekman’和‘Frans Fontaine’。观测指标显示在处理前期‘Lucas’叶片颜色呈色最深、为深绿色，且变色时期最晚，至处理 60 d，全光照下的叶片才开始呈现暗黄色，中度遮阴下叶片的变色不明显，为暗黄绿色，重度遮阴下的叶片仍显示暗绿色。这是因为‘Lucas’在低光照条件下叶绿素总量呈现先积累至较高水平再缓慢分解的变化趋势，而不同光照条件下类胡萝卜素则是 CK 组的含量最高，W2 和 W1 组的较低（图 2－22），含量均值分别为 1.043 $mg \cdot g^{-1}$、0.975 $mg \cdot g^{-1}$、0.886 $mg \cdot g^{-1}$，当类胡萝卜素含量超过叶绿素总量时叶片显现黄色，若叶绿素总量始终维持在较高水平，则叶片不变色，这与观测结果一致。

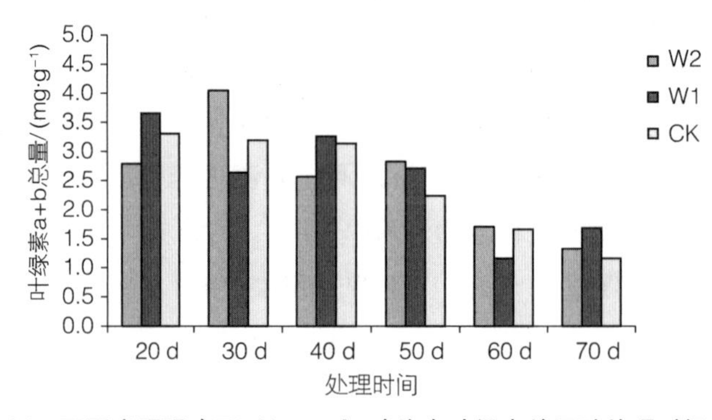


图 2－21　不同光照强度下‘Lucas’叶片中叶绿素总量随处理时间的变化

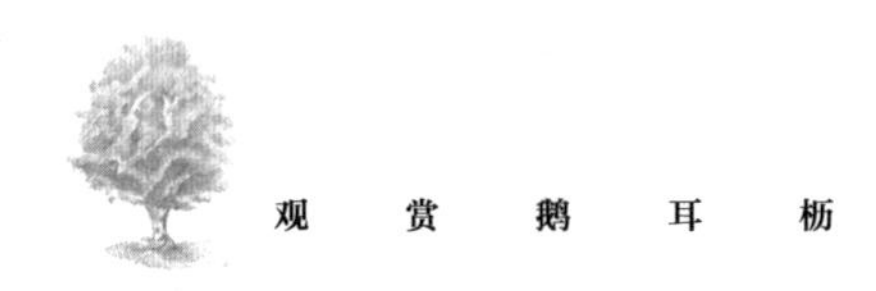

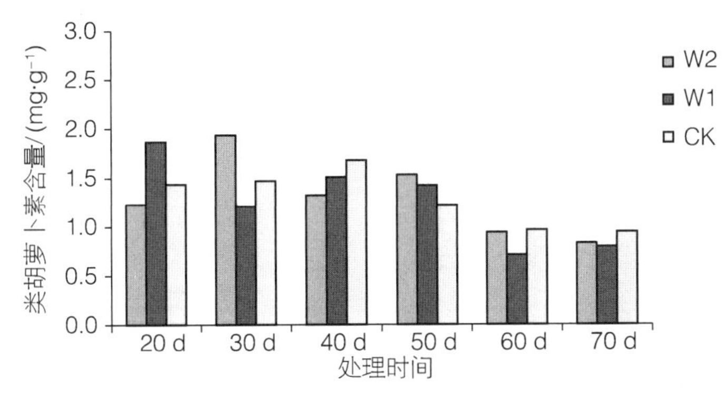


图 2-22　不同光照强度下'Lucas'叶片中类胡萝卜素随处理时间的变化

#### 2.2.2.4　光照对欧洲鹅耳枥叶片光合色素的影响

如图 2-23 所示，欧洲鹅耳枥原种在 CK 和 W1 组的花色素苷含量均呈先上升后下降的变化趋势，处理 30 d 后花色素苷下降幅度增大，至处理 50 d 达到最大降幅，分别为 59.24%、53%。W2 组的花色素苷含量呈先下降后上升再下降的变化趋势，表现为处理 20~40 d 时缓慢下降，处理 50~60 d 后逐渐上升再下降。处理前期，花色素苷平均含量 W1>W2>CK，处理后期 CK>W1>W2。这表明：50%透光率（即中度遮阴）最适宜欧洲鹅耳枥原种花色素苷的积累，全光照虽有利于花色素苷的积累，但随着光照时间延长，光照过强会使花色素苷分解速度加快，此时重度遮阴条件反而有利于其积累，使叶片中花色素苷的含量得以缓慢上升。

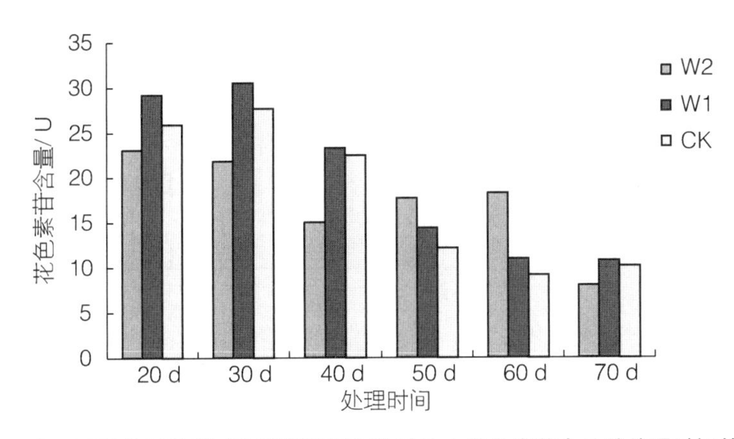


图 2-23　不同光照强度下欧洲鹅耳枥原种叶片中花色素苷含量随处理时间的变化

如图 2-24 所示，'Albert Beekman'在 CK 组的叶片中花色素苷含量呈总体的下降趋势，降幅达 61.8%；W1、W2 组的叶片中花色素苷呈总体的先上升后下降的变化趋势，W1 组表现为处理前期缓慢上升，处理 40 d 时开始下降，降幅达 16.84%；W2 组的花色素苷含量表现为处理前期低于 CK、W1 组，但随着处理时间的延长，花色素苷变化较稳定，呈缓慢的上升趋势，至处理 70 d 才明显下降。这表明光照在一定程度上可促进‘Albert Beekman’叶片花色素苷的积累，但光照过强，光照时间的加长则会导致花色素苷的分解。

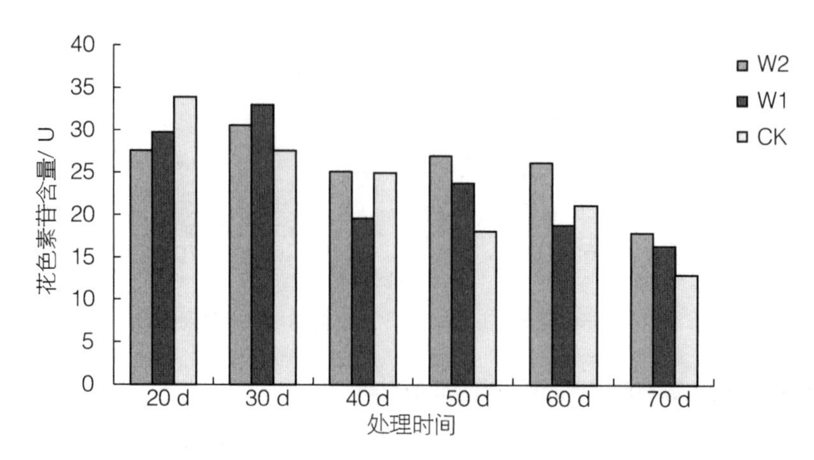


图2-24　不同光照强度下‘Albert Beekman’花色素苷含量随处理时间的变化

如图2-25所示，‘Frans Fontaine’在CK组的花色素苷含量呈先上升后下降的趋势，处理30 d时上升幅度达25.69%，处理40 d下降速度增大，降幅达71.4%；W1、W2组的花色素苷含量均呈总体的下降趋势，降幅达56.42%、60.4%；这表明一定的光照条件可促进‘Frans Fontaine’叶片中花色素苷的积累。

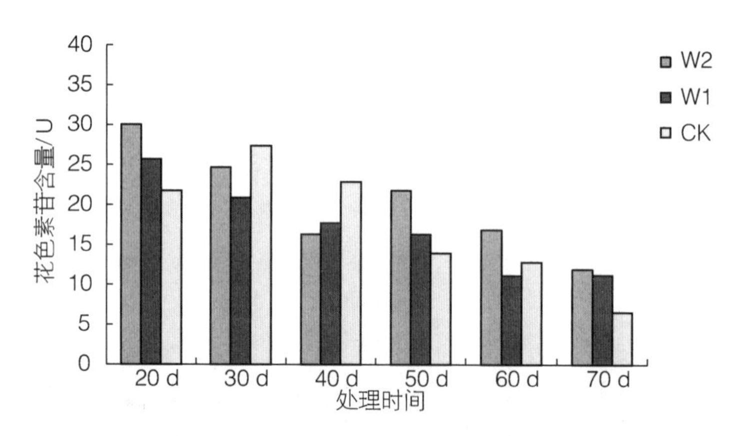


图2-25　不同光照强度下‘Frans Fontaine’叶片中花色素苷含量随处理时间的变化

如图2-26所示，品种‘Lucas’在CK处理下的花色素苷含量呈缓慢的下降趋势，降幅达47.96%，总量平均值为27 U·$g^{-1}$FW；W1、W2组的花色素苷含量变化不明显，总量平均值为22.1 U·$g^{-1}$FW、23.52 U·$g^{-1}$FW；因此CK组的叶片花色素苷含量最高，W1、W2组的差异不明显。这表明全光照条件在一定程度上可促进叶片花色素苷的积累，这与欧洲鹅耳枥原种、‘Albert Beekman’、‘Frans Fontaine’花色素苷的研究结论相似。

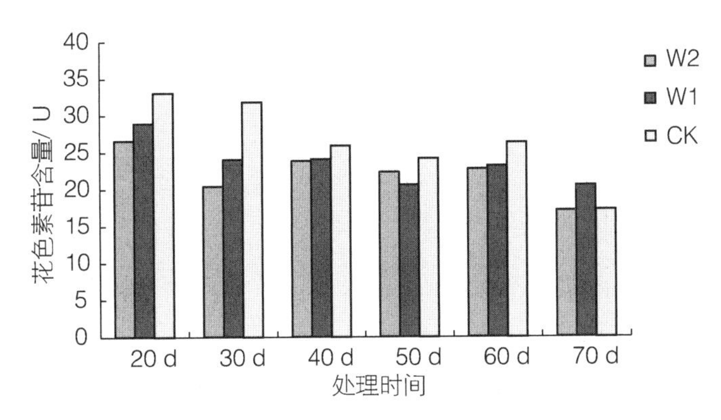


图 2－26　不同光照强度下‘Lucas’叶片花色素苷含量随处理时间的变化

#### 2.2.2.5　光照对欧洲鹅耳枥叶片中 PAL 活性的影响

如图 2－27 所示，原种欧洲鹅耳枥的 PAL（苯丙氨酸解氨酶）活性在 CK、W1 处理下均呈先下降再上升最后下降的变化趋势，CK 组于处理 40 d 后缓慢下降，降幅为 27.87%，W1 组于 60 d 时才缓慢下降，降幅为 21.1%；W2 组 PAL 活性呈明显上升后下降的趋势，在 40 d 时达到最高值，增幅为 20.27%，随后 PAL 值快速升高可能是植株对逆境的响应。

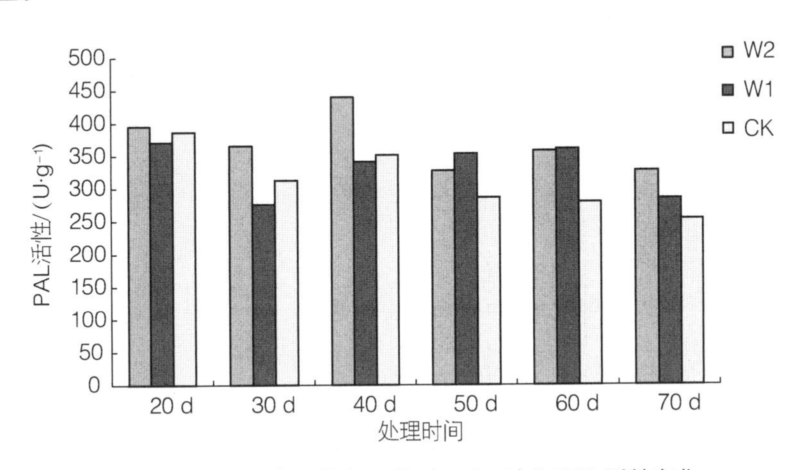


图 2－27　不同光照强度下 *C. betulus* 叶片 PAL 活性变化

如图 2－28 所示，‘Albert Beekman’叶片中的 PAL 活性在 CK、W1 处理下呈先下降后上升的趋势。与原种相似，‘Albert Beekman’叶片中的 PAL 活性在处理 30 d 时最小，后缓慢上升，至 40 d 时达到最大值后趋于稳定，这可能与处理 30～40 d 时的气温骤降有关。W2 组的 PAL 活性呈先上升后下降的趋势，与原种相似，在处理 40 d 时达到最大值，后变化不明显。再次表明一定时间内，重度遮阴处理可使叶片中 PAL 活性快速增长。

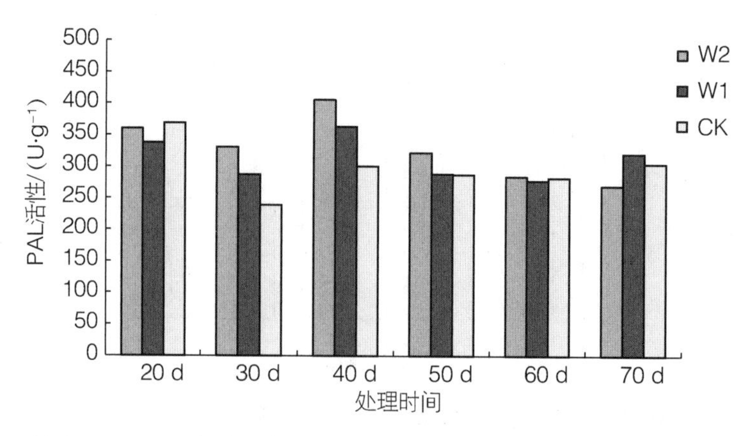


图 2-28　不同光照强度下‘Albert Beekman’叶片 PAL 活性变化

如图 2-29 所示，品种‘Frans Fontaine’的 PAL 活性在 CK、W1 处理下呈先下降后上升、再下降至稳定的趋势。与原种、‘Albert Beekman’相似，‘Frans Fontaine’叶片中 PAL 活性在处理 30 d 时最小，后缓慢上升，至 40 d 时达到最大值后开始下降，降幅分别为 32.27%、43.97%；W2 组的 PAL 活性在整个处理过程活性均较低，且变化趋势较稳定，呈先上升后下降的趋势，处理 60 d 后含量小幅上升，增幅为 14.9%。这表明品种不同的光照处理下对‘Frans Fontaine’叶片中 PAL 活性影响不同，遮阴处理对其影响并不显著。

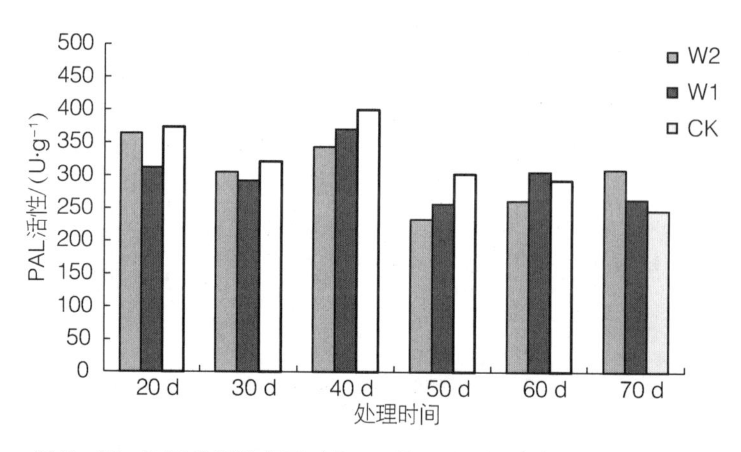


图 2-29　不同光照强度下‘Frans Fontaine’叶片 PAL 活性变化

如图 2-30 所示，‘Lucas’的 PAL 活性在 CK 处理下呈先下降后上升的趋势，处理 40 d 时达到最低值，降幅达 53.78%，处理 40 d 后缓慢上升至稳定；W1 组的 PAL 活性呈上升后下降的趋势，处理 30 d 时达到最高值，增幅达 28.51%，随后 PAL 活性变化不明显；W2 组的 PAL 活性较不稳定，呈先下降后上升的变化趋势，30 d 时活性下降，降幅达 36.69%，表明重度遮阴条件使 PAL 活性下降，随着处理时间的延长，PAL 活性在上升趋势，其中 60 d 达到最高。这表明光照条件在一定程度上使 PAL 活性增大，但光

照过强则会抑制其活性大小，此时逆境条件使其活性增大。这与光照处理下花色素苷的变化趋势相似。

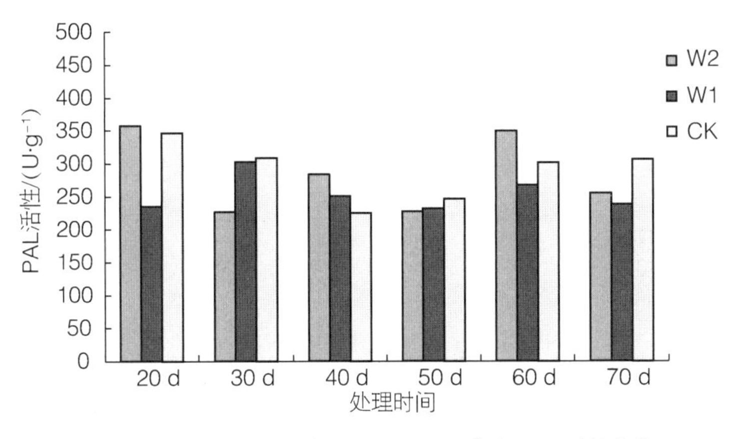


图 2－30　不同光照强度下‘Lucas’叶片 PAL 活性变化

#### 2.2.2.6　光照对欧洲鹅耳枥叶片 POD 活性的影响

由图 2－31 可知，不同光照处理下的欧洲鹅耳枥原种叶片 POD 活性差异明显，总体来看，每个处理时间段内 W2 组的 POD 活性远高于 W1、CK 组；处理 60 d 时达到差异顶峰。整个处理过程中 CK 组的叶片 POD 活性呈缓慢的先上升后下降的趋势，变化不明显，增幅与降幅分别达到 170%、116.3%；W1 组的 POD 活性高于 CK 组，也呈先上升后下降的变化趋势，处理 30～50 d 时逐渐上升，增幅达 336.33%；处理后期活性有所下降，降幅达 300%；W2 组即重度遮阴处理下的 POD 活性在处理 20～50 d 时呈缓慢的上升趋势，增幅达 41.1%，至 60 d 时 POD 活性达到峰值，增幅达 226%；随后下降。这一过程显示了在重度遮阴处理下 POD 活性远高于中度遮阴和自然光照，随着环境胁迫程度的增大，POD 活性增大。

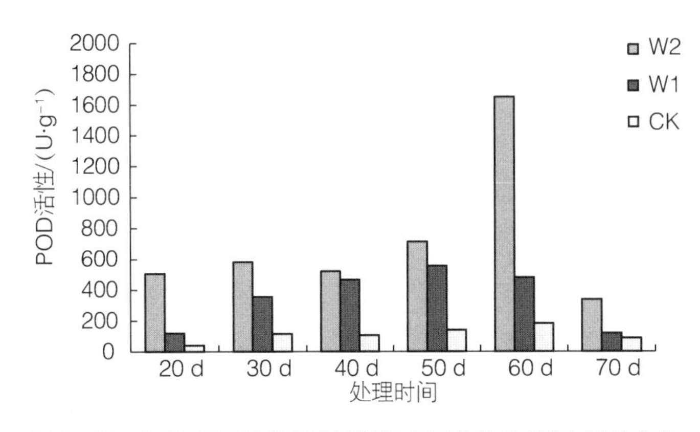


图 2－31　不同光照强度下欧洲鹅耳枥原种叶片 POD 活性变化

不同光照强度下‘Albert Beekman’叶片 POD 活性变化与原种欧洲鹅耳枥相似，表现为 W2 组的 POD 值远高于 W1 组、CK 组；CK、W1 处理下 POD 活性呈先升高后降低的变化趋势，增幅分别为 450%、194%；处理 60 d 缓慢下降，降幅分别为 66.1%、59.1%；W2 处理下 POD 活性呈快速上升后下降的趋势，在处理 50~60 d 时达到峰值，增幅达 107%（图 2－32）。

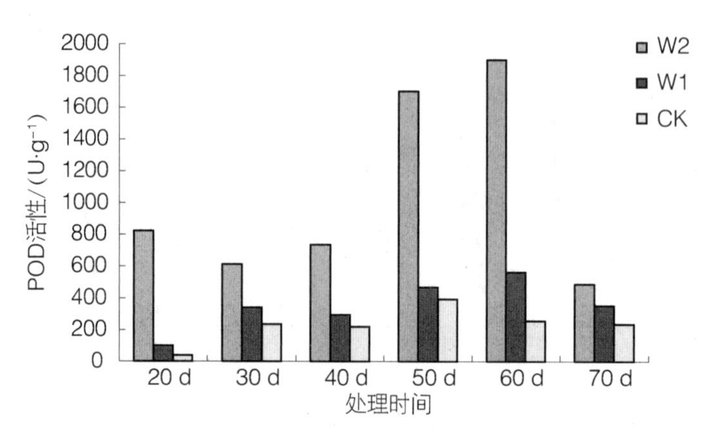


图 2－32　不同光照强度下‘Albert Beekman’叶片 POD 活性变化

不同光照强度下‘Frans Fontaine’叶片 POD 活性变化与原种欧洲鹅耳枥、‘Albert Beekman’变化趋势相似，均呈总体上的先上升后下降的趋势，但 W2 组的 POD 活性与 W1 组、CK 组 POD 活性的差异并没有其他两个品种明显（图 2－33）。CK 组 POD 活性于处理 40 d 后达到峰值，W1 组 POD 活性于处理 50 d 后达到峰值，增幅分别为 333.33%、630.77%；处理 50 d 后明显下降，降幅分别为 104.82%、181.25%；W2 组于处理 50 d 时达到峰值后下降趋势明显，变化幅度分别为 66.67%、67.35%。

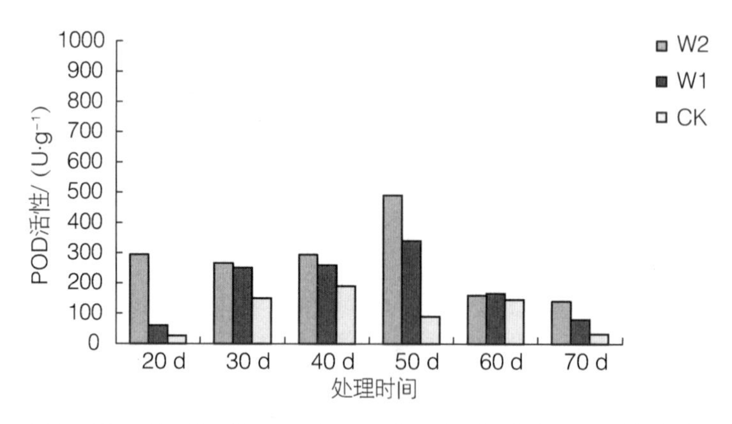


图 2－33　不同光照强度下‘Frans Fontaine’叶片 POD 活性变化

不同光照强度下‘Lucas’叶片 POD 活性变化与原种欧洲鹅耳枥、‘Albert Beekman’、‘Frans Fontaine’变化趋势相似，均呈总体上的先上升后下降的趋势，且 W2 组的 POD 活性高于 W1 组、CK 组。CK、W1 处理下的叶片 POD 活性于 50 d 时达到峰值后缓慢下降，变化幅度分别为 269.16%、415.63%，79.54%、97%。W2 组在处理前期（20~40 d）缓慢上升，处理 50 d 上升幅度巨大，处理 50~70 d 有所下降，变化幅度分别达到

339%、38.46%（图 2-34）。

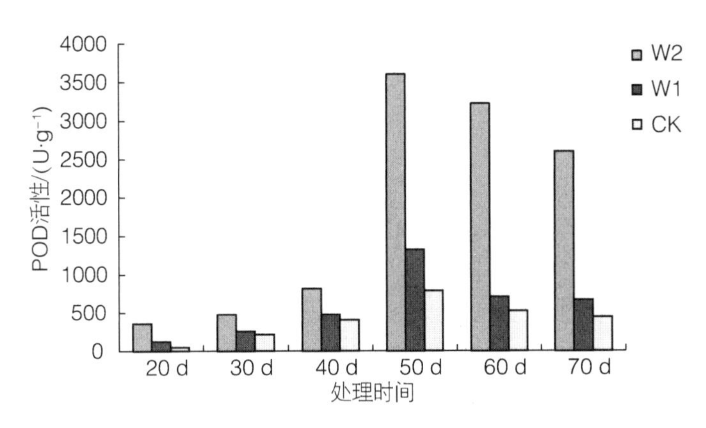


图 2-34　不同光照强度下‘Lucas’叶片 POD 活性变化

#### 2.2.2.7　光照对欧洲鹅耳枥叶片可溶性糖含量的影响

由图 2-35 可知，不同光照强度下的欧洲鹅耳枥原种叶片可溶性糖含量均呈总体上的先上升后下降的变化趋势，3 组处理叶片中的可溶性糖含量在 20~40 d 时呈上升趋势，增幅分别为 13.08%、25.68%、7.00%，且可溶性糖含量 CK>W1>W2；处理 40 d 后 3 组处理的可溶性糖含量呈明显的下降趋势，降幅分别为 70.18%、68.73%、64.89%，处理 60~70 d 时 3 组处理下的可溶性糖含量趋向相当，这与欧洲鹅耳枥原种叶片中花色素苷的变化趋势相似，表现为处理过程中变化幅度 CK>W1>W2；含量 CK>W1>W2。

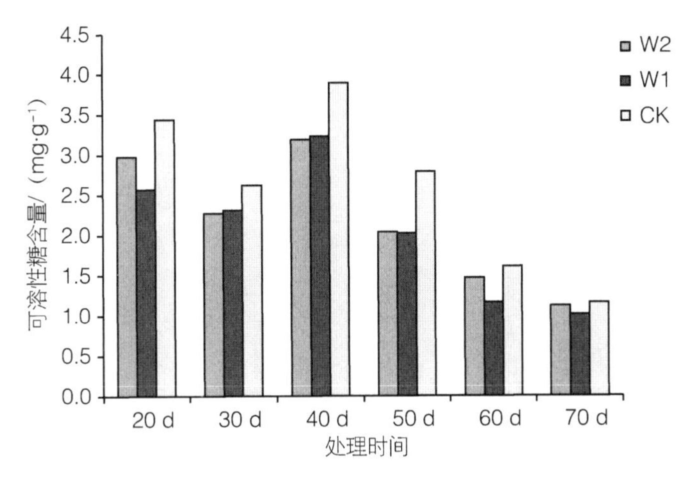


图 2-35　不同光照强度下欧洲鹅耳枥原种叶片可溶性糖含量变化

与欧洲鹅耳枥原种不同，全光照条件下‘Albert Beekman’叶片可溶性糖含量呈总体的下降趋势，降幅达 70.52%，且整个处理过程中含量均值高于其他两组处理；W1、W2 组均呈先上升后下降的变化趋势，W1 组在处理 20~40 d 时缓慢上升，增幅达 13.85%；处理 40 d 后下降幅度明显，降幅达 64.26%；W2 组在处理 20~30 d 时呈缓慢的上升趋势，增幅仅 7.52%；随后下降幅度明显增大，降幅达 66.43%。处理 60~70 d

时 3 组处理下的可溶性糖含量相当，且较稳定（图 2－36）。

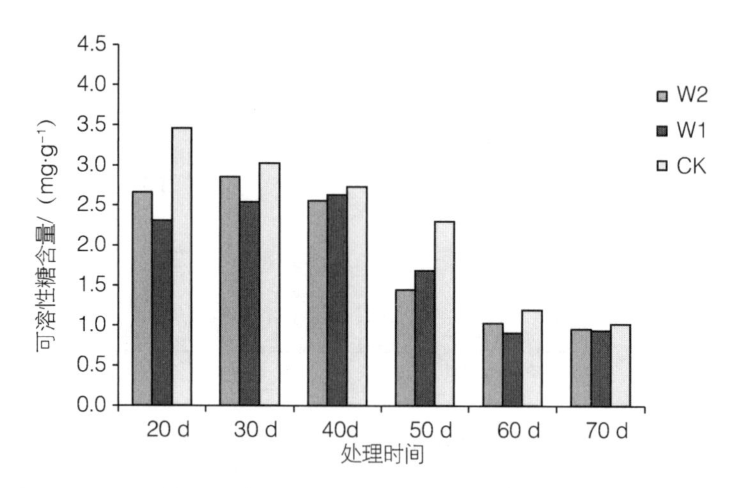


图 2－36　不同光照强度下‘Albert Beekman’叶片可溶性糖含量变化

由图 2－37 可知，与‘Albert Beekman’变化趋势相似，全光照条件下（CK）‘Frans Fontaine’叶片可溶性糖含量呈总体的下降趋势，降幅达 64.74%，且整个处理过程中含量均值高于其他两组处理；W1、W2 组均呈先上升后下降的变化趋势，处理 20～40 d 时呈上升趋势，增幅分别为 26.18%、2.76%；处理 40 d 后下降趋势明显，降幅达 96.5%、71.09%。这表明整个处理过程中 W2 组的可溶性糖含量低于 CK、W1 组，且处理前期上升趋势极其缓慢，处理中后期 3 组处理均呈明显下降趋势，处理 60～70 d 后可溶性糖含量相当，且处于稳定趋势。

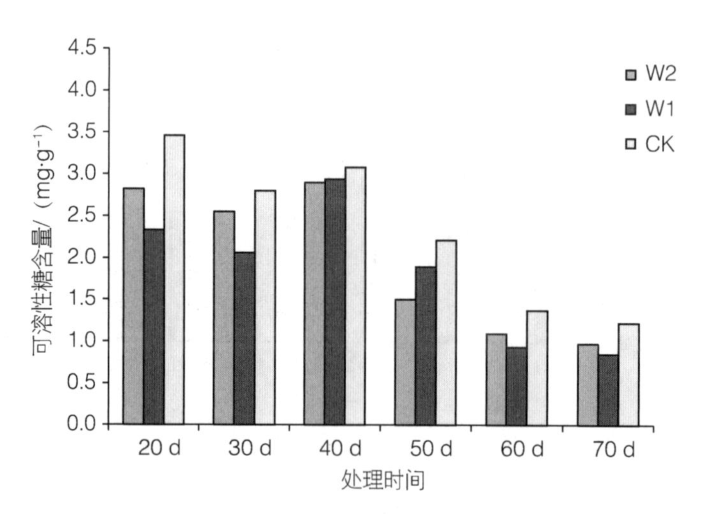


图 2－37　不同光照强度下‘Frans Fontaine’叶片可溶性糖含量变化

与‘Albert Beekman’‘Frans Fontaine’变化趋势相似，全光照条件下‘Lucas’叶片可溶性糖含量呈总体的下降趋势，在 20～40 d 时下降幅度较小，40 d 后呈快速下降趋势，降幅分别为 5.19%、58.61%，且整个过程中含量均值高于其他两组处理；W1 组在

20~40 d 时变化趋势平缓，降幅仅为 1.5%；40 d 后下降幅度增大，降幅达 66.88%，且可溶性糖含量均值高于 W2 组；W2 组的叶片可溶性糖含量在 20~30 d 时呈上升趋势，增幅达 23.48%，处理 30 d 后含量逐渐下降，至处理末期达到稳定状态，降幅达 66.25（图 2-38）。

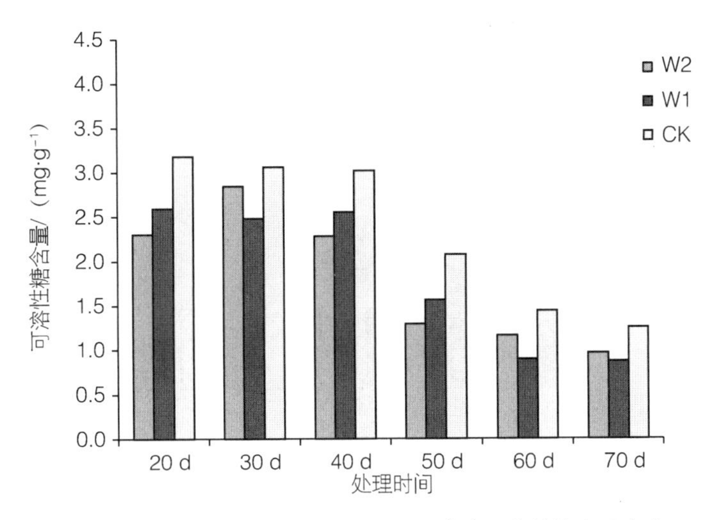


图 2-38　不同光照强度下‘Lucas’叶片可溶性糖含量变化

#### 2.2.2.8　光照对欧洲鹅耳枥叶片可溶性淀粉含量的影响

由图 2-39 可知，3 种光照处理条件下，欧洲鹅耳枥原种叶片中可溶性淀粉含量均呈总体的下降趋势，且整个处理过程可溶性淀粉总量为 CK>W1>W2。3 种处理叶片中可溶性淀粉含量在 20~40 d 时下降幅度较大，降幅分别为 48.72%、59.86%、50.25%；40~70 d 时下降速度缓慢至趋于稳定，降幅分别为 21.95%、38.6%、34.69%。这表明在整个秋冬变色期，3 种光照处理下的叶片可溶性淀粉总量均不断下降，处理前期下降幅度缓慢，处理中后期下降幅度增大，且随着遮阴强度的增大，叶片中可溶性淀粉总量降低。

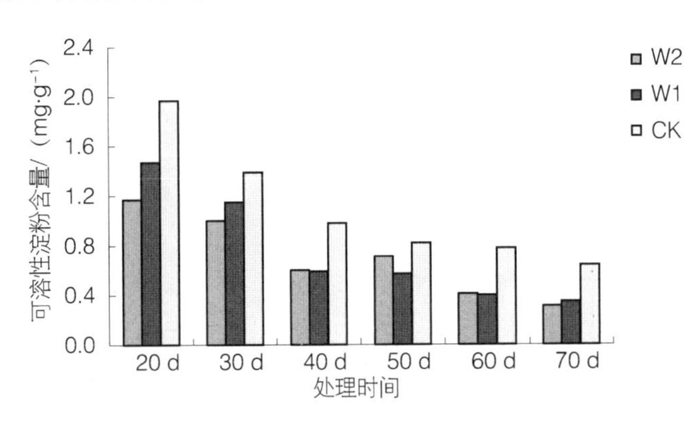


图 2-39　不同光照强度下欧洲鹅耳枥叶片可溶性淀粉含量变化

同欧洲鹅耳枥变化趋势相似，3 种光照处理条件下，‘Albert Beekman’叶片中可溶性淀粉含量均呈总体的下降趋势，且整个处理过程可溶性淀粉总量为 CK>W1>W2（图

2－40）。其中，CK 组的可溶性淀粉含量明显高于其他处理，降幅为 54.34%；W1 组在处理前期含量较高，30 d 后下降速度明显加快，降幅达 73.13%；W2 组仅在处理 20 d 时含量较高，随后一直处于下降趋势，降幅达 43.67%。这表明在‘Albert Beekman’观赏期叶片变色的过程中，光照条件越强、叶片中可溶性淀粉含量越高，叶片变色越明显；重度遮阴不利于可溶性淀粉的积累，叶片变色不明显。

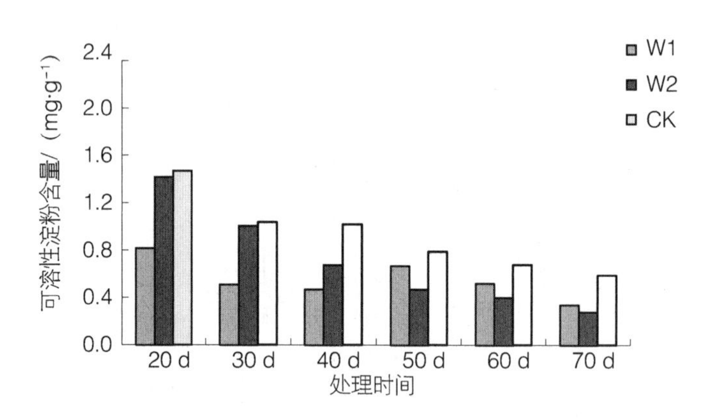


图 2－40　不同光照强度下‘Albert Beekman’叶片可溶性淀粉含量变化

同欧洲鹅耳枥原种‘Albert Beekman’变化趋势相似，3 种光照处理条件下，‘Frans Fontaine’叶片中可溶性淀粉含量均呈总体的下降趋势，且整个处理过程可溶性淀粉总量为 CK>W1>W2（图 2－41）。其中，CK 组的可溶性淀粉含量明显高于其他处理，20～30 d 下降幅度较快，30 d 后下降速度减慢，降幅分别为 29.25%、25.32%；W1 组在处理前期与 CK 组可溶性淀粉总量相当，但 30 d 后下降速度明显加快，降幅达 72.28%；W2 组可溶性淀粉含量一直处于较低水平，总体降幅为 33.33%。这一结果表明重度遮阴最不利于叶片中可溶性淀粉的积累，中度遮阴下的叶片在处理前期可溶性淀粉含量较高，后下降较快，全光照下的可溶性淀粉总量最高，且变化幅度较小，与欧洲鹅耳枥原种‘Albert Beekman’结果一致。

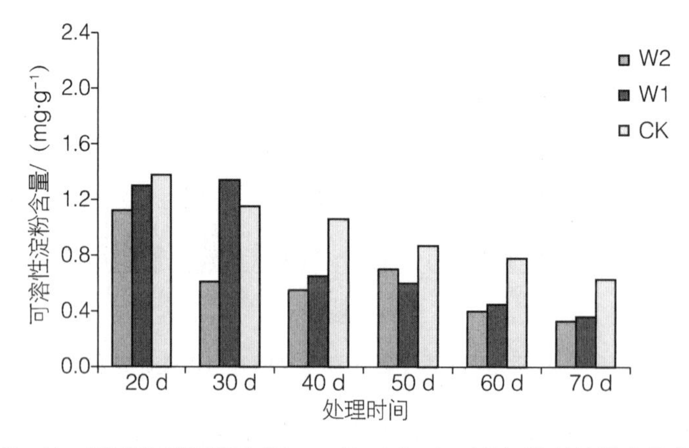


图 2－41　不同光照强度下‘Frans Fontaine’叶片可溶性淀粉含量变化

同‘Frans Fontaine’变化趋势相似，3 种光照处理条件下，‘Lucas’叶片中可溶性淀粉含量均呈总体的下降趋势，且整个处理过程可溶性淀粉总量为 CK>W1>W2（图 2-42）。其中，CK 组的可溶性淀粉含量高于其他处理，20~30 d 下降幅度较快，处理 30 d 后下降幅度缓慢，基本保持稳定，降幅分别为 36.8%、28.16%；W1 组在处理前期可溶性淀粉含量略高于 CK 组，但 30 d 后下降速度明显加快，降幅达 63.89%；W2 组可溶性淀粉含量在 20~30 d 时下降速度较快，30 d 后基本维持在较低水平，降幅分别为 42.57%、29.31%。

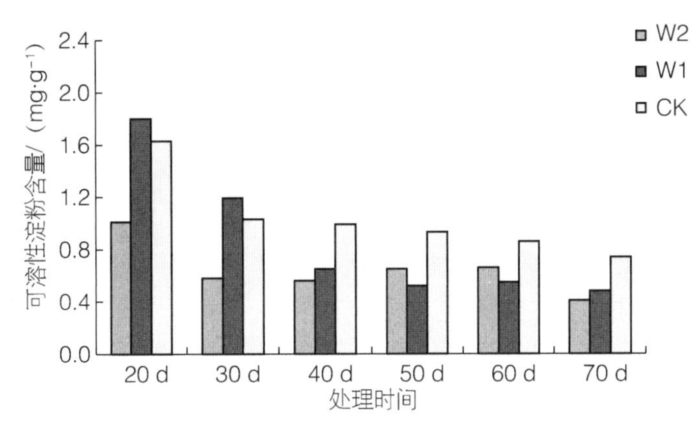


图 2-42　不同光照强度下‘Lucas’叶片可溶性淀粉含量变化

#### 2.2.2.9　光照对欧洲鹅耳枥叶片可溶性蛋白含量的影响

由图 2-43 可知，3 种光照处理条件下，欧洲鹅耳枥原种叶片可溶性蛋白含量的变化趋势相似，均呈先下降后上升的变化趋势，其中可溶性蛋白总量为 W2>W1>CK，变化幅度 W2>W1>CK。CK 组的可溶性蛋白变化趋势较平稳，30 d 时缓慢下降后即呈上升趋势，变化幅度分别为 12.56%、46.66%；W1、W2 组均在 20~30 d 时呈下降趋势，40 d 后上升速度明显增大，变化幅度分别为 22.79%、12.25%、117.26%、95.26%。处理

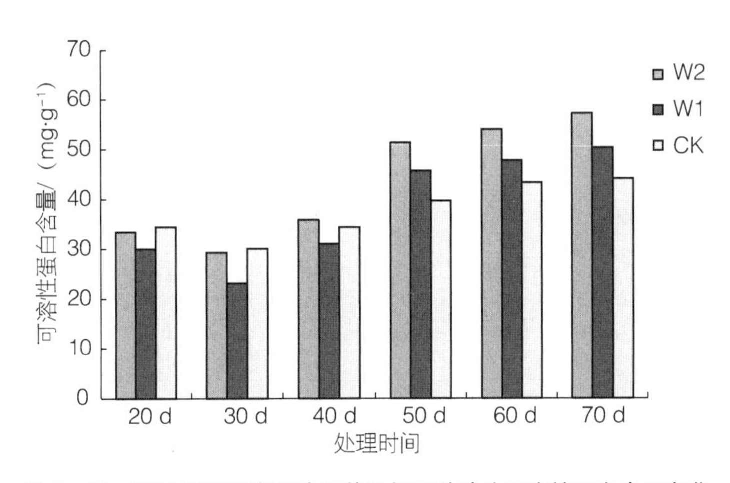


图 2-43　不同光照强度下欧洲鹅耳枥原种叶片可溶性蛋白含量变化

60~70 d 时 CK、W1 组的可溶性蛋白含量趋于稳定状态，这表明处理前期全光照条件有利于可溶性蛋白的积累，但随着处理时间的延长和遮阴强度的加重，其含量显著上升。

同欧洲鹅耳枥原种变化趋势一致，3 种不同光照处理下‘Albert Beekman’叶片中可溶性蛋白含量均呈先下降后上升的变化趋势，其中可溶性蛋白总量为 W2>W1>CK。CK、W1、W2 组的可溶性蛋白在 20~30 d 时缓慢下降，降幅分别为 33.77%、19.63%、16.35%，变化幅度 W2<W1<CK；30 d 后呈明显的上升趋势，增幅分别为 52.03%、112%、121.2%；处理 60~70 d 时 CK、W1、W2 处理的可溶性蛋白含量均趋于稳定状态（图 2－44）。

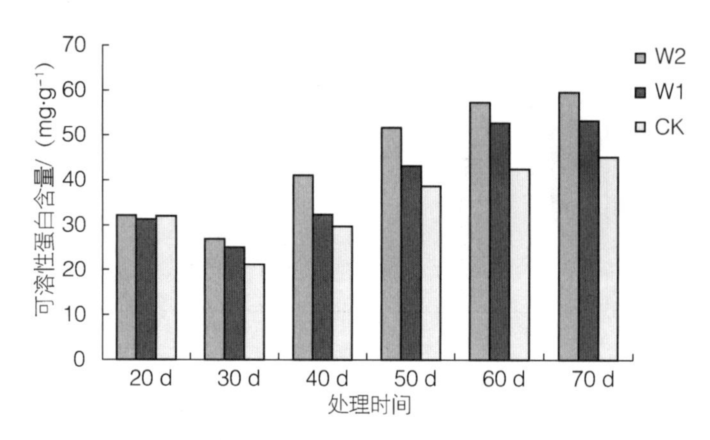


图 2－44　不同光照强度下‘Albert Beekman’叶片可溶性蛋白含量变化

同欧洲鹅耳枥原种‘Albert Beekman’变化趋势一致，3 种不同光照处理下‘Frans Fontaine’叶片中可溶性蛋白含量均呈先下降后上升的变化趋势，其中可溶性蛋白总量为 W2>W1>CK。3 组可溶性蛋白在 20~30 d 时缓慢下降，降幅分别为 22.93%、26.58%、9.1%，变化幅度 W2<W1<CK；处理 30 d 后呈明显的上升趋势，增幅分别为 89.12%、153.64%、106.86%；处理 60~70 d 时 CK、W1、W2 组的可溶性蛋白含量均达到稳定状态（图 2－45）。

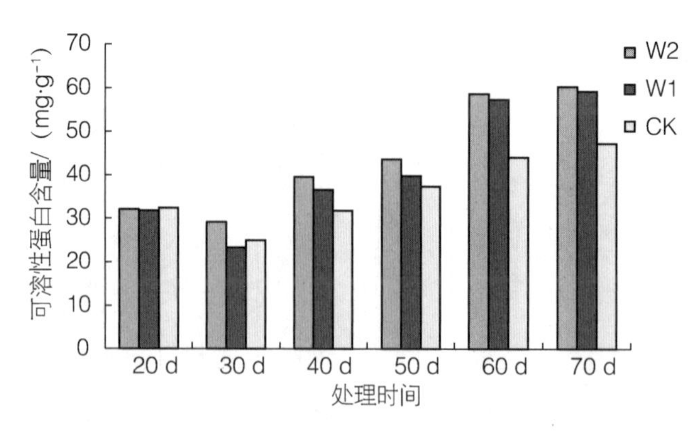


图 2－45　不同光照强度下‘Frans Fontaine’叶片可溶性蛋白含量变化

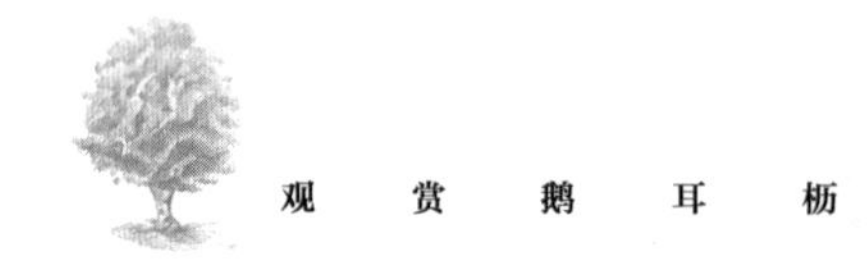

同欧洲鹅耳枥原种‘Albert Beekman’、‘Frans Fontaine’变化趋势一致，3 种不同光照处理下‘Lucas’叶片中可溶性蛋白含量均呈先下降后上升的变化趋势，其中可溶性蛋白总量为 W2>W1>CK。CK、W1、W2 组的可溶性蛋白在处理 20~30 d 时缓慢下降，降幅分别为 22.93%、26.58%、9.1%，变化幅度 W2<W1<CK；处理 30 d 后呈明显的上升趋势，增幅分别为 116.32%、124.37%、174.43%；变化幅度 W2>W1>CK。处理 60~70 d 时 CK、W1 组的可溶性蛋白含量达到稳定状态（图 2－46）。

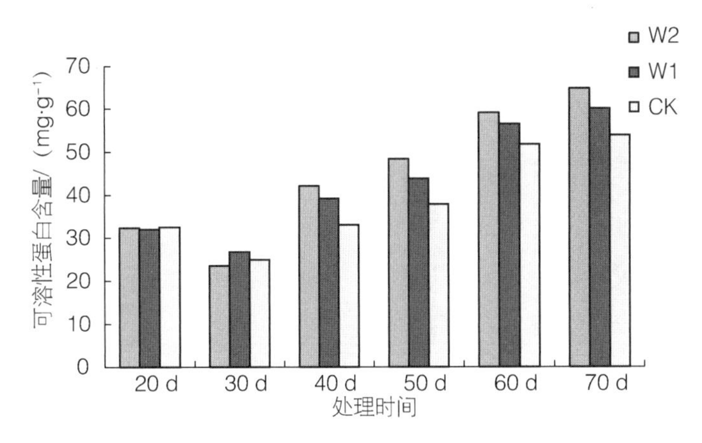


图 2－46　不同光照强度下‘Lucas’叶片可溶性蛋白含量变化

### 2.2.2.10　光照对欧洲鹅耳枥叶片光合效应的影响

（1）光照对 4 种欧洲鹅耳枥净光合速率（Pn）的影响

净光合速率是反映植物进行光合作用能力、反映植物有机物质积累的重要指标，同时它也是植物受到逆境胁迫的一个敏感观测指标。由图 2－47 可知：4 种欧洲鹅耳枥在 3 种不同光照强度下净光合速率的强弱一致表现为 CK>W1>W2；其中光照条件对 Pn 影响大小表现为原种>‘Frans Fontaine’>‘Albert Beekman’>‘Lucas’；说明光照胁迫对原种净光合速率影响最大，对‘Lucas’影响最小，且随着光照胁迫的加深，植物进行光合作用能力越弱，有机物积累越少，这与光照胁迫下有机内含物可溶性糖、淀粉的变化趋势相似。

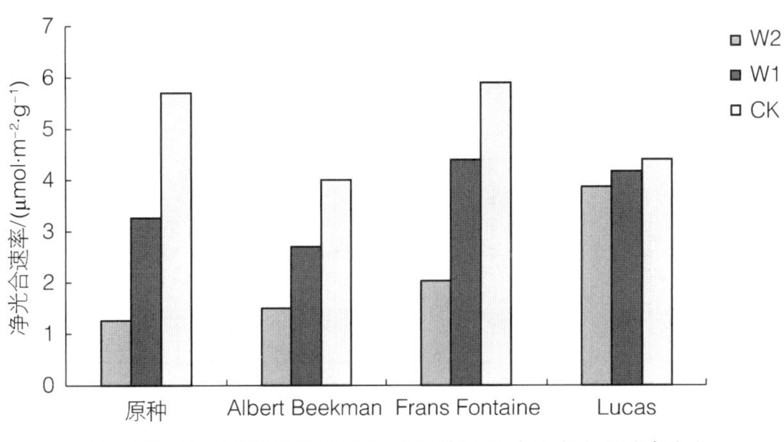


图 2－47　不同光照强度下 4 种欧洲鹅耳枥叶片净光合速率变化

（2）光照对 4 种欧洲鹅耳枥气孔导度（Gs）的影响

气孔导度可反映植物在进行呼吸作用时气孔的开张程度，可直接影响植物对大气中 $CO_2$ 的利用程度。由图 2－48 可知：4 种欧洲鹅耳枥在 3 种不同光照强度下气孔导度的强弱一致表现为 CK>W1>W2，与净光合速率的表现一致，且对 Gs 影响大小表现为‘Lucas’>原种>‘Frans Fontaine’>‘Albert Beekman’。这说明两者之间有一定的相关性，光照胁迫对 Gs 的抑制作用是影响 Pn 的原因之一，进而影响植物的光合作用和物质积累。

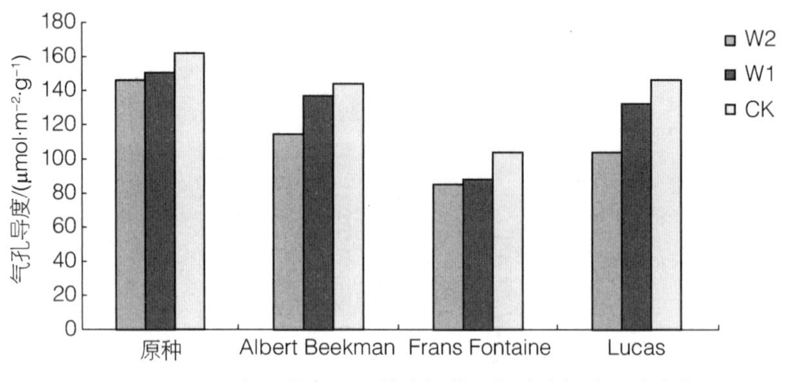


图 2－48　不同光照强度下 4 种欧洲鹅耳枥叶片气孔导度变化

（3）光照对 4 种欧洲鹅耳枥蒸腾速率（Tr）的影响

蒸腾速率是植物水分代谢的重要指标之一，与叶片净光合速率有着紧密的联系，研究发现，叶片净光合速率越高，其蒸腾速率也越高。由图 2－49 可知：4 种欧洲鹅耳枥在 3 种不同光照强度下蒸腾速率的强弱一致表现为 CK>W1>W2；且 CK 与 W1 处理对 Tr 的影响差异不大，W2 处理差异最为明显，这说明全光照与中度遮阴对 4 种欧洲鹅耳枥 Tr 的影响差异较小；同时不同光照处理对 Tr 影响大小表现为原种>‘Lucas’>‘Albert Beekman’>‘Frans Fontaine’；说明光照胁迫对原种欧洲鹅耳枥净光合速率影响最大，对‘Frans Fontaine’影响最小。光照胁迫对蒸腾速率的抑制作用是影响净光合速率的原因之一，进而影响植物的光合作用和物质积累。

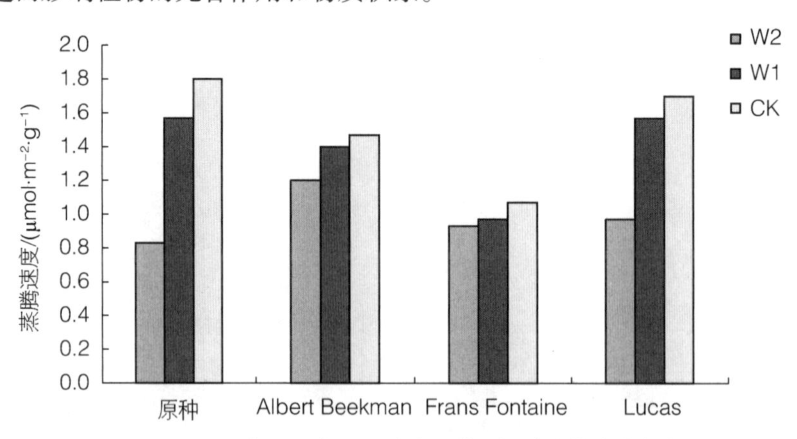


图 2－49　不同光照强度下 4 种欧洲鹅耳枥叶片蒸腾速率变化

（4）光照对四种欧洲鹅耳枥胞间 $CO_2$（Ci）的影响

胞间 $CO_2$ 是进行光合作用的原料，当植物净光合速率变大时，胞间 $CO_2$ 浓度应当会下降，两者呈负相关的关系。由图 2－50 可知：4 种欧洲鹅耳枥在 3 种不同光照强度下胞间 $CO_2$ 浓度一致表现为 CK<W1<W2；与净光合速率呈负相关。这表明随着光照胁迫程度的加深，胞间 $CO_2$ 呈增大趋势，即低光照条件抑制了 4 种欧洲鹅耳枥的光合进程。同时不同光照处理对胞间 $CO_2$ 影响大小表现为原种>‘Frans Fontaine’>‘Albert Beekman’>‘Lucas’；说明光照胁迫对原种胞间 $CO_2$ 影响最大，对‘Lucas’影响最小。

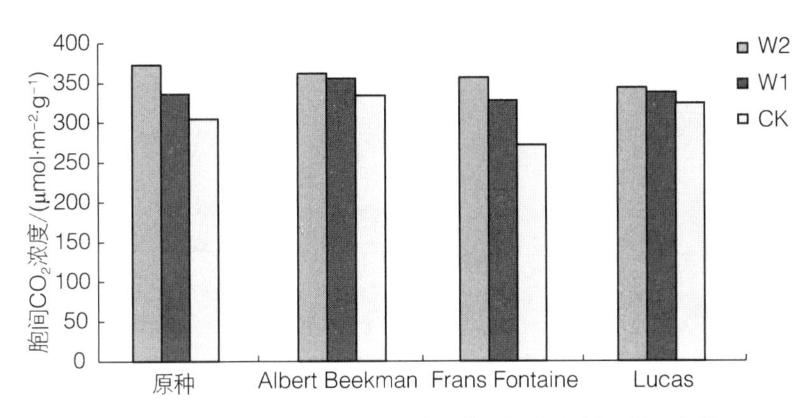


图 2－50　不同光照强度下 4 种欧洲鹅耳枥叶片胞间 $CO_2$ 变化

### 2.2.2.11　不同光照条件下欧洲鹅耳枥叶片内源激素的变化

吲哚乙酸（Indole-3-acetic acid，IAA）、赤霉素（Gibberellic acid，GA）、脱落酸（Abscisic acid，ABA）等内源激素作为植物体内最重要的生长激素，对植物叶片的生长发育以及叶色的变化都有着重要的影响，叶片光合色素形成的调节是多种内源激素综合作用的结果，其中 IAA、GA、ABA 直接参与叶绿素、花色素苷及其他酚类化合物的形成，间接影响叶色的表达。同时，不同光照强度对植物叶片中内源激素的含量也产生影响。

（1）IAA 含量的变化

由图 2－51 可知：4 种欧洲鹅耳枥在 3 种光照处理下 IAA 的含量变化趋势大体相似，总体上均呈先升高后降低，再升高最后下降的趋势。原种欧洲鹅耳枥在处理 30 d 时达到 IAA 的第一个峰值，含量表现为：CK>W2>W1；处理 50 d 达到第二个峰值，含量表现为 W1>CK>W2，处理 50～70 d 时 3 组处理 IAA 呈下降趋势，降幅分别为 35.61%、36.76%、38.68%。‘Albert Beekman’在处理 40 d 前 W1 组 IAA 呈先下降后上升的趋势，CK 与 W2 组呈先上升后下降的趋势，处理 40 d 时 3 组 IAA 含量趋于一致；处理 40 d 后 IAA 含量变化趋势与原种欧洲鹅耳枥一致，呈先上升后下降的趋势，在处理 50 d 时达到峰值，含量表现为 W1>CK>W2，处理 50～70 d 时 3 组处理 IAA 呈下降趋势，降幅分别为 34.06%、30.38%、32.07%。

‘Frans Fontaine’在处理40 d前IAA呈先下降后上升的趋势，CK与W2组成先上升后下降的趋势，处理40 d时3组IAA含量趋于一致；处理40 d后IAA含量变化趋势与原种和‘Albert Beekman’相似，均呈先上升后下降的变化趋势，且在处理50 d时达到峰值，含量表现为CK>W2>W1，50~70 d时3组处理IAA呈下降趋势，降幅分别为34.77%、30.95%、22.74%。‘Lucas’在处理40 d前CK组IAA呈下降趋势，W1与W2组呈先上升后缓慢下降的趋势，降幅不明显，且3组光照处理下IAA含量在处理40 d时趋于一致，均达到最低值；处理40 d后IAA变化趋势与其他3个品种一致，在处理50 d时达到峰值，含量表现为CK>W1>W2，处理50~70 d时3组处理IAA呈下降趋势，降幅分别为24.93%、31.18%、33.64%。

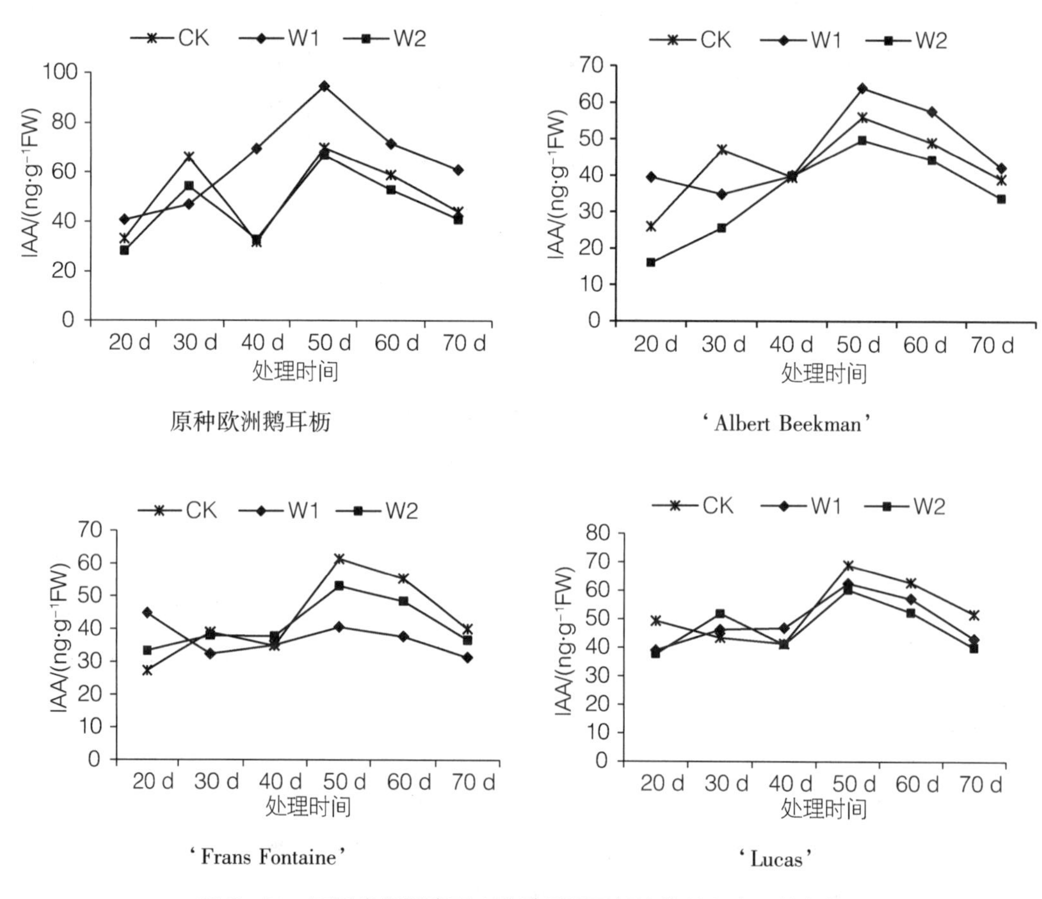


原种欧洲鹅耳枥　　‘Albert Beekman’

‘Frans Fontaine’　　‘Lucas’

图2-51　不同光照强度下4种欧洲鹅耳枥叶片IAA含量的变化

(2) GA含量的变化

由图2-52可知：4种欧洲鹅耳枥在不同光照处理下叶片中GA的含量变化趋势相似，40 d前变化幅度缓慢，40 d或50 d后3组处理的GA含量变化幅度增大，60~70 d后达到稳定。原种在40 d时3组处理的GA含量均呈先上升后下降的变化趋势，变化幅

度较小；40~70 d 时呈上升趋势，W1 与 W2 组上升幅度较大，CK 组较小，分别为 61.59%、95.17%、62.03%；GA 的含量表现为 W1>W2>CK。'Albert Beekman' 在 50 d 前变化趋势缓慢，CK 与 W1 组呈先上升后下降的变化趋势，W2 组呈下降的变化趋势，至 50 d 时 3 组处理 GA 含量趋于一致；50~70 d 时 3 组处理的 GA 含量呈上升趋势，幅度较大，分别为 76.39%、71.04%、50.21%，GA 含量表现为 W2>W1>CK。'Frans Fontaine' 在整个光照处理过程中，W2 与 W1 组的 GA 含量均呈缓慢上升趋势，20~70 d 的变化幅度分别为 106.8%、103.79%，CK 组则呈先下降后上升再缓慢下降的变化趋势，20~40 d 与 40~60 d 的下降、上升趋势分别为 19.43%、36.18%，GA 含量表现为 W2>W1>CK。'Lucas' 的 GA 含量在 40 d 前，W1 与 W2 组呈先上升后下降的变化趋势，CK 呈下降趋势，3 组光照处理下的 GA 变化幅度较小；40 d 后 3 组处理下的 GA 均呈上升趋势，上升幅度 W2>CK>W1，分别为 52.79%、49.75%、62.03%，GA 含量表现为 W2>W1>CK。

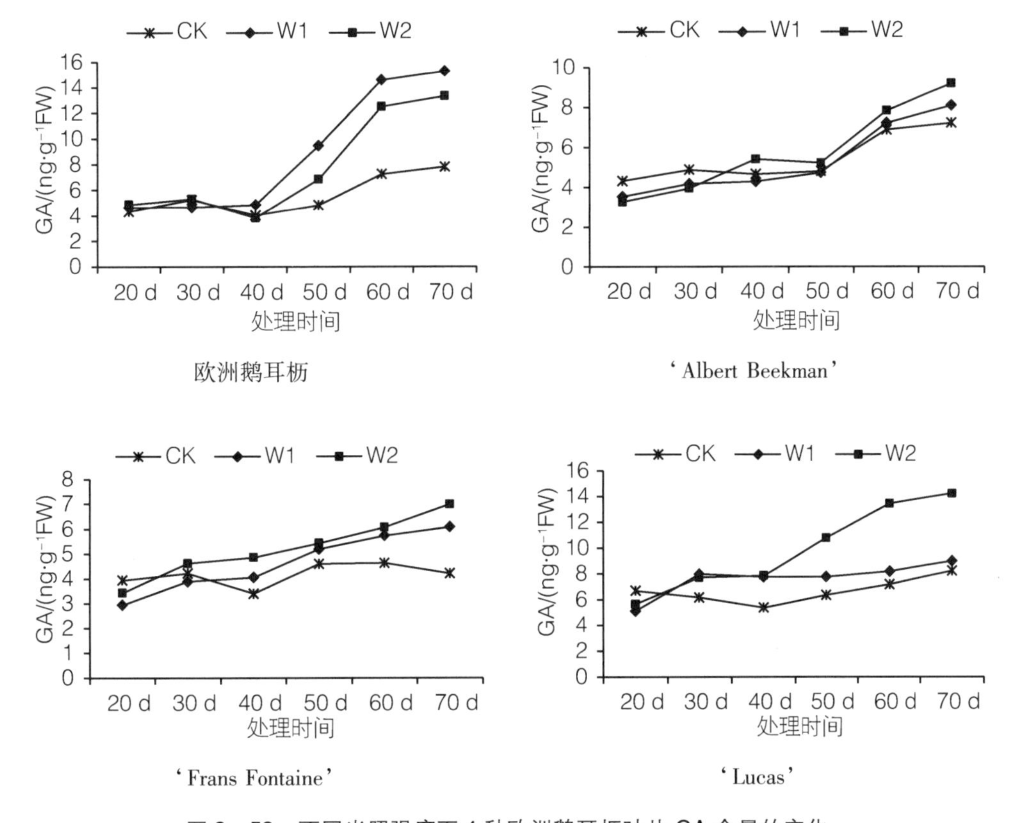


图 2-52　不同光照强度下 4 种欧洲鹅耳枥叶片 GA 含量的变化

（3）ABA 含量的变化

由图 2-53 可知：4 种欧洲鹅耳枥在不同光照处理下 ABA 的含量变化趋势总体上一致，表现为处理 50 d 前，W1 与 W2 组呈上升趋势，增幅明显，且 W2 组 ABA 含量高于 W1 组，处理 50~60 d 后，两组处理的 ABA 含量开始下降；CK 组在整个处理过程中变化趋势不明显，且总体含量均小于 W1、W2 组。原种 60 d 前，W1 与 W2 组 ABA 含量处于上升趋势，在 50～60 d 时达到峰值，增幅分别为 87.44%、81.08%，处理 60 d 后 ABA 含量开始迅速下降，降幅达 87.44%、81.08%；CK 组 ABA 含量变化趋势较平稳，整个处理过程增幅为 11.54%，ABA 含量表现为 W2>W1>CK。‘Albert Beekman’ 在处理 60 d 前，W1 与 W2 组 ABA 含量处于快速上升趋势，在处理 50～60 d 时达到峰值，增幅分别为 113.8%、135.27%，处理 60 d 后 ABA 含量开始下降，降幅达 8.09%、9.56%；CK 组 ABA 含量变化趋势较平稳，整个处理过程增幅为 98.9%，ABA 含量表现为 W2>W1>CK。与原种欧洲鹅耳枥一致。

‘Frans Fontaine’ 在处理 50 d 前，W1 与 W2 组 ABA 含量呈上升趋势，增幅分别为 32.14%、47%，处理 50～70 d ABA 含量有小幅上升，并趋于稳定；CK 组呈先上升后下降再上升的趋势，整个变化过程增幅不明显，ABA 含量表现为 W2>W1>CK。‘Lucas’ 在处理 40～50 d 前，W1 与 W2 组 ABA 含量呈总体的上升趋势，增幅分别为 20.06%、37.82%，处理 50～60 d 后 ABA 含量迅速下降，降幅达 21.45%、32.9%，整个处理过程中 CK 组的 ABA 含量变化不明显，3 组处理的 ABA 含量表现为 CK>W1>W2，与原种、‘Albert Beekman’、‘Frans Fontaine’ 一致。这表明逆境胁迫下的 ABA 含量高于自然处理。

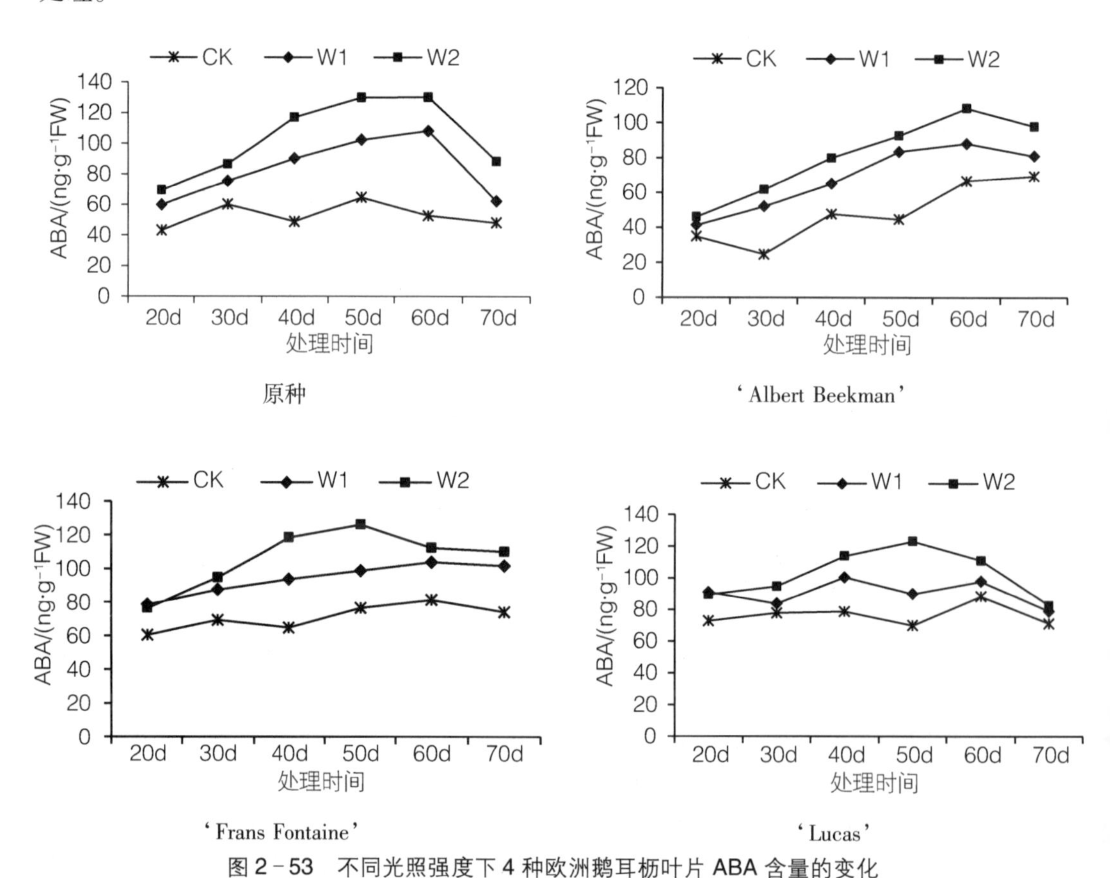


原种　　‘Albert Beekman’

‘Frans Fontaine’　　‘Lucas’

图 2－53　不同光照强度下 4 种欧洲鹅耳枥叶片 ABA 含量的变化

### 2.2.2.12 各品种、各处理间不同生理指标相关性分析

（1）欧洲鹅耳枥原种

由表2－9可知：全光照下欧洲鹅耳枥原种叶绿素总量与类胡萝卜素含量、花色素苷、PAL、可溶性糖、可溶性淀粉呈极显著的正相关（$P<0.01$），这表明全光照下PAL，可溶性糖、淀粉等有机内含物均显著影响欧洲鹅耳枥原种叶片中叶绿素含量；与POD呈显著的负相关（$P<0.05$），与可溶性蛋白呈极显著的负相关，这表明全光照下POD、可溶性蛋白的升高不利于叶绿素的积累。全光照下类胡萝卜素与花色素苷无相关性，表明两者并无直接影响；与PAL、可溶性糖呈极显著的正相关，与可溶性蛋白呈极显著的负相关，表明PAL酶和可溶性糖含量在一定程度上直接影响叶片中类胡萝卜素的含量，即直接影响欧洲鹅耳枥原种转色期观赏性黄叶的呈现；可溶性蛋白含量升高不利于叶色的变化。同时，花色素苷与可溶性淀粉、PAL与可溶性糖之间均呈极显著的正相关，可溶性糖、淀粉与可溶性蛋白呈极显著的负相关。

表2－9　全光照下原种不同测定指标间的相关性分析

| 指标 | 叶绿素总量 | 类胡萝卜素 | 花色素苷 | PAL | POD | 可溶性糖 | 可溶性淀粉 | 可溶性蛋白 |
|---|---|---|---|---|---|---|---|---|
| 叶绿素总量 | | | | | | | | |
| 类胡萝卜素 | 0.890** | | | | | | | |
| 花色素苷 | 0.908** | 0.976** | | | | | | |
| PAL | 0.966** | 0.769* | 0.806* | | | | | |
| POD | −0.672* | −0.744* | −0.761* | −0.589 | | | | |
| 可溶性糖 | 0.883** | 0.714* | 0.721* | 0.869** | −0.370 | | | |
| 可溶性淀粉 | 0.922** | 0.878** | 0.824* | 0.849** | 0.657 | 0.578 | | |
| 可溶性蛋白 | −0.806** | −0.937** | −0.967** | −0.716 | 0.377 | −0.740* | −0.714* | |

由表2－10可知：中度遮阴下叶绿素总量与类胡萝卜素、花色素苷、可溶性淀粉含量呈极显著的正相关，与可溶性糖呈显著正相关，与PAL、POD无相关关系，与可溶性蛋白呈显著负相关；类胡萝卜素与花色素苷、可溶性淀粉呈显著正相关，与可溶性蛋白呈极显著的负相关。这表明与全光照不同，中度遮阴下PAL、POD不影响原种欧洲鹅耳枥叶片中各色素含量，即两者并不能直接影响叶片的颜色；中度遮阴下花色素苷与可溶性糖呈显著相关、与可溶性淀粉呈极显著相关、与可溶性蛋白呈极显著负相关，再次表明中度遮阴下可溶性糖、淀粉能直接影响叶片中色素的含量进而影响原种欧洲鹅耳枥观赏期叶片的转色。

**表 2-10　中度遮阴下原种不同测定指标间的相关性分析**

| 指标 | 叶绿素总量 | 类胡萝卜素 | 花色素苷 | PAL | POD | 可溶性糖 | 可溶性淀粉 | 可溶性蛋白 |
|---|---|---|---|---|---|---|---|---|
| 叶绿素总量 | | | | | | | | |
| 类胡萝卜素 | 0.813** | | | | | | | |
| 花色素苷 | 0.836** | 0.717* | | | | | | |
| PAL | 0.363 | 0.197 | 0.278 | | | | | |
| POD | -0.302 | -0.397 | -0.328 | -0.485 | | | | |
| 可溶性糖 | 0.782* | 0.528 | 0.766* | 0.330 | -0.369 | | | |
| 可溶性淀粉 | 0.933** | 0.880** | 0.895** | 0.101 | -0.406 | 0.534 | | |
| 可溶性蛋白 | -0.756* | -0.866** | -0.979** | 0.237 | 0.193 | -0.791 | -0.796 | |

由表 2-11 可知：重度遮阴下叶绿素总量与类胡萝卜素、PAL、可溶性糖呈极显著正相关，与可溶性淀粉呈显著正相关，与花色素苷、POD 无相关关系，与可溶性蛋白呈极显著负相关；类胡萝卜素与花色素苷、POD、可溶性淀粉均无相关关系，与 PAL、可溶性糖呈极显著正相关，与可溶性蛋白呈极显著负相关；与 CK、W1 不同，重度遮阴下花色素苷与 PAL、POD、可溶性糖、可溶性蛋白均无相关关系，这表明重度遮阴下 PAL、可溶性糖显著影响原种欧洲鹅耳枥叶片中叶绿素和类胡萝卜素的含量，进而影响叶片的呈色。除可溶性淀粉外各项指标均不直接影响花色素苷的含量，这表明花色素苷含量与光照的强弱相关，重度遮阴不利于花色素苷的积累，却使叶片中可溶性蛋白含量的升高，这说明逆境胁迫可增加可溶性蛋白含量，不利于可溶性糖、淀粉等内含物质的积累。

**表 2-11　重度遮阴下原种不同测定指标间的相关性分析**

| 指标 | 叶绿素总量 | 类胡萝卜素 | 花色素苷 | PAL | POD | 可溶性糖 | 可溶性淀粉 | 可溶性蛋白 |
|---|---|---|---|---|---|---|---|---|
| 叶绿素总量 | | | | | | | | |
| 类胡萝卜素 | 0.967** | | | | | | | |
| 花色素苷 | 0.533 | 0.630 | | | | | | |
| PAL | 0.865** | 0.897** | 0.284 | | | | | |
| POD | -0.333 | -0.241 | -0.236 | -0.233 | | | | |
| 可溶性糖 | 0.889** | 0.928** | 0.536 | 0.853** | -0.334 | | | |
| 可溶性淀粉 | 0.771* | 0.659 | 0.846** | 0.322 | -0.310 | 0.677 | | |
| 可溶性蛋白 | -0.954** | -0.906** | -0.673 | 0.683 | 0.360 | -0.821** | -0.826** | |

(2)‘Albert Beekman’

由表2－12可知：全光照下‘Albert Beekman’叶片中叶绿素总量与类胡萝卜素、花色素苷、可溶性糖、可溶性淀粉均呈极显著的正相关，与PAL、POD无显著的相关性，与可溶性蛋白呈极显著的负相关；类胡萝卜素与花色素苷、可溶性糖、可溶性淀粉均呈极显著的正相关，与PAL、可溶性蛋白无相关性，与POD呈显著的负相关；花色素苷与可溶性糖、淀粉均呈极显著的正相关性，与POD、可溶性蛋白呈显著的负相关性，与PAL不相关。这表明全光照下‘Albert Beekman’叶片中叶绿素、类胡萝卜素、花色素苷这3个直接影响叶色变化的光合色素间均相互显著影响，且可溶性糖、可溶性淀粉对各色素含量均呈极显著的正相关，即此两类有机内含物可显著影响‘Albert Beekman’秋冬季类胡萝卜素的含量进而直接影响观赏性黄叶的呈现。PAL酶对‘Albert Beekman’各色素无显著影响，POD活性和可溶性蛋白含量越高，则表明色素含量越低，即不利于秋冬季转色期叶色的表达。

**表2－12　全光照下‘Albert Beekman’不同测定指标间的相关性分析**

| 指标 | 叶绿素总量 | 类胡萝卜素 | 花色素苷 | PAL | POD | 可溶性糖 | 可溶性淀粉 | 可溶性蛋白 |
|---|---|---|---|---|---|---|---|---|
| 叶绿素总量 | | | | | | | | |
| 类胡萝卜素 | 0.800** | | | | | | | |
| 花色素苷 | 0.873** | 0.939** | | | | | | |
| PAL | −0.261 | 0.289 | 0.154 | | | | | |
| POD | −0.507 | −0.781* | −0.716* | −0.422 | | | | |
| 可溶性糖 | 0.912** | 0.890** | 0.868** | −0.247 | −0.461 | | | |
| 可溶性淀粉 | 0.920** | 0.959** | 0.969** | −0.200 | −0.666 | 0.957** | | |
| 可溶性蛋白 | −0.859** | −0.693 | −0.727* | −0.532 | 0.275 | −0.836** | −0.775* | |

由表2－13可知：中度遮阴下‘Albert Beekman’叶片中叶绿素总量与类胡萝卜素、可溶性糖、可溶性淀粉呈极显著正相关，与类胡萝卜素、花色素苷呈显著的正相关，与可溶性蛋白、POD呈显著的负相关；与全光照处理不同，W1处理类胡萝卜素与花色素苷、PAL、POD、可溶性蛋白均无显著的相关性，与可溶性糖、可溶性淀粉呈显著的正相关；花色素苷与PAL、POD无显著的相关性，与可溶性糖、可溶性淀粉呈显著的正相关，与可溶性蛋白呈极显著的负相关性。这表明中度遮阴下叶绿素与类胡萝卜素、花色素苷含量分别显著影响，但类胡萝卜素与花色素苷之间含量无显著影响。可溶性糖、可溶性淀粉显著影响叶绿素、类胡萝卜素、花色素苷含量，即直接影响‘Albert Beekman’在秋冬季叶色的变化，可溶性蛋白含量越高、越不利于叶色的表达。

表 2-13 中度遮阴下‘Albert Beekman’不同测定指标间的相关性分析

| 指标 | 叶绿素总量 | 类胡萝卜素 | 花色素苷 | PAL | POD | 可溶性糖 | 可溶性淀粉 | 可溶性蛋白 |
|---|---|---|---|---|---|---|---|---|
| 叶绿素总量 | | | | | | | | |
| 类胡萝卜素 | 0.791* | | | | | | | |
| 花色素苷 | 0.733* | 0.687 | | | | | | |
| PAL | -0.289 | 0.328 | 0.154 | | | | | |
| POD | -0.741* | -0.326 | -0.454 | 0.106 | | | | |
| 可溶性糖 | 0.836** | 0.844** | 0.772* | -0.234 | -0.627 | | | |
| 可溶性淀粉 | 0.816** | 0.789* | 0.960** | -0.364 | -0.652 | 0.846** | | |
| 可溶性蛋白 | -0.798* | -0.477 | -0.819** | 0.322 | 0.625 | -0.970** | -0.875** | |

由表 2-14 可知：重度遮阴下‘Albert Beekman’叶绿素总量与类胡萝卜素、花色素苷呈极显著的正相关性，与可溶性糖呈显著正相关，与 PAL、POD、可溶性淀粉无显著相关性，与可溶性蛋白呈显著的负相关；类胡萝卜素与花色素苷、可溶性淀粉无显著的相关性，与 PAL、可溶性糖呈极显著的正相关性，与可溶性蛋白呈显著负相关；花色素苷仅与可溶性糖呈显著正相关，与 PAL、POD、可溶性淀粉无显著相关性，与可溶性蛋白呈极显著的负相关性。这表明重度遮阴下可溶性糖显著影响叶绿素和类胡萝卜素含量，可直接影响叶色的表达，PAL 在重度遮阴下可显著影响类胡萝卜素含量，这与全光照、中度遮阴处理不同。随着光照减弱，抑制了有机内含物及酶类对色素含量的影响即不利于秋季叶色的变化。

表 2-14 重度遮阴下‘Albert Beekman’不同测定指标间的相关性分析

| 指标 | 叶绿素总量 | 类胡萝卜素 | 花色素苷 | PAL | POD | 可溶性糖 | 可溶性淀粉 | 可溶性蛋白 |
|---|---|---|---|---|---|---|---|---|
| 叶绿素总量 | | | | | | | | |
| 类胡萝卜素 | 0.803** | | | | | | | |
| 花色素苷 | 0.888** | 0.692 | | | | | | |
| PAL | 0.642 | 0.922** | 0.432 | | | | | |
| POD | 0.226 | -0.277 | 0.252 | -0.274 | | | | |
| 可溶性糖 | 0.774* | 0.885** | 0.754* | 0.803** | -0.501 | | | |
| 可溶性淀粉 | 0.310 | 0.489 | 0.535 | 0.526 | -0.272 | 0.717* | | |
| 可溶性蛋白 | -0.765* | -0.781* | -0.829** | -0.653 | 0.460 | -0.971** | -0.651 | |

（3）‘Frans Fontaine’

由表2－15可知：全光照下‘Frans Fontaine’叶片中叶绿素总量与类胡萝卜素、花色素苷、可溶性淀粉呈极显著的正相关，与可溶性糖呈显著正相关，与可溶性蛋白呈极显著的负相关，与PAL、POD无显著相关性；类胡萝卜素与花色素苷、PAL、可溶性糖、可溶性淀粉均呈极显著的正相关，与可溶性蛋白呈极显著的负相关；花色素苷与PAL、可溶性淀粉呈极显著的正相关，与可溶性糖呈显著正相关，与可溶性蛋白呈极显著负相关；PAL与可溶性糖、可溶性淀粉均呈显著相关。这表明全光照‘Frans Fontaine’叶片中各光合色素含量均互相显著影响，可溶性糖与可溶性淀粉显著影响叶绿素、花色素苷含量，极显著影响类胡萝卜素含量，PAL显著影响花色素苷、类胡萝卜素含量。因此全光照下，‘Frans Fontaine’在秋冬季转色期观赏性黄叶的表达受有机内含物可溶性糖、可溶性淀粉，PAL酶的显著影响；可溶性蛋白含量越高，越不利于叶色的变化。POD对各色素含量无显著影响，认为其可能不能影响叶色的变化。

**表2－15　全光照下‘Frans Fontaine’不同测定指标间的相关性分析**

| 指标 | 叶绿素总量 | 类胡萝卜素 | 花色素苷 | PAL | POD | 可溶性糖 | 可溶性淀粉 | 可溶性蛋白 |
|---|---|---|---|---|---|---|---|---|
| 叶绿素总量 | | | | | | | | |
| 类胡萝卜素 | 0.887** | | | | | | | |
| 花色素苷 | 0.817** | 0.965** | | | | | | |
| PAL | 0.509 | 0.808** | 0.768* | | | | | |
| POD | −0.049 | 0.272 | 0.469 | 0.378 | | | | |
| 可溶性糖 | 0.787* | 0.949** | 0.860** | 0.895** | 0.126 | | | |
| 可溶性淀粉 | 0.850** | 0.873** | 0.751* | 0.787* | 0.125 | 0.929** | | |
| 可溶性蛋白 | −0.836** | −0.963** | −0.973** | −0.694 | −0.386 | −0.860** | −0.721* | |

由表2－16可知：中度遮阴下‘Frans Fontaine’叶片中叶绿素总量与类胡萝卜素、花色素苷、可溶性淀粉含量呈极显著的正相关，与可溶性蛋白呈显著的负相关；类胡萝卜素与花色素苷、可溶性糖、可溶性淀粉呈显著正相关，与可溶性蛋白呈极显著负相关；花色素苷与可溶性糖、可溶性淀粉呈显著相关，与可溶性蛋白呈极显著负相关，三类光合色素均与PAL、POD无显著相关性。这表明与全光照下不同，中度遮阴处理下叶片可溶性糖、淀粉对叶绿素、类胡萝卜素、花色素苷含量的影响下降，PAL不再影响类胡萝卜素的含量，可认为光照减弱，使得有机内含物及酶类对‘Frans Fontaine’叶色变化的影响值下降。

表 2-16 中度遮阴下‘Frans Fontaine’不同测定指标间的相关性分析

| 指标 | 叶绿素总量 | 类胡萝卜素 | 花色素苷 | PAL | POD | 可溶性糖 | 可溶性淀粉 | 可溶性蛋白 |
|---|---|---|---|---|---|---|---|---|
| 叶绿素总量 | | | | | | | | |
| 类胡萝卜素 | 0.833** | | | | | | | |
| 花色素苷 | 0.856** | 0.836** | | | | | | |
| PAL | 0.184 | 0.349 | 0.282 | | | | | |
| POD | -0.088 | 0.415 | -0.054 | 0.012 | | | | |
| 可溶性糖 | 0.450 | 0.779* | 0.739* | 0.660 | 0.368 | | | |
| 可溶性淀粉 | 0.917** | 0.771* | 0.966** | 0.315 | -0.243 | 0.613 | | |
| 可溶性蛋白 | -0.796* | -0.957** | -0.877** | -0.269 | -0.350 | -0.797* | -0.790* | |

由表 2-17 可知：重度遮阴下‘Frans Fontaine’叶片中叶绿素总量仅与花色素苷呈极显著正相关，与类胡萝卜素、PAL、POD、可溶性糖、可溶性淀粉均无显著相关性，与可溶性蛋白呈显著负相关；类胡萝卜素与花色素苷、PAL、可溶性糖、可溶性淀粉、可溶性蛋白均无显著相关性，与 POD 呈极显著的正相关；花色素苷与 PAL、POD、可溶性糖、可溶性淀粉均无显著相关，与可溶性蛋白呈极显著的负相关。这表明重度遮阴下，‘Frans Fontaine’叶绿素、花色素苷与类胡萝卜素含量间均不互相影响，且有机内含物、PAL 均不影响色素含量，再次说明随着光照减弱程度的进一步加深，‘Frans Fontaine’叶片中各色素含量不相关，有机内含物与酶类对色素的影响值进一步降低，使得‘Frans Fontaine’在转色期叶片呈色的过程受阻，即重度遮阴最不利于‘Frans Fontaine’秋季叶色变化。

表 2-17 重度遮阴下‘Frans Fontaine’不同测定指标间的相关性分析

| 指标 | 叶绿素总量 | 类胡萝卜素 | 花色素苷 | PAL | POD | 可溶性糖 | 可溶性淀粉 | 可溶性蛋白 |
|---|---|---|---|---|---|---|---|---|
| 叶绿素总量 | | | | | | | | |
| 类胡萝卜素 | 0.333 | | | | | | | |
| 花色素苷 | 0.889** | 0.483 | | | | | | |
| PAL | 0.276 | -0.027 | 0.212 | | | | | |
| POD | 0.095 | 0.936** | 0.334 | -0.297 | | | | |
| 可溶性糖 | 0.521 | 0.553 | 0.608 | 0.711 | 0.295 | | | |
| 可溶性淀粉 | 0.689 | 0.661 | 0.594 | 0.120 | 0.587 | 0.412 | | |
| 可溶性蛋白 | -0.782* | -0.685 | -0.865** | -0.443 | -0.503 | -0.892** | -0.562 | |

（4）‘Lucas’

由表 2-18 可知：全光照下‘Lucas’叶片中叶绿素总量与类胡萝卜素、花色素苷、可溶性糖呈极显著的正相关，与可溶性淀粉呈显著正相关，与 PAL、POD 无显著相关性，与可溶性蛋白呈极显著的负相关；类胡萝卜素与花色素苷、可溶性糖呈极显著的正相关，与 PAL、POD、可溶性淀粉均无显著相关性，与可溶性蛋白呈极显著的负相关；花色素苷与可溶性糖、淀粉呈显著正相关，与可溶性蛋白呈显著负相关，与 PAL、POD 无显著相关性。这表明：‘Lucas’叶片中各光合色素含量均相互显著影响，可溶性糖、淀粉含量越高可能有利于类胡萝卜素的积累，在一定程度下有利于‘Lucas’叶片的变色，可溶性蛋白含量的升高则不利于光合色素及各有机内含物含量的积累，原因可能是随着处理时间即气温的不断下降，植物为了适应低温环境，体内可溶性蛋白含量升高。PAL、POD 活性大小与各色素间均无显著的相关关系，说明在秋冬季叶色观赏期，全光照条件下其活性大小可能对‘Lucas’叶片的叶色表达影响较小。

**表 2-18　全光照下‘Lucas’不同测定指标间的相关性分析**

| 指标 | 叶绿素总量 | 类胡萝卜素 | 花色素苷 | PAL | POD | 可溶性糖 | 可溶性淀粉 | 可溶性蛋白 |
|---|---|---|---|---|---|---|---|---|
| 叶绿素总量 | | | | | | | | |
| 类胡萝卜素 | 0.932** | | | | | | | |
| 花色素苷 | 0.843** | 0.808** | | | | | | |
| PAL | -0.018 | -0.301 | 0.355 | | | | | |
| POD | -0.575 | -0.437 | -0.629 | 0.453 | | | | |
| 可溶性糖 | 0.993** | 0.942** | 0.802** | 0.003 | -0.619 | | | |
| 可溶性淀粉 | 0.720* | 0.511 | 0.778* | 0.491 | -0.710* | 0.721* | | |
| 可溶性蛋白 | -0.946** | -0.884** | -0.767* | 0.074 | 0.453 | -0.945** | -0.561 | |

由表 2-19 可知：中度遮阴下‘Lucas’叶片中各生理指标间的相关关系与全光照时存在差异，具体表现在：叶绿素总量与类胡萝卜素、可溶性糖呈极显著的正相关，与花色素苷、可溶性淀粉、PAL、POD 均无显著的相关关系；类胡萝卜素与可溶性糖呈极显著的正相关，与花色素苷、PAL、POD、可溶性淀粉均无显著的相关关系；叶绿素与类胡萝卜素与可溶性蛋白均呈显著的负相关；花色素苷与 POD 呈显著的负相关，与可溶性淀粉呈极显著的正相关，与 PAL、可溶性糖、可溶性蛋白无显著的相关关系。这表明中度遮阴下类胡萝卜素与花色素苷之间较全光照处理下表现为无显著影响，可溶性糖通过显著影响叶绿素、类胡萝卜素含量，可溶性淀粉通过显著影响花色素苷含量，达到影响‘Lucas’在中度遮阴处理下的变色效果。POD 活性越大越不利于花色素苷的积累，因为 POD 作为氧化酶，起到清除氧自由基的作用，它反映的是植物在环境胁迫下的生理响应。

表 2-19　中度遮阴下‘Lucas’不同测定指标间的相关性分析

| 指标 | 叶绿素总量 | 类胡萝卜素 | 花色素苷 | PAL | POD | 可溶性糖 | 可溶性淀粉 | 可溶性蛋白 |
|---|---|---|---|---|---|---|---|---|
| 叶绿素总量 | | | | | | | | |
| 类胡萝卜素 | 0.977** | | | | | | | |
| 花色素苷 | 0.625 | 0.665 | | | | | | |
| PAL | -0.213 | -0.304 | 0.073 | | | | | |
| POD | -0.370 | -0.297 | -0.794* | 0.520 | | | | |
| 可溶性糖 | 0.902** | 0.838** | 0.698 | 0.213 | -0.595 | | | |
| 可溶性淀粉 | 0.654 | 0.682 | 0.908** | 0.123 | -0.753* | 0.702* | | |
| 可溶性蛋白 | -0.798* | -0.753* | -0.630 | -0.382 | 0.520 | -0.935** | -0.740* | |

由表 2-20 可知：重度遮阴下‘Lucas’叶片中各生理指标间的相关关系与中度遮阴下相似，具体表现为：叶绿素总量与类胡萝卜素、可溶性糖呈极显著的正相关，与花色素苷、PAL、POD、可溶性淀粉含量均无显著的相关性；类胡萝卜素与花色素苷、PAL、POD、可溶性淀粉含量无显著的相关性，与可溶性糖呈显著的正相关，与可溶性蛋白呈极显著的负相关；花色素苷与 PAL、可溶性糖无显著的相关关系，与 POD 呈显著的负相关。这表明：重度遮阴胁迫下‘Lucas’叶片中各色素间的影响降低，可溶性糖、淀粉等有机内含物对各色素的影响值均降低，POD 对花色素苷的影响显著，表明重度光照胁迫下 POD 活性增大并不利于花色素苷等光合色素含量的积累。因此可得出，随着光照胁迫的增大，越不利于‘Lucas’在秋冬季观赏性叶色的表达。

表 2-20　重度遮阴下‘Lucas’不同测定指标间的相关性分析

| 指标 | 叶绿素总量 | 类胡萝卜素 | 花色素苷 | PAL | POD | 可溶性糖 | 可溶性淀粉 | 可溶性蛋白 |
|---|---|---|---|---|---|---|---|---|
| 叶绿素总量 | | | | | | | | |
| 类胡萝卜素 | 0.972** | | | | | | | |
| 花色素苷 | 0.275 | 0.128 | | | | | | |
| PAL | -0.371 | -0.550 | 0.640 | | | | | |
| POD | -0.575 | -0.417 | -0.770* | 0.798* | | | | |
| 可溶性糖 | 0.849** | 0.740* | 0.407 | -0.053 | -0.905** | | | |
| 可溶性淀粉 | 0.276 | 0.091 | 0.869** | 0.653 | -0.352 | 0.338 | | |
| 可溶性蛋白 | -0.937** | -0.834** | -0.457 | 0.101 | 0.798* | -0.955** | -0.471 | |

# 第三章

# 观赏鹅耳枥的引种适应性

鹅耳枥属全属50余种，广泛分布于全球北温带及北亚热带地区。中国有30余种，是鹅耳枥属物种的世界分布中心之一。欧洲鹅耳枥广泛分布于欧洲各地，是著名的园林绿化树种。我国拥有丰富的种质资源，却少有学者将其开发利用。

分析我国鹅耳枥属物种的资源分布现状，研究其地理分布、生态位，对其开发利用和发展具有重大的意义。本章概述了已发现的观赏鹅耳枥资源分布情况，并对欧洲鹅耳枥及其两个品种进行区域化实验，为观赏鹅耳枥的引种及园林应用提供了理论依据。

## 3.1 观赏鹅耳枥引种概述

我国是鹅耳枥属植物资源大国，但用于园林绿化建设的优良观赏品种较少，引种观赏鹅耳枥彩叶植物资源将有利于丰富我国城市园林植物景观。目前，笔者团队已从国内外收集优良观赏鹅耳枥种质20余种，主要见彩图3－1。

1）收集并保存的欧洲鹅耳枥原种和主要优良观赏品种：

① *C. betulus*：欧洲鹅耳枥原种，树形开展，枝条柔软，叶冬枯而不落，具有一定观赏性。

② *C. betulus*‘Columnaris’：树冠呈柱状或卵形，枝叶密集，外形直立或锥体。秋天叶色为红黄色，是欧美园林中常见的庭院树种。

③ *C. betulus*‘Albert Beekman’：树冠柱形，树形秀丽，叶秋季变黄。速生品种，适应性强，耐修剪，可修剪成任意形状。

④ *C. betulus*‘Frans Fontaine’：柱状树形稳定且耐修剪，是理想的造型树种，可作为绿篱、绿色雕塑、拱门、行道树、庭院树。国外应用较为普遍。

⑤ *C. betulus*‘Gerry Chaster’：单叶互生，夏季绿色至浓绿，秋季金黄、橘黄；雌雄同株柔荑花序下垂，花期4月；坚果下垂，由黄变褐，经冬不凋。

⑥ *C. betulus*‘Globosa’：生长缓慢，树冠球形，无明显主干，秋季叶变黄，观赏价值高。

⑦ *C. betulus*‘Heterophylla’：树形修长，树皮凹槽扭曲。随着树龄增大扭曲程度也越高，适合行道树绿化和盆景制作。

⑧ *C. betulus*‘Fastigiata’：枝叶浓密，树形规整，呈对称金字塔形，无中心主干。叶片秋季变成黄色、橘红色。可种在道路或建筑物旁，也可做防风林。

⑨ *C. betulus*‘Lucas’：树冠柱形，树形秀丽，夏季叶绿色，秋季变黄。

⑩ *C. betulus*‘Vienna Weeping’：垂枝型。秋季叶变黄，观赏性较强。

2）收集并保存的主要国内观赏鹅耳枥种质资源：

① 普陀鹅耳枥（*C. putoensis*）：树形秀丽，具有耐阴、耐旱、抗风等特性。为中国特有珍稀植物，在保存物种和自然景观方面都有重要意义。

② 鹅耳枥（*C. turczaninowii*）：枝叶茂密，叶形秀丽，颇美观。早春嫩叶红艳，持续时间较长，宜庭园观赏种植。

③ 川陕鹅耳枥（*C. fargesiana*）：产于四川东部和北部、陕西。树形挺拔高大，枝叶茂密，果穗奇特，可作观赏树或庭荫树。

④ 云贵鹅耳枥（*C. pubescens*）：本种与鹅耳枥十分接近，原产于云贵高原，叶片较

狭窄，叶缘具密细重锯齿，叶型秀丽，具有一定的观赏价值。

⑤ 雷公鹅耳枥（*C. viminea*）：树姿优美，树形高大挺拔，叶纸质，顶端尾尖，秋季叶色变成黄色至淡黄绿色，较美观。

⑥ 昌化鹅耳枥（*C. tschonoskii*）：生于海拔 2 000 m 的山坡林中，树型紧凑挺拔，耐贫瘠，较耐寒耐旱，可作为很好的水土保持树种。

⑦ 天台鹅耳枥（*C. tientaiensis*）：中国特有树种，产浙江东部，稍耐阴、耐干旱、喜中性土壤，耐瘠薄，可在干燥阳坡或林下生长，为良好的水土保持林树种。

⑧ 湖北鹅耳枥（*C. hupeana*）：中国特有树种，乔木，树皮淡灰棕色，枝条灰黑色有小而凸起的皮孔，无毛；小枝细瘦，密被灰棕色长柔毛。

⑨ 短尾鹅耳枥（*C. londoniana*）：乔木，树皮深灰色，狭椭圆形、狭矩圆形，长 6~12 cm，宽 2.5~3.0 cm，顶端长渐尖或尾状渐尖。

⑩ 千金榆（*C. cordata*）：乔木，高约 15 m。树皮灰色，小枝棕色或橘黄色，抗寒性强。

⑪ 小叶鹅耳枥（*C. stipulate*）：小乔木，叶小、枝叶细密、枝条柔软、可塑性强，是制作盆景、绿篱的良好材料。

## 3.2 观赏鹅耳枥区域化试验

欧洲鹅耳枥观赏价值极高，抗寒性强、抗风力强、适应性广、少病虫害，所以是理想的沿海绿化及荒山造林树种。要加快欧洲鹅耳枥在国内的应用和推广，使之能广泛地在我国的工业、城市林业、园林绿化及荒山造林中发挥巨大的作用，对其区域化试验的研究必不可少。

本实验以欧洲鹅耳枥（*C. betulus*）及其 2 个品种（*C. betulus*‘Frans Fontaine’、*C. betulus*‘Lucas’）为试验材料，观察研究其在北京、南京和靖江 3 个地区的生长适应性（彩图 3-2），并采用 AMMI 模型对不同欧洲鹅耳枥在不同地区的生长适应性和稳定性进行评价。

### 3.2.1 物候期的区域化差异

① 展叶时间。各欧洲鹅耳枥在同一地区的物候变化基本相同，南京地区欧洲鹅耳枥及其品种的展叶时间为 4 月 10 日左右，北京地区的展叶时间为 4 月 24 日左右，靖江地区的展叶时间为 4 月初。

② 二次抽梢时间。南京地区 *C. betulus*‘Lucas’二次抽梢时间为 6 月初，其他种（品种）的二次抽梢时间为 6 月末。北京地区各个种（品种）二次抽梢时间为 7 月中旬，靖江地区各个种（品种）二次抽梢时间为 6 月中旬。3 个地区各个种（品种）二次

抽梢长出的新叶均为红褐色，随后变为黄绿色。

③ 叶变黄时间。南京地区 10 月末 *C. betulus*‘Frans Fontaine’叶色开始变黄，11 月中旬叶色明显变黄。*C. betulus* 和 *C. betulus*‘Lucas’11 月中旬开始变黄。北京地区，8 月末，*C. betulus*‘Frans Fontaine’、*C. betulus*‘Lucas’部分叶片开始变色，9 月中旬明显变黄。*C. betulus* 9 月中旬叶色开始变黄。靖江地区，各个种（品种）10 月末叶色开始变黄。

④ 落叶时间。南京地区欧洲鹅耳枥及其品种 11 月下旬开始落叶，*C. betulus* 冬季叶枯而不落，其他品种至 12 月中旬叶基本落完。北京地区欧洲鹅耳枥及其品种 11 月初开始落叶。靖江地区各个种（品种）11 月下旬开始落叶，12 月中旬基本落完。

⑤ 病虫害情况。南京和北京地区病虫害较少，南京地区 8—9 月主要病虫害为蚜虫，病害较轻，靖江地区 8—9 月病虫害较严重，主要病虫害为褐边绿刺蛾的幼虫（即洋辣子）。

## 3.2.2 生长特性的区域化差异

植物在不同地区的生长情况与环境密切相关，温度、湿度、光照条件、土壤条件等时刻影响着植物的生长与营养积累，不同地区因环境的差异，同一植物生长有时也存在较大的差异。

### 3.2.2.1 苗高生长的差异

苗高净增量是反映植物生长状况的重要指标。如表 3 - 1 所示，不同欧洲鹅耳枥在不同地区的苗高净增量不同。从种（品种）角度看，*C. betulus*‘Frans Fontaine’的苗高净增量为南京>靖江>北京，其中南京地区苗高净增量约为靖江的 2 倍，约为北京的 4 倍。*C. betulus*‘Lucas’苗高净增量靖江地区最大，其次是南京地区，但其与靖江地区相差不大，净增量最小的是北京地区。*C. betulus* 的苗高净增量为南京>北京>靖江，且南京地区苗高净增量约为北京和靖江地区的 3 倍。从地区角度看，南京地区 3 种欧洲鹅耳枥的苗高净增量均较大，说明其更适宜 3 种欧洲鹅耳枥的营养生长。北京地区 3 种欧洲鹅耳枥的苗高净增量均较小，说明其生长速度明显慢于南京和靖江地区，这可能是因为其地处北方，相对于南京和靖江地区来说，展叶期较晚，落叶期又较早，光合周期短，营养积累少所致。

**表 3 - 1 欧洲鹅耳枥三地形态指标**

| 品种 | 地点 | 苗高净增量/cm | 地径净增量/cm | 叶长/cm | 叶宽/cm | 叶面积/cm$^2$ |
|---|---|---|---|---|---|---|
| *C. betulus*‘Frans Fontaine’ | 北京 | 11.80±5.78 | 0.364±0.10 | 7.402±0.57 | 4.488±0.27 | 23.648±2.39 |
| | 南京 | 50.98±16.50 | 0.588±0.23 | 7.634±0.73 | 4.320±0.31 | 23.520±3.27 |
| | 靖江 | 21.86±5.47 | 0.398±0.05 | 6.118±0.33 | 3.666±0.25 | 16.314±1.73 |

续表

| 品种 | 地点 | 苗高净增量/cm | 地径净增量/cm | 叶长/cm | 叶宽/cm | 叶面积/cm² |
|---|---|---|---|---|---|---|
| *C. betulus* 'Lucas' | 北京 | 13. 92±5. 74 | 0. 488±0. 21 | 6. 746±0. 34 | 4. 332±0. 22 | 21. 130±1. 82 |
| | 南京 | 22. 12±8. 17 | 0. 528±0. 11 | 6. 904±0. 71 | 3. 854±0. 32 | 18. 450±2. 50 |
| | 靖江 | 24. 48±7. 42 | 0. 428±0. 08 | 5. 742±0. 51 | 3. 404±0. 25 | 14. 108±2. 14 |
| *C. betulus* | 北京 | 19. 72±7. 08 | 0. 448±0. 14 | 6. 056±0. 26 | 3. 644±0. 20 | 16. 530±0. 73 |
| | 南京 | 54. 72±6. 61 | 0. 746±0. 17 | 7. 808±0. 55 | 4. 554±0. 41 | 26. 206±3. 73 |
| | 靖江 | 18. 84±7. 22 | 0. 536±0. 11 | 6. 280±0. 17 | 3. 954±0. 18 | 18. 428±0. 95 |

对不同欧洲鹅耳枥在不同地区的苗高净增量进行方差分析，结果表明：不同种（品种）、不同地区对欧洲鹅耳枥苗高净增量的影响分别达到显著、极显著水平，种（品种）和地区之间的交互效应极显著（表3－2）。

**表3－2　欧洲鹅耳枥形态指标的方差分析**

| 指标 | 变异来源 | 平方和 | 自由度 | 均方 | F | 显著性 |
|---|---|---|---|---|---|---|
| 苗高 | 种（品种） | 960. 912 | 2 | 480. 456 | 4. 054 | 0. 026 |
| | 地区 | 6 166. 612 | 2 | 3 083. 306 | 26. 019 | 0. 000 |
| | 种（品种）·地区 | 2 469. 592 | 4 | 617. 398 | 5. 210 | 0. 002 |
| 地径 | 种（品种） | 0. 125 | 2 | 0. 062 | 2. 823 | 0. 073 |
| | 地区 | 0. 309 | 2 | 0. 155 | 7. 004 | 0. 003 |
| | 种（品种）·地区 | 0. 091 | 4 | 0. 023 | 1. 032 | 0. 405 |
| 叶长 | 种（品种） | 2. 606 | 2 | 1. 303 | 5. 195 | 0. 010 |
| | 地区 | 14. 744 | 2 | 7. 372 | 29. 393 | 0. 000 |
| | 地区·种（品种） | 4. 987 | 4 | 1. 247 | 4. 971 | 0. 003 |
| 叶宽 | 种（品种） | 0. 667 | 2 | 0. 334 | 4. 390 | 0. 020 |
| | 地区 | 2. 804 | 2 | 1. 402 | 18. 448 | 0. 000 |
| | 地区·种（品种） | 3. 376 | 4 | 0. 844 | 11. 107 | 0. 000 |
| 叶面积 | 种（品种） | 87. 326 | 2 | 43. 663 | 8. 037 | 0. 001 |
| | 地区 | 319. 925 | 2 | 159. 963 | 29. 445 | 0. 000 |
| | 地区·种（品种） | 244. 740 | 4 | 61. 185 | 11. 262 | 0. 000 |

#### 3.2.2.2　地径生长的差异

地径净增量是反映植物生长状况的又一重要指标。从种（品种）角度看，*C. betulus*'Frans Fontaine'和*C. betulus*的地径净增量为南京>靖江>北京，*C. betulus*'Lucas'的地径净增量为南京>北京>靖江（表3－1）。从地区角度看，南京地区3个种（品种）的地径净增量最大，其中*C. betulus*的地径净增量最大，其次为*C. betulus*

'Lucas'，最小的是 *C. betulus* 'Frans Fontaine'，靖江地区地径净增量与南京地区相似，北京地区地径净增量 *C. betulus* 'Lucas' >*C. betulus*>*C. betulus* 'Frans Fontaine'。说明南京地区更适宜欧洲鹅耳枥的营养生长。

#### 3.2.2.3 叶片生长的差异

（1）叶片大小的差异

植物叶片的大小与其光合作用、蒸腾速率等密切相关。从三地平均值来看，欧洲鹅耳枥叶长、叶宽、叶面积大小均为 *C. betulus* 'Frans Fontaine' >*C. betulus*>*C. betulus* 'Lucas'。*C. betulus* 'Frans Fontaine' 和 *C. betulus* 'Lucas' 在北京地区叶面积最大，其次是南京地区，靖江地区最小，*C. betulus* 的叶面积为南京>靖江>北京（表 3－1）。说明环境条件对欧洲鹅耳枥叶片大小产生影响。

对不同欧洲鹅耳枥在不同地区的叶长、叶宽和叶面积进行方差分析，结果表明：欧洲鹅耳枥不同种（品种）、不同地区间叶长、叶宽及叶面积均差异显著或极显著，且各个指标的种（品种）和地区交互效应极显著。

（2）叶色变化的差异

不同品种的欧洲鹅耳枥在 3 个地区的叶色年动态变化如彩图 3－3。总体趋势是幼叶先为黄绿色，然后逐渐转为蓝绿、深绿，秋季转为浅黄，之后变为明黄色。其中 *C. betulus* 'Lucas' 在春末叶色变为较明显的蓝绿色，之后转为深绿，较其他种（品种）的绿色而言，较有新意，观赏价值也较高。经观察发现，各个种（品种）的叶色变化较为稳定，是观赏价值较高的秋色叶树种。秋季叶片变色效果为北京优于南京，南京优于靖江。此外，春季各欧洲鹅耳枥的嫩叶鲜绿，质地较薄，远观细致精巧，非常适宜观赏，春末各个种（品种）的二次抽梢，嫩叶红褐色，观赏价值也较高。所以春秋两季均为欧洲鹅耳枥的最佳观赏期。

#### 3.2.2.4 引种成活率的差异

引种成活率是区域化试验及引种是否成功的基本指标。引种 1 年后，欧洲鹅耳枥及其各个品种引种成活率见表 3－3，南京地区欧洲鹅耳枥及其各个品种的成活率总体较高，其次是靖江地区，稍差的是北京地区。南京和靖江地区 *C. betulus* 'Lucas' 成活率最高，达 98%以上，其次是 *C. betulus* 'Frans Fontaine'，成活率最低的为 *C. betulus*。北京地区 *C. betulus* 'Frans Fontaine' 成活率最高，其次是 *C. betulus* 'Lucas'，成活率最低的为 *C. betulus*。3 个地区中，各欧洲鹅耳枥死亡率主要是因越夏和越冬过程中环境恶劣而后期管理不善造成的。

**表 3－3 欧洲鹅耳枥及其品种引种成活率**

| 成活率/% | *C. betulus* 'Frans Fontaine' | *C. betulus* 'Lucas' | *C. betulus* |
|---|---|---|---|
| 南京 | 97.33 | 100 | 96.33 |
| 北京 | 90.53 | 88.37 | 74.24 |
| 靖江 | 96.15 | 98 | 89.13 |

### 3.2.3　光合特性的区域化差异

光合能力是衡量植物是否适应某一生境的重要指标。反映光合能力强弱的指标有表观量子效率、最大净光合速率、光饱和点、光补偿点等光响应曲线特征参数。北京地区夏季叶温可达 37.5 ℃；南京和靖江地区，夏季光照较强，叶温可高达 43.7 ℃；夏季高温胁迫和光抑制的共同作用，使植物叶片光合机构遭受破坏，叶肉细胞光合活性降低，最终导致其净光合速率的下降。

#### 3.2.3.1　光合色素的区域化差异

叶绿素是植物呈现绿色的主要因素，也可间接反映植物光合作用的强弱，类胡萝卜素是植物秋季叶色变黄的主要因素，对植物叶绿体细胞器有一定的保护作用。由图 3－1 可知，欧洲鹅耳枥及其 2 个品种在 3 个地区的叶绿素总量、类胡萝卜素含量、叶绿素总量/类胡萝卜素含量的年动态变化均呈升高—降低—升高—降低的双峰趋势。除南京地区两次峰值相近外，其他地区第二次峰值均小于第一次峰值。南京和靖江地区叶绿素总量和类胡萝卜素含量的峰顶均出现在 7 月和 10 月，而北京地区则出现在 6 月和 8 月。说明夏季高温和高光强导致叶绿素含量和类胡萝卜素含量大幅降低，而不同地区因纬度不同降低的时间有差异，南京和靖江地区为 8 月，北京地区为 7 月。3 地叶绿素总量与类胡萝卜素含量比值的年变化趋势差异较大，南京地区呈明显的双峰曲线，峰值在 6 月和 9 月，9 月后比值迅速下降，北京地区的双峰曲线整齐但峰值与峰底相差较小，峰值在 6 月和 8 月，8 月后，比值迅速下降，靖江地区双峰曲线第一个峰顶不整齐，第二个峰顶在 10 月，10 月后比值迅速下降。叶绿素总量与类胡萝卜素含量比值的下降意味着类胡萝卜素在色素总量中所占的比例明显提高，是欧洲鹅耳枥秋季叶色变黄的主要原因。说明北京地区欧洲鹅耳枥 8 月之后开始变黄，南京地区 9 月之后开始变黄，靖江地区 10 月之后开始变黄，比较叶绿素总量与类胡萝卜素含量比值降低的幅度，发现南京地区和北京地区的变色效果远优于靖江地区。

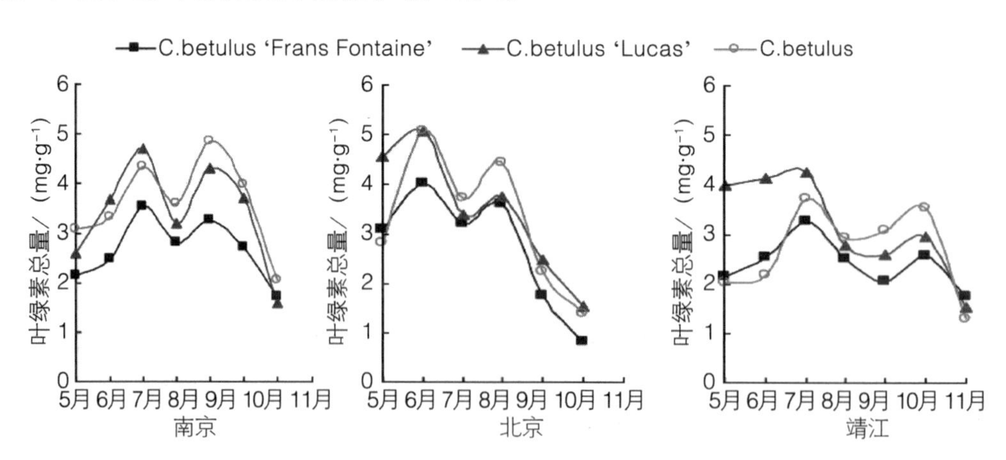

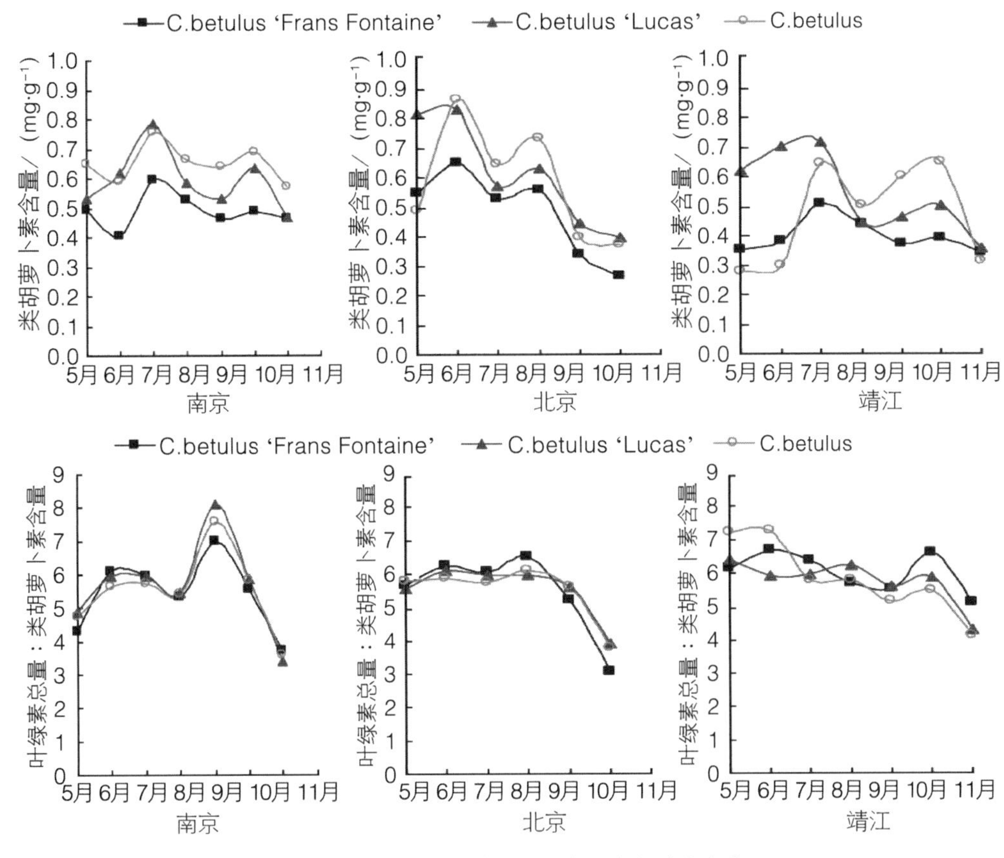


图 3-1 不同欧洲鹅耳枥光合色素年动态变化

3 地叶绿素总量、类胡萝卜素含量及叶绿素总量与类胡萝卜素含量的比值总体呈现南京>北京>靖江，而每个地区中 *C. betulus* 与 *C. betulus* 'Lucas' 的叶绿素总量和类胡萝卜素含量均显著高于 *C. betulus* 'Frans Fontaine'，叶绿素总量与类胡萝卜素含量的比值 3 个种（品种）间相差不大。

对不同欧洲鹅耳枥在不同地区的叶绿素总量、类胡萝卜素含量和叶绿素总量/类胡萝卜素含量进行方差分析（表 3-4），结果表明：不同种（品种）、不同地区和不同时间对欧洲鹅耳枥的叶绿素总量和类胡萝卜素含量的影响达极显著水平，不同地区和不同时间对叶绿素总量/类胡萝卜素含量的影响达极显著水平，种（品种）间的叶绿素总量/类胡萝卜素含量差异不显著。叶绿素总量、类胡萝卜素含量及叶绿素总量/类胡萝卜素含量 3 个指标的地区与种（品种）、地区与时间、种（品种）和时间两因素交互效应极显著，地区、种（品种）和时间三因素交互效应也达到极显著水平。

**表 3-4 不同欧洲鹅耳枥光合色素方差分析**

| 指标 | 变异来源 | 平方和 | 自由度 | 均方 | *F* | 显著性 |
|---|---|---|---|---|---|---|
| 叶绿素总量 | 地区 | 2.958 | 2 | 1.479 | 21.736 | 0.000 |
| | 种（品种） | 15.709 | 2 | 7.854 | 115.408 | 0.000 |

续表

| 指标 | 变异来源 | 平方和 | 自由度 | 均方 | F | 显著性 |
|---|---|---|---|---|---|---|
| | 时间 | 67.116 | 6 | 11.186 | 164.363 | 0.000 |
| | 地区·种（品种） | 2.428 | 4 | 0.607 | 8.918 | 0.000 |
| | 地区·时间 | 55.841 | 11 | 5.076 | 74.592 | 0.000 |
| | 种（品种）·时间 | 10.920 | 12 | 0.910 | 13.372 | 0.000 |
| | 地区·种（品种）·时间 | 8.677 | 22 | 0.394 | 5.795 | 0.000 |
| 类胡萝卜素 | 地区 | 0.358 | 2 | 0.179 | 66.410 | 0.000 |
| | 种（品种） | 0.555 | 2 | 0.278 | 102.972 | 0.000 |
| | 时间 | 0.748 | 6 | 0.125 | 46.251 | 0.000 |
| | 地区·种（品种） | 0.085 | 4 | 0.021 | 7.926 | 0.000 |
| | 地区·时间 | 1.080 | 11 | 0.098 | 36.424 | 0.000 |
| | 种（品种）·时间 | 0.365 | 12 | 0.030 | 11.271 | 0.000 |
| | 地区·种（品种）·时间 | 0.401 | 22 | 0.018 | 6.758 | 0.000 |
| 叶绿素总量/类胡萝卜素含量 | 地区 | 15.841 | 2 | 7.921 | 117.344 | 0.000 |
| | 种（品种） | 0.109 | 2 | 0.055 | 0.808 | 0.448 |
| | 时间 | 67.965 | 6 | 11.328 | 167.816 | 0.000 |
| | 地区·种（品种） | 1.434 | 4 | 0.358 | 5.311 | 0.001 |
| | 地区·时间 | 40.738 | 11 | 3.703 | 54.867 | 0.000 |
| | 种（品种）·时间 | 5.026 | 12 | 0.419 | 6.205 | 0.000 |
| | 地区·种（品种）·时间 | 8.960 | 22 | 0.407 | 6.034 | 0.000 |

#### 3.2.3.2 基本光合特性区域化差异

（1）不同欧洲鹅耳枥净光合速率年动态变化规律

由图 3－2 可知，北京地区欧洲鹅耳枥原种及 2 个品种的净光合速率年动态变化曲线有两种，即单峰形和双峰形，*C. betulus*‘Frans Fontaine’和 *C. betulus*‘Lucas’呈单峰形，其峰顶出现在 7 月，*C. betulus* 呈双峰形，其峰顶分别出现在 6 月和 9 月。南京和靖江地区的净光合速率年动态变化曲线均为双峰形，第一个峰顶在 5 月或 6 月，第二个峰顶在 10 月。这可能是由于南京和靖江地区夏季高温和高光强，导致 3 种欧洲鹅耳枥产生光抑制，使得净光合速率迅速下降并形成低谷，而北京地区夏季温度较南京地区低，部分种（品种）出现光抑制，部分种（品种）由于自身的耐热性较强未出现光抑制所致。各地区峰顶出现的时间主要因种（品种）和环境而异。

（2）不同欧洲鹅耳枥蒸腾速率年动态变化规律

由图 3－2 可知，北京地区欧洲鹅耳枥原种及其 2 个品种的蒸腾速率年动态变化曲线除 *C. betulus*‘Lucas’呈 S 形外，其他几个种（品种）均呈双峰形，峰顶分别在 7 月和 9 月。南京地区除了 *C. betulus* 呈单峰形外，其他品种均呈双峰形，峰顶与北京地区

一致。靖江地区均呈单峰形，峰顶为 8 月或 9 月。除了 8 月份 *C. betulus*‘Frans Fontaine’和 *C. betulus*‘Lucas’外，其余月份南京的 3 种欧洲鹅耳枥的蒸腾速率均大于北京地区对应的月份和种（品种）。这是由于南京地区各月平均气温高于北京地区，导致欧洲鹅耳枥蒸腾速率增强，而 8 月份因高温和高光强，欧洲鹅耳枥受到光抑制，导致气孔关闭，蒸腾速率下降。靖江地区夏季不同欧洲鹅耳枥蒸腾速率较大，可能是高光强和高温导致植物自我保护机制受损所致。

（3）不同欧洲鹅耳枥气孔导度年动态变化规律

图 3－2 可知，北京地区欧洲鹅耳枥原种及其 2 个品种的气孔导度年动态变化曲线有 2 种，即双峰形和 S 形。*C. betulus*‘Lucas’呈“S”形，其他种（品种）均呈双峰形，峰顶分别在 7 月和 9 月。南京和靖江地区均呈双峰形，南京地区峰顶分别在 7 月和 10 月，靖江地区峰顶分别在 6 月和 9 月。8 月，北京只有 *C. betulus*‘Frans Fontaine’和 *C. betulus* 气孔导度降低，而南京地区 3 种欧洲鹅耳枥的气孔导度均大幅下降，靖江地区 7 月气孔导度整体下降，说明除了植物本身的基因型外，气温对气孔导度的影响较大，在遭遇极端高温时，部分气孔关闭，气孔导度降低，植物自动开启自身的保护机制，一旦温度过高或光强过强，可能导致植物自我保护机制受损，这可能是 8 月靖江地区气孔导度大幅上升的原因。

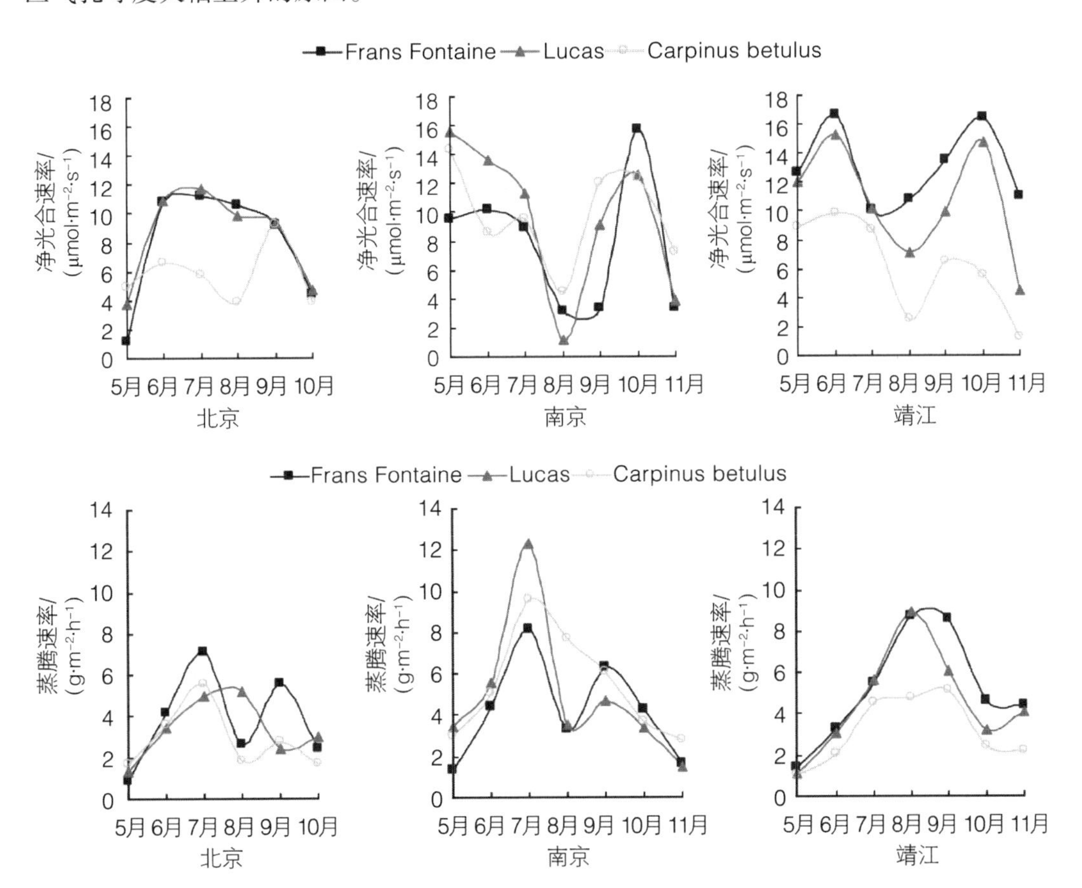

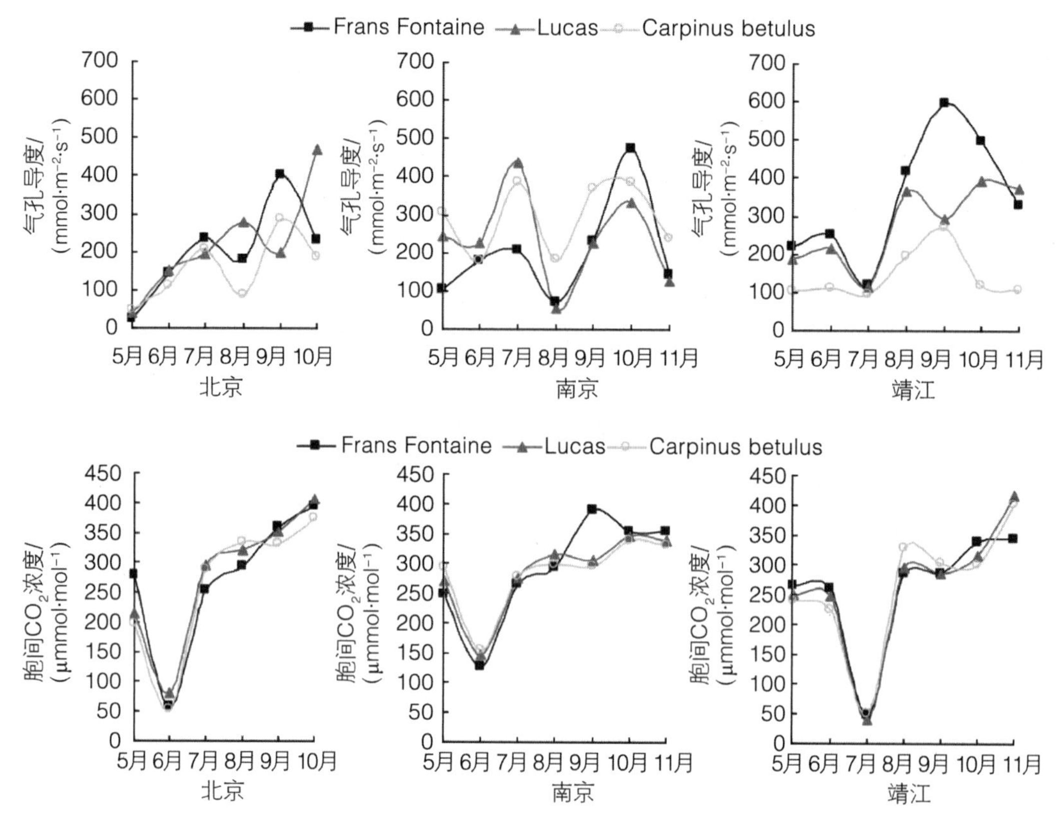


图 3－2　不同欧洲鹅耳枥光合基本特性年动态变化

（4）不同欧洲鹅耳枥胞间 $CO_2$ 浓度年动态变化规律

欧洲鹅耳枥及其 2 个品种在 3 个地区的胞间 $CO_2$ 浓度年动态变化规律差异较小，年变化曲线均呈单谷形，北京和南京的谷底在 6 月，靖江地区谷底在 7 月。之后，每个地区几个种（品种）变化较为一致且幅度较小。6 月后，南京和北京地区胞间 $CO_2$ 浓度整体呈上升趋势，靖江地区在 7 月后整体呈上升趋势，但南京和靖江地区各欧洲鹅耳枥在 9 月均有一个较小的降幅（南京 *C. betulus*‘Frans Fontaine’除外）。说明地域对欧洲鹅耳枥及其不同品种的胞间 $CO_2$ 浓度影响较小。6 月北京和南京地区、7 月靖江地区的欧洲鹅耳枥及其不同品种的胞间 $CO_2$ 浓度较低，是此时植物光合作用较强、处于旺盛生长期所致。

由于物候的差异，南京和靖江地区的欧洲鹅耳枥及其品种萌芽、展叶时间均比北京早一个月左右，落叶时间比北京晚一个月左右，故 5 月南京和靖江地区的欧洲鹅耳枥及其品种先具有光合活动能力，其净光合速率均远高于北京。北京地区的欧洲鹅耳枥及其品种的光合作用持续到 10 月末，6—9 月为其生长旺盛期，此时净光合速率均处于较高水平，而南京和靖江叶片的光合作用持续到 11 月末，5—7 月和 9—10 月为其生长旺盛期，此时净光合速率较高。说明南京和靖江地区欧洲鹅耳枥及其品种的高效光合周期比北京地区长，所以更适合欧洲鹅耳枥及其品种营养物质的积累。

综合比较发现，靖江地区除 *C. betulus* 净光合速率年平均值最低外，其他两个品种均显著大于南京和北京地区，南京地区除 *C. betulus*‘Frans Fontaine’与北京地区相近外，其他种（品种）均大于北京地区。北京地区不同欧洲鹅耳枥的净光合速率年平均值由强到弱依次为 *C. betulus*‘Lucas’>*C. betulus*‘Frans Fontaine’>*C. betulus*。南京地区净光合速率年平均值由强到弱依次为 *C. betulus*>*C. betulus*‘Lucas’>*C. betulus*‘Frans Fontaine’，靖江地区净光合速率年平均值由强到弱依次为 *C. betulus*‘Frans Fontaine’>*C. betulus*‘Lucas’>*C. betulus*。因此，*C. betulus* 在北京和靖江地区的净光合速率较低，在两地生长稍差，其他品种在 3 个地区均可正常生长。

#### 3.2.3.3 光响应曲线

（1）光响应曲线模型筛选

采用直角双曲线模型、非直角双曲线模型，直角双曲线修正模型进行光响应曲线的拟合，模型表达式如下：

① 直角双曲线模型（Baly E C，1935）表达式

$$P_n(I) = \frac{\alpha I P_{n\max}}{\alpha I + P_{n\max}} - R_d \tag{3-1}$$

② 非直角双曲线模型（Thornley J H M，1976）表达式

$$P_n(I) = \frac{\alpha I + P_{n\max} - SQRT((\alpha I + P_{n\max})^2 - 4I\alpha k P_{n\max})}{2k} - R_d \tag{3-2}$$

③ 直角双曲线修正模型（Ye Z P，2007）表达式

$$P_n(I) = \frac{\alpha(1 - \beta I)}{1 + \gamma I} - R_d \tag{3-3}$$

$$LSP = \frac{\frac{\mathrm{SQRT}(\beta + \gamma)}{\beta} - 1}{\gamma} \tag{3-4}$$

$$P_{n\max} = \alpha\left[\frac{\mathrm{SQRT}(\beta + \gamma) - \mathrm{SQRT}(\beta)}{\gamma}\right]^2 - R_d \tag{3-5}$$

式中：$P_n$ 为净光合速率；$I$ 为光量子通量密度；$\alpha$ 为初始量子效率，即弱光下光响应曲线初始直线部分的变化斜率；$P_{n\max}$ 为光饱和时的最大净光合速率；$R_d$ 为暗呼吸速率；$k$ 为非直角双曲线的弯曲程度，且 $0<k\leq1$；$\beta$ 为修正系数；$\gamma$ 为光响应曲线初始斜率与最大净光合速率之比；$LSP$ 为光饱和点。

3 个地区中南京和靖江地区气候环境相似，因此以 6 月北京和南京的光合——光响应数据为例，利用直角双曲线模型、非直角双曲线模型和直角双曲线修正模型对 3 种欧洲鹅耳枥光响应过程及其特征参数进行拟合，拟合效果如图 3－3，拟合结果见表 3－5 和表 3－6。其中表观量子效率为光合有效辐射≤200μmol·$m^{-2}$·$s^{-1}$ 时线性拟合得出。

6 月份，3 种模型对 2 个地区的 3 种欧洲鹅耳枥光响应曲线的拟合效果均较好。直角双曲线模型拟合的光响应曲线特征参数中最大净光合速率、光补偿点的数值均远大于实测值，决定系数为 0.857~0.997。非直角双曲线模型拟合的光响应曲线特征参数中净光合速率稍大于实测值，决定系数为 0.899~0.999。直角双曲线修正模型拟合的最大净光合速率、光补偿点和光饱和点均与实测值非常接近，决定系数为 0.992~1.000。此外，针对 2 个地区的 3 种欧洲鹅耳枥而言，各个模型的决定系数均为直角双曲线修正模型≥非直角双曲线模型>直角双曲线模型。由图 3－3（以一个品种举例）可知，3 种模型在弱光阶段均能较好地拟合净光合速率随光强上升而上升的阶段，模拟值与实测值相近，但随着光强的增大，直角双曲线和非直角双曲线模型无法拟合随着光强增加而净光合速率降低的阶段，且无法直接拟合得到光饱和点，而直角双曲线修正模型能够较好地拟合欧洲鹅耳枥及其品种随光强增加而净光合速率降低的阶段，且可以通过式（3－4）直接计算得到光饱和点。综合比较，在北京和南京，3 种欧洲鹅耳枥光合作用的光响应模型拟合效果优劣为直角双曲线修正模型>非直角双曲线模型>直角双曲线模型。

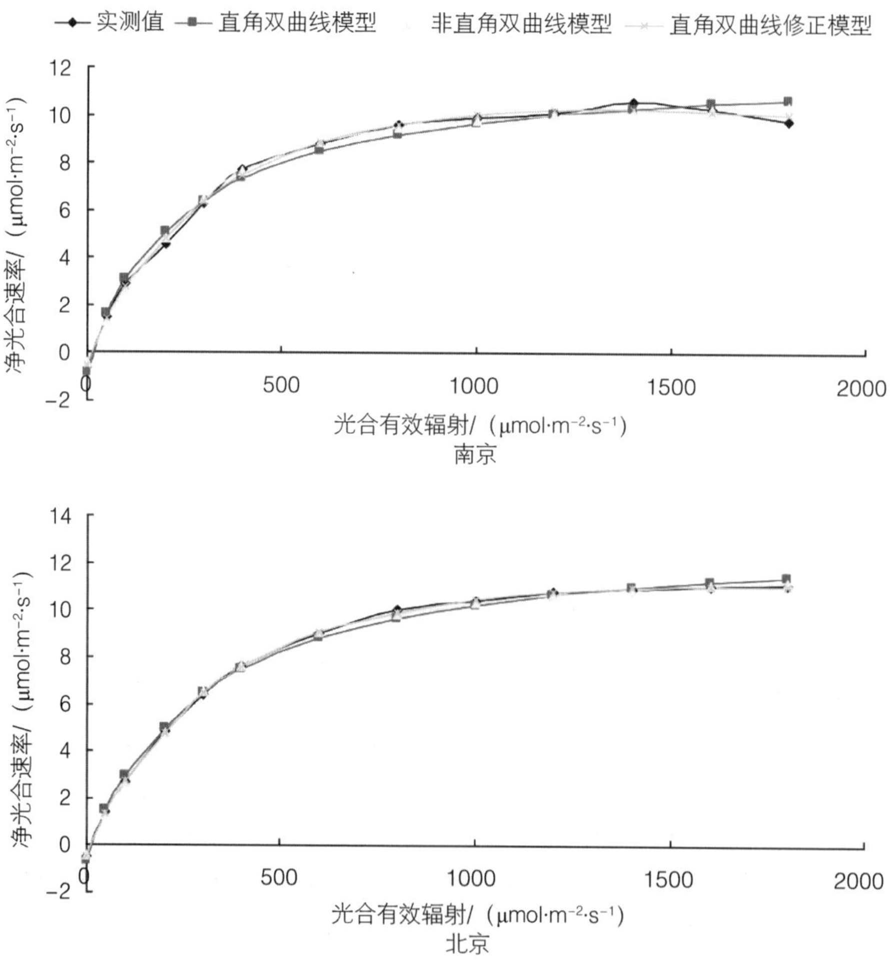


图 3－3　6 月 *C. betulus*‘Frans Fontaine’3 种光响应模型拟合曲线

**表 3-5　北京 6 月光响应曲线模型拟合的特征参数值**

| 种（品种） | 模型 | 初始量子效率 | 表观量子效率 | 最大净光合速率 | 光饱和点 | 光补偿点 | 暗呼吸速率 | 决定系数 |
|---|---|---|---|---|---|---|---|---|
| *C. betulus* 'Frans Fontaine' | 直角双曲线模型 | 0. 048 | 0. 028 | 14. 099 | — | 11. 214 | 0. 696 | 0. 997 |
| | 非直角双曲线模型 | 0. 034 | 0. 026 | 12. 738 | — | 8. 692 | 0. 407 | 0. 999 |
| | 直角双曲线修正模型 | 0. 04 | 0. 027 | 11. 045 | 1 701. 581 | 8. 815 | 0. 509 | 1 |
| | 实测值 | — | — | 11. 1 | ≈1 793 | 8. 778 | — | — |
| *C. betulus* 'Lucas' | 直角双曲线模型 | 0. 066 | 0. 032 | 13. 567 | — | 7. 563 | 0. 882 | 0. 98 |
| | 非直角双曲线模型 | 0. 03 | 0. 027 | 11. 341 | — | 2. 37 | 0. 152 | 0. 992 |
| | 直角双曲线修正模型 | 0. 043 | 0. 029 | 11. 025 | 1 138. 436 | 5. 034 | 0. 457 | 1 |
| | 实测值 | — | — | 11 | ≈1 000 | 4. 143 | — | — |
| *C. betulus* | 直角双曲线模型 | 0. 08 | 0. 024 | 7. 237 | — | −3. 458 | 0. 676 | 0. 925 |
| | 非直角双曲线模型 | 0. 028 | 0. 024 | 6. 226 | — | 4. 875 | 0. 226 | 0. 966 |
| | 直角双曲线修正模型 | 0. 046 | 0. 024 | 6. 453 | 785. 362 9 | 2. 708 | 0. 478 | 0. 998 |
| | 实测值 | — | — | 6. 5 | ≈800 | 3. 412 | — | — |

**表 3-6　南京 6 月光响应曲线模型拟合的特征参数值**

| 种（品种） | 模型 | 初始量子效率 | 表观量子效率 | 最大净光合速率 | 光饱和点 | 光补偿点 | 暗呼吸速率 | 决定系数 |
|---|---|---|---|---|---|---|---|---|
| *C. betulus* 'Frans Fontain' | 直角双曲线模型 | 0. 056 | 0. 029 | 13. 05 | — | 12. 966 | 0. 881 | 0. 99 |
| | 非直角双曲线模型 | 0. 032 | 0. 026 | 11. 405 | — | 9. 769 | 0. 409 | 0. 995 |
| | 直角双曲线修正模型 | 0. 041 | 0. 027 | 10. 261 | 1 338. 806 | 10. 296 | 0. 581 | 0. 998 |
| | 实测值 | — | — | 10. 6 | ≈1 400 | 8. 308 | — | — |
| *C. betulus* 'Lucas' | 直角双曲线模型 | 0. 062 | 0. 036 | 18. 508 | — | 29. 472 | 1. 567 | 0. 988 |
| | 非直角双曲线模型 | 0. 032 | 0. 03 | 15. 121 | — | 23. 433 | 0. 773 | 0. 998 |
| | 直角双曲线修正模型 | 0. 043 | 0. 032 | 13. 722 | 1 314. 292 | 26. 594 | 1. 1 | 1 |
| | 实测值 | — | — | 13. 7 | ≈1 400 | 25. 344 | — | — |
| *C. betulus* | 直角双曲线模型 | 0. 04 | 0. 023 | 11. 54 | — | 25. 304 | 0. 914 | 0. 992 |
| | 非直角双曲线模型 | 0. 024 | 0. 021 | 9. 976 | — | 21. 238 | 0. 543 | 0. 997 |
| | 直角双曲线修正模型 | 0. 03 | 0. 021 | 8. 667 | 1 397. 783 | 22. 429 | 0. 658 | 1 |
| | 实测值 | — | — | 8. 7 | ≈1 400 | 22. 857 | — | — |

（2）欧洲鹅耳枥光合能力比较

通过对不同欧洲鹅耳枥进行光合—光响应曲线的拟合，发现直角双曲线修正模型拟合效果最好，因此采用直角双曲线修正模型拟合3个地区欧洲鹅耳枥光响应曲线并计算其特征参数。本文以表观量子效率和最大净光合速率的年平均值作为主要指标，以光饱和点、光补偿点和暗呼吸速率的年平均值为次要指标，比较2个地区的3种欧洲鹅耳枥的光合能力。

由表3－7知，*C. betulus*'Frans Fontaine'在靖江地区的最大量子效率年平均值和表观量子效率年平均值最大，*C. betulus*'Lucas'在北京地区最大量子效率年平均值最大，表观量子效率年平均值3个地区相近，*C. betulus* 在北京地区最大量子效率年平均值最大，表观量子效率年平均值在南京地区最大，两个指标在靖江地区最小。表观量子效率代表植物利用弱光能力的强弱，除 *C. betulus*'Lucas'在3个地区利用弱光的能力相近外，其他2种在3个地区间利用弱光的能力有差异，主要表现在靖江地区。说明环境对欧洲鹅耳枥利用光能的能力产生了影响。

北京地区，不同欧洲鹅耳枥的表观量子效率年平均值为 *C. betulus*'Lucas'>*C. betulus*'Frans Fontaine'>*C. betulus*，最大净光合速率年平均值为 *C. betulus*'Lucas'>*C. betulus*'Frans Fontaine'>*C. betulus*，结合光饱和点、光补偿点及暗呼吸速率的年平均值，北京地区不同欧洲鹅耳枥的光合能力由强到弱依次为 *C. betulus*'Lucas'>*C. betulus*'Frans Fontaine'>*C. betulus*。南京地区，不同欧洲鹅耳枥的表观量子效率年平均值为 *C. betulus*'Lucas'>*C. betulus*>*C. betulus*'Frans Fontaine'，最大净光合速率年平均值为 *C. betulus*>*C. betulus*'Lucas'>*C. betulus*'Frans Fontaine'，光饱和点年平均值 *C. betulus*'Lucas'<*C. betulus*，光补偿点年平均值 *C. betulus*'Lucas'>*C. betulus*，说明 *C. betulus* 利用光能的能力比 *C. betulus*'Lucas'强，因此，南京地区不同欧洲鹅耳枥的光合能力由强到弱依次为 *C. betulus*>*C. betulus*'Lucas'>*C. betulus*'Frans Fontaine'。靖江地区，不同欧洲鹅耳枥的表观量子效率年平均值为 *C. betulus*'Frans Fontaine'>*C. betulus*'Lucas'>*C. betulus*，最大净光合速率年平均值为 *C. betulus*'Frans Fontaine'>*C. betulus*'Lucas'>*C. betulus*，结合光饱和点、光补偿点及暗呼吸速率的年平均值，靖江地区不同欧洲鹅耳枥的光合能力由强到弱依次为 *C. betulus*'Frans Fontaine'>*C. betulus*'Lucas'>*C. betulus*。说明不同欧洲鹅耳枥光合能力的强弱主要是基因型和环境共同作用的结果。

表 3-7　光响应曲线特征参数年平均值

| 地区 | 种（品种） | 初始量子效率 | 表观量子效率 | 最大净光合速率 | 光饱和点 | 光补偿点 | 暗呼吸速率 |
|---|---|---|---|---|---|---|---|
| 北京 | *C. betulus* 'Frans Fontaine' | 0. 040 | 0. 024 | 8. 426 | 1 373. 054 | 33. 783 | 0. 745 |
| | *C. betulus* 'Lucas' | 0. 049 | 0. 026 | 8. 966 | 1 753. 479 | 29. 088 | 1. 069 |
| | *C. betulus* | 0. 046 | 0. 021 | 6. 219 | 1 329. 004 | 16. 928 | 0. 756 |
| 南京 | *C. betulus* 'Frans Fontaine' | 0. 044 | 0. 023 | 8. 074 | 1 619. 902 | 17. 081 | 0. 779 |
| | *C. betulus* 'Lucas' | 0. 042 | 0. 027 | 9. 727 | 1 305. 807 | 42. 597 | 1. 182 |
| | *C. betulus* | 0. 040 | 0. 026 | 9. 997 | 1 335. 953 | 17. 264 | 0. 743 |
| 靖江 | *C. betulus* 'Frans Fontaine' | 0. 050 | 0. 034 | 13. 635 | 1 514. 822 | 19. 724 | 0. 887 |
| | *C. betulus* 'Lucas' | 0. 043 | 0. 027 | 10. 832 | 1 560. 152 | 19. 400 | 0. 610 |
| | *C. betulus* | 0. 031 | 0. 014 | 5. 545 | 1 246. 715 | 21. 163 | |

## 3. 2. 4　生理生化特性区域化差异

### 3. 2. 4. 1　营养指标区域化差异

（1）可溶性糖

可溶性糖是植物生长发育和基因表达的重要调节因子，是植物体内能量的来源。由图 3-4 可知，3 个地区不同欧洲鹅耳枥可溶性糖含量整体呈上升趋势，说明植物通过光合作用一直在积累能量。南京地区 8 月和靖江地区 8 月、9 月可溶性糖含量下降，北京地区 7 月、8 月可溶性糖含量增长较小，这是因为夏季不同欧洲鹅耳枥由于受到高温和高光强胁迫导致净光合速率大幅下降，致使可溶性糖合成较少，而植物消耗的能量不变

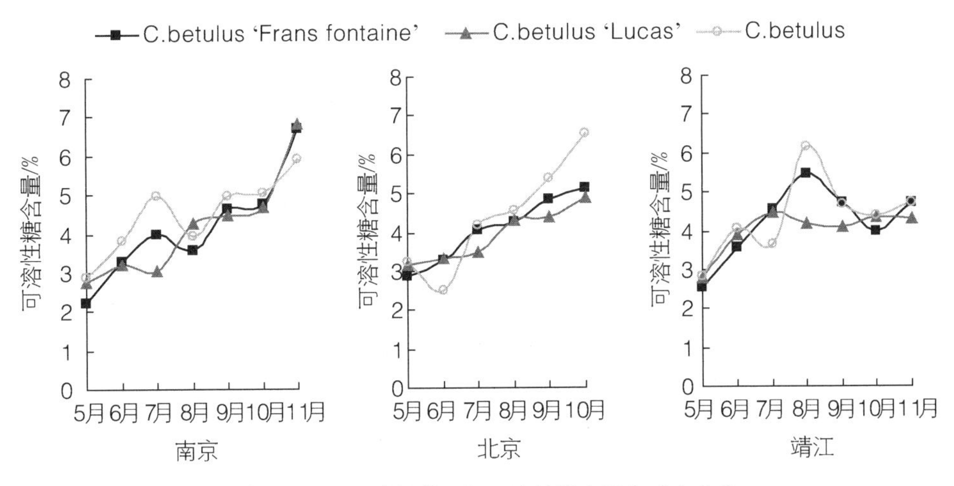


图 3-4　不同欧洲鹅耳枥可溶性糖含量年动态变化

所致。综合比较，除 *C. betulus* 的可溶性糖含量年平均值靖江地区最小外，其他品种均为南京和靖江地区明显高于北京地区，这可能是因为南京和靖江的光合周期大于北京的原因。同一地区比较，*C. betulus* 的可溶性糖含量均高于其他两个品种，说明在能量积累方面，*C. betulus* 比其他两个品种好。

（2）可溶性淀粉

植物光合作用的产物最终是以淀粉的形式贮存在植物体内，是植物能量的来源。如图 3－5，南京地区可溶性淀粉含量年动态变化整体呈上升趋势，北京地区 *C. betulus* 呈"S"形曲线，其他两个品种呈双峰曲线，靖江地区均呈"S"形曲线。3 个地区夏季高温和高光强导致植物净光合速率降低，可溶性糖合成减少，植物生长需要能量消耗，因此淀粉作为植物体内的最终能量来源，也有一定程度的降低。综合比较，3 个地区不同欧洲鹅耳枥的可溶性淀粉含量年平均值均为 *C. betulus*>*C. betulus*'Lucas'>*C. betulus*'Frans Fontaine'，而北京地区各个品种可溶性淀粉含量远大于南京和靖江地区，说明不同种类的欧洲鹅耳枥能量积累的能力不同，适当低温有利于可溶性淀粉的积累，这可能是为北京地区欧洲鹅耳枥经历更长的冬季低温期做准备，是植物对环境的一种适应。

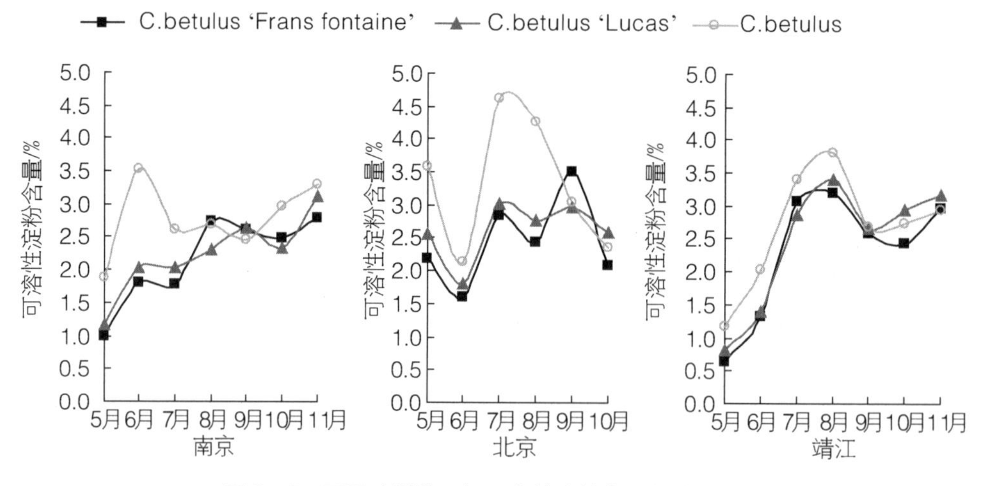


图 3－5　不同欧洲鹅耳枥可溶性淀粉含量年动态变化

（3）矿质元素

氮、磷、钾是植物生长发育的必需元素，被称为植物生长的三要素，在植物生长中起着至关重要的作用（李颖岳，2005）。植物体内氮、磷、钾含量的高低可以反映植物树体的营养状况。如表 3－8 所示，北京地区欧洲鹅耳枥叶片内氮、磷、钾平均含量均最大，其余两地氮含量为靖江>南京，磷、钾含量为南京>靖江，但南京和靖江地区欧洲鹅耳枥叶片内氮磷钾平均含量相差不大，说明不同的环境条件对不同欧洲鹅耳枥的生长影响较大。从种（品种）角度看，综合 3 个地区的平均值，氮、磷含量均为 *C. betulus*'Frans Fontain'>*C. betulus*'Lucas'>*C. betulus*，钾的含量为 *C. betulus*'Lucas'>*C. betulus*>*C. betulus*'Frans Fontaine'。

氮磷比可以作为营养元素的指示剂反映对生产力起限制性作用的元素（Tessier & Raynal，2003），当氮磷比大于16时，表明磷的含量限制植物的生长，氮磷比小于14时表明氮的含量限制植物的生长，而氮磷比在两者之间时，氮与磷单独或共同影响植物的生长（Koerselman & Meuleman，1996）。3个地区中不同欧洲鹅耳枥叶片氮磷比范围为17.750~28.914，均大于16，属于磷含量制约植物生长类型，因此在欧洲鹅耳枥的繁殖栽培中要注意磷肥的施用。

**表3-8　3个地区不同欧洲鹅耳枥矿质元素含量**

| 地区 | 种（品种） | 全氮/($mg \cdot g^{-1}$) | 全磷/($mg \cdot g^{-1}$) | 全钾/($mg \cdot g^{-1}$) | 氮磷比 |
|---|---|---|---|---|---|
| 北京 | *C. betulus* 'Frans Fontaine' | 10.987 | 0.594 | 1.525 | 18.498 |
| | *C. betulus* 'Lucas' | 12.326 | 0.469 | 1.576 | 26.274 |
| | *C. betulus* | 10.439 | 0.481 | 1.549 | 21.715 |
| 南京 | *C. betulus* 'Frans Fontaine' | 8.673 | 0.475 | 1.439 | 18.266 |
| | *C. betulus* 'Lucas' | 10.013 | 0.469 | 1.411 | 21.373 |
| | *C. betulus* | 8.125 | 0.458 | 1.404 | 17.750 |
| 靖江 | *C. betulus* 'Frans Fontaine' | 12.326 | 0.426 | 1.322 | 28.914 |
| | *C. betulus* 'Lucas' | 7.947 | 0.436 | 1.474 | 18.234 |
| | *C. betulus* | 8.308 | 0.364 | 1.354 | 22.842 |

#### 3.2.4.2　可溶性蛋白

可溶性蛋白与细胞代谢及细胞渗透调节密切相关。如图3-6所示，3个地区不同欧洲鹅耳枥可溶性蛋白含量年变化趋势基本一致，整体呈现升高—降低—升高—降低的趋势，不同种（品种）间差异较小。夏季南京和靖江地区不同欧洲鹅耳枥的可溶性蛋白含量大幅上升，北京地区轻微上升，说明南京和靖江地区不同欧洲鹅耳枥夏季受到高温胁迫，靖江地区胁迫最重，北京地区几乎无胁迫。

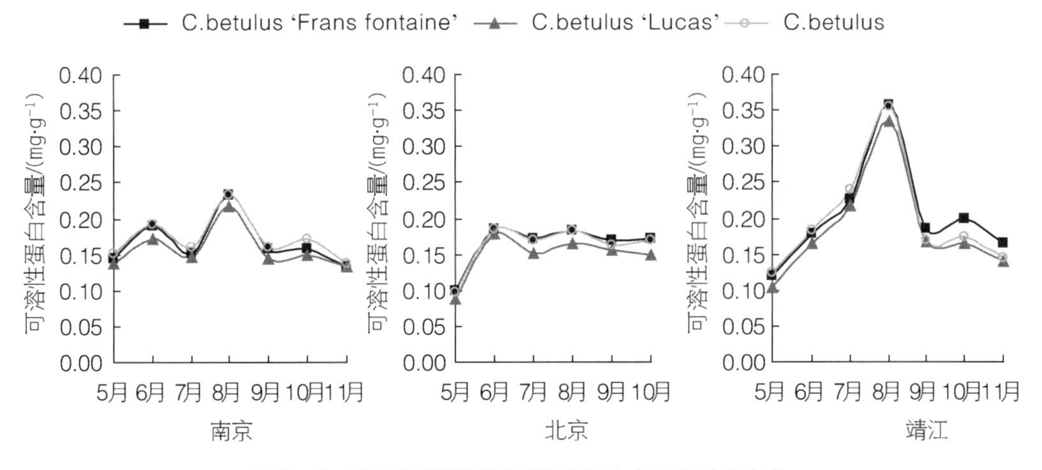


图3-6　不同欧洲鹅耳枥可溶性蛋白含量年动态变化

#### 3.2.4.3 欧洲鹅耳枥花色素苷含量区域化差异

花色素苷是植物呈现蓝、红等颜色的重要因素。如图 3-7 所示，3 个地区不同欧洲鹅耳枥花色素苷含量整体呈现下降趋势，南京和靖江地区 *C. betulus*‘Lucas’和 *C. betulus*‘Frans Fontaine’呈现双峰曲线，*C. betulus* 呈单峰曲线，北京地区各欧洲鹅耳枥均呈单峰曲线。峰值最高的时间为 6 月、7 月，结合不同欧洲鹅耳枥的叶色变化，此时各欧洲鹅耳枥成熟叶片总体呈现蓝绿色，其中以 *C. betulus*‘Lucas’最为突出。此后，南京和靖江地区 8 月、9 月花色素苷含量有一定幅度的下降，这是夏季高温和高光强胁迫所致。10 月之后，各欧洲鹅耳枥花色素苷含量迅速下降，说明它不是欧洲鹅耳枥秋季叶色变黄的主要原因。

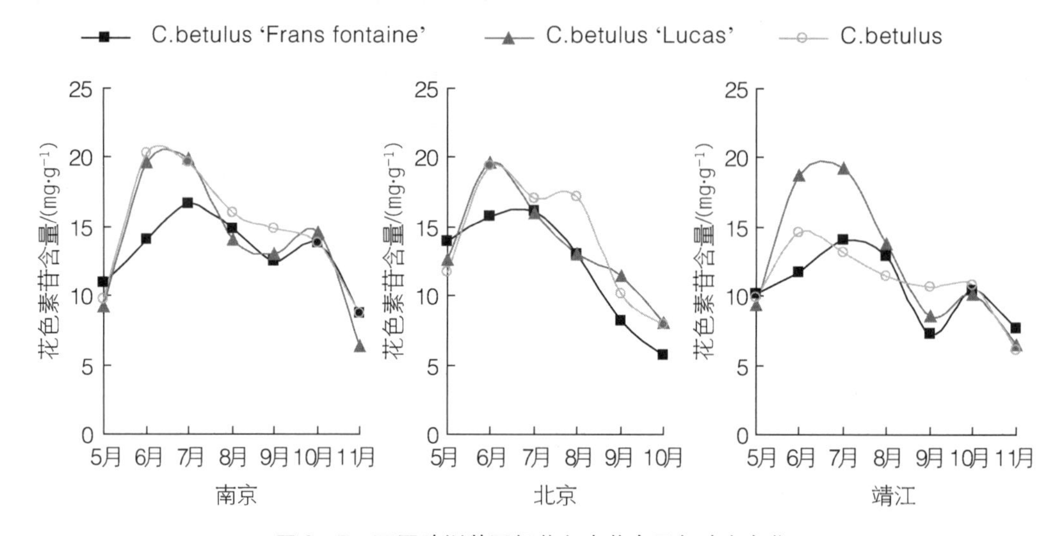


图 3-7 不同欧洲鹅耳枥花色素苷含量年动态变化

### 3.2.5 室外越夏和越冬表现

不同欧洲鹅耳枥在不同地区因环境不同，因此越夏或越冬的情况不一。因不同欧洲鹅耳枥在北京夏季生长良好，无热害状况，所以本文越夏情况的讨论以南京和靖江地区为主。而不同欧洲鹅耳枥在南京和靖江地区冬季生长良好，亦无冻害情况，因此越冬情况的讨论以北京地区为主。

#### 3.2.5.1 越夏情况及耐热性评价

鉴于南京和靖江地区夏季特殊的气候环境，采用 7—9 月作为 3 种欧洲鹅耳枥的越夏期。越夏期内欧洲鹅耳枥叶片生理生化指标见表 3-9、表 3-10。

(1) 热害指数

对南京和靖江地区 3 种欧洲鹅耳枥室外越夏情况的观察发现，南京地区各欧洲鹅耳枥均表现良好，但靖江地区夏季有一定的热害反应。南京地区 *C. betulus*‘Frans Fontaine’的热害指数为 4.0%，越夏表现最好。其次是 *C. betulus*‘Lucas’，热害指数为

6.5%，*C. betulus* 越夏表现稍差，热害指数达 14.5%。说明仅从热害指数而言，南京地区 3 种欧洲鹅耳枥的耐热性大小依次为 *C. betulus*‘Frans Fontaine’>*C. betulus*‘Lucas’>*C. betulus*。靖江地区各欧洲鹅耳枥热害指数均大于南京地区，其中 *C. betulus*‘Lucas’热害指数为 24.52%，其他 2 种欧洲鹅耳枥的热害指数均为 30.28%，说明靖江地区 3 种欧洲鹅耳枥越夏情况稍差，仅从热害指数而言，靖江地区 3 种欧洲鹅耳枥的耐热性大小依次为 *C. betulus*‘Lucas’>*C. betulus*‘Frans Fontaine’=*C. betulus*。

（2）生理指标变化

① 越夏期间南京地区 3 种欧洲鹅耳枥叶片含水量总体呈先下降后上升趋势。8 月降幅从大到小依次为 *C. betulus*（12.17%）、*C. betulus*‘Frans Fontaine’（6.97%）、*C. betulus*‘Lucas’（6.90%）。靖江地区除 *C. betulus*‘Lucas’叶片含水量比较稳定外，其他 2 种也呈下降—上升趋势，8 月降幅从大到小依次为 *C. betulus*‘Frans Fontaine’（4.87%）、*C. betulus*（11.44%）。说明夏季高温促使各欧洲鹅耳枥蒸腾速率加快，不同种（品种）叶片含水量有不同幅度的下降，这是植物叶片对高温最直接的响应。除 7 月 *C. betulus*‘Lucas’外，靖江地区各欧洲鹅耳枥叶片含水量均大于南京地区，8 月降幅均小于南京地区，说明在炎热的环境中植物会根据不同环境情况调节自身的代谢。

② 植物叶片的叶绿素含量是对高温较为敏感的指标。高温胁迫可以加速叶绿素的衰减（Ye，2007）。越夏期，南京地区各欧洲鹅耳枥叶绿素 a 含量持续下降，降幅从大到小依次为 *C. betulus*‘Lucas’（35.64%）、*C. betulus*‘Frans Fontaine’（34.78%）、*C. betulus*（21.45%）。叶绿素 b 含量先下降后上升，降幅从大到小依次为 *C. betulus*‘Lucas’（25.74%）、*C. betulus*（17.25%）、*C. betulus*‘Frans Fontaine’（16.01%）。靖江地区，*C. betulus*‘Frans Fontaine’和 *C. betulus*‘Lucas’的叶绿素 a 和叶绿素 b 含量均呈下降趋势，*C. betulus* 的叶绿素 a 和叶绿素 b 含量均呈先下降后上升趋势。叶绿素 a 含量的降幅依次为 *C. betulus*‘Lucas’（38.28%）、*C. betulus*‘Frans Fontaine’（24.24%）、*C. betulus*（24.07%），叶绿素 b 含量的降幅依次为 *C. betulus*‘Lucas’（26.43%）、*C. betulus*‘Frans Fontaine’（18.79%）、*C. betulus*（15.05%）。说明不同种（品种）叶绿素含量对夏季高温的响应幅度不同，针对叶绿素含量来说，含量下降较小的种（品种）具有较高的耐热性，而南京地区 *C. betulus* 和 *C. betulus*‘Frans Fontaine’的叶绿素 a 和叶绿素 b 含量的降幅均最小，因此耐热性较好，靖江地区 *C. betulus* 降幅最低，因此具有较好的耐热性。

③ 净光合速率、可溶性糖含量、可溶性蛋白含量变化如 3.1.3.2（1）、3.1.4.1（1）、3.1.4.2 所述。

④ 相对电导率是研究植物耐热性的重要指标之一。南京地区，越夏期间 *C. betulus*、*C. betulus*‘Lucas’的相对电导率先上升后下降，其中 *C. betulus* 增幅较大。而 *C. betulus*‘Frans Fontaine’的相对电导率先下降后上升，但 7 月与 9 月相近，降幅与升幅均不大，说明其叶片细胞膜透性大致呈稳定状态。而靖江地区各欧洲鹅耳枥相对电导率均呈上升—下降趋势，升幅分别为 *C. betulus*‘Frans Fontaine’（19.01%）>*C. betulus*（13.22）

>*C. betulus*‘Lucas’（3.15%）。说明夏季高温使其叶片细胞膜透性增大，相对电导率的增大幅度反映了其耐热性的强弱，增幅越大，耐热性越弱。

⑤ 丙二醛是细胞膜脂过氧化作用的产物之一，它的产生能加剧膜的损伤，其产生数量的多少能够代表膜脂过氧化的程度，也可间接反映植物组织抗氧化能力的强弱（李颖岳，2005）。南京地区，各欧洲鹅耳枥越夏期间丙二醛含量偏低，总体变化幅度不大，其中 *C. betulus*‘Lucas’丙二醛含量呈上升趋势，说明8月其细胞膜脂过氧化作用加剧。而 *C. betulus*‘Frans Fontaine’、*C. betulus* 丙二醛含量先下降后上升，说明8月份这3个种（品种）细胞膜脂过氧化作用稍小，而9月份丙二醛含量上升可能与植物叶片自身的衰老有关，也可能是复杂的室外自然环境造成的。靖江地区，越夏期间 *C. betulus* 丙二醛含量先上升后下降，其他2个品种均呈先下降后上升趋势，说明从 MDA 含量角度，*C. betulus* 耐热性稍差。

⑥ 越夏期间，南京地区各欧洲鹅耳枥游离脯氨酸含量总体呈先下降后上升趋势，降幅差异较大。8月降幅从大到小依次为 *C. betulus*（20.48%）、*C. betulus*‘Lucas’（8.66%）和 *C. betulus*‘Frans Fontaine’（4.13%）。说明各欧洲鹅耳枥在高温环境下渗透调节能力下降，这可能是复杂的自然环境综合影响的结果。靖江地区，*C. betulus*‘Lucas’呈上升—下降趋势，说明8月其渗透调节能力增强，其他两种均呈下降—上升趋势，其降幅为 *C. betulus*（23.91%）>*C. betulus*‘Frans Fontaine’（16.79%）。靖江地区各欧洲鹅耳枥游离脯氨酸均含量大于南京地区，说明夏季其受高温胁迫更强，渗透调节能力更强。

⑦ 耐热性是一个综合指标，是植物在夏季经受高温、高湿、干旱和病虫害等多种因素胁迫下的一种综合表现（陈秀晨 等，2010）。由于不同种（品种）耐热机制上的差异，各单项指标在耐热性中起的作用不尽相同（王涛 等，2013），因此用单一指标判断植物的耐热性，很难真实地反映植物耐热性的强弱，而应综合各个指标进行判断。本试验中因样本数量远少于指标数量，主成分分析时相似矩阵不成正定，因此主成分分析结果失真，故无法真实地确定各指标的权重值，拟采用各指标隶属函数值进行累加求其平均值，并根据其大小排序（表3-11），平均值越大，耐热性越强。

$$\text{各指标相对系数}=\frac{\text{8月各指标测定值}}{\text{7月各指标测定值}}$$

各指标隶属函数计算公式见式（3-6）

$$U(X_{ab})=\frac{X_{ab}-X_{a\min}}{X_{a\max}-X_{a\min}} \quad (3-6)$$

式中：$U(X_{ab})$ 为测定指标的相对系数隶属函数值，$X_{ab}$ 为各材料的指标测定值，$X_{a\min}$ 为各材料中测定指标的最小值，$X_{a\max}$ 为各材料中测定指标的最大值。

表 3－9　南京越夏期欧洲鹅耳枥及其品种生理生化指标的变化

| 月份 | 种（品种） | 叶片含水量/% | 叶绿素 a/（mg·g$^{-1}$） | 叶绿素 b/（mg·g$^{-1}$） | 净光合速率/（μmol·m$^{-2}$·s$^{-1}$） | 相对电导率/% | 丙二醛/（μmol·g$^{-1}$） | 可溶性糖/% | 可溶性蛋白/（mg·g$^{-1}$） | 游离脯氨酸/（μg·g$^{-1}$） |
|---|---|---|---|---|---|---|---|---|---|---|
| 7 | *C. betulus* ‘Frans Fontaine’ | 56. 716±1. 42 | 2. 496±0. 21 | 1. 037±0. 07 | 8. 900±1. 39 | 31. 311±4. 24 | 0. 047±0. 00 | 3. 974±0. 39 | 0. 151±0. 00 | 0. 112±0. 01 |
|  | *C. betulus* ‘Lucas’ | 56. 781±5. 00 | 3. 353±0. 22 | 1. 344±0. 06 | 11. 300±0. 66 | 26. 408±2. 29 | 0. 031±0. 00 | 3. 027±0. 06 | 0. 146±0. 00 | 0. 119±0. 01 |
|  | *C. betulus* | 53. 467±1. 76 | 3. 081±0. 10 | 1. 275±0. 03 | 9. 500±1. 11 | 23. 399±2. 81 | 0. 052±0. 01 | 4. 984±0. 20 | 0. 161±0. 01 | 0. 128±0. 01 |
| 8 | *C. betulus* ‘Frans Fontaine’ | 52. 765±0. 67 | 1. 941±0. 04 | 0. 871±0. 01 | 3. 100±0. 82 | 17. 010±0. 71 | 0. 036±0. 00 | 3. 586±0. 15 | 0. 233±0. 01 | 0. 108±0. 03 |
|  | *C. betulus* ‘Lucas’ | 52. 861±0. 65 | 2. 198±0. 05 | 0. 998±0. 03 | 2. 900±0. 95 | 28. 203±7. 86 | 0. 048±0. 00 | 4. 263±0. 14 | 0. 218±0. 00 | 0. 109±0. 02 |
|  | *C. betulus* | 46. 962±1. 83 | 2. 518±0. 23 | 1. 055±0. 07 | 4. 500±0. 92 | 48. 081±4. 77 | 0. 047±0. 00 | 3. 939±0. 08 | 0. 234±0. 01 | 0. 102±0. 01 |
| 9 | *C. betulus* ‘Frans Fontaine’ | 54. 116±1. 15 | 1. 628±0. 07 | 1. 628±0. 03 | 3. 900±0. 35 | 27. 852±0. 94 | 0. 043±0. 00 | 4. 629±0. 22 | 0. 159±0. 00 | 0. 117±0. 01 |
|  | *C. betulus* ‘Lucas’ | 54. 497±1. 53 | 2. 158±0. 18 | 2. 158±0. 07 | 9. 100±0. 85 | 20. 807±3. 79 | 0. 052±0. 01 | 4. 481±0. 19 | 0. 144±0. 01 | 0. 099±0. 01 |
|  | *C. betulus* | 49. 968±0. 29 | 2. 420±0. 07 | 2. 420±0. 06 | 12. 000±0. 44 | 29. 722±5. 72 | 0. 063±0. 01 | 4. 976±0. 35 | 0. 161±0. 00 | 0. 116±0. 01 |

**表 3-10　靖江越夏期欧洲鹅耳枥及其品种生理生化指标的变化**

| 月份 | 种（品种） | 叶片含水量/% | 叶绿素 a/(mg·g$^{-1}$) | 叶绿素 b/(mg·g$^{-1}$) | 净光合速率/(μmol·m$^{-2}$·s$^{-1}$) | 相对电导率/% | 丙二醛/(μmol·g$^{-1}$) | 可溶性糖/% | 可溶性蛋白/(mg·g$^{-1}$) | 游离脯氨酸/(μg·g$^{-1}$) |
|---|---|---|---|---|---|---|---|---|---|---|
| 7 | *C. betulus* ‘Frans Fontaine’ | 58. 556±0. 07 | 2. 300±0. 07 | 0. 943±0. 02 | 10. 100±0. 97 | 38. 515±0. 13 | 0. 060±0. 01 | 4. 574±0. 38 | 0. 225±0. 00 | 0. 142±0. 01 |
| | *C. betulus* ‘Lucas’ | 54. 878±0. 90 | 3. 069±0. 31 | 1. 191±0. 11 | 10. 050±0. 10 | 38. 908±0. 10 | 0. 055±0. 01 | 4. 476±0. 27 | 0. 217±0. 00 | 0. 174±0. 00 |
| | *C. betulus* | 58. 353±1. 88 | 2. 640±0. 06 | 1. 084±0. 06 | 8. 650±0. 05 | 40. 979±0. 05 | 0. 032±0. 00 | 3. 634±0. 38 | 0. 238±0. 00 | 0. 135±0. 01 |
| 8 | *C. betulus* ‘Frans Fontaine’ | 55. 706±0. 22 | 1. 742±0. 05 | 0. 766±0. 02 | 7. 150±1. 20 | 45. 837±0. 05 | 0. 029±0. 00 | 5. 441±0. 01 | 0. 358±0. 02 | 0. 118±0. 01 |
| | *C. betulus* ‘Lucas’ | 55. 776±0. 87 | 1. 895±0. 04 | 0. 876±0. 02 | 10. 800±1. 59 | 40. 134±0. 04 | 0. 025±0. 01 | 4. 196±0. 19 | 0. 335±0. 01 | 0. 183±0. 00 |
| | *C. betulus* | 51. 677±0. 60 | 2. 004±0. 11 | 0. 921±0. 04 | 2. 500±0. 36 | 46. 395±0. 07 | 0. 046±0. 01 | 6. 140±0. 12 | 0. 354±0. 01 | 0. 103±0. 02 |
| 9 | *C. betulus* ‘Frans Fontaine’ | 54. 824±0. 98 | 1. 383±0. 14 | 0. 676±0. 09 | 9. 950±1. 77 | 34. 775±0. 10 | 0. 029±0. 00 | 4. 699±0. 13 | 0. 186±0. 01 | 0. 143±0. 00 |
| | *C. betulus* ‘Lucas’ | 55. 893±0. 06 | 1. 773±0. 05 | 0. 819±0. 01 | 13. 550±1. 25 | 30. 998±0. 05 | 0. 032±0. 00 | 4. 102±0. 10 | 0. 167±0. 00 | 0. 119±0. 01 |
| | *C. betulus* | 52. 162±1. 72 | 2. 153±0. 15 | 0. 936±0. 09 | 6. 450±1. 77 | 30. 755±0. 07 | 0. 044±0. 00 | 4. 679±0. 31 | 0. 170±0. 00 | 0. 111±0. 01 |

其中相对电导率、丙二醛与耐热性呈负相关，用反隶属函数计算其相对系数隶属函数值，计算公式见式（3-7）

$$U(X_{ab}) = 1 - \frac{X_{ab} - X_{amin}}{X_{amax} - X_{amin}} \quad (3-7)$$

由表 3-11 可知，南京地区各欧洲鹅耳枥综合评价后耐热性大小依次为 *C. betulus* 'Frans Fontaine' >*C. betulus*>*C. betulus* 'Lucas'。除 *C. betulus* 'Lucas' 外，其他 2 种耐热性次序与田间越夏表现一致。结合 'Lucas' 夏季有部分病害存在的现象，认为综合评价的结果是合理的。靖江地区各欧洲鹅耳枥综合评价后耐热性大小依次为 *C. betulus* 'Lucas' >*C. betulus* 'Frans Fontaine' >*C. betulus*，其结果与田间越夏表现一致。

**表 3-11 不同欧洲鹅耳枥各指标隶属函数值**

| 地区 | 种（品种） | 叶片含水量 | 叶绿素 a | 叶绿素 b | 净光合速率 | 相对电导率 | 丙二醛 | 可溶性糖 | 可溶性蛋白 | 游离脯氨酸 | 隶属函数平均值 | 排序 |
|---|---|---|---|---|---|---|---|---|---|---|---|---|
| 南京 | *C. betulus* 'Frans Fontaine' | 0.450 | 0.761 | 1.000 | 0.304 | 1.000 | 1.000 | 0.181 | 0.535 | 1.000 | 0.692 | 1 |
| | *C. betulus* 'Lucas' | 0.456 | 0.035 | 0.000 | 0.000 | 0.653 | 0.000 | 1.000 | 0.252 | 0.723 | 0.347 | 3 |
| | *C. betulus* | 0.000 | 1.000 | 0.879 | 0.719 | 0.000 | 0.820 | 0.000 | 0.000 | 0.000 | 0.380 | 2 |
| 靖江 | *C. betulus* 'Frans Fontaine' | 0.503 | 0.988 | 0.672 | 0.533 | 0.000 | 0.973 | 0.335 | 1.000 | 0.519 | 0.614 | 2 |
| | *C. betulus* 'Lucas' | 1.000 | 0.000 | 0.000 | 1.000 | 1.000 | 1.000 | 0.000 | 0.586 | 1.000 | 0.621 | 1 |
| | *C. betulus* | 0.000 | 1.000 | 1.000 | 0.000 | 0.365 | 0.000 | 1.000 | 0.000 | 0.369 | 0.415 | 3 |

#### 3.2.5.2 越冬情况及抗寒性评价

（1）越冬死亡率

越冬期间死亡率是植物能否安全越冬的重要指标。3 种欧洲鹅耳枥在北京地区总体上均能安全越冬，其越冬死亡率依次为 *C. betulus* 'Frans Fontaine' （5.49%）<*C. betulus* 'Lucas'（11.63%）<*C. betulus*（19.67%），经每月观察发现，植株死亡时间集中于 2014 年 3—4 月。说明从田间表现看，北京地区各欧洲鹅耳枥的耐寒性大小依次为 *C. betulus* 'Frans Fontaine' >*C. betulus* 'Lucas' >*C. betulus*。而北京地区冬季寒冷、风大、干旱，环境条件恶劣，特别是翌年 3—4 月的春旱是各欧洲鹅耳枥死亡率增高的主要原因。

（2）生理指标变化

以北京地区 12 月至翌年 2 月作为 3 种欧洲鹅耳枥的越冬期，越冬期内各欧洲鹅耳枥枝条的生理生化指标见表 3－12。

**表 3－12　北京越冬期不同欧洲鹅耳枥生理生化指标的变化**

| 月份 | 种（品种） | 枝条含水量/% | 相对电导率/% | 可溶性糖/% | 游离脯氨酸/ ($\mu g \cdot g^{-1}$) |
|---|---|---|---|---|---|
| 12 | *C. betulus* 'Frans Fontaine' | 53.675±1.24 | 29.072±4.11 | 3.606±0.19 | 0.203±0.00 |
| | *C. betulus* 'Lucas' | 50.988±1.36 | 27.439±4.86 | 4.477±0.08 | 0.180±0.01 |
| | *C. betulus* | 50.231±1.22 | 31.219±3.10 | 4.155±0.23 | 0.351±0.00 |
| 1 | *C. betulus* 'Frans Fontaine' | 45.758±2.86 | 40.452±0.89 | 5.861±0.11 | 0.140±0.00 |
| | *C. betulus* 'Lucas' | 48.346±0.73 | 39.683±3.10 | 6.475±0.10 | 0.169±0.01 |
| | *C. betulus* | 31.415±6.84 | 43.179±7.16 | 6.548±0.59 | 0.189±0.01 |
| 2 | *C. betulus* 'Frans Fontaine' | 33.202±10.03 | 36.081±1.43 | 5.726±0.09 | 0.142±0.04 |
| | *C. betulus* 'Lucas' | 33.279±11.84 | 37.757±0.68 | 6.016±0.52 | 0.181±0.01 |
| | *C. betulus* | 24.061±1.25 | 43.074±2.22 | 4.008±0.34 | 0.293±0.01 |

① 枝条含水量是反映植物抗寒性的重要指标。越冬期间（12 月），3 种欧洲鹅耳枥枝条含水量基本一致，之后随着环境温度的降低整体呈下降趋势，整体下降幅度依次为 *C. betulus*'Lucas'（34.73%）<*C. betulus*'Frans Fontaine'（38.14%）<*C. betulus*（52.10%），这是欧洲鹅耳枥自身对低温环境的响应。总体而言，*C. betulus*'Frans Fontaine'与 *C. betulus*'Lucas'枝条含水量基本一致，均高于 *C. betulus*。枝条含水量与植物抗寒性有一定的相关性，一般来说，含水量低有利于提高抗寒性。因此，从枝条含水量的角度而言，*C. betulus* 可能具有更好的抗寒性。

② 相对电导率是反映植物细胞膜透性的指标。低温胁迫下，细胞膜发生物相变化，导致细胞膜透性增大。因此，相对电导率的大小可以反映植物抗寒性的强弱。越冬期，3 种欧洲鹅耳枥的相对电导率整体呈现先上升后下降的趋势，升幅依次为 *C. betulus*（38.31%）<*C. betulus*'Frans Fontaine'（39.14%）<*C. betulus*'Lucas'（44.62%）。说明越冬期随着温度的降低，不同欧洲鹅耳枥细胞膜透性均增大，增幅越大，抗寒性越弱。

③ 可溶性糖作为一种渗透性调节物质，与植物的抗寒性密切相关。越冬期，不同欧洲鹅耳枥枝条内可溶性糖含量总体呈现先上升后下降趋势，升幅依次为 *C. betulus*'Frans Fontaine'（62.52%）>*C. betulus*（57.60%）>*C. betulus*'Lucas'（44.63%），说明不同欧洲鹅耳枥在低温条件下可通过可溶性糖的增加来调节细胞内的渗透作用，维持细胞内的平衡，增加植物的抗寒性。

④ 越冬期间，不同欧洲鹅耳枥枝条游离脯氨酸含量总体呈现先降低后升高趋势，降幅分别为 *C. betulus*（46.18%）>*C. betulus*‘Frans Fontaine’（31.04%）>*C. betulus*‘Lucas’（6.30%）。说明 1 月不同欧洲鹅耳枥体内渗透性调节物质降低，降幅越大，抗寒性越弱。从游离脯氨酸的角度而言，欧洲鹅耳枥的抗寒性大小依次为 *C. betulus*‘Lucas’>*C. betulus*‘Frans Fontaine’>*C. betulus*。

⑤ 抗寒性是一个综合指标，是植物在冬季经受低温、干旱、大风等多种环境因素胁迫下的一种综合表现。与植物的耐热性相似，评价植物的抗寒性不能采用某个单一的指标，应进行综合评价。可采用隶属函数法先分别计算各指标隶属函数值，再进行累加求其平均值，并根据其大小进行排序。

$$各指标相对系数=\frac{1\,月各指标测定值}{12\,月各指标测定值}$$

由表 3-13 可知，北京地区各欧洲鹅耳枥综合评价后抗寒性大小依次为 *C. betulus*‘Frans Fontaine’>*C. betulus*‘Lucas’>*C. betulus*。其结果与田间越冬表现一致，认为综合评价的结果是合理的。

**表 3-13　不同欧洲鹅耳枥各指标隶属函数值**

| 种（品种） | 相对含水量 | 相对电导率 | 可溶性糖 | 游离脯氨酸 | 隶属函数综合值 | 排序 |
|---|---|---|---|---|---|---|
| *C. betulus*‘Frans Fontaine’ | 0.704 | 0.867 | 1.000 | 0.380 | 0.738 | 1 |
| *C. betulus*‘Lucas’ | 1.000 | 0.000 | 0.000 | 1.000 | 0.500 | 2 |
| *C. betulus* | 0.000 | 1.000 | 0.725 | 0.000 | 0.431 | 3 |

### 3.2.6　生长适应性与稳定性评价

植物品种区域试验旨在鉴定品种的丰产性、稳定性和适应性。区域化试验中，基因与环境的交互作用是影响植物品种稳定性的基础，交互效应越大，品种稳定性越差。对植物稳定性和适应性评价的方法中，AMMI 模型将方差分析和主成分分析有效地结合在一起，在分析基因型与环境互作效应方面有明显的优势，可定量地描述各品种稳定性差异及各地点对品种鉴别力的大小。

综合生长指标与形态指标的 AMMI 模型分析，辅以各欧洲鹅耳枥在 3 个地区的田间表现得出：各欧洲鹅耳枥稳定性最大且生长速度较快的是 *C. betulus*‘Frans Fontaine’，其次是 *C. betulus*、*C. betulus*‘Lucas’。最适宜不同品种欧洲鹅耳枥生长的试验地为南京地区，其次为北京和靖江。*C. betulus*‘Frans Fontaine’在南京和北京地区适应性较好，*C. betulus*‘Lucas’在南京和靖江地区适应性较好，*C. betulus* 在南京地区适应性较好。

# 第四章

# 观赏鹅耳枥抗性研究

植物在生长过程中会经历各种不良的自然环境，如寒冷、炎热、干旱、遮阴、水涝、盐渍等，这些逆境都会直接或间接地对植物造成不同程度的伤害。植物对逆境具有一定程度的忍受能力，这种对逆境环境的适应性和抵抗力称为植物的抗性（Hardiness）。

通过对观赏鹅耳枥进行耐旱性、耐阴性、耐盐性、耐 $NO_2$ 胁迫以及病虫害研究，有利于科学地选取其在我国的适生栽植区域，为其在国内的引种和园林绿化应用提供系统的科学依据，同时为开发利用本土鹅耳枥属植物提供理论支撑与借鉴作用，更好地发挥其在城乡经济和景观中的作用。

# 4.1 抗旱性

干旱胁迫下植物体内的水分平衡被打破，严重时将导致植物体持续水分亏缺，使植物无法正常生长。植物的抗旱性（Drought-resistance）是指植物在干旱胁迫下生长发育、繁殖、生存及解除胁迫后迅速恢复生长的能力。植物的抗旱能力表现在植物的外部形态、解剖构造、生理生化反应、组织细胞及光合器官、原生质结构等诸多方面。

## 4.1.1 材料与方法

试验在南京林业大学实验教学中心和园林研究生实验室进行。2012 年春天将生长健壮、长势一致的优良植株带土球移入花盆中，进行统一的水分和养分管理。试验用花盆大小尺寸为：高 30 cm，口径 25 cm，每盆栽植 1 株。2012 年 9 月在花房温室进行土壤干旱胁迫处理。本试验采用随机区组试验设计，重复 3 次，共 225 盆。采取室内盆栽控水法，干旱胁迫处理以根际水分胁迫为主。共设置 5 个土壤水分梯度：CK（田间最大持水量的 75%）、处理 W1（田间最大持水量的 60%）、处理 W2（田间最大持水量的 45%）、处理 W3（占田间最大持水量的 30%）、处理 W4（田间最大持水量的 15%）。本文中田间最大持水量为 23.8%。观测前控制水分，达到 5 个水分梯度 7 天后开始测定。测定期间每天 18 时 30 分用土壤水分测定仪测量土壤容积含水量，采用称重法补充当天失去的水分，使各处理保持设定的土壤水分梯度。各处理达到控水梯度后，每隔 7 天观察植株的形态变化，并随机采取植株相同部位的叶片进行各项指标的测定，共观测 4 次。

## 4.1.2 干旱胁迫下欧洲鹅耳枥幼苗外部形态特征

干旱对植物生长的影响综合反映在植物的外部形态上，对植物的根茎叶均有影响。对欧洲鹅耳枥幼苗的形态特征进行了观测（表 4-1），发现干旱胁迫下植株表现出一定的受害症状，特别是在土壤干旱程度较大的时候，植株表现更为明显。欧洲鹅耳枥幼苗在受到干旱胁迫时，首先是叶下垂，随着干旱的持续，叶片开始萎蔫、卷边、干枯等现象，随后茎开始干枯，直至植株死亡。不同水分处理随干旱持续出现的症状不同，且存在较大的差异。

**表 4-1 干旱胁迫下欧洲鹅耳枥幼苗症状调查表**

| 处理水平 | 症状调查时间和植株胁迫症状 | | | |
|---|---|---|---|---|
| | 7 d | 14 d | 21 d | 28 d |
| CK | 正常 | 正常 | 正常 | 正常 |
| W1 | 正常 | 7%叶下垂 | 13%叶边缘变黄 | 22%叶片萎蔫干枯 |
| W2 | 4%叶下垂 | 9%的植株叶片萎蔫 | 20%叶色变浅，干枯，茎失水 | 9%的植株出现枝条干枯，茎干弯曲，18%的植株下部叶片枯黄 |
| W3 | 9%叶萎蔫下垂 | 13%的植株新叶萎蔫，中下部叶片叶缘卷边 | 24%植株叶片呈褐色，并反卷，茎也出现枯死的现象 | 29%植株死亡，22%植株出现枝条干枯 |
| W4 | 11%的植株出现叶下垂萎蔫的现象 | 20%的植株出现萎蔫现象，并伴随叶色变浅 | 31%植株叶片呈褐色，并反卷，茎也出现枯死的现象，另有9%的植株叶片开始萎蔫干枯 | 47%植株死亡，13%植株叶片干枯、脱落，茎呈干枯状 |

## 4.1.3 干旱胁迫下欧洲鹅耳枥叶片相对含水量

相对含水量是植物水分状况的重要指标，叶片相对含水量反映了在干旱胁迫下的植物叶片的持水保水能力。

由图 4-1 可看出，同一时间内欧洲鹅耳枥幼苗的叶片相对含水量随着干旱程度增加总体上呈降低趋势。在 7 d 时处理 W4 叶片相对含水量与 CK 差异极显著，处理 W3 与 CK 差异显著，处理 W1、W2 与 CK 差异不显著；随着胁迫时间延长，干旱 14 d 时，处理 W1、W2、W3、W4 相对电导率均低于 CK，分别降低了 3.13%、3.75%、11.64%、17.62%，处理 W2、W3、W4 与 CK 差异极显著，处理 W1 与 CK 差异显著；21 d 时，处理 W1、W2、W3、W4 与 CK 差异极显著，分别降低了 3.91%、4.09%、15.15%、22.81%；28 d 时，处理 W1、W2、W3、W4 叶片相对含水量与 CK 差异极显著，分别降低了 4.92%、7.33%、16.62%、33.00%。

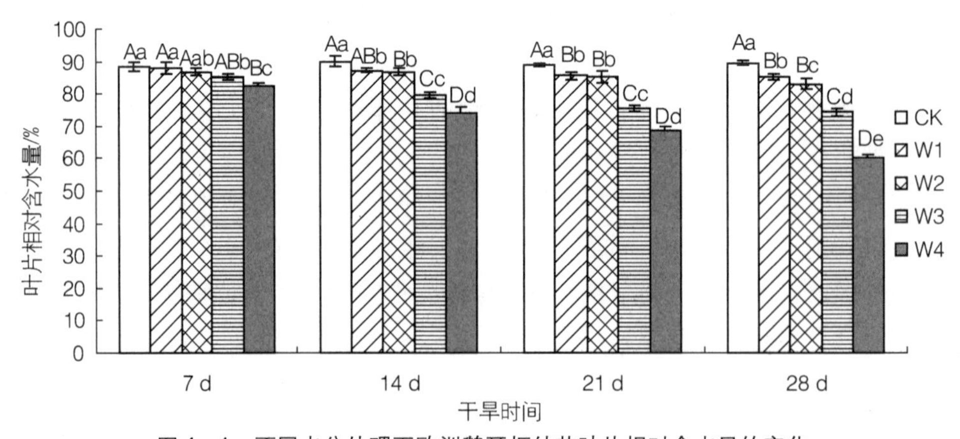


图 4-1 不同水分处理下欧洲鹅耳枥幼苗叶片相对含水量的变化

## 4.1.4 干旱胁迫下欧洲鹅耳枥叶片质膜透性

在干旱胁迫下，植物细胞膜透性的增加程度可作为膜遭受损害程度的指标，相对电导率的大小同时也可以反映植物适应干旱胁迫能力的大小。

由图 4-2 可看出，同一时间内不同干旱处理欧洲鹅耳枥叶片相对电导率随着干旱梯度加强总体上呈增大趋势。7 d 时，处理 W4 叶片相对电导率与 CK 差异极显著，处理 W3 与 CK 差异显著，处理 W1、W2 与 CK 差异不显著；随着胁迫时间延长，14 d 时，处理 W1、W2、W3、W4 相对电导率均大于 CK，分别增加了 7.31%、9.52%、22.23%、48.24%，处理 W4 增幅最大，与 CK 差异极显著，表明其对欧洲鹅耳枥幼苗的细胞膜结构损伤最大，处理 W3 与 CK 差异显著，处理 W1、W2 与 CK 差异不显著；21 d 时，处理 W4 与 CK 差异极显著，处理 W2、W3 与 CK 差异显著，处理 W1 与 CK 差异不显著；28 d 时，处理 W1、W2、W3、W4 相对电导率均大于 CK，分别增加了 23.75%、53.91%、78.85%、105.52%，均与 CK 差异极显著。

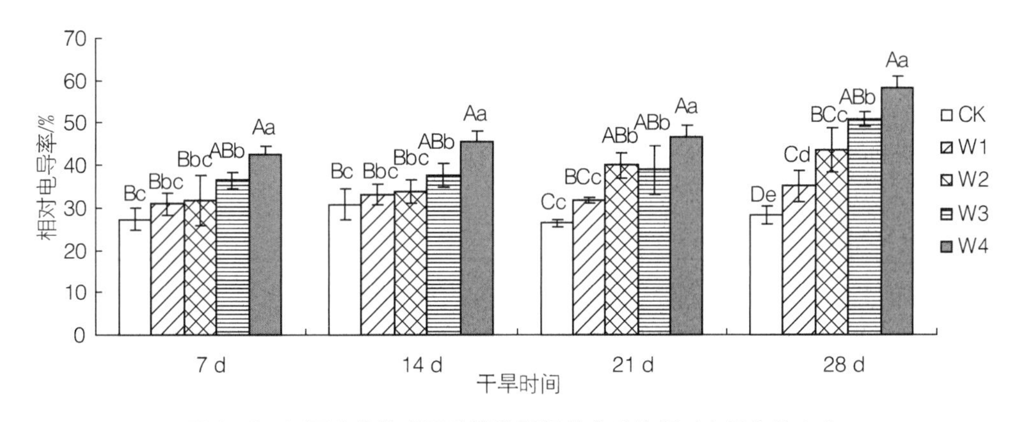


图 4-2 不同水分处理下欧洲鹅耳枥幼苗叶片相对电导率的变化

## 4.1.5 干旱胁迫对欧洲鹅耳枥叶片丙二醛含量的影响

丙二醛（MDA）是膜脂过氧化的主要产物之一，表明细胞膜脂过氧化程度，其积累是活性氧毒害作用的表现。在胁迫下，MDA 含量会有不同程度的增加，其含量可以反映植物遭受逆境伤害程度。

由图 4-3 可看出，同一时间内欧洲鹅耳枥幼苗叶片 MDA 含量随干旱程度增加总体上大概呈增加趋势。7 d 时，处理 W4 叶片 MDA 含量与 CK 差异极显著，处理 W3 与 CK 差异显著，处理 W1、W2 与 CK 差异不显著，处理 W1、W2、W3、W4 MDA 含量均大于 CK，分别增加了 10.33%、32.32%、32.95%、45.35%；14 d 时，处理 W4 与 CK 差异极显著，处理 W2、W3 与 CK 差异显著，处理 W1 与 CK 差异不显著，处理 W1、W2、

W3、W4 MDA 含量分别增加了 5.40%、28.76%、41.00%、56.75%；21 d 时，处理 W3、W4 与 CK 差异极显著，处理 W2 与 CK 差异显著，处理 W1 与 CK 差异不显著；28 d 时，处理 W3、W4 与 CK 差异极显著，处理 W1、W2 与 CK 差异显著。

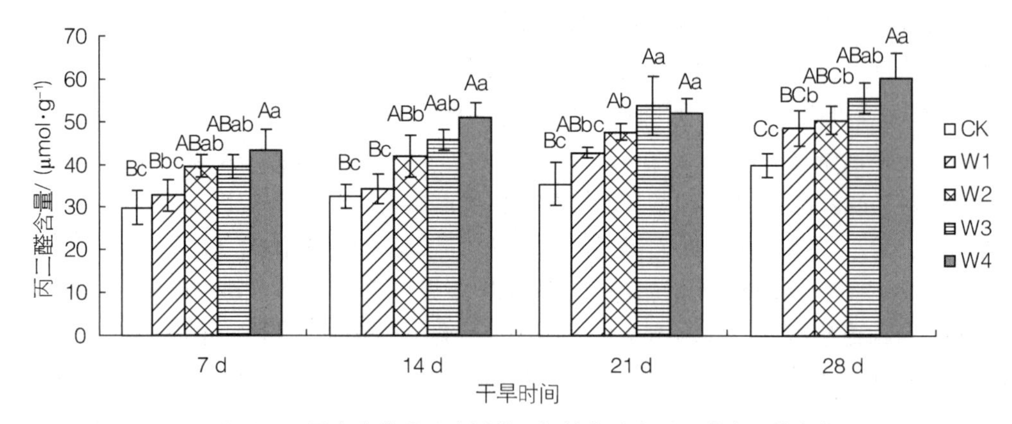


图 4-3　不同水分处理下欧洲鹅耳枥幼苗叶片丙二醛含量的变化

### 4.1.6　干旱胁迫对欧洲鹅耳枥叶片叶绿素含量的影响

叶绿素是植物进行光合作用的重要色素，参与植物对光能的吸收、传递与转换。干旱胁迫下叶绿素含量的变化，在一定程度可以反映出植物抵抗干旱胁迫的能力。在干旱胁迫下，植物叶片的片层结构会受到破坏，叶绿素发生降解，从而使其含量降低。

由图 4-4 可看出，从 21 d 开始，同一时间内欧洲鹅耳枥幼苗叶片叶绿素总量随干旱程度增加呈下降趋势。7 d 时，处理 W3、W4 叶片叶绿素含量与 CK 差异极显著，处理 W1、W2 与 CK 差异不显著；14 d 时，处理 W1 与 CK 差异不显著，处理 W2 与 CK 差异显著，处理 W3、W4 与 CK 差异极显著；21 d 时，处理 W1、W2、W3、W4 低于 CK，分别下降了 16.39%、33.86%、45.32%、53.51%，与 CK 差异极显著；28 d 时，处理 W1、W2、W3、W4 叶片叶绿素含量均低于 CK，分别下降了 12.39%、27.06%、41.23%、50.45%，与 CK 差异极显著。

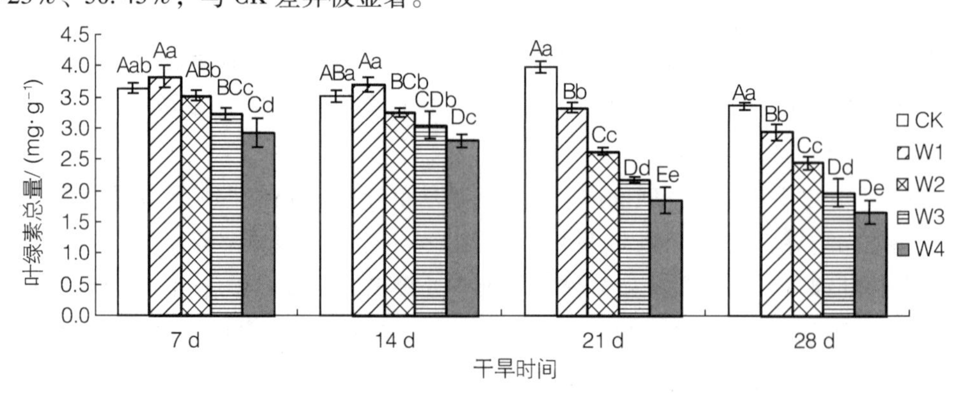


图 4-4　不同水分处理下欧洲鹅耳枥幼苗叶片叶绿素总量的变化

## 4.1.7 干旱胁迫对欧洲鹅耳枥叶片中叶绿素 a/b 值的影响

植物叶片中的叶绿素 a/b 值可以反映叶片光合活性的强弱，因为恰当的叶绿素 a/b 值能够清除叶内光能过剩产生的自由基并减少色素分子的光氧化。

由图 4－5 可看出，同一时间内，欧洲鹅耳枥幼苗叶片中叶绿素 a/b 值并不随干旱程度增加呈明显的趋势。7 d 时，处理 W1、W2、W3、W4 叶片叶绿素 a/b 值与 CK 差异不显著；干旱 14 d 时，处理 W1、W3 与 CK 差异不显著，处理 W4 与 CK 差异显著，处理 W2 与 CK 差异极显著，处理 W1、W2、W3、W4 分别降低了 9.21%、20.08%、12.87%、13.70%；21 d 时，处理 W1、W2、W3 与 CK 差异不显著，处理 W4 与 CK 差异极显著，4 个处理与 CK 相比分别上升了 7.70%、5.50%、10.27%、21.15%；28 d 时，处理 W1、W2、W3 与 CK 差异不显著，处理 W4 与 CK 差异极显著，4 个处理与 CK 相比分别上升了 2.32%、11.85%、11.73%、20.91%。

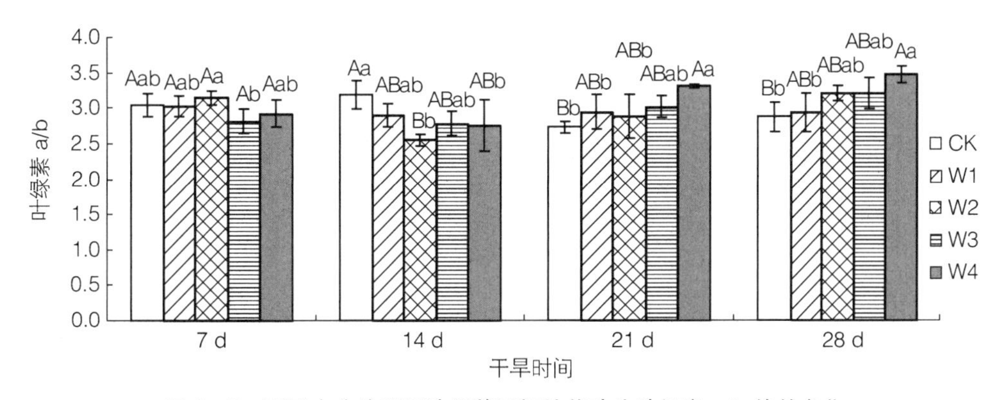


图 4－5 不同水分处理下欧洲鹅耳枥幼苗叶片叶绿素 a/b 值的变化

## 4.1.8 干旱胁迫与叶片可溶性糖含量

干旱胁迫条件下叶片可溶性糖的积累可以抵御逆境，因此叶片可溶性糖含量的变化可以反映出植物对干旱胁迫的适应能力。

由图 4－6 可看出，7 d 时，处理 W4 叶片中可溶性糖含量与 CK 差异极显著，处理 W2、W3 与 CK 差异显著，处理 W1 叶片可溶性糖含量与 CK 差异不显著，处理 W1、W2、W3、W4 叶片可溶性糖含量均大于 CK，分别增加了 10.21%、20.86%、18.79%、33.58%；14 d 时，处理 W3、W4 与 CK 差异显著，处理 W1、W2 叶片可溶性糖含量与 CK 差异不显著；21 d 时，处理 W1、W2、W4 与 CK 差异不显著，处理 W3 与 CK 差异极显著；28 d 时，处理 W3、W4 与 CK 差异极显著，处理 W1、W2 与 CK 差异显著，处理 W1、W2、W3、W4 叶片可溶性糖含量均小于 CK，分别降低了 16.42%、20.18%、28.51%、40.82%。

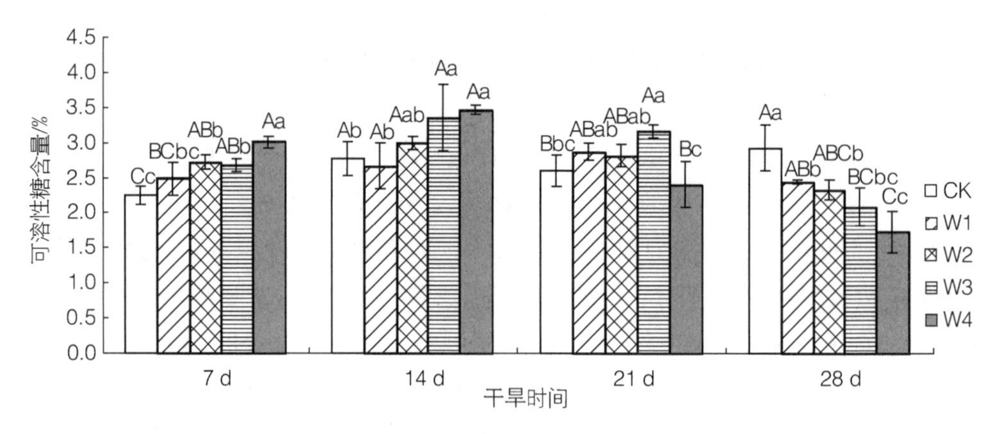


图 4-6　不同水分处理下欧洲鹅耳枥幼苗叶片可溶性糖含量的变化

## 4.1.9　干旱胁迫对欧洲鹅耳枥叶片可溶性蛋白质含量的影响

蛋白质在生物体内的各种生理代谢中起着重要作用。干旱胁迫下蛋白质的合成受到抑制，蛋白质降解，导致植株体内的总蛋白质含量降低。

由图 4-7 可看出，7 d 时，处理 W1、W2、W3、W4 叶片可溶性蛋白质含量与 CK 差异极显著，处理 W1、W2、W3、W4 叶片可溶性蛋白质含量均大于 CK，分别增加了 50.14%、67.43%、62.34%、80.11%；14 d 时，处理 W1、W2、W3、W4 与 CK 差异极显著，处理 W1、W2、W3、W4 叶片可溶性蛋白质含量均大于 CK，分别增加了 34.71%、20.48%、31.39%、43.82%；21 d 时，处理 W1、W2、W3 与 CK 差异不显著，处理 W2 与 CK 差异极显著；28 d 时，处理 W3、W4 与 CK 差异极显著，处理 W1、W2 与 CK 差异极显著，处理 W1、W2、W3、W4 叶片可溶性蛋白质含量均小于对照，分别降低了 0.29%、5.36%、14.51%、22.16%。

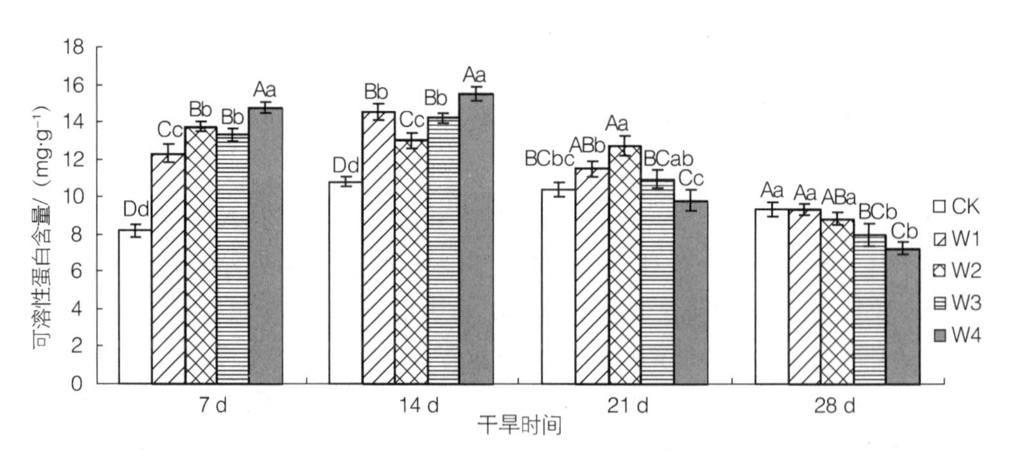


图 4-7　不同水分处理下欧洲鹅耳枥幼苗叶片可溶性蛋白含量的变化

### 4.1.10 干旱胁迫对欧洲鹅耳枥叶片超氧化物歧化酶活性的影响

在干旱胁迫下，植物体内活性氧产生和清除的平衡遭到破坏从而加速活性氧积累，当积累到一定程度，就会对植物造成伤害。超氧化物歧化酶（SOD）是细胞抵御活性氧伤害的膜保护系统，可以消除植物体内的超氧阴离子自由基，维持细胞膜的稳定性。因此 SOD 的活性与植物的耐旱能力密切相关，其高低可以反映植物对干旱胁迫抵御能力的大小。

由图 4－8 可看出，7 d 时，处理 W4 叶片 SOD 活性与 CK 差异极显著，处理 W3 与 CK 差异显著，处理 W1、W2 与 CK 差异不显著，处理 W1、W2、W3、W4 叶片 SOD 活性均大于 CK，分别增加了 10.45%、6.51%、26.13%、37.15%；14 d 时，处理 W1、W2、W3、W4 与对照差异极显著，4 个处理叶片 SOD 活性分别增加了 10.99%、21.56%、29.99%、21.91%；21 d 时，处理 W1、W2、W4 与 CK 差异极显著，处理 W3 与 CK 差异不显著；28 d 时，处理 W4 与 CK 差异极显著，处理 W1 与 CK 差异显著，处理 W2、W3 与 CK 差异不显著。

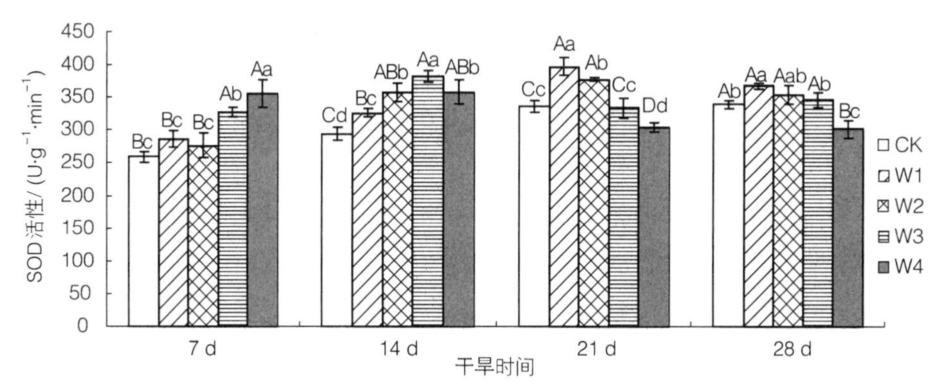


图 4－8　不同遮阴处理下欧洲鹅耳枥幼苗叶片超氧化物歧化酶活性的变化

### 4.1.11 干旱胁迫对欧洲鹅耳枥叶片过氧化物酶活性的影响

过氧化物酶（POD）是细胞抵御活性氧伤害的膜保护系统，广泛存在于植物体中，与植物的光合作用、呼吸作用和生长素的氧化等都有关。POD 能够清除逆境胁迫下产生的有害自由基，减少膜脂质过氧化作用，与植物的耐旱能力密切相关，其高低可以反映植物对干旱胁迫抵御能力。

由图 4－9 可看出，7 d 时，处理 W1、W2、W4 叶片 POD 活性与 CK 差异极显著，处理 W3 与 CK 差异显著；14 d 时，处理 W1、W2、W3 与 CK 差异极显著，处理 W4 与 CK 差异不显著；21 d 时，处理 W1、W2、W3 与 CK 差异极显著，处理 W4 与 CK 差异显著；28 d 时，处理 W4 与 CK 差异极显著，处理 W1、W2、W3 与 CK 差异不显著。

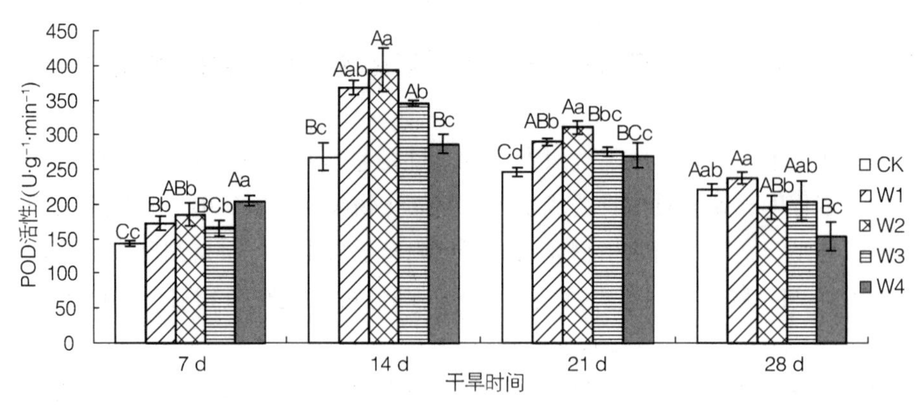

图 4－9　不同水分处理下欧洲鹅耳枥幼苗叶片过氧化物酶活性的变化

## 4.1.12　干旱胁迫对欧洲鹅耳枥光合特性的影响

干旱胁迫对植物生长代谢特别是光合作用造成多方面的影响。当植物处于干旱缺水状态时，通常会以关闭气孔的方式来减少水分蒸腾量和蒸腾速率，保持体内的水分。一般认为，随着叶片水分散失和叶片水势下降，气孔张开度减小，气孔阻力增加，会使 $CO_2$ 进入叶片受阻而使光合下降，进而直接影响植物的光合作用。

### 4.1.12.1　干旱胁迫对欧洲鹅耳枥净光合速率（Pn）日变化的影响

由图 4－10 可看出，不同水分处理欧洲鹅耳枥幼苗的净光合速率（Pn）动态变化曲线基本一致，也呈现“单峰”现象，没有休眠现象。CK 与处理 W1、W2、W3、W4 的欧洲鹅耳枥幼苗净光合速率开始呈上升趋势，在 10 点左右出现最大值，之后就一直下降。同时干旱程度与净光合速率呈负相关，干旱程度越大，净光合速率越小。

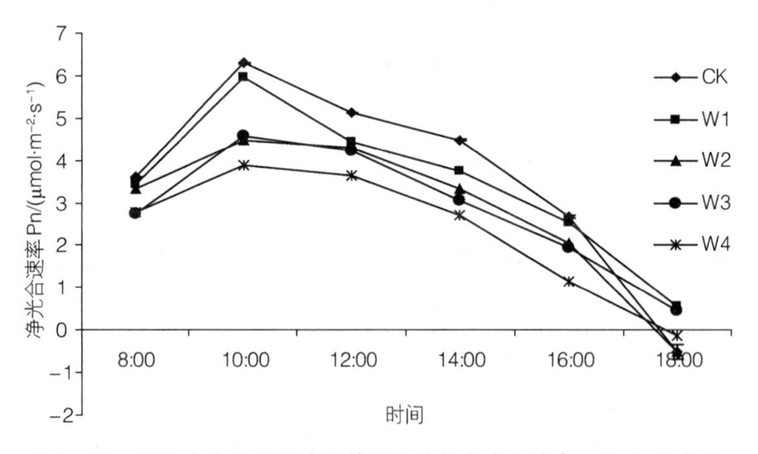

图 4－10　不同水分处理下欧洲鹅耳枥幼苗净光合速率（Pn）日变化

### 4.1.12.2　干旱胁迫对欧洲鹅耳枥气孔导度（Gs）日变化的影响

气孔是植物体与外界进行 $H_2O$ 和 $CO_2$ 等气体交换的调节机构，能够在干旱胁迫时

防止过多的水分流失。

由图 4－11 可看出，欧洲鹅耳枥幼苗的气孔导度动态变化曲线均随时间先上升后下降，只是峰值出现时间有所不同。同时干旱程度与气孔导度呈负相关，干旱程度越大，净气孔导度越小。

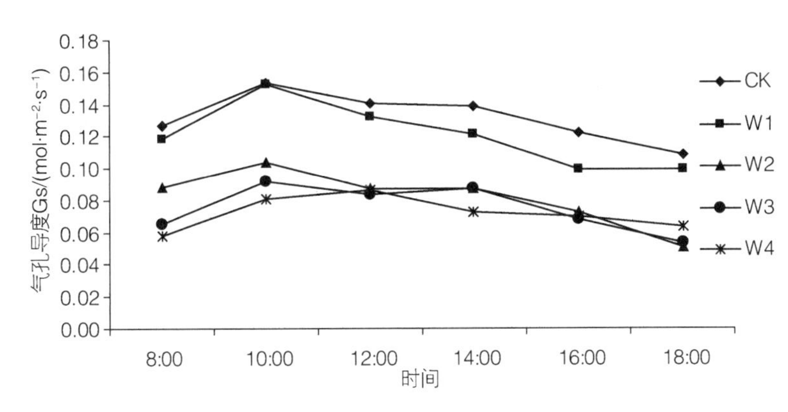


图 4－11　不同水分处理下欧洲鹅耳枥幼苗气孔导度（Gs）日变化

#### 4.1.12.3　干旱胁迫对欧洲鹅耳枥蒸腾速率（Tr）日变化的影响

植物蒸腾作用是植物调节体内水分平衡的主要环节。蒸腾减弱意味着植物正常生命活动受到抑制。由图 4－12 可看出，不同水分处理欧洲鹅耳枥幼苗的蒸腾速率（Tr）动态变化曲线与净光合速率的日变化趋势基本相同，同样呈现出先上升后下降的变化趋势，但蒸腾速率的峰值出现时间不同：处理 W1、W2、W3、W4 峰值出现在 12 点左右，对照峰值出现在 14 点左右。同时干旱程度与蒸腾速率呈负相关，干旱程度越大，净蒸腾速率越小。

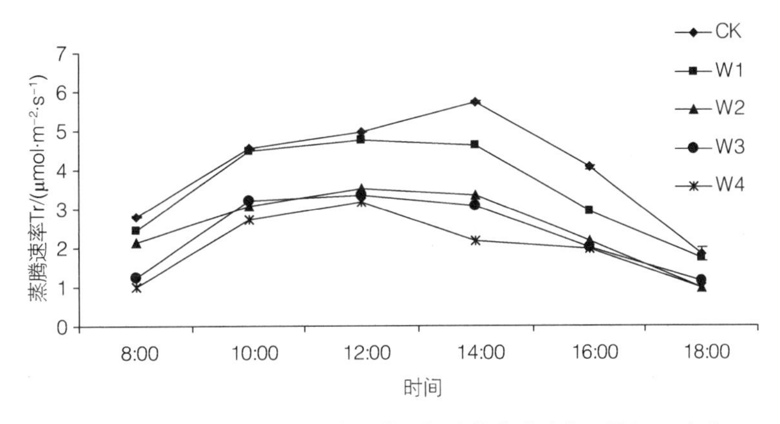


图 4－12　不同水分处理下欧洲鹅耳枥幼苗蒸腾速率（Tr）日变化

#### 4.1.12.4　干旱胁迫对欧洲鹅耳枥胞间 $CO_2$ 浓度（Ci）日变化的影响

胞间 $CO_2$ 是进行光合作用的原料，植物净光合速率变大时，胞间 $CO_2$ 浓度下降。由图 4－13 可看出，不同干旱处理欧洲鹅耳枥幼苗的胞间 $CO_2$ 浓度随着时间先下降后上升。在 8 点左右细胞间的 $CO_2$ 浓度比较高，随着光合速率的增强，细胞间的 $CO_2$ 浓度逐渐下降，到 10 点左右，处理 W4 细胞间 $CO_2$ 浓度降到最低，到 12 点左右，处理 W1、W2、W3 和 CK 的细胞间 $CO_2$ 浓度降到最低，之后各处理细胞间的 $CO_2$ 浓度随着时间不断升高。整体来讲，随着干旱程度增大，欧洲鹅耳枥叶片胞间 $CO_2$ 浓度升高。

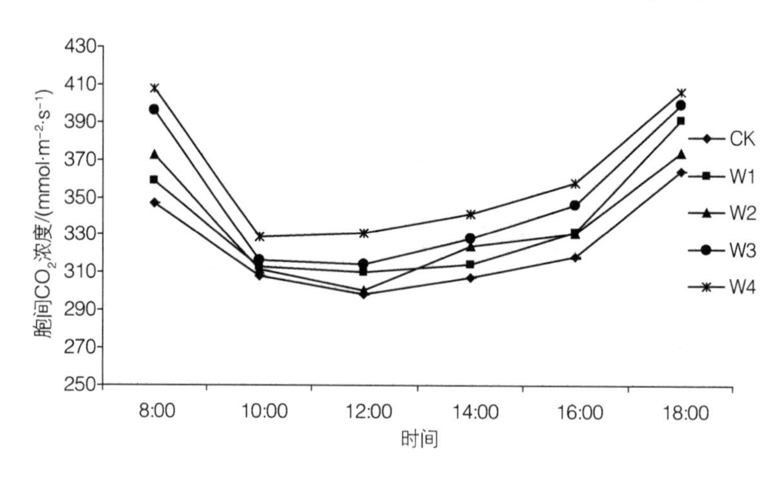


图 4－13　不同水分处理下欧洲鹅耳枥幼苗胞间 $CO_2$ 浓度（Ci）日变化

# 4.2　耐阴性

植物耐阴性（Shade-tolerance）是指植物在生长过程中对光照的要求和在弱光条件下的适应能力。耐阴性是一种复合性状，植物在足够长的时间内生活在遮阴的环境下，往往会产生一系列相应的变化来保持生命系统的平衡以维持植物体正常的生命活动。

## 4.2.1　材料与方法

试验于 2012 年 7 月在南京林业大学实验教学中心花房和园林研究生实验室进行。以播种所得的欧洲鹅耳枥 1 年生实生苗为实验材料，试验共设 3 个遮阴处理和 CK（全光照），各处理用不同层数的遮阴网设置，用照度计 TES－1334A 测定光照强度：CK（全光照）、处理 T1（透光率为 60%）、处理 T2（透光率为 30%）、处理 T3（透光率为 17%）。采用单因素随机区组设计，重复 3 次，每处理 15 盆，共 180 盆。试验期间进行正常水分管理。每隔 15 d 测定一次，共观测 7 次。选取一年生欧洲鹅耳枥植株中上部生长情况、叶位一致的成熟叶片进行生理生化指标测定。整个实验期间，温度是自然温度，干旱时统一浇水。

## 4.2.2　遮阴胁迫对欧洲鹅耳枥苗高的影响

随着光照强度的变化，植物在生长形态上会产生一定的适应性。植物苗高是对遮阴胁迫最直观的反映。表 4 - 2 可以看出遮阴处理下欧洲鹅耳枥的生长受到抑制，且遮阴程度越大对欧洲鹅耳枥幼苗苗高生长的抑制越大。整体来看，欧洲鹅耳枥在遮阴前期苗高增长较快，遮阴后期苗高增长较慢。苗高相对增长率清楚地反映了各处理间苗木高度的变化，随着遮阴程度的增大欧洲鹅耳枥幼苗相对增长率降低。

**表 4 - 2　欧洲鹅耳枥苗高生长及相对增长率的动态变化**

| 处理 | 苗高/cm | | | | | | 相对增长率/% |
|---|---|---|---|---|---|---|---|
| | 0 d | 15 d | 30 d | 45 d | 60 d | 75 d | |
| CK | 10. 01±0. 58 | 12. 23±0. 59 | 14. 86±0. 96 | 15. 84±0. 82 | 16. 22±0. 80 | 16. 27±0. 80 | 15. 27 |
| T1 | 9. 60±0. 59 | 11. 93±0. 57 | 14. 71±0. 55 | 15. 48±0. 51 | 15. 68±0. 55 | 15. 71±0. 54 | 14. 71 |
| T2 | 9. 41±0. 50 | 11. 64±0. 40 | 13. 53±0. 34 | 14. 19±0. 34 | 14. 37±0. 41 | 14. 43±0. 45 | 13. 43 |
| T3 | 9. 73±0. 30 | 11. 27±0. 44 | 12. 11±0. 26 | 12. 58±0. 26 | 12. 62±0. 29 | 12. 63±0. 30 | 11. 63 |

注：表中苗高数据为平均值±标准差。

## 4. 2. 3　遮阴胁迫对欧洲鹅耳枥叶片质膜透性的影响

遮阴胁迫下，植物质膜透性会相应地产生变化，以适应环境变化。叶片相对电导率的高低可以反映植物叶片质膜遭受逆境胁迫的程度。

图 4 - 14 可看出，同一时间内随着遮阴程度增加各处理相对电导率总体上呈上升趋势。在遮阴 0 d 时 3 个处理的相对电导率与对照差异不显著；遮阴 15 d 时，处理 T1、T2、T3 相对电导率均大于对照，分别上升了 2. 12%、6. 62%、14. 10%，处理 T3 增幅最大，与对照差异极显著，表明其对欧洲鹅耳枥幼苗的细胞膜结构损伤最大；遮阴 30 d 时，处理 T1、T2、T3 与对照均差异极显著，分别上升了 14. 20%、20. 94%、32. 27%；遮阴 45 d、60 d 时，处理 T2、T3 与对照差异极显著，处理 T1 与对照差异显著；遮阴 75 d 时，处理 T1、T2、T3 与对照均差异极显著。

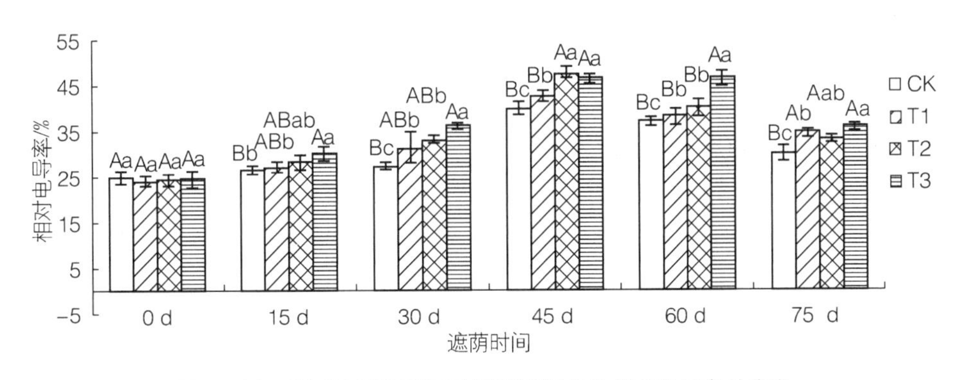


图 4 - 14　不同遮阴处理下欧洲鹅耳枥幼苗相对电导率的变化

## 4.2.4 遮阴胁迫对欧洲鹅耳枥叶片丙二醛含量的影响

植物在正常生长条件下能维持自身活性氧产生与消除的平衡，逆境条件会打破植物活性氧代谢平衡，产生膜脂过氧化作用。丙二醛（MDA）是反映细胞膜的脂质过氧化程度的有效指标，其含量高低反映植物细胞质膜遭受伤害程度的大小。丙二醛含量越高，表明细胞质膜伤害越严重。

由图4-15可看出，同一时间内不同遮阴处理欧洲鹅耳枥在遮阴0 d时，处理T2与对照差异显著，处理T1、T3与对照差异不显著；在遮阴15 d时，处理T1与对照差异不显著，处理T2、T3与CK差异极显著，处理T1、T2、T3分别上升了6.62%、60.75%、30.24%；随着胁迫时间延长，遮阴30 d、45 d时，处理T1、T2、T3与对照差异不显著；遮阴60 d时，处理T1、T2与对照差异不显著，处理T3与对照差异极显著；遮阴75 d时，处理T1与对照差异显著，处理T2、T3与对照差异极显著。

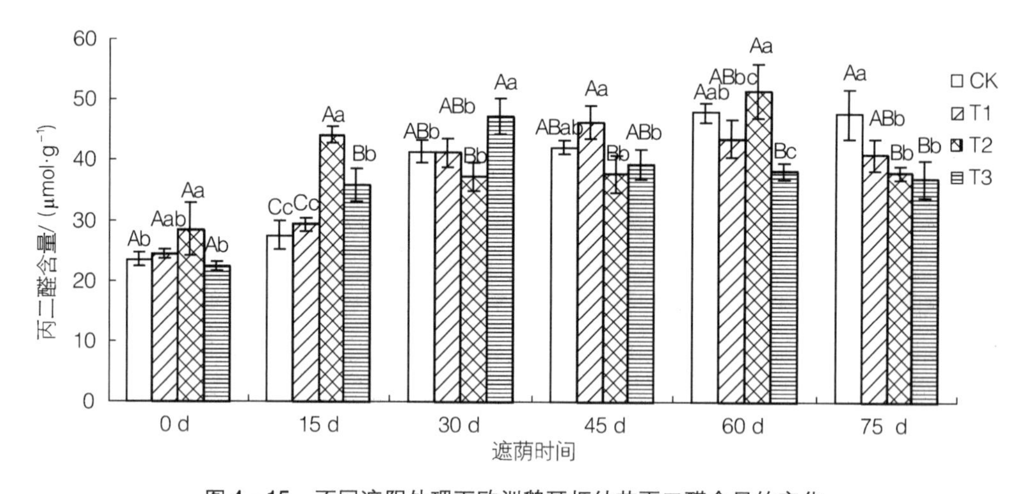

图4-15 不同遮阴处理下欧洲鹅耳枥幼苗丙二醛含量的变化

## 4.2.5 遮阴胁迫对欧洲鹅耳枥叶片叶绿素含量的影响

叶绿素是植物的主要光合色素，其含量是植物适应和利用光能的主要指标。

由图4-16可看出，同一时间内不同遮阴处理欧洲鹅耳枥的叶绿素总量在遮阴0 d、15 d时，3种处理与对照差异不显著；随着胁迫时间延长，遮阴30 d时，处理T1、T2、T3叶绿素总量均大于CK，分别增加了16.11%、3.61%、39.01%，处理T1、T2与对照差异不显著，处理T3与对照差异显著；遮阴45 d时，处理T1、T2、T3叶绿素总量均大于对照，分别增加了10.37%、31.97%、5.99%，处理T1、T3与对照差异不显著，处理T2与对照差异显著；遮阴60 d时，处理T3与对照差异极显著，处理T1、T2与对照差异不显著；遮阴75 d时，处理T1、T3与对照差异显著，处理T2与对照差异极显

著，处理 T1、T2、T3 叶绿素总量分别增加了 62.84%、92.29%、45.45%。

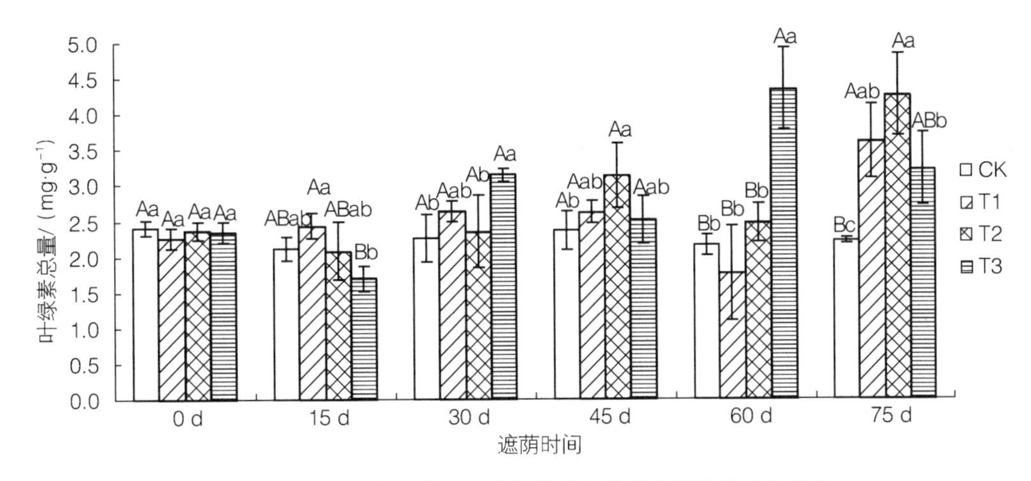


图 4－16　不同遮阴处理下欧洲鹅耳枥幼苗叶绿素总量的变化

## 4.2.6　遮阴胁迫对欧洲鹅耳枥叶片叶绿素 a/b 值的影响

合理的叶绿素 a/b 值能反映叶片进行光合作用的强弱，判定逆境对两种色素的影响程度。

由图 4－17 可看出，同一时间内不同遮阴处理欧洲鹅耳枥叶绿素 a/b 值在遮阴 0 d 时，各处理与对照差异不显著；在遮阴 15 d 时，处理 T2 与对照差异极显著，增加了 19.12%，处理 T1、T3 与对照差异不显著；随着胁迫时间延长，同一时间内不同遮阴处理欧洲鹅耳枥叶绿素 a/b 值呈下降趋势，遮阴 30 d 时，处理 T1、T2、T3 与对照差异极显著，分别降低了 20.25%、25.55%、34.52%；遮阴 45 d 时，处理 T3 与对照差异极显著，处理 T1 与对照差异显著，处理 T2 与对照差异不显著；遮阴 60 d 时，处理 T1、T2、T3 与对照差异极显著，分别降低了 10.35%、9.25%、14.33%；遮阴 75 d 时，处理 T1、T2、T3 与对照差异极显著，分别降低了 20.72%、19.80%、16.65%。

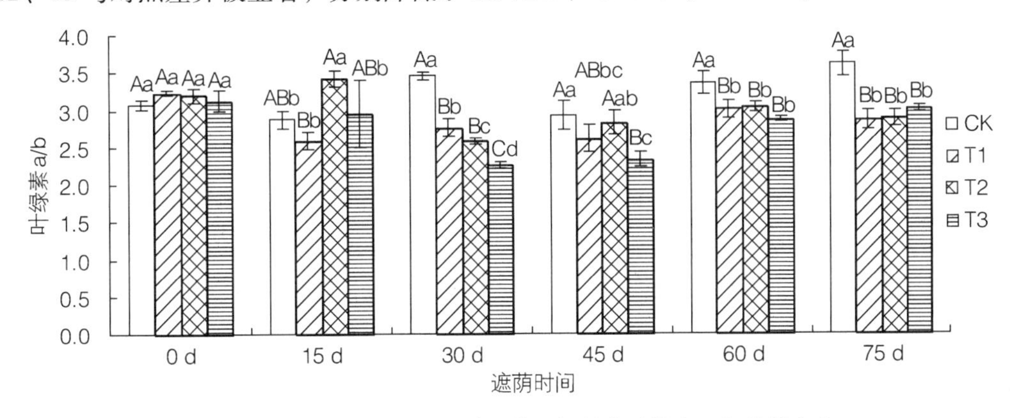


图 4－17　不同遮阴处理下欧洲鹅耳枥幼苗叶绿素 a/b 值的变化

## 4.2.7　遮阴胁迫对欧洲鹅耳枥叶片可溶性糖含量的影响

可溶性糖作为光合作用的产物之一，是逆境条件下植物体的渗透调节物质（马进，2009）。可溶性糖含量的多少反映了植物对低光照环境的适应能力。

由图4－18可看出，同一时间内不同遮阴处理欧洲鹅耳枥的可溶性糖含量在遮阴0 d时，3个处理与对照差异不显著，之后随着遮阴梯度加强各处理可溶性糖含量降低；在遮阴15 d时，处理T1、T2与对照差异不显著，处理T3与对照差异显著；随着胁迫时间延长，遮阴30 d时，处理T1、T2、T3可溶性糖含量均小于对照，分别降低了11.11%、21.76%、29.17%，处理T1与对照差异显著，处理T2、T3与对照差异极显著；遮阴45 d时，处理T1、T2、T3可溶性糖含量均小于对照，分别降低了12.89%、16.35%、24.84%，处理T1与对照差异显著，处理T2、T3与对照差异极显著；遮阴60 d时，处理T2、T3与对照差异极显著，处理T1与对照差异不显著；遮阴75 d时，处理T1、T2、T3可溶性糖含量均小于对照，分别降低了26.17%、41.41%、36.43%，与对照差异均极显著。

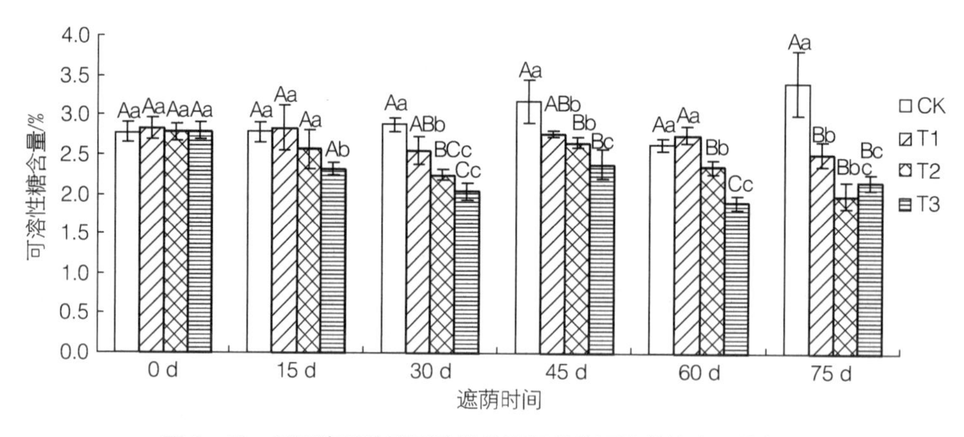


图4－18　不同遮阴处理下欧洲鹅耳枥幼苗可溶性糖含量的变化

## 4.2.8　遮阴胁迫对欧洲鹅耳枥叶片可溶性蛋白含量的影响

可溶性蛋白参与植物体内各种代谢，其含量能够反映植物体总代谢水平。

由图4－19可看出，同一时间内不同遮阴处理欧洲鹅耳枥的可溶性蛋白含量随着遮阴梯度加强呈下降趋势；在遮阴0 d时，处理T3与对照差异不显著，处理T2与对照差异显著，处理T1与对照差异极显著；在遮阴15 d时，处理T2与对照差异不显著，处理T1、T3与对照差异显著；随着胁迫时间进一步持续，遮阴30 d时，处理T1、T2、T3可溶性蛋白均小于对照，分别降低了10.68%、29.47%、38.25%，与对照差异极显著；遮阴45 d时，处理T1、T2、T3可溶性蛋白含量均小于对照，分别降低了23.68%、

26.08%、34.78%，与对照差异极显著；遮阴 60 d 时，处理 T1、T2、T3 可溶性蛋白含量均小于对照，分别降低了 25.21%、25.16%、32.77%，与对照差异极显著，各处理之间差异不显著；遮阴 75 d 时，处理 T1、T2、T3 可溶性蛋白含量与对照差异均极显著，分别降低了 16.70%、24.08%、20.82%。

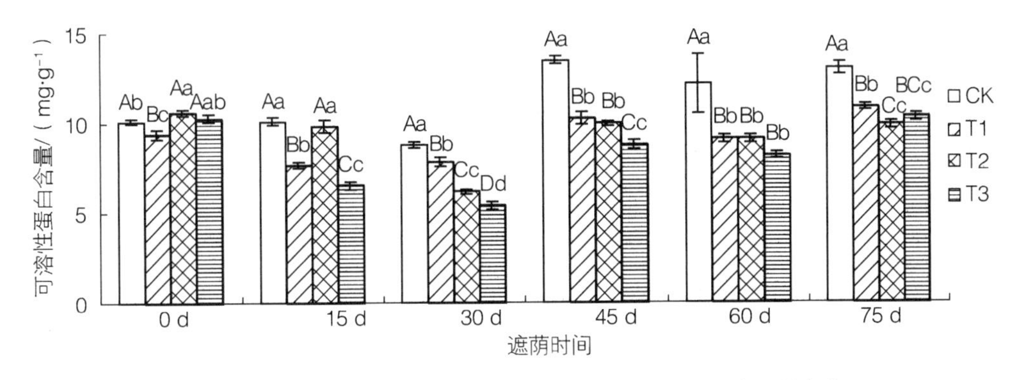


图 4－19　不同遮阴处理下欧洲鹅耳枥幼苗可溶性蛋白含量的变化

## 4.2.9　遮阴胁迫对欧洲鹅耳枥叶片超氧化物歧化酶活性的影响

在逆境胁迫下植物体内活性氧产生和清除的动态平衡被打破，活性氧在体内积累，影响植物的正常生长。SOD 可以清除超氧阴离子自由基，因此是衡量植物抗逆境胁迫的重要指标。

由图 4－20 可看出，同一时间内不同遮阴处理欧洲鹅耳枥的 SOD 活性随着遮阴梯度加强大致呈先上升后下降的趋势；在遮阴 0 d 时，处理 T1、T2、T3 与对照差异不显著。在遮阴 15 d 时，处理 T1、T2、T3 均高于对照，分别上升了 7.84%、18.49%、20.63%，处理 T1 与对照差异不显著，处理 T2、T3 与对照差异极显著；随着胁迫时间延长，遮阴 30 d 时，处理 T1 与对照差异不显著，处理 T2、T3 与对照差异极显著；遮阴 45 d 时，处理 T1、T2、T3 SOD 活性与对照差异不显著；遮阴 60 d 时，处理 T1、T2、T3 SOD 活性与对照差异不显著；遮阴 75 d 时，处理 T3 与对照差异极显著，处理 T1、T2 与对照差异不显著。

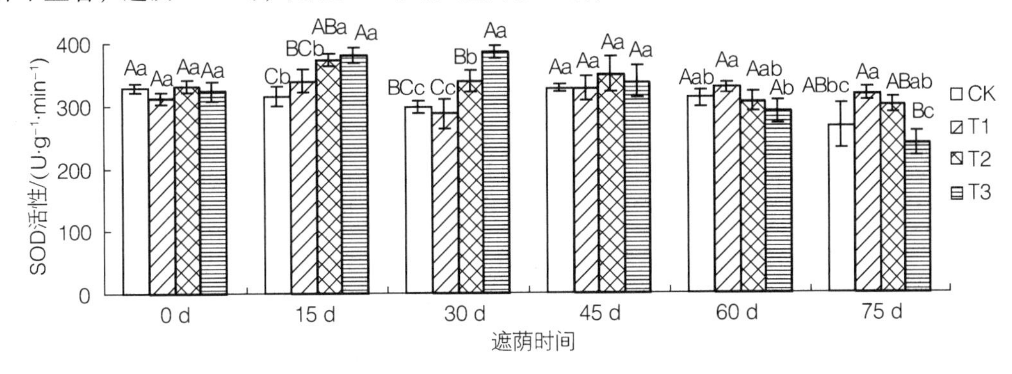


图 4－20　不同遮阴处理下欧洲鹅耳枥幼苗超氧化物歧化酶活性的变化

## 4.2.10 遮阴胁迫对欧洲鹅耳枥叶片过氧化物酶活性的影响

过氧化物酶 POD 广泛存在于植物体中，与植物的光合作用、呼吸作用和生长素的氧化等都有关系。POD 能够清除逆境胁迫下产生的有害自由基、减少膜脂质过氧化作用。

由图 4 - 21 可看出，同一时间内不同遮阴处理欧洲鹅耳枥在遮阴 0 d 时，处理 T1、T2、T3 与对照的 POD 活性均较低，处理 T1、T2 与对照差异不显著，处理 T3 与对照差异极显著；在遮阴 15 d 时，处理 T1、T2、T3 的 POD 活性与对照差异极显著，分别上升了 36.36%、32.01%、73.58%；随着胁迫延长，遮阴 30 d 时，处理 T1 与对照差异不显著，处理 T2 与对照差异显著，处理 T3 与对照差异极显著，处理 T1、T2、T3 的 POD 活性分别上升了 9.38%、30.54%、103.74%；遮阴 45 d 时，处理 T2 与对照差异不显著，处理 T1 与对照差异显著，处理 T3 与对照差异极显著；遮阴 60 d 时，处理 T1、T2、T3 与对照差异极显著；遮阴 75 d 时，处理 T1、T2、T3 的 POD 活性均低于对照，分别降低了 28.95%、27.31%、27.44%，与对照差异显著。

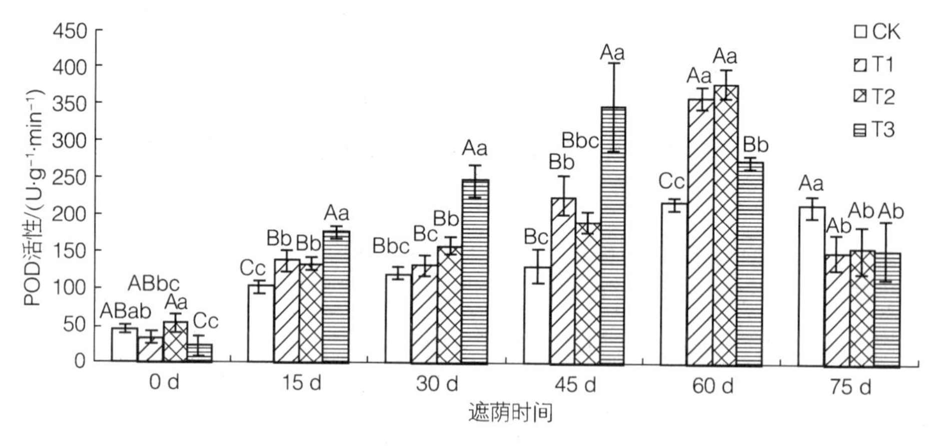


图 4 - 21　不同遮阴处理下欧洲鹅耳枥幼苗过氧化物酶活性的变化

## 4.2.11 遮阴胁迫对欧洲鹅耳枥光合特性的影响

光是植物进行光合作用，维持植物生存的重要因子，直接影响植物的生长、发育，植物对光环境都有一定的适应性。遮阴下，欧洲鹅耳枥叶片的净光合速率、气孔导度、胞间 $CO_2$ 浓度、蒸腾速率等光合指标均受到不同程度的影响。

### 4.2.11.1 遮阴胁迫对欧洲鹅耳枥净光合速率（Pn）日变化的影响

叶片净光合速率的日变化可以反映一天中植物光合作用时间的持续能力。由图 4 - 22 可看出，欧洲鹅耳枥幼苗的净光合速率动态变化曲线呈现"单峰"现象。处理 T1、T3 与对照的净光合速率在刚开始时呈上升趋势，在 10 点左右出现最大值，之后

就一直下降。处理 T2 的净光合速率开始呈上升趋势，在 12 点左右出现峰值，之后就一直下降。同时遮阴强度与净光合速率呈负相关，遮阴强度越大，净光合速率越小。

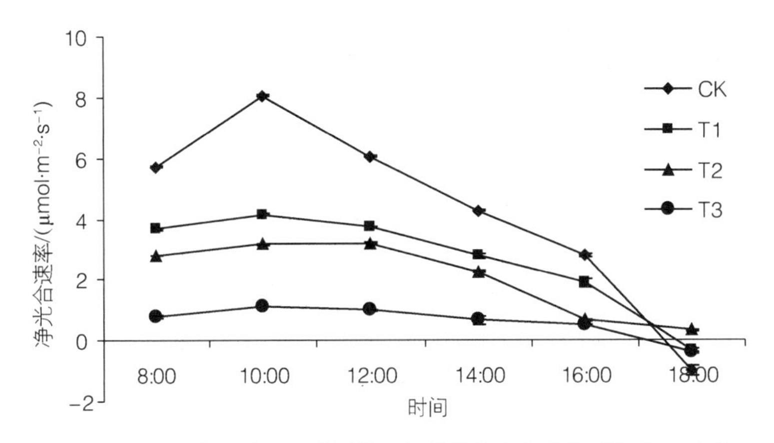


图 4－22　不同遮阴处理下欧洲鹅耳枥幼苗净光合速率（Pn）日变化

#### 4.2.11.2　遮阴胁迫对欧洲鹅耳枥气孔导度（Gs）日变化的影响

气孔导度是 $CO_2$ 运动阻力的导数，气孔导度的倒数是气孔阻力。所以气孔导度越大说明气孔对 $CO_2$ 进入叶片内部的阻力就越小，植物的光合速率越大。

由图 4－23 可看出，不同遮阴处理欧洲鹅耳枥幼苗的气孔导度动态变化曲线大致随时间先上升后下降，只是峰值出现时间有所不同，对照气孔导度峰值与净光合速率一致，均出现在 10 点。处理 T1 峰值出现在 14 点，处理 T2 峰值出现在 12 点，处理 T3 在 8 点气孔导度最大，之后略有波动，整体变化不大。同时遮阴强度与气孔导度呈负相关，遮阴强度越大，净气孔导度越小。

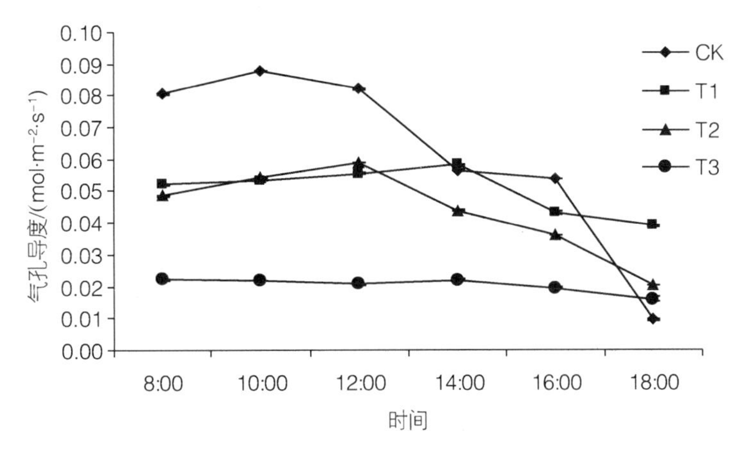


图 4－23　不同遮阴处理下欧洲鹅耳枥幼苗气孔导度（Gs）日变化

#### 4.2.11.3　遮阴胁迫对欧洲鹅耳枥蒸腾速率（Tr）日变化的影响

蒸腾速率（Tr）是植物代谢的重要生理指标，蒸腾速率的大小反映了植物适应逆境的能力。

由图 4-24 可看出，不同遮阴处理欧洲鹅耳枥幼苗的蒸腾速率动态变化曲线与净光合速率的日变化趋势基本相同，同样呈现出先上升后下降的变化趋势，但蒸腾速率的峰值出现时间不同：处理 T2 与对照峰值出现在 12 点左右，处理 T1、T3 峰值出现在 14 点左右。同时遮阴强度与蒸腾速率呈负相关，遮阴强度越大，蒸腾速率越小。

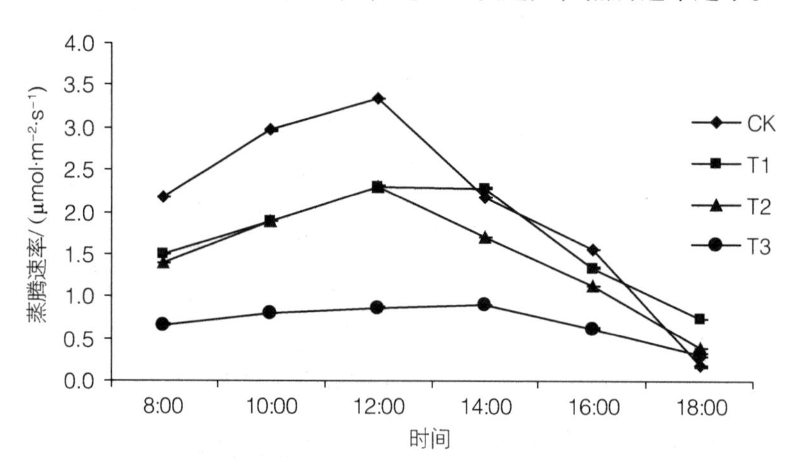


图 4-24　不同遮阴处理下欧洲鹅耳枥幼苗蒸腾速率（Tr）日变化

#### 4.2.11.4　遮阴胁迫对欧洲鹅耳枥胞间 $CO_2$ 浓度（Ci）日变化的影响

由图 4-25 可看出，遮阴处理对欧洲鹅耳枥胞间 $CO_2$ 浓度（Ci）产生了显著的影响，不同遮阴处理欧洲鹅耳枥幼苗的胞间 $CO_2$ 浓度动态变化曲线与光合速率、气孔导度、蒸腾速率的日变化呈现出相反的变化趋势，胞间 $CO_2$ 浓度随着时间先下降后上升。在 8 点左右细胞间的 $CO_2$ 浓度比较高，随着光合速率的增强，细胞间的 $CO_2$ 浓度逐渐下降，到 10 点左右，细胞间 $CO_2$ 浓度降到最低，之后幼苗的光合速率一直降低，细胞间的 $CO_2$ 浓度也一直增加。处理与对照趋势一致，整体来讲，随着遮阴强度增大，欧洲鹅耳枥叶片胞间 $CO_2$ 浓度增大。

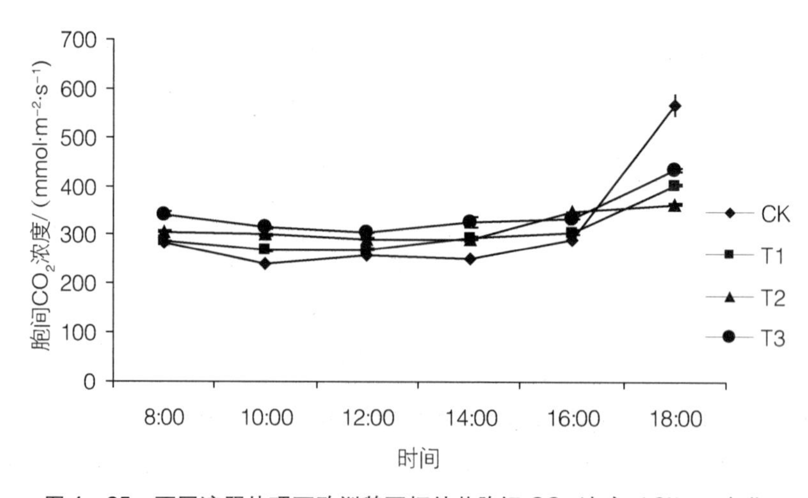


图 4-25　不同遮阴处理下欧洲鹅耳枥幼苗胞间 $CO_2$ 浓度（Ci）日变化

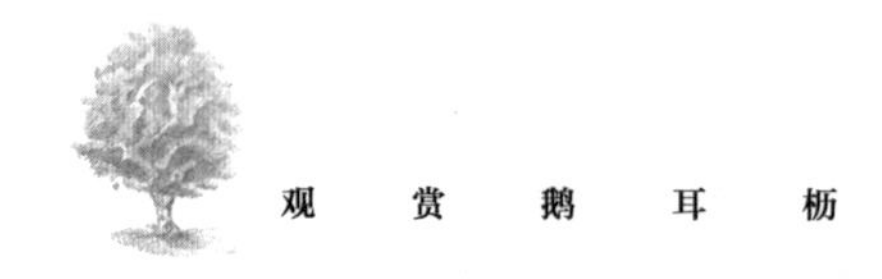

# 4.3 耐盐性

在植物抗性研究中，人们已对抗性机理取得了一些认识，提出了在盐胁迫条件下生长受抑制的激素信息理论，从整株植物、器官、组织、细胞和分子等不同层次上比较耐盐性不同的植物之间的生理差别，重视细胞膜和耐盐性的关系，认识了抗性和细胞膜透性、生长量、水势及超氧化物歧化酶（SOD）、脯氨酸、钾离子（$K^+$）、钠离子（$Na^+$）含量和根活力的初步联系，提出了新的盐害假说。

本研究采用盆栽试验对 2 种鹅耳枥在不同盐浓度下所发生的变化，就观赏鹅耳枥的耐盐生理（NaCl 胁迫）作了初步探讨。研究结果表明，观赏鹅耳枥幼苗在低等、中等盐含量（1~3 g·$L^{-1}$）的环境中能够正常生长，而 4~5 g·$L^{-1}$ 盐胁迫时对其生长会造成损害。因此，鹅耳枥具有一定的耐盐能力，可在园林绿化中推广使用。

## 4.3.1 材料与方法

### 4.3.1.1 供试材料

供试欧洲鹅耳枥种子来自匈牙利，鹅耳枥种子来自中国江西。2011 年 11 月进行变温层积处理，第 2 年 3 月份播种于育苗穴盘中，同年 6 月份，将生长良好的欧洲鹅耳枥和鹅耳枥播种苗移栽到塑料育苗盆（10 cm×10 cm）中，进行统一的水肥管理。

### 4.3.1.2 试验地概况

试验地设在南京林业大学花房，该试验地属亚热带季风气候，四季分明，雨量充沛，年平均气温 15.7 ℃，年终端高温 43 ℃，绝对最低温度-14 ℃，年均降水量约为 1 021.3 mm，最大平均湿度 81%，无霜期较长，适宜植物生长的日期达 225 天。

### 4.3.1.3 实验设计

2013 年 3 月挑选大小一致，生长健壮的幼苗移入花盆（上径口×下径口×高为 12 cm×15 cm×10 cm）中进行基质栽培，基质为园土：草木灰：蛭石：珍珠岩=1：1：1：1 的混合土，每盆土壤干重为 500 g，每盆栽 1 株。在条件一致的环境下自然生长，常规管理，培养 1 个月后，进行盐胁迫实验。

4 月挑选长势一致的苗木移入花房内适应一段时间，并于 4 月中旬开始对苗木进行盐处理。实验设置 6 个浓度梯度：0%（CK）、0.1%、0.2%、0.3%、0.4%、0.5%，每个梯度重复 3 次，每个重复 25 株苗，即每个处理共 75 株苗。加盐时，为避免盐积效应，在正式处理前进行预处理，每次增加 0.1%，预处理第 5 天达到最终浓度。然后每隔 7 d 以对应浓度的 NaCl（分析纯）溶液处理苗木，每盆浇 200 mL，花盆底放塑料托盘，若有溶液流出，则回倒入盆中。每次浇灌前以去离子水充分淋洗基质，以确保实验设计的准确性。

每隔 7 d 对苗木的苗高、地径、盐害症状、叶片相对电导率、叶绿素含量等指标进行统计、测定。同时采样，取各株中上部位朝向一致的叶片，擦干净置于密封袋，放入超低温冰箱贮藏，用以测定其他各项生理生化指标，并取不同处理土壤样品测定 $Na^+$含量。在最后一次取样时测定生物量、离子含量等指标。试验共观测 6 次，共计 42 d。

## 4.3.2 盐胁迫对观赏鹅耳枥幼苗生长的影响

### 4.3.2.1 土壤 $Na^+$含量的变化

盐胁迫处理期间，土壤 $Na^+$含量的变化如表 4－3 所示，可知，欧洲鹅耳枥（*C. betulus*）和鹅耳枥（*C. turczaninowii*）2 种鹅耳枥幼苗土壤 $Na^+$含量均随加盐次数的增加而增加。其中欧洲鹅耳枥土壤 $Na^+$含量初期增加速度缓慢，在加盐第 28 d 后，土壤 $Na^+$含量上升迅速；鹅耳枥土壤 $Na^+$含量在第 35 d 明显增加，且随着盐浓度的增加上升越明显。这可能是因为盐胁迫前期，植物主要以无机离子进行渗透调节，植物为了能吸收土壤中的水分以维持体内的水分平衡，而大量吸收 $Na^+$以降低根系的渗透势；到盐处理后期，可能是多次浇盐，土壤盐离子产生了积累，而且植物体内离子含量逐渐饱和甚至过度积累，植物产生了离子毒害作用，体内的离子平衡遭到破坏，最终导致植物降低了吸收离子的能力，使土壤盐分维持在较高的浓度。从不同盐浓度处理下，土壤 $Na^+$含量的变化幅度来看，鹅耳枥维持离子稳定性的能力较强。

**表 4－3　持续加盐过程中 2 种鹅耳枥幼苗土壤 $Na^+$含量的变化**

| 植物材料 | NaCl 浓度 | 土壤 $Na^+$含量/（$mg \cdot g^{-1}$） | | | | | |
|---|---|---|---|---|---|---|---|
| | | 7 d | 14 d | 21 d | 28 d | 35 d | 42 d |
| 欧洲鹅耳枥 | 0% | 0 | 0 | 0 | 0 | 0 | 0 |
| | 0.1% | 1.05 | 1.12 | 1.17 | 1.30 | 1.56 | 1.65 |
| | 0.2% | 2.00 | 2.14 | 2.28 | 2.54 | 2.72 | 2.93 |
| | 0.3% | 2.96 | 3.15 | 3.27 | 3.64 | 3.84 | 4.28 |
| | 0.4% | 3.90 | 4.13 | 4.22 | 4.56 | 4.83 | 5.57 |
| | 0.5% | 5.01 | 5.21 | 5.42 | 5.66 | 5.98 | 6.91 |
| 鹅耳枥 | 0% | 0 | 0 | 0 | 0 | 0 | 0 |
| | 0.1% | 1.02 | 1.09 | 1.14 | 1.25 | 1.42 | 1.51 |
| | 0.2% | 1.98 | 2.08 | 2.21 | 2.39 | 2.54 | 2.69 |
| | 0.3% | 2.95 | 3.12 | 3.23 | 3.41 | 3.58 | 3.82 |
| | 0.4% | 4.04 | 4.10 | 4.18 | 4.46 | 4.67 | 5.26 |
| | 0.5% | 4.96 | 5.28 | 5.35 | 5.59 | 5.96 | 6.52 |

#### 4.3.2.2 盐胁迫下盐害症状和盐害指数的变化

植物形态指标的表现是判断其耐盐性的一个比较可靠的指标，在许多试验中都采用此方法进行植物耐盐性的鉴定，从而选择耐盐树种和品种（王志刚 等，2000）。盐害指数则可以反映盐胁迫对植物生长的综合伤害程度。本试验在加盐后每隔 1 周，分别调查 2 种鹅耳枥的茎、叶生长情况，并计算其盐害指数。

2 种鹅耳枥受到盐胁迫后，在胁迫浓度和持续时间上，幼苗叶片颜色、形态、顶芽脱落率等情况均发生了明显的变化。从表 4－4 的结果可知，随着盐胁迫浓度的增大，2 种鹅耳枥盐害症状越来越严重，盐害指数逐渐增大，特别是在土壤盐胁迫程度较大的时候，植株受盐害表现也最明显。随盐害时间的持续，不同盐浓度处理下植物出现的症状也不同。2 种鹅耳枥幼苗在受到盐胁迫时，叶尖、叶缘开始发黄，随着盐害的持续，叶片整体焦枯、卷边、凋落，茎发黑、干枯，直至死亡（彩图 4－1、彩图 4－2）。

**表 4－4　2 种鹅耳枥幼苗盐害指数**

| 植物材料 | NaCl 浓度 | 盐害指数/% | | | | | |
|---|---|---|---|---|---|---|---|
| | | 7 d | 14 d | 21 d | 28 d | 35 d | 42 d |
| 欧洲鹅耳枥 | 0% | 0 | 0 | 0 | 0 | 0 | 0 |
| | 0.1% | 0 | 0.35 | 1.39 | 4.17 | 14.93 | 30.56 |
| | 0.2% | 0.35 | 0.69 | 2.08 | 9.72 | 21.18 | 39.58 |
| | 0.3% | 1.04 | 3.13 | 13.89 | 32.64 | 59.38 | 79.17 |
| | 0.4% | 2.08 | 9.03 | 30.56 | 57.99 | 75.00 | 85.07 |
| | 0.5% | 3.47 | 10.07 | 33.33 | 70.14 | 77.08 | 91.32 |
| 鹅耳枥 | 0% | 0 | 0 | 0 | 0 | 0 | 0 |
| | 0.1% | 0.00 | 0.56 | 1.67 | 3.33 | 10.00 | 17.78 |
| | 0.2% | 0.35 | 0.69 | 5.90 | 7.29 | 20.00 | 23.33 |
| | 0.3% | 0.69 | 2.50 | 10.00 | 28.75 | 50.00 | 57.50 |
| | 0.4% | 1.04 | 3.75 | 35.00 | 42.50 | 71.25 | 73.75 |
| | 0.5% | 1.39 | 3.75 | 26.25 | 47.50 | 66.25 | 83.75 |

盐胁迫前 21 d，2 种鹅耳枥没有出现死亡现象。胁迫 28 d 时，0.3%～0.5%盐浓度下，欧洲鹅耳枥部分植株开始出现枯萎死亡症状，盐害指数在 32.64%～70.14%之间；鹅耳枥没有出现死亡植株，但超过 1/3 的叶片开始发黄，并伴随顶芽凋落等症状，盐害指数达到 28.75%～47.5%，说明此时高浓度盐胁迫对 2 种鹅耳枥的生长均产生较为明显的影响，且欧洲鹅耳枥更为敏感。胁迫 42 d 时，欧洲鹅耳枥除了 0.1%～0.2%盐胁迫下受影响程度较低之外，其他浓度处理下死亡植株达半数以上，各浓度处理下盐害指数也达到试验期间的最大值；鹅耳枥在 0.4%～0.5%盐胁迫下，茎叶凋落，植株生长停滞，

25%以上植株死亡，盐害指数达到 73.75%~83.75%。可见，欧洲鹅耳枥幼苗在 0.1%、0.2%盐浓度处理下尚可生长，在 0.3%~0.5%盐浓度处理下受到损害较严重，而鹅耳枥在 0.4%~0.5%盐浓度处理下受害较重，不能正常生长。

可以用叶片受害症状及顶芽脱落率来衡量植物的抗逆性（郭杰，2008），从 2 种鹅耳枥在不同盐浓度胁迫下的植株的受害症状及盐害指数综合来推断，鹅耳枥抗盐能力要高于欧洲鹅耳枥。

#### 4.3.2.3 盐胁迫对 2 种鹅耳枥存活率的影响

在盐胁迫研究中，植株的存活率可以作为植株耐盐能力的重要指标（张川红 等，2002）。造成苗木死亡的原因有很多，主要是：浓度过高的盐离子破坏了膜的结构与功能，使细胞代谢受阻；土壤由于可溶性盐过多，其渗透势降低，造成根系吸水困难，引起生理干旱；单株叶面积减小，抑制了植株的光合作用，导致植物不能正常生长而死亡。

由表 4－5 可知，盐胁迫 42 d 后，2 种鹅耳枥在 0%、0.1%盐胁迫下生长基本不受影响，存活率达到 100%，在 0.2%盐胁迫下，鹅耳枥存活率仍为 100%，而欧洲鹅耳枥为 93.06%，说明 2 种鹅耳枥在较低浓度盐胁迫下，存活率受影响不大。而在 0.3%~0.5%盐浓度下，2 种鹅耳枥存活率出现较大的差异，在 0.3%盐浓度下，鹅耳枥存活率仍达 92%，而此时欧洲鹅耳枥仅为 55%；盐胁迫最严重（0.5%）时，鹅耳枥的存活率比欧洲鹅耳枥高出 35%。从苗木存活率判断，2 种鹅耳枥抗盐能力依次为：鹅耳枥>欧洲鹅耳枥。

表 4－5　2 种鹅耳枥幼苗存活率

| 植物材料 | 盐胁迫浓度 | | | | | |
|---|---|---|---|---|---|---|
| | 0% | 0.1% | 0.2% | 0.3% | 0.4% | 0.5% |
| 欧洲鹅耳枥 | 100% | 100% | 93% | 55% | 33% | 10% |
| 鹅耳枥 | 100% | 100% | 100% | 92% | 75% | 45% |

#### 4.3.2.4 盐胁迫对 2 种鹅耳枥相对高生长量的影响

相对高生长量是植物受害程度的一个常用的外在表现指标。如图 4－26 所示，随着盐胁迫加强，2 种鹅耳枥的相对高生长量均呈下降趋势，且下降幅度存在显著差异，鹅耳枥在各浓度处理水平上，相对高生长量均高于欧洲鹅耳枥。欧洲鹅耳枥相对高生长量随着盐浓度的增加，分别比对照减少了 15.8%、21.9%、48.6%、59.6%和 64.4%，且高盐浓度下（0.3%~0.5%）与对照达到极显著差异。鹅耳枥相对高生长量在 0%~0.3%盐浓度下差异不显著，下降幅度不大，当盐浓度达 0.4%和 0.5%时，与对照差异极显著，分别比对照减少了 43.9%、48.3%。

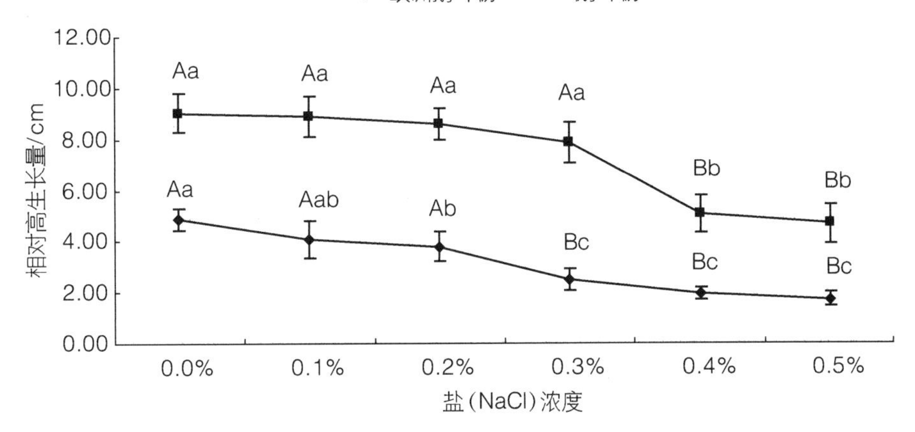


注：不同小写和大写字母分别表示不同处理之间在 0.05 和 0.01 水平存在显著性差异，下同。

图 4－26　盐胁迫后 2 种鹅耳枥相对高生长量的变化

**表 4－6　不同盐处理水平相对高生长方差分析**

| 变异来源 | Ⅲ型平方和 | *df* | 均方 | *F* 值 | *Sig.* |
|---|---|---|---|---|---|
| 品种 | 157.921 | 1 | 157.921 | 406.955** | 0.000 |
| 处理 | 75.209 | 5 | 15.042 | 38.762** | 0.000 |
| 品种·处理 | 7.286 | 5 | 1.457 | 3.755* | 0.012 |
| 误差 | 9.313 | 24 | 0.388 | | |
| 总计 | 1 244.080 | 36 | | | |

注：* 表示 0.05 水平下差异显著；** 表示 0.01 水平下差异显著，下同。

对 2 种鹅耳枥在盐胁迫下相对高生长量进行方差分析（表 4－6），结果表明：不同品种、不同处理对 2 种鹅耳枥相对高生长量的影响均达到极显著水平，两者之间的交互效应显著。说明盐胁迫对 2 种植物的苗高生长量产生抑制作用。

#### 4.3.2.5　盐胁迫对 2 种鹅耳枥相对地径生长量的影响

地径生长量与植物的抗逆性关系密切，能衡量苗木生长是否正常。通常植物的抗逆性越强，其地径越大（杨燕 等，2005）。盐胁迫下 2 种鹅耳枥幼苗相对地径生长量情况如图 4－27 所示。由图可知，随着盐胁迫程度的加强，2 种鹅耳枥相对地径生长量均不断减少，呈下降趋势，且同一树种在不同处理之间存在差异。在 0.1%盐浓度下，2 种鹅耳枥均与对照差异不显著，而随着盐浓度的增加，欧洲鹅耳枥从 0.2%～0.5%分别比对照极显著下降了 19.9%、34.3%、39.8%、49.1%；鹅耳枥在 0.2%浓度下与对照差异显著，在 0.3%～0.5%浓度下分别比对照极显著下降了 23.4%、41.9%和 53.6%。

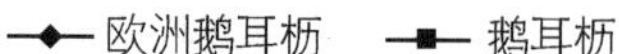


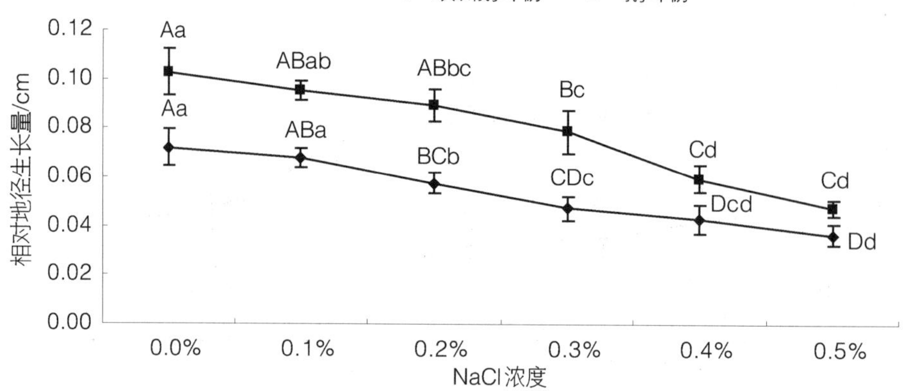


图 4－27　盐胁迫后 2 种鹅耳枥相对地径生长量的变化

#### 4.3.2.6　盐胁迫对 2 种鹅耳枥生物量的影响

生长抑制、生物量降低是盐胁迫下植物最为敏感的生理响应（吴成龙　等，2006）。盐胁迫对植物体整个生命周期的生长均产生影响，其中生物量的积累则是植物耐盐性的综合表现，通常植物在高盐浓度下会导致生物量的剧减。

盐胁迫对 2 种鹅耳枥不同部分生物量影响如表 4－7 所示：与对照相比，随着盐浓度的增加，2 种鹅耳枥幼苗根、茎、叶干物质积累量均呈下降的趋势；但在 0.1%盐浓度处理下，欧洲鹅耳枥根和叶的干重略高于对照组。说明盐胁迫抑制了欧洲鹅耳枥和鹅耳枥幼苗的生长，且盐浓度越高，抑制作用越明显，但低浓度的盐处理可能会促进欧洲鹅耳枥根系及叶片的生长。0.3%、0.4%、0.5%盐浓度胁迫下，欧洲鹅耳枥总干重分别较对照极显著下降了 34.46%、44.50%、49.82%；而鹅耳枥总干重分别较对照极显著下降了 32.35%、37.61%、48.80%，且鹅耳枥各部分干重都要大于欧洲鹅耳枥，这表明在高浓度盐胁迫下，与欧洲鹅耳枥相比，鹅耳枥生长受抑制的程度较小。

从根冠比来看，欧洲鹅耳枥的根冠比随着盐浓度的升高逐渐增大，且处理组都极显著高于对照组。说明欧洲鹅耳枥地上部分对盐胁迫的敏感度高于根部。鹅耳枥的根冠比随着盐浓度的增加，呈先下降后上升的趋势，在 0.5%盐浓度下又下降，说明低盐胁迫下鹅耳枥根系的敏感度较高，而高盐胁迫下，地上部分对盐胁迫的敏感度要高于根系，且 0.5%盐浓度胁迫下根系生长停滞。以上结果表明，随着 NaCl 胁迫的加重，2 种鹅耳枥幼苗生长均受到不同程度的影响，但总体而言，鹅耳枥对盐渍环境的适应性要强于欧洲鹅耳枥。

表 4-7　盐胁迫对欧洲鹅耳枥和鹅耳枥幼苗不同部分干重和根冠比的影响

| 植物材料 | NaCl浓度 | 根/g | 茎/g | 叶/g | 总干重/g | 根冠比 |
|---|---|---|---|---|---|---|
| 欧洲鹅耳枥 | 0% | 0.157±0.006ABa | 0.227±0.008Aa | 0.274±0.008Aa | 0.658±0.021Aa | 0.314±0.002Ee |
| | 0.1% | 0.164±0.007Aa | 0.178±0.012Bb | 0.275±0.007Aa | 0.618±0.026Ab | 0.363±0.005Dd |
| | 0.2% | 0.144±0.005Bb | 0.162±0.007BCc | 0.214±0.006Bb | 0.520±0.017Bc | 0.383±0.002Cc |
| | 0.3% | 0.128±0.007Cc | 0.147±0.010CDc | 0.156±0.011Cc | 0.431±0.028Cd | 0.423±0.006Bb |
| | 0.4% | 0.118±0.005CDcd | 0.131±0.006DEd | 0.117±0.008Dd | 0.365±0.018De | 0.476±0.008Aa |
| | 0.5% | 0.107±0.006Dd | 0.114±0.007Ee | 0.109±0.007Dd | 0.330±0.020De | 0.482±0.003Aa |
| 鹅耳枥 | 0% | 1.628±0.098Aa | 2.210±0.217Aa | 2.125±0.236Aa | 5.963±0.548Aa | 0.377±0.018BCb |
| | 0.1% | 1.413±0.094ABab | 2.017±0.088ABab | 1.880±0.073ABa | 5.310±0.146ABab | 0.363±0.031Cb |
| | 0.2% | 1.273±0.021Bbc | 1.724±0.040BCbc | 1.604±0.035BCb | 4.602±0.092BCbc | 0.383±0.005ABCb |
| | 0.3% | 1.192±0.121Bbc | 1.513±0.146CDcd | 1.329±0.091CDc | 4.034±0.352CDcd | 0.419±0.009ABa |
| | 0.4% | 1.115±0.184BCc | 1.377±0.215CDde | 1.228±0.094Dcd | 3.720±0.486CDde | 0.426±0.023Aa |
| | 0.5% | 0.827±0.146Cd | 1.179±0.197De | 1.047±0.207Dd | 3.053±0.547De | 0.372±0.009BCb |

## 4.3.3　盐胁迫对2种鹅耳枥幼苗生理生化特性的影响

### 4.3.3.1　盐胁迫对2种鹅耳枥叶片相对含水量的影响

从图4-28、图4-29可以看出，在盐分胁迫处理的整个过程中，2种鹅耳枥叶片相对含水量有一定的差异，且不同盐分胁迫对叶片相对含水量的影响也存在一定的差异。在胁迫中后期（21~42 d），高浓度盐胁迫下（0.3%~0.5%），鹅耳枥叶片相对含水量要高于欧洲鹅耳枥。

欧洲鹅耳枥幼苗叶片相对含水量随着盐浓度的增加而减少，随着胁迫时间的延长而变小（图4-28）。在胁迫7 d时，各处理差异不显著；到胁迫14 d时，0.1%处理与对照差异显著，相对含水量较对照增加了6.8%，0.2%处理与对照差异不显著，0.4%、0.5%处理与对照差异极显著，分别下降了23.3%、32.6%；随着胁迫时间的延长，到35 d时，各处理与对照差异极显著，分别下降了18.7%、25.7%、38.4%、47.7%、52.8%；到胁迫42 d，0.1%处理与对照差异显著，0.2%~0.5%处理均极显著低于对照。说明，到胁迫后期，高浓度盐胁迫对欧洲鹅耳枥幼苗叶片相对含水量造成了严重的影响，从而造成植株生长不正常，以致死亡。

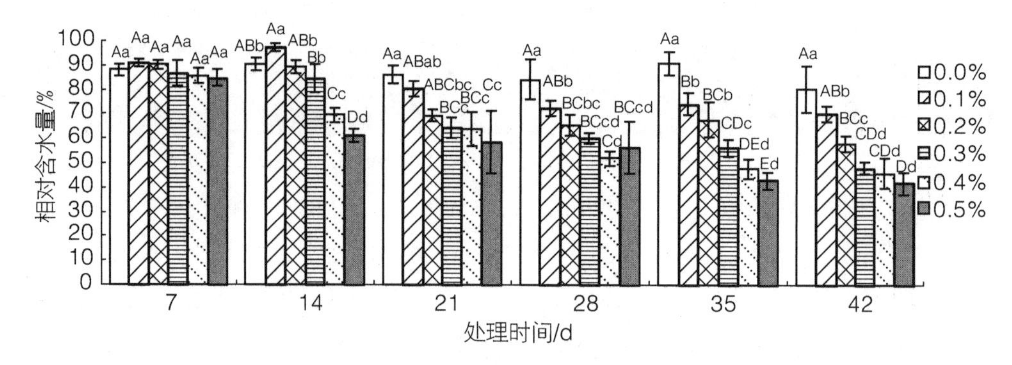

图 4-28　不同盐分处理下欧洲鹅耳枥幼苗叶片相对含水量的变化

鹅耳枥幼苗叶片相对含水量的变化趋势和欧洲鹅耳枥相似，也是随着盐浓度的增加而减少，随着胁迫时间的延长而变小（图 4-29），但下降幅度与欧洲鹅耳枥存在显著差异。在胁迫 7 d 时，各处理差异不显著；14 d 时，0.1%、0.2%处理与对照差异不显著，0.3%、0.4%和 0.5%处理比对照极显著下降了 7.4%、10.1%、11.1%；胁迫 21～35 d，相对含水量缓慢降低，到 42 d 时，0.1%～0.4%处理与对照差异不显著，分别下降了 10.0%、12.2%、15.6%和 16.6%，0.5%处理比对照显著下降了 23.88%。

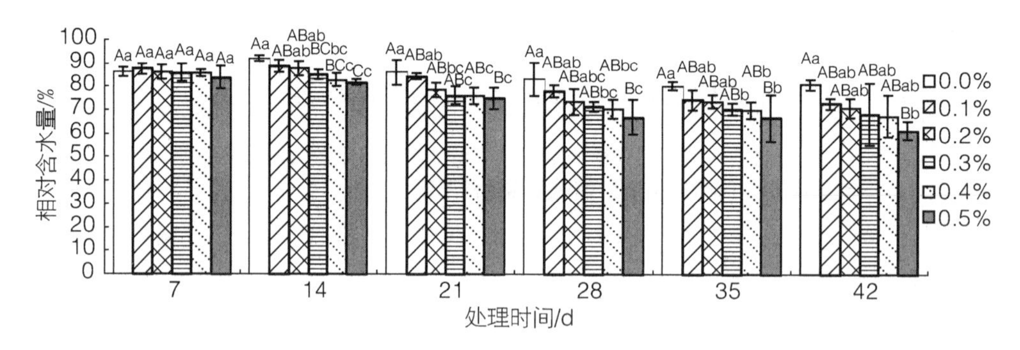

图 4-29　不同盐分处理下鹅耳枥幼苗叶片相对含水量的变化

#### 4.3.3.2　盐胁迫对 2 种鹅耳枥叶片保护酶系统的影响

植物在盐胁迫下活性氧、过氧化氢（$H_2O_2$）等物质大量积累，而抗氧化酶系统活性的提高可以有效抑制这些有害物质对植物体的伤害。在盐胁迫下，植物超氧化物歧化酶（SOD）与过氧化物酶（POD）的活性与植物的耐盐性有关，但不同实验得出的结论不同甚至相反（张超强　等，2007）。

（1）超氧化物歧化酶（SOD）的影响

SOD 保护酶广泛存在于生物体内，它能清除生物体内的 $O^{2-}$，维持机体自由基产生和清除的动态平衡，起到保护生物体、防止衰老等作用（李勇，2007），是植物保护酶系统的重要酶类之一。盐胁迫影响植物体内 SOD 活性，通常在盐胁迫下，植物体内 SOD 酶活性与植物抗氧化胁迫能力呈正相关（Ribeiro et al.，2014），其活性大小与植物的耐盐性有较高的相关性。本研究中盐胁迫下 2 种鹅耳枥幼苗叶片中 SOD 活性变化如

图 4－30、图 4－31 所示。

由图 4－30 可以看出：胁迫 7～21 d 时，欧洲鹅耳枥幼苗叶片中 SOD 活性随着盐胁迫浓度的增加而增加，胁迫 28～42 d 时，高浓度盐胁迫处理下，SOD 活性逐渐降低。整个试验期间，各处理 SOD 活性随着胁迫时间的延长呈先增加后降低的趋势。7 d 时，除了 0.5%处理比对照显著增加 27.3%，其余均与对照差异不显著；14 d 时，0.1%、0.2%、0.3%处理与对照差异显著，分别增加了 20.0%、20.1%、24.4%，0.4%、0.5%分别比对照极显著增加了 29.2%、33.8%；到胁迫 28 d 时，0.4%、0.5%处理下 SOD 活性比之前有所下降，但仍高于对照，与对照差异极显著；胁迫末期 42 d 时，0.1%、0.2%处理与对照差异显著，0.3%处理与对照差异不显著，0.4%、0.5%处理均低于对照，说明此时，高浓度盐胁迫下欧洲鹅耳枥清除过氧化物自由基的能力下降。

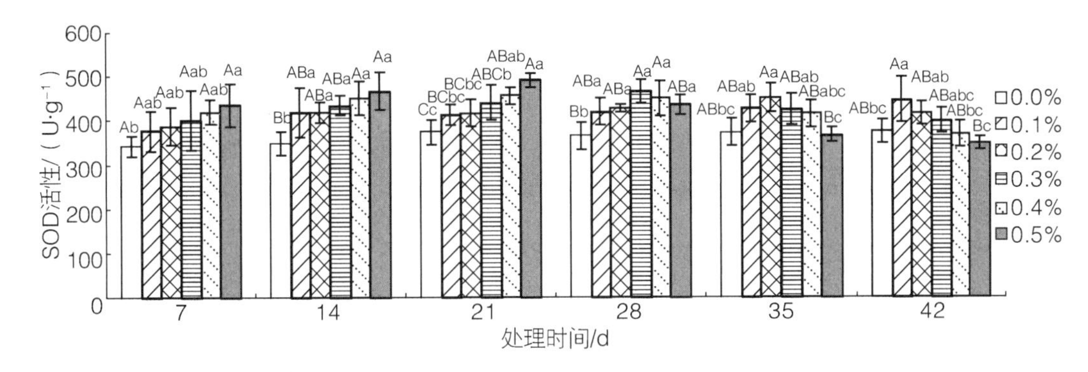


图 4－30　不同盐分处理下欧洲鹅耳枥幼苗叶片中 SOD 活性变化

鹅耳枥幼苗叶片中 SOD 活性变化如图 4－31，由图可知，随着胁迫时间的延长，与对照相比，鹅耳枥幼苗叶片中 SOD 活性在各浓度处理下呈现先增加后降低的趋势。胁迫 7 d，各处理与对照差异不显著；14 d 时，各处理与对照差异极显著，分别上升了 17.5%、24.3%、28.6%、31.4%、36.0%；胁迫 28 d 时，0.1%～0.3%盐处理与对照差异极显著，分别上升了 10.0%、19.3%、23.4%，而 0.4%、0.5%处理 SOD 活性较之前有所下降，与对照差异不显著；胁迫 42 d 时，0.4%、0.5%处理 SOD 活性比对照下降了 0.9%、4.8%。

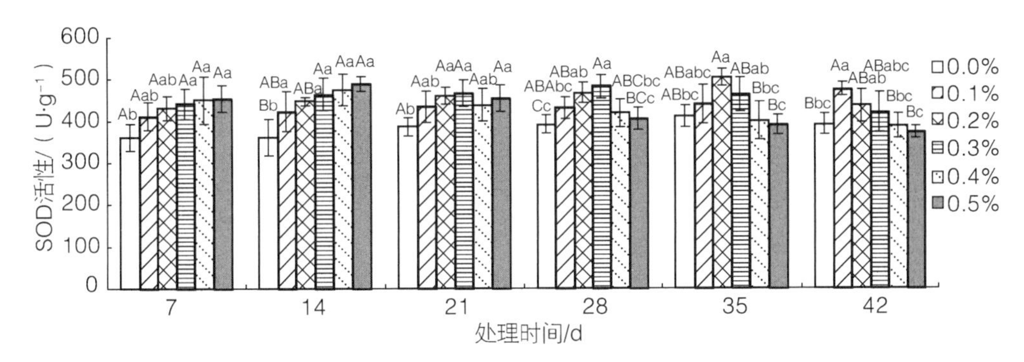


图 4－31　不同盐分处理下鹅耳枥幼苗叶片中 SOD 活性变化

（2）过氧化物酶（POD）的影响

过氧化物酶（POD）是一种活性氧清除酶，广泛存在于植物的各个组织器官中，可以清除植物体内的 $H_2O_2$，使植物免受危害，在植物抗性中发挥重要作用。因此，POD活性强弱可以衡量植物对某种逆境的适应性和抵抗能力。在盐胁迫下 POD 活性的变化目前尚无定论，盐胁迫后 POD 活性表现既有升高也有降低（李国雷 等，2004）。欧洲鹅耳枥和鹅耳枥幼苗叶片中 POD 活性变化如图 4－32 和图 4－33 所示。

在不同盐浓度下，欧洲鹅耳枥幼苗叶片中 POD 活性的变化趋势不同：0.1%和0.2%处理下 POD 活性随着时间的延长不断变大，0.3%、0.4%、0.5%处理下，POD 活性随着时间的延长呈先增加后降低的趋势。7 d 时，各处理 POD 活性均高于对照，其中0.2%、0.4%、0.5%处理与对照差异极显著；21 d 时，各处理 POD 活性比对照极显著增加了 40.0%、49.3%、59.1%、96.4%、87.2%，其中 0.4%、0.5%处理 POD 活性达到试验期间的最大值，分别为 344.3 $U \cdot g^{-1} \cdot min^{-1}$、328.2 $U \cdot g^{-1} \cdot min^{-1}$，之后活性逐渐下降。胁迫 42 d 时，0.1%和 0.2%处理 POD 活性达到最大值，分别为356.0 $U \cdot g^{-1} \cdot min^{-1}$、380.9 $U \cdot g^{-1} \cdot min^{-1}$，与对照分别极显著增加了 65.4%、77.0%，而 0.4%和 0.5%处理 POD 活性均低于对照。

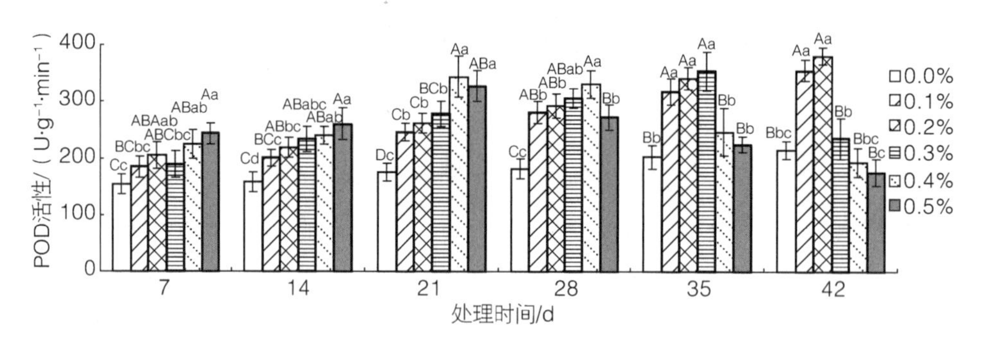


图 4－32　不同盐分处理下欧洲鹅耳枥幼苗叶片中 POD 活性变化

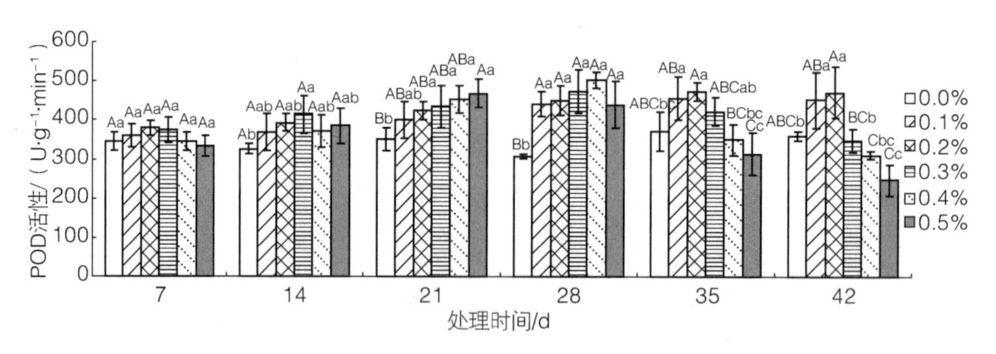


图 4－33　不同盐分处理下鹅耳枥幼苗叶片中 POD 活性变化

由图 4－33 可知，不同浓度盐胁迫下鹅耳枥幼苗叶片中 POD 活性随着时间的延长先增加后降低。胁迫 7 d 时各处理差异不显著；胁迫 21 d 各处理 POD 活性随盐浓度的增加而变大，0.1%处理与对照差异不显著，0.2%、0.3%、0.4%处理与对照差异显著，

0.5%处理与对照差异极显著；胁迫 28 d 时，0.3%、0.4%处理 POD 活性达到最大值，各处理分别比对照极显著增加了 43.4%、46.2%、53.9%、63.4%、42.8%；胁迫 42 d 时，0.1%、0.2%处理 POD 活性显著高于对照，0.4%、0.5%处理 POD 活性显著低于对照，0.3%处理与对照差异不显著。

#### 4.3.3.3 盐胁迫对 2 种鹅耳枥叶片丙二醛（MDA）的影响

膜脂过氧化作用的主要产物之一就是丙二醛（MDA），它对细胞具有很强的毒性，对蛋白质、核酸和酶类等多数生物功能分子均具有很强破坏作用。MDA 含量高低可以反映细胞膜脂过氧化作用强弱和质膜破坏程度（李明，2002）。

由图 4－34 和图 4－35 可以看出，2 种鹅耳枥幼苗叶片中 MDA 含量均随着盐胁迫的加深而增加，随着胁迫时间的延长而呈递增趋势，但两者增加幅度存在显著差异。图 4－34 显示，欧洲鹅耳枥在盐胁迫 7 d 时，各处理 MDA 含量差异不显著；14 d 时，0.1%、0.2%、0.3%处理与对照差异不显著，0.4%、0.5%处理与对照差异显著，分别上升了 37.2%、47.3%；21 d 时，0.1%、0.2%处理与对照差异不显著，0.3%处理与对照差异显著，0.4%、0.5%处理与对照差异极显著；胁迫 35 d 时，0.3%、0.4%、0.5%处理与对照差异极显著，分别增加了 66.2%、97.2%和 116.9%；42 d 时，0.2%、0.3%、0.4%、0.5%处理分别比对照极显著增加了 63.4%、63.7%、67.9%和 106.5%。说明到盐胁迫后期（35~42 d）时，细胞膜脂过氧化作用强烈，高浓度盐胁迫对欧洲鹅耳枥幼苗产生严重的影响。

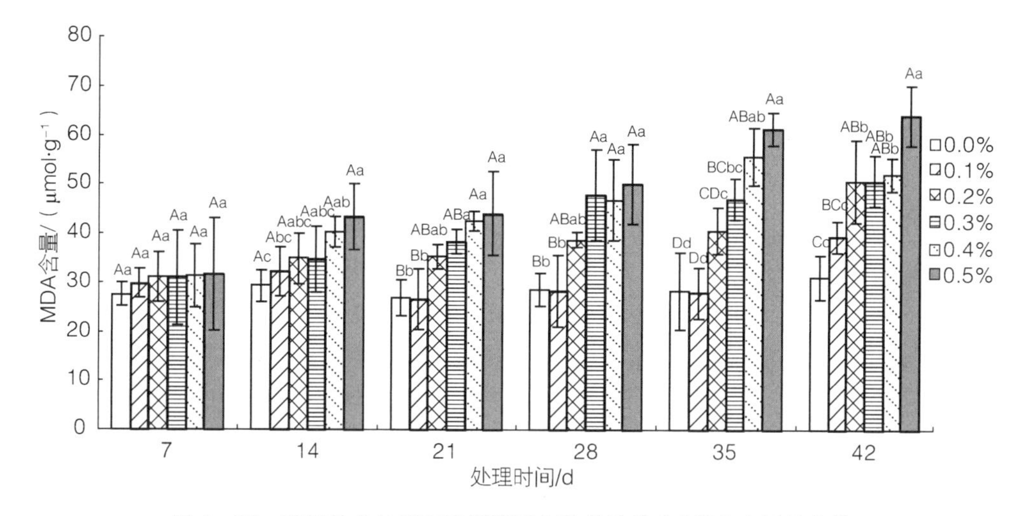


图 4－34 不同盐分处理下欧洲鹅耳枥幼苗叶片中 MDA 含量的变化

图 4－35 显示，胁迫 7 d 时，各处理鹅耳枥幼苗叶片中 MDA 含量差异也不显著；14 d 时，0.5%处理与对照差异极显著，MDA 含量比对照增加了 37.4%；胁迫 21 d 时，0.3%与 0.5%处理与对照差异极显著，0.4%处理与对照差异显著，其他处理与对照差异不显著；胁迫 35 d 时，0.4%、0.5%处理与对照差异极显著，分别增加了 40.9%、48.2%；胁迫 42 d 时，各处理均高于对照，分别增加了 10.7%、20.0%、26.9%、35.6%、44.7%，其中 0.1%处理与对照差异不显著，0.2%处理与对照差异显著，0.3%、0.4%、

0.5%处理与对照差异极显著。从盐胁迫末期处理组 MDA 含量与对照的增幅来看，鹅耳枥细胞膜脂过氧化作用比欧洲鹅耳枥弱，从而能够忍受较长时间的盐胁迫。

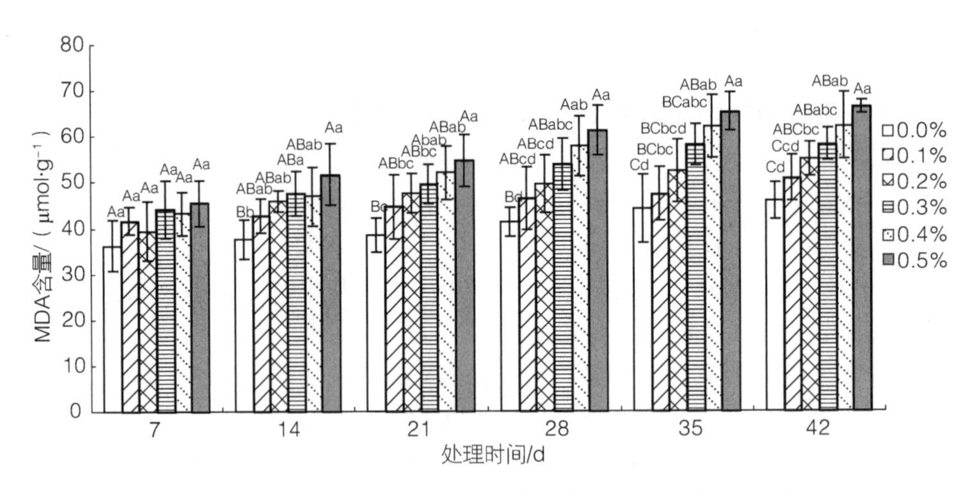


图 4-35 不同盐分处理下鹅耳枥幼苗叶片中 MDA 含量的变化

#### 4.3.3.4 盐胁迫对 2 种鹅耳枥叶片质膜透性的影响

在植物抗逆研究中，一般认为，耐盐性强的植物在盐胁迫下，细胞膜透性变化较小。相对电导率能够反映植物细胞膜在逆境条件膜透性的大小和膜受损伤的程度。

如图 4-36 所示，随着盐胁迫的加强和胁迫时间的延长，欧洲鹅耳枥幼苗叶片的细胞膜透性不断增强，说明盐胁迫对植物的细胞膜造成损坏，并随着盐胁迫的加强，损伤不断加大。在盐胁迫 7 d 时，0.4%和 0.5%处理与对照差异显著，0.1%、0.2%、0.3%处理与对照差异不显著；14 d 时，0.1%、0.2%、0.3%处理与对照差异不显著，而 0.4%和 0.5%处理比对照极显著增加了 30.8%和 83.8%；胁迫 21 d 时，各处理比对照分别增加了 30.4%、34.4%、42.1%、47.8%、55.2%，其中 0.3%、0.4%、0.5%处理与对照差异极显著，0.1%、0.2%、0.3%、0.4%处理叶片相对电导率的增幅达到盐胁迫期间的最大值；21 d 以后，各处理不同时期相对电导率变化趋于稳定，但均维持在较高的水平，说明胁迫中后期，盐胁迫对欧洲鹅耳枥的细胞膜伤害严重。

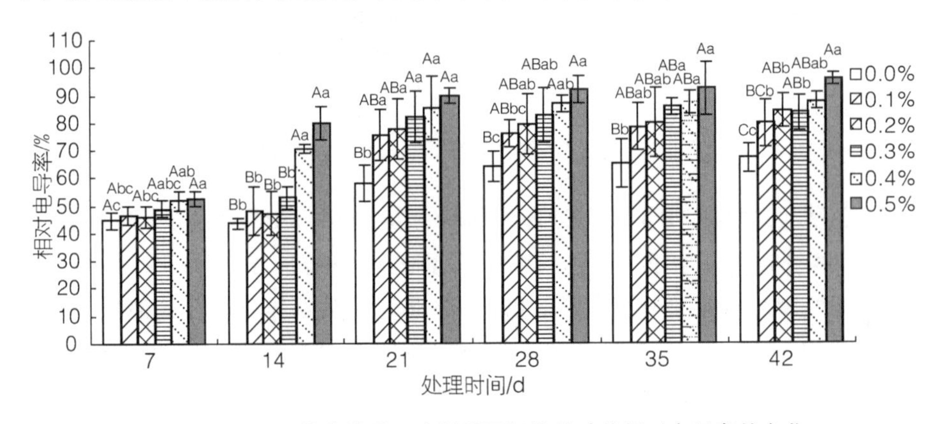


图 4-36 不同盐分处理下欧洲鹅耳枥幼苗叶片相对电导率的变化

不同盐胁迫对鹅耳枥幼苗细胞膜透性的影响如图 4－37 所示，由图可知：不同盐分胁迫下，鹅耳枥叶片相对电导率随时间的延长而增大，在整个试验期间，处理组叶片相对电导率均高于对照组。7 d 时，各处理差异不显著；胁迫 14 d 时，0. 4%、0. 5%处理与对照差异显著，分别增加了 33. 9%、50. 2%；21 d 时，0. 1%处理与对照差异不显著，0. 2%、0. 3%处理与对照差异显著，0. 4%、0. 5%处理与对照差异极显著；胁迫 42 d 时，0. 2%、0. 3%、0. 4%、0. 5%处理比对照分别增加了 41. 3%、28. 7%、43. 5%、47. 4%和 50. 6%，其中 0. 1%、0. 2%处理与对照差异显著，0. 3%、0. 4%、0. 5%处理与对照差异达到极显著。

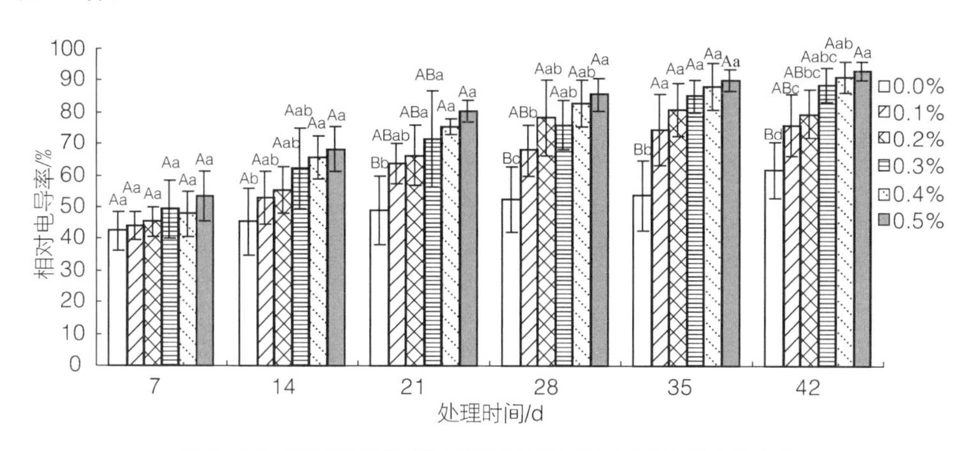


图 4－37　不同盐分处理下鹅耳枥幼苗叶片相对电导率的变化

#### 4.3.3.5　盐胁迫对 2 种鹅耳枥叶片渗透调节物质的影响

（1）可溶性糖的影响

可溶性糖是许多非盐生植物的重要渗透调节物质，也是合成有机物的碳架和能量来源，对细胞膜和原生质胶体有稳定作用，可在细胞内无机离子含量高时起保护酶类的作用（霍仕平　等，1995）。

由图 4－38 可知，随着盐胁迫程度的加剧，欧洲鹅耳枥幼苗叶片可溶性糖含量在盐胁迫前期上升，在后期逐渐下降，随处理时间延长呈显著变化。0. 1%、0. 2%、0. 3%处理叶片中可溶性糖含量在胁迫 35 d 时达到最大值，而 0. 4%和 0. 5%处理叶片中在 28 d 即达到最大值，之后显著下降。在 7 d 时，各处理变动幅度不大；胁迫 14 d 时，0. 1%、0. 2%、0. 3%、0. 4%处理与对照差异不显著，而 0. 5%处理与对照差异显著，可溶性糖含量增加了 65. 3%；到 28 d 时，各处理可溶性糖含量分别比对照增加了 28. 7%、55. 6%、59. 0%、84. 7%和 93. 0%，0. 1%处理与对照差异显著，0. 2%、0. 3%、0. 4%、0. 5%处理与对照差异均极显著；35 d 时，0. 2%处理与对照差异极显著，高浓度胁迫（0. 3%、0. 4%、0. 5%）处理随浓度的增加可溶性糖含量不断下降，0. 5%处理下比对照降低了 7. 4%；到胁迫 42 d 时，0. 2%和 0. 3%处理与对照差异显著，0. 4%和 0. 5%处理比对照分别下降了 6. 7%和 13. 5%，与对照差异不显著。

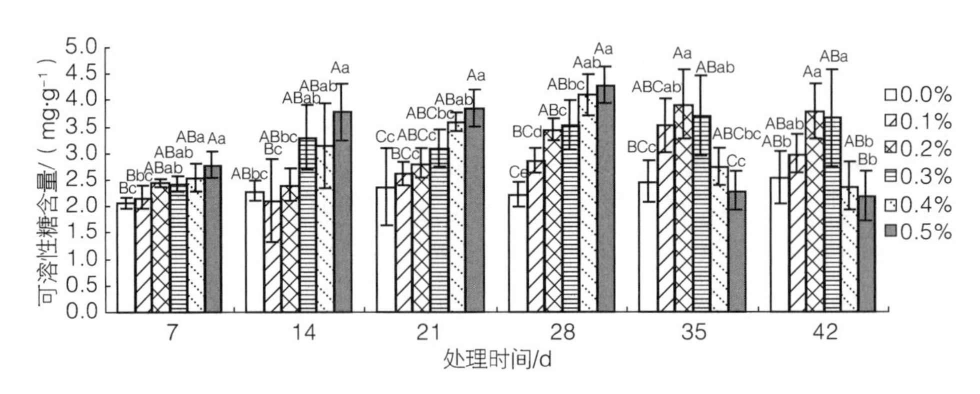


图 4-38　不同盐分处理下欧洲鹅耳枥幼苗叶片可溶性糖含量的变化

由图 4-39 可知，在盐分处理下，鹅耳枥幼苗叶片可溶性糖含量显著受到影响，随土壤盐分含量的增加而上升，随着处理时间的延长，呈“上升—降低—上升”的趋势。0. 1%处理鹅耳枥幼苗叶片可溶性糖含量在试验期间与对照差异不显著，0. 2%、0. 3%、0. 4%、0. 5%处理鹅耳枥幼苗叶片可溶性糖含量在盐胁迫前期缓慢增加，在 28 d 时显著下降，之后又缓慢增加。7 d 时，0. 2%、0. 4%和 0. 5%处理与对照差异显著；21 d 时，各处理可溶性糖含量分别比对照增加了 53. 3%、80. 9%、89. 9%、108. 4%、93. 6%，其中 0. 1%处理与对照差异不显著，0. 2%处理与对照差异显著，0. 3%、0. 4%、0. 5%处理与对照差异极显著；28 d 时，各处理可溶性糖含量较 28 d 时显著下降，仅 0. 5%处理与对照差异极显著；到盐胁迫 35 d 时，0. 2%、0. 3%、0. 4%、0. 5%处理鹅耳枥叶片可溶性糖含量比对照分别极显著增加了 64. 4%、84. 5%、96. 4%和 107. 5%，较胁迫 35 d 时显著增加；42 d 时，0. 2%、0. 3%、0. 4%、0. 5%处理与对照差异均极显著。

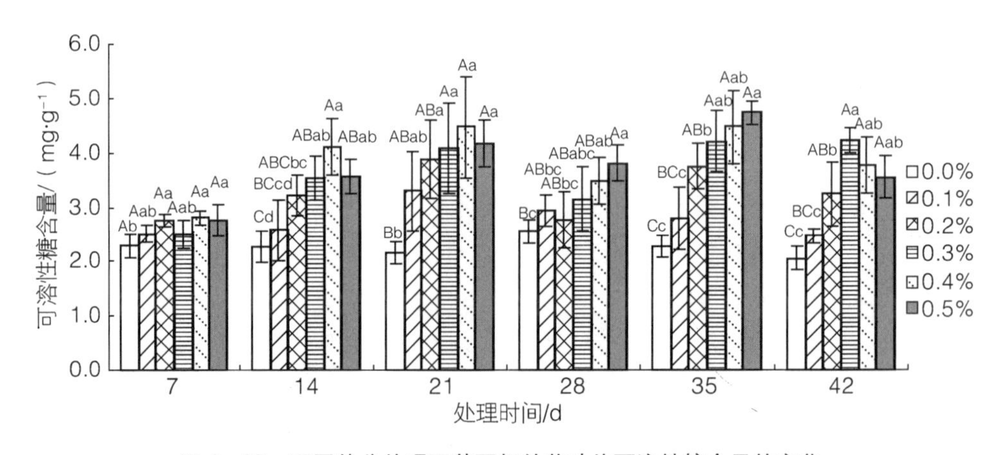


图 4-39　不同盐分处理下鹅耳枥幼苗叶片可溶性糖含量的变化

（2）可溶性蛋白的影响

可溶性蛋白是植物盐胁迫下重要的渗透调节物质，其可以分解为各种氨基酸，以降低叶片水势，促进水分吸收（冯大伟　等，2013）。

不同盐分对欧洲鹅耳枥可溶性蛋白含量的影响如图 4-40 所示，随着盐胁迫时间的

延长，欧洲鹅耳枥叶片可溶性蛋白含量呈先缓慢增加后逐渐下降的趋势，且随盐分浓度的增加而下降。盐胁迫初期（7~14 d），各处理差异不显著；21 d 时，0.1%处理与对照差异显著，其余处理与对照差异不显著；到胁迫 35 d 时，0.1%和 0.2%处理分别比对照增加了 6.0%和 2.2%，0.3%、0.4%、0.5%处理分别比对照下降了 4.0%、10.6%和 19.9%，0.5%处理与对照差异极显著；胁迫 42 d 时，0.2%和 0.4%处理与对照差异显著，0.5%处理与对照差异极显著，比对照降低了 13.1%。

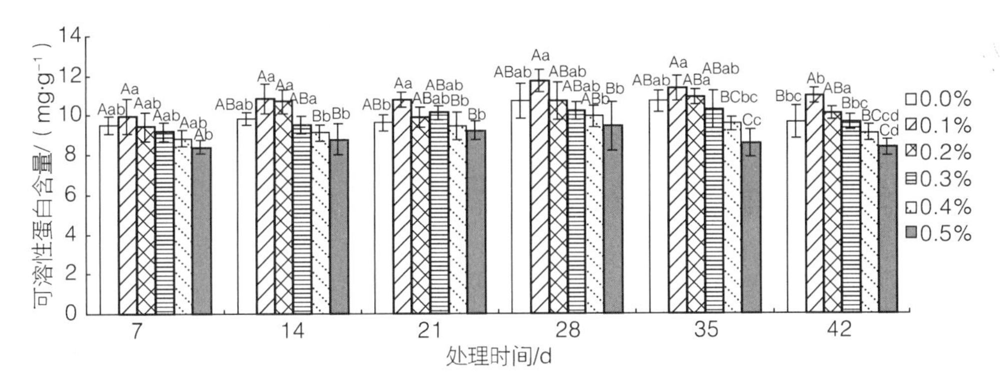


图 4－40　不同盐分处理下欧洲鹅耳枥幼苗叶片可溶性蛋白含量的变化

由图 4－41 可知，盐分处理不同程度上影响鹅耳枥叶片可溶性蛋白含量，随着盐分的增加，叶片可溶性蛋白含量总体上呈下降的趋势；随着处理时间的延长，不同盐浓度处理叶片可溶性蛋白含量变化规律不一致：0.1%和 0.2%处理呈缓慢增加的趋势；0.3%、0.4%、0.5%处理变化趋势相似，先增加后降低。7 d 时，0.1%、0.2%、0.3%、0.4%处理与对照差异不显著，0.5%处理与对照差异显著；14 d 时，0.3%、0.4%、0.5%处理比对照分别显著下降了 10.8%、13.4%和 18.9%；28 d 时，各处理分别比对照增加了 9.2%、16.4%、11.9%、5.3%和 2.3%，此时，0.3%、0.4%、0.5%处理可溶性蛋白含量达到胁迫期间的最大值，之后逐渐下降；到胁迫 42 d 时，0.1%和 0.2%处理比对照略有增加，而 0.3%、0.4%、0.5%盐处理下可溶性蛋白含量分别比对照下降了 8.2%、16.3%和 19.0%，0.4%和 0.5%处理与对照差异显著。

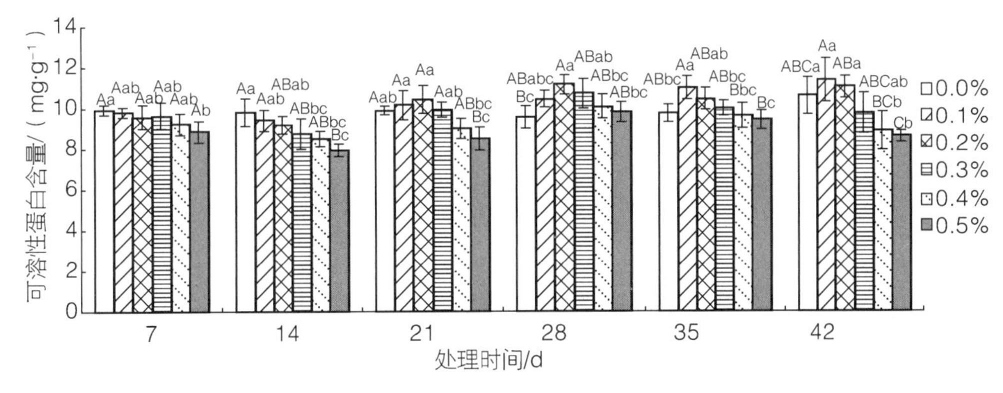


图 4－41　不同盐分处理下鹅耳枥幼苗叶片可溶性蛋白含量的变化

（3）脯氨酸的影响

脯氨酸是一种十分重要的有机渗透调节物质。在逆境下，植物体内会发生脯氨酸的积累，随着盐胁迫的消除，脯氨酸含量即迅速下降（汤章城，1984）。盐胁迫下脯氨酸的大量积累是植物对盐渍逆境的一种适应，这对提高植物抗盐性有着非常重要的作用，同时脯氨酸的积累量也可作为胁迫伤害指标。

不同盐分对欧洲鹅耳枥幼苗叶片脯氨酸含量的影响如图 4－42 所示，叶片脯氨酸含量随着盐分浓度的增加总体呈上升的趋势；随着盐胁迫时间的延长，不同浓度盐胁迫下脯氨酸含量的变化趋势不同：0.1%处理与对照差异不显著；0.2%处理随盐胁迫时间的延长先缓慢上升，在胁迫末期下降；而 0.3%、0.4%、0.5%处理随着时间的延长不断增大，并在胁迫末期达到最大值。7 d 时，各处理差异不显著；14 d 时，0.4%和 0.5%处理与对照差异极显著；到 28 d 时，各处理比对照分别增加了 10.0%、52.7%、86.7%、53.7%和 60.7%，其中 0.3%处理与对照差异极显著；到盐胁迫末期（42 d）时，0.3%、0.4%、0.5%处理脯氨酸含量分别为 0.49 $\mu g \cdot g^{-1}$、0.60 $\mu g \cdot g^{-1}$、0.62 $\mu g \cdot g^{-1}$，分别比对照增加了 124.7%、171.3%和 182.0%（$P<0.01$）。

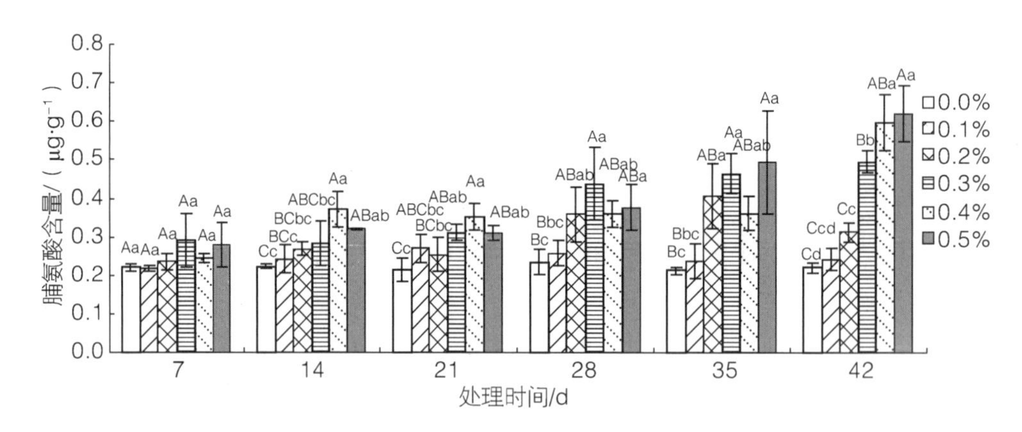


图 4－42　不同盐分处理下欧洲鹅耳枥幼苗叶片脯氨酸含量的变化

由图 4－43 可知：鹅耳枥幼苗叶片脯氨酸含量随着盐浓度的增加而逐渐上升；随胁迫时间的延长，各处理脯氨酸含量呈逐渐递增的趋势，但在胁迫末期 0.1%、0.2%、0.3%、0.4%处理脯氨酸含量降低，变化幅度比欧洲鹅耳枥小。7 d 时，0.5%处理与对照差异显著，其余处理与对照差异不显著；28 d 时，各处理分别比对照增加了 5.1%、19.0%、22.1%、29.7%和 32.0%，其中 0.2%和 0.3%处理与对照差异显著，0.4%和 0.5%处理与对照差异极显著；到 35 d 时，各处理脯氨酸含量均达到试验期间的最大值，分别比对照增加了 22.5%、44.3%、49.5%、51.9%和 56.3%，0.2%、0.3%、0.4%、0.5%处理与对照差异极显著；胁迫末期，除 0.5%处理脯氨酸含量继续上升之外，其他各处理脯氨酸含量比 35 d 时均有所下降。

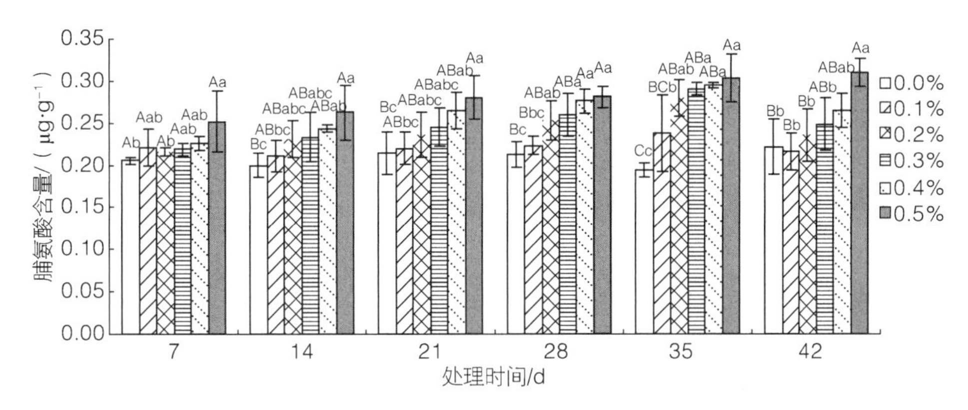


图 4－43　不同盐分处理下鹅耳枥幼苗叶片脯氨酸含量的变化

## 4.3.4　盐胁迫对 2 种鹅耳枥光合荧光特性的影响

### 4.3.4.1　盐胁迫对 2 种鹅耳枥叶片叶绿素含量的影响

叶绿素是重要的光合作用物质，叶绿素含量的多少可以反映植物光合作用程度的高低，从而影响植物的生长。因此，叶绿素含量不仅可以作为反映植物光合能力的重要指标，也可衡量植物耐盐性。

(1) 盐胁迫对 2 种鹅耳枥叶片叶绿素总量的影响

如图 4－44 所示，随着胁迫时间的延长，欧洲鹅耳枥叶绿素总量呈先增加后降低的趋势。在 7~35 d 时，0.1%和 0.2%盐处理下欧洲鹅耳枥叶绿素总量均略高于对照，但未达到显著水平，而 0.3%、0.4%、0.5%盐处理下，叶绿素含量逐渐降低；胁迫 42 d 时，随着盐胁迫的加强，叶绿素含量呈逐渐下降趋势，分别比对照下降了 7.2%、13.8%、32.6%、45.2%、51.4%，且 0.3%、0.4%、0.5%盐处理与对照达到极显著差异。说明低盐浓度（0.1%、0.2%）对欧洲鹅耳枥叶绿素含量影响不大，但是盐浓度超过一定限度之后，严重影响了叶绿素的含量。

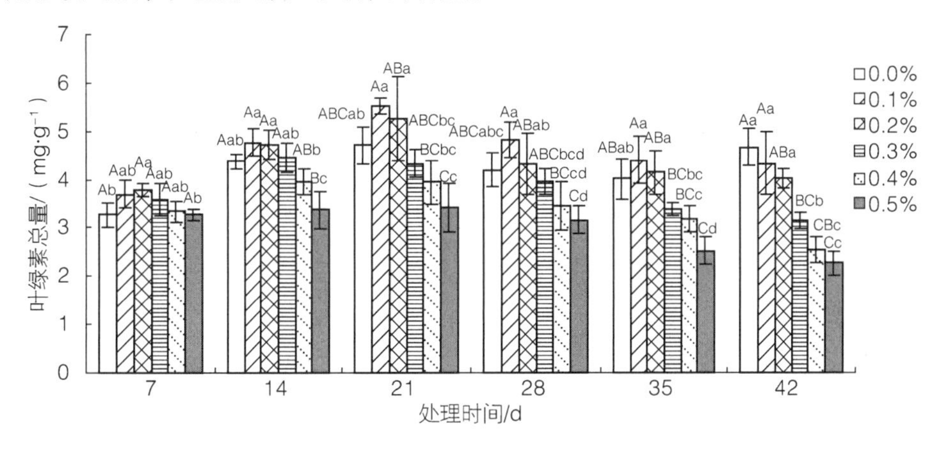


图 4－44　不同盐分处理下欧洲鹅耳枥幼苗叶片叶绿素总量变化

盐胁迫对鹅耳枥叶绿素总量的影响如图 4－45 所示。由图可知，随着盐胁迫时间的延长，鹅耳枥叶绿素含量也呈先增加后降低的趋势。盐胁迫 7 d 时，0. 5%处理与对照差异显著，降低了 23. 0%，其余各处理与对照差异不显著；盐胁迫 14 d、21 d、28 d、42 d 时，0. 1%处理叶绿素含量略高于对照，说明低盐胁迫有利于鹅耳枥叶绿素含量的积累；28 d 时，5 个处理叶片中叶绿素含量达到最大值，分别为 7. 301 mg · $g^{-1}$、6. 922 mg · $g^{-1}$、6. 241 mg · $g^{-1}$、5. 896 mg · $g^{-1}$、5. 307 mg · $g^{-1}$，其中 0. 4%、0. 5%处理比对照极显著下降了 12. 6%、21. 3%；盐胁迫 42 d 时，0. 3%处理分别比对照显著下降了 17. 8%，0. 4%、0. 5%处理分别比对照极显著下降了 23. 3%、28. 9%。

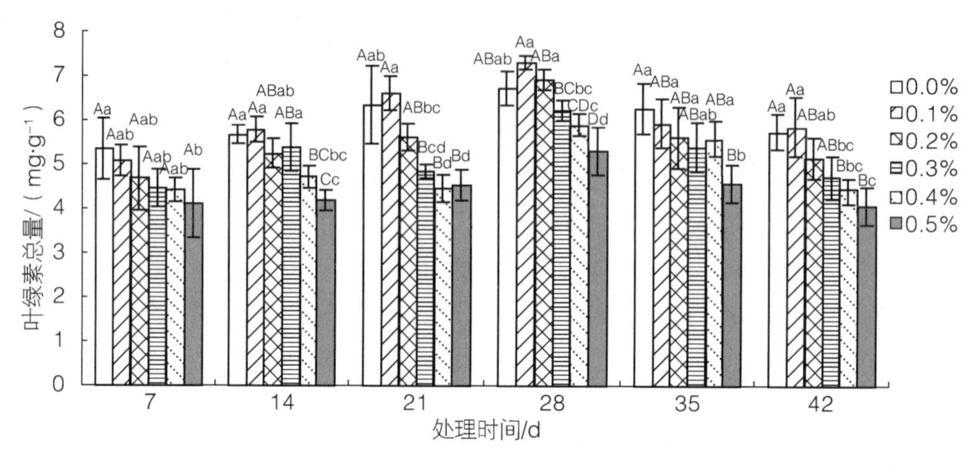


图 4－45　不同盐分处理下鹅耳枥幼苗叶片叶绿素总量变化

（2）盐胁迫对 2 种鹅耳枥叶片叶绿素 a/b 的影响

叶绿素 a/b 在盐胁迫下变化较为复杂，不同的研究有着不同的结论。盐胁迫使植物叶绿素含量下降，叶绿素 a/b 的比值上升。有研究认为，叶绿素含量的减少主要是由于叶绿素酶对叶绿素 b 的降解所致，而对叶绿素 a 影响较小。

如图 4－46 所示，在盐胁迫 7 d 时，欧洲鹅耳枥叶绿素 a/b 值与对照差异不显著；14 d 时，0. 4%处理与 0. 1%处理差异显著；到盐胁迫 28 d 时，处理组叶绿素 a/b 值均高于对照，分别增加了 11. 5%、8. 4%、13. 2%、13. 8%、14. 9%，且 0. 4%、0. 5%处理与对照达到显著差异。到盐胁迫 35 d、42 d 时，高浓度盐胁迫（0. 3%、0. 4%、0. 5%）叶绿素 a/b 值均低于 7～28 d，说明高浓度盐胁迫和胁迫时间的延长对欧洲鹅耳枥叶绿素 a 和叶绿素 b 均产生了严重的影响。

如图 4－47 所示，鹅耳枥幼苗在 0. 1%、0. 2%、0. 3%盐胁迫处理下，在整个胁迫期间叶绿素 a/b 值均高于对照；盐胁迫 7 d 时，各处理均与对照差异极显著，分别增加了 18. 9%、19. 2%、25. 2%、22. 8%、15. 5%；14 d 时，各处理与对照差异不显著，0. 5%处理叶绿素 a/b 值比对照略降低；胁迫 28 d、35 d 时，除 0. 5%处理叶片中叶绿素 a/b 值略低于对照外，其余处理均高于对照；胁迫 42 d 时，0. 1%、0. 2%、0. 3%处理叶片中叶绿素 a/b 值与 0. 4%、0. 5%处理达到显著水平。

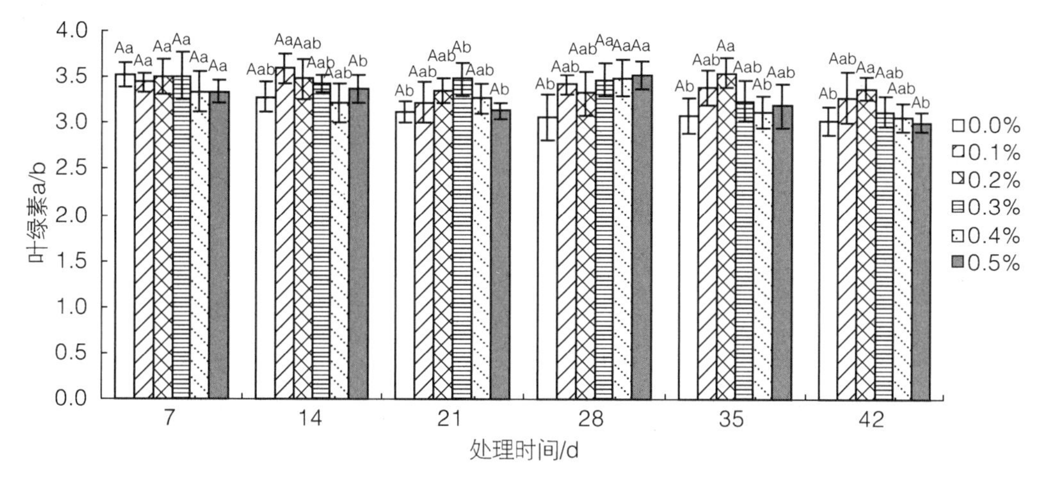


图 4－46　不同盐分处理下欧洲鹅耳枥叶片叶绿素 a/b 的变化

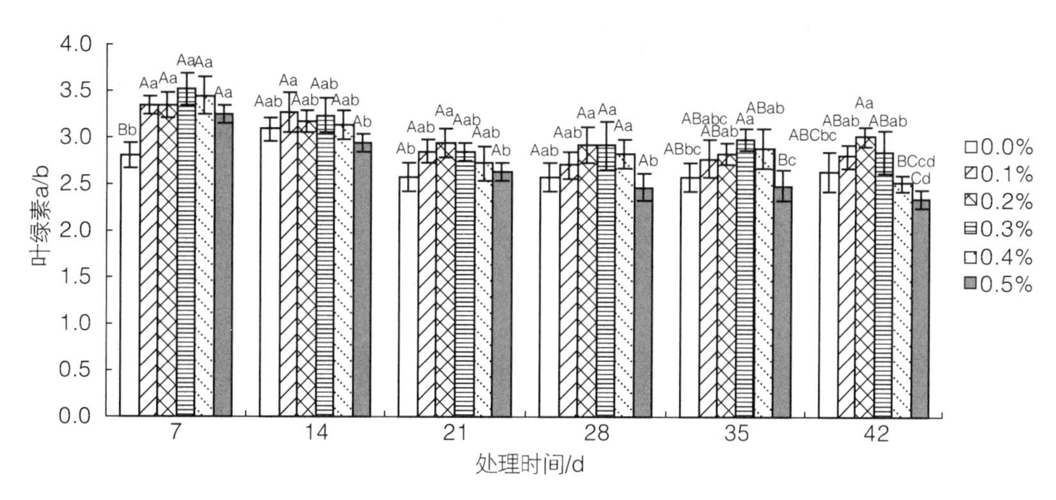


图 4－47　不同盐分处理下鹅耳枥叶片叶绿素 a/b 的变化

#### 4.3.4.2　盐胁迫对 2 种鹅耳枥光合作用的影响

植物体内重要的代谢过程之一即光合作用，光合作用的大小对植物的生长发育及其抗逆性强弱均具有十分重要的作用。因此，光合作用可以作为衡量植物抗逆性强弱的指标。盐胁迫对光合作用的不利影响主要表现在气孔关闭、光化学反应下降、$CO_2$ 同化受限等几个方面，同时盐胁迫还明显加重了植物的光抑制和光破坏（黄广远，2012）。

（1）盐胁迫对 2 种鹅耳枥净光合速率的影响

净光合速率（Pn）的变化趋势是植物遭受胁迫的一个敏感观测指标。由图 4－48 可知，2 种鹅耳枥幼苗在盐胁迫下净光合速率都表现出比对照下降的趋势。欧洲鹅耳枥在 0.1%处理下 Pn 比对照略有上升，可能是较低浓度的盐离子有利于植物的生长；而随着盐浓度的增加，0.3%、0.4%、0.5%处理 Pn 分别仅为对照的 54.1%、23.7%和 7.7%，且与对照达到极显著差异；鹅耳枥 Pn 随着盐浓度的增加逐渐下降，0.1%处理与对照差异不显著，0.2%、0.3%、0.4%、0.5%处理与对照差异极显著，0.4%、0.5%处理下 Pn 分别为对照的 45.3%和 16.0%。

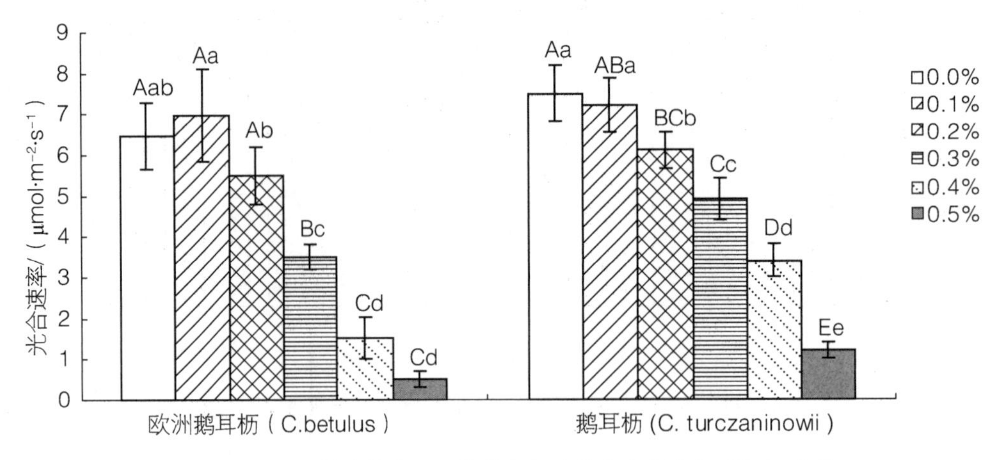


图 4-48　不同盐分处理下 2 种鹅耳枥叶片净光合速率（Pn）变化

由图 4-49 可看出，不同盐分处理下欧洲鹅耳枥幼苗 Pn 动态变化基本一致，呈现“单峰”现象，盐浓度越大，Pn 日变化值越小。各处理 Pn 在 10 时出现最大值，其中 0.1%处理的最大值要高于对照，进一步说明微量的盐离子有利于欧洲鹅耳枥的光合作用。10 时以后，Pn 一直下降，但不同处理下降幅度不同。0.1%和 0.2%处理 Pn 值维持较高的水平，而 0.4%和 0.5%处理 Pn 值较低，且变化幅度不大，说明高浓度盐胁迫对欧洲鹅耳枥净光合速率影响较大。

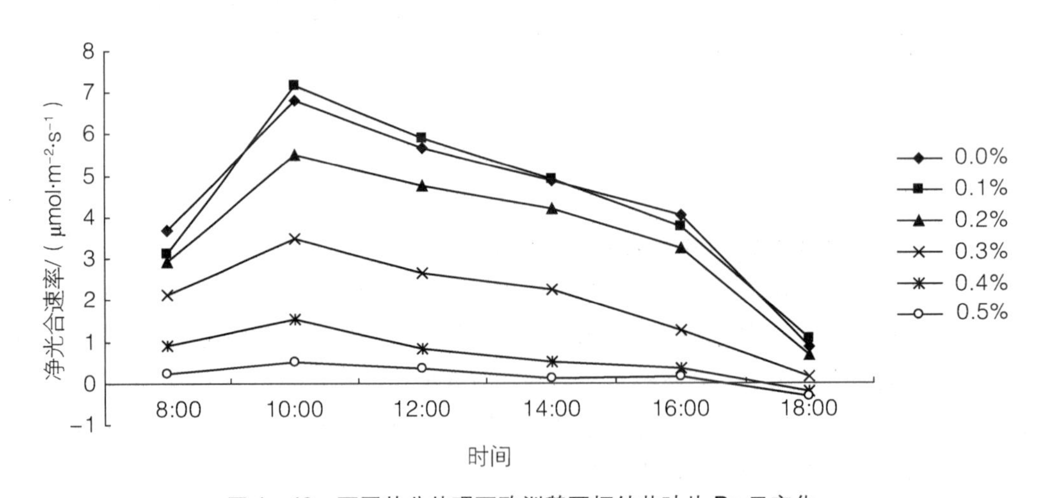


图 4-49　不同盐分处理下欧洲鹅耳枥幼苗叶片 Pn 日变化

鹅耳枥幼苗 Pn 日变化与欧洲鹅耳枥存在显著差异。由图 4-50 可看出，鹅耳枥幼苗 Pn 日变化呈现出明显的“双峰”和“午休”现象。第一个峰值出现在 10 时左右，之后迅速下降，在 12 时出现“午休”现象，而在 14 时达到第二个峰值，之后净光合作用逐渐减弱。不同盐处理下 Pn 日变化存在差异，Pn 随着盐胁迫程度的增加而变小，但

0.3%、0.4%、0.5%处理下，其 Pn 要高于欧洲鹅耳枥。

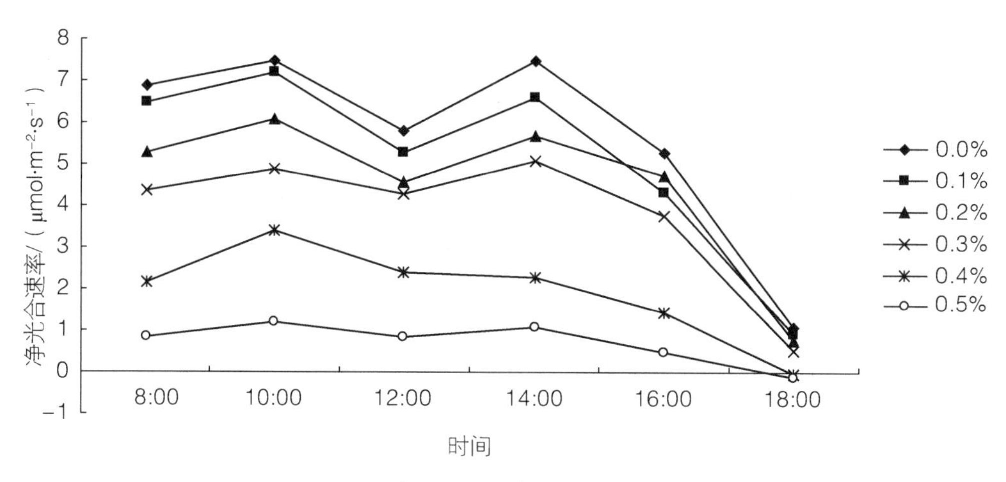

图 4-50 不同盐分处理下鹅耳枥幼苗叶片 Pn 日变化

（2）盐胁迫对 2 种鹅耳枥气孔导度的影响

1）气孔导度

气孔导度（Gs）可以反映气孔的开张程度，气孔的开张程度直接影响植物对大气中 $CO_2$ 的利用。从图 4-51 可以看出盐胁迫后 2 种鹅耳枥气孔导度的变化趋势与其净光合速率基本相同，说明两者之间有一定的相关性，盐胁迫抑制 Pn 的原因之一可能是盐胁迫对气孔导度的抑制所造成的。欧洲鹅耳枥 5 种处理叶片中 Gs 分别比对照下降了 9.0%、27.8%、46.5%、49.4%和 71.6%，其中 0.3%、0.4%、0.5%处理与对照差异极显著；鹅耳枥 Gs 随盐浓度增加的变化规律和欧洲鹅耳枥相似，只是下降幅度不同，其中 0.3%、0.4%、0.5%盐处理下分别比对照极显著下降了 40%、48.9%和 68.2%。

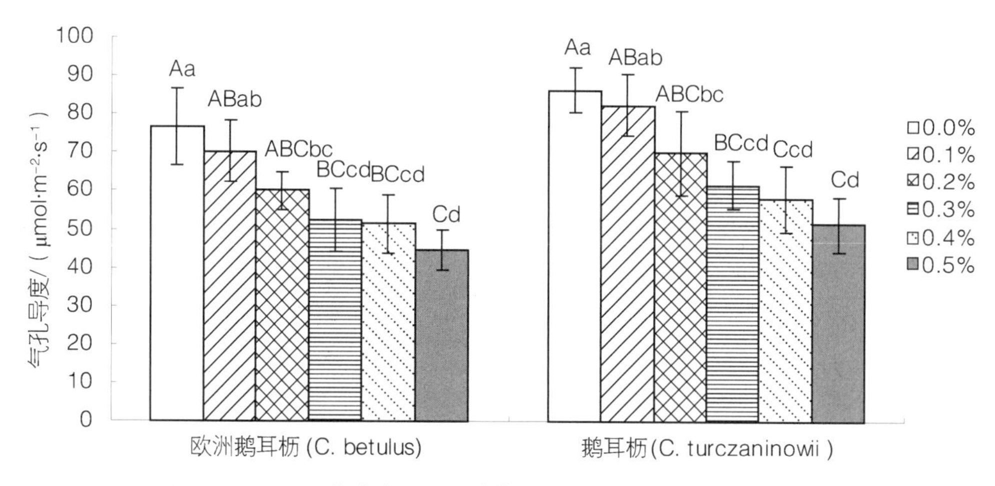

图 4-51 不同盐分处理下 2 种鹅耳枥叶片气孔导度（Gs）变化

2）气孔导度（Gs）日变化

由图 4－52 可以看出不同处理下欧洲鹅耳枥幼苗的气孔导度日变化曲线随时间先上升后下降，随着盐浓度的增加，Gs 逐渐减小，与净光合速率的变化趋势相一致。5 个处理在 10 时达到最大值，分别为 76.67 $\mu mol \cdot m^{-2} \cdot s^{-1}$、70.02 $\mu mol \cdot m^{-2} \cdot s^{-1}$、63.12 $\mu mol \cdot m^{-2} \cdot s^{-1}$、52.33 $\mu mol \cdot m^{-2} \cdot s^{-1}$、50.67 $\mu mol \cdot m^{-2} \cdot s^{-1}$，均低于对照。气孔导度与植物叶片保水能力有关，盐胁迫强度越大，欧洲鹅耳枥幼苗叶片气孔导度越小。原因可能是盐胁迫造成植物体内盐离子积累，导致吸水困难，植物会关闭一些气孔以减少水分的进一步流失，从而影响气孔导度。

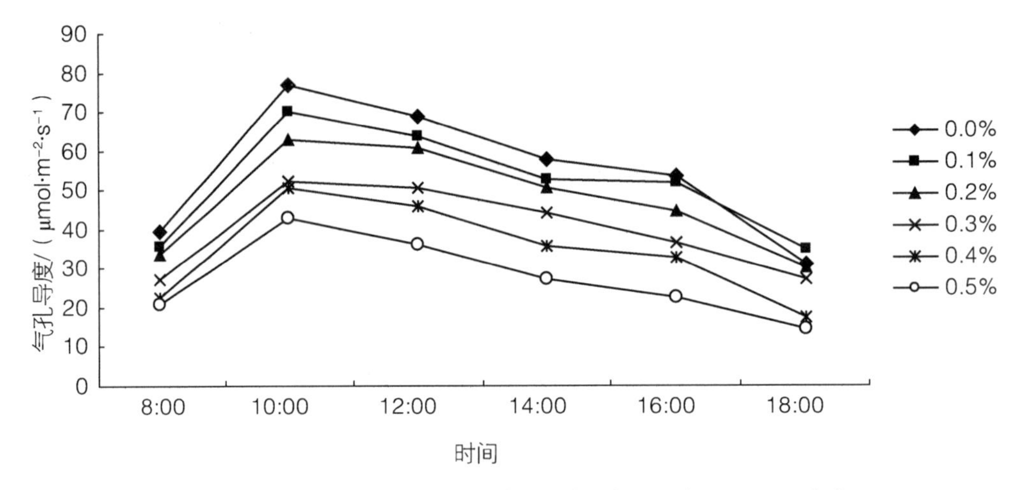


图 4－52　不同盐分处理下欧洲鹅耳枥叶片气孔导度（Gs）日变化

鹅耳枥幼苗的气孔导度日变化也呈现“双峰”变化（图 4－53），与净光合速率变化规律一致。在 10 时和 14 时气孔导度最大，在 12 时显著变小。午间气孔导度的减小影响了气体的交换，从而影响了鹅耳枥的光合作用。0.4%和 0.5%处理的气孔导度日变化幅度较其他处理要小一些，可能与其生长状况有关，处理组 Gs 均低于对照。

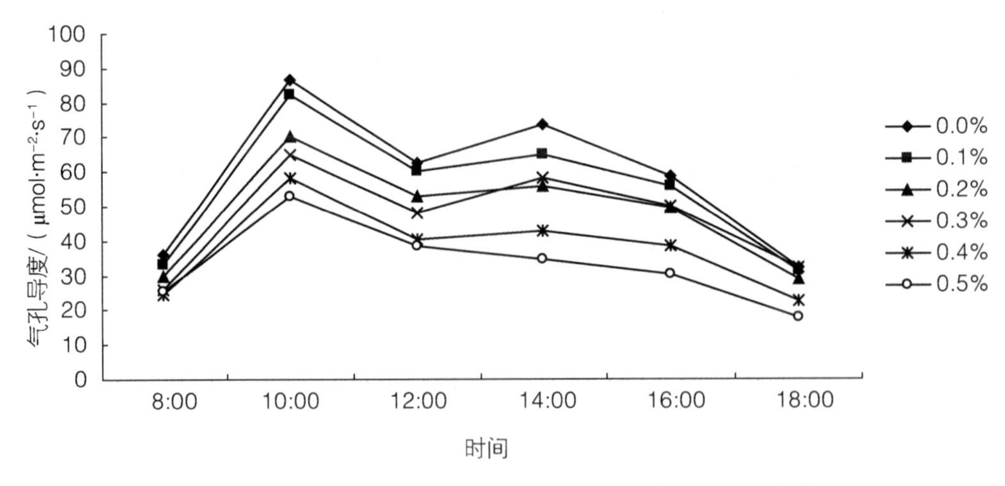


图 4－53　不同盐分处理下鹅耳枥叶片气孔导度（Gs）日变化

（3）盐胁迫对 2 种鹅耳枥蒸腾速率（Tr）的影响

蒸腾速率（Tr）是植物水分代谢的重要指标之一，与叶片净光合速率有着紧密的联系，一般情况下，叶片净光合速率越高，其蒸腾速率也越高（胡利明，2007）。

1）蒸腾速率整体变化

由图 4－54 可知，欧洲鹅耳枥总体上蒸腾速率均低于鹅耳枥，随着盐浓度的增加，2 种鹅耳枥蒸腾速率的下降幅度存在差异。欧洲鹅耳枥在 0.1%、0.2%处理下，蒸腾速率分别比对照上升了 18.1%、11.5%；随着盐浓度的增加，蒸腾速率开始下降，0.4%、0.5%处理分别比对照下降了 12.6%、27.9%，0.5%处理与对照差异显著；鹅耳枥蒸腾速率在 0.1%和 0.2%盐处理下也高于对照，0.4%和 0.5%处理下则与对照差异极显著。

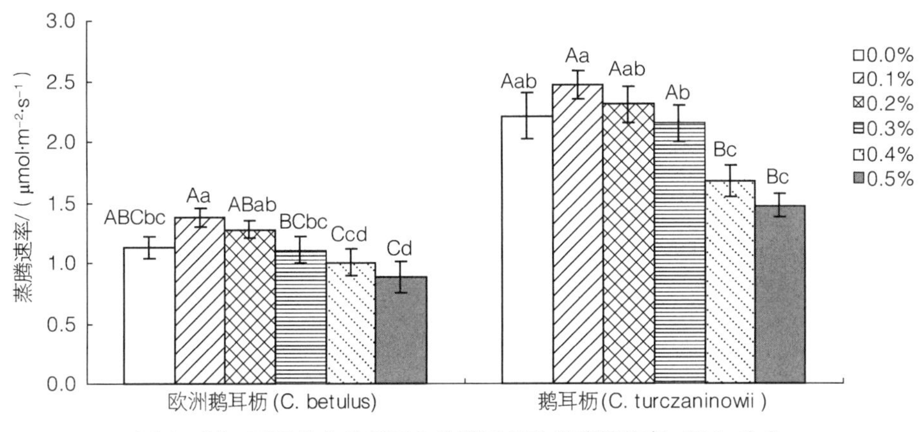


图 4－54　不同盐分处理下 2 种鹅耳枥叶片蒸腾速率（Tr）变化

2）蒸腾速率日变化

由图 4－55 可知，欧洲鹅耳枥蒸腾速率日变化先上升后下降，呈单峰曲线变化，但峰值出现的时间不同。对照、0.1%和 0.2%盐处理时峰值出现在 14 时，0.3%、0.4%、0.5%盐处理时峰值出现在 10 时。欧洲鹅耳枥叶片 Tr 随着盐处理浓度的增加，峰值逐渐降低。在 10—14 时时段，由于环境中的温度和光照较强，导致叶片温度迅速上升，蒸腾速率加快，下午随着温度和光强逐渐降低，气孔的开度减小，蒸腾速率逐渐降低。

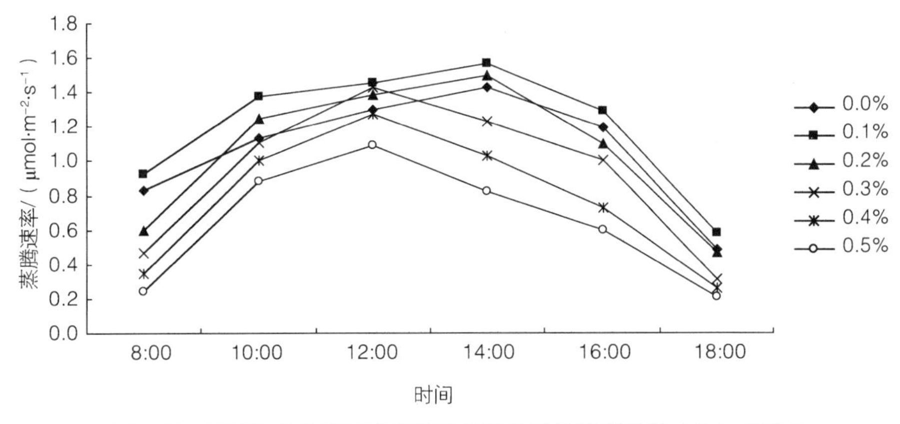


图 4－55　不同盐分处理下欧洲鹅耳枥幼苗叶片蒸腾速率（Tr）日变化

由图 4 - 56 可知，鹅耳枥叶片 Tr 日变化呈双峰曲线变化，与净光合速率的变化趋势基本一致，午休现象出现在 12 时，与中午高温下气孔导度变小有关。10 时，0. 1%和 0. 2%处理叶片 Tr 高于对照，0. 3%、0. 4%、0. 5%处理叶片 Tr 均低于对照，且随着盐浓度的增加峰的高度逐渐降低。

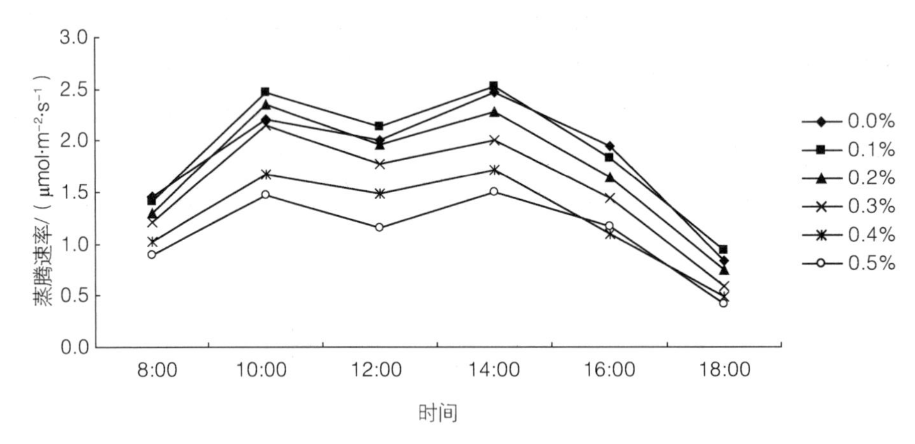


图 4 - 56　不同盐分处理下鹅耳枥幼苗叶片蒸腾速率（Tr）日变化

（4）盐胁迫对 2 种鹅耳枥胞间 $CO_2$ 的影响

1）胞间 $CO_2$

胞间 $CO_2$ 是进行光合作用的原料，一般植物净光合速率变大时，胞间 $CO_2$ 浓度下降。从图 4 - 57 可以看出，盐胁迫下，2 种鹅耳枥叶片胞间 $CO_2$ 浓度随盐浓度的增加呈上升趋势，且盐分浓度越大，上升越明显。欧洲鹅耳枥幼苗叶片胞间 $CO_2$ 浓度在 0. 1%处理下略低于对照，而 0. 2%、0. 3%、0. 4%、0. 5%处理叶片胞间 $CO_2$ 浓度，分别比对照上升了 10. 0%、21. 6%、45. 7%和 56. 0%，均与对照差异极显著；鹅耳枥叶片胞间 $CO_2$ 浓度的变化幅度则明显低于欧洲鹅耳枥，0. 3%、0. 4%、0. 5%处理叶片胞间 $CO_2$ 浓度分别比对照上升了 21. 4%、30. 8%和 47. 2%。

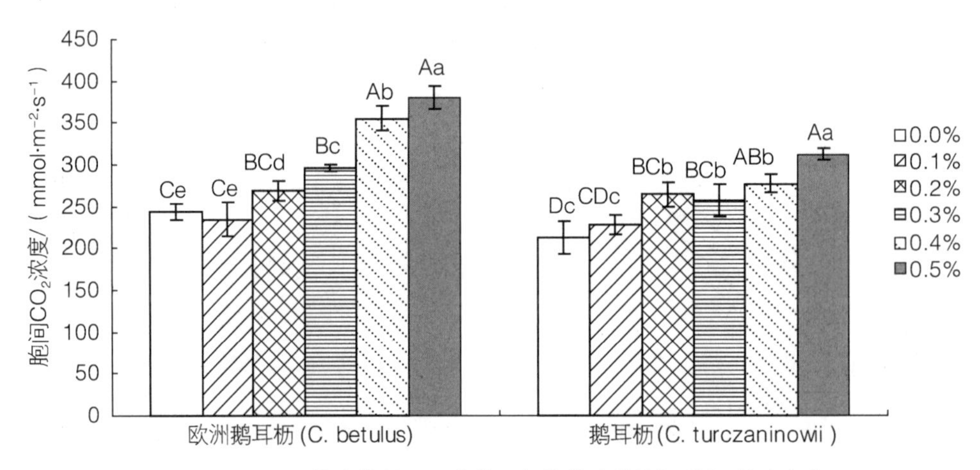


图 4 - 57　不同盐分处理下 2 种鹅耳枥幼苗叶片胞间 $CO_2$ 浓度变化

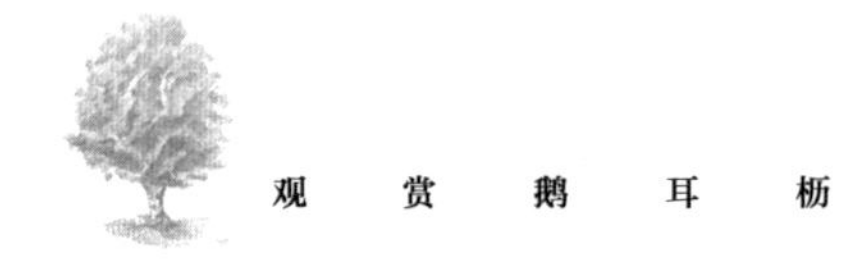

2）胞间 $CO_2$ 日变化

由图 4－58 可知，欧洲鹅耳枥不同盐胁迫下胞间 $CO_2$ 浓度变化规律复杂。总体而言，叶片胞间 $CO_2$ 浓度日变化趋势为下降、平稳、上升的过程。0.1%和 0.2%盐浓度处理叶片胞间 $CO_2$ 浓度日变化和对照相同，在 16 时逐渐上升；0.3%处理叶片胞间 $CO_2$ 浓度在 12 时以后就开始上升；而 0.4%和 0.5%处理下，叶片胞间 $CO_2$ 浓度一直维持在较高水平，且随着时间的延长变化趋势不明显。由此可看出，欧洲鹅耳枥叶片胞间 $CO_2$ 浓度日变化与 Gs 相反，且随着盐浓度的增加，叶片胞间 $CO_2$ 浓度变大。

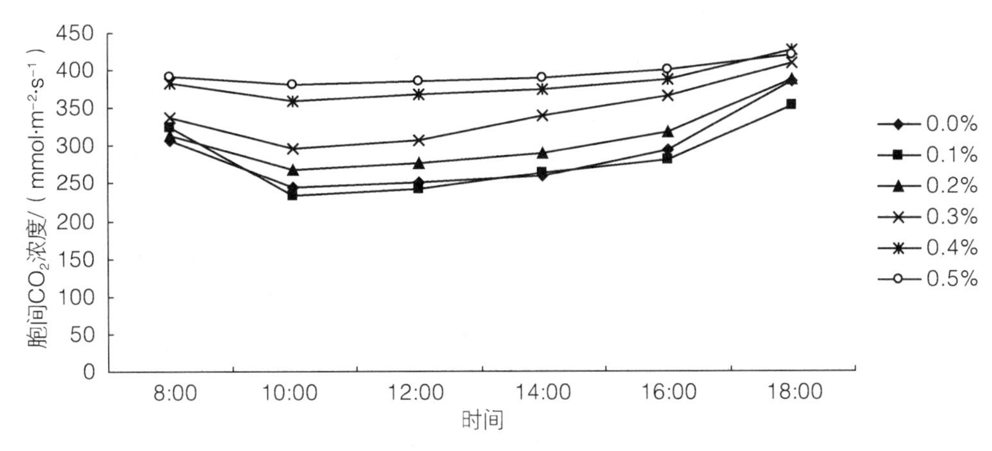


图 4－58　不同盐分处理下欧洲鹅耳枥幼苗叶片胞间 $CO_2$ 浓度日变化

盐胁迫下，鹅耳枥幼苗叶片胞间 $CO_2$ 浓度的日变化趋势如图 4－59 所示。由图可知，不同盐分处理下，鹅耳枥叶片胞间 $CO_2$ 浓度的日变化趋势和净光合速率呈相反的趋势，随着光合速率的增加，叶片胞间 $CO_2$ 浓度逐渐下降，10—14 时达到最小值。随着盐胁迫程度的增加，鹅耳枥叶片胞间 $CO_2$ 浓度逐渐变大。

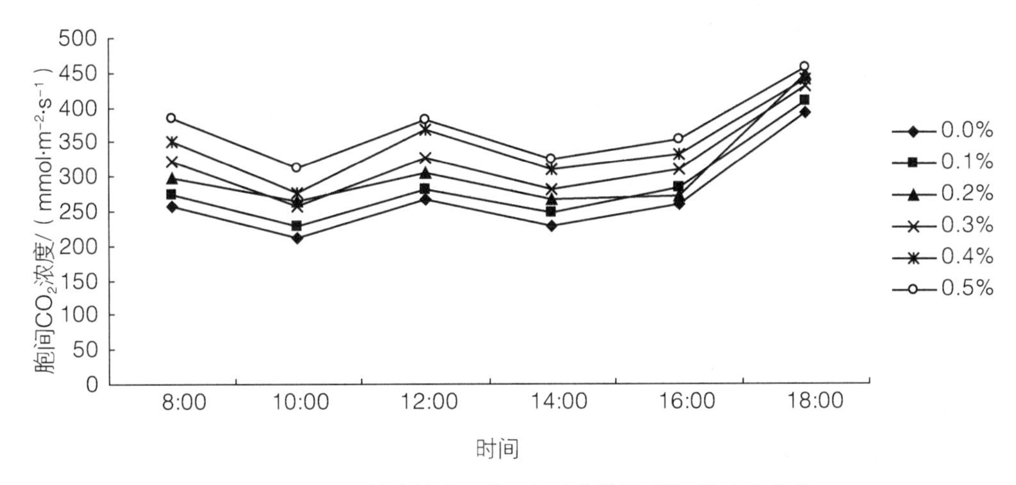


图 4－59　不同盐分处理下鹅耳枥叶片胞间 $CO_2$ 浓度日变化

#### 4.3.4.3 盐胁迫对2种鹅耳枥叶绿素荧光特性的影响

光是植物进行光合作用的能源，是植物生长的必要因素，而当植物吸收的光能超过其可利用的光能时，植物的光能利用率会下降，甚至发生光抑制（Bjorkman et al.，1984）。盐胁迫从多个方面影响植物的光合作用，光系统Ⅱ（PSⅡ）、光合电子传递以及 $CO_2$ 同化过程均受到影响。叶绿素荧光可以用来说明PSⅡ利用叶绿素吸收能量的程度，也可以表示过量光线破坏的程度，有效探测逆境对植物光合作用的影响（郭杰，2008）。本研究对盐胁迫下2种鹅耳枥PSⅡ实际量子效率（$\Phi_{PSII}$）、Fv/Fm、ETR、qP等叶绿素荧光参数进行了研究。

（1）盐胁迫对2种鹅耳枥PSⅡ实际量子效率（$\Phi_{PSII}$）的影响

PSⅡ实际量子效率（$\Phi_{PSII}$）可以反映植物在光照下PSⅡ反应中心部分关闭的情况下的实际光化学效率（方连玉，2011）。植物具有较高的 $\Phi_{PSII}$ 值有利于提高其光能转化效率，有利于碳同化的高效运转和有机物质的积累。

由图4-60可知，盐胁迫下2种鹅耳枥PSⅡ实际的光化学量子效率 $\Phi_{PSII}$ 较对照总体呈下降趋势，除欧洲鹅耳枥在0.1%和0.2%盐浓度处理下有所上升。欧洲鹅耳枥在0.1%、0.2%处理下分别比对照上升了6.4%和3.3%；0.3%盐浓度下 $\Phi_{PSII}$ 与对照差异不显著；0.4%处理与对照差异显著，下降了26.4%；0.5%处理比对照极显著下降了36.0%。鹅耳枥 $\Phi_{PSII}$ 随盐浓度增加的下降趋势较为缓慢，0.1%、0.2%、0.3%、0.4%处理均与对照差异不显著；0.5%处理下 $\Phi_{PSII}$ 比对照下降了31.7%，差异显著。

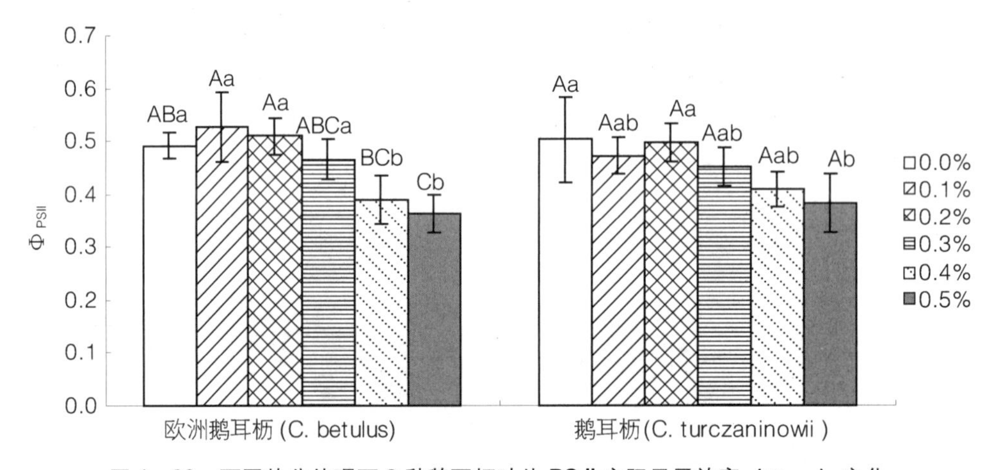


图4-60 不同盐分处理下2种鹅耳枥叶片PSⅡ实际量子效率（$\Phi_{PSII}$）变化

（2）盐胁迫对2种鹅耳枥PSⅡ原初光能转化效率的影响

PSⅡ原初光能转化效率（Fv/Fm）为经过充分暗适应的PSⅡ最大光化学量子效率，可以表示植物潜在最大光合能力，在研究光合结构状态中，该指标是一项重要参数，通过Fv/Fm可以推断盐胁迫后PSⅡ反应中心是否受损。

由图4-61可知，2种鹅耳枥幼苗Fv/Fm值对盐胁迫处理的反应变化趋势相似，随着盐浓度增加Fv/Fm值总体呈下降趋势，只有0.1%盐浓度下鹅耳枥例外。0.1%、

0.2%、0.3%盐浓度下，欧洲鹅耳枥 Fv/Fm 值与对照差异不显著，0.4%处理与对照差异显著，下降了 38.2%，0.5%处理与对照差异极显著，下降了 52.8%；鹅耳枥在 0.1%处理下比对照上升了 2.0%，0.3%、0.4%与对照差异显著，0.5%比对照极显著下降了 37.6%。

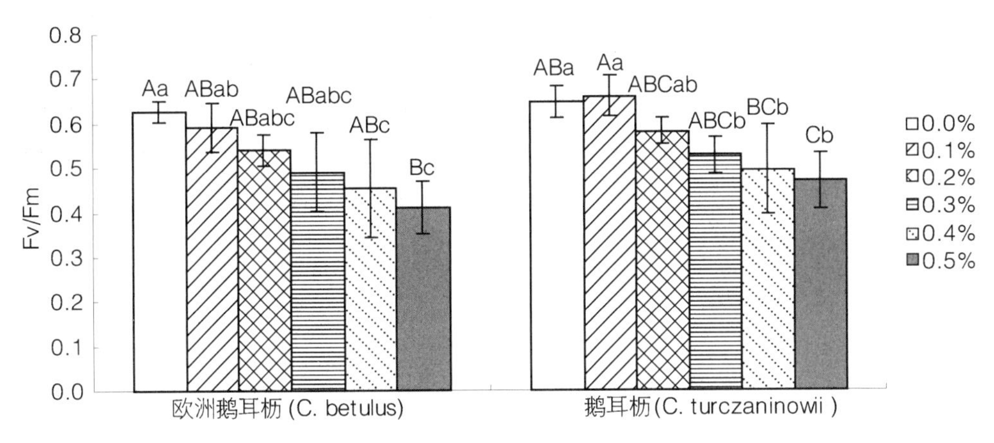


图 4-61　不同盐分处理下 2 种鹅耳枥叶片 Fv/Fm 变化

（3）盐胁迫对 2 种鹅耳枥表观光合电子传递速率的影响

PSⅡ的非循环光合电子传递速率表观光合电子传递速率（ETR），反映实际光强条件下的表观电子传递效率。ETR 被认为与内在光合能力有一定的相关性。

由图 4-62 可知，盐胁迫下 2 种鹅耳枥电子传递速率 ETR 随盐浓度的增加，在 0.1%处理下上升，之后逐渐下降。欧洲鹅耳枥 0.1%处理下 ETR 比对照上升了 2.2%，0.4%和 0.5%处理分别比对照极显著下降了 24.0%和 27.6%；鹅耳枥 0.1%处理下 ETR 比对照上升了 4.5%，0.2%和 0.3%处理下下降幅度不大，0.4%和 0.5%处理分别比对照下降了 21.9%和 26.2%，与对照差异显著。

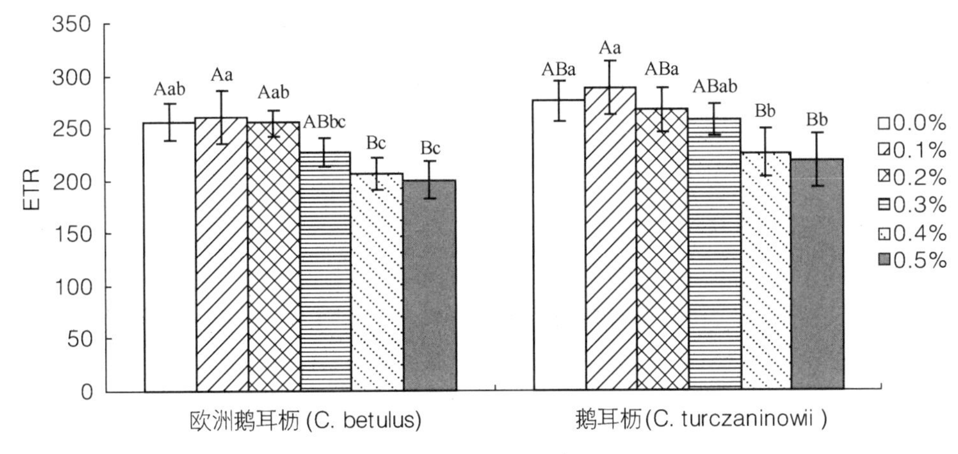


图 4-62　不同盐分处理下 2 种鹅耳枥叶片 ETR 变化

（4）盐胁迫对2种鹅耳枥光化学猝灭系数的影响

叶绿素荧光的光化学猝灭系数（qP）是对PSⅡ原初电子受体必氧化还原状态的一种度量，反映了光下PSⅡ反应中心的开放程度。

由图4－63可知，欧洲鹅耳枥qP随着盐浓度的增加逐渐下降，低浓度（0.1%、0.2%）处理下下降幅度较小，0.3%、0.4%、0.5%处理下，qP分别对对照下降了21.2%、36.9%和70.9%，0.3%和0.4%处理与对照差异显著，0.5%处理与对照差异达到极显著。鹅耳枥qP随着盐浓度的增加呈先上升后下降的趋势：0.1%、0.2%处理分别比对照上升了3.5%和4.9%；0.3%处理比对照略有下降，0.4%、0.5%处理分别比对照下降了12.7%和26.4%，其中0.5%处理与对照差异显著。

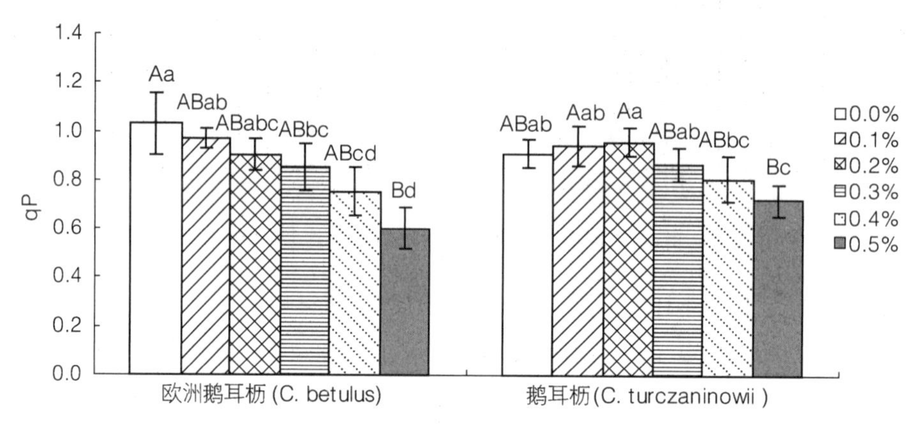


图4－63　不同盐分处理下2种鹅耳枥叶片qP变化

## 4.3.5　盐胁迫对2种鹅耳枥矿质离子吸收、分配和运输的影响

$K^+$、$Ca^{2+}$、$Mg^{2+}$等矿质离子不仅是植物生长与发育所必需的营养元素，而且在生理调节、物质构成中发挥重要的作用。$K^+$在植物的生理活动中能平衡$Na^+$离子，可以作为渗透调节剂。植物耐盐机理研究中，$Na^+$和$K^+$的选择性吸收是非常重要的一部分。在细胞、器官、整株植物水平上，$Na^+$和$K^+$的运输与分配都有着不同的特点。同时，$Na^+$、$K^+$在地上部分与地下部分间的分配上也存在很大差异。$Ca^{2+}$离子在维护膜系统的完整性和选择性方面具有重要作用，它是第二信使的重要组成成分，在胁迫信号传递过程中充当重要角色。$Mg^{2+}$是许多细胞器的重要组成成分，参与植物光合呼吸过程。

### 4.3.5.1　盐胁迫对2种鹅耳枥幼苗不同器官$Na^+$、$K^+$、$Ca^{2+}$和$Mg^{2+}$含量的影响

NaCl胁迫下，欧洲鹅耳枥体内离子含量变化如图4－64所示。由图4－64①可知，随着NaCl浓度的增加，欧洲鹅耳枥各器官中$Na^+$含量均明显增加，但增幅存在不同程度的差异。0.1%NaCl处理下，欧洲鹅耳枥$Na^+$含量表现为根>茎>叶，茎和叶$Na^+$含量与对照差异不显著；0.2%、0.3%、0.4%、0.5% NaCl处理下，茎中$Na^+$含量均要高于根和叶，且与对照均差异极显著，在浓度为0.5%时达到最大值，为17.21 mg/g，是对

照的 20 倍。说明，随着盐浓度的增加，$Na^+$离子主要集中于欧洲鹅耳枥的茎中，从而减少盐离子在叶片积累造成的伤害。

由图 4－64②可看出，与对照相比，在盐胁迫处理下欧洲鹅耳枥 $K^+$离子含量在叶片中的含量明显升高，且各处理浓度下，根和茎的 $K^+$离子含量均低于叶片中的含量。而 $Ca^{2+}$、$Mg^{2+}$含量变化不大（图 4－64③、图 4－64④），$Ca^{2+}$含量在茎中保持较高的含量，$Mg^{2+}$含量与之相反，在根和叶片中的含量要高于茎。这可能是由于 NaCl 胁迫下，介质中大量 $Na^+$对 $K^+$吸收位点的竞争机制抑制导致。

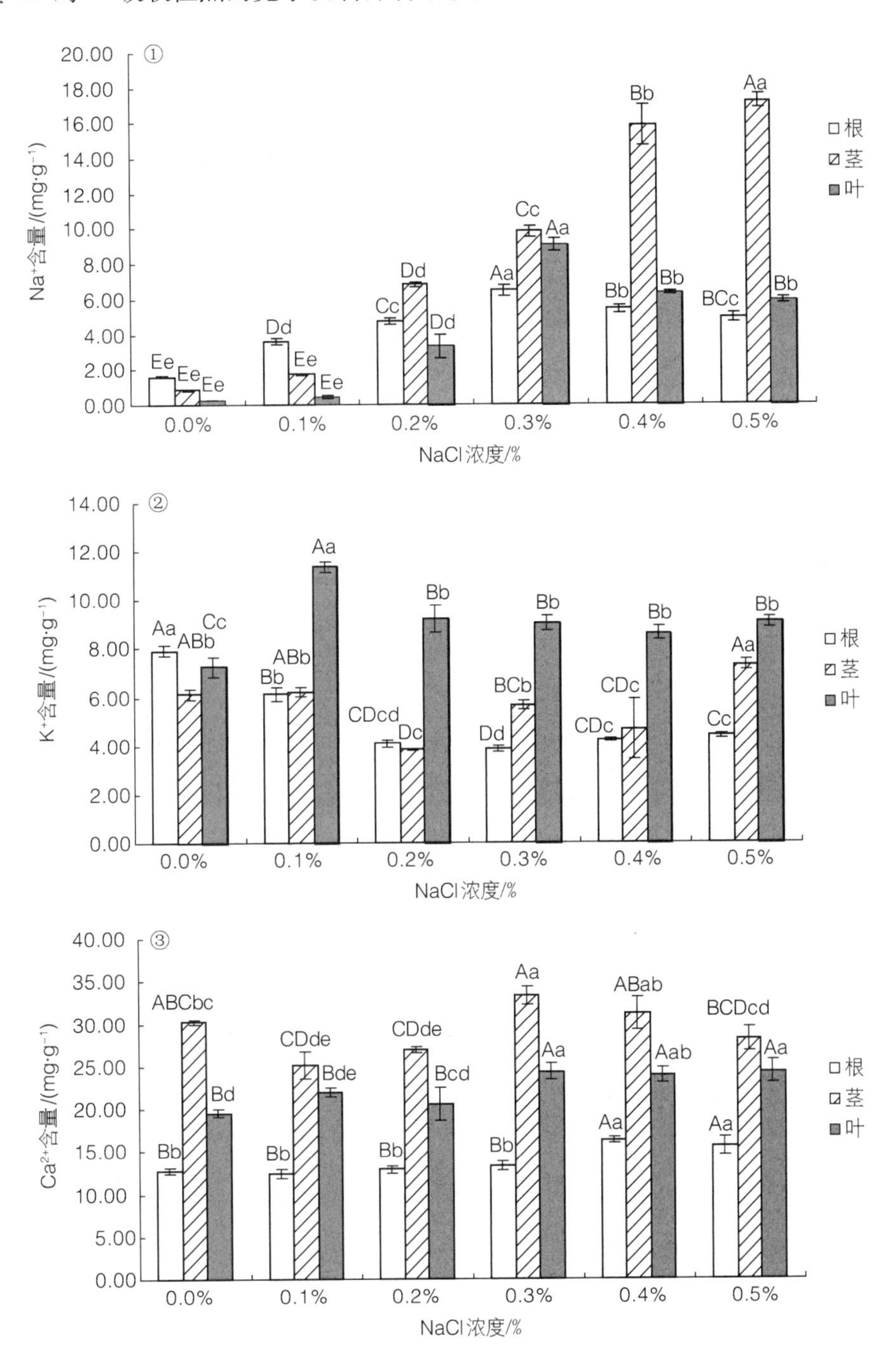

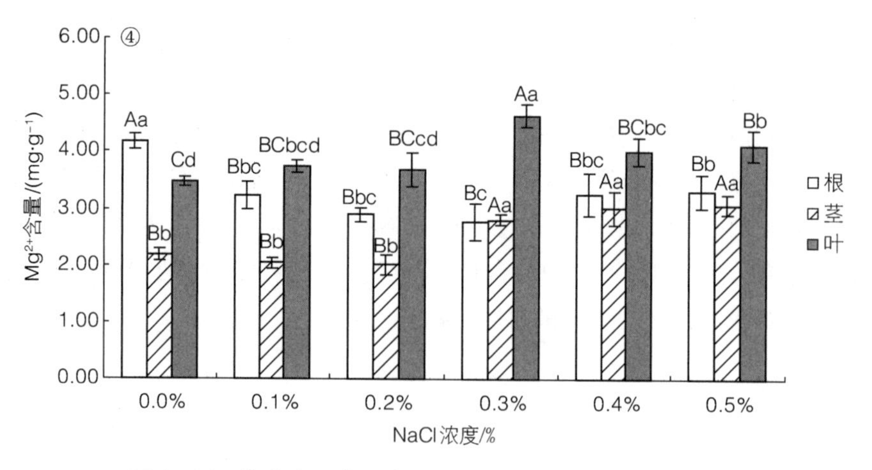


图 4－64　盐胁迫下欧洲鹅耳枥幼苗不同器官离子含量变化

NaCl 胁迫下，鹅耳枥体内离子含量变化如图 4－65 所示。图 4－65①显示，与欧洲鹅耳枥相似，鹅耳枥各器官 $Na^+$含量随着盐浓度的增加也不断上升，且在不同器官中离子含量累积量为根>茎>叶。0.3%、0.4%、0.5%盐浓度下根部 $Na^+$含量差异不明显，但茎、叶中 $Na^+$ 含量不断增加，盐浓度为 0.5% 时，分别比对照极显著增加了 94.75%、95.15%。

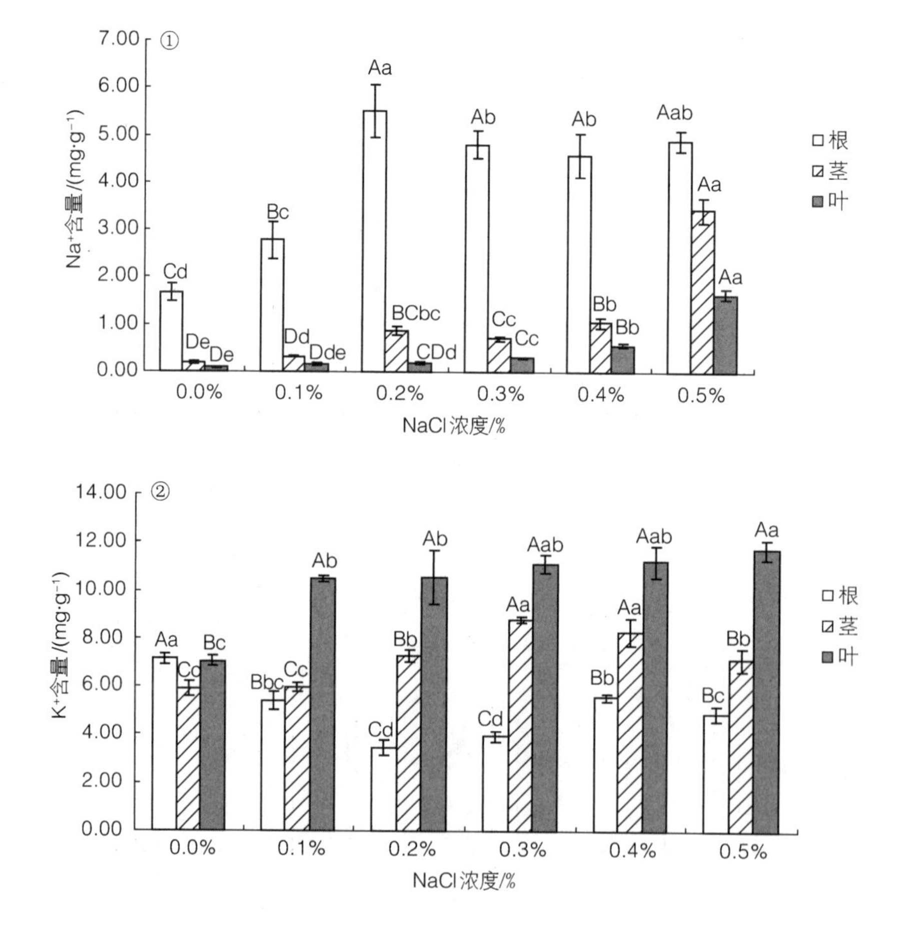

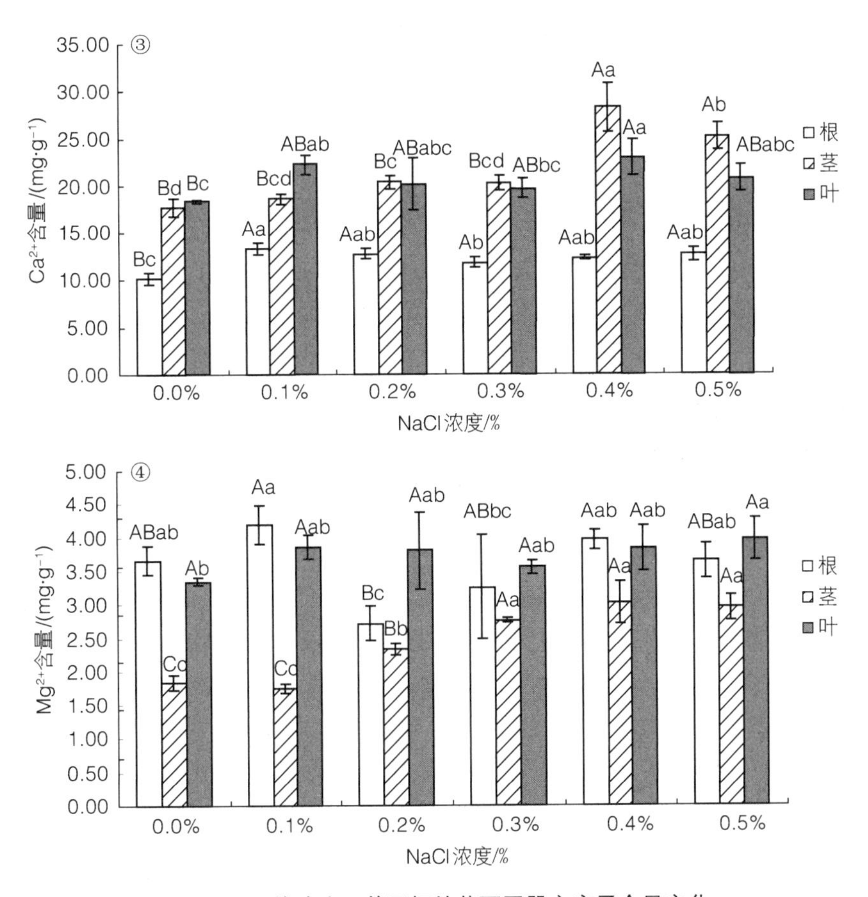


图 4－65　盐胁迫下鹅耳枥幼苗不同器官离子含量变化

鹅耳枥各器官 $K^+$含量如图 4－65②所示，可知随着盐浓度的增加，鹅耳枥根、茎、叶中 $K^+$含量依次增加，与 $Na^+$含量的分布呈相反的趋势，且盐处理下根部的 $K^+$含量均比对照极显著降低。$Ca^{2+}$含量在茎和叶中保持较高的水平（图 4－65③），NaCl 处理下鹅耳枥各器官的 $Ca^{2+}$含量均比对照条件下升高，0.4%和 0.5%浓度下达到极显著差异。$Mg^{2+}$含量变化不大（图 4－65④），随着盐浓度的增加，茎中 $Mg^{2+}$含量呈缓慢递增的趋势，但其含量仍明显低于根和叶片中 $Mg^{2+}$的含量。

#### 4.3.5.2　盐胁迫对 2 种鹅耳枥幼苗不同器官 $K^+/Na^+$、$Ca^{2+}/Na^+$和 $Mg^{2+}/Na^+$的影响

表 4－8 显示，在 NaCl 胁迫下，欧洲鹅耳枥和鹅耳枥根、茎、叶中 $K^+/Na^+$、$Ca^{2+}/Na^+$和 $Mg^{2+}/Na^+$比值明显下降，说明随着盐胁迫浓度的增加，2 种鹅耳枥对 $Na^+$的相对吸收大幅度增加，而对营养元素的吸收相对减少。同时发现，叶片中各营养离子与 $Na^+$的比值均大于根和茎，说明叶片对营养元素的相对吸收要高于根和茎。无论是对照还是盐处理，鹅耳枥茎和叶片中 $K^+/Na^+$、$Ca^{2+}/Na^+$和 $Mg^{2+}/Na^+$比值均高于欧洲鹅耳枥，而根部相差不显著。

在低盐浓度下（0.1%、0.2%），随着盐浓度的增加，欧洲鹅耳枥各器官 $K^+/Na^+$、$Ca^{2+}/Na^+$和 $Mg^{2+}/Na^+$比值均迅速降低，当盐浓度达到 0.3%及以上时，各比值降低速率

逐渐变小，且随浓度的增加，在茎和叶中各比值差异不显著。鹅耳枥各器官 $K^+/Na^+$、$Ca^{2+}/Na^+$ 和 $Mg^{2+}/Na^+$ 比值随着盐浓度的增加不断变小，变化幅度较为稳定。与对照相比，0. 5%NaCl 处理下欧洲鹅耳枥根、茎、叶中 $K^+/Na^+$ 分别下降了 81. 91%、99. 86%和 99. 96%；$Ca^{2+}/Na^+$ 下降了 60. 13%、95. 40%和 94. 33%；$Mg^{2+}/Na^+$ 下降了 74. 23%、93. 00%和 94. 55%。而同浓度处理下鹅耳枥根、茎、叶中 $K^+/Na^+$ 分别下降了 76. 96%、93. 81%和 92. 18%；$Ca^{2+}/Na^+$ 下降了 58. 38%、92. 78%和 94. 71%；$Mg^{2+}/Na^+$ 下降了 66. 37%、91. 83%和 94. 40%。结果表明，在高盐胁迫下，欧洲鹅耳枥各器官中 $K^+/Na^+$、$Ca^{2+}/Na^+$ 和 $Mg^{2+}/Na^+$ 下降幅度大于鹅耳枥，说明鹅耳枥相对于欧洲鹅耳枥具有较强的耐盐能力。

**表 4－8　盐胁迫对欧洲鹅耳枥和鹅耳枥幼苗 $K^+/Na^+$、$Ca^{2+}/Na^+$ 和 $Mg^{2+}/Na^+$ 的影响**

| 项目 | NaCl 浓度 | 欧洲鹅耳枥 | | | 鹅耳枥 | | |
|---|---|---|---|---|---|---|---|
| | | 根 | 茎 | 叶 | 根 | 茎 | 叶 |
| $K^+/Na^+$ | 0% | 4. 92±0. 04Aa | 7. 26±0. 71Aa | 26. 79±2. 52Aa | 4. 34±0. 56Aa | 33. 77±4. 87Aa | 90. 77±15. 49Aa |
| | 0. 1% | 1. 71±0. 15Bb | 3. 56±0. 16Bb | 25. 49±3. 63Ab | 1. 97±0. 36Bb | 18. 52±0. 88Bb | 71. 10±12. 75ABb |
| | 0. 2% | 0. 86±0. 07Cc | 0. 56±0. 01Cc | 2. 86±0. 57Bc | 0. 63±0. 13Cd | 8. 45±0. 50Cd | 59. 19±3. 42Bb |
| | 0. 3% | 0. 59±0. 01Dd | 0. 58±0. 01Cc | 0. 99±0. 01Bc | 0. 82±0. 01Cdc | 12. 54±0. 72Cc | 37. 55±2. 41Cc |
| | 0. 4% | 0. 78±0. 05DCc | 0. 29±0. 06Cc | 1. 36±0. 04Bc | 1. 23±0. 15Cc | 7. 92±0. 24Cd | 19. 81±1. 04DCd |
| | 0. 5% | 0. 89±0. 06Cc | 0. 42±0. 01Cc | 1. 53±0. 01Bc | 1. 00±0. 10Cdc | 2. 09±0. 03De | 7. 10±0. 19Dd |
| $Ca^{2+}/Na^+$ | 0% | 7. 59±0. 24Aa | 35. 68±2. 65Aa | 72. 30±7. 43Aa | 6. 20±0. 99Aa | 101. 68±14. 97Aa | 236. 54±39. 71Aa |
| | 0. 1% | 3. 45±0. 09Bb | 14. 40±1. 22Bb | 49. 31±6. 25Bb | 4. 89±0. 74Ab | 57. 57±2. 65Bb | 150. 01±24. 05Bb |
| | 0. 2% | 2. 71±0. 07Cd | 3. 95±0. 03Cc | 6. 36±1. 25Cc | 2. 34±0. 35Bc | 23. 59±1. 54Cc | 112. 56±3. 62CBc |
| | 0. 3% | 2. 05±0. 03De | 3. 39±0. 04Cdc | 2. 67±0. 02Cc | 2. 45±0. 04Bc | 28. 79±0. 94Cc | 66. 32±3. 21DCd |
| | 0. 4% | 3. 00±0. 08CBdc | 1. 96±0. 04Cdc | 3. 77±0. 17Cc | 2. 70±0. 31Bc | 26. 93±0. 27Cc | 40. 44±2. 13EDed |
| | 0. 5% | 3. 17±0. 34CBba | 1. 64±0. 07Cd | 4. 10±0. 11Cc | 2. 58±0. 13Bc | 7. 34±0. 16Dd | 12. 52±0. 10Ee |
| $Mg^{2+}/Na^+$ | 0% | 2. 60±0. 11Aa | 2. 57±0. 22Aa | 12. 85±1: 35Aa | 2. 32±0. 35Aa | 10. 52±1. 44Aa | 42. 86±6. 34Aa |
| | 0. 1% | 0. 90±0. 02Bb | 1. 16±0. 03Bb | 8. 38±0. 98Bb | 1. 53±0. 27Bb | 5. 41±0. 20Bb | 26. 05±4. 08Bb |
| | 0. 2% | 0. 61±0. 03Cc | 0. 30±0. 03Cc | 1. 14±0. 23Cc | 0. 50±0. 10Cc | 2. 70±0. 16Cd | 21. 23±0. 87Bb |
| | 0. 3% | 0. 43±0. 05Dd | 0. 29±0. 01Cc | 0. 51±0. 01Cc | 0. 67±0. 12Cc | 3. 94±0. 23DCc | 12. 02±0. 74Cc |
| | 0. 4% | 0. 60±0. 10Cc | 0. 19±0. 02Cc | 0. 63±0. 04Cc | 0. 87±0. 11Cc | 2. 89±0. 01Cdc | 6. 75±0. 22DCdc |
| | 0. 5% | 0. 67±0. 05Cc | 0. 18±0. 01Cc | 0. 70±0. 02Cc | 0. 75±0. 04Cc | 0. 86±0. 04De | 2. 40±0. 03Dd |

#### 4. 3. 5. 3　盐胁迫对 2 种鹅耳枥幼苗不同器官离子选择性运输的影响

离子选择性运输系数（$S_{X,Na^+}$值）反映了植物根系中 $Na^+$、$K^+$、$Ca^{2+}$、$Mg^{2+}$ 向地上部分运输的选择性，同时也反映了植物受胁迫的程度（李彦强 等，2007）。由图 4－66 可知，NaCl 胁迫下，欧洲鹅耳枥 $K^+$、$Ca^{2+}$、$Mg^{2+}$ 由根部向茎部的运输能力总体上不断下降，且对 $Ca^{2+}$ 的选择性运输要大于 $K^+$ 和 $Mg^{2+}$。各离子由根部向茎的运输能力在盐浓度为 0. 5%时达到最小值，与对照差异极显著。说明，欧洲鹅耳枥根系调整不同矿质离子向茎运输的能力受盐胁迫影响较大，高盐胁迫造成地上部分营养元素的缺乏。

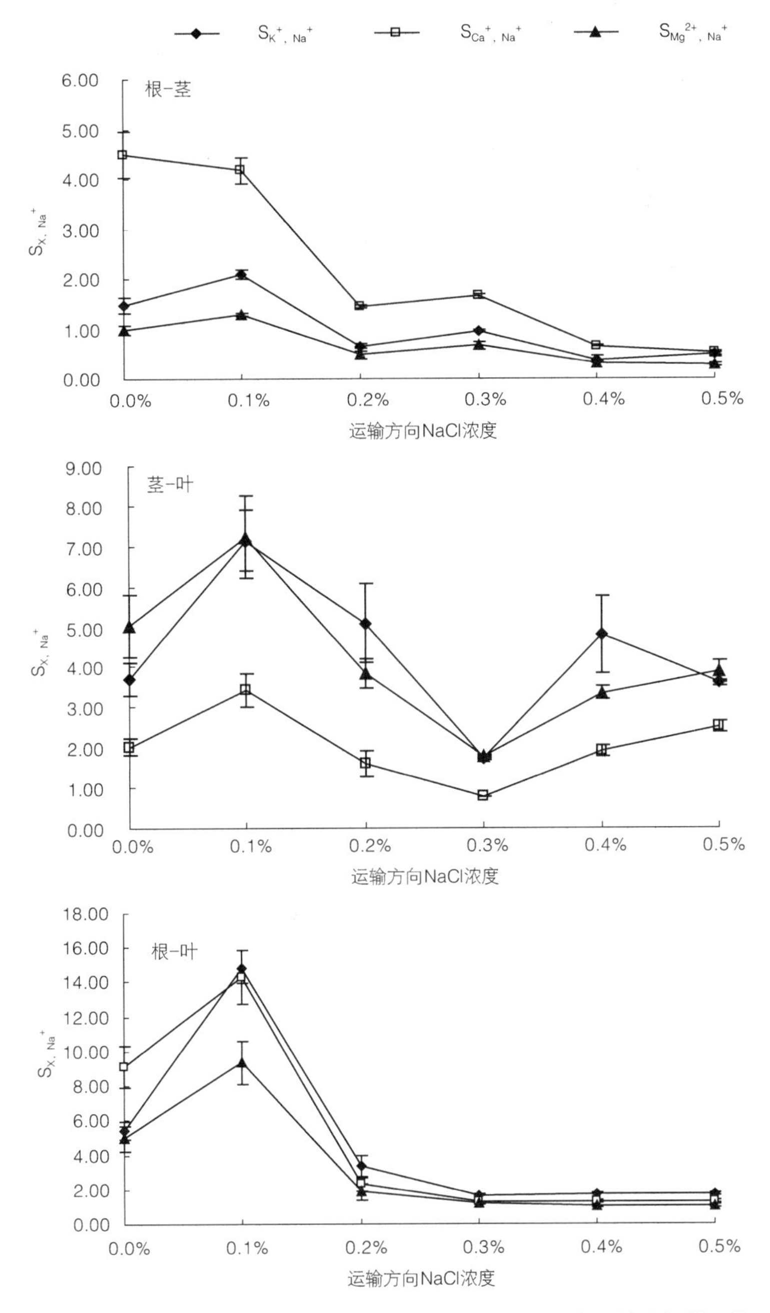


图 4-66　盐胁迫下欧洲鹅耳枥幼苗地上部器官对矿质离子的选择性运输

叶片对营养元素的选择性吸收能力与茎部不同，$Ca^{2+}$由茎部向叶片的运输能力低于$K^+$和$Mg^{2+}$，NaCl浓度为0.1%～0.3%时，$K^+$、$Ca^{2+}$、$Mg^{2+}$由茎部向叶片的运输能力不断下降，在0.3%时均达到最小值；而盐浓度为0.3%～0.5%时，叶片对各营养元素的吸收能力有所上升，说明叶片能够通过增加对矿质元素的吸收以维持离子平衡。从根—叶离子运输能力可以看出，盐处理下欧洲鹅耳枥$K^+$、$Ca^{2+}$、$Mg^{2+}$整体离子运输能力在0.1%盐浓度下比对照有所增加，之后随浓度上升不断下降，说明盐胁迫整体上抑制了欧洲鹅耳枥离子由地下部分向地上部分的运输。

鹅耳枥不同器官对矿质离子的选择性运输情况如图 4－67 所示。由图可知，随着 NaCl 浓度的增加，$K^+$、$Ca^{2+}$、$Mg^{2+}$ 由根部向茎部运输的 $S_{X,Na^+}$ 值大体呈先升高后下降的变化趋势，浓度为 0.5%时，茎部对各离子的选择性吸收能力最小，但仍显著高于欧洲鹅耳枥茎部对各矿质离子的吸收。

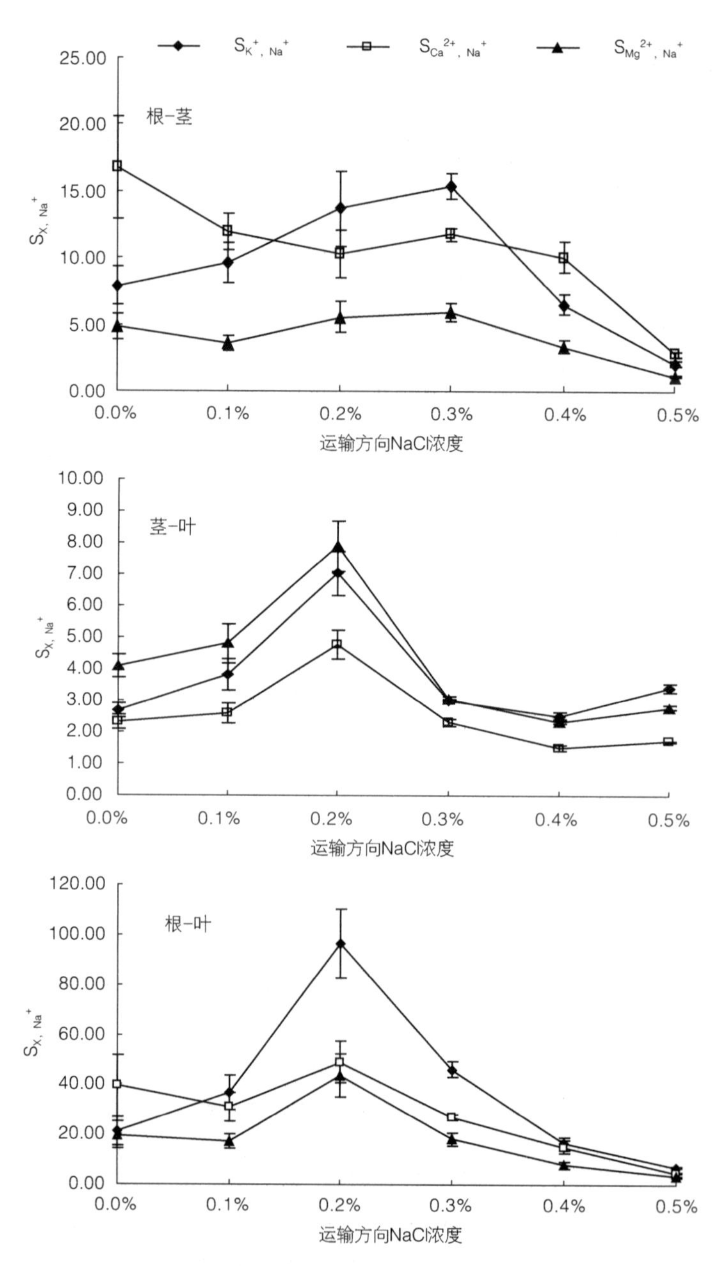


图 4－67　盐胁迫下鹅耳枥幼苗地上部器官对矿质离子的选择性运输

茎向叶运输的 $S_{K^+,Na^+}$、$S_{Ca^{2+},Na^+}$ 和 $S_{Mg^{2+},Na^+}$ 值均随着盐浓度的增加呈先上升后下降的趋势，由茎向叶选择性运输 $Mg^{2+}$ 的能力高于对 $K^+$、$Ca^{2+}$ 的运输。低浓度盐胁迫

(0.1%~0.2%）促进了各矿质元素的选择性运输，在盐浓度为0.2%时，$K^+$、$Ca^{2+}$、$Mg^{2+}$由茎向叶片的运输能力达到最大，分别是对照的2.6倍、2.1倍和1.9倍。盐处理下鹅耳枥$K^+$、$Ca^{2+}$、$Mg^{2+}$从根部到叶片的离子运输能力整体保持稳定，除了在0.2%盐处理下显著升高，且各处理组对离子的选择性运输能力均高于欧洲鹅耳枥。说明低盐胁迫对鹅耳枥由地下部分向地上部分的离子选择性运输都起到了促进作用，总体而言盐胁迫下鹅耳枥保持离子平衡能力较强，鹅耳枥离子运输能力受抑制程度低于欧洲鹅耳枥。

## 4.3.6 盐胁迫后2种鹅耳枥叶片扫描电镜观察

### 4.3.6.1 盐胁迫对2种鹅耳枥幼苗叶片表面特征的影响

盐胁迫容易引起植物发生生理干旱，叶片上的气孔是植物控制水分和进行气体交换的重要通道，能够直接影响植物的蒸腾作用，水分胁迫下气孔调节是植物抵御干旱和适应环境的重要机制之一。气孔的分布特征、密度和面积等受水分状况不同程度的影响（李芳兰 等，2005）。

表4-9 盐胁迫对欧洲鹅耳枥和鹅耳枥幼苗叶片气孔的影响

| 植物材料 | NaCl浓度 | 气孔器密度/（个·$mm^{-2}$） | 张开气孔密度/（个·$mm^{-2}$） | 张开气孔/% |
|---|---|---|---|---|
| 欧洲鹅耳枥 | 0% | 525 | 409 | 77.9 |
| | 0.1% | 610 | 406 | 66.7 |
| | 0.2% | 645 | 318 | 49.3 |
| | 0.3% | 420 | 130 | 33.3 |
| | 0.4% | 389 | 59 | 15.2 |
| | 0.5% | 366 | 0 | 0 |
| 鹅耳枥 | 0% | 750 | 750 | 100 |
| | 0.1% | 775 | 740 | 95.5 |
| | 0.2% | 800 | 640 | 80.0 |
| | 0.3% | 825 | 505 | 61.2 |
| | 0.4% | 510 | 230 | 45.1 |
| | 0.5% | 450 | 150 | 33.3 |

由表4-9可看出，欧洲鹅耳枥叶片气孔器密度在低盐浓度下（0.1%~0.2%）比对照有所增加，可能是低盐有利于欧洲鹅耳枥的生长；而在高浓度盐胁迫下（0.3%~0.5%）气孔器密度逐渐变小，0.5%盐浓度下，气孔器密度为对照的69.7%；张开气孔密度则随着盐浓度的增加逐渐变小，张开气孔百分比也随之逐渐减小，到0.5%盐浓度时，没有观察到张开气孔，说明此浓度对欧洲鹅耳枥幼苗的生长造成严重的影响，植物已经不能进行正常的蒸腾作用。

鹅耳枥叶片表面气孔的变化情况和欧洲鹅耳枥存在差异，在0.1%~0.3%盐浓度下，气孔器密度逐渐增加，到0.4%~0.5%盐浓度下气孔器密度显著降低；张开气孔密度随盐浓度增加而降低，到0.5%盐浓度时，张开气孔与对照相比下降了80%；张开气孔百分比也是随着盐浓度的增加而下降，对照气孔全部张开，盐浓度为0.4%时，张开气孔百分比显著下降，到0.5%时，张开气孔百分比比对照下降了67.7%。说明鹅耳枥在0.1%~0.3%盐浓度下能够通过增大气孔器密度减少水分蒸腾，避免生理干旱，而当浓度提高到0.4%时，超过了植物的耐盐性，气孔器密度显著减小。而欧洲鹅耳枥在0.3%盐浓度时，气孔器密度就显著减小，且不同盐浓度下，张开气孔百分比均低于鹅耳枥，可初步认为欧洲鹅耳枥的耐盐性要低于鹅耳枥。

用扫描电镜观察2种鹅耳枥的幼叶（图4－68至图4－71），发现不同盐浓度胁迫下，其叶片表面气孔密度均有不同程度的变化，而且随着盐浓度的增加，叶片表面出现星芒状的蜡质纹路，这种特征有利于减少水分蒸腾，以适应盐胁迫造成的生理干旱。

不同盐浓度下，欧洲鹅耳枥气孔张开程度与鹅耳枥存在差异。由图4－69可以看出，欧洲鹅耳枥气孔张开程度随着盐浓度的增加而变小，0.3%盐浓度下，气孔仅呈一条细缝；0.4%盐浓度下，保卫细胞变形，周围表皮组织萎缩；到0.5%盐浓度时，气孔则呈关闭状态。而不同浓度盐胁迫下，鹅耳枥气孔张开程度要明显大于欧洲鹅耳枥（图4－71），高浓度盐胁迫下，保卫细胞仍较为正常。0.3%盐浓度下，气孔保卫细胞内侧壁的外缘开放，气孔的前腔与大气相连，气孔的喉部呈一条细缝，说明此时盐胁迫对植物有一定的影响，但植物仍能进行气体交换作用；0.4%~0.5%盐胁迫下，气孔前腔仍能与大气相连，但气孔保卫细胞内侧壁形成的管孔逐渐变小，说明高盐浓度对鹅耳枥的生长也造成了一定的危害，但相比欧洲鹅耳枥，影响程度要小。

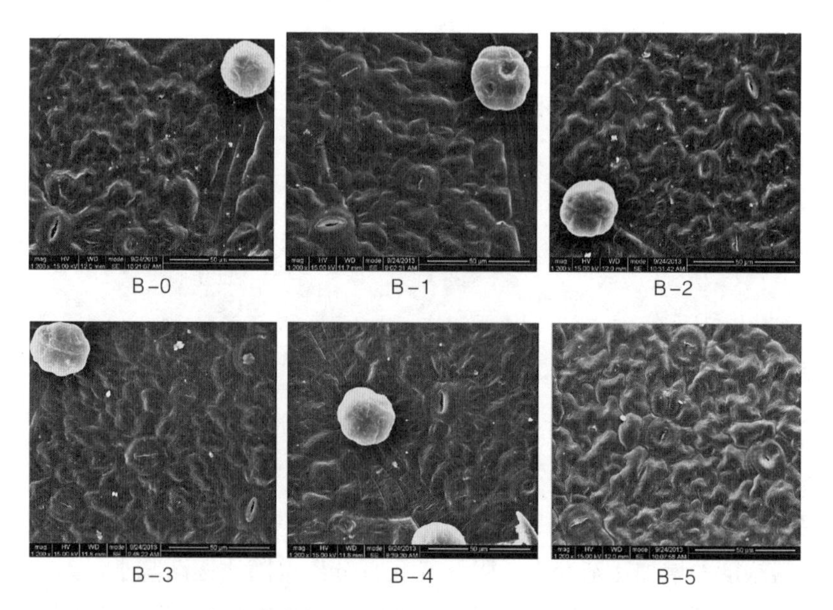


图4－68 不同盐浓度胁迫下欧洲鹅耳枥叶片表面扫描电镜观察

注：B－0至B－5表示欧洲鹅耳枥分别在0%、0.1%、0.2%、0.3%、0.4%、0.5%NaCl胁迫下的扫描电镜表面结构，×1 200。

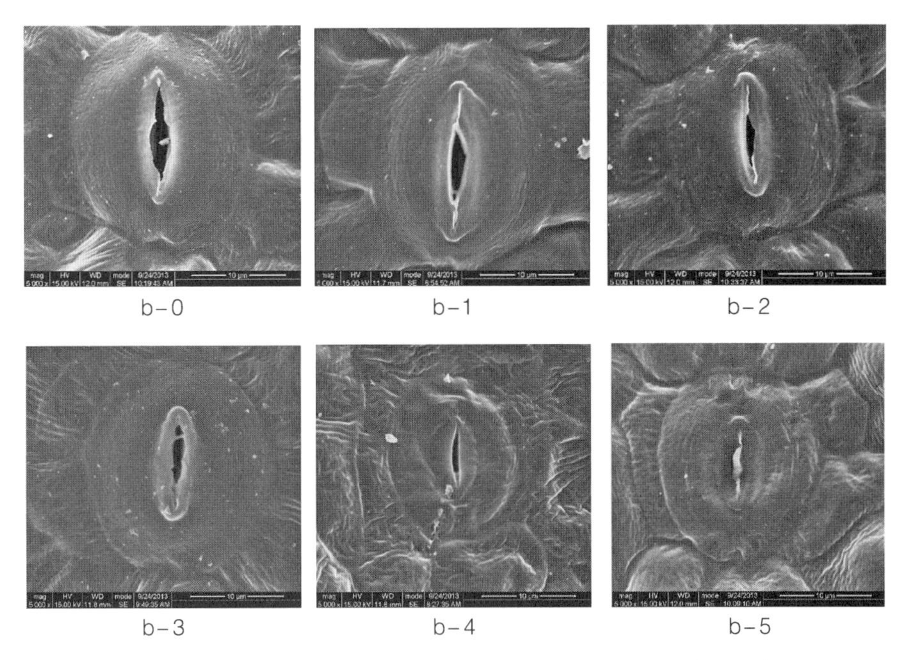


图 4-69　不同盐浓度胁迫下欧洲鹅耳枥叶片气孔扫描电镜观察

注：b-0 至 b-5 表示欧洲鹅耳枥分别在 0%、0.1%、0.2%、0.3%、0.4%、0.5%NaCl 胁迫下的扫描电镜表面气孔结构，×5 000。

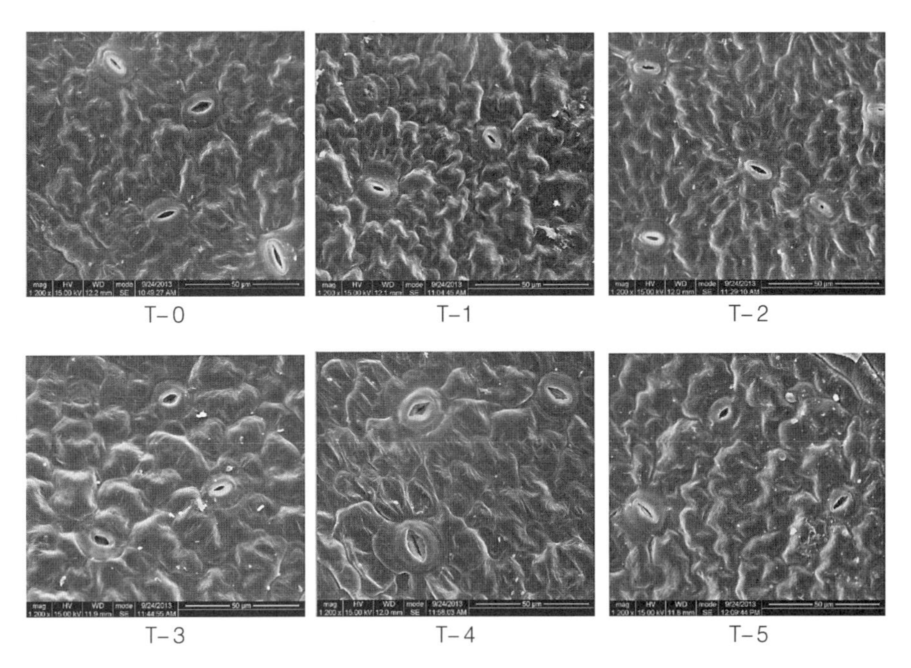


图 4-70　不同盐浓度胁迫下鹅耳枥叶片表面扫描电镜观察

注：T-0 至 T-5 表示鹅耳枥分别在 0%、0.1%、0.2%、0.3%、0.4%、0.5%NaCl 胁迫下的扫描电镜表面结构，×1 200。

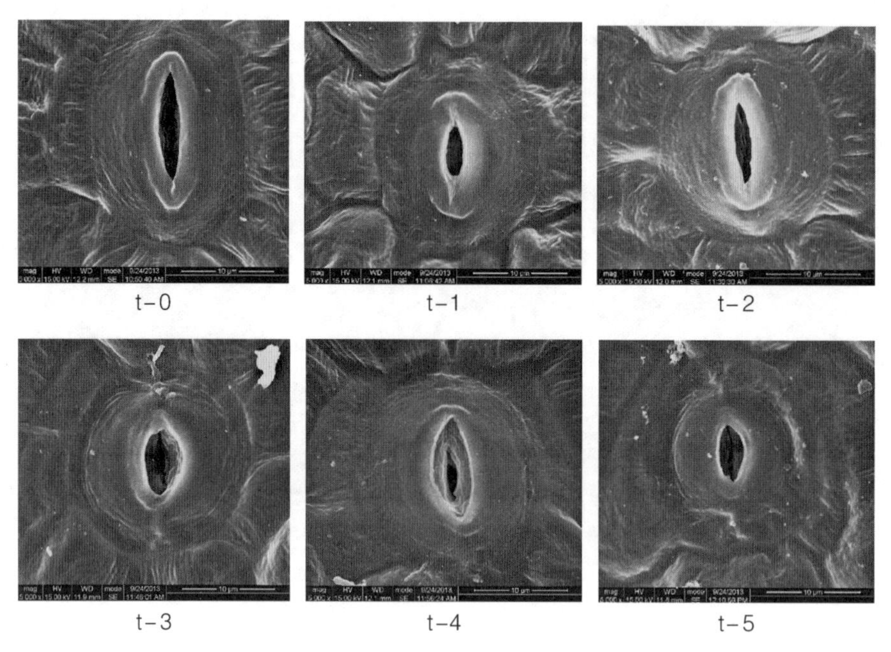


图 4-71　不同盐浓度胁迫下鹅耳枥叶片气孔扫描电镜观察

注：t-0 至 t-5 表示鹅耳枥分别在 0%、0.1%、0.2%、0.3%、0.4%、0.5%NaCl 胁迫下的扫描电镜表面气孔结构，×5 000。

#### 4.3.6.2　盐胁迫对 2 种鹅耳枥幼苗叶片断面特征的影响

栅栏组织与海绵组织的分化程度能够反映环境中的水分状态。盐胁迫可以诱导植物叶片肉质化，如栅栏组织及海绵组织发生相应的变化，产生贮水组织。但栅栏组织的细胞形态不会发生明显变化，只是细胞长度和层数会明显增多，而海绵组织的变化通常不明显或是不发达（章英才，2006）。

由表 4-10 可看出，随着盐浓度的增加，2 种鹅耳枥叶片厚度均呈逐渐下降的趋势，盐浓度越高，叶片厚度越小。欧洲鹅耳枥处理组的叶片厚度分别比对照下降了 4.65%、7.21%、9.30%、11.63%、16.28%；栅栏组织厚度变化趋势和叶片厚度变化趋势相似，0.5%盐浓度下栅栏组织与厚度比对照下降了 25%；而栅栏组织与叶厚比则呈先增加后降低的趋势，0.4%和 0.5%盐浓度处理下，栅栏组织与叶厚比低于对照，其他处理均高于对照。鹅耳枥处理组的叶片厚度分别比对照下降了 4.26%、5.32%、6.81%、10.64%、12.77%，其叶片厚度随着盐浓度增加的下降幅度均低于欧洲鹅耳枥；0.5%盐浓度处理下，鹅耳枥栅栏组织厚度比对照下降了 7.69%，0.1%、0.2%、0.3%、0.4%盐浓度下，栅栏组织厚度均高于对照，分别增加了 7.69%、11.54%、15.38%、4.62%；鹅耳枥栅栏组织与叶厚比随着盐浓度的变大先增加后降低，但处理组比值均高于对照。说明鹅耳枥可通过增加栅栏组织的厚度来适应盐渍环境的胁迫，但这种能力也是有限，过强的盐胁迫则使栅栏组织厚度减小。

**表 4-10　盐胁迫对欧洲鹅耳枥和鹅耳枥幼苗叶片断面的影响**

| 植物材料 | NaCl 浓度 | 叶片厚度/μm | 栅栏组织厚度/μm | 栅栏组织与叶厚比/% |
|---|---|---|---|---|
| 欧洲鹅耳枥 | 0% | 69.35 | 19.35 | 27.91 |
| | 0.1% | 66.13 | 18.71 | 28.29 |
| | 0.2% | 64.35 | 18.39 | 28.57 |
| | 0.3% | 62.90 | 17.74 | 28.21 |
| | 0.4% | 61.29 | 16.13 | 26.32 |
| | 0.5% | 58.06 | 14.52 | 25.00 |
| 鹅耳枥 | 0% | 75.81 | 20.97 | 27.66 |
| | 0.1% | 72.58 | 22.58 | 31.11 |
| | 0.2% | 71.77 | 23.39 | 32.58 |
| | 0.3% | 70.65 | 24.19 | 34.25 |
| | 0.4% | 67.74 | 21.94 | 32.38 |
| | 0.5% | 66.13 | 19.35 | 29.27 |

用扫描电镜观察 2 种鹅耳枥的叶片断面，发现不同盐浓度胁迫下，叶片厚度和栅栏组织厚度均有不同程度的变化，且栅栏组织和海绵组织在形态上也存在差异。由图 4-72 可以看出，欧洲鹅耳枥叶片在正常情况下，栅栏组织排列整齐，呈长条形；在低盐胁迫下（0.1%~0.2%），表皮组织、栅栏组织和海绵组织排列较为紧密，以保证水分和营养物质的运输；而 0.3%~0.5%盐胁迫下，栅栏组织和海绵组织排列松散，部分组织出现萎缩。说明高浓度盐胁迫对欧洲鹅耳枥叶片的形态结构影响较大，从而对植物正常的光合作用造成不利影响。

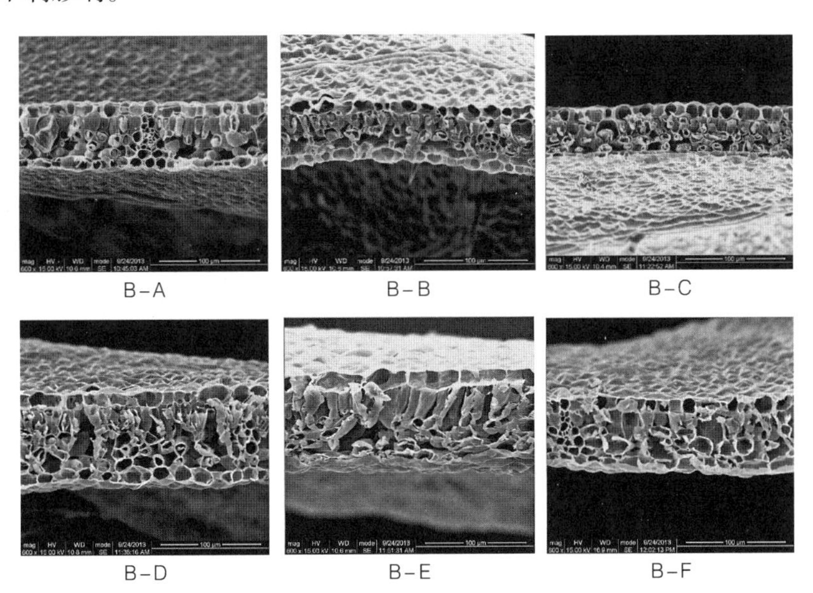


图 4-72　不同盐浓度胁迫下欧洲鹅耳枥叶片断面扫描电镜观察

注：B-A 至 B-F 表示欧洲鹅耳枥分别在 0%、0.1%、0.2%、0.3%、0.4%、0.5%NaCl 胁迫下的叶片断面结构，×600。

图 4-73 显示了随着盐浓度增加，鹅耳枥叶片断面的变化情况。在 0.1%~0.3%盐胁迫下，鹅耳枥叶片表皮、栅栏组织及海绵组织基本正常，且栅栏组织的厚度随盐浓度的增加而变大，0.3%盐浓度下栅栏组织仍排列整齐紧密；而 0.4%~0.5%盐浓度下，鹅耳枥叶片则变化明显，叶表皮变薄，栅栏组织和海绵组织变形，且排列松散杂乱，说明鹅耳枥不能忍受高盐浓度胁迫。

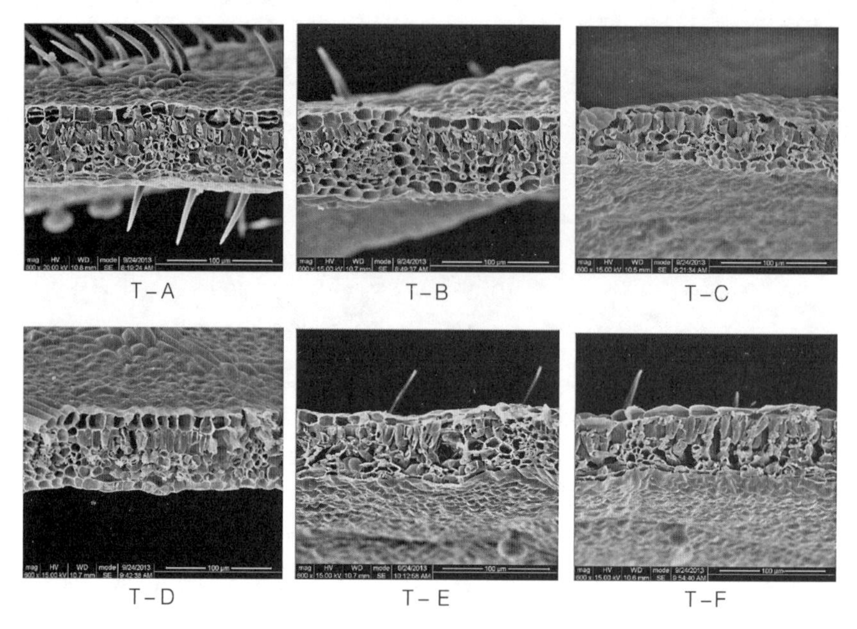


图 4-73　不同盐浓度胁迫下鹅耳枥叶片断面扫描电镜观察

注：T-A 至 T-F 表示鹅耳枥分别在 0%、0.1%、0.2%、0.3%、0.4%、0.5% NaCl 胁迫下的叶片断面结构，×600。

## 4.3.7　2 种鹅耳枥耐盐能力隶属度的评价

由于植物的耐盐机制十分复杂，很难用单一指标来反映植物真实的耐盐能力。在评定植物耐盐能力时，需要对形态、生长、生理等多个指标综合分析。在评价 2 种鹅耳枥耐盐能力时，本研究采用了隶属函数法，通过利用模糊数学隶属函数公式进行定量转换，然后再将各指标隶属函数平均值进行比较。具体如下：

如果某一指标与耐盐能力呈正相关，则按式（4-1）进行计算。

$$u(X_i) = \frac{(X - X_{\min})}{(X_{\max} - X_{\min})} \tag{4-1}$$

如果某一指标与耐盐能力呈负相关，则按式（4-2）进行计算。

$$u(X_i) = 1 - \frac{(X - X_{\min})}{(X_{\max} - X_{\min})} \tag{4-2}$$

式中：$u(X_i)$ 为隶属函数值，且 $u(X_i) \in [0, 1]$；$X$ 为某一指标的测定值；$X_{max}$、$X_{min}$ 分别为某一指标测定值中的最大值和最小值。

数据处理时，先求出各指标在不同胁迫时间、不同盐处理浓度下的隶属值，再把同一品种每个指标各隶属值累加求平均值，最后将同一品种各指标的隶属值累加求平均值，用每个品种各项指标隶属度的平均值作为其耐盐能力综合鉴定标准进行比较，取最后一次测定指标进行隶属函数分析。

表 4－11 为各项指标的隶属度值和综合评定结果，可知 2 种鹅耳枥耐盐能力由大到小为：鹅耳枥>欧洲鹅耳枥。

**表 4－11　2 种鹅耳枥耐盐能力隶属度的综合评价**

| 指标 | 品种 | | 指标 | 品种 | |
|---|---|---|---|---|---|
| | 欧洲鹅耳枥 | 鹅耳枥 | | 欧洲鹅耳枥 | 鹅耳枥 |
| 相对高生长量 | 0.456 | 0.425 | 净光合速率 | 0.561 | 0.611 |
| 相对地径生长量 | 0.425 | 0.567 | 气孔导度 | 0.455 | 0.484 |
| 生物量 | 0.369 | 0.479 | 蒸腾速率 | 0.700 | 0.578 |
| 相对含水量 | 0.403 | 0.453 | 胞间 $CO_2$ | 0.574 | 0.536 |
| SOD | 0.368 | 0.405 | $\Phi_{PS II}$ | 0.542 | 0.583 |
| POD | 0.409 | 0.522 | Fv/Fm | 0.438 | 0.488 |
| MDA | 0.493 | 0.486 | ETR | 0.506 | 0.529 |
| 相对电导率 | 0.457 | 0.363 | qP | 0.561 | 0.622 |
| 可溶性糖 | 0.436 | 0.537 | $Na^+$ | 0.420 | 0.541 |
| 可溶性蛋白 | 0.445 | 0.522 | $K^+$ | 0.408 | 0.516 |
| 脯氨酸 | 0.305 | 0.644 | 综合评价 | 0.461 | 0.527 |
| 叶绿素总量 | 0.413 | 0.514 | 排序 | 2 | 1 |

# 4.4　$NO_2$ 胁迫

## 4.4.1　材料与方法

### 4.4.1.1　试验装置

为满足本试验需要，作者发明了一种实时监测 $NO_2$ 浓度的熏气装置，并获得了实用新型专利授权。如图 4－74（彩图 4－3）所示，$NO_2$ 气瓶的出气端连接带有减压阀的电磁阀与微电脑开关定时系统输入一定量的 $NO_2$。熏气容器内设置 $NO_2$ 传感器监测气体浓度，传感器的另一端与 $NO_2$ 气体测量仪的进气口连接，$NO_2$ 气体测量仪通过 RS－485 接口与电脑终端连接，通过电脑上安装的 $NO_2$ 气体监测软件实时记录熏气容器内 $NO_2$ 浓度变化。该装置具有方便监测装置内 $NO_2$ 浓度，可以实时监测熏气室内气体的动态变化、可以精确控制进入熏气室的气体量，方便应用。

图 4－74　定时调控和记录 $NO_2$ 浓度的熏气试验装置

### 4.4.1.2　试验材料

供试材料为来自匈牙利的欧洲鹅耳枥和中国普陀山的普陀鹅耳枥一年生苗。试验在南京林业大学园林实验中心进行。2017 年 4 月挑选整齐一致，健壮、无病虫害的正常的苗木，移入南京林业大学园林实验中心进行基质栽培。实验苗的基质为泥炭土：蛭石：珍珠岩＝1：1：1 的混合土，用规格为上径口×下径口×高＝30 cm×20 cm×15 cm 的塑料花盆进行栽培，盆底有排水孔并置于托盘中，每盆装 500 g 营养土，每盆 2 株。在栽培条件一致的环境下自然生长，常规管理。培养期间，每周浇水 2～3 次以保持湿润，两周加一次 1 L 的霍格兰营养液。植物生长条件控制在环境温度 25～28 ℃，空气相对湿度 60%～70%，光照 26～29 klx，大气压力 99.3～99.5 kPa。栽培 2 个月后，进行 $NO_2$ 胁迫实验。

### 4.4.1.3　试验方法

对欧洲鹅耳枥和普陀鹅耳枥进行人工熏气试验，$NO_2$ 熏气浓度设定为 12 mg·m$^{-3}$，处理时间分别为 0 h（熏气零点）、1 h、6 h、12 h、24 h、48 h 和 72 h。$NO_2$ 气体由购买的 $NO_2$ 气体钢瓶提供。通过 $NO_2$ 气体测量仪对 $NO_2$ 气体浓度进行实时监测（间隔时间 1 min），并通过气体流量计实现对目标气体的设定。熏气时间为 72 h。将花盆及盆土用保鲜膜密封包缠处理，以排除土壤和根际微生物的影响。熏气室光照时间 13 h，环境温度 25～28 ℃，空气相对湿度 60%～70%，光照 26～29 klx，大气压力 99.3～99.5 kPa。熏气后，各植物从熏气装置取出，不再加 $NO_2$，放在室温培养 30 d。植物生长条件同处理组一致。每组处理 3 个重复。

## 4.4.2 欧洲鹅耳枥和普陀鹅耳枥对 $NO_2$ 胁迫的形态变化

根据对 2 种鹅耳枥受 $NO_2$ 胁迫后其形态变化的观察，发现 $NO_2$ 对 2 种鹅耳枥影响首先表现在叶片上。轻度 $NO_2$ 伤害症状出现轻度缺绿、色泽较淡、生长状态不良等；中度 $NO_2$ 伤害症状叶脉间首先会出现不规则的水渍状伤斑，并且逐步坏死，形成坏死的黄色斑块、在叶柄和叶缘处出现伤斑直至叶片死亡脱落（彩图 4－4）。当普陀鹅耳枥对 $NO_2$ 的熏气时间在达到 72 h 时就会导致叶片退绿发黄，产生不可逆伤害，最终叶片死亡，而欧洲鹅耳枥仍有 40%以上绿色的叶片能够维持生长。

## 4.4.3 欧洲鹅耳枥和普陀鹅耳枥对 $NO_2$ 胁迫的过氧化物歧化酶活性变化

如图 4－75 所示，显示不同处理时间 $NO_2$ 胁迫下欧洲鹅耳枥和普陀鹅耳枥的过氧化物歧化酶（POD）活性变化。欧洲鹅耳枥 $NO_2$ 处理 1~72 h 内的 POD 活性呈现上升趋势，变化范围是 323 U·（g·min）$^{-1}$~663 U·（g·min）$^{-1}$，变化值是 340 U·（g·min）$^{-1}$。其中 1 h $NO_2$ 处理组的 POD 活性低于 0 h $NO_2$ 处理组［380 U·（g·min）$^{-1}$］，而经过 30 d 的恢复，恢复组 POD 活性值是 409 U（g·min）$^{-1}$，与 0 h $NO_2$ 处理组无显著性差异。普陀鹅耳枥从 $NO_2$ 处理 1 h 到 72 h 的 POD 活性呈现上升趋势，变化范围是 385 U（g·min）$^{-1}$~596 U（g·min）$^{-1}$，变化值是 211 U（g·min）$^{-1}$，且 $NO_2$ 处理组的 POD 活性值高于 0 h $NO_2$ 处理组和恢复组，其中 0 h $NO_2$ 处理组和恢复组之间差异性不显著，说明自然环境下欧洲鹅耳枥和普陀鹅耳枥可以通过自身代谢调节，恢复到正常生理水平。

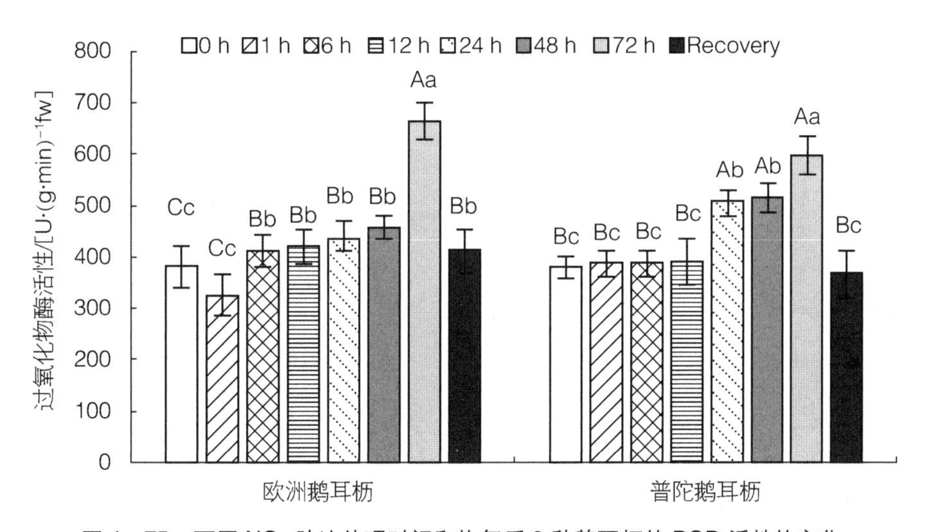


图 4－75　不同 $NO_2$ 胁迫处理时间和恢复后 2 种鹅耳枥的 POD 活性的变化

### 4.4.4 欧洲鹅耳枥和普陀鹅耳枥对 $NO_2$ 胁迫的可溶性蛋白含量分析

由图 4-76 可知，不同 $NO_2$ 胁迫处理时间下欧洲鹅耳枥和普陀鹅耳枥的可溶性蛋白（soluble protein）含量变化。欧洲鹅耳枥受到 1 h 和 6 h 的 $NO_2$ 胁迫可溶性蛋白含量相比 0 h 稍显下降趋势，但两个处理时间的 $NO_2$ 胁迫的可溶性蛋白含量值无显著性差异。随着 $NO_2$ 胁迫时间的延长，可溶性蛋白含量呈上升趋势，变化范围是 2.32~4.65 mg · $g^{-1}$fw，变化值是 2.33 mg · $g^{-1}$fw，恢复组的可溶性蛋白含量高于 0 h $NO_2$ 处理组。普陀鹅耳枥的可溶性蛋白含量随着 $NO_2$ 胁迫时间的延长呈现增长趋势，变化范围是 2.61~3.27 mg · $g^{-1}$fw，变化值是 0.66 mg · $g^{-1}$fw，恢复组的可溶性蛋白含量低于 0 h $NO_2$ 处理组，各处理间差异显著。

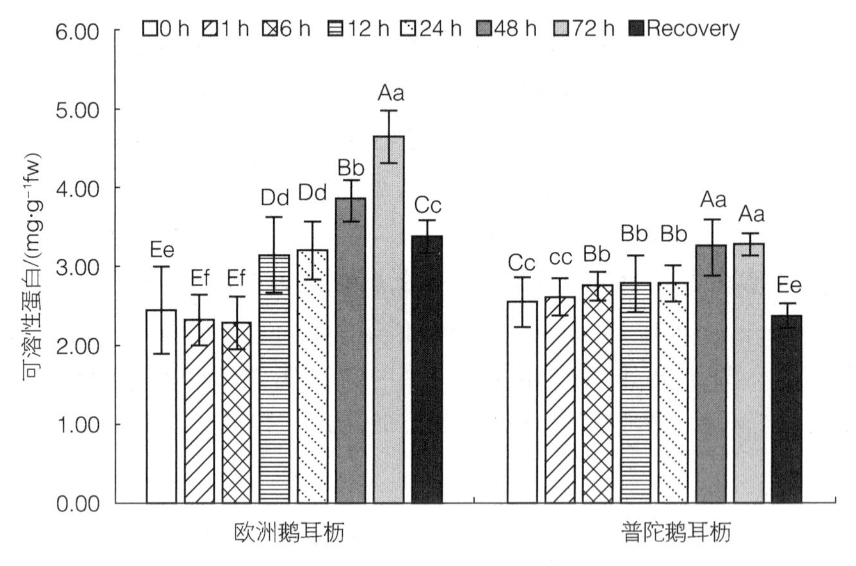


图 4-76 不同 $NO_2$ 胁迫处理时间和恢复后 2 种鹅耳枥的可溶性蛋白的变化

### 4.4.5 欧洲鹅耳枥和普陀鹅耳枥对 $NO_2$ 胁迫的丙二醛含量变化

如图 4-77 所示，不同时间 $NO_2$ 胁迫下欧洲鹅耳枥和普陀鹅耳枥的丙二醛（MDA）含量变化。随着 $NO_2$ 胁迫时间的延长，欧洲鹅耳枥的 MDA 含量整体上呈现增长趋势，变化范围是 0.016~0.029 μmol · $g^{-1}$fw，均高于 0 h $NO_2$ 处理组（0.015 μmol · $g^{-1}$fw），变化值是 0.013 μmol · $g^{-1}$fw。恢复组和 0 h $NO_2$ 处理组的 MDA 含量之间无显著性差异。随着 $NO_2$ 胁迫时间的延长，普陀鹅耳枥的 MDA 含量呈现增长趋势，变化范围是 0.015~0.034 μmol · $g^{-1}$fw，变化值是 0.019 μmol · $g^{-1}$fw。$NO_2$ 胁迫组的 MDA 含量高于 0 h $NO_2$ 处理组（0.012 μmol · $g^{-1}$fw），恢复组的 MDA 含量介于 6 h（0.015 μmol · $g^{-1}$fw）和

12 h（0.019 μmol·$g^{-1}$fw）$NO_2$ 胁迫组，说明普陀鹅耳枥还未完全恢复。

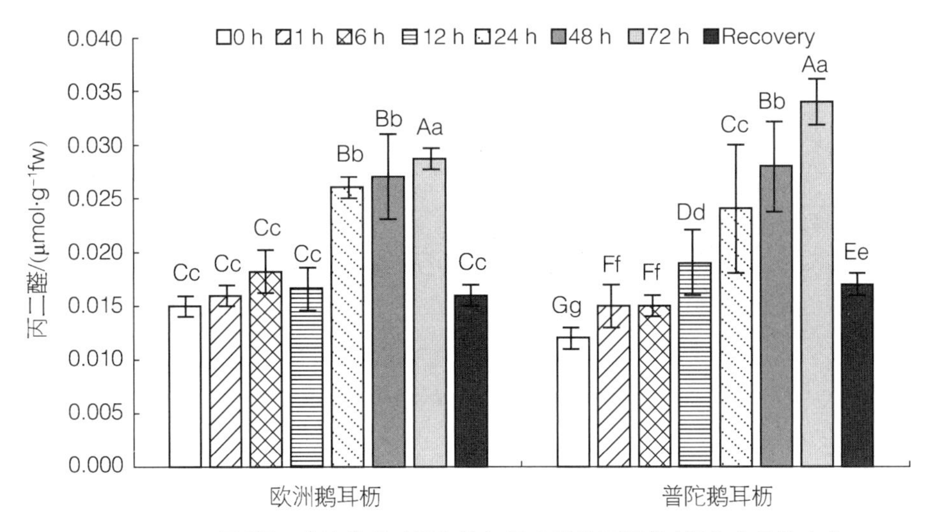


图 4-77 不同 $NO_2$ 胁迫处理时间和恢复后 2 种鹅耳枥的 MDA 含量的变化

## 4.4.6 欧洲鹅耳枥和普陀鹅耳枥对 $NO_2$ 胁迫的光合作用变化

### 4.4.6.1 欧洲鹅耳枥和普陀鹅耳枥对 $NO_2$ 胁迫的光合色素含量变化

如图 4-78 所示，不同处理时间 $NO_2$ 胁迫欧洲鹅耳枥，叶片叶绿素浓度变化具有显著性差异。叶绿素 a（Chl a）、叶绿素 a/叶绿素 b（Chl a/Chl b）、叶绿素总量（Carotenoids）和类胡萝卜素（Total Chl）在不同处理时间 $NO_2$ 胁迫处理下呈现显著的下降趋势；在 $NO_2$ 胁迫处理后，不加 $NO_2$，室温条件培养 30 d 后，Chl a，Chl a/Chl b，Carotenoids 和 Total Chl 浓度均出现一定的增长。$NO_2$ 胁迫 1 h 后，叶绿素 b 浓度是胁迫零点（0 h）的 103%。$NO_2$ 各胁迫处理间的 Chl a，Chl a/Chl b，Carotenoids 和 Total Chl 浓度之间差异极显著。

不同处理时间 $NO_2$ 胁迫普陀鹅耳枥叶片叶绿素浓度变化显著。随着 $NO_2$ 处理时间的延长，除 1 h 和 24 h 处理的 Chl a 浓度稍微上升外，总体上呈现下降的趋势，且各处理间差异显著。Chl b 浓度在 $NO_2$ 处理的 1 h 后呈现显著的上升趋势，随着处理时间的延长显著下降，在处理 72 h 后下降到最低值，但经过 30 d 的恢复后，恢复组的 Chl b 浓度重新上升，上升水平接近于 0 h $NO_2$ 处理组。Chl a/Chl b 在处理后，6 h、24 h 呈现稍微上升的趋势，其余处理组比值下降。Carotenoids 含量在 $NO_2$ 处理的 1h 后呈显著上升的趋势，且上升值是 0 h $NO_2$ 处理组的 2.22 倍，而在其余处理组中变化不显著。Total Chl 浓度，在 $NO_2$ 处理的 1 h 后上升，2 h 后随着处理时间的延长，与 0 h $NO_2$ 处理组比均有不同程度的下降，在处理的 72 h 后下降值达到最低。而在恢复 30 d 后，Total Chl 浓度上升，接近 0 h $NO_2$ 处理组，且各 $NO_2$ 处理组与 0 h $NO_2$ 处理组差异显著。

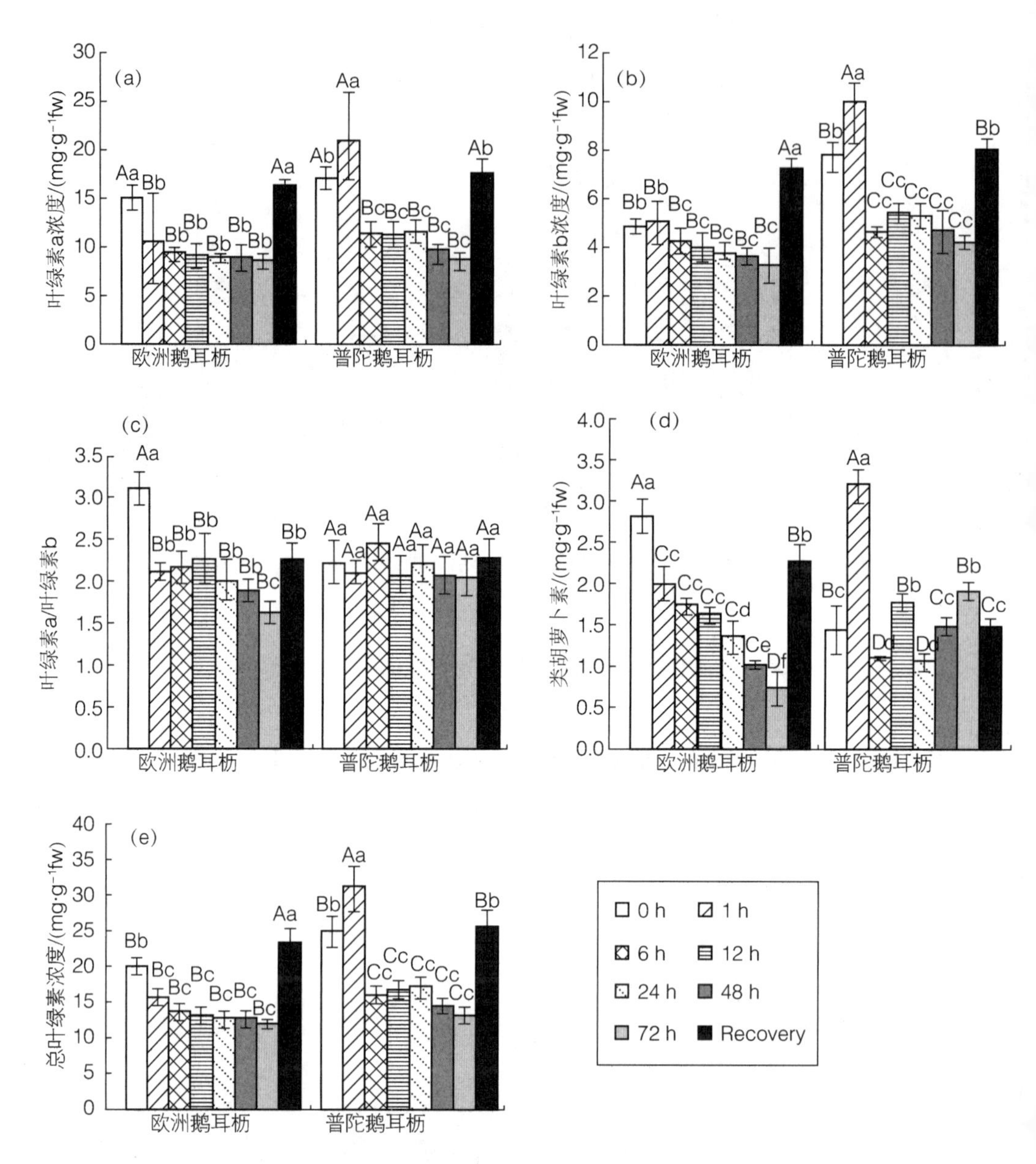


图 4-78　不同 $NO_2$ 胁迫处理时间和恢复后欧洲鹅耳枥和普陀鹅耳枥的光合色素变化

#### 4.4.6.2　欧洲鹅耳枥和普陀鹅耳枥对 $NO_2$ 胁迫的 Pn 光响应曲线变化

由图 4-79 可知，随着光照强度由 0 μmol · $m^{-2}$ · $s^{-1}$ 增加到 1 000 μmol · $m^{-2}$ · $s^{-1}$，所有欧洲鹅耳枥 $NO_2$ 处理组的 Pn 值迅速增加；当光强达到 1 400 μmol · $m^{-2}$ · $s^{-1}$ 时，所有 $NO_2$ 处理组的 Pn 值缓慢增加到最大值，并保持稳定，且低于 0 h $NO_2$ 处理组和恢复组，光合速率受到一定程度的抑制。当光强达到 1 400 μmol · $m^{-2}$ · $s^{-1}$ 时，1 h 的 $NO_2$ 处理组的 Pn 值增加到 15 μmol · $m^{-2}$ · $s^{-1}$，0 h $NO_2$ 处理组和恢复组缓慢增加到最大值，分别为 14 μmol · $m^{-2}$ · $s^{-1}$ 和 15. 1 μmol · $m^{-2}$ · $s^{-1}$。随着光强增加，欧洲鹅耳枥 1 h 和 6 h $NO_2$ 处

理的 Pn 值一直处于上升趋势，并分别在 1 400 μmol · $m^{-2}$ · $s^{-1}$ 和 1 000 μmol · $m^{-2}$ · $s^{-1}$ 处达到最大值。1 h $NO_2$ 处理的 Pn 值高于其他处理组。而 24 h、48 h 和 72 h 的 $NO_2$ 处理的 Pn 值无显著性变化。总体而言，欧洲鹅耳枥各处理组间的 Pn 光响应曲线差异显著。

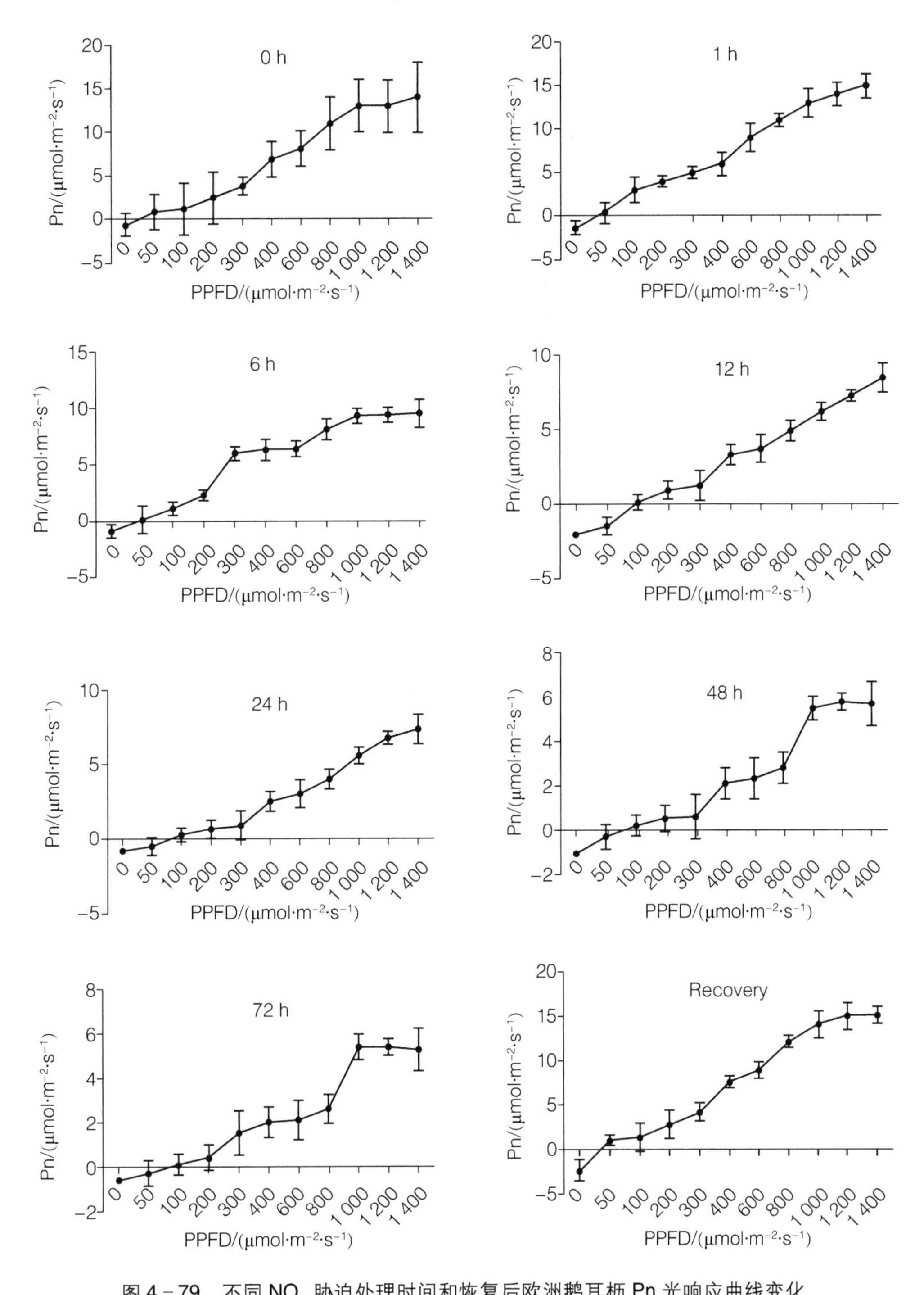


图 4－79　不同 $NO_2$ 胁迫处理时间和恢复后欧洲鹅耳枥 Pn 光响应曲线变化

由图 4 − 80 可知，随着光照强度由 0 μmol · $m^{-2}$ · $s^{-1}$ 增加到 200 ~ 300 μmol · $m^{-2}$ · $s^{-1}$ 过程中，所有普陀鹅耳枥处理组的 Pn 值呈现不同程度的增加趋势，光照强度从 300 μmol · $m^{-2}$ · $s^{-1}$ 加强到 800 μmol · $m^{-2}$ · $s^{-1}$ 的过程中，Pn 值的变化规律有所差异。6 h $NO_2$ 处理组在 1 200 μmol · $m^{-2}$ · $s^{-1}$ 光强处增加到最大值，高于 0 h $NO_2$ 处理组和恢复组在 1 400 μmol · $m^{-2}$ · $s^{-1}$ 最大 Pn 值（10. 62 μmol · $m^{-2}$ · $s^{-1}$）。1 h $NO_2$ 处理组的 Pn 值随着光强增加 Pn 值在 1 400 μmol · $m^{-2}$ · $s^{-1}$ 达到最大值（4. 86 μmol · $m^{-2}$ · $s^{-1}$）。12 h $NO_2$ 处理组的 Pn 值随着光强增加呈现增加趋势，在 300 μmol · $m^{-2}$ · $s^{-1}$ 达到最大值，随着光强进一步增加，变化不明显。24 h $NO_2$ 处理组的 Pn 值随光强增加呈现先增加后降低的趋势，在 400 μmol · $m^{-2}$ · $s^{-1}$ 达到最大值。48 h 和 72 h $NO_2$ 处理组的 Pn 值随着光强增加变化规律性不明显，但 Pn 值均为负值。总体而言，普陀鹅耳枥各处理组间的 Pn 光响应曲线差异显著。

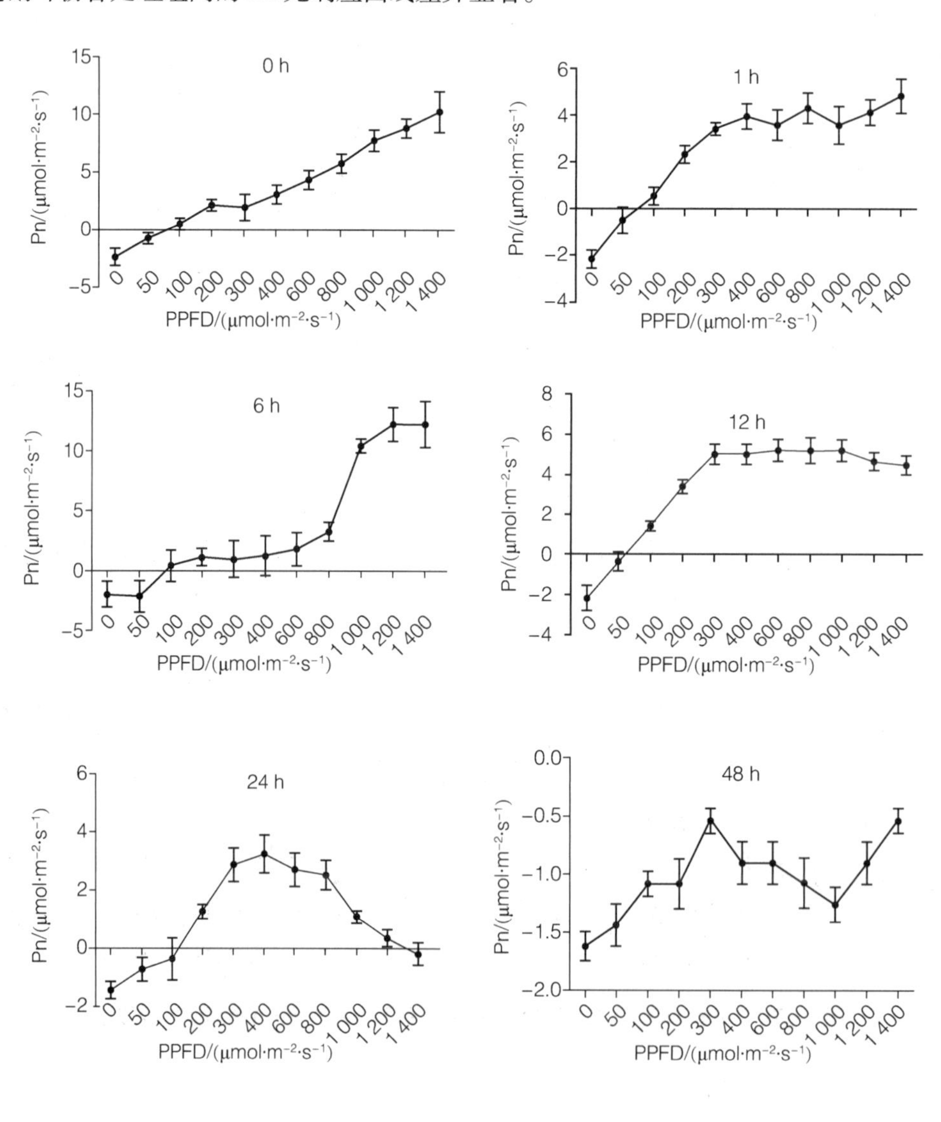

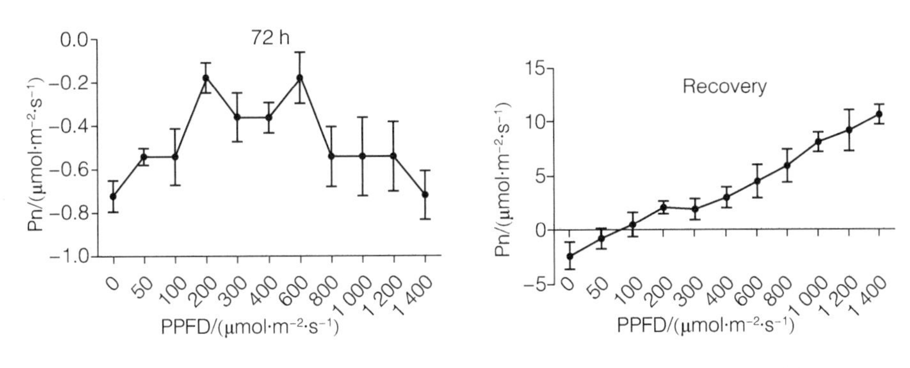


图 4－80　不同 $NO_2$ 胁迫处理时间和恢复后普陀鹅耳枥 Pn 光响应曲线变化

#### 4.4.6.3　欧洲鹅耳枥和普陀鹅耳枥对 $NO_2$ 胁迫的 Tr 光响应曲线变化

不同 $NO_2$ 处理时间，欧洲鹅耳枥 Tr 值变化趋势不一。如图 4－81 所示，0 h $NO_2$ 处理组的 Tr 值随光强增加呈现先增加后降低的趋势，并在 1 000 μmol · $m^{-2}$ · $s^{-1}$ 处出现最大值，1 h 和 6 h $NO_2$ 处理组随着光强增加，在 1 200 μmol · $m^{-2}$ · $s^{-1}$ 处达到最大值。随着光强的增加，除 72 h $NO_2$ 处理组外，各 $NO_2$ 处理组的 Tr 值总体呈现逐渐增加，达到峰值后稍许下降的趋势，但峰值不一，分别为 1 h、6 h 和 12 h 在 1 200 μmol · $m^{-2}$ · $s^{-1}$ 处达到峰值，24 h $NO_2$ 处理组在 800 μmol · $m^{-2}$ · $s^{-1}$ 达到峰值，48 h $NO_2$ 处理组在 400 μmol · $m^{-2}$ · $s^{-1}$ 达到峰值。72 h $NO_2$ 处理组变化不规律。总体上，欧洲鹅耳枥的各 $NO_2$ 处理组的 Tr 值的差异显著。

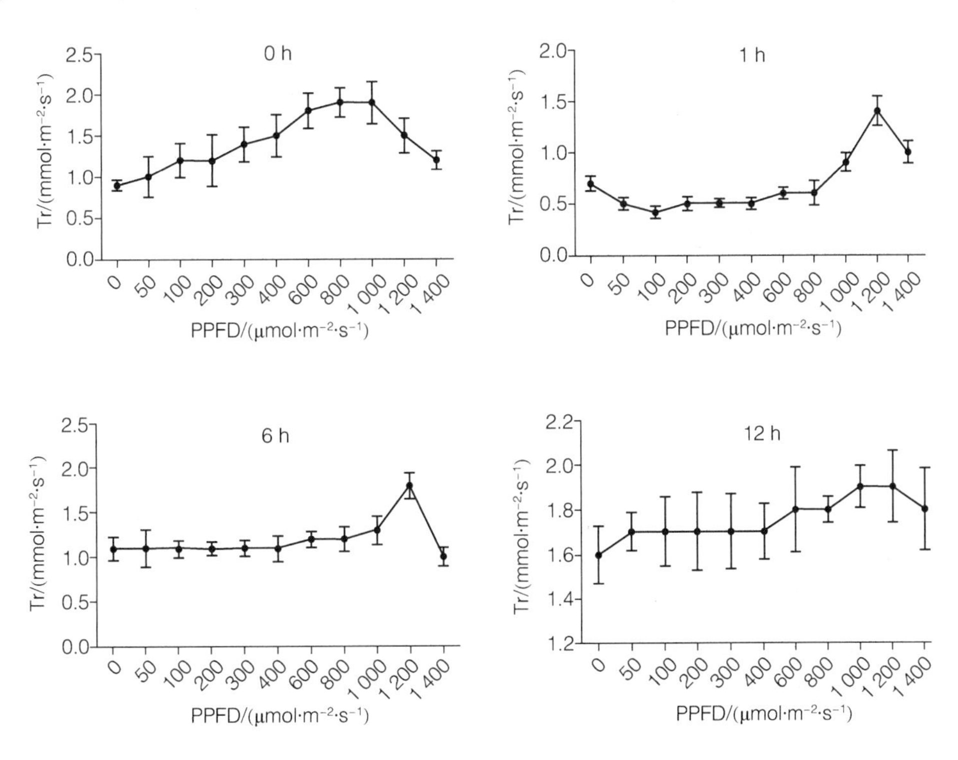

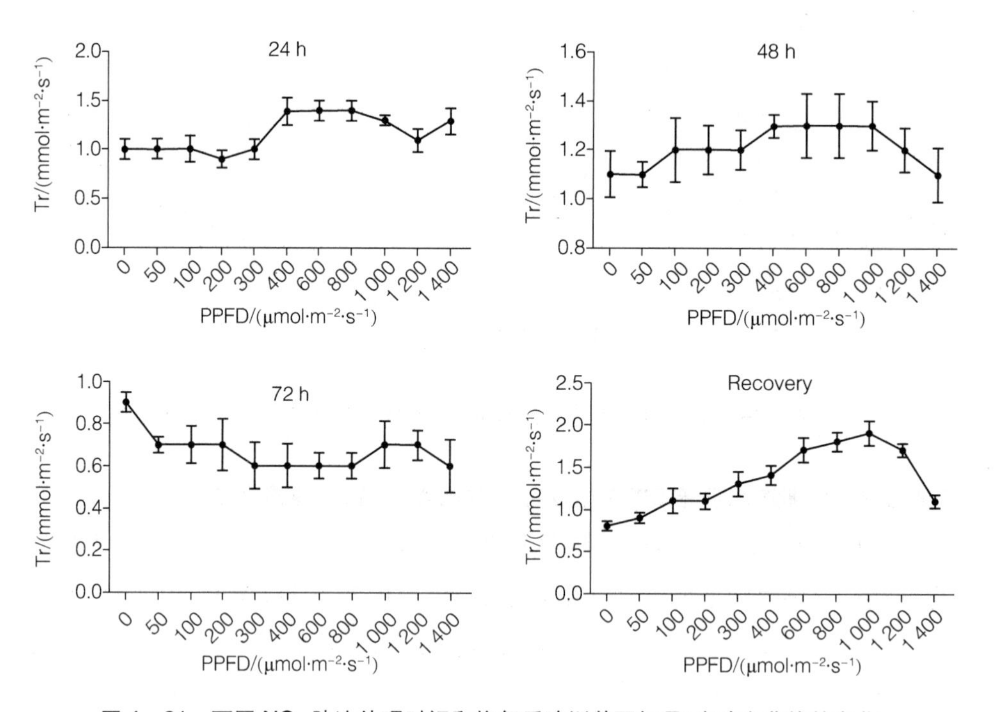


图 4－81　不同 $NO_2$ 胁迫处理时间和恢复后欧洲鹅耳枥 Tr 光响应曲线的变化

如图 4－82 所示，随着光强增加，0 h $NO_2$ 处理组和 30 d 自我恢复组，普陀鹅耳枥 Tr 值变化趋势不一，1 h $NO_2$ 处理组随着光强增加，Tr 值呈现持续增加的趋势，6 h $NO_2$ 处理组和恢复组随着光强增加呈现先降低后增加的趋势，12 h、24 h 和 48 h $NO_2$ 处理组随着光强增加呈现先增加后降低的趋势，72 h $NO_2$ 处理组随着光强增加 Tr 值持续增加，至 600 $\mu mol \cdot m^{-2} \cdot s^{-1}$ 后趋于稳定。总体上，普陀鹅耳枥的各 $NO_2$ 处理组的 Tr 值的差异显著。

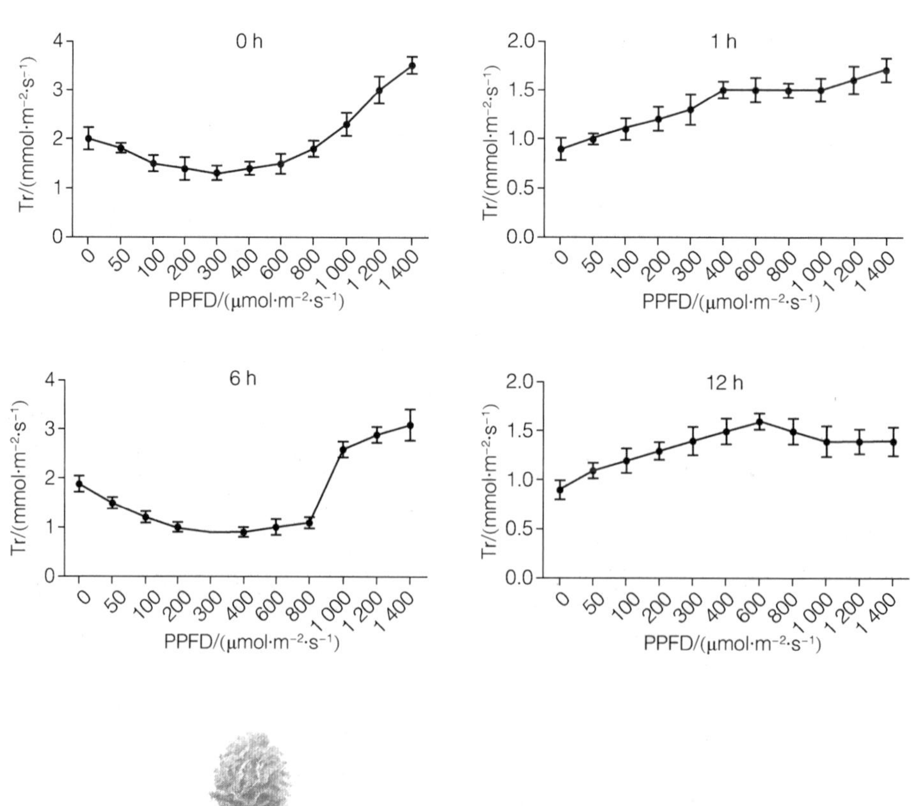

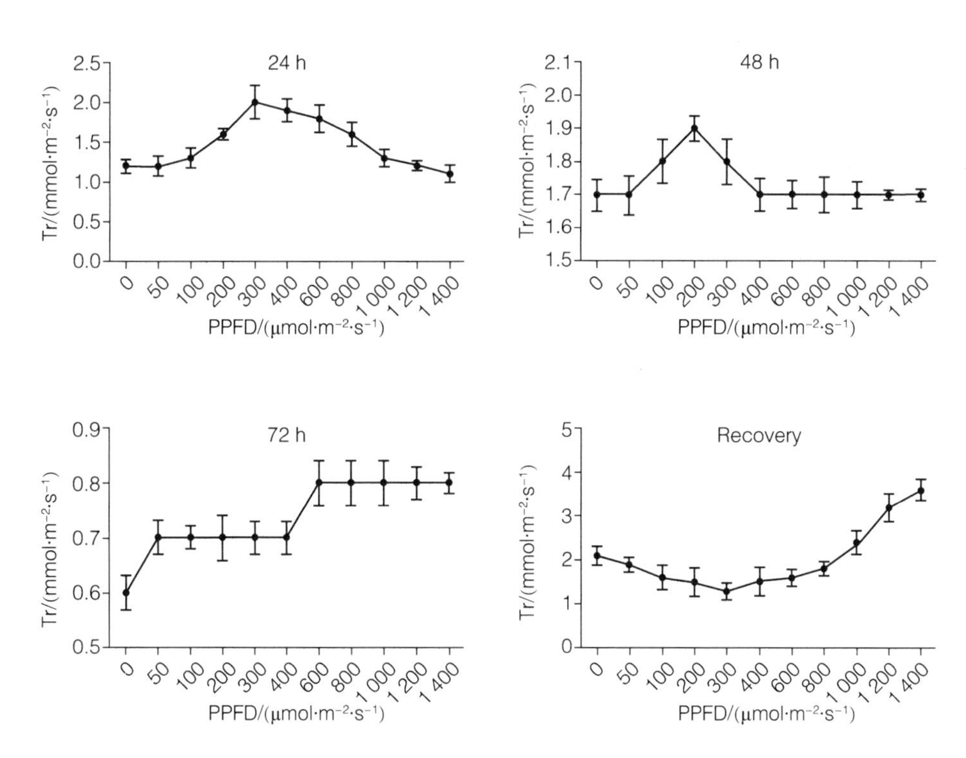


图 4－82　不同 $NO_2$ 胁迫处理时间和恢复后普陀鹅耳枥 Tr 光响应曲线的变化

#### 4.4.6.4　欧洲鹅耳枥和普陀鹅耳枥对 $NO_2$ 胁迫的 Gs 光响应曲线变化

如图 4－83 所示，除 72 h $NO_2$ 处理组外，其他欧洲鹅耳枥处理组的 Gs 值随着光强增加呈现先增加后降低的趋势，在 1 200 和 600（48 h）$\mu mol \cdot m^{-2} \cdot s^{-1}$ 处达到峰值，所有处理组中，6 h $NO_2$ 处理的 Gs 值最大。随着光照强度的增加，48 h 和 72 h $NO_2$ 处理的 Gs 值无明显差异。总体而言，欧洲鹅耳枥各处理组间的 Gs 光响应曲线差异显著。

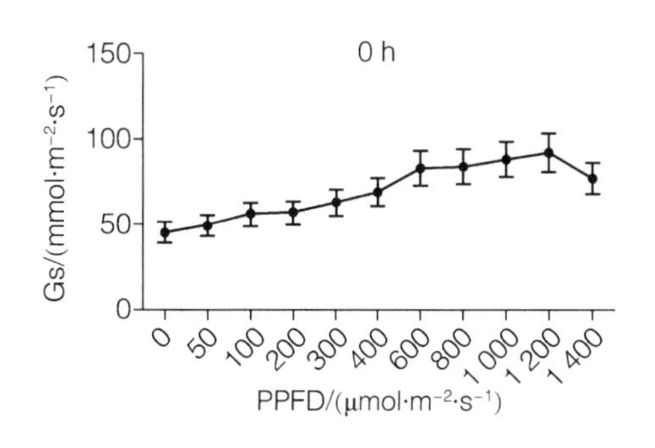


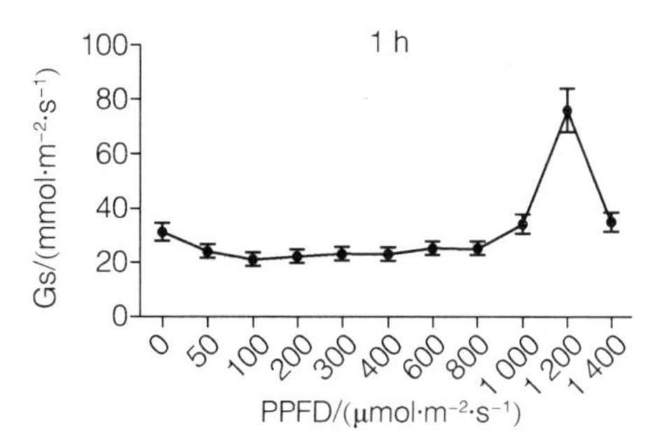

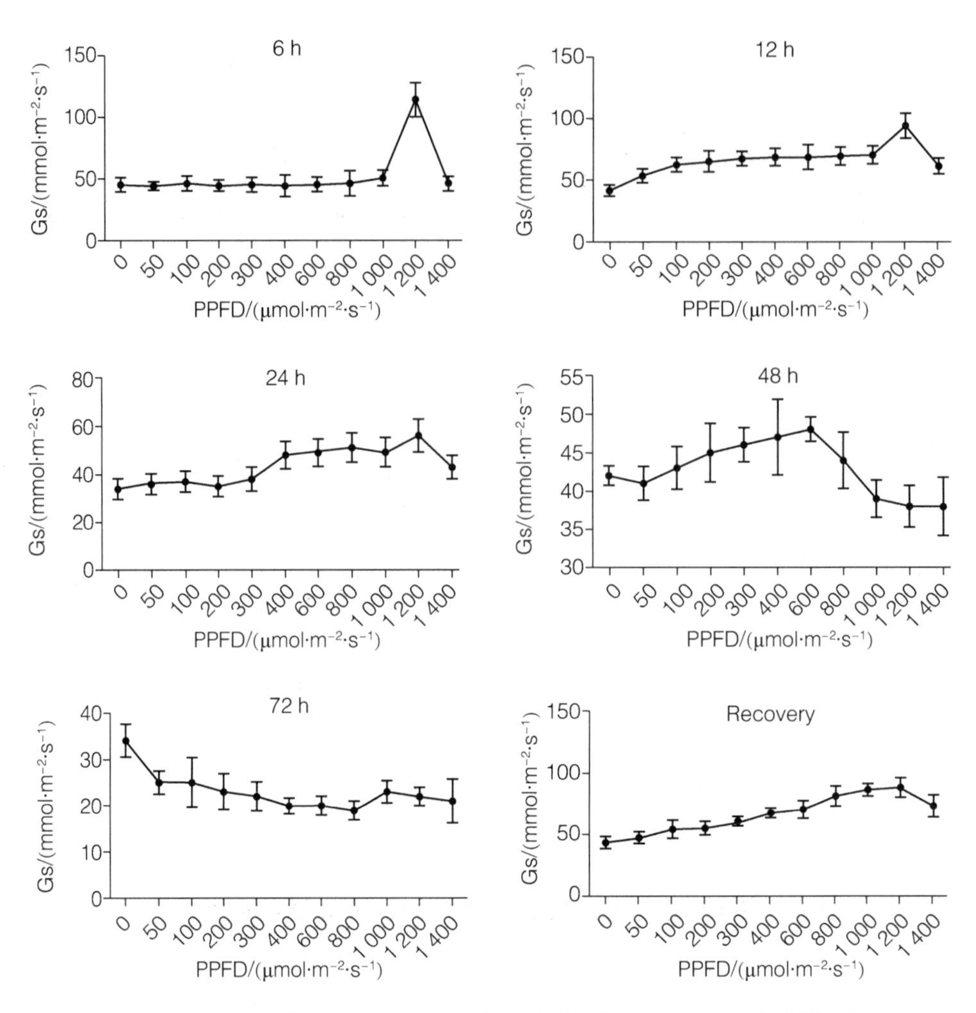


图 4-83　不同 $NO_2$ 胁迫处理时间和恢复后欧洲鹅耳枥 Gs 光响应曲线变化

由图 4-84 可知，普陀鹅耳枥 $NO_2$ 处理组的 Gs 值随着光强增加呈现 4 种结果。0 h、6 h $NO_2$ 处理组和恢复组呈现先降低后增加的趋势；1 h 和 12 h $NO_2$ 处理组总体上呈现上升趋势；24 h $NO_2$ 处理组呈现先上升后降低的趋势，在 300 $\mu mol \cdot m^{-2} \cdot s^{-1}$ 处达到峰值；48 h $NO_2$ 处理组虽呈现少量下降趋势，但总体上和 72 h $NO_2$ 处理组一样，变化不明显。总体而言，普陀鹅耳枥各处理组间的 Gs 光响应曲线差异显著。

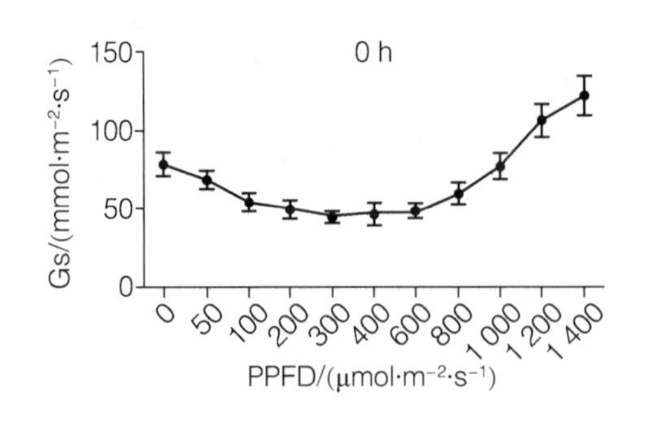


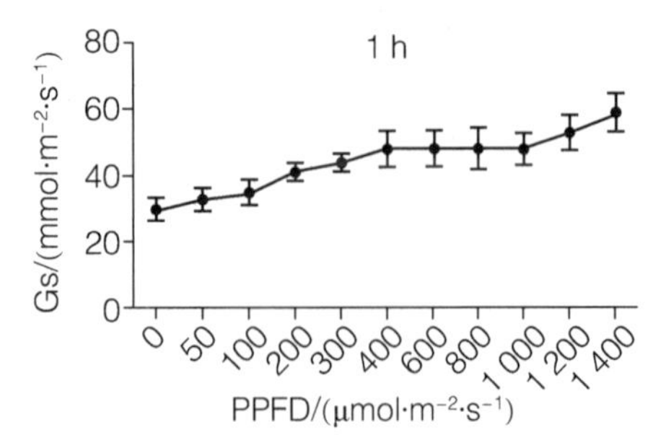

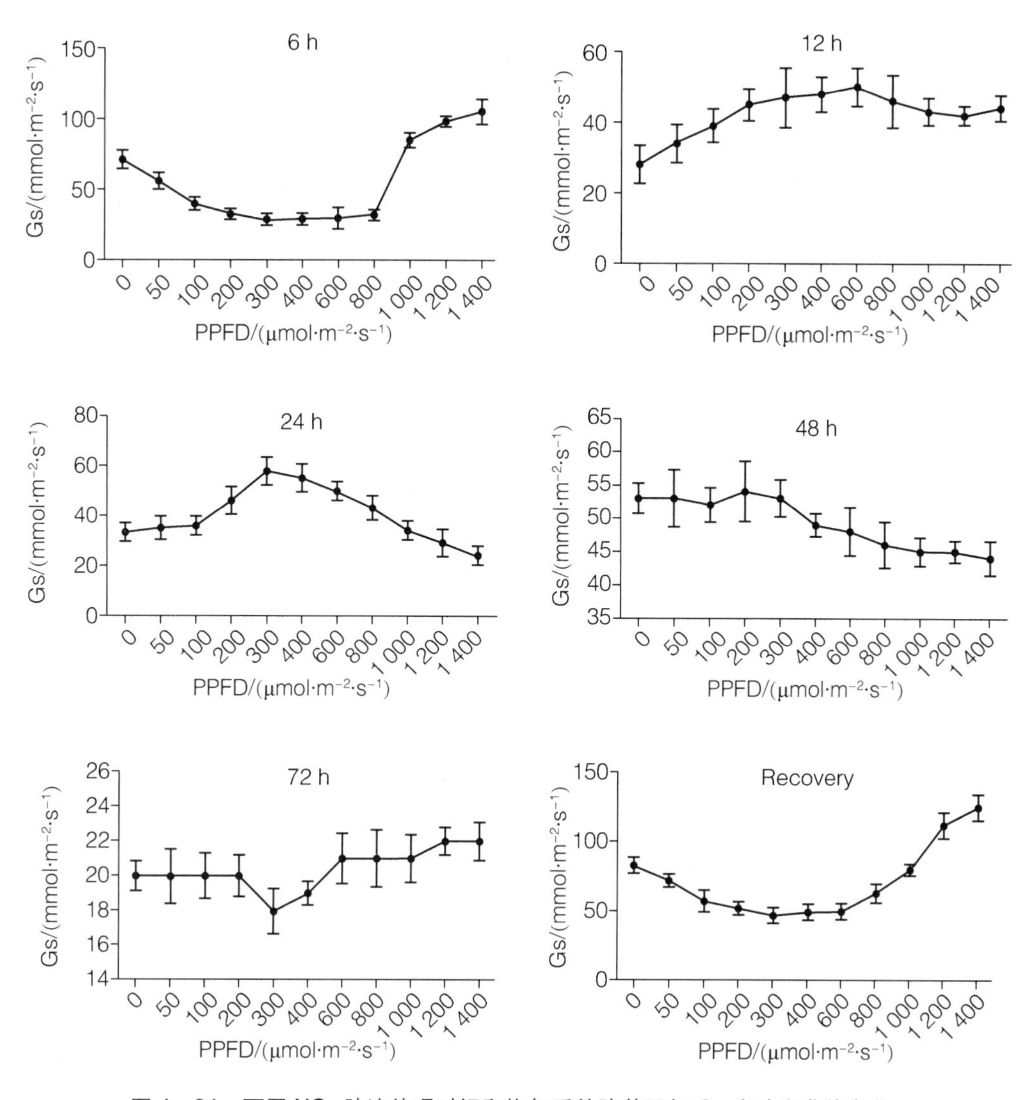


图 4－84　不同 $NO_2$ 胁迫处理时间和恢复后普陀鹅耳枥 Gs 光响应曲线变化

#### 4.4.6.5　欧洲鹅耳枥和普陀鹅耳枥对 $NO_2$ 胁迫的 Ci 光响应曲线变化

如图 4－85 所示，除 72 h $NO_2$ 处理组的 Ci 值无明显规律性变化外，其余欧洲鹅耳枥 $NO_2$ 处理组随着光照强度增加呈现 2 种趋势，熏气 0 h、48 h $NO_2$ 处理组和恢复组呈现上升趋势，1 h、6 h、12 h 和 24 h $NO_2$ 处理组先降低后上升的趋势。在 50 $\mu mol \cdot m^{-2} \cdot s^{-1}$ 处，1 h，6 h，12 h 和 24 h $NO_2$ 处理的 Ci 值显示最小峰值。总体而言，各处理组间的胞间 $CO_2$ 浓度光响应曲线差异显著。

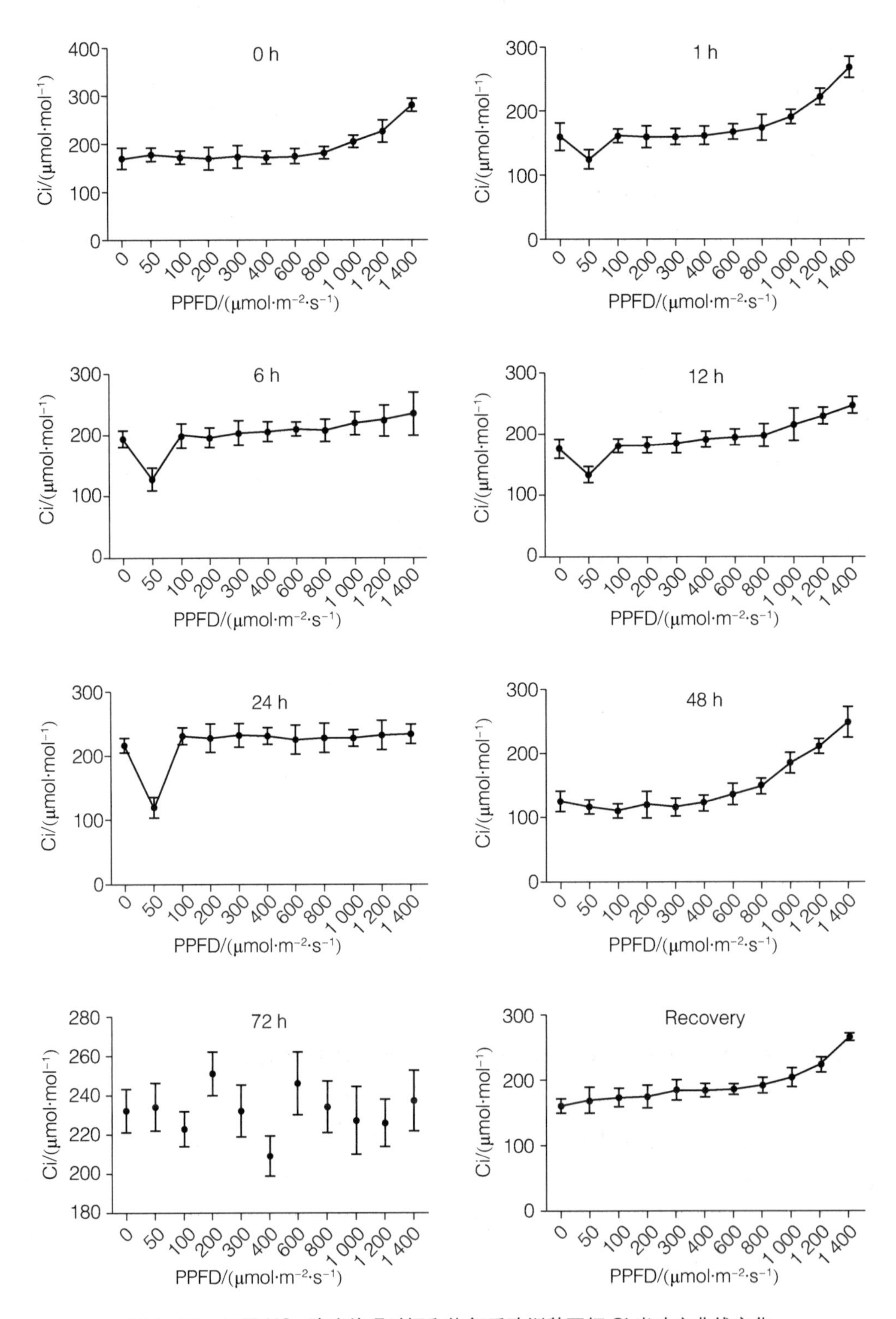


图 4－85　不同 $NO_2$ 胁迫处理时间和恢复后欧洲鹅耳枥 Ci 光响应曲线变化

如图 4－86 所示，0 h、1 h、6 h 和 12 h $NO_2$ 处理组以及恢复组总体上呈现下降趋势，但各处理组也有差异。熏气零点和恢复组随着光强增加，普陀鹅耳枥 Ci 值变化规律一致，均呈现持续降低而后稍升高的趋势，1 h、6 h 和 12 h $NO_2$ 处理组随着光强增加 Ci 值持续降低，24 h $NO_2$ 处理组随着光强增加 Ci 值先降低后增加，48 h 和 72 h $NO_2$ 处理组随着光强增加 Ci 值变化不规律，但总体表现较平稳。总体而言，各处理组间的 Ci 光响应曲线差异显著。

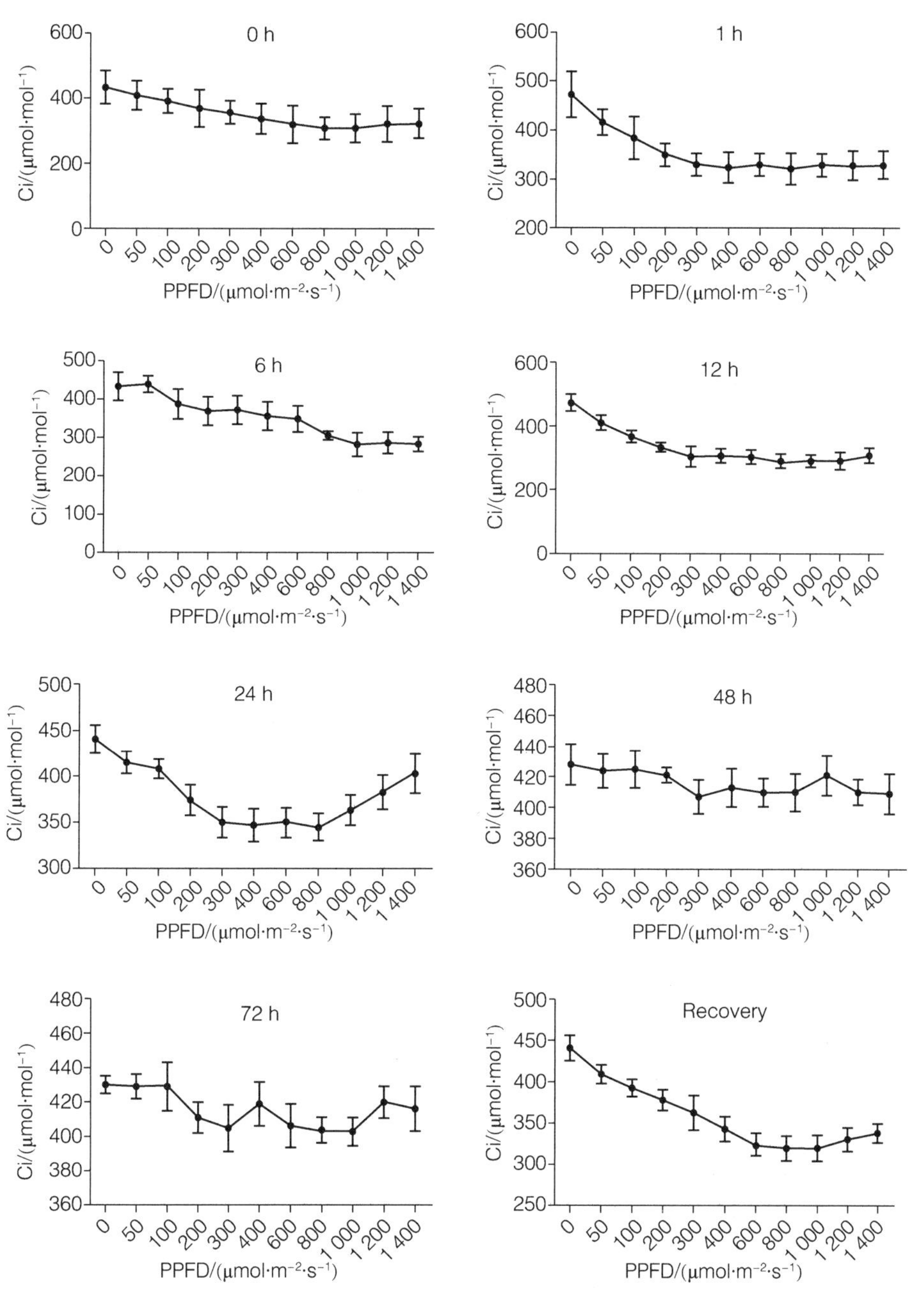


图 4－86　不同 $NO_2$ 胁迫处理时间和恢复后普陀鹅耳枥 Ci 光响应曲线变化

#### 4.4.6.6 欧洲鹅耳枥和普陀鹅耳枥对 $NO_2$ 胁迫的 Pn 光合日变化

$NO_2$ 处理组的欧洲鹅耳枥叶片净光合速率（Pn）值，在 8—18 时呈现先上升后下降的趋势，各 $NO_2$ 处理叶片 Pn 峰值低于 0 h $NO_2$ 处理组和恢复组（图 4-87）。0 h $NO_2$ 处理组和 $NO_2$ 处理组的 Pn 值分别在 12 时以及 16 时出现双峰。总体而言，欧洲鹅耳枥各处理组间的 Pn 光合日变化差异显著。

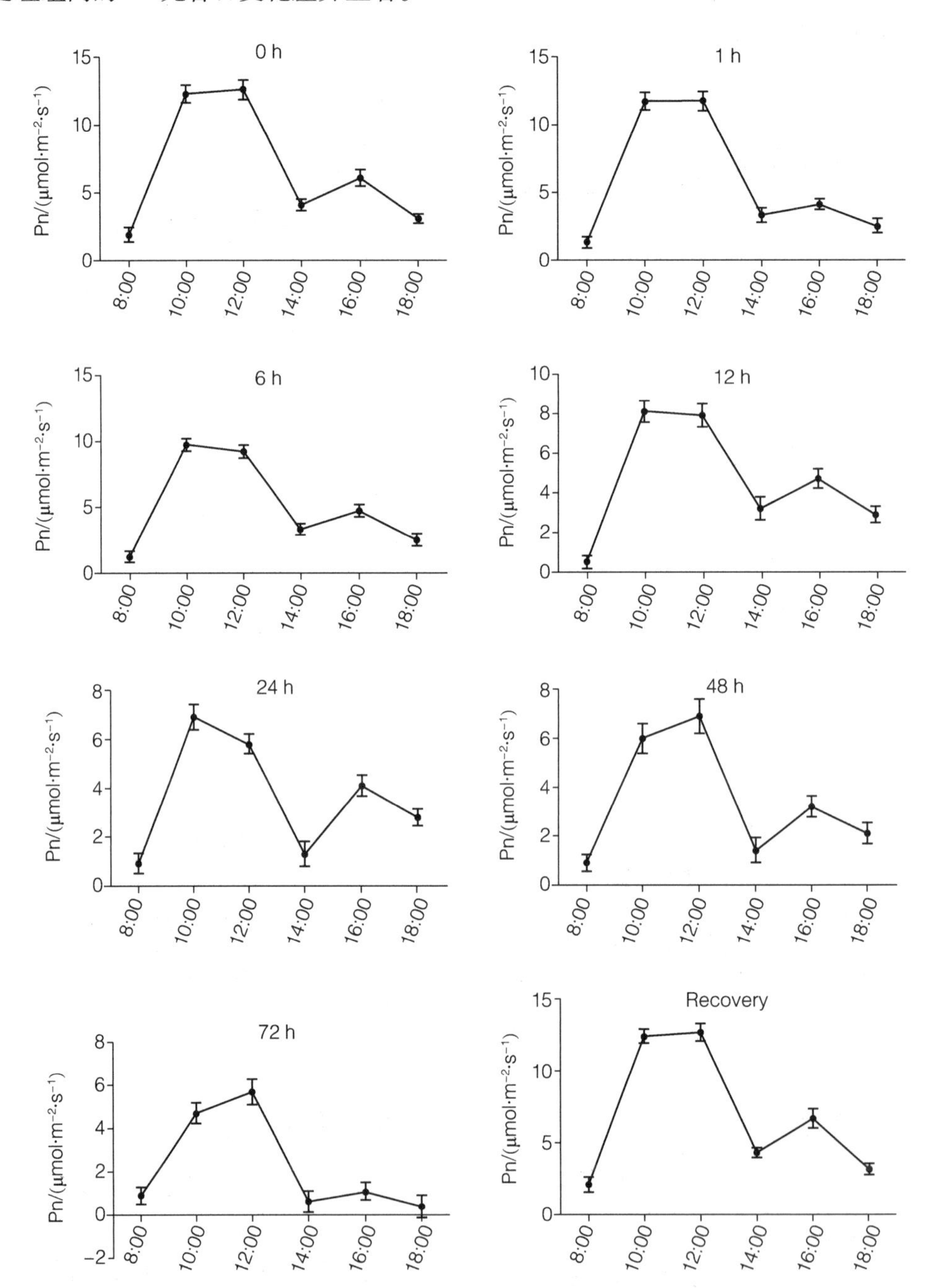


图 4-87 不同 $NO_2$ 胁迫处理时间和恢复后欧洲鹅耳枥 Pn 光合日变化

如图 4－88 所示，普陀鹅耳枥叶片在不同 $NO_2$ 处理组中的 Pn 光合日变化，总体上呈现先上升后降低的趋势。部分 $NO_2$ 处理组的 Pn 值在 8—18 时出现“双峰”现象，最高值分别出现在 10—12 时和 16 时，0 h $NO_2$ 处理组在 10 时出现 Pn 最大值为 12.5 μmol · $m^{-2}$ · $s^{-1}$，30 d 恢复后 Pn 最大值出现在 10 时，为 13.5 μmol · $m^{-2}$ · $s^{-1}$。1 h $NO_2$ 处理组的最大值出现在 12 时和 16 时，均是 10 μmol · $m^{-2}$ · $s^{-1}$；12 h $NO_2$ 处理组 Pn 最大值出现在 10 时和 16 时，24 h 和 48 h $NO_2$ 处理的 Pn 最大值出现在中午 12 时，分别为 6.5 μmol · $m^{-2}$ · $s^{-1}$ 和 9 μmol · $m^{-2}$ · $s^{-1}$；72 h $NO_2$ 处理的 Pn 最大值出现在 10 时，为 3.5 μmol · $m^{-2}$ · $s^{-1}$，各 $NO_2$ 处理组之间差异极显著。1 h、6 h、24 h 和 48 h $NO_2$ 处理的 Pn 峰值均出现在 12 时，比 0 h $NO_2$ 处理组和恢复组晚 2 h。总体而言，普陀鹅耳枥各 $NO_2$ 处理组间的 Pn 光合日变化差异显著。

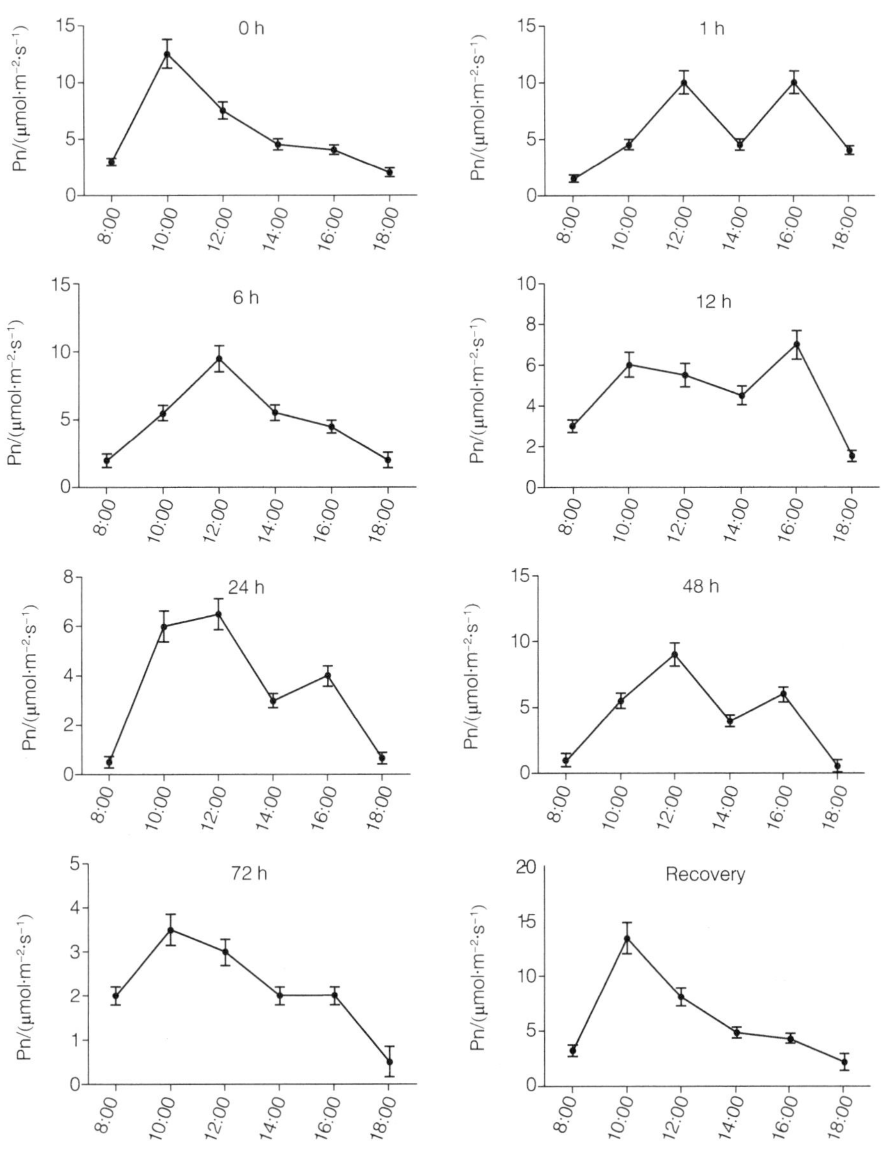


图 4－88　不同 $NO_2$ 胁迫处理时间和恢复后普陀鹅耳枥 Pn 光合日变化

#### 4.4.6.7 欧洲鹅耳枥和普陀鹅耳枥对 $NO_2$ 胁迫的 Tr 光合日变化

除 1 h 的 $NO_2$ 处理以外，其余时间的欧洲鹅耳枥 $NO_2$ 处理组 Tr 值显示不同程度的先增加后降低的趋势，0 h、24 h、48 h 和 72 h $NO_2$ 处理组以及恢复组的 Tr 最大值出现在 12 时。1 h $NO_2$ 处理组 Tr 光合日变化呈现持续下降趋势，6 h $NO_2$ 处理组 Tr 光合日变化最大值出现在 10 时，12 h $NO_2$ 处理组出现在 14 时。$NO_2$ 处理组的 Tr 值低于胁迫零点（0 h $NO_2$ 处理组）和恢复组（图 4－89），0 h $NO_2$ 处理组和恢复组之间的 Tr 值差异不明显。总体而言，欧洲鹅耳枥各处理组间的 Tr 光合日变化差异显著。

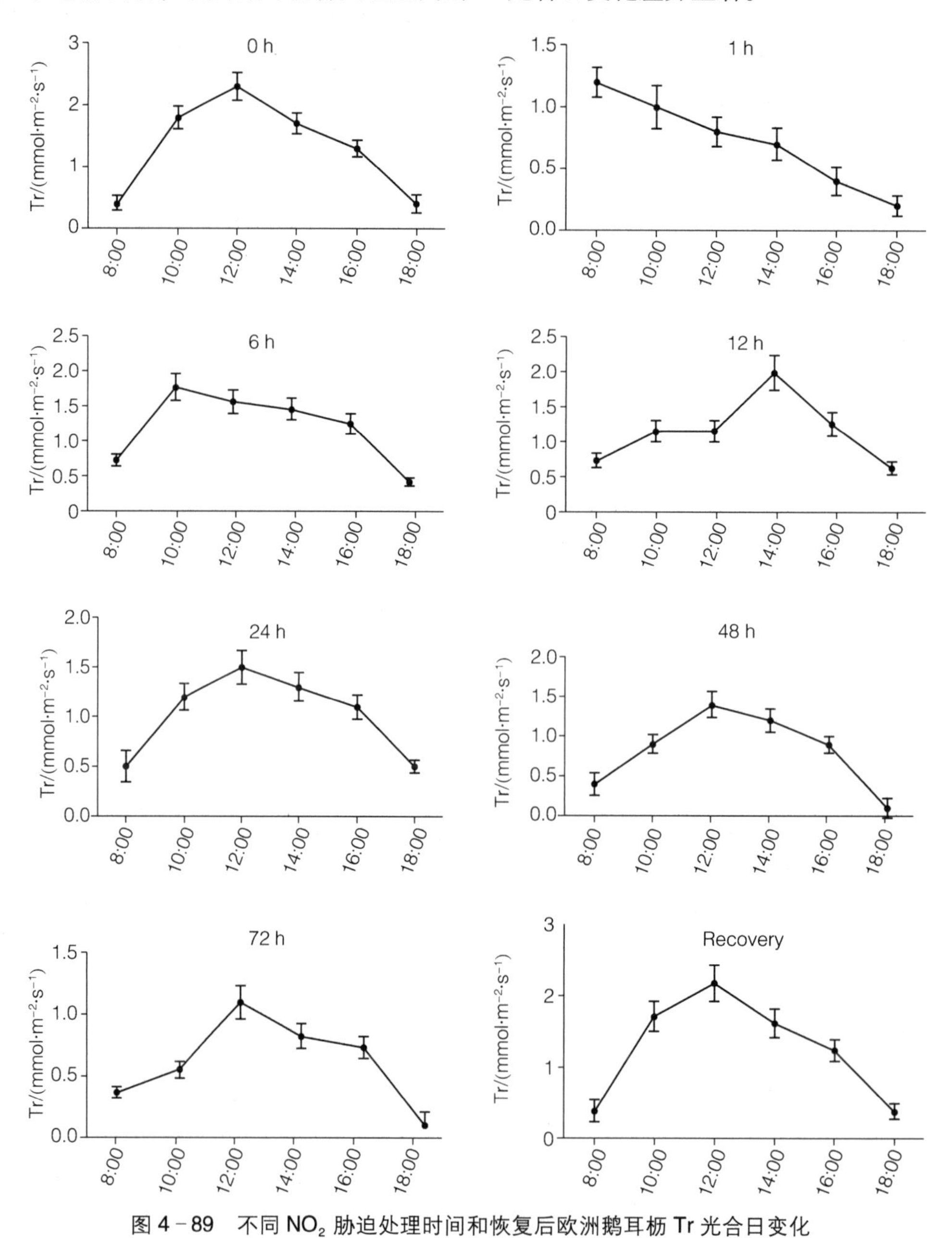


图 4－89　不同 $NO_2$ 胁迫处理时间和恢复后欧洲鹅耳枥 Tr 光合日变化

普陀鹅耳枥各 $NO_2$ 处理组的 Tr 8—18 时变化规律，总体上呈现先升高后降低的趋势，虽然 6 h、24 h、48 h 和 72 h $NO_2$ 处理组在 16 时处出现略上升现象，各处理组的 Tr 最大值，分别出现在 10—12 时（图 4 - 90）。总体而言，普陀鹅耳枥各处理组间的 Tr 光合日变化差异显著。

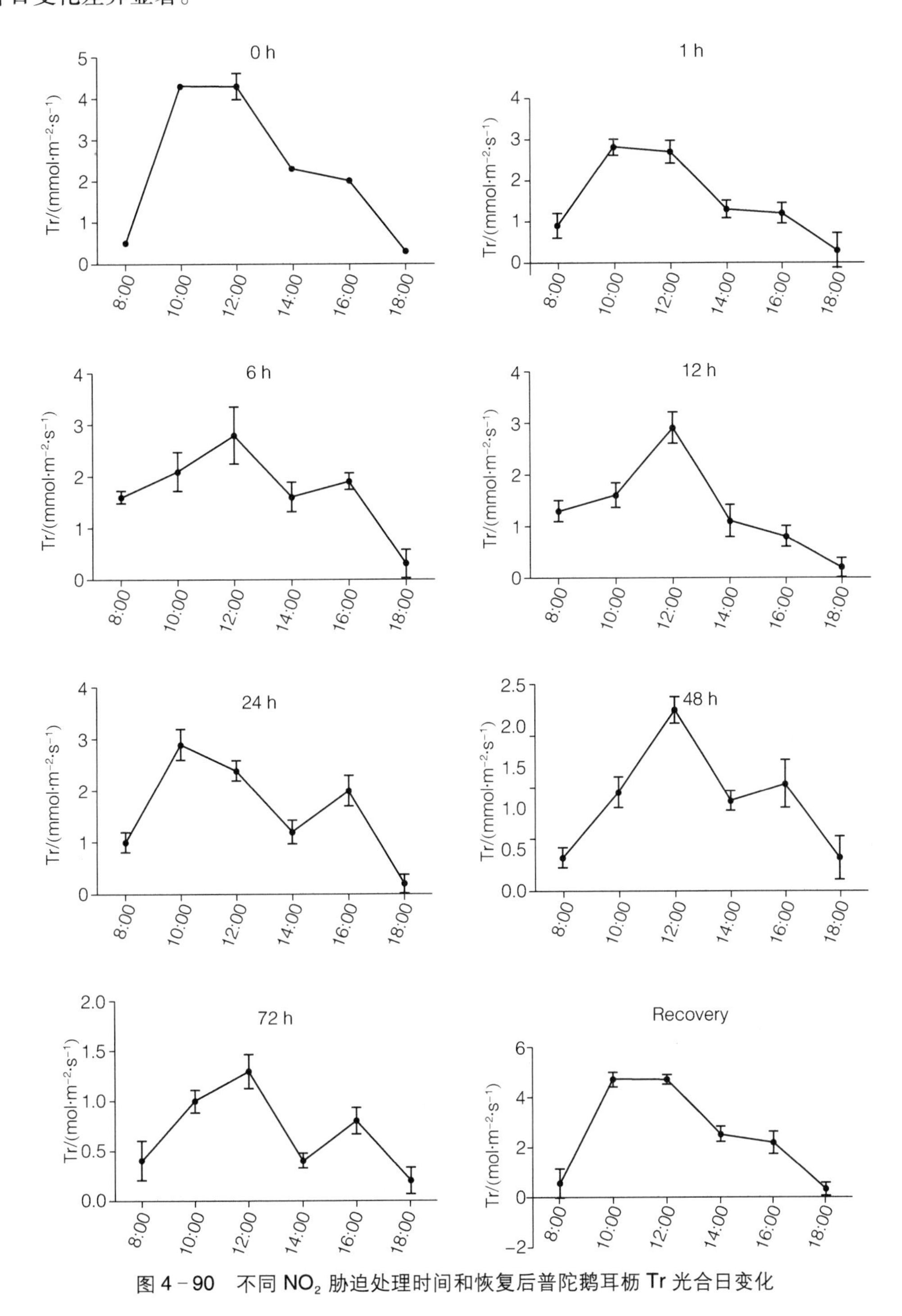


图 4 - 90　不同 $NO_2$ 胁迫处理时间和恢复后普陀鹅耳枥 Tr 光合日变化

#### 4.4.6.8 欧洲鹅耳枥和普陀鹅耳枥对 $NO_2$ 胁迫的 Gs 光合日变化

如图 4－91 所示，欧洲鹅耳枥 $NO_2$ 处理组（6 h，24 h 和 48 h）、$NO_2$ 恢复组和 0 h $NO_2$ 处理组的 Gs 值显示先增加后降低的趋势，其中最大值出现在 10 时；除 6 h 的 $NO_2$ 处理外，所有的 $NO_2$ 处理的 Gs 值明显低于 0 h $NO_2$ 处理组和恢复组。与 0 h $NO_2$ 处理组相比，1 h、12 h 和 72 h $NO_2$ 处理组，随着 $NO_2$ 处理时间的延长，Gs 值呈现下降趋势。总体而言，欧洲鹅耳枥各处理组间的 Gs 光合日变化差异显著。

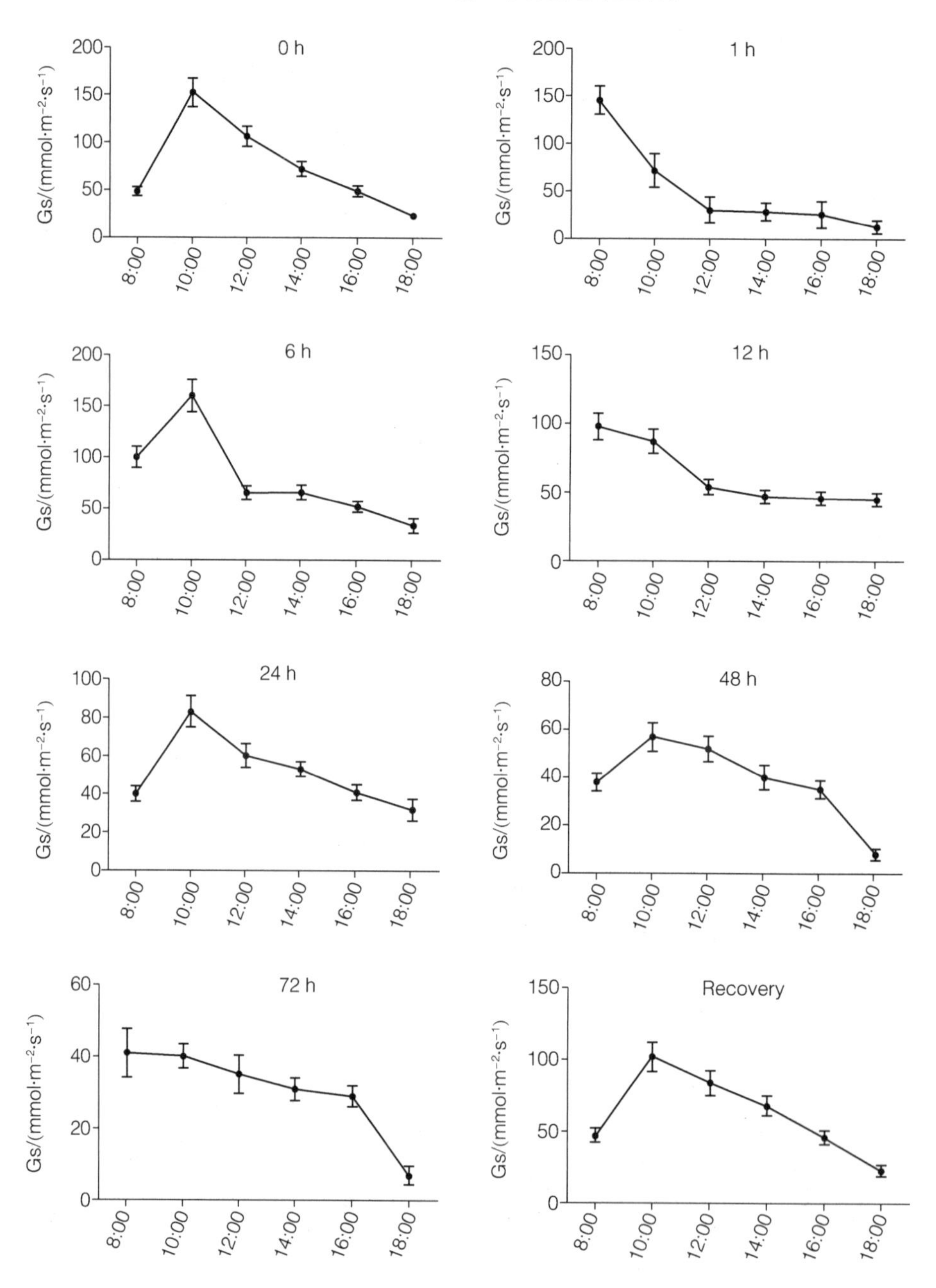


图 4－91 不同 $NO_2$ 胁迫处理时间和恢复后欧洲鹅耳枥 Gs 光合日变化

如图 4－92 所示，各 $NO_2$ 处理的普陀鹅耳枥 Gs 值呈现 2 种结果，0 h、1 h、24 h、48 h 和 72 h $NO_2$ 处理组以及恢复组呈现先上升后下降，6 h 和 12 h $NO_2$ 处理组呈现持续下降趋势。所有 $NO_2$ 处理组 Gs 值均低于 0 h $NO_2$ 处理组和恢复组，最大值出现在 10 时和 12 时，0 h $NO_2$ 处理组和恢复组 Tr 值无显著差异。普陀鹅耳枥 Gs 光合日变化随着 $NO_2$ 处理时间的延长呈现显著差异。

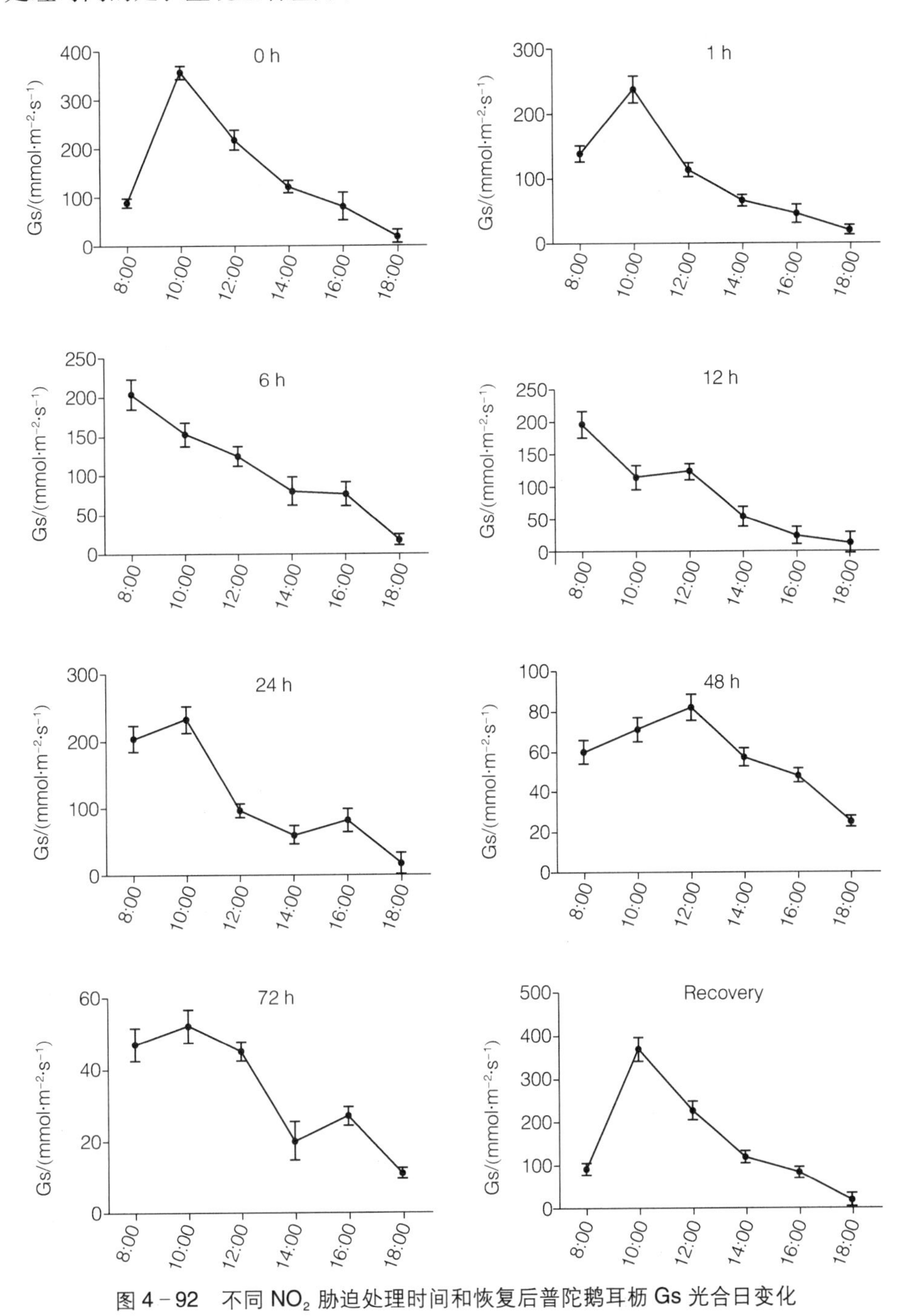


图 4－92　不同 $NO_2$ 胁迫处理时间和恢复后普陀鹅耳枥 Gs 光合日变化

#### 4.4.6.9 欧洲鹅耳枥和普陀鹅耳枥对 $NO_2$ 胁迫的 Ci 光合日变化

如图 4－93 所示，随着 $NO_2$ 处理时间的延长，欧洲鹅耳枥 Ci 值变化不规律，1 h $NO_2$ 处理组 Ci 光合日变化呈现先增加后降低的趋势，其余时间 $NO_2$ 处理组的 Ci 值变化规律不一，但各组间差异性显著。各 $NO_2$ 处理组 Ci 峰值比较可以看出，1 h、48 h $NO_2$ 处理组 Ci 峰值出现时间与熏气零点和恢复组一致；而 6 h、12 h 和 24 h $NO_2$ 处理组的 Ci 峰值推迟至 18 时出现。

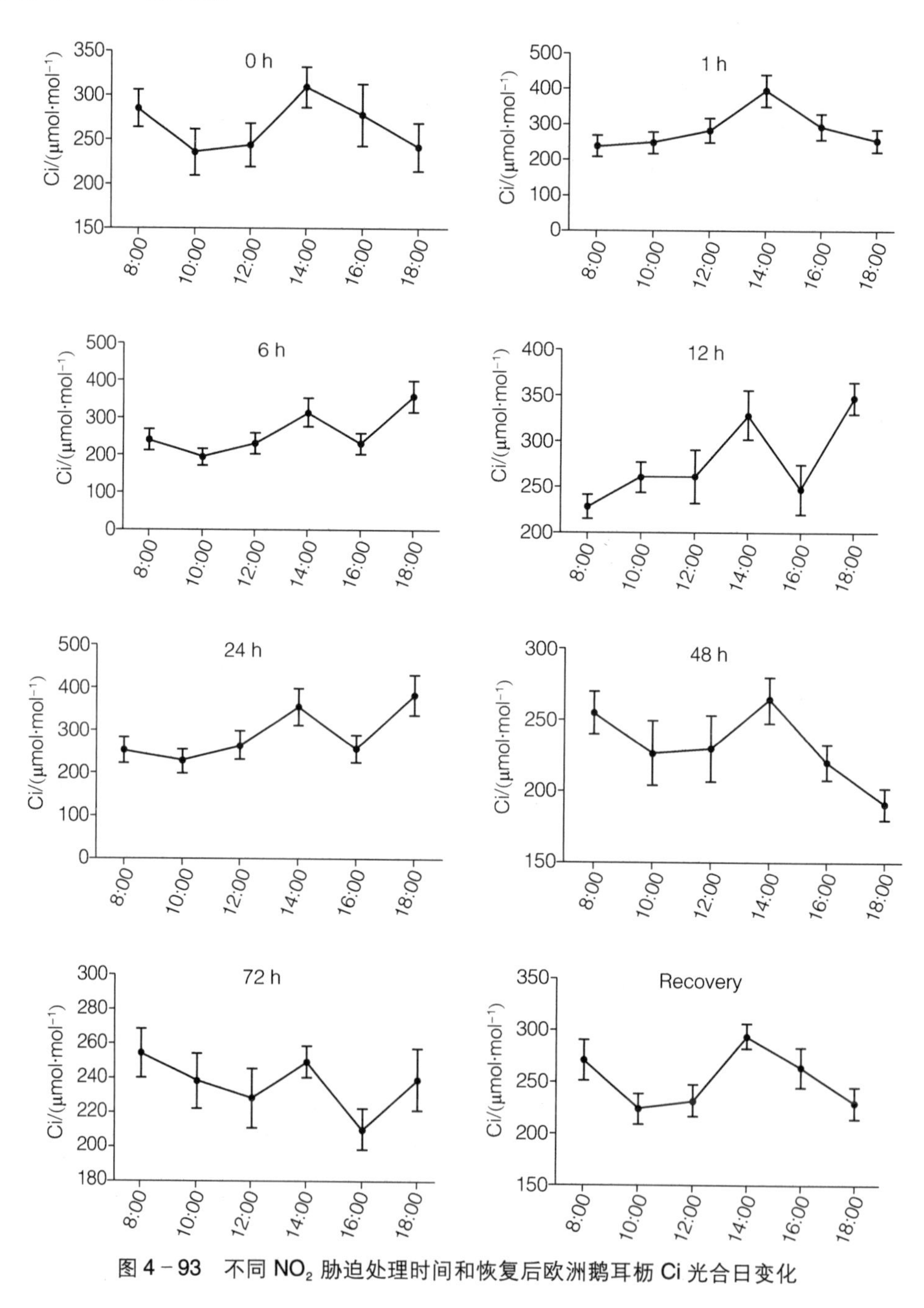


图 4－93　不同 $NO_2$ 胁迫处理时间和恢复后欧洲鹅耳枥 Ci 光合日变化

如图4－94所示，随着$NO_2$处理时间的延长，普陀鹅耳枥Ci值变化规律不一，且8—18时均无显著性差异。各处理组Ci峰值比较可以看出，1 h、6 h $NO_2$处理组的Ci峰值出现时间与0 h $NO_2$处理组和恢复组一致，均为18时；12 h和48 h $NO_2$处理组的Ci峰值出现时间提前至16时，24 h和72 h $NO_2$处理组的Ci峰值出现时间提前至14时。

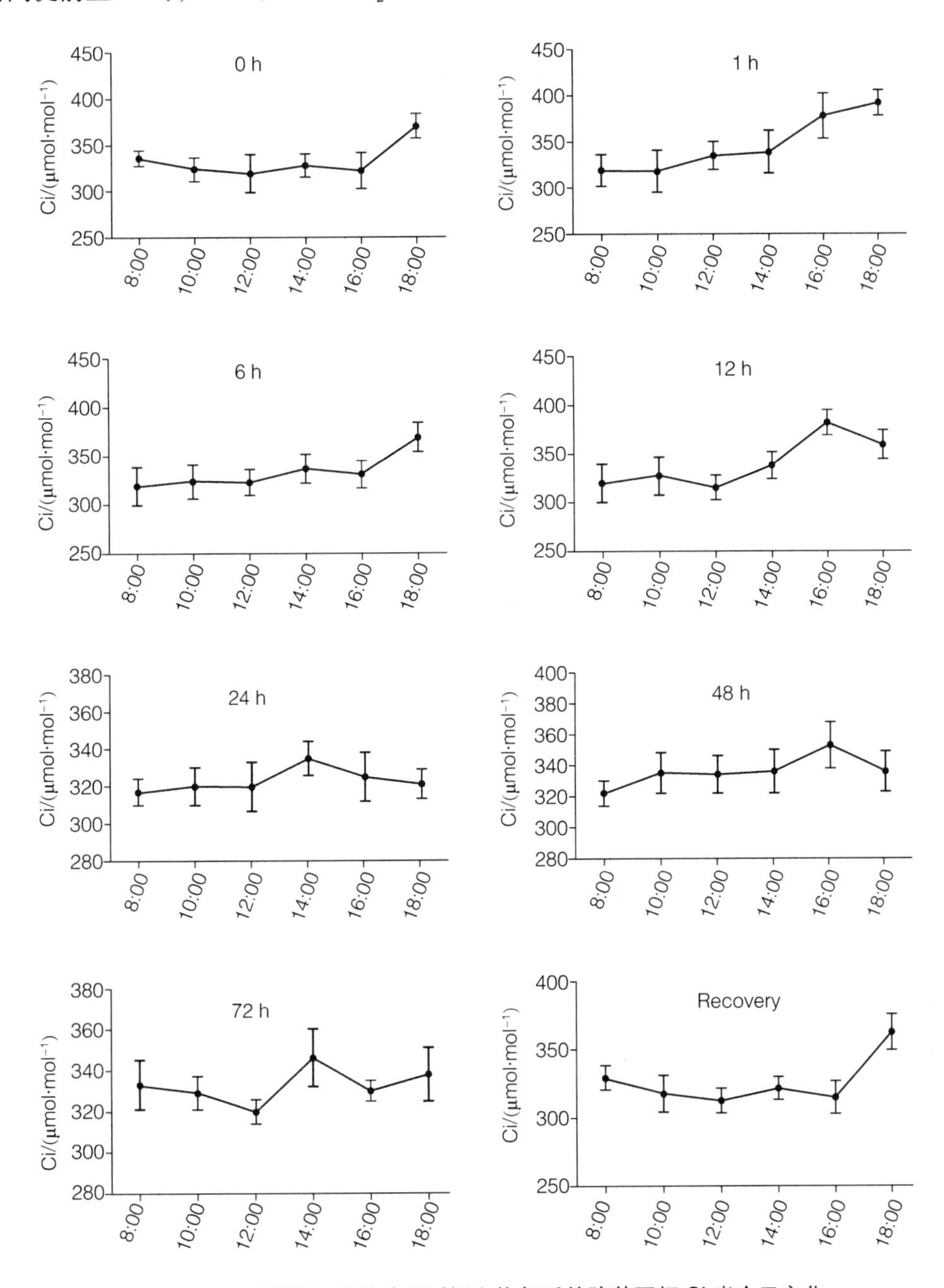


图4－94　不同$NO_2$胁迫处理时间和恢复后普陀鹅耳枥Ci光合日变化

### 4.4.7 欧洲鹅耳枥和普陀鹅耳枥对 $NO_2$ 胁迫的氮素含量变化

由图 4－95 可知，不同时间 $NO_2$ 胁迫下欧洲鹅耳枥和普陀鹅耳枥的氮（N）素含量变化。1 h 的 $NO_2$ 胁迫，欧洲鹅耳枥的 N 素含量显著增长，为 1.68 g·$kg^{-1}$，高于 0 h $NO_2$ 处理组（1.12 g·$kg^{-1}$）；随着 $NO_2$ 胁迫时间的延长，N 素含量呈现下降趋势，变化范围是 0.46~1.68 g·$kg^{-1}$，变化值是 1.22 g·$kg^{-1}$，其中 0 h $NO_2$ 处理组和恢复组的 N 素含量没有差异（均 1.12 g·$kg^{-1}$）。普陀鹅耳枥的 N 素变化趋势，整体上与欧洲鹅耳枥一致。1 h 的 $NO_2$ 胁迫，普陀鹅耳枥的 N 素含量有所增长，为 1.68 g·$kg^{-1}$，高于 0 h $NO_2$ 处理组（1.4 g·$kg^{-1}$）；随着 $NO_2$ 胁迫时间的延长，全氮素含量呈下降趋势，变化范围是 0.84~1.68 g·$kg^{-1}$，变化值是 0.84 g·$kg^{-1}$，其中 0 h $NO_2$ 处理组和恢复组的 N 素含量差异不显著（1.4 g·$kg^{-1}$，1.53 g·$kg^{-1}$）。欧洲鹅耳枥和普陀鹅耳枥在不同时间 $NO_2$ 胁迫组的 N 素含量差异均显著，但欧洲鹅耳枥 $NO_2$ 胁迫组的 N 素含量变化值（1.22 g·$kg^{-1}$）高于普陀鹅耳枥（0.84 g·$kg^{-1}$），说明欧洲鹅耳枥受到不同时间 $NO_2$ 胁迫后有利于提高有机体 N 素，促进代谢。

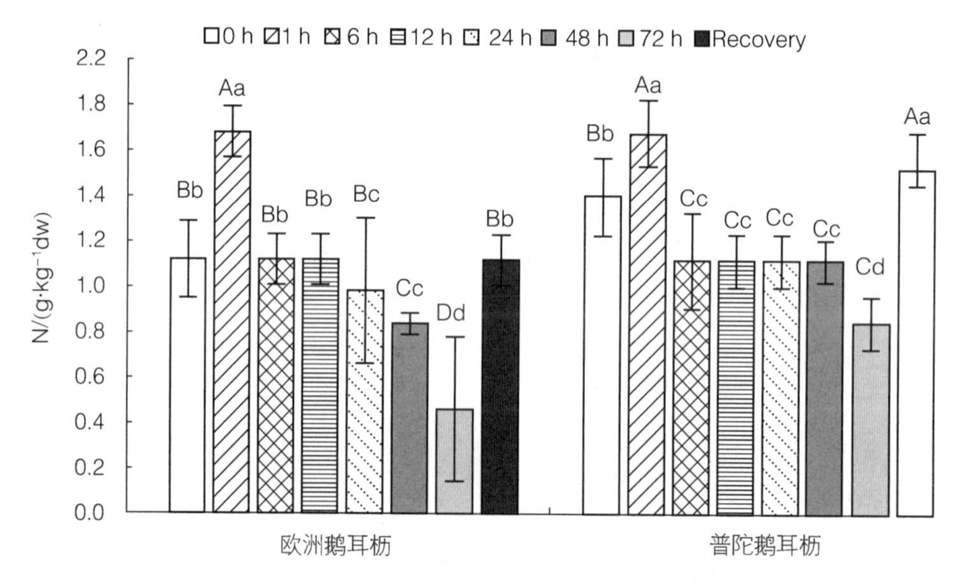


图 4－95 不同 $NO_2$ 胁迫处理时间和恢复后 2 种鹅耳枥 N 素含量的变化

### 4.4.8 欧洲鹅耳枥和普陀鹅耳枥对 $NO_2$ 胁迫的硝态氮含量变化

如图 4－96 所示，不同时间 $NO_2$ 胁迫下欧洲鹅耳枥和普陀鹅耳枥的硝态氮含量变化。1 h 的 $NO_2$ 胁迫，欧洲鹅耳枥的硝态氮含量显著增长，为 160.27 mg·$g^{-1}$，高于 0 h $NO_2$ 处理组（128.63 mg·$g^{-1}$）；随着 $NO_2$ 胁迫时间的延长，硝态氮含量呈现下降趋势，

变化范围是 36.05~160.27 mg·$g^{-1}$，变化值是 124.22 mg·$g^{-1}$，其中 0 h $NO_2$ 处理组和恢复组的硝态氮含量差异不显著（128.63 mg·$g^{-1}$，130.26 mg·$g^{-1}$）。普陀鹅耳枥的硝态氮变化趋势整体上与欧洲鹅耳枥一致，1 h 的 $NO_2$ 胁迫，普陀鹅耳枥的硝态氮含量显著增长，为 129.02 mg·$g^{-1}$，高于 0 h $NO_2$ 处理组（104.41 mg·$g^{-1}$）；随着 $NO_2$ 胁迫时间的延长，硝态氮含量呈现下降趋势，变化范围是 12.23~129.02 mg·$g^{-1}$，变化值是 116.79 mg·$g^{-1}$，其中 0 h $NO_2$ 处理组和恢复组的硝态氮含量差异不显著（104.41 mg·$g^{-1}$，94.36 mg·$g^{-1}$）。

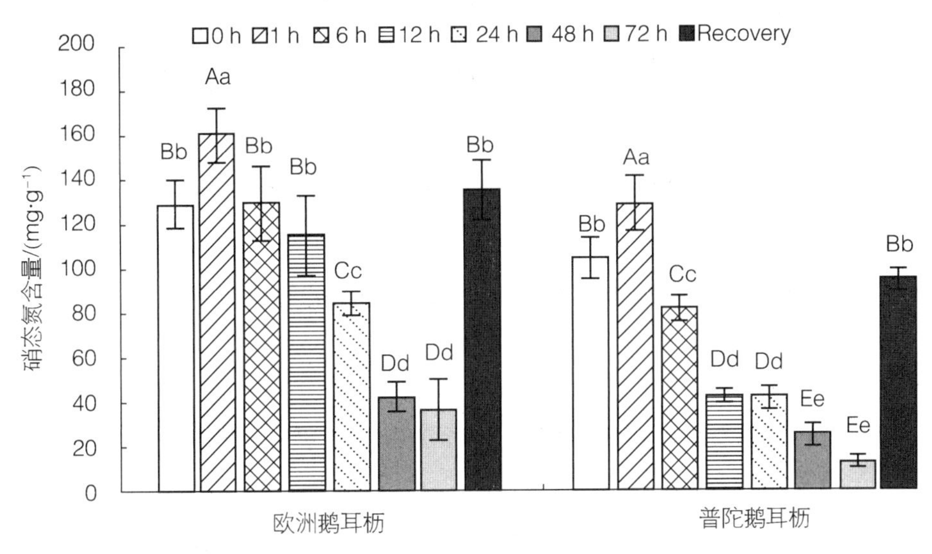


图 4-96　不同 $NO_2$ 胁迫处理时间和恢复后 2 种鹅耳枥的硝态氮含量的变化

## 4.4.9　欧洲鹅耳枥和普陀鹅耳枥对 $NO_2$ 胁迫的硝酸还原酶活力变化

如图 4-97 所示，不同时间 $NO_2$ 胁迫下欧洲鹅耳枥和普陀鹅耳枥的硝酸还原酶（NR）活力变化。1 h 的 $NO_2$ 胁迫，欧洲鹅耳枥的 NR 活力有所增强，为 1.55 μmol $NO_2^-$·$g^{-1}$fw·$h^{-1}$，高于 0 h $NO_2$ 处理组（1.43 μmol $NO_2$·$g^{-1}$fw·$h^{-1}$）；随着 $NO_2$ 胁迫时间的延长，NR 活力呈现减弱趋势，变化范围是 0.87~1.55 μmol $NO_2$·$g^{-1}$fw·$h^{-1}$，变化值是 0.68 μmol $NO_2$·$g^{-1}$fw·$h^{-1}$，其中 0 h $NO_2$ 处理组和恢复组的 NR 活力差异不显著（1.43 μmol $NO_2$·$g^{-1}$fw·$h^{-1}$，1.41 μmol $NO_2$·$g^{-1}$fw·$h^{-1}$）。普陀鹅耳枥的 NR 活力变化趋势整体上与欧洲鹅耳枥一致，1 h $NO_2$ 处理后，普陀鹅耳枥的 NR 活力显著增强，为 1.50 μmol $NO_2$·$g^{-1}$fw·$h^{-1}$，高于 0 h $NO_2$ 处理组（0.58 μmol $NO_2$·$g^{-1}$fw·$h^{-1}$）；随着 $NO_2$ 胁迫时间的延长，NR 活力呈现减弱趋势，变化范围是 0.27~1.50 μmol $NO_2$·$g^{-1}$fw·$h^{-1}$，变化值是 1.23 μmol $NO_2$·$g^{-1}$fw·$h^{-1}$，其中 0 h $NO_2$ 处理组和恢复组的 NR 活力差异不明显。

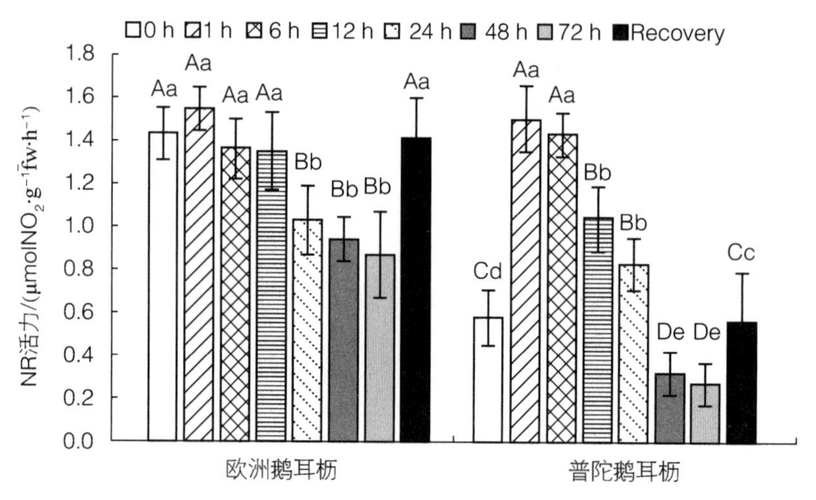


图 4－97　不同 $NO_2$ 胁迫处理时间和恢复后 2 种鹅耳枥的 NR 活力的变化

### 4.4.10　欧洲鹅耳枥和普陀鹅耳枥对 $NO_2$ 胁迫的氮素代谢酶活力线性模型

本文中欧洲鹅耳枥在 $NO_2$ 胁迫处理的各时间内，NR 活力与硝态氮含量之间呈现明显的正相关关系，相关系数 $R$ 为 0.930 75，而普陀鹅耳枥在呈现的线性相关系数 $R$ 为 0.921 446，低于欧洲鹅耳枥（表 4－12）。

**表 4－12　2 种鹅耳枥对 $NO_2$ 胁迫的 N 代谢酶活力线性模型**

| 树种 | 项目 | 回归系数 | 标准系数 | 偏相关 | 标准误 | t 值 | $P$ 值 |
|---|---|---|---|---|---|---|---|
| 欧洲鹅耳枥 | 氮素含量 | −58.615 5 | — | — | 34.089 3 | −1.719 5 | 0.136 3 |
| | NR 活力 | 98.452 2 | 0.598 6 | 0.831 6 | 29.403 9 | 3.348 3 | 0.015 5 |
| | 硝态氮含量 | 48.527 4 | 0.510 7 | 0.787 4 | 16.987 6 | 2.856 6 | 0.028 9 |
| | 备注 | 相关系数 $R$=0.930 775；决定系数 $R^2$=0.866 342；调整相关 $R'$=0.901 598 | | | | | |
| 普陀鹅耳枥 | 氮素含量 | −105.716 0 | — | — | 39.681 8 | −2.664 1 | 0.037 3 |
| | NR 活力 | 33.780 5 | 0.275 4 | 0.327 9 | 43.519 3 | 0.776 2 | 0.467 1 |
| | 硝态氮含量 | 109.669 1 | 0.671 4 | 0.646 0 | 57.961 7 | 1.892 1 | 0.107 3 |
| | 备注 | 相关系数 $R$=0.921 446；决定系数 $R^2$=0.849 062；调整相关 $R'$=0.888 081 | | | | | |

# 4.5 病虫害研究

国内外对欧洲鹅耳枥的研究主要集中在形态解剖学、抗逆性研究和繁殖技术等方面。欧洲鹅耳枥引入中国栽培后，病虫害严重（彩图4－5）。植食性害虫取食叶片，影响植株光合作用，更有蛀根、蛀干害虫直接损伤营养组织结构，导致植株死亡。因此，病虫害的防治是欧洲鹅耳枥培育的一项重要工作。

化学农药防治不仅会使害虫产生抗药性，同时也会污染环境，引发食品安全的问题。植物挥发物是植物与昆虫之间信号传递分子，能够调控昆虫的取食、产卵、繁殖等行为，不同植物挥发物对不同种类害虫和天敌具有趋避效应。

## 4.5.1 材料与方法

### 4.5.1.1 试验材料

供试植物材料取自南京林业大学园林虚拟仿真实验中心，材料为盆栽，每盆定植1株。

### 4.5.1.2 试验方法

（1）水蒸气蒸馏

于晴朗无风日的9时、12时、15时、17时分别取新鲜的欧洲鹅耳枥叶片，并用蒸馏水洗净后自然风干，将叶片折叠后剪碎（剪成0.5 cm左右的小段）。剪碎后立刻用电子天平准确称取叶片20 g，置于1 500 mL的圆底烧瓶中加热至沸腾，电压保持在100 V，经挥发油提取器提取2 h，获得约600 mL馏出液，用1 500 mL分液漏斗转移馏出液，往其中加入20 mL 10%NaOH，分两次加入，每次加10 mL，摇匀。将所得产物用600 mL乙醚萃取3 h，分液后加入300 mL 5%$H_2SO_4$脱水并过滤，置于40 ℃水浴中使乙醚挥发，得到淡黄色欧洲鹅耳枥叶片挥发油。每个时间段的叶片重复操作3次（每个时间段共使用900 g欧洲鹅耳枥叶片）。将所得挥发油浓缩至1 mL，并加入内标乙酸苯乙酯，作为气质联用仪检测的原料。

（2）固相微萃取

将欧洲鹅耳枥叶片洗净并自然风干，将叶片折叠后剪碎（剪至0.5 cm左右的小段）称取20 g置于30 mL聚氟乙烯棕色进样瓶中水浴35 ℃加热。将CAR－PDMS 75 μm的SPME纤维头在气相色谱的进样口用250 ℃老化30 min，将活化后萃取纤维头插入进样瓶内，移动手柄，将纤维头推出，在35 ℃恒温水浴箱中顶空萃取50 min，推回手柄，待纤维头收回后拔出针管，并立刻将SPME针管插入气质联用仪进样口解析3 min后开始鉴定分析（宋旺弟 等，2018）。

（3）动态顶空吸附法

参照闫凤鸣的方法设计制作：大气采样仪（QC－1B 型，北京集运机械有限公司生产），活性炭空气过滤管（5 mm×60 mm）、流量计（上海流量仪表有限公司）；内装 60 mg Super Q 吸附剂的聚氟乙烯采样袋、Parafilm 膜（USA）、挥发物吸附管（5 mm×80 mm）、Teflon 管（VICI Jour 公司）（代红 等，2015）。动态顶空技术的整个装置是一个密闭的气路，采样前将流量计先打开，保证空气正常流通后将欧洲鹅耳枥活体植株放入采样室中，空气经过活性炭空气管过滤净化，保证挥发性气体无水分和杂质。由采集袋进气口通入袋内，空气流速与自然环境中大气流动速度一致，以保证欧洲鹅耳枥叶片正常释放挥发物；由采集袋出气口导入挥发物吸附管中收集。流量计控制进气口和出气口的空气流速，保持流速为 320 mL/min，大气采样仪出气口和进气口流量分别保持 320 mL/min 和 270 mL/min，整个装置中所有组件之间均用 Teflon 管连接。每个时间段连续抽气 8 h，取下挥发物收集管，用 600 μL 色谱纯二氯甲烷淋洗，用 Supper Q 吸附，并加入 0. 1 mg/mL 的癸酸乙酯 10 μL 充分混匀后放入－30 ℃冰箱保存待用。

（4）GC－MS 分析条件

取提取的挥发物 200 μL，内标选用浓度为 $1×10^{-4}$ g · $mL^{-1}$ 的癸酸乙酯 2 μL，充分混匀待测。挥发物分析仪器采用气相色谱仪 GC（6890N）和质谱 MS（5975B）联用（Agilent，America）。

气相色谱柱温程序（表 4－13）：初始温度 50 ℃，保持 2 min；第一阶：以 2 ℃ · $min^{-1}$ 程序升温到 72 ℃，保持 1 min；第二阶：15 ℃ · $min^{-1}$ 程序升温到 130 ℃，保持 0 min；第三阶：以 3 ℃ · $min^{-1}$ 程序升温到 150 ℃，保持 1 min。柱流速：1. 75 mL/min；进样量：1 μL；进样方式：不分流进样，1 min 后开阀（章俊辉，2016）。

**表 4－13　气相色谱柱升温程序**

| 阶段 | 柱箱程序升温速率/（℃ · $min^{-1}$） | 下一个温度/℃ | 保持时间/min | 运行时间/min |
|---|---|---|---|---|
| 初始 | — | 50 | 2. 00 | 2. 00 |
| 第一阶 | 2. 00 | 72 | 1. 00 | 14. 00 |
| 第二阶 | 15. 00 | 130 | 0. 00 | 17. 87 |
| 第三阶 | 3. 00 | 150 | 1. 00 | 25. 53 |

（5）挥发物成分分析

叶片挥发物化学成分的鉴定首先利用安捷伦工作站的标准谱库进行初步检索及匹配，根据对应的 CAS 编号进行人工谱图检索进一步确定挥发性化合物的化学组分种类（滕青林，2017）。根据总离子色谱图中峰面积结合归一化法计算已确定的欧洲鹅耳枥叶片挥发物的相对含量。

## 4.5.2　不同方法提取欧洲鹅耳枥叶片挥发性成分的 GC－MS 分析

本研究通过比较 WSD、SPME、DHA 3 种方法提取欧洲鹅耳枥叶片挥发物和 GC－MS 技术分析鉴定挥发物组分，共鉴定出 67 种挥发性组分，包括烃类、醇类、醛类等 8 类化合物（图 4－98）。通过比较 3 种不同提取方法的优缺点，得出：采用 SPME 法高效便捷、无溶剂，对挥发物成分影响最小，同时获得挥发组分种类和含量最多，且萃取时间最短，类别更为客观合理，科学准确，是作为提取欧洲鹅耳枥叶片挥发物的最佳提取方法。在欧洲鹅耳枥挥发物的动态变化中，得出影响因素主要为季节、品种、配置植物种类，此项研究初步得出鹅耳枥 4 个不同品种挥发物的区别，有利于掌握种间不同品种植物挥发物含量的变化及生长环境对植物挥发物的影响。季节因素引起的挥发物变化规律可为后期调控昆虫的行为提供了研究基础，且鹅耳枥叶片中主要组分具有较高的生物活性，在茶叶开发和虫害研究中都具有很高的参考利用价值。

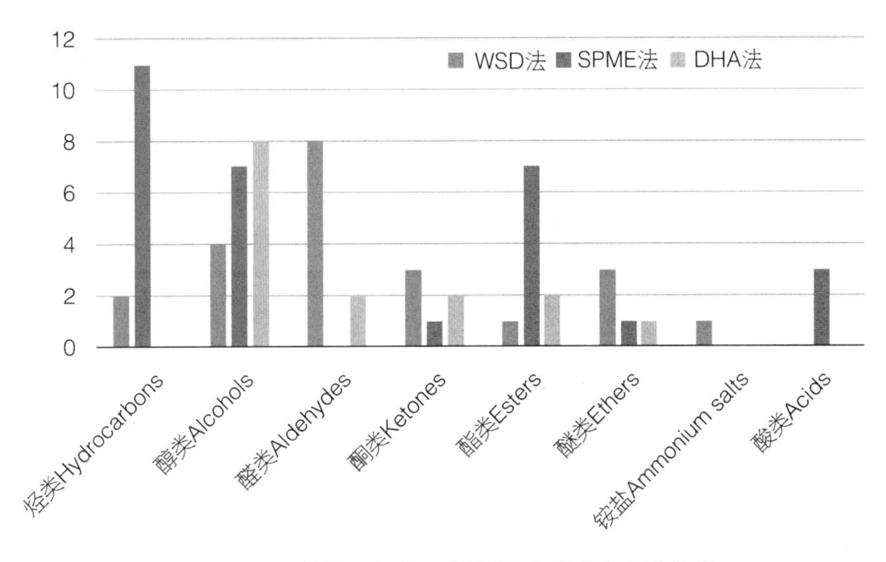


图 4－98　3 种提取方法下欧洲鹅耳枥挥发物组分分类

## 4.5.3　鹅耳枥叶片挥发物的动态变化

### 4.5.3.1　不同季节欧洲鹅耳枥挥发物变化规律研究

欧洲鹅耳枥叶片挥发物成分复杂，其数量和含量随着季节变化见表 4－14。释放的挥发物种类春季最多，达到了 41 种，其次为夏季 32 种，秋季 11 种，冬季叶落，从数量分析，春季>夏季>秋季。随着温度升高，各种合成酶、转录酶的活性相应增强促使植物本身代谢加快，也加快了叶片合成挥发物的速率。从类别分析，醇类在各季节占比均最高，其次是酯类、醛类和烃类，占比接近，这与绝大多数绿叶挥发物的释放规律一致。最终烃类总计 14 种，醇类总计 24 种，醛类 15 种，酮类 9 种，酯类 16 种，酸类 4 种，铵盐及其他 2 种。

**表 4-14　欧洲鹅耳枥叶片挥发物类别季节变化**

| 季节 | 烃类 | 醇类 | 醛类 | 酮类 | 酯类 | 酸类 | 铵盐 | 总计 |
|---|---|---|---|---|---|---|---|---|
| 春季 | 7 | 10 | 8 | 5 | 8 | 2 | 1 | 41 |
| 夏季 | 5 | 11 | 5 | 3 | 6 | 1 | 1 | 32 |
| 秋季 | 2 | 3 | 2 | 1 | 2 | 1 | 0 | 11 |
| 总计 | 14 | 24 | 15 | 9 | 16 | 4 | 2 | 84 |

#### 4.5.3.2　不同种类鹅耳枥叶片挥发物的季节变化规律研究

4 种鹅耳枥属植物叶片挥发物总量见表 4-15。其挥发物均在春季最多，其次是夏季，秋季最少。其中，春季挥发物总量 263 种，占总量的 57.8%。春季温度湿度适宜，芽梢新抽会释放大量的挥发物，新叶在生长阶段代谢旺盛，促进植物体内脂氢过氧化物裂解酶和脂氧合酶合成，加速绿叶挥发物的合成与释放。夏季挥发物总量 147 种，占 32.31%，较春季有所减少，主要原因是夏季温度过高，抑制了鹅耳枥体内和萜类化合物合成有关的酶——细胞色素 P450 氧化酶、NADP/NAD 氧化还原酶和中基转移酶的活性，从而影响了挥发物中萜类化合物的合成（张仁福　等，2017）。秋季挥发物种类 45 种，占比最少，秋季植物体衰老、休眠期，代谢减弱，酶的活性降低，只有一些叶片常见挥发物，例如：芳樟醇、叶醇等组分。欧洲鹅耳枥虫害高峰期集中于 5—7 月，这与春夏季挥发物的释放速率成正相关。

**表 4-15　不同种类鹅耳枥挥发物数量季节变化特征**

| 树种 | 春季 | 夏季 | 秋季 | 总计 |
|---|---|---|---|---|
| *C. betulus* | 41 | 32 | 11 | 84 |
| *C. turczaninowii* | 45 | 49 | 13 | 107 |
| *C. pubescens* | 34 | 28 | 10 | 72 |
| *C. putoensis* | 43 | 38 | 11 | 92 |
| 总计 | 263 | 147 | 45 | 455 |

#### 4.5.3.3　虫害诱导的欧洲鹅耳枥挥发物变化规律研究

欧洲鹅耳枥叶片遭受虫害之后的挥发物组分较健康植株有较大的区别，测试健康植株和虫害植株挥发物的 GC-MS 升温程序见表 4-16，总离子色谱图见图 4-99 和图 4-100。

**表 4－16　气相色谱柱升温程序**

| 阶段 | 柱箱程序升温速率/（℃・$min^{-1}$） | 下一个温度/℃ | 保持时间/min | 运行时间/min |
|---|---|---|---|---|
| 初始 | — | 50 | 2.00 | 2.00 |
| 第一阶 | 2.00 | 80 | 1.00 | 18.00 |
| 第二阶 | 4.00 | 140 | 1.00 | 34.00 |
| 第三阶 | 5.00 | 165 | 1.00 | 40 |

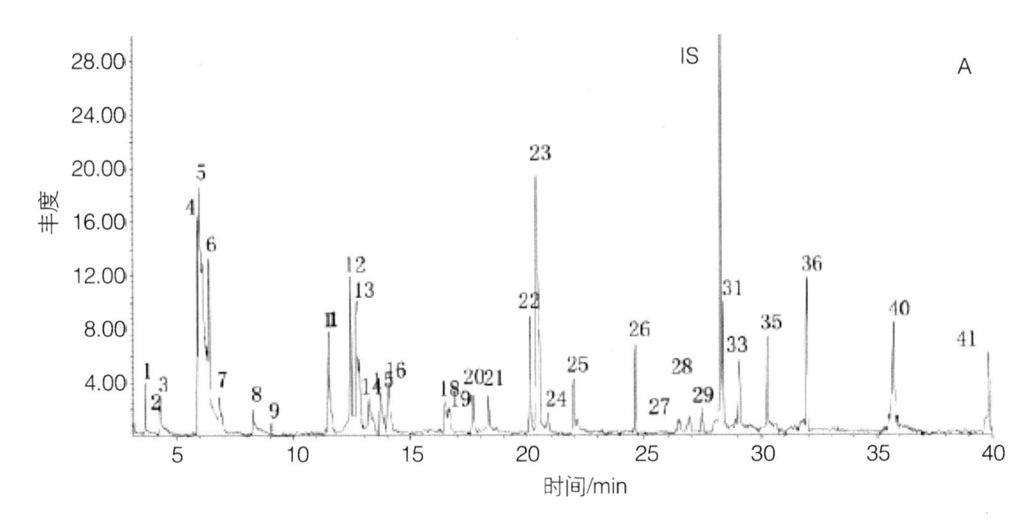


图 4－99　健康欧洲鹅耳枥植株挥发物的 GC－MS 总离子流色谱图

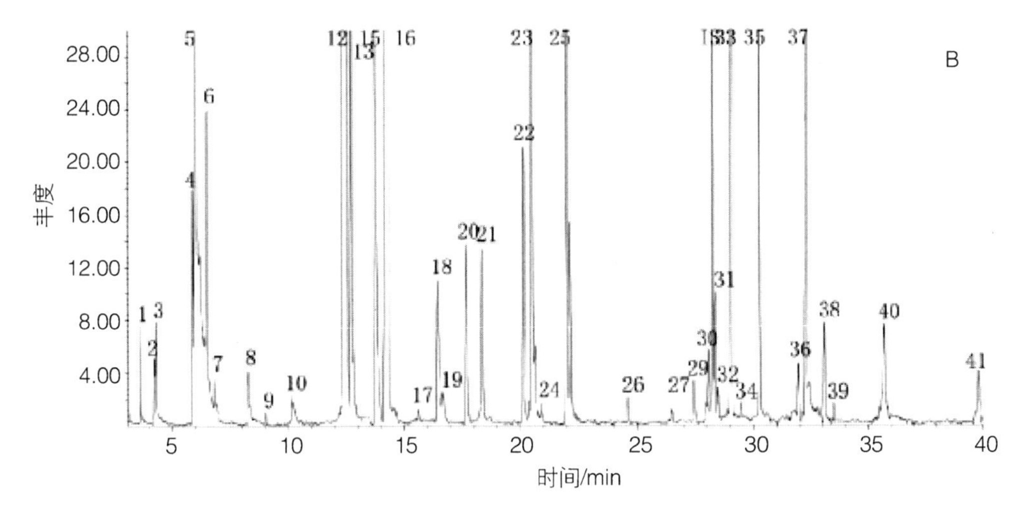


图 4－100　虫害欧洲鹅耳枥植株挥发物的 GC－MS 总离子流色谱图

健康欧洲鹅耳枥释放的 33 种挥发物包括：烃类 9 种，相对含量约占 20%；醇类 4 种，约占 18%；醛类 4 种，约占 5%；酯类 8 种，约占 22%；烷烃 6 种，约占 29%；醚类 1 种，约占 1%；杂环化合物 1 种，约占 5%。在 GC－MS 鉴定出的这些挥发物组分中，叶醇

[（Z）－3－hexen－1－ol］所占比例最高，其次是十二烷（dodecane）、乙酸己酯（hexyl acetate）、十六烷（hexadecane）、顺-β-罗勒烯［（Z）－β－ocimene］。

虫害欧洲鹅耳枥植株挥发物组分如图4－101，共释放烃类、酯类、烷烃、醇类、醛类和酮类6类化合物38种。其中：烃类15种，相对含量约占65%；酯类8种，约占22%；烷烃6种，约占6%；醇类3种，约占6%；醛类5种，约占1%；酮类1种，仅占0.05%左右。在GC－MS鉴定出的这些挥发物组分中，单萜化合物顺-β-罗勒烯［（Z）－β－ocimene］所占比例最高，其次是顺-3-己烯乙酸酯［（Z）－3－hexenyl acetate］、倍半萜类化合物——石竹烯caryophyllene、萜类衍生物：叶醇［（Z）－3－hexen－1－ol］、顺-3-己烯醇异戊酸酯［（Z）－3－hexenyl isovalerate］、十二烷dodecane，新增化合物倍半萜类化合物：α-法尼烯（α－farnesene）所占比例也较高。

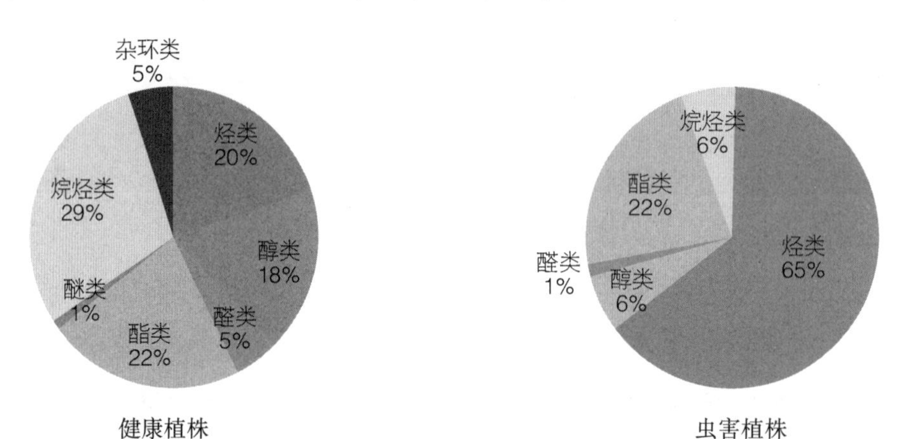


图4－101　欧洲鹅耳枥健康植株和虫害植株挥发物组分类别占比

注：虫害植株还会挥发极少量酮类，仅占总挥发物的0.05%左右，占比过小，故不在饼状图中显示。

健康欧洲鹅耳枥植株与虫害植株挥发物的化学组分在类别上，二者都有烃类、酯类、烷烃、醇类、醛类这5类物质，健康欧洲鹅耳枥挥发物多1类醚类化合物丁香酚（eugenol）和1类杂环化合物2-正戊基呋喃（2－pentyl-furan），虫害植株挥发物多1类酮类化合物苯乙酮，具体类别差异如表4－17所示。变化最明显的是，虫害欧洲鹅耳枥比健康植株挥发物多6种烯烃类物质，分别是雪松烯cedrene、β-新丁香三环烯（β－neoclovene）、罗汉柏烯（thujopsene）、α－法尼烯（α－farnesene）、长叶烯（longifolene）、α-蒎烯（α－pinene）。

**表4－17　欧洲鹅耳枥健康植株和虫害植株挥发物组分类别差异**

| 植株类型 | 烃类 | 醇类 | 醛类 | 酮类 | 酯类 | 醚类 | 烷烃类 | 杂环类 | 总计 |
|---|---|---|---|---|---|---|---|---|---|
| 健康植株 | 9 | 4 | 4 | 0 | 8 | 1 | 6 | 1 | 33 |
| 虫害植株 | 15 | 3 | 5 | 1 | 8 | 0 | 6 | 0 | 38 |

健康欧洲鹅耳枥植株叶片挥发物各类别中，相对含量烷烃类最多，酯类次之，烯烃类、醇类、醛类和杂环化合物相对含量依次递减；虫害植株叶片中，相对含量烯烃类最多，其次为酯类，醇类、烷烃类、醛类和酮类依次递减。可以看出：烯烃类含量上升显著，主要原因为烯烃类为萜类化合物，多为单萜化合物和倍半萜类化合物，萜类化合物是植物遭受植食性昆虫取食后释放的挥发性物质。此类化合物与 GLVs 不同，在遭受植食后响应机制有所滞后，一般需要几个小时甚至几天时间。经害虫取食之后的植株挥发物中萜类化合物种类和相对含量均会显著提高（Srinivasulu et al，2015）。萜类化合物不仅对授粉昆虫具有显著引诱效应，而且能够调节植物生长发育、抵御光氧化胁迫、调节植物耐热性等功能，直接或间接参与植物对害虫的防御。萜类化合物组分的变化可以作为植食性昆虫与植物交流的“语言”，亦可作为引诱害虫的有效化学组分（穆丹 等，2010）。

#### 4.5.3.4 美国夏蜡梅间种下欧洲鹅耳枥挥发物变化的规律研究

美国夏蜡梅（*Calycanthus floridus*）原产美国，落叶灌木。叶、根的浓烈刺激性气味对昆虫具有显著驱避效应，全年无虫害发生（林富平 等，2013）。又因花期为 4—6 月，正值植食性昆虫盛孵时期，因而将美国夏蜡梅选作和欧洲鹅耳枥相邻搭配种植的树种。根据植物配置中“相生相克”的原理，利用美国夏蜡梅的挥发性物质短期内改变小环境大气中的挥发物成分，并通过长期的搭配种植，影响欧洲鹅耳枥的挥发物种类及含量，从而调控昆虫的行为。美国夏蜡梅叶片挥发物的 GC - MS 总离子色谱图如图 4 - 102：离子色谱图共得出 41 个峰鉴定 39 个，其质量占美国夏蜡梅挥发物总质量的 96.44%，未鉴定物质 3.56%。

其中：烯烃 11 种，占挥发物总量的 55.07%；醇类 12 种，占挥发物总质量的 31.61%，醛类 4 种，占挥发油总质量的 2.63%；酮类 1 种，占总质量的 0.24%；酯类 6 种，占总质量的 6.89%；未鉴定的物质占 3.56%。含量最高的为 α -蒎烯（α - pinene）达 35.94%，其次是 α -松油醇（α - terpine - ol）占 6.21%，（-）-异长叶薄荷醇［（-）- isopulegol］为 5.65%，顺-罗勒烯（Cis-ocimene）占 4.96%，醋酸香叶酯（Geranylacetate）占 4.58%，L -芳樟醇（LinaloolL）占 4.28%，β -香茅醇（β - citronellol）占 3.54%。可知：α -蒎烯含量最高，作为害虫抗拒的挥发物组分。

由图 4 - 103 可知，美国夏蜡梅搭配种植下欧洲鹅耳枥叶片挥发物 GC - MS 共得出 32 个峰，鉴定出 31 种物质，占挥发物总质量的 99.52%，未鉴定物质占 0.48%。面积最多的几个峰主要存在于 8~15 min、16~27 min，0~8 min 和 30~42 min 峰值较少。

其中，烯烃类 14 种，占挥发物总质量的 31.74%；醇类 8 种，相对分子质量占挥发物总质量的 37.41%；醛类 3 种，相对分子质量占挥发物总质量的 6.25%；酮类 1 种，相对分子质量占挥发物总质量的 1.15%；酯类 3 种，相对分子质量占挥发物总质量的 17.32%；烷烃类 1 种，相对分子质量占挥发物总质量的 4.52%；醚类 1 种，相对分子质量占挥发物总质量的 1.13%。其中，含量最多的是青叶醇（Leaf alcohol），相对分子质量达到了 16.09%；其次分别为芳樟醇占 12.06%，顺- 3 -己烯乙酸酯占 10.28%，石竹烯（Caryophyllene）占 6.74%，（Myrcene）占 4.86%，十二烷（Dodecane）占 4.52%，顺- β -罗勒烯占 4.45%。

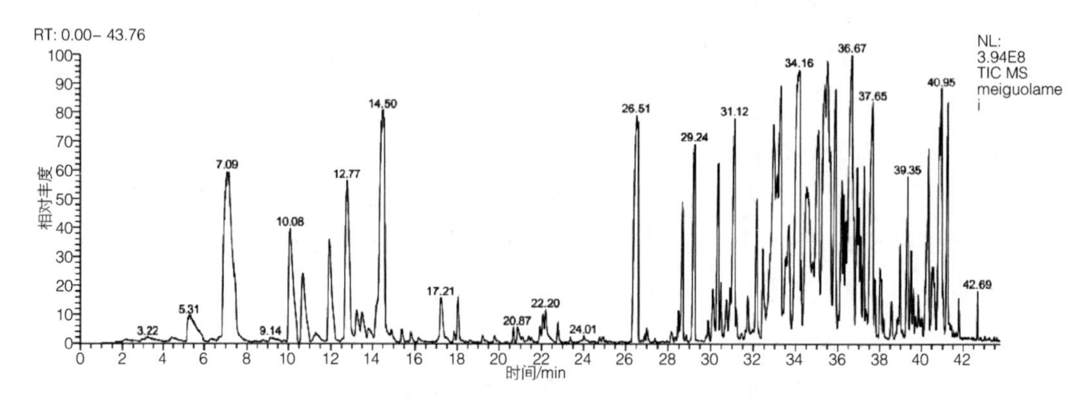


图 4 - 102　美国夏蜡梅叶片挥发物的 GC - MS 总离子色谱图

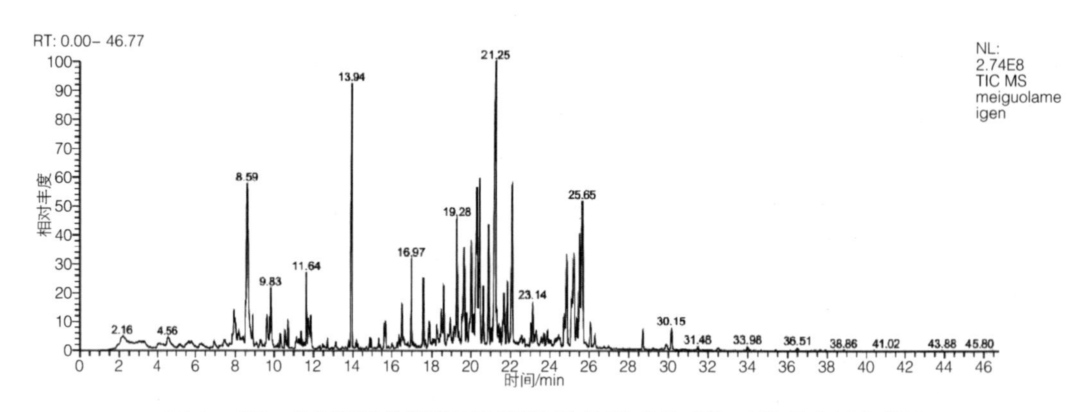


图 4 - 103　美国夏蜡梅间种下欧洲鹅耳枥挥发物的 GC - MS 总离子色谱图

## 4.5.4　欧洲鹅耳枥叶片挥发性物质对蚜虫取食趋向的影响

### 4.5.4.1 昆虫趋光性分析

颜色是物体吸收一定波长的光反射回来的光波进入眼睛形成的视觉效应，光和颜色在本质上是相同的，我们所见的物体的颜色其实就是物体表面反射回来的光波。因此，昆虫的趋色性在本质上讲也是一种趋光性。昆虫对色彩的敏感性在种内和种间均存在差异。例如，绣线菊蚜（*Aphis citricola*）和苹果瘤蚜（*Myzus malisuctus*）均对黄绿色表现出了最强的趋向性，绿色次之，对白色和蓝色的趋向性最不显著。缨小蜂（*Anagrus* spp.）对颜色的偏好顺序为：黄色>蓝色>蓝绿色>绿色>白色>红色>黑色。黄色对烟田南美斑潜蝇成虫的吸引力最强，占 52.3%，其次分别是绿色、白色、红色和黑色。西花

蓟马对蓝色的趋性强于黄色和其他颜色，尤其对波长为 438. 2 ~ 506. 6 nm 的海蓝色趋向性最强。

趋光性的应用更多是针对傍晚或夜间活动的昆虫，趋色性的应用更多是针对白天活动的昆虫。由于粘虫板具有黏性强、成本低、防雨防风等优点，对生态环境无公害。近年来，利用昆虫趋色性进行光谱性物理防治，利用粘虫板结合诱芯进行茶树害虫的监测和防治已成为国内外使用最为广泛的技术方法。值得注意的是，国外对粘虫板的应用更多强调的是利用其进行害虫和天敌的小规模监测，而国内则更多是大规模推广并直接用于害虫的诱杀。

#### 4.5.4.2 植物挥发物组分防治害虫效果

植食性昆虫凭借植物挥发物的化学指纹图谱而分辨寄主和非寄主植物。蚜虫食谱较广，对蔷薇科、杨柳科、榆科植物均具有一定程度的趋向性。研究过程中发现蚜虫对来自寄主植物挥发物提取物的反应明显比对寄主植物的反应要强烈一些，这与前者挥发物浓度较高有关。

通过单组分和混合组分诱芯叠加昆虫趋光性效应，组成的诱捕器对蚜虫及蛾类和地老虎等鹅耳枥主要害虫的田间诱捕实验显示：单组分中防治效果从小到大顺序为：无诱芯的素馨黄粘虫板（10. 64%、8. 51%）<顺- 4. 2 -己烯醇异戊酸酯（15. 58%、9. 09%）<反- 2 -己烯醛（18. 67%、12. 65%）<反- β -罗勒烯（25. 90%、20. 48%）<顺- 4. 2 -己烯乙酸酯（27. 58%、22. 76%）<青叶醇（36. 72%、28. 61%）< α -法尼烯（42. 37%、31. 64%），其中，青叶醇、α -法尼烯单组分防治效果达到了目前生物防治的平均水平，这与鹅耳枥叶片挥发物含量中青叶醇、α -法尼烯占比较多有关。混合组分中，总的趋势表明，种类多的化合组分诱捕效果优于种类少的化合组分，6 种混合组分诱捕效果最佳，4 种组分次之，2 种组分诱捕效果最差；当组分种类相同时，烯烃类+醇类组合诱捕效果优于烯烃类+醛类组合，同时也优于醛类+酯类组合。初步筛选得到鹅耳枥蛾类诱捕器诱芯采用 α -法尼烯：青叶醇 = 1：1 配方，蚜虫诱捕器诱芯采用 α -法尼烯：青叶醇：顺- 4. 2 -己烯乙酸酯：反- β -罗勒烯：反- 2 -己烯醛：顺- 4. 2 -己烯醇异戊酸酯 = 1：1：1：1：1：1 配方，地老虎诱捕器诱芯采用青叶醇：反- 2 -己烯醛：顺- 4. 2 -己烯乙酸酯 = 1：1：1 配方。

### 4.5.5 欧洲鹅耳枥叶片挥发物有效组分对害虫的田间诱捕试验

#### 4.5.5.1 蚜虫对色彩的选择

选择反应结果（图 4 - 104）：利用素馨黄（yellow - 3A）、芽绿（green - 142B）、土黄（yellow - 20A）、橘黄（yellow - 24B）、乳白（white - 155D）、桃红（red - 49A）、果绿（green - 140B）、墨绿（green - 138NA）、天蓝（blue - N109C）、湖蓝（blue - 110C）

这 10 种颜色粘板平均诱捕蚜虫数量分别为 65、51、47、42、33、28、21、18、12、10，可知蚜虫偏好素馨黄色板，选择素馨黄粘板与诱芯结合制作诱捕器。

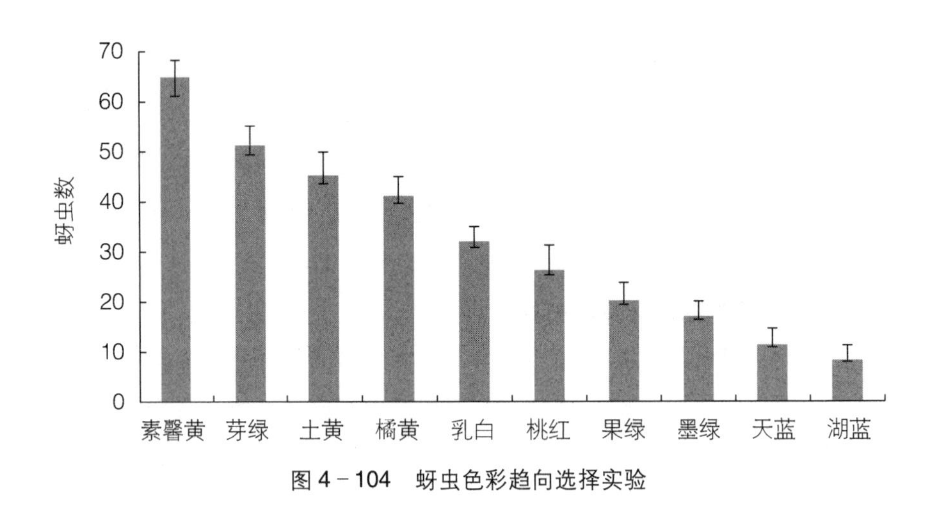

图 4－104　蚜虫色彩趋向选择实验

#### 4.5.5.2　单一组分诱捕器防治效果

从 4 月 28 日至 5 月 5 日试验期间，CK 区内，虫口密度持续上升。无诱芯的素馨黄粘虫板（G）2 d、6 d 后的防效分别为 10.64%、8.51%，这可能与蚜虫趋色习性有关；诱捕器 E、F［E：反-2-己烯醛（E）-2-Hexena；F：顺-3-己烯醇异戊酸酯（Z）-3-hexenyl isovalerate］2 d、6 d 后的防效分别为 18.67%、12.65%，15.58%、9.09%；诱捕器 D［反-β-罗勒烯（E）-β-Ocimene］2 d、6 d 后的防效分别为 25.90%、20.48%，相比于 E、F 有所增强；诱捕器 C［顺-3-己烯乙酸酯（Z）-3-hexenyl acetate］防治继续增强，2 d、6 d 后的防效分别为 27.58%、22.76%；诱捕器 B［青叶醇（Z）-3-Hexenol］防治效果显著增大，2 d、6 d 后的防效分别为 36.72%、28.61%；诱捕器 A（α-法尼烯 α-farnesene）防治效果最为显著，2 d、6 d 后的防效分别为 42.37%、31.64%，达到了目前生物防治的平均水平，这也与第五章行为测定中蚜虫对青叶醇［（Z）-3-Hexenol］的选择反应达到极显著水平的实验结果一致（表 4-18）。

表 4－18　7 种诱捕器对蚜虫的防治效果

| 诱捕器 | 试验序号 | 试验前虫口/头 | 诱捕器虫口/头 | 2017 年 4 月 30 日 | | | | 诱捕器虫口/头 | 2017 年 5 月 5 日 | | | |
|---|---|---|---|---|---|---|---|---|---|---|---|---|
| | | | | 虫口/头 | 减退率/% | 平均值/% | 校正减退率/% | | 虫口/头 | 减退率/% | 平均值/% | 校正减退率/% |
| A | 1 | 61 | 141±16 | 35 | 42. 62 | 42. 43 | 42. 37 | 122±11 | 41 | 32. 79 | 31. 68 | 31. 64 |
| | 2 | 53 | 134±19 | 30 | 43. 40 | | | 120±17 | 36 | 32. 08 | | |
| | 3 | 63 | 150±17 | 37 | 41. 27 | | | 125±15 | 44 | 30. 16 | | |
| B | 1 | 53 | 123±14 | 36 | 32. 08 | 36. 37 | 36. 72 | 98±11 | 35 | 20. 45 | 20. 84 | 28. 61 |
| | 2 | 48 | 131±17 | 30 | 37. 50 | | | 106±13 | 31 | 21. 14 | | |
| | 3 | 57 | 119±15 | 34 | 39. 53 | | | 90±12 | 34 | 20. 93 | | |
| C | 1 | 52 | 96±12 | 37 | 28. 85 | 27. 53 | 27. 58 | 82±10 | 40 | 23. 07 | 22. 74 | 22. 76 |
| | 2 | 45 | 101±14 | 33 | 26. 67 | | | 87±9 | 35 | 22. 22 | | |
| | 3 | 48 | 98±15 | 35 | 27. 08 | | | 85±8 | 37 | 22. 92 | | |
| D | 1 | 60 | 97±13 | 44 | 26. 66 | 25. 87 | 25. 90 | 72±11 | 47 | 21. 67 | 20. 43 | 20. 48 |
| | 2 | 55 | 94±11 | 41 | 25. 45 | | | 69±12 | 44 | 20. 00 | | |
| | 3 | 51 | 91±9 | 38 | 25. 49 | | | 66±9 | 41 | 19. 61 | | |
| E | 1 | 57 | 80±11 | 46 | 19. 30 | 18. 67 | 18. 67 | 62±13 | 49 | 14. 04 | 12. 64 | 12. 65 |
| | 2 | 54 | 77±8 | 44 | 18. 52 | | | 59±9 | 47 | 12. 96 | | |
| | 3 | 55 | 79±13 | 45 | 18. 18 | | | 60±11 | 49 | 10. 91 | | |
| F | 1 | 51 | 68±9 | 43 | 15. 69 | 15. 61 | 15. 58 | 57±8 | 46 | 9. 80 | 9. 07 | 9. 09 |
| | 2 | 54 | 71±11 | 46 | 14. 81 | | | 63±11 | 49 | 9. 26 | | |
| | 3 | 49 | 73±12 | 41 | 16. 33 | | | 66±9 | 45 | 8. 16 | | |

续表

| 诱捕器 | 试验序号 | 试验前虫口/头 | 诱捕器虫口/头 | 2017 年 4 月 30 日 | | | | 诱捕器虫口/头 | 2017 年 5 月 5 日 | | | |
|---|---|---|---|---|---|---|---|---|---|---|---|---|
| | | | | 虫口/头 | 减退率/% | 平均值/% | 校正减退率/% | | 虫口/头 | 减退率/% | 平均值/% | 校正减退率/% |
| G | 1 | 51 | 70±3 | 46 | 9. 80 | 10. 69 | 10. 64 | 55±7 | 46 | 9. 80 | 8. 43 | 8. 51 |
| | 2 | 47 | 66±5 | 42 | 10. 64 | | | 61±3 | 43 | 8. 51 | | |
| | 3 | 43 | 72±8 | 38 | 11. 63 | | | 70±9 | 40 | 6. 98 | | |
| CK | 1 | 45 | 0 | 47 | -4. 44 | -5. 85 | — | 0 | 50 | -11. 11 | -10. 44 | — |
| | 2 | 49 | 0 | 52 | -6. 12 | | | 0 | 55 | -10. 91 | | |
| | 3 | 43 | | 46 | -6. 98 | | | | 47 | -9. 30 | | |

注：1. 表中数据为每日每种诱捕器上捕获的蚜虫平均数±标准差（头）。

2. A 为 α-法尼烯 α-farnesene；B 为青叶醇（Z）-3-Hexenol；C 为顺-3-己烯乙酸酯（Z）-3-hexenyl acetate；D 为反-β-罗勒烯（E）-β-Ocimene；E 为反-2-己烯醛（E）-2-Hexena；F 为顺-3-己烯醇异戊酸酯（Z）-3-hexenyl isovalerate；G 为素馨黄粘板无诱芯；CK 为空白对照。

#### 4.5.5.3 混合组分诱捕器防治效果

从9种不同植物源混合组分诱芯诱捕器诱捕3类鹅耳枥常见害虫的数量表明（表4－19，彩图4－6）：2种组分组合中，α－法尼烯：青叶醇＝1：1对蛾类的诱捕效果最佳，其中，α－法尼烯：青叶醇＝1：1诱捕雄蛾数量最多，青叶醇：顺－3－己烯醇异戊酸酯＝1：1对雌蛾诱捕效果最好，青叶醇：顺－3－己烯醇异戊酸酯＝1：1对蚜虫的诱捕效果最佳；3种组分组合中，α－法尼烯：青叶醇：反－2－己烯醛＝1：1：1诱捕雄蛾数量最多，青叶醇：反－2－己烯醛：顺－3－己烯乙酸酯＝1：1：1诱捕雌蛾数量最多，α－法尼烯：青叶醇：反－2－己烯醛＝1：1：1诱捕蚜虫数量最多，为21种。反－2－己烯醛：顺－3－己烯乙酸酯＝1：1：1诱捕地老虎数量最多。

**表4－19 不同组分组合诱芯诱捕器诱捕结果**

| 诱芯组合 | | 蛾 | | 蚜虫/头 | 地老虎/头 |
|---|---|---|---|---|---|
| | | 雄蛾/（头/24 h） | 雌蛾/（头/24 h） | | |
| 2种组分 | α－法尼烯：青叶醇＝1：1 | 0.714±0.286a | 1.286±0.184ab | 18 | 0 |
| | 反－β－罗勒烯：顺－3－己烯醇异戊酸酯＝1：1 | 0.333±0.333a | 0.667±0.333abc | 11 | 0 |
| | α－法尼烯：反－2－己烯醛＝1：1 | 0.500±0.500a | 0.750±0.479abc | 15 | 1 |
| | 青叶醇：顺－3－己烯醇异戊酸酯＝1：1 | 0.500±0.500a | 1.667±0.422a | 17 | 0 |
| 3种组分 | 青叶醇：反－2－己烯醛：顺－3－己烯乙酸酯＝1：1：1 | 0.333±0.333a | 0.667±0.333abc | 14 | 4 |
| | α－法尼烯：青叶醇：反－2－己烯醛＝1：1：1 | 0.800±0.374a | 0.200±0.200bc | 21 | 0 |
| | 反－β－罗勒烯：顺－3－己烯醇异戊酸酯：反－2－己烯醛＝1：1：1 | 0.250±0.250a | 0.250±0.250bc | 17 | 0 |
| 4种组分 | α－法尼烯：青叶醇：反－2－己烯醛：顺－3－己烯乙酸酯＝1：1：1：1 | 1.000±0.408a | 1.000±0.408abc | 21 | 0 |
| 6种组分 | α－法尼烯：青叶醇：顺－3－己烯乙酸酯：反－β－罗勒烯：反－2－己烯醛：顺－3－己烯醇异戊酸酯＝1：1：1：1：1：1 | 0.714±0.286a | 1.286±0.184ab | 28 | 0 |
| 对照组 | | 0.000±0.000a | 0.250±0.250bc | 6 | 0 |

综合所有组合结果表明：6种组分按照等比例混合时，诱捕蚜虫数量最多，空白对照组诱捕少量蚜虫和昆虫的趋光性有关。总的趋势为：烯烃类+醇类组合诱捕效果最佳，烯烃类+醛类组合次之但优于醛类+酯类组合；6种组分>4种组分>3种组分>2种组分。

# 第五章

# 观赏鹅耳枥无性繁殖研究

无性繁殖是指直接由生物母体的一部分形成新个体的繁殖方式，在植物生产中是快速获得植物幼苗的有效手段。鹅耳枥可以进行扦插繁殖，但其生根困难，且技术要求较高，给鹅耳枥的繁殖带来一定的困难。

作者团队攻克了观赏鹅耳枥扦插、嫁接、组织培养及水培等无性繁育技术，建立了扦插、嫁接、组培和水培等快繁体系。本章叙述了观赏鹅耳枥扦插、嫁接、组培及水培等无性繁育技术，为观赏鹅耳枥苗木繁育提供了理论基础及科学方法。

# 5.1 扦插繁殖

扦插能在较短的时间内获得大量苗木，是快速繁殖苗木的重要手段之一。Maynard & Bassuk（1991）研究发现黄化、烫漂以及绑扎处理可提高欧洲鹅耳枥的扦插生根率，且浓度为20 mmol·$L^{-1}$ 的 IBA 最适于未经黄化处理的插穗，40 mmol·$L^{-1}$ 的 IBA 最适于经黄化处理的插穗。一般而言，生长素溶液处理能提高植物的扦插生根率，但较高的生长素溶液处理也会抑制植物根系的形成。生根促进剂种类与浓度、母株年龄以及遮阴处理是影响植物扦插成活的重要因素。

## 5.1.1 扦插方法

### 5.1.1.1 春季扦插

春季扦插（硬枝扦插）于3月中下旬进行。插穗采自10年生欧洲鹅耳枥嫁接苗，苗高3~4 m，截取生长健壮、无病虫害的1年生枝条材料。修剪后插穗长度为8~10 cm，保留3~5个芽，上平剪，下斜剪，上切口在芽上方1.0~1.5 cm处，下切口在芽下方0.5 cm处。

硬枝扦插时选择不同激素种类（IBA；NAA；ABT1）、不同激素浓度（200 mg·$L^{-1}$；600 mg·$L^{-1}$；1000 mg·$L^{-1}$）、不同处理时间（10 s；30 min；60 min）、不同基质（河沙；蛭石；珍珠岩）进行4因素、3水平的正交试验。

欧洲鹅耳枥多重对比（表5-1）显示：3号处理的生根率最高，为16.67%，与2号处理的差异不显著，与其他处理均达极显著差异水平。1号、4号、5号、9号处理的生根率最低仅为3.33%，与2号、6号、7号处理差异不显著，与3号、8号处理的差异极显著。

3号处理的最长根长最长，与2号、8号、6号、7号处理差异不显著。与9号处理差异显著，与1号、4号、5号处理差异达极显著水平。

3号处理的生根效果指数最高，与其他处理差异均达到极显著水平。4号处理的生根效果指数最低，与1号、6号、7号、9号处理差异显著，与2号、3号、8号处理的差异达极显著水平。

**表5-1 欧洲鹅耳枥春季硬枝扦插正交试验的生根性状多重比较**

| 处理 | 生根率/% | 最长根长/cm | 根系效果指数 |
|---|---|---|---|
| 1 | 3.33Bc | 1.94BCcde | 0.127CcDd |

续表

| 处理 | 生根率/% | 最长根长/cm | 根系效果指数 |
|---|---|---|---|
| 2 | 5.00 Bc | 3.22 AaBb | 0.167Cc |
| 3 | 16.67Aa | 3.69Aa | 0.373Aa |
| 4 | 3.33 Bc | 1.16Ce | 0.067De |
| 5 | 3.33 Bc | 1.41 Cde | 0.103 CcDd |
| 6 | 6.67Bbc | 2.65 AaBbCc | 0.157 CcD |
| 7 | 8.33 Bbc | 2.59AaBbCc | 0.150 CcD |
| 8 | 11.67AaBb | 3.19AaBb | 0.283Bb |
| 9 | 3.33 Bc | 2.44ABbCcd | 0.117 CcDd |

综上可知，欧洲鹅耳枥春季正交试验中，3 号处理（A1B3C3D3）即选择生长调节剂 IBA，1000 mg · $L^{-1}$，处理 60 min，珍珠岩，其生根率、最长根长、生根效果指数均达到最高值。1 号（A1B1C1D1）、4 号（A2B1C2D3）、5 号（A2B2C3D1）、9 号（A3B3C2D1）处理其生根率、最长根长、生根效果指数均较低。

#### 5.1.1.2 夏季扦插

夏季扦插（嫩枝扦插）的时间可以在 6 月上旬。扦插材料为春季截干后，欧洲鹅耳枥萌发的当年生半木质化枝条。黄化绑扎处理试验的母树为 5a 生欧洲鹅耳枥嫁接苗。扦插当天剪取生长健壮、无病虫害且无机械损伤的穗条，平剪插穗的上端，下端斜剪，插穗长 8~10 cm。剪去下部叶片但保留腋芽，保留上部 2 片 1/2 叶，上切口距最近的叶 1.0~1.5 cm，下切口在腋芽下方 0.5 cm 处。

夏季嫩枝扦插时选择不同激素种类（IBA；NAA；ABT1）、不同激素浓度（500 mg · $L^{-1}$；1000 mg · $L^{-1}$；1500 mg · $L^{-1}$）、不同处理时间（10 s；30 min；60 min）、不同基质［河沙+蛭石（比例为 1 : 1）；蛭石+珍珠岩（比例为 1 : 1）；珍珠岩+河沙（比例为 1 : 1）］进行了 3 因素、4 水平的正交试验。

欧洲鹅耳枥多重对比（表 5－2）显示：2 号的生根率最高为 26.67%，与 8 号处理的差异不显著，与其他处理均达极显著差异水平。5 号处理的生根率最低仅为 3.33%，与 1 号、4 号、6 号、9 号处理差异不显著，与 7 号处理的差异显著，与 3 号、8 号、2 号处理的差异极显著。

2 号处理的愈伤组织形成率最高为 48.33%，与 8 号处理差异不显著，与其他处理均差异显著。9 号处理的愈伤组织形成率最低为 8.33%，与 1 号、4 号、5 号、6 号处理差异不显著，与 7 号处理差异显著，与 2 号、3 号、8 号处理差异极显著。

2 号处理的插穗成活率最高为 40.00%，与 3 号、8 号处理差异不显著，与其他处理差异极显著。1 号处理的插穗成活率最低为 11.67%，与 4 号、5 号、6 号、9 号处理差异不显著，与 7 号处理差异显著，与 2 号、3 号、8 号处理差异极显著。

2 号处理的根最长，与 8 号处理差异不显著，与其他处理差异极显著。5 号处理的

最长根长效果最差，与9号处理差异不显著，与其他处理的差异极显著。

2号处理的生根效果指数最高，与8号处理差异不显著，与其他处理差异极显著。5号处理的生根效果指数最低，与1号、4号、9号处理差异不显著，与6号、7号处理的差异显著，与2号、3号、8号处理的差异极显著。

**表5-2 欧洲鹅耳枥夏季嫩枝扦插正交试验的生根性状多重比较**

| 处理 | 生根率/% | 愈伤组织形成率/% | 插条存活率/% | 最长根长/cm | 根系效果指数 |
|---|---|---|---|---|---|
| 1 | 5. 00DdE | 11. 67Dde | 11. 67Cc | 4. 94Ccd | 0. 34CcDde |
| 2 | 26. 67Aa | 48. 33Aa | 40. 00Aa | 8. 56Aa | 1. 11Aa |
| 3 | 18. 33BbC | 31. 67BbCc | 31. 67AaBb | 5. 69BCcd | 0. 55BCc |
| 4 | 8. 33cDdE | 16. 67CDde | 16. 67BCc | 5. 49BCcd | 0. 31CDde |
| 5 | 3. 33dE | 10. 00De | 16. 67BCc | 2. 75De | 0. 15De |
| 6 | 8. 33cDdE | 20. 00cDdEe | 16. 67BCc | 5. 99BbCc | 0. 42CcDd |
| 7 | 11. 67CcD | 23. 33BCcDd | 20. 00BbC | 5. 36BCcd | 0. 44CcDd |
| 8 | 21. 67AaBb | 38. 33AaBb | 33. 33AaB | 7. 19ABb | 0. 85ABb |
| 9 | 6. 67cDdE | 8. 33De | 11. 67Cc | 4. 44CDd | 0. 26CDde |

综上可知，欧洲鹅耳枥夏季正交试验中，2号处理（A1B2C2D2）即选择生长调节剂IBA，1000 mg · $L^{-1}$，处理30 min，基质蛭石+珍珠岩、8号处理（A3B2C1D3）即选择生长调节剂$ABT_1$，1000 mg · $L^{-1}$，处理10 s，基质珍珠岩+河沙，其生根率、愈伤组织形成率、插条存活率、最长根长、根系效果指数均达到最高值。

#### 5.1.1.3 秋季扦插

（1）正交试验结果分析

秋季扦插（嫩枝扦插）的时间为9月下旬。黄化绑扎处理及插穗的制备同夏季插穗。

硬枝及嫩插穗的整个修剪过程中，要尽可能使枝条及修剪后的插穗基部浸于新鲜冷水中，以防止切口失水、氧化。修剪后的插穗20根为1捆，基部浸入清水中，放在阴凉湿润处备用。扦插前所有插穗用5%葡萄糖浸泡2 h，扦插时用清水将插穗基部洗净后再扦插。

秋季嫩枝扦插选择不同激素种类（IBA、NAA、ABT1）、不同激素浓度（200 mg · $L^{-1}$、600 mg · $L^{-1}$、1000 mg · $L^{-1}$）、不同处理时间（10 s、30 min、60 min）进行了3因素、4水平的正交试验。

表 5-3 欧洲鹅耳枥秋季嫩枝扦插正交试验的生根性状多重比较

| 处理 | 生根率/% | 最长根长/cm | 根系效果指数 |
|---|---|---|---|
| 1 | 26. 67ABbCc | 3. 27Cc | 0. 337Cc |
| 2 | 45. 00AaB | 5. 67Bb | 0. 623Bb |
| 3 | 50. 00Aa | 7. 66Aa | 0. 783Aa |
| 4 | 35. 00AaBbC | 2. 16Dd | 0. 220DdE |
| 5 | 18. 33bCc | 1. 41DEeF | 0. 153EeF |
| 6 | 25. 00BbCc | 1. 32 DEeF | 0. 133 EeF |
| 7 | 33. 33AaBbC | 2. 02DdE | 0. 260CDd |
| 8 | 11. 67Cc | 1. 19EeF | 0. 117eF |
| 9 | 15. 00 Cc | 1. 11eF | 0. 093eF |

通过欧洲鹅耳枥多重对比（表 5-3）可知，3 号处理的生根率最高为 50%，与 2 号、4 号处理的差异不显著，与其他处理均达极显著差异水平。8 号处理的生根率最低仅为 11. 67%，与 1 号、5 号、6 号、9 号处理差异不显著，与 7 号处理的差异显著，与 2 号、3 号处理的差异极显著。

3 号处理的最长根长最长，与其他处理均达极显著差异。9 号、8 号、6 号、5 号处理的最长根长效果较差，分别为 1. 11 cm、1. 19 cm、1. 32 cm、1. 41 cm，它们之间差异均不显著。

3 号处理的生根效果指数最高，与其他处理差异均达到极显著水平。9 号处理的生根效果指数最低，与 5 号、6 号、8 号处理差异均不显著，与 4 号处理的差异达显著水平，与 1 号、2 号、3 号、7 号处理的差异达极显著水平。

综上可知，欧洲鹅耳枥秋季正交试验中，3 号处理（A1B3C3）即选择生长调节剂 IBA，1000 mg・$L^{-1}$，处理 60 min，其生根率、最长根长、生根效果指数均达到最高值。8 号处理（A3B2C1）即选择生长调节剂 $ABT_1$，600 mg・$L^{-1}$，处理 10 s，其生根率最低。9 号处理（A3B3C2）即选择生长调节剂 $ABT_1$，1000 mg・$L^{-1}$，处理 30 min，其最长根长、生根效果指数最低。

（2）黄化绑扎时间对欧洲鹅耳枥扦插生根效果的影响

由表 5-4 可知，黄化绑扎处理 30 d 的插穗生根率显著高于处理 10 d 的插穗，处理 20 d 的插穗与处理 30 d 和 10 d 的插穗生根率差异均不显著；处理 30 d 的插穗与处理 20 d 和 10 d 的插穗愈伤组织形成率差异显著；处理 30 d 的插穗与处理 10 d 的插穗插条存活率差异显著，与处理 20 d 的插穗差异不显著；处理 30 d 的插穗与处理 20 d 和 10 d 的插穗的最长根长达极显著差异；处理 30 d、20 d、10 d 的插穗根系效果指数均达极显著差异。

表 5-4　欧洲鹅耳枥不同黄化绑扎时间秋季嫩枝扦插的生根性状多重比较

| 处理 | 生根率 | 愈伤组织形成率 | 插条存活率 | 最长根长 | 根系效果指数 |
| --- | --- | --- | --- | --- | --- |
| 10d | 56. 67b | 20. 00b | 70. 00b | 3. 71Bc | 0. 19Cc |
| 20d | 66. 67ab | 26. 67b | 83. 33a | 5. 45Bb | 0. 45Bb |
| 30d | 81. 67a | 41. 67a | 86. 67a | 8. 00Aa | 0. 98Aa |

(3) 母树年龄对欧洲鹅耳枥扦插生根效果的影响

由表 5-5 的方差分析可以看出，两个不同的母树年龄，对生根率、愈伤组织形成率、插条存活率、根系效果指数的影响均达显著差异（$0.01 < Sig. \leq 0.05$）；对最长根长的影响差异不显著（$Sig. > 0.05$），即从 5 年生母株上采集的插穗扦插生根率、愈伤组织形成率、插条存活率、根系效果指数均与从 10 年生母树上采集的插穗存在极显著差异。

表 5-5　欧洲鹅耳枥不同母树年龄秋季嫩枝扦插的生根性状方差分析

| 变异来源 | 因变量 | 平方和 | 自由度 | 均方 | *F* 值 | *Sig.* |
| --- | --- | --- | --- | --- | --- | --- |
| 处理 | 生根率 | 937. 500 | 1 | 937. 500 | 11. 250 | 0. 028 |
|  | 愈伤组织形成率 | 1066. 667 | 1 | 1066. 667 | 11. 130 | 0. 029 |
|  | 插条存活率 | 416. 667 | 1 | 416. 667 | 7. 692 | 0. 050 |
|  | 最长根长 | 0. 882 | 1 | 0. 882 | 4. 839 | 0. 093 |
|  | 根系效果指数 | 0. 107 | 1 | 0. 107 | 8. 649 | 0. 042 |

## 5. 1. 2　欧洲鹅耳枥生根的解剖学观察

对欧洲鹅耳枥进行扦插，发现欧洲鹅耳枥的生根率较低，属于难生根树种。因此对欧洲鹅耳枥不定根的发育过程进行生根过程外部形态观察及横切面解剖观察，进一步了解其插穗生根的类型、根源基的类型、不定根的发生及发育，以期寻求更科学的扦插方法。

### 5. 1. 2. 1　扦插生根过程外部形态观察

欧洲鹅耳枥硬枝扦插（春季扦插）从扦插到生根大约需要 55 d。硬枝插穗在扦插后 30 d 基部切口部位出现少量的乳白色半透明环状肿大（彩图 5-1A）。在扦插后 40 d 插穗基部肿胀越来越大，形成一个连续的瘤状环，中间凹陷（彩图 5-1B）。扦插 50 d 时有少部分插穗愈伤组织处长出不定根（彩图 5-1C），也发现少量的皮部生根（彩图 5-1D）。扦插 100 d 时，大部分长出愈伤组织的插穗已生根，但生根的数量较少，仅有 1~4 条（彩图 5-1E），也有部分愈伤组织没有长出不定根（彩图 5-1F），但插条依然存活。

嫩枝扦插（夏季扦插、秋季扦插）从扦插到生根大约需要48 d。嫩枝插穗在扦插后20 d距基部切口约2 cm范围内出现少量的乳白色半透明凸起（彩图5－1G），扦插30 d时距基部切口约3 cm范围内的乳白色半透明凸起增多、变大（彩图5－1H），同时切口处也出现乳白色半透明环状愈伤组织突起（彩图5－1I）。扦插45 d时，白色乳白色半透明凸起少部分已发育形成不定根（彩图5－1J）。扦插60 d时，插穗的皮部产生了大量的不定根（彩图5－1K），愈伤组织处也形成不定根（彩图5－1L）。

#### 5.1.2.2 扦插生根过程的解剖观察

（1）插穗的解剖结构分析

扦插前嫩枝插穗的横切面是由周皮、皮层、维管柱三大部分组成（图5－1A）。周皮处的细胞排列紧密且呈长方形。皮层是由多层细胞组成，细胞呈不规则排列，壁较薄，呈卵圆形，间隙大。维管柱主要是髓、次生木质部、维管形成层、次生韧皮部组成。次生韧皮部主要是筛管、韧皮纤维、韧皮薄壁细胞等组成。维管形成层由几层恢复分裂能力的薄壁细胞组成。次生木质部主要由木纤维薄壁细胞、导管构成。髓由薄壁细胞组成，这些细胞呈圆形、排列疏松、间隙大。维管射线是由木射线和维管射线两部分组成。通过观察大量切片，在插穗内未发现潜在根源基，因此认为，欧洲鹅耳枥的根源基是扦插后诱导而产生的。

（2）插穗的愈伤组织形成的观察

在插后约30 d，插穗基部切口有半透明的瘤状物，这就是插穗的愈伤组织，通过愈伤组织的扫描电镜观察，愈伤组织是由形成层内具分生能力的薄壁细胞发育而来，其组成细胞大而排列紧密（图5－1B、图5－1C），愈伤组织细胞不断分裂包裹插穗的整个切口，起保护作用（图5－1D）。

（3）不定根的起源生长和发育过程的观察

愈伤组织形成后不久，在形成层与维管射线相交的位置，组成射线的原始细胞明显的变大和增多，且向韧皮部方向横向加宽成多列，形成层变厚，从外部观察枝条变粗，在髓射线与形成层交叉及紧靠维管形成层的位置可观察到一些细胞较小、细胞形态基本一致的分生薄壁细胞团，这就是诱导根原基细胞。根原基细胞不断生长，由圆形细胞团变成尖形细胞团，形成了根原基（图5－1E），根原基细胞向前分列挤破原有的皮层和周皮，同时根原基细胞继续向髓心方向分裂，形成根的维管组织（图5－1E）。插后约50 d，根原基细胞继续伸长，最终形成完整的不定根。

欧洲鹅耳枥插穗的根原基细胞和愈伤组织细胞的形态解剖特征差异很大，且在愈伤组织的切片中未发现根源基的存在（可能存在切片数量较少没有观察到），基本可以得出不定根的形成和愈伤组织的形成关联性不大，愈伤组织的主要功能是保护切口免受病菌入侵及防止有效物质的流失（森下义朗 等，1988）。

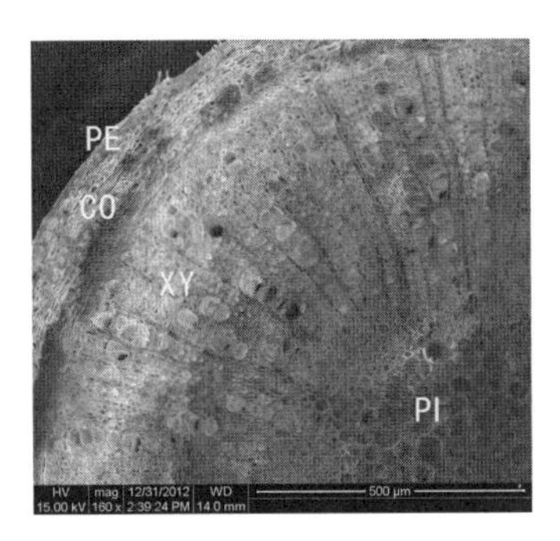


A 嫩枝插穗的横切面

B 愈伤组织

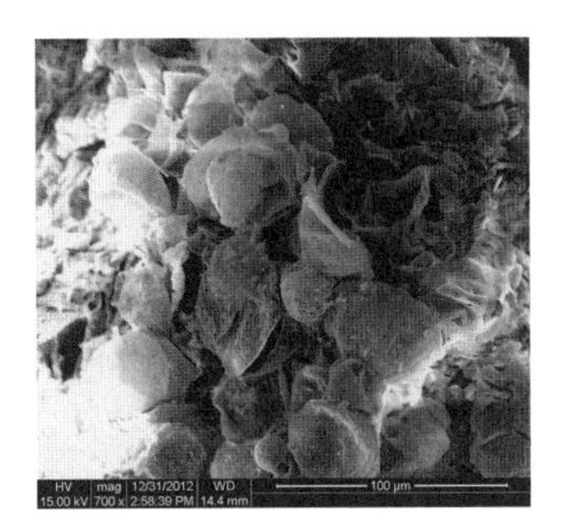


C 愈伤组织

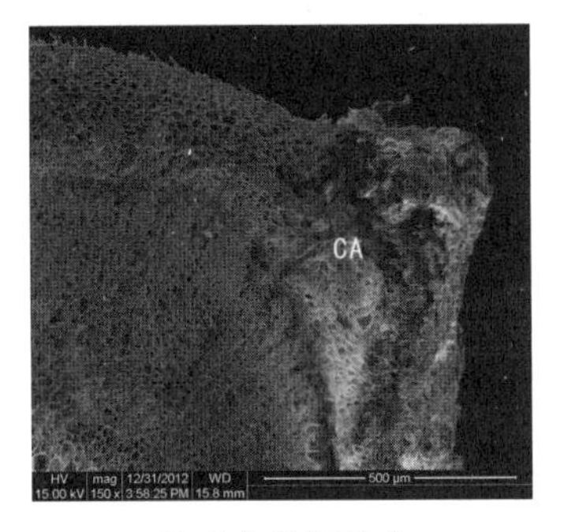


D 愈伤组织形成

E 根原基细胞

图 5－1　扦插生根过程解剖观察情况

## 5.1.3　欧洲鹅耳枥生根的生理生化研究

欧洲鹅耳枥扦插后，持续对其进行生根形态变化的观察。春季扦插、夏季扦插、秋季扦插 100 d 后，进行生根率统计，相关数据见表 5－6。

**表 5－6　欧洲鹅耳枥不同处理试验生根统计表**

| 生根形状指标 | 春季 | | 夏季 | | 秋季 | |
|---|---|---|---|---|---|---|
| | 处理 | CK | 处理 | CK | 处理 | CK |
| 愈伤组织形成期/d | 33 | 36 | 28 | 35 | 27 | 33 |
| 观测最早生根期/d | 50 | 55 | 45 | 48 | 40 | 46 |
| 生根率/% | 17.67 | 13.00 | 26.67 | 22.33 | 50.00 | 41.67 |

#### 5.1.3.1　欧洲鹅耳枥生根过程中营养物质的变化

(1) 可溶性糖的变化

插穗生根是需要消耗大量营养物质的过程，特别是可溶性糖类（敖红 等，2002）。

a. 春季扦插

表5－7的方差分析表明：不同扦插时间，IBA处理组插穗可溶性糖含量差异极显著；CK组插穗的可溶性糖含量差异也极显著。

**表5－7　春季硬枝扦插不同时间可溶性糖含量的方差分析**

| 变异来源 | 因变量 | 平方和 | 自由度 | 均方 | *F*值 | *Sig.* |
|---|---|---|---|---|---|---|
| 扦插时间 | IBA处理 | 8.714 | 5 | 1.743 | 22.574 | 0.000 |
| | CK | 7.852 | 5 | 1.570 | 58.693 | 0.000 |

图5－2显示了欧洲鹅耳枥春季硬枝扦插生根可溶性糖含量变化，利用IBA处理后的0~10 d，10~20 d插穗可溶性糖含量均呈现极显著下降的趋势；20~30 d可溶性糖含量呈不显著上升趋势；30~40 d，40~50 d可溶性糖含量呈不显著下降趋势，但第50 d与第20 d相比，可溶性糖含量显著下降。

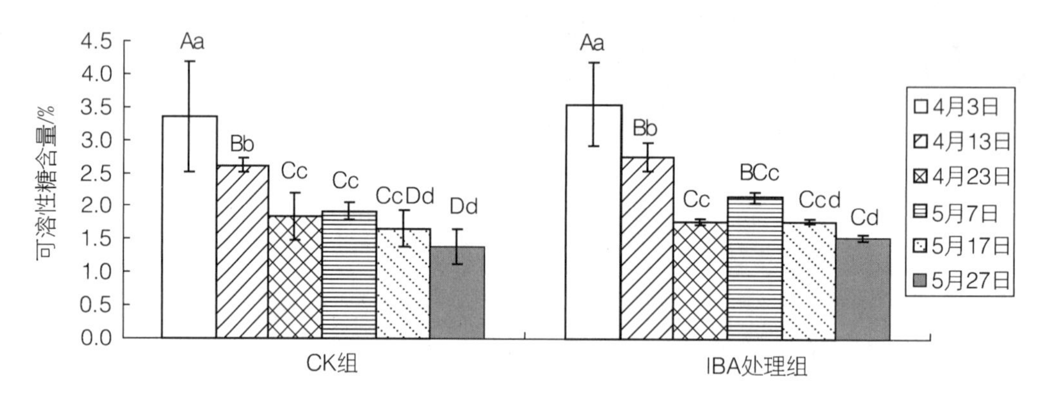


图5－2　欧洲鹅耳枥春季硬枝扦插生根过程中可溶性糖含量的变化

CK组0~10 d、10~20 d插穗中可溶性糖含量与IBA处理的变化趋势一致且均呈极显著下降趋势；20~30 d，30~40 d，40~50 d，可溶性糖含量变化趋势均不显著，但第50 d与第20 d相比，可溶性糖含量极显著下降。

欧洲鹅耳枥春季硬枝插穗的CK组、IBA处理组在扦插生根过程中的可溶性糖含量的变化均呈“逐渐下降”的趋势。可溶性糖含量最初逐渐降低可能是与伤呼吸有关，插穗经剪切扦插后，体内的伤呼吸作用加强，促进了新陈代谢，从而使可溶性糖的含量降低。扦插约28 d 2组插穗的新叶长出，光合作用加强，使插穗内可溶性糖含量有所增加。扦插约33 d IBA处理组插穗出现愈伤组织，可溶性糖含量的下降与愈伤组织的形成有关。扦插约50 d 2组插穗有不定根出现，这是可溶性糖含量继续下降的另一原因。

b. 夏季扦插

表5－8的方差分析表明：不同扦插时间，IBA处理组插穗可溶性糖含量差异极显著；CK组插穗的可溶性糖含量差异也极显著。

表 5-8　夏季嫩枝扦插不同时间之间可溶性糖含量的方差分析

| 变异来源 | 因变量 | 平方和 | 自由度 | 均方 | *F* 值 | *Sig.* |
| --- | --- | --- | --- | --- | --- | --- |
| 扦插时间 | IBA 处理 | 1.608 | 5 | 0.322 | 41.550 | 0.000 |
| | CK | 0.632 | 5 | 0.126 | 13.120 | 0.000 |

图 5-3 显示了夏季嫩枝扦插过程中可溶性糖含量的变化。通过多重比较可以看出，IBA 处理的插穗，0~10 d，可溶性糖含量呈极显著下降趋势；10~20 d，可溶性糖含量呈极显著上升趋势；20~30 d，30~40 d 可溶性糖含量呈下降趋势，但变化趋势不显著；40~50 d，可溶性糖含量呈极显著上升趋势。

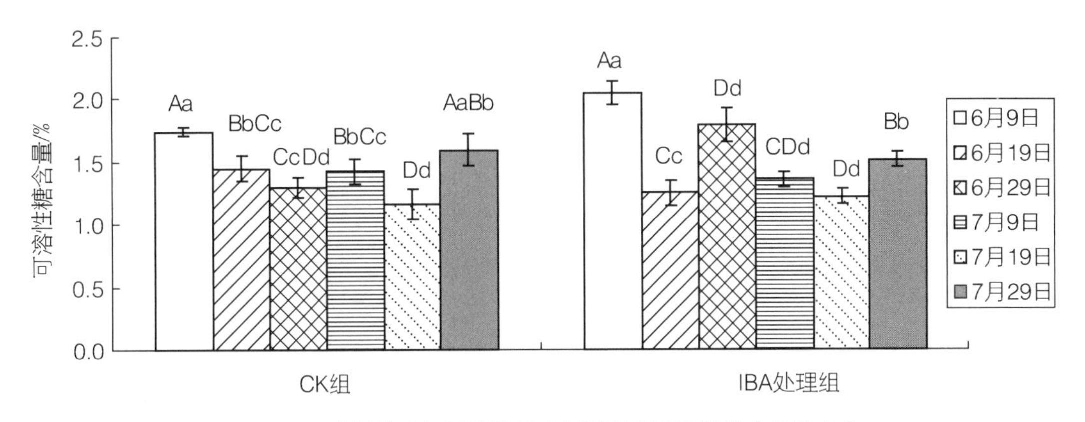


图 5-3　欧洲鹅耳枥夏季扦插生根过程中可溶性糖含量的变化

CK 组插穗，0~10 d，10~20 d，可溶性糖含量呈极显著下降趋势；20~30 d，可溶性糖含量上升，但变化不显著；30~40 d，可溶性糖含量呈极显著下降趋势；40~50 d，可溶性糖含量呈极显著上升趋势。

夏季嫩枝插穗的 CK 组、IBA 处理组在扦插生根过程中的可溶性糖含量的变化相似均呈“下降—升高”的趋势。在愈伤组织出现（6 月 29 日左右）前可溶性糖含量逐渐下降，以满足愈伤组织对糖分的需求。在不定根出现（7 月 9 日左右）前可溶性糖含量逐渐上升，以满足不定根的发育对糖分的需求。待不定根形成过程（7 月 9—19 日）中可溶性糖含量逐渐下降，这与不定根的生长需要消耗大量的营养物质有关。不定根形成后（7 月 19—29 日）可溶性糖含量有所回升，这可能与根开始吸收土壤中的养分有关。

经方差分析可知，IBA 处理组可溶性糖含量的变化要比 CK 组的差异显著，说明 IBA 处理有助于提高插穗内的相关生理活动，从而有助于扦插生根。

c. 秋季扦插

表 5-9 的方差分析表明：不同扦插时间，IBA 处理后的插穗可溶性糖含量差异极显著；CK 组插穗的可溶性糖含量差异也极显著。

表 5-9　秋季扦插不同时间可溶性糖含量的方差分析

| 变异来源 | 因变量 | 平方和 | 自由度 | 均方 | F值 | Sig. |
| --- | --- | --- | --- | --- | --- | --- |
| 扦插时间 | IBA 处理 | 3.648 | 5 | 0.730 | 577.672 | 0.000 |
|  | CK | 3.095 | 5 | 0.619 | 276.360 | 0.000 |

图 5-4 显示了秋季嫩枝扦插可溶性糖含量的变化。通过多重比较可以看出，IBA 处理过的插穗，0～10 d，可溶性糖呈极显著下降趋势；10～20 d，变化趋势不显著；20～30 d，30～40 d，可溶性糖呈极显著下降趋势；40～50 d 可溶性糖含量呈极显著上升趋势。

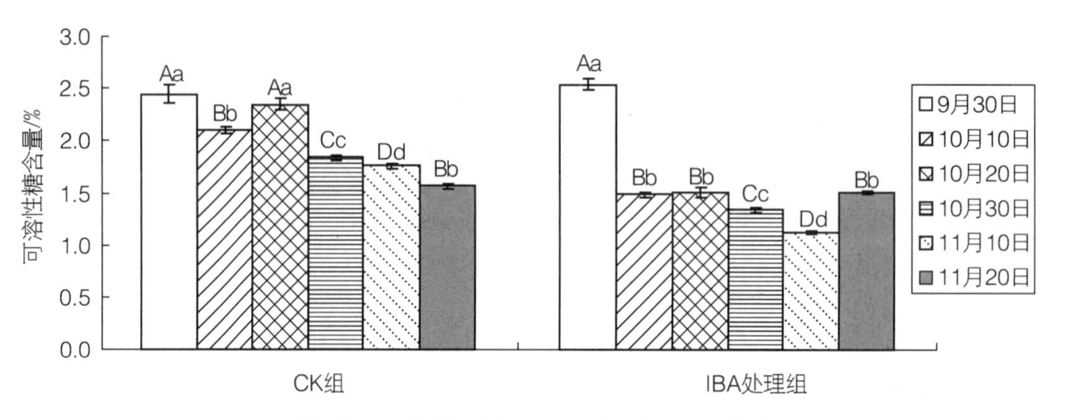


图 5-4　欧洲鹅耳枥秋季嫩枝扦插生根过程中可溶性糖含量的变化

CK 组插穗，0～10 d，可溶性糖含量呈极显著下降趋势；10～20 d，可溶性糖含量呈极显著上升趋势；20～30 d，30～40 d，40～50 d，可溶性糖含量均呈极显著下降趋势。

欧洲鹅耳枥秋季嫩枝插穗的 IBA 处理组在扦插生根过程中的可溶性糖含量的变化与夏季的相似呈“下降—升高”的趋势。而对照组与处理组的变化相似，只是在不定根发生后可溶性糖含量没有回升现象，这可能与对照组比处理组的不定根形成时间晚，生根的数量比对照的少，糖分积累得慢有关。

（2）淀粉的变化

插穗扦插生根所需的能量主要来源于体内贮存的营养物质，淀粉是最主要的营养贮存物质之一，淀粉只有通过水解转化为糖类才能被植物吸收利用。

a. 春季扦插

表 5-10 的方差分析表明：不同扦插时间，IBA 处理后的插穗淀粉含量差异极显著；CK 组插穗的淀粉含量差异也极显著。

表 5-10　春季硬枝扦插不同时间淀粉含量的方差分析

| 变异来源 | 因变量 | 平方和 | 自由度 | 均方 | *F* 值 | *Sig.* |
| --- | --- | --- | --- | --- | --- | --- |
| 扦插时间 | IBA 处理 | 3.031 | 5 | 0.606 | 55.303 | 0.000 |
| | CK | 2.134 | 5 | 0.427 | 61.568 | 0.000 |

图 5-5 显示了春季硬枝扦插过程淀粉含量的变化。通过多重比较可以看出，经过 IBA 处理的插穗淀粉含量变化，在整个扦插采样过程 0~50 d 均逐渐下降，0~10 d，淀粉含量下降极显著；10~20 d，20~30 d，淀粉含量下降不显著；30~40 d，淀粉含量下降显著；40~50 d，淀粉含量下降极显著。

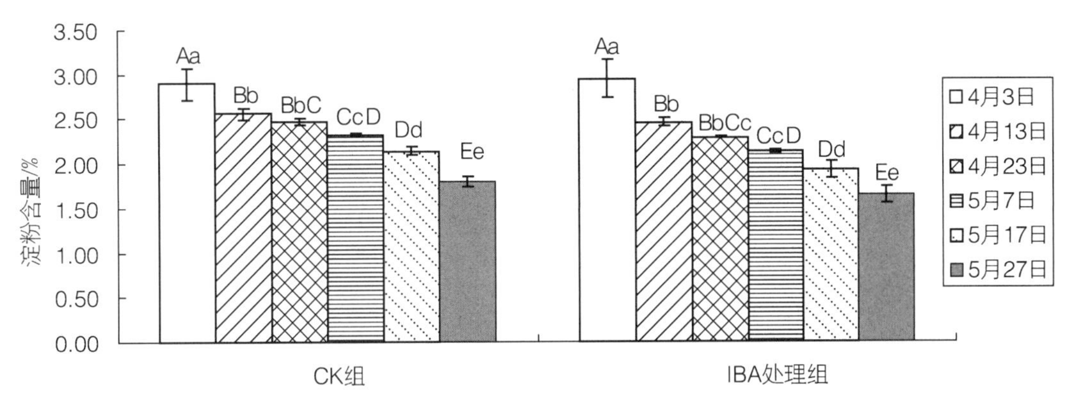


图 5-5　欧洲鹅耳枥春季硬枝扦插生根过程中淀粉含量的变化

CK 组插穗与经 IBA 处理的插穗淀粉含量变化趋势相一致，但变化的量较 IBA 处理的少。

春季硬枝扦插淀粉含量变化均呈下降的趋势，而插穗不定根形成的时间约为插后 50 d，不定根的形成和生长均消耗大量的可溶性糖，从而促进了淀粉的水解，这可能是淀粉含量持续下降的主要原因。经 IBA 处理的插穗淀粉含量变化量较清水对照的多，说明外源生长激素处理有利于促进淀粉的水解。

b. 夏季扦插

表 5-11 的方差分析表明：不同扦插时间，IBA 处理后的插穗淀粉含量差异极显著；CK 组插穗的淀粉含量差异也极显著。

表 5-11　夏季嫩枝扦插不同时间淀粉含量的方差分析

| 变异来源 | 因变量 | 平方和 | 自由度 | 均方 | *F* 值 | *Sig.* |
| --- | --- | --- | --- | --- | --- | --- |
| 扦插时间 | IBA 处理 | 0.435 | 5 | 0.087 | 30.118 | 0.000 |
| | CK | 0.484 | 5 | 0.097 | 9.977 | 0.001 |

图 5－6 显示了夏季嫩枝扦插过程淀粉含量的变化。通过多重比较可以看出，经过 IBA 处理的插穗，其淀粉含量在整个扦插采样过程 0～50 d 均呈先逐渐下降后上升的趋势，0～10 d，淀粉含量下降极显著；10～20 d，淀粉含量下降不显著；20～30 d，淀粉含量下降显著；30～40 d，淀粉含量下降极显著；40～50 d，淀粉含量上升极显著。

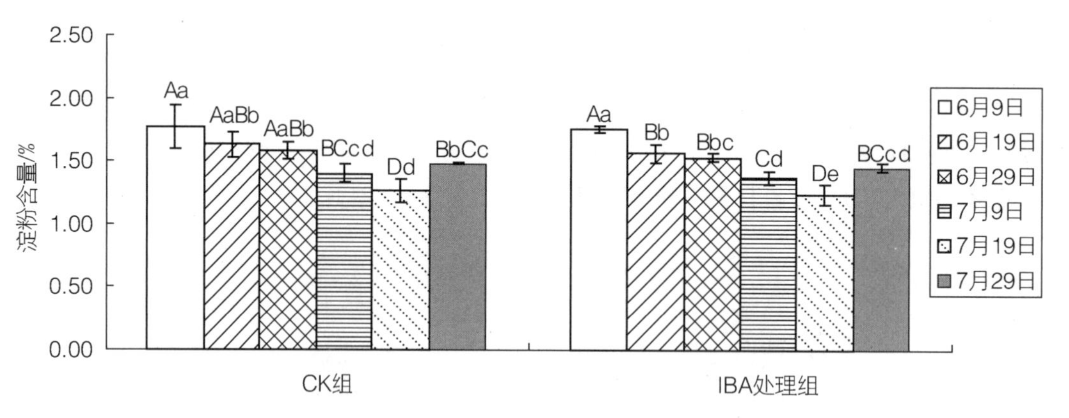


图 5－6　欧洲鹅耳枥夏季嫩枝扦插生根过程中淀粉含量的变化

CK 组插穗的淀粉含量变化趋势，与经 IBA 处理组插穗淀粉含量变化趋势一致，但变化的量较 IBA 处理的少。

夏季嫩枝扦插淀粉含量变化均呈“先下降后上升”的趋势，而插穗不定根形成的时间约为插后 45 d，不定根的形成和生长均消耗大量的可溶性糖，从而促使淀粉的水解，待不定根大量形成吸收土壤中的养分，从而有利于淀粉的积累，这可能是淀粉含量先降低后升高的主要原因。

c. 秋季扦插

表 5－12 的方差分析表明：不同扦插时间，IBA 处理后的插穗淀粉含量差异极显著；清水对照插穗的淀粉含量差异也极显著。

**表 5－12　秋季嫩枝扦插不同时间淀粉含量的方差分析**

| 变异来源 | 因变量 | 平方和 | 自由度 | 均方 | *F* 值 | *Sig.* |
|---|---|---|---|---|---|---|
| 扦插时间 | IBA 处理 | 6. 693 | 5 | 1. 339 | 402. 898 | 0. 000 |
| | CK | 1. 706 | 5 | 0. 341 | 17. 927 | 0. 000 |

图 5－7 显示了秋季嫩枝扦插过程淀粉含量的变化。通过多重比较可以看出，经过 IBA 处理的插穗的淀粉含量变化，在整个扦插采样过程 0～50 d 均呈先逐渐下降后上升的趋势，0～10 d、10～20 d，淀粉含量下降极显著；20～30 d，淀粉含量下降不显著；30～40 d，淀粉含量下降极显著；40～50 d，淀粉含量上升极显著。

0～10 d 和 10～20 d，CK 组淀粉含量显著下降；20～30 d，30～40 d，淀粉含量下降不显著；40～50 d，淀粉含量上升极显著。

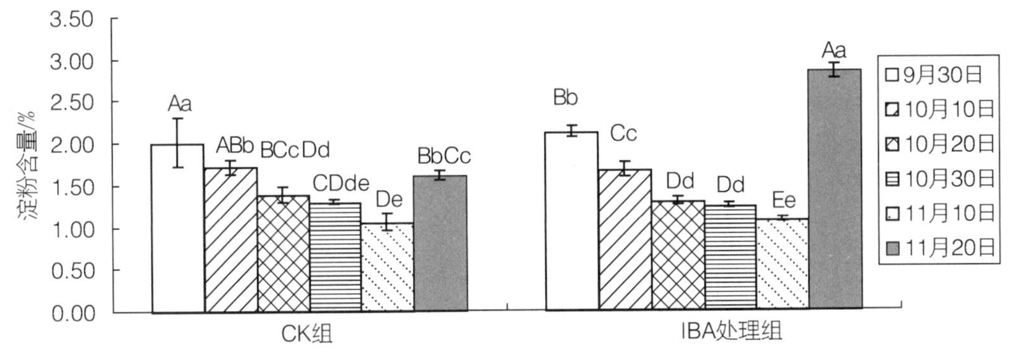


图 5-7　欧洲鹅耳枥秋季嫩枝扦插生根过程中淀粉含量的变化

秋季嫩枝扦插淀粉含量变化均呈“先下降后上升”的趋势，IBA 处理组插穗后期淀粉含量急剧上升，而 CK 组插穗淀粉含量上升的幅度较小，这可能与 IBA 处理的插穗不定根形成的时间早有关。

(3) 可溶性蛋白的变化

a. 春季扦插

表 5-13 的方差分析表明：不同扦插时间，IBA 处理组插穗可溶性蛋白含量差异极显著；CK 组插穗的可溶性蛋白含量差异也极显著。

**表 5-13　春季硬枝扦插不同时间可溶性蛋白含量的方差分析**

| 变异来源 | 因变量 | 平方和 | 自由度 | 均方 | *F* 值 | *Sig.* |
|---|---|---|---|---|---|---|
| 扦插时间 | IBA 处理 | 0.051 | 5 | 0.010 | 39.030 | 0.005 |
| | CK | 0.033 | 5 | 0.007 | 5.950 | 0.000 |

图 5-8 显示了春季硬枝扦插过程可溶性蛋白含量的变化。通过多重比较可以看出，IBA 处理组插穗的可溶性蛋白含量变化，0~10 d 可溶性蛋白含量呈极显著下降，10~30 d，可溶性蛋白含量呈上升趋势，但上升的幅度不显著；30~50 d，可溶性蛋白含量呈极显著下降趋势。

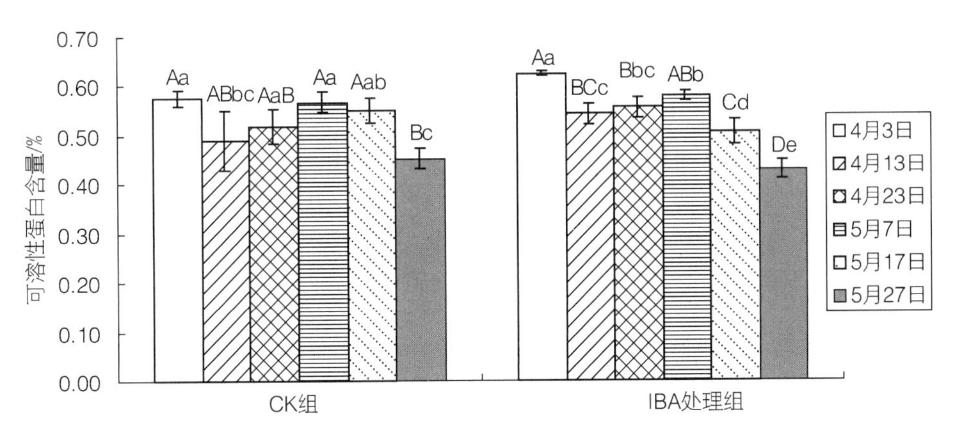


图 5-8　欧洲鹅耳枥春季硬枝扦插过程中插条可溶性蛋白含量的变化

CK 组插穗，可溶性蛋白含量变化趋势与 IBA 处理组的一致，但变化幅度比 IBA 处理组的小。

春季硬枝扦插可溶性蛋白含量在愈伤组织及不定根形成期显著下降，说明可溶性蛋白是愈伤组织和不定根形成所需的营养物质。IBA 处理组插穗比清水对照的可溶性蛋白含量变化大，这可能与 IBA 处理使插穗的愈伤组织和不定根形成的时间提前，消耗的可溶性蛋白的时间早有关。

b. 夏季扦插

表 5－14 的方差分析表明：不同扦插时间，IBA 处理组插穗可溶性蛋白含量差异极显著；CK 组插穗的可溶性蛋白含量差异也极显著。

**表 5－14　夏季嫩枝扦插不同时间可溶性蛋白含量的方差分析**

| 变异来源 | 因变量 | 平方和 | 自由度 | 均方 | *F* 值 | *Sig.* |
|---|---|---|---|---|---|---|
| 扦插时间 | IBA 处理 | 0.091 | 5 | 0.018 | 69.928 | 0.000 |
| | CK | 0.081 | 5 | 0.016 | 23.555 | 0.000 |

图 5－9 显示了夏季嫩枝扦插过程可溶性蛋白含量的变化。通过多重比较可以看出，IBA 处理组插穗的可溶性蛋白含量变化，扦插 0~20 d 可溶性蛋白含量变化不显著，20~50 d，可溶性蛋白含量呈显著下降趋势。

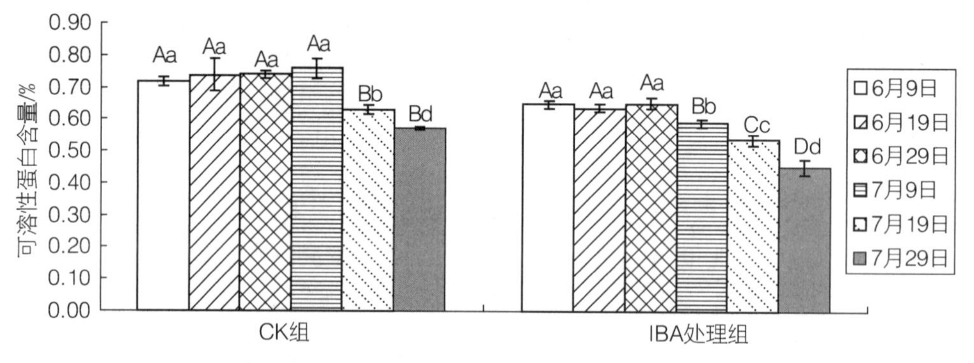


图 5－9　欧洲鹅耳枥夏季嫩枝扦插过程中插条可溶性蛋白含量的变化

CK 组插穗的可溶性蛋白含量变化趋势与 IBA 处理组的一致，但其可溶性蛋白开始下降的时间晚于 IBA 处理组。

夏季嫩枝扦插可溶性蛋白含量在愈伤组织及不定根形成期显著下降，说明可溶性蛋白是愈伤组织和不定根形成所需的营养物质。IBA 处理组插穗的可溶性蛋白含量比 CK 组插穗的变化大，这可能与 IBA 处理使插穗的愈伤组织和不定根形成的时间提前，消耗的可溶性蛋白的时间早有关。

c. 秋季扦插

表 5－15 的方差分析表明：不同扦插时间，IBA 处理组插穗的可溶性蛋白含量差异极显著；CK 组插穗的可溶性蛋白含量差异也极显著。

表 5-15　秋季嫩枝扦插不同时间可溶性蛋白含量的方差分析

| 变异来源 | 因变量 | 平方和 | 自由度 | 均方 | F 值 | Sig. |
|---|---|---|---|---|---|---|
| 扦插时间 | IBA 处理 | 0.051 | 5 | 0.010 | 13.800 | 0.000 |
| | CK | 0.035 | 5 | 0.007 | 14.180 | 0.000 |

图 5-10 显示了秋季嫩枝扦插过程可溶性蛋白含量的变化。通过多重比较可以看出，经过 IBA 处理组插穗的可溶性蛋白含量变化，扦插 0~20 d 可溶性蛋白含量变化不显著，20~50 d，可溶性蛋白含量呈显著下降后上升趋势。

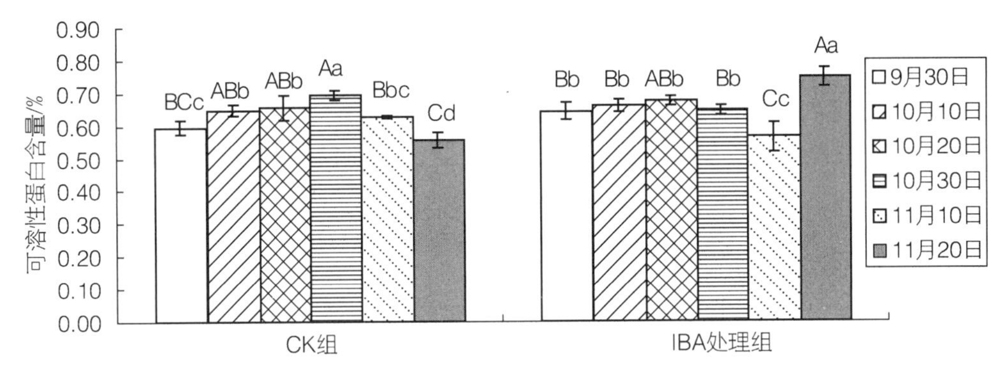


图 5-10　秋季嫩枝扦插过程中插条可溶性蛋白含量的变化

CK 组插穗 0~30 d 可溶性蛋白含量变化趋势是显著升高，30~50 d 可溶性蛋白含量呈极显著降低趋势。

IBA 处理组插穗可溶性蛋白含量在扦插 50 d 后升高而 CK 组插穗的没有升高，这与 IBA 处理促进了插穗的不定根形成，不定根大量形成后吸收土壤中的养分，使可溶性蛋白的积累量大于消耗量有关。

#### 5.1.3.2　欧洲鹅耳枥生根过程中酶活性的变化

插穗从扦插到生根形成完整的植株前，会受到外界逆境胁迫影响，插穗内部会产生大量的自由基和活性氧，对插穗造成很大伤害。过氧化物酶（POD）和超氧化物酶（SOD）能有效抑制这些自由基的产生，是保护酶系统的重要组成成分（Levitt，1975）。

（1）过氧化物酶（POD）

a. 春季扦插

表 5-16 的方差分析表明：不同扦插时间，IBA 处理组插穗 POD 活性差异极显著；CK 组插穗的 POD 活性差异也极显著。

表 5-16　春季硬枝扦插不同时间 POD 活性的方差分析

| 变异来源 | 因变量 | 平方和 | 自由度 | 均方 | F 值 | Sig. |
|---|---|---|---|---|---|---|
| 扦插时间 | IBA 处理 | 99 170 852.68 | 5 | 19 834 170.53 | 33.928 | 0.000 |
| | CK | 108 931 349.24 | 5 | 21 786 269.84 | 62.237 | 0.000 |

图 5－11 显示了春季硬枝扦插过程 POD 活性的变化。通过多重比较可以看出经过 IBA 处理的插穗 POD 活性变化：扦插 0～10 d，POD 活性极显著升高；10～20 d，POD 活性极显著下降；20～50 d，POD 活性逐渐升高，扦插 50 d 与 20 d，POD 活性差异极显著。

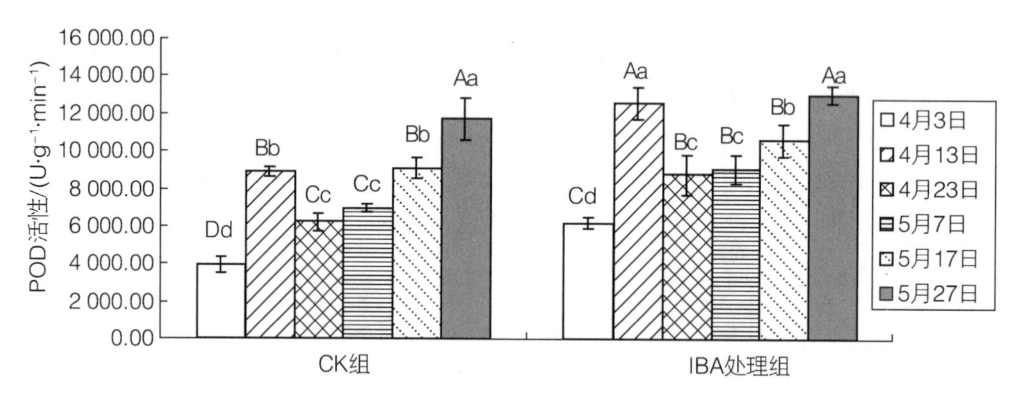


图 5－11　春季硬枝扦插过程中插条 POD 活性的变化

CK 组插穗的 POD 活性变化趋势与 IBA 处理组的相一致，但 CK 组插穗的 POD 活性要比 IBA 处理组的低。

春季硬枝插穗扦插 0～10 d，POD 活性升高，有助于清除插穗内多余的自由基和活性氧；扦插 10～30 d，POD 活性降低后又缓慢上升，有利于 IAA 含量的积累，从而利于愈伤组织的诱导；40～50 d，POD 活性显著升高。IBA 处理组插穗的 POD 活性高于 CK 组，说明外源 IBA 有利于提高 POD 活性。

b. 夏季扦插

表 5－17 的方差分析表明：不同扦插时间，IBA 处理组插穗的 POD 活性差异极显著；CK 组插穗的 POD 活性差异也极显著。

**表 5－17　夏季嫩枝扦插不同时间 POD 活性的方差分析**

| 变异来源 | 因变量 | 平方和 | 自由度 | 均方 | *F* 值 | *Sig.* |
|---|---|---|---|---|---|---|
| 扦插时间 | IBA 处理 | 89 423 366. 71 | 5 | 17 884 673. 34 | 486. 583 | 0. 000 |
| | CK | 624 038. 769 | 5 | 124 807. 754 | 7. 339 | 0. 002 |

图 5－12 显示了夏季嫩枝扦插过程 POD 活性的变化。通过多重比较可以看出，IBA 处理组插穗 POD 活性变化：扦插 0～10 d，POD 活性极显著升高；10～20 d，POD 活性降低，但变化不显著；20～40 d，POD 活性逐渐升高；40～50 d，POD 活性降低，但差异不显著。

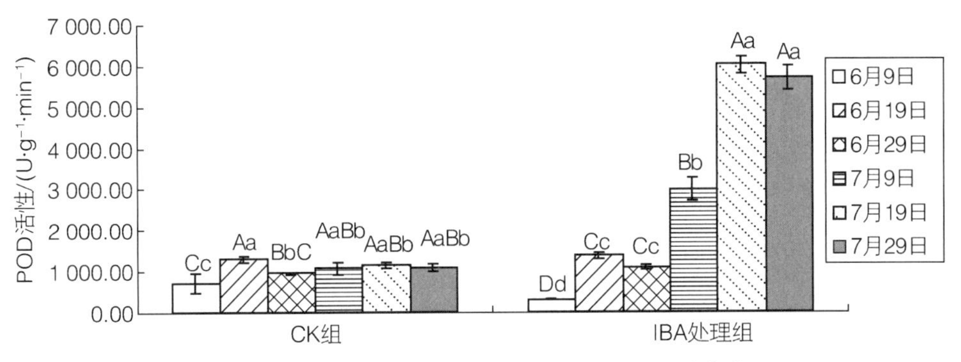


图 5-12　夏季嫩枝扦插过程中插条 POD 活性的变化

CK 组插穗的 POD 活性变化趋势与 IBA 处理的相一致，但 CK 组插穗的 POD 活性要比 IBA 处理组的低且变化不显著。

夏季嫩枝插穗 POD 活性变化与春季硬枝扦插有所不同，夏季嫩枝在扦插后期 POD 活性出现降低趋势，而夏季嫩枝扦插生根的时间为插后 48 d，说明 POD 活性降低有利于不定根的伸长。

c. 秋季扦插

表 5-18 的方差分析表明：不同扦插时间，IBA 处理组插穗 POD 活性差异极显著；CK 组插穗的 POD 活性差异也极显著。

**表 5-18　秋季嫩枝扦插不同时间 POD 活性的方差分析**

| 变异来源 | 因变量 | 平方和 | 自由度 | 均方 | *F* 值 | *Sig.* |
| --- | --- | --- | --- | --- | --- | --- |
| 扦插时间 | IBA 处理 | 11 072 595. 52 | 5 | 2 214 519. 105 | 7 865. 614 | 0. 000 |
| | CK | 10 431 508. 84 | 5 | 2 086 301. 769 | 1 578. 940 | 0. 000 |

图 5-13 显示了秋季嫩枝扦插过程 POD 活性的变化，经过 IBA 处理的插穗 POD 活性变化，扦插 0~50 d，POD 活性极显著升高均呈极显著上升的趋势。

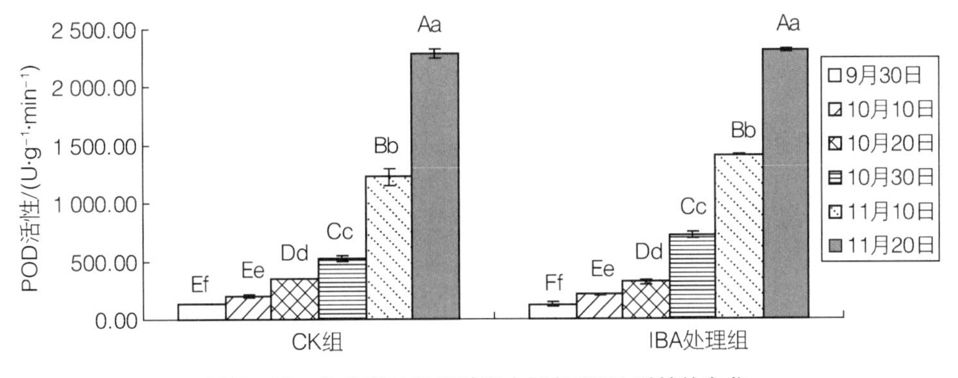


图 5-13　秋季嫩枝扦插过程中插条 POD 活性的变化

CK 组插穗的 POD 活性变化趋势与 IBA 处理组的一致，但 CK 组插穗 POD 活性要比 IBA 处理的低。

秋季嫩枝插穗 POD 活性变化与夏季嫩枝扦插有所不同，秋季嫩枝插穗 POD 活性比夏季嫩枝插穗的低。秋季嫩枝插穗在愈伤组织诱导期及不定根的形成期均未出现降低的现象，这可能与插穗内 POD 活性低，对 IAA 的积累影响不大有关。

（2）超氧化物歧化酶（SOD）

a. 春季扦插

表 5－19 的方差分析表明：不同扦插时间，IBA 处理组插穗的 SOD 活性差异极显著；CK 组插穗的 SOD 活性差异也极显著。

**表 5－19　春季硬枝扦插不同时间 SOD 活性的方差分析**

| 变异来源 | 因变量 | 平方和 | 自由度 | 均方 | *F* 值 | *Sig.* |
|---|---|---|---|---|---|---|
| 扦插时间 | IBA 处理 | 19 241. 865 | 5 | 3 848. 373 | 71. 087 | 0. 000 |
| | CK | 10 325. 714 | 5 | 2 065. 143 | 66. 586 | 0. 000 |

图 5－14 显示了春季硬枝扦插过程 SOD 活性的变化，经过 IBA 处理组插穗 SOD 活性变化：扦插 0~50 d，SOD 活性呈先升高后下降的趋势，且不同采样时间之间 SOD 活性差异极显著。

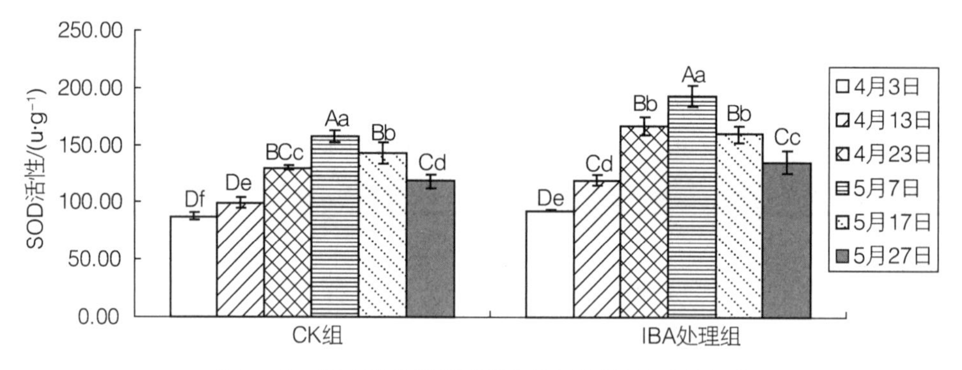


图 5－14　春季硬枝扦插过程中插条 SOD 活性的变化

CK 组插穗的 SOD 活性的变化趋势与 IBA 处理的相一致，但 CK 组插穗的 SOD 活性要比 IBA 处理组的低。

扦插初期，离体插穗处于逆境胁迫状态，体内 SOD 活性升高，随着愈伤组织及不定根的长出和伸长，逆境胁迫状态得到改善，SOD 活性逐渐降低。经 IBA 处理的插穗，SOD 活性升高，降低膜脂的过氧化程度，从而延缓了插穗的衰老，促进不定根的形成（刘延青，2010）。

b. 夏季扦插

表 5－20 的方差分析表明：不同扦插时间，IBA 处理组插穗的 SOD 活性差异极显著；CK 组插穗的 SOD 活性差异也极显著。

表 5－20　夏季嫩枝扦插不同时间 SOD 活性的方差分析

| 变异来源 | 因变量 | 平方和 | 自由度 | 均方 | *F* 值 | *Sig.* |
|---|---|---|---|---|---|---|
| 扦插时间 | IBA 处理 | 8 187. 535 | 5 | 1 637. 509 | 21. 180 | 0. 000 |
| | CK | 67 612. 970 | 5 | 13 522. 594 | 64. 319 | 0. 000 |

图 5－15 显示了夏季嫩枝扦插过程 SOD 活性的变化。通过多重比较可以看出，经过 IBA 处理的插穗 SOD 活性呈先升高后下降的变化趋势，SOD 活性最高峰出现在插后 20 d，与插后 0 d 和 50 d 的 SOD 活性差异极显著。

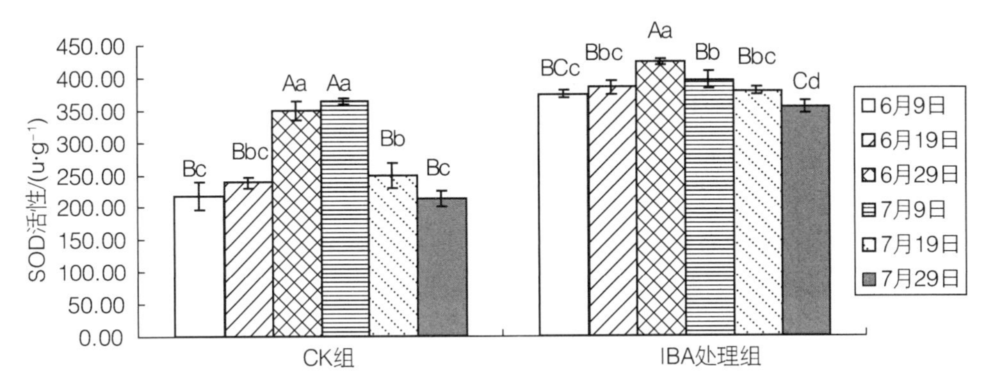


图 5－15　夏季嫩枝扦插过程中插条 SOD 活性的变化

CK 组插穗的 SOD 活性的变化趋势与 IBA 处理组的相一致，但 CK 插穗的 SOD 活性最高峰出现在插后 30 d，与插后 0 d 和 50 d 的 SOD 活性差异极显著。

夏季嫩枝插穗内 SOD 活性整体比春季硬枝插穗的高，可能是与夏季气温高，插穗离体后受到的逆境胁迫较强有关。IBA 处理组插穗，SOD 活性升高趋势持续的时间要比 CK 组的短，这可能是因为 IBA 处理使插穗愈伤组织和不定根的形成时间提前，使逆境胁迫状态得到了改善。

c. 秋季扦插

表 5－21 的方差分析表明：不同扦插时间，IBA 处理组插穗的 SOD 活性差异极显著；CK 组插穗的 SOD 活性差异也为极显著。

表 5－21　秋季嫩枝扦插不同时间 SOD 活性的方差分析

| 变异来源 | 因变量 | 平方和 | 自由度 | 均方 | *F* 值 | *Sig.* |
|---|---|---|---|---|---|---|
| 扦插时间 | IBA 处理 | 40 838. 076 | 5 | 8 167. 615 | 159. 494 | 0. 000 |
| | CK | 7 349. 096 | 5 | 1 469. 819 | 14. 521 | 0. 000 |

图 5－16 显示了秋季嫩枝扦插过程 SOD 活性的变化。通过多重比较可以看出，经过 IBA 处理的插穗 SOD 活性呈先升高后下降的变化趋势，SOD 活性最高峰出现在插后 20 d，与插后 0 d 和 50 d 的 SOD 活性差异极显著。

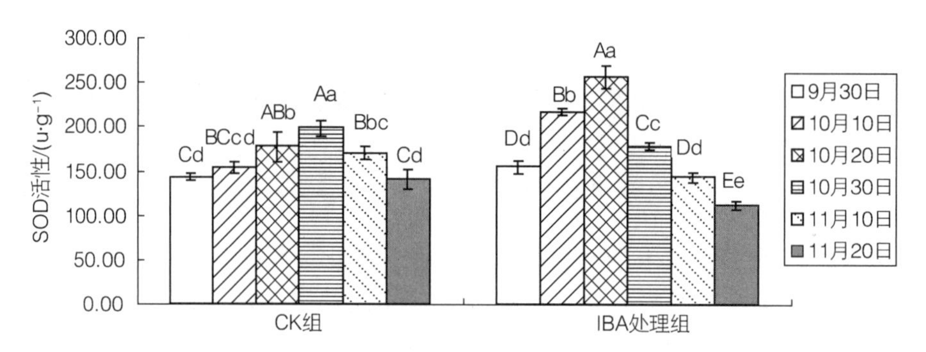


图 5－16　秋季嫩枝扦插过程中插条 SOD 活性的变化

CK 组插穗的 SOD 活性变化趋势与 IBA 处理组的一致，但 CK 组插穗的 SOD 活性最高峰出现在插后 30 d，与插后 0 d 和 50 d 的 SOD 活性差异极显著。

秋季嫩枝插穗内 SOD 活性整体比夏季嫩枝插穗的低，可能是因为秋季气温降低，插穗离体后受到的逆境胁迫变小。

#### 5.1.3.3　欧洲鹅耳枥生根过程中单宁含量的变化

单宁是抑制插穗生根的主要物质之一，它不仅能削弱或阻止植物体内生长激素的合成，又可以滞留在插穗切口的表面，阻碍插穗吸收水分，从而降低插穗的生根（森下义朗 等，1988）。

a. 春季扦插

方差分析（表 5－22）表明：不同扦插时间，IBA 处理组插穗单宁含量差异极显著；CK 组插穗的单宁含量差异也极显著。

表 5－22　春季硬枝扦插不同时间单宁含量的方差分析

| 变异来源 | 因变量 | 平方和 | 自由度 | 均方 | *F* 值 | *Sig.* |
|---|---|---|---|---|---|---|
| 扦插时间 | IBA 处理 | 47. 632 | 5 | 9. 526 | 16. 857 | 0. 000 |
| | CK | 30. 104 | 5 | 6. 021 | 29. 020 | 0. 000 |

图 5－17 显示了欧洲鹅耳枥硬枝插穗扦插过程单宁含量的变化，用 IBA 处理的插穗，0～10 d，10～20 d，单宁含量呈极显著下降趋势；20～30 d，单宁含量变化不显著，30～40 d，40～50 d，单宁含量呈极显著下降趋势。

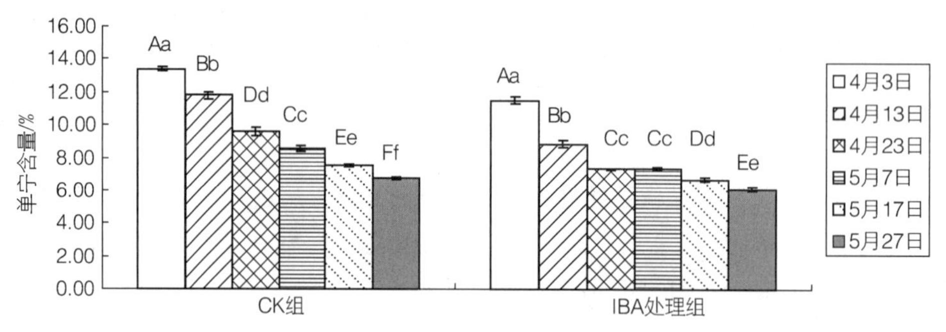


图 5－17　欧洲鹅耳枥春季硬枝扦插生根过程中单宁含量的变化

整个扦插过程，CK 组插穗的单宁含量变化均呈极显著下降趋势。

欧洲鹅耳枥硬枝插穗的 CK 组、IBA 处理组在扦插生根过程中的单宁含量的变化均呈“下降”的趋势。扦插约 33 d 开始出现愈伤组织，扦插约 50 d 有不定根出现。说明随着愈伤组织和不定根的形成单宁的含量逐渐降低。

b. 夏季扦插

表 5 - 23 的方差分析表明：不同扦插时间，IBA 处理组插穗单宁含量差异极显著；CK 组插穗的单宁含量差异也极显著。

**表 5 - 23　夏季嫩枝扦插不同时间单宁含量的方差分析**

| 变异来源 | 因变量 | 平方和 | 自由度 | 均方 | *F* 值 | *Sig.* |
|---|---|---|---|---|---|---|
| 扦插时间 | IBA 处理 | 47.632 | 5 | 9.526 | 16.857 | 0.000 |
| | CK | 30.104 | 5 | 6.021 | 29.020 | 0.000 |

图 5 - 18 显示了欧洲鹅耳枥夏季嫩枝扦插单宁含量的变化，IBA 处理组插穗在整个扦插过程中，单宁含量均呈显著下降趋势。

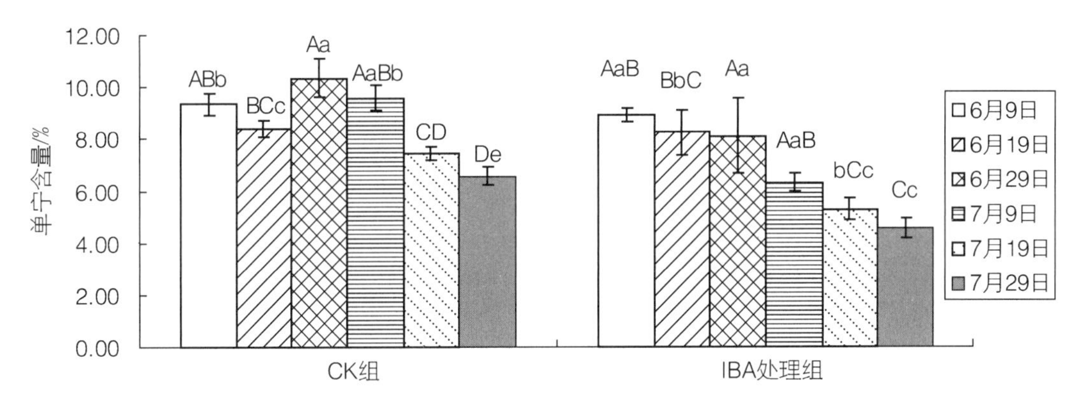


图 5 - 18　欧洲鹅耳枥夏季嫩枝扦插生根过程中单宁含量的变化

CK 组插穗，0~10 d，单宁含量呈极显著下降趋势；10~20 d，单宁含量呈极显著上升趋势；20~30 d，30~40 d，40~50 d，单宁含量均呈极显著下降趋势。

欧洲鹅耳枥插穗的 CK 组在扦插生根过程中的单宁含量的变化呈“下降—升高—下降”的趋势，扦插后约 30 d 单宁的含量最高，扦插后约 50 d 单宁的含量最低，扦插约 28 d 有部分愈伤组织出现，扦插约 45 d 有不定根出现，说明随着愈伤组织和不定根的形成单宁的含量逐渐降低。IBA 处理组的单宁含量变化呈逐渐下降的趋势，说明随着愈伤组织及不定根的形成，单宁的含量逐渐下降。

c. 秋季扦插

表 5 - 24 的方差分析表明：不同扦插时间，IBA 组插穗单宁含量差异极显著；CK 组插穗的单宁含量差异也极显著。

表 5－24　秋季嫩枝扦插不同时间单宁含量的方差分析

| 变异来源 | 因变量 | 平方和 | 自由度 | 均方 | *F* 值 | *Sig.* |
|---|---|---|---|---|---|---|
| 扦插时间 | IBA 处理 | 8. 541 | 5 | 1. 708 | 66. 022 | 0. 000 |
|  | CK | 6. 312 | 5 | 1. 262 | 49. 213 | 0. 000 |

图 5－19 显示了欧洲鹅耳枥秋季嫩枝扦插后单宁含量的变化，IBA 处理组插穗中单宁含量在 0~10 d，10~20 d 呈极显著下降趋势；20~30 d，变化趋势不显著；30~40 d，单宁含量呈极显著上升趋势；40~50 d，单宁含量呈极显著下降趋势。

CK 组插穗，0~10 d，10~20 d 单宁含量呈极显著下降趋势；20~40 d，单宁含量变化不明显；40~50 d，单宁含量呈极显著下降趋势。

CK 组插穗呈逐渐下降趋势；IBA 处理组插穗在扦插生根过程中的单宁含量呈“下降—升高—下降”的趋势，目扦插约 27 d 有愈伤组织的出现，扦插约 45 d 有不定根出现，说明随着愈伤组织的形成单宁含量上升，随着不定根的形成单宁含量下降。

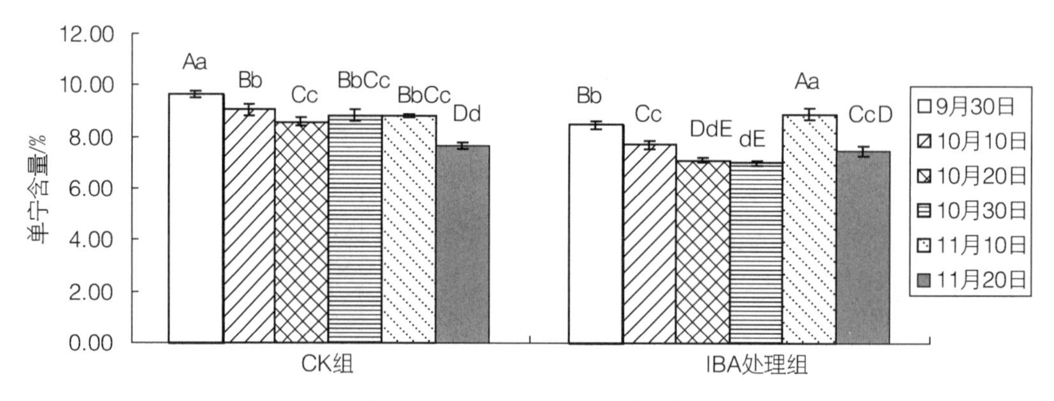

图 5－19　欧洲鹅耳枥秋季嫩枝扦插生根过程中单宁含量的变化

夏季、秋季的嫩枝插穗的单宁含量较春季硬枝插穗的低，IBA 处理组插穗的单宁较 CK 组插穗的含量低。说明单宁的含量随着枝条木质化程度的增加而增加。外源生长激素能够调节插穗体内单宁的含量，有利于插穗生根。

## 5. 1. 4　插后管理

试验前一周用多菌灵 800~900 倍液对基质进行彻底消毒并翻晒，扦插后压实插穗四周的基质，并在扦插结束后浇一次透水，使插穗与基质充分接触。扦插后每 7 d 用多菌灵 800~900 倍液对基质喷洒消毒以防止病害发生。插穗生根前（扦插之日起约 1 个月）需要大量水分，务必使插条和插床保持湿润状态，周围空气相对湿度控制在 80%~90%，插穗生根后逐渐减少喷水次数，防止根系腐烂。

## 5.2　嫁接繁殖

欧洲鹅耳枥常见的繁殖方法为嫁接繁殖，在欧美地区，一些优良的栽培品种就是通过嫁接繁殖获得的。如：‘帚状欧洲鹅耳枥’（*C. betulus*‘fastigiata’）、‘柱形欧洲鹅耳枥’（*C. betulus*‘Columnaris’）、‘垂枝欧洲鹅耳枥’（*C. betulus*‘Vienna Weeping’）及‘方氏欧洲鹅耳枥’（*C. betulus*‘Frans Fontaine’）等。通常以树形优美、观赏价值较高的栽培变种枝条作接穗，以生长健壮、无病虫害、抗逆性强的实生欧洲鹅耳枥作砧木，砧木为一年生或者二年生较好，进行嫁接。嫁接时间以1—2月或9月为佳，常见的嫁接方法有插皮舌接、切接以及方块芽接。

### 5.2.1　欧洲鹅耳枥嫁接繁殖方法研究

#### 5.2.1.1　砧木准备

2011年3—11月选用鹅耳枥种子放在人工气候箱混合基质（蛭石：草炭土=1：1）中播种。待小苗萌发后移栽至装有混合基质（蛭石：草炭土：园土=1：1：1）的花盆中，整齐地摆放在室外扦插池内，盆底紧密接触土壤，干旱时可减少盆内基质水分散失。待小苗生长一年后，即可做嫁接砧木，此时砧木苗高0.7~0.9 m，地径0.7~0.9 cm。

#### 5.2.1.2　接穗准备

将多年生欧洲鹅耳枥苗木从距离基部20 cm处截干，其根基会萌发较多的枝条，通过一定的修剪措施，保留一两根枝条，加强水肥管理，培育健康粗壮的接穗，待用。

#### 5.2.1.3　嫁接时期和方法

欧洲鹅耳枥一年当中从3—11月均可进行嫁接，春季3、4月和秋季9、10月枝接（切接和合接）成活率较高，夏季5、6月和秋季9、10月芽接（嵌芽接和方块芽接）成活率较高，夏季7月无论枝接还是芽接成活率均较低，一般不建议此时嫁接。

（1）切接法

将鹅耳枥苗距根基10 cm处截干作为砧木，用嫁接刀在砧木上端合适的位置向下直切，切口的宽度要与接穗的粗度基本相同，切口深度为2.5~3.5 cm。接穗选用培育好的基部萌条，根据芽体的位置合理地剪切，上端保留2~3个芽体，下端削成长2.5~3.5 cm的斜面，在斜面的背面削成长约1 cm斜面，确保接穗底端形状呈“一”形。嫁接时将接穗插入砧木中，然后用塑料薄膜将整个结合部位包扎起来。

（2）合接法

将鹅耳枥苗距根基10 cm处截干作为砧木，用嫁接刀在砧木上端削一个长3~4 cm的斜面，斜面宽度与接穗粗度基本相同。将接穗下段削成长3~4 cm的斜面，斜面背部不削。嫁接时将接穗与砧木削面完整贴合，然后用嫁接塑料薄膜将整个结合部位包扎起来。

（3）嵌芽接

在鹅耳枥苗离地 5 cm 处自上而下斜切一刀，深达木质部。再在切口上方约 2 cm 位置自上而下连同木质部往下削，直至下部切口处，取出所切砧木。接穗的切法同砧木相同，切下的接穗必须拥有芽体。接合时将接穗吻合插入砧木切口上，然后用嫁接薄膜自下而上进行绑扎，绑扎要紧密，只将芽体露出。

（4）方块芽接

嫁接前，用嫁接刀在接穗与砧木切口处做上记号，确保切口长度相等。在砧木平滑处上下左右各划一刀，然后用嫁接刀削除砧木皮。在接穗上切取同样大小的方形芽片，不带木质部。嫁接时将接芽放入砧木切口中，用嫁接塑料薄膜绑扎起来，露出芽体即可。

#### 5.2.1.4 影响欧洲鹅耳枥嫁接成活率的因子

（1）嫁接时期对欧洲鹅耳枥嫁接成活率的影响

切接、合接、嵌芽接及方块芽接 4 种嫁接方法不同时期的嫁接成活率不同（图 5－20）。切接法在 3 月上旬嫁接成活率最高，达到 95.2%。随着气温的回升，从 4 月至 7 月嫁接成活率逐渐降低，在 7 月达到最低，仅 19.5%。在 8 月、9 月嫁接成活率又升高，9 月能达到 86.3%。10 月与 11 月嫁接成活率虽然有所降低，但与 9 月整体上保持齐平。合接法与切接法表现同样的规律，3 月份嫁接成活率最高，为 92.3%，7 月嫁接成活率最低，为 12.2%。相对于切接法和合接法，嵌芽接法嫁接成活率变化幅度较小。从 3—5 月嫁接成活率缓慢增大，从 5—7 月嫁接成活率缓慢降低，7—9 月嫁接成活率增加的速率相对较快，9—11 月嫁接成活率缓慢降低。在一年当中 5 月与 9 月嫁接成活率各出现一峰值，分别为 46.1%、53.3%；在 7 月出现一个谷值，成活率为 23%。方块芽接法和嵌芽接法呈现的规律基本一致，5 月与 9 月嫁接成活率峰值分别为 48.2%、61.2%，7 月最低值为 22.0%。

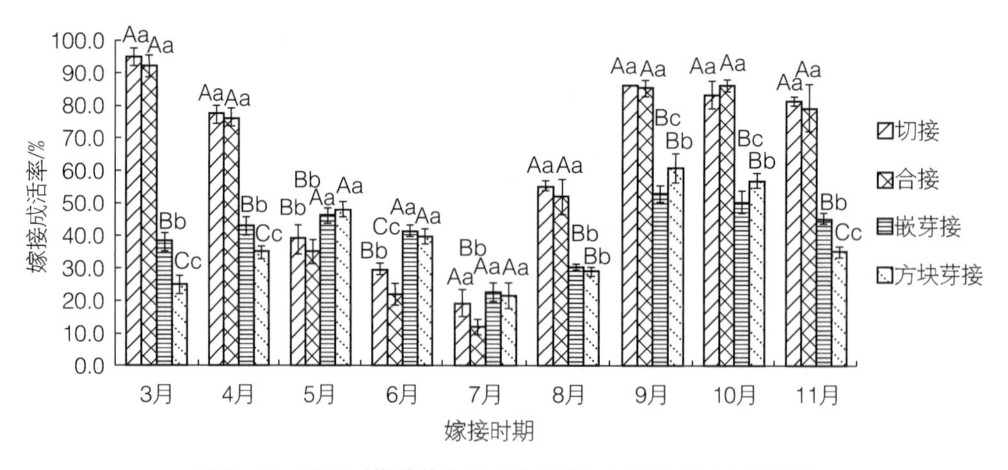


图 5－20　不同时期嫁接方法对欧洲鹅耳枥嫁接成活率的影响

不同时期嫁接成活率存在差异，这可能与温湿度有关。已有研究证实，温度和湿度对嫁接体愈合及保持接穗活力方面有着重要的影响（Avanzato D 等，1997；张乃燕 等，2010）。在南京地区，3—4 月和 10—11 月日平均气温相对较低，枝接成活率较高；6—8 月份日平均气温相对较高，且日平均相对湿度较低，接穗很容易失水抽干，从而影响了嫁接体愈合。7 月由于高温低湿持续的时间更长，枝接成活率则更低。温度与湿度还对砧木和接穗离皮的状况产生影响（杨廷桢 等，2005）。欧洲鹅耳枥属落叶树种，芽接主要在生长期进行，随着气温的上升，植物生长迅速，砧木与接穗容易离皮，有利于芽接愈合，而在 7 月期间，气温长期保持较高水平，砧木与接穗形成层容易发生紧缩，不利于离皮，进而影响嫁接体愈合。

（2）嫁接方法对欧洲鹅耳枥嫁接成活率的影响

从图 5－20 可以看出，在同一时期，4 种嫁接方法对欧洲鹅耳枥嫁接成活率影响各不相同。在春季 3 月和 4 月，枝接（切接和合接）成活率明显高于芽接（嵌芽接和方块芽接）。多重比较结果显示，切接与合接差异不显著，切接与嵌芽接、切接与方块芽接、合接与嵌芽接、合接与方块芽接及嵌芽接与方块芽接差异极显著，枝接比芽接成活率高 38%~62%。在夏季 5 月和 6 月，枝接与芽接成活率虽然差异显著，但二者间的差值不超过 20%，7 月枝接与芽接除了成活率低外，二者间的差值更小。就整个夏季而言，芽接的成活率都高于枝接。秋季 8—10 月，随着日平均气温逐渐降低，枝接与芽接的成活率都不断增大，但枝接法表现得更为优越，成活率高于芽接至少 20%。在 11 月，随着日平均气温进一步降低，芽接成活率明显低于 9 月和 10 月。就一年春季、夏季及秋季整个时期来看，切接与合接成活率差异均较小，且在同一时期，切接成活率都略高于合接；嵌芽接与方块芽接除了 9 月与 10 月外，二者成活率也表现类似的规律，嵌芽接成活率略高于方块芽接。

在环境条件相对优越的春秋季节，枝接接穗比芽接接穗所包含的养分更充足，所以枝接成活率高于芽接，而夏季高温低湿的环境条件成了制约嫁接成活率的主要因素，芽接则表现出优势。从整个嫁接时期来看，切接成活率都略高于合接，这可能是因为切接法的砧木与接穗形成层接触面积大，愈伤组织形成的输导组织更为丰富（高本旺，2006）。除了 9 月与 10 月外，嵌芽接成活率略高于方块芽接，这与嫁接时接穗是否带有木质部有关，通常在砧木和接穗不易离皮的情况下，使用带木质部的嵌芽接通常要比不带木质部的方块芽接成活率高（杨廷桢 等，2005）。在 9 月与 10 月，虽然砧木与接穗容易离皮，且环境条件也适宜，但方块芽接的接穗与砧木形成层拥有更大的接触面积，其嫁接体愈合得相对较好，成活率较高。

（3）嫁接时期与嫁接方法处理组合对欧洲鹅耳枥嫁接成活率的影响

多重比较结果显示：切接、合接、嵌芽接及方块芽接 4 种嫁接方法（表 5－25），除了嵌芽接与方块芽接成活率差异显著外，其他两两差异都达到了极显著水平（$P<0.01$），且嫁接平均成活率切接>合接>嵌芽接>方块芽接。不同时期嫁接（表 5－26），除 9 月与 10 月、3 月与 11 月、11 月与 4 月、5 月与 8 月外，其他任何时期嫁接成活率差异都显著，且9月嫁接平均成活率最高，达到71.6%；7月嫁接平均成活率最低，仅为19.2%。从处理组合来看（表5-27），嫁接平均成活率排在前三位的依次是3月切接、3月合接、10月合接，数值分别为95.2%、92.3%、86.4%；成活率排在后三位的依次是7月方块芽接、7月切接、7月合接，数值分别为22.0%、19.5%、12.2%，说明欧洲鹅耳枥春秋季节嫁接成活率较高，夏季7月嫁接成活率最低。

**表5-25　嫁接方法主效应对欧洲鹅耳枥嫁接成活率影响的多重比较**

| | 切接 | 合接 | 嵌芽接 | 方块芽接 |
|---|---|---|---|---|
| 嫁接成活率/% | 63.1±26.8Aa | 60.3±29.5Bb | 41.4±9.4Cc | 39.3±13.4Cd |

**表5-26　嫁接时期主效应对欧洲鹅耳枥嫁接成活率影响的多重比较**

| 嫁接时期 | 嫁接成活率/% | 嫁接时期 | 嫁接成活率/% | 嫁接时期 | 嫁接成活率/% |
|---|---|---|---|---|---|
| 3月 | 62.8±32.8Bb | 6月 | 33.4±8.5Ee | 9月 | 71.6±15.4Aa |
| 4月 | 58.1±20.1Cc | 7月 | 19.2±5.2Ff | 10月 | 69.5±16.6Aa |
| 5月 | 42.2±6.2Dd | 8月 | 41.9±12.9Dd | 11月 | 60.5±21.5BCbc |

**表5-27　嫁接时期与嫁接方法不同处理组合下的欧洲鹅耳枥嫁接成活率多重比较**

| 排序 | 处理组合 | 成活率/% | 排序 | 处理组合 | 成活率/% |
|---|---|---|---|---|---|
| 1 | 切接+3月 | 95.2±2.6Aa | 19 | 嵌芽接+11月 | 45.5±1.5HIJKijk |
| 2 | 合接+3月 | 92.3±3.2ABa | 20 | 嵌芽接+4月 | 43.1±2.7IJKjkl |
| 3 | 合接+10月 | 86.4±1.6BCb | 21 | 嵌芽接+6月 | 41.7±1.4IJKLkl |
| 4 | 切接+9月 | 86.3±1.7BCb | 22 | 方块芽接+6月 | 40.0±2.6JKLlm |
| 5 | 合接+9月 | 85.6±2.7BCb | 23 | 切接+5月 | 39.2±4.7JKLlm |
| 6 | 切接+10月 | 83.5±4.2CDbc | 24 | 嵌芽接+3月 | 38.3±2.7KLlm |
| 7 | 切接+11月 | 81.5±1.3CDbcd | 25 | 方块芽接+11月 | 35.4±1.7LMmn |
| 8 | 合接+11月 | 79.6±7.1CDcd | 26 | 合接+5月 | 35.3±3.6LMmn |
| 9 | 切接+4月 | 77.6±2.8Dd | 27 | 方块芽接+4月 | 35.2±1.8LMmn |
| 10 | 合接+4月 | 76.6±2.7Dd | 28 | 嵌芽接+8月 | 30.5±0.9MNno |
| 11 | 方块芽接+9月 | 61.2±4.3Ee | 29 | 切接+6月 | 29.9±1.6MNOo |
| 12 | 方块芽接+10月 | 57.2±2.1Efef | 30 | 方块芽接+8月 | 29.3±1.4MNOo |
| 13 | 切接+8月 | 55.7±1.7EFfg | 31 | 方块芽接+3月 | 25.3±2.8NOPop |
| 14 | 嵌芽接+9月 | 53.3±2.7FGfgh | 32 | 嵌芽接+7月 | 23.0±2.7Oppq |
| 15 | 合接+8月 | 52.3±5.4FGHfgh | 33 | 合接+6月 | 22.2±3.3Ppq |
| 16 | 嵌芽接+10月 | 50.7±3.4FGHghi | 34 | 方块芽接+7月 | 22.0±3.8Ppq |
| 17 | 方块芽接+5月 | 48.2±2.4GHIhij | 35 | 切接+7月 | 19.5±4.2Ppq |
| 18 | 嵌芽接+5月 | 46.1±2.3HIJijk | 36 | 合接+7月 | 12.2±2.3Qr |

## 5.2.2 不同品种欧洲鹅耳枥嫁接繁殖研究

### 5.2.2.1 试验材料

嫁接砧木：两年生鹅耳枥实生苗。

嫁接接穗：实生欧洲鹅耳枥、‘帚状欧洲鹅耳枥’（*C. betulus*‘Fastigiata’）、‘柱形欧洲鹅耳枥’（*C. betulus*‘Columnaris’），以及‘窄叶欧洲鹅耳枥’（*C. betulus*‘Heterophylla’）。

嫁接试验：不同部位接穗嫁接试验，接穗来自实生欧洲鹅耳枥、‘帚状欧洲鹅耳枥’及‘柱形欧洲鹅耳枥’母树的上段枝条、中段枝条及下段枝条。几个欧洲鹅耳枥品种经过适当修剪后，萌发枝条能力特强，上段枝条是指母树最上段老枝上萌发的当年生枝条，中段枝条是指在母树中部树干上萌发的当年生枝条，下段枝条是指母树树干基部萌发的当年生枝条。

### 5.2.2.2 试验设计及方法

（1）不同品种接穗嫁接试验

采用完全随机设计，接穗种类 4 个处理，分别为实生欧洲鹅耳枥、‘帚状欧洲鹅耳枥’、‘柱形欧洲鹅耳枥’及‘窄叶欧洲鹅耳枥’。嫁接时期 3 个处理，分别为春季嫁接（2013 年 4 月 1 日前后）、夏季嫁接（2013 年 6 月 15 日前后）和秋季嫁接（2013 年 9 月 5 日前后）。每个处理组合嫁接 30~40 株，重复 3 次。嫁接方法均为切接法。

（2）不同部位接穗嫁接试验

采用完全随机设计，接穗种类 3 个处理，分别为实生欧洲鹅耳枥、‘帚状欧洲鹅耳枥’和‘柱形欧洲鹅耳枥’。接穗部位 3 个处理，分别为上段接穗、中段接穗、下段接穗。每个处理组合嫁接 30~40 株，重复 3 次。嫁接方法均为切接法。

### 5.2.2.3 影响嫁接成活率的因子

（1）接穗种类对嫁接成活率的影响

图 5－21 显示，同一时期 4 种欧洲鹅耳枥嫁接成活率各不相同。实生欧洲鹅耳枥嫁接成活率春季>秋季>夏季；‘帚状欧洲鹅耳枥’、‘柱形欧洲鹅耳枥’和‘窄叶欧洲鹅耳枥’嫁接成活率秋季>春季>夏季。结合表 5－28 可知，春季嫁接，除实生欧洲鹅耳枥与“柱形”欧洲鹅耳枥成活率差异不显著外，其他品种两两间差异极显著。其中，实生欧洲鹅耳枥嫁接成活率最高，“柱形”欧洲鹅耳枥次之，再次是“帚状”欧洲鹅耳枥，最低的是“窄叶”欧洲鹅耳枥，成活率分别为 86.9%、84.9%、70.3%及 62.7%。夏季嫁接，实生欧洲鹅耳枥、“帚状”欧洲鹅耳枥及“柱形”欧洲鹅耳枥间成活率差异不显著，“窄叶”欧洲鹅耳枥与前者差异都极显著，其成活率分别为 21.2%、21.3%、25.0%及 11.1%。秋季嫁接，各品种间成活率差异极显著，其中，“柱形”欧洲鹅耳枥成活率最高，为 93.2%，“帚状”欧洲鹅耳枥次之，为 85.9%，实生欧洲鹅耳枥成活率 75.5%，“窄叶”欧洲鹅耳枥成活率最低，仅为 69.1%。

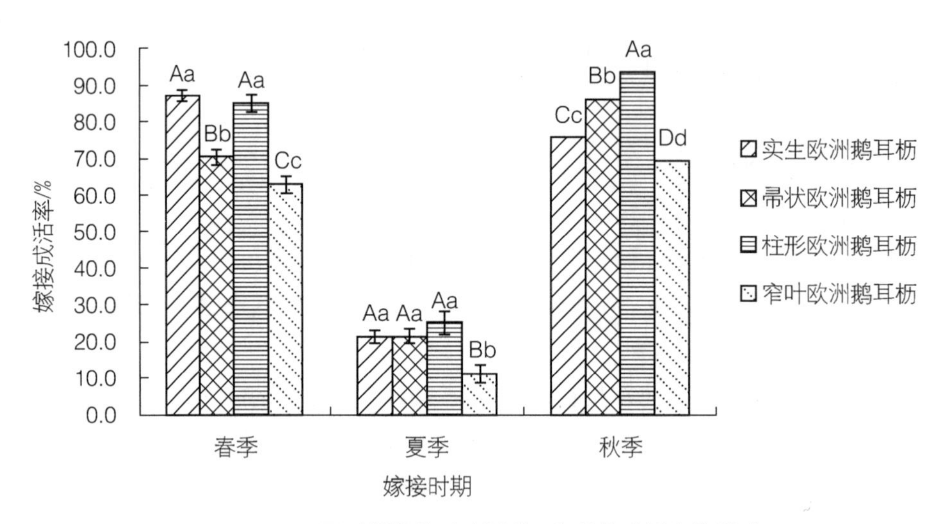


图 5－21　不同时期接穗对欧洲鹅耳枥嫁接成活率的影响

从整个生长季节来看，春秋季节更有利于嫁接成活，在环境因素干扰作用较小的情况下，造成品种间成活率较大差异的原因可能与砧穗间亲和力大小或接穗质量有关。通常接穗与砧木亲缘关系越近，嫁接亲和性越高，嫁接成活率也就越高；接穗粗壮、芽体饱满，营养物质含量越高，嫁接后就越有利于同砧木愈合（郑炳松 等，2002；马婷 等，2012）。夏季嫁接，品种间成活率差异小，且成活率低，这可能与不良环境因素占主导作用有关。

**表 5－28　嫁接接穗主效应对欧洲鹅耳枥嫁接成活率影响的多重比较**

| 项目 | 实生欧洲鹅耳枥 | “帚状”欧洲鹅耳枥 | “柱形”欧洲鹅耳枥 | “窄叶”欧洲鹅耳枥 |
|---|---|---|---|---|
| 嫁接成活率/% | 61. 2±30. 5Bb | 59. 2±29. 2Bb | 67. 7±32. 3Aa | 47. 6±27. 6Cc |

**表 5－29　嫁接时期主效应对欧洲鹅耳枥嫁接成活率影响的多重比较**

| 项目 | 春季嫁接 | 夏季嫁接 | 秋季嫁接 |
|---|---|---|---|
| 嫁接成活率/% | 76. 2±10. 7Bb | 19. 7±5. 8Cc | 80. 9±9. 9Aa |

从品种主效应来看（表 5－28），“柱形”欧洲鹅耳枥嫁接成活率最高，平均值为 67. 7%，且与其他品种差异极显著；实生欧洲鹅耳枥与“帚状”欧洲鹅耳枥嫁接成活率次之，平均值分别为 61. 2%、59. 2%；“窄叶”欧洲鹅耳枥嫁接成活率最低，平均值仅为 47. 6%。说明南京地区“柱形”品种最适合使用嫁接繁殖。从嫁接时期主效应看（表 5－29），4 种接穗秋季嫁接平均成活率最高，为 80. 9%；春季次之，为 76. 2%；夏季最低，仅 19. 7%，且两两间差异极显著，这再次说明环境因素对嫁接影响作用较大。从嫁接时期与接穗品种组合效应来看，“柱形”欧洲鹅耳枥最适宜的嫁接时期在秋季，实生欧洲鹅耳枥最适宜的嫁接时期在春季，“帚状”欧洲鹅耳枥最适宜的嫁接时期在秋季，“窄叶”欧洲鹅耳枥最适宜嫁接的时期在秋季，夏季均不利于 4 种欧洲鹅耳枥嫁接。

（2）接穗部位对嫁接成活率的影响

从图 5－22 可以看出，3 种欧洲鹅耳枥母树不同部位的枝条作接穗，嫁接成活率各不相同。

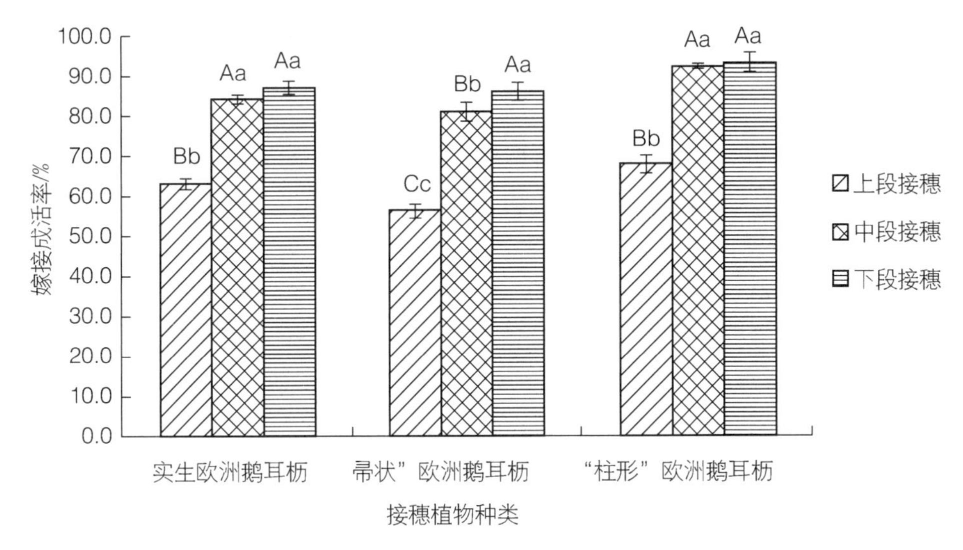


图 5－22　不同部位接穗对欧洲鹅耳枥嫁接成活率的影响

实生欧洲鹅耳枥母树上段、中段及下段接穗嫁接成活率分别为 63. 0%、84. 2%、86. 9%，其中中段接穗与下段接穗嫁接成活率差异不显著，上段接穗嫁接成活率比中段与下段至少低 21. 2%，且差异极显著。“帚状”欧洲鹅耳枥母树不同部位接穗间嫁接成活率差异极显著，下段接穗嫁接成活率最高，为 85. 9%；中段接穗嫁接成活率次之，为 80. 8%；上段接穗嫁接成活率为 56. 1%，且与中段及下段差值较大。“柱形”欧洲鹅耳枥所表现的规律同实生欧洲鹅耳枥相似，上段、中段及下段接穗嫁接成活率分别为 67. 7%、92. 2%、93. 2%，中段与下段间无差异；上段最低，且与中下段差异较大。可见，无论母树是何种品种，其下段接穗嫁接成活率最高，中段次之，上段最差。

## 5. 2. 3　欧洲鹅耳枥嫁接繁殖

### 5. 2. 3. 1　试验材料

嫁接砧木：两年生的鹅耳枥盆栽实生苗。

嫁接接穗：多年生欧洲鹅耳枥实生苗基部萌发的枝条。要求枝条饱满粗壮，其粗度不大于砧木所接部位的直径，此外枝条须带较多的未萌发的芽体。嫁接前先采集好，置于纯净的水中待用。

### 5. 2. 3. 2　试验设计及方法

试验采用随机单因素试验设计，6 个处理，即：T1（自然湿度+全光照）、T2（自然湿度+透光率 60%～70%）、T3（自然湿度+透光率 20%～30%）、T4（增湿+全光照）、

T5（增湿+透光率60%~70%）、T6（增湿+透光率20%~30%），每个处理嫁接30~40株，重复3次。为进一步研究T1至T6处理条件下嫁接苗的生长状况，在每个处理下选择3株长势一致的嫁接成活苗作标准株，并做好标记，后期进行生长指标的测定。

嫁接方法采用切接法。将砧木实生苗12 cm高度处截干，在砧木上端合适位置向下直切，切口的宽度与接穗的粗度基本相同，切口深度3 cm左右。将准备好的欧洲鹅耳枥枝条，根据芽体的位置剪成嫁接用的接穗，每个接穗带2个芽，并在下端正面削3 cm左右的斜面，背面削1 cm左右的斜面，底端形状呈"一"形，然后进行砧木与接穗的结合，用白色塑料薄膜将结合部位紧密绑扎，为防止接穗失水，接穗顶端也用塑料薄膜缠绕起来。

"自然湿度"是指未经任何处理的空气自然湿度。"增湿"是指在嫁接后每天10时和15时对嫁接苗喷雾处理，以提高嫁接苗木周围的空气湿度。喷雾需在空气形成雾状水滴，整个苗木湿透即可。"不同透光率"是通过结合TES－1334照度计使用，在苗木上方设置不同层数的遮阴网实现光照强度的改变。

#### 5.2.3.3 影响欧洲鹅耳枥嫁接成活率与发芽率的因子

（1）湿度与光照处理对欧洲鹅耳枥嫁接成活率与发芽率的影响

a. 湿度与光照处理对欧洲鹅耳枥嫁接成活率的影响

对不同处理条件下的嫁接苗成活率平均值进行绘图比较，结果如图5－23所示。从图中可以看出，处理条件不同，嫁接苗的成活率不同，6个处理的平均成活率均超过了80%，说明欧洲鹅耳枥在8月中旬嫁接成活率较高。平均成活率在90%以上的是T5和T6处理，且T6处理平均成活率最高，达到了91.7%。平均成活率为80%~85%的为T1、T2和T3处理，其中，T1处理平均成活率最低，仅为80.8%。平均成活率为85%~90%的为T4处理，成活率为86.9%。T4、T5和T6处理平均成活率均高于T1、T2和T3处理，说明增湿处理有利于提高嫁接苗成活率。

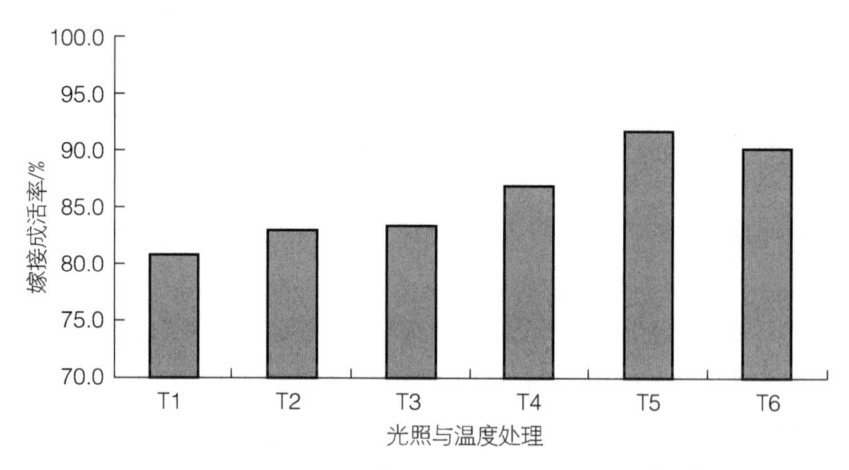


图5－23 不同光照和湿度组合处理下欧洲鹅耳枥嫁接成活率比较

b. 湿度与光照处理对欧洲鹅耳枥嫁接发芽率的影响

对不同处理条件下的嫁接苗发芽率平均值进行了绘图比较，结果如图 5－24 所示。从图中可以看出，处理条件不同，欧洲鹅耳枥嫁接苗的发芽率不同，T5 处理的嫁接苗平均发芽率最高，达到了 87.5%；T3 处理的嫁接苗平均发芽率最低，仅为 66.6%。在自然湿度条件下，T2 处理的嫁接苗平均发芽率高于 T1 和 T3 处理至少 10 个百分点；在增湿条件下，T5 处理的嫁接苗平均发芽率也明显高于 T4 和 T6 处理，这说明采用适宜的遮阴措施有利于欧洲鹅耳枥嫁接苗发芽。

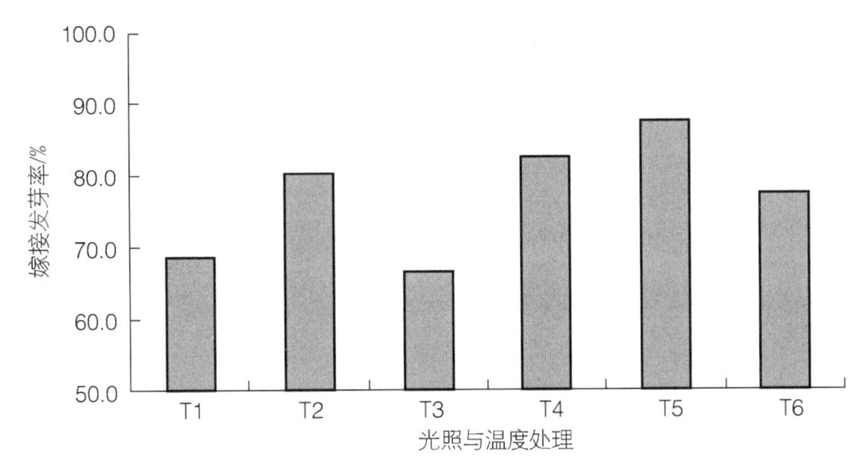


图 5－24　不同光照和湿度处理下的欧洲鹅耳枥嫁接发芽率比较

（2）湿度与光照处理对欧洲鹅耳枥嫁接苗生长的影响

a. 湿度与光照处理对欧洲鹅耳枥嫁接苗枝条长度生长的影响

将经过 20 d、30 d 和 40 d 持续处理的欧洲鹅耳枥嫁接苗枝条长度平均值进行了绘图比较，结果如图 5－25 所示。从图中可以看出，在不同的时期内，6 种湿度与光照处理下的欧洲鹅耳枥嫁接苗枝条长度存在差异。当处理时间达 20 d 时，嫁接苗枝条平均长度为 0.43～0.78 cm，处理间的差值较小，其中 T6 处理的嫁接苗枝条平均长度最大，为 0.78 cm，T1 处理的嫁接苗枝条平均长度最小，为 0.43 cm，与最大值相差 0.35 cm。当处理时间达 40 d 时，嫁接苗枝条平均长度差值较大，T6 处理的嫁接苗枝条最长，平均长度为 3.02 cm，T1 处理的嫁接苗枝条最短，平均值为 1.20 cm，与最大值相差 1.82 cm。当处理时间持续至第 60 d 时，T6 处理的嫁接苗枝条长度依然最大，平均值为 4.12 cm，T1 处理的嫁接苗枝条长度依然最小，平均值为 2.12 cm，且与 T6 处理差值达 2 cm。这说明不管处理持续多长时间，“增湿+60%～70%透光”处理的嫁接苗枝条生长的长度最大，“自然湿度+全光照”处理的嫁接苗枝条生长的长度最小，由此也可以说明湿度高、遮光强度大，能促进嫁接苗枝条长度生长。

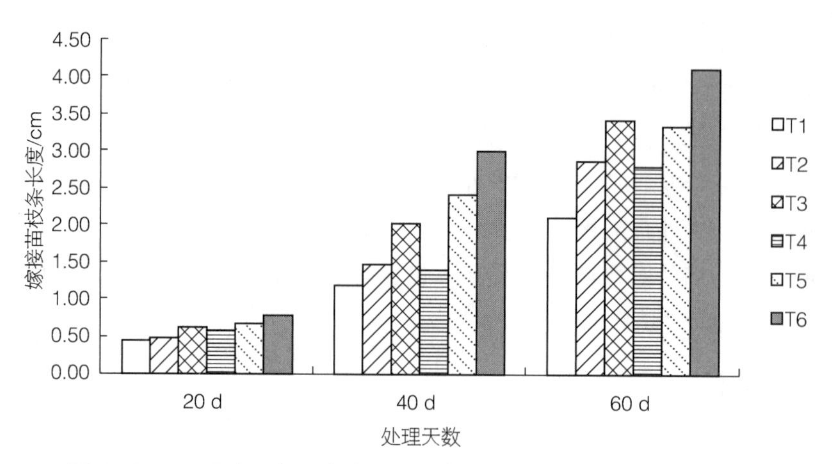


图 5－25　不同光照与湿度处理下的欧洲鹅耳枥嫁接苗枝条长度比较

b. 湿度与光照处理对欧洲鹅耳枥嫁接苗枝条粗度生长的影响

将处理 20 d、30 d 和 40 d 的欧洲鹅耳枥嫁接苗枝条粗度平均值进行了绘图比较，结果如图 5－26 所示。从图中可以看出，在不同的处理时间内，6 种湿度与光照处理下的欧洲鹅耳枥嫁接苗枝条粗度存在差异。在处理达 20 d 时，嫁接苗枝条平均粗度范围为 1. 35～1. 49 mm，T4 处理的嫁接苗枝条平均粗度最大，为 1. 49 mm，T6 处理的嫁接苗枝条平均粗度最小，为 1. 35 mm。当处理时间达 40 d 时，嫁接苗枝条平均粗度范围变大，T4 处理的枝条平均粗度最大，数值为 2. 32 mm，T3 处理的枝条平均粗度最小，为 1. 94 mm，T2 处理的枝条平均粗度介于 T1 处理和 T3 处理，T5 处理的枝条平均粗度介于 T4 处理和 T6 处理。当处理时间持续至 60 d 时，T4 处理的枝条平均粗度依然最大，为 3. 02 mm，T3 处理的枝条平均粗度依然最小，为 2. 60 mm，T2 处理的枝条平均粗度介于 T1 处理与 T3 处理，T5 处理的枝条平均粗度介于 T4 处理与 T6 处理。可见“增湿+全光照处理”可使欧洲鹅耳枥嫁接苗枝条增粗，“透光 20%～30%”处理的欧洲鹅耳枥嫁接苗枝条比较细弱，“透光 60%～70%”处理的欧洲鹅耳枥嫁接苗枝条粗度介于“全光照”处理和“透光 20%～30%”处理。

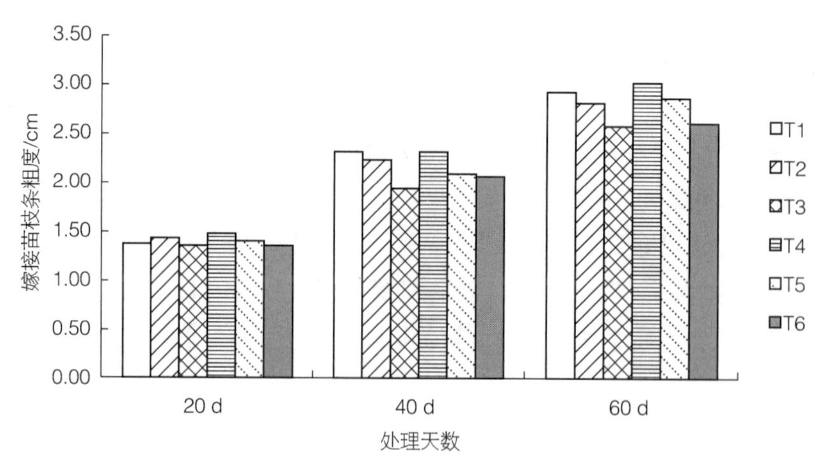


图 5－26　不同光照与湿度处理下的欧洲鹅耳枥嫁接苗枝条粗度比较

c. 湿度与光照处理对欧洲鹅耳枥嫁接苗叶片数目的影响

将经过 20 d、30 d 和 40 d 不同处理的欧洲鹅耳枥嫁接苗叶片数目平均值进行了绘图比较，结果如图 5－27 所示。从图中可以看出，不同处理时间内，湿度与光照不同处理下的欧洲鹅耳枥嫁接苗叶片平均数目各不相同。处理时间为 20 d 时，嫁接苗叶片平均数目在 1~3 片，叶片平均数目 2 片以下的为 T1 处理和 T3 处理，叶片平均数目 2 片以上的为 T2 处理、T4 处理、T5 处理和 T6 处理。当处理时间至 40 d 时，T5 处理的嫁接苗叶片平均数目最多，达到了 5 片，T1 处理和 T3 处理叶片平均数目最少，不及 3 片。当处理时间持续到 60 d 时，T5 处理嫁接苗叶片平均数目依然最多，超过了 7 片，T3 处理的嫁接苗叶片平均数目最少，不及 4 片。这说明“增湿+60%~70%透光”处理有利于增加欧洲鹅耳枥嫁接苗叶片的数量，“自然湿度+20%~30%透光”处理不利于欧洲鹅耳枥嫁接苗叶片数量增加。

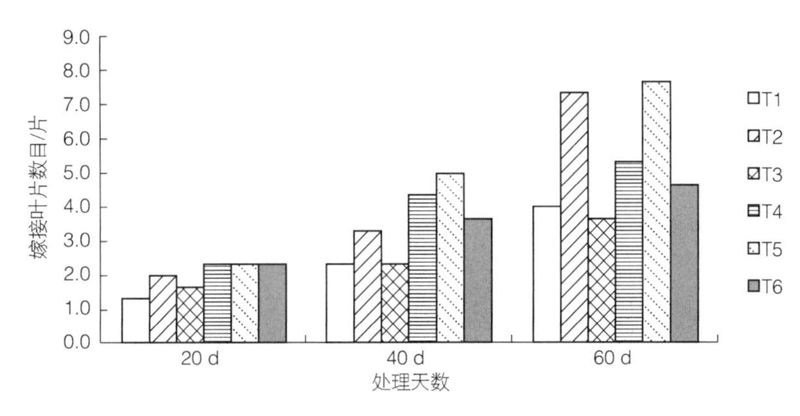


图 5－27　不同光照与湿度处理下的欧洲鹅耳枥嫁接苗叶片数目比较

d. 湿度与光照处理对欧洲鹅耳枥嫁接苗叶片长度生长量的影响

将各处理嫁接苗在不同时间段的叶片长度生长量进行绘图比较，结果如图 5－28 所示。从图中可以看出，各处理嫁接苗在不同时间段内叶片长度生长量不同。在嫁接后 20~30 d，T5 处理的嫁接苗叶片长度生长量最大，为 10. 31 mm，其次是 T6 处理，生长量达到了 9. 99 mm，T2、T3 和 T4 处理差别不大，叶片长度生长量依次为 8. 55 mm、8. 49 mm 和 8. 75 mm，T1 处理叶片长度生长量最低，仅 7. 43 mm。再经过 10 d 时间的处理，各处理的嫁接苗叶片长度生长量都变小，其中，T5 处理的嫁接苗叶片长度生长量最大，为 8. 51 mm，T4 处理的嫁接苗次之，T3 处理的嫁接苗生长量最低，为 6. 91 mm。继续延长处理时间，在 40~50 d，嫁接苗叶片长度生长量继续变小，T5 处理的嫁接苗叶片长度生长量最大，为 7. 20 mm，T4 处理次之，T3 处理的嫁接苗叶片长度生长量最小，为 5. 41 mm。在 50~60 d，嫁接苗叶片仍然在生长，但叶片长度生长量比之前各个时期都小，其中，叶片长度生长量最高的仍是 T5 处理，最低的仍是 T3 处理。可见，随着处理时间的延长，各处理嫁接苗叶片生长速度逐渐降低，这可能是生长后期天气变凉所致。在气温变化条件一致的情况下，各时间段 T5 处理的嫁接苗叶片长度生长量均最大，T3 处理的嫁接苗叶片长度生长量均最小（20~30 d 除外），说明温度和湿度影响嫁接苗叶片生长，“增湿+60%~70%透光”处理有利于欧洲鹅耳枥嫁接苗叶片长度的生长，

“自然湿度+20%~30%透光”处理不利于欧洲鹅耳枥嫁接苗叶片长度的生长。

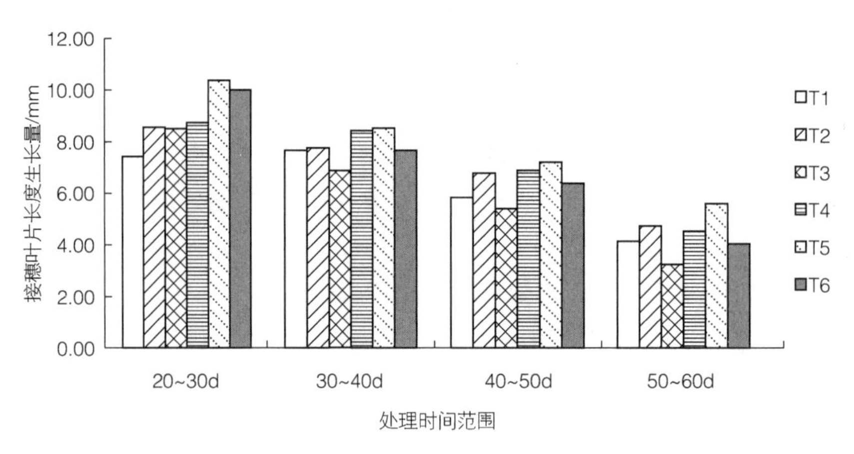


图 5-28　不同光照与湿度处理对欧洲鹅耳枥嫁接苗叶片长度生长的影响

e. 湿度与光照处理对欧洲鹅耳枥嫁接苗叶片宽度生长量的影响

将 6 种不同湿度与光照处理的欧洲鹅耳枥嫁接苗在不同时间段的叶片宽度生长量进行绘图比较，结果如图 5-29 所示。从图中可以看出，6 种不同处理的嫁接苗在不同的时期叶片宽度生长量不同。在嫁接后的 20~30 d，T5 和 T6 处理的嫁接苗叶片宽度生长量较高，分别为 6. 95 mm、6. 85 mm，T1 至 T4 处理的嫁接苗叶片宽度生长量差别不大，其中 T1 处理最小，为 4. 97 mm。在嫁接后的 30~40 d，各处理的嫁接苗叶片宽度生长量都有较大的下降，其中 T5 处理的嫁接苗叶片宽度生长量最大，为 4. 94 mm，T3 和 T4 处理的嫁接苗叶片宽度生长量最小，分别为 3. 96 mm、3. 90 mm。嫁接后的 40~50 d，各处理的嫁接苗叶片宽度生长量较 30~40 d 略有下降，其中叶片宽度生长量最大的为 T5 处理嫁接苗，最低的为 T3 处理嫁接苗。在嫁接后的 50~60 d，各处理的嫁接苗叶片宽度生长量与前一个时期相比，变化不大，其中叶片宽度生长量最高的仍为 T5 处理，最小的仍为 T3 处理。这说明嫁接苗前期叶片宽度生长速度快，后期生长速度慢，这种现象可能与嫁接苗生长后期日平均气温逐渐降低有关。在气温变化一致的情况下，湿度与光照处理对欧洲鹅耳枥嫁接苗叶片宽度生长存在一定的影响，适宜的湿度与光照能够促进叶片宽度生长。

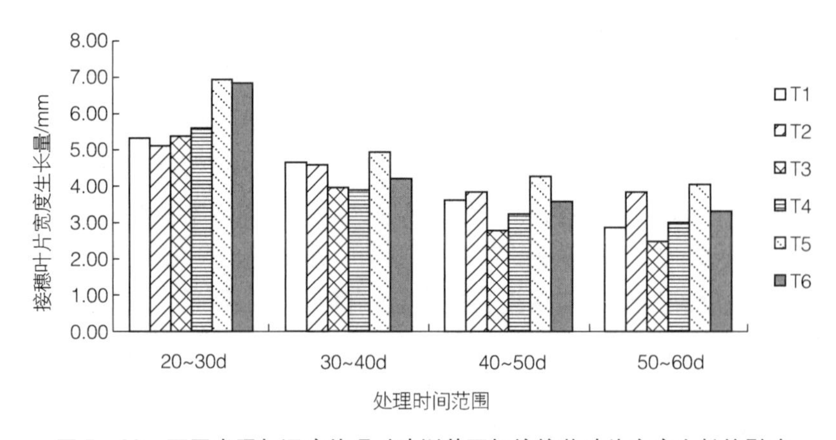


图 5-29　不同光照与湿度处理对欧洲鹅耳枥嫁接苗叶片宽度生长的影响

#### 5.2.3.4 欧洲鹅耳枥嫁接成活生理生化研究

（1）试验材料

嫁接砧木：两年生的鹅耳枥（*C. turczaninowii*）盆栽实生苗。

嫁接接穗：多年生欧洲鹅耳枥（*C. betulus*）实生苗基部萌发的枝条。要求枝条饱满粗壮，其粗度不大于砧木所接部位的直径，此外枝条需带有较多的未萌发的芽体。嫁接前先采集好，置于纯净水中待用。

（2）试验设计

试验采用随机单因素实验设计。

嫁接时间在 2013 年 9 月 1 日，嫁接苗木株数 100 株。

嫁接方法采用切接法。在砧木实生苗 12 cm 左右高度处截断，保留截断处下方生长的枝叶，在砧木上端合适位置向下直切，切口的宽度与接穗的粗度基本相同，切口深度 3 cm 左右。将准备好的欧洲鹅耳枥枝条，根据芽体的位置剪切成合适的接穗，每个接穗带 2 个芽，并在下端正面削 3 cm 左右的斜面，背面削 1 cm 左右的斜面，底端形状呈“一”形，然后进行砧木与接穗的结合，用白色塑料薄膜将结合部位紧密绑扎，为防止接穗失水，接穗顶端也用塑料薄膜缠绕起来。嫁接后每天对苗木进行适当喷雾处理，增加环境湿度，以提高苗木嫁接成活率。

试验每隔 5 d 进行一次采样，每次采样嫁接苗 10 株，迅速将嫁接苗愈合部位砧木与接穗的韧皮部剪下，同时采集砧木接口下方的叶片和接穗新发的叶片（接穗叶片还没长出时，则采集新鲜的芽体，可适当带点芽体周围的韧皮部），分别装入密封袋，置于−80 ℃超低温冰箱中保存备用。待样品采集完毕后，称取各部位的样品进行生理生化指标测定。

（3）结果与分析

1）欧洲鹅耳枥嫁接成活过程中砧木与接穗营养物质变化

a. 欧洲鹅耳枥嫁接成活过程中砧木与接穗愈合部位可溶性糖含量变化

对欧洲鹅耳枥嫁接成活过程中不同时间点（即采样时间点）砧木和接穗愈合部位可溶性糖含量分别进行方差分析（表 5－30），结果显示，不同时间之间，接穗愈合部位可溶性糖含量差异极显著（$P<0.01$）；砧木愈合部位可溶性糖含量也差异极显著（$P<0.01$）。这说明欧洲鹅耳枥嫁接后，砧木和接穗愈合部位可溶性糖含量发生了差异性变化。

**表 5－30　欧洲鹅耳枥嫁接成活过程中不同时间砧木和接穗愈合部位可溶性糖含量方差分析**

| 因变量 | 变异来源 | 平方和 | 自由度 | 均方 | *F* 值 | *p* 值 |
|---|---|---|---|---|---|---|
| 接穗 | 时间 | 0.2143 | 6 | 0.0357 | 12.0750 | 0.0001 |
| 愈合部位 | 误差 | 0.0414 | 14 | 0.0030 | | |
| | 总变异 | 0.2557 | 20 | | | |
| 砧木 | 时间 | 0.8758 | 6 | 0.1460 | 50.1480 | 0.0001 |
| 愈合部位 | 误差 | 0.0408 | 14 | 0.0029 | | |
| | 总变异 | 0.9166 | 20 | | | |

将欧洲鹅耳枥嫁接后不同时间点的砧木和接穗愈合部位可溶性糖含量进行绘图分析，结果如图5－30所示。接穗愈合部位可溶性糖含量在0~5 d呈极显著上升趋势，5~10 d和10~15 d呈极显著下降趋势，15~20 d呈极显著上升趋势，20~25 d呈不显著下降趋势，25~30 d呈不显著上升趋势。嫁接当天、第10 d、第20 d、第25 d和第30 d可溶性糖含量两两相比，差异不显著，说明欧洲鹅耳枥嫁接成活过程中，接穗愈合部位可溶性糖含量表现出“先上升后下降，再上升恢复至嫁接最初的水平”的规律。

砧木愈合部位可溶性糖含量在0~5 d呈极显著下降趋势，5~10 d、10~15 d和15~20 d呈不显著下降趋势，在20~25 d呈极显著上升趋势，25~30 d呈不显著缓慢上升趋势。第30 d与嫁接当天相比，可溶性糖含量前者显著低于后者；第30 d与第5 d相比，可溶性糖含量前者显著高于后者，这说明欧洲鹅耳枥嫁接成活过程中，砧木愈合部位可溶性糖含量表现出“先下降后上升，且最终含量要低于嫁接最初水平”的规律。

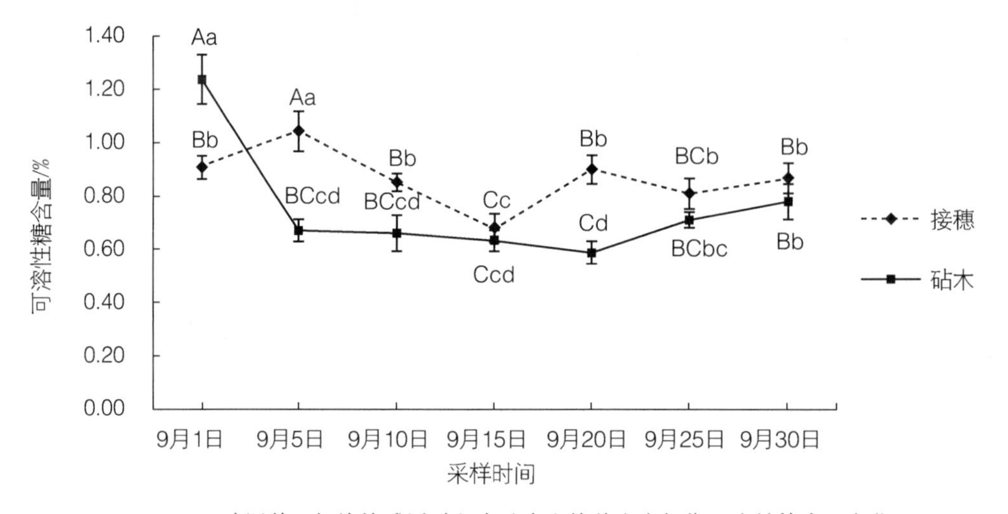


图5－30　欧洲鹅耳枥嫁接成活过程中砧木和接穗愈合部位可溶性糖含量变化

欧洲鹅耳枥嫁接成活过程中，接穗愈合部位可溶性糖含量呈“先上升后下降，再上升恢复至嫁接最初的水平”的变化规律可能与嫁接体愈合过程中营养物质消耗有关。嫁接后0~5 d，接穗与砧木间尚未形成输导组织，接穗中可溶性糖向下运输时，在愈合部位被阻断而导致积累，可溶性糖含量上升；5~15 d，接穗结合部位大量细胞分化和分裂形成疏导组织需要消耗大量的有机物，致使可溶性糖含量逐渐减少；15~30 d，疏导组织逐渐形成，且接穗新生的叶片光合作用产生的有机物源源不断往下运输，致使接穗愈合部位可溶性糖含量恢复至最初水平。当接穗愈合部位可溶性糖含量达到最初水平时，也就意味着嫁接体彻底实现愈合。砧木愈合部位可溶性糖含量呈“先下降后上升，最终含量低于最初水平”的规律也与嫁接体愈合过程中营养物质消耗有关。嫁接后0~5 d，疏导组织尚未形成，愈合部位砧木细胞活动需消耗有机物，致使可溶性糖含量急剧下降；在5~20 d，疏导组织逐渐形成，部分已具有运输有机物的能力，可以接收来自接穗合成的同化物，致使可溶性糖含量下降的速度较慢，基本处于稳定状态；在20 d后，随着疏导组织运输能力的进一步增强，接穗同化物源源不断向砧木运输，使可溶性糖含量逐渐上升。砧木与接穗可溶性糖含量最终相近，这也证明了二者愈合后生理功能方面实现了一定的统一。

b. 欧洲鹅耳枥嫁接成活过程中砧木与接穗叶片中可溶性糖含量变化

对欧洲鹅耳枥嫁接成活过程中不同时间点砧木和接穗叶片中可溶性糖含量进行方差分析（表 5－31），结果显示，不同时间之间，接穗叶片中可溶性糖含量差异极显著；砧木接合处附近的叶片可溶性糖含量差异也极显著。这说明欧洲鹅耳枥嫁接后，砧木与接穗叶片中可溶性糖含量发生了差异性变化。

**表 5－31　欧洲鹅耳枥嫁接成活过程中不同时间砧木和接穗叶片中可溶性糖含量方差分析**

| 因变量 | 变异来源 | 平方和 | 自由度 | 均方 | *F* 值 | *P* 值 |
|---|---|---|---|---|---|---|
| 接穗叶片 | 时间 | 2.767 1 | 6 | 0.461 2 | 97.544 0 | 0.000 1 |
| | 误差 | 0.066 2 | 14 | 0.004 7 | | |
| | 总变异 | 2.833 2 | 20 | | | |
| 砧木叶片 | 时间 | 0.039 5 | 6 | 0.006 6 | 7.393 0 | 0.001 0 |
| | 误差 | 0.012 5 | 14 | 0.000 9 | | |
| | 总变异 | 0.052 0 | 20 | | | |

对欧洲鹅耳枥嫁接后不同时间点砧木与接穗叶片中可溶性糖含量变化进行绘图分析，结果如图 5－31 所示。接穗叶片（或早期芽体）中可溶性糖含量在 0~5 d 呈极显著下降趋势，5~10 d 呈极显著上升趋势，10~15 d 呈不显著上升趋势，15~20 d 和 20~25 d 呈极显著上升趋势，在 25~30 d 呈不显著下降趋势，第 20 d 和第 30 d 叶片中可溶性糖含量均高于嫁接当天，且差异极显著，说明欧洲鹅耳枥嫁接后，接穗叶片中可溶性糖含量呈“先下降后上升，且最终含量高于嫁接最初的水平”的规律。

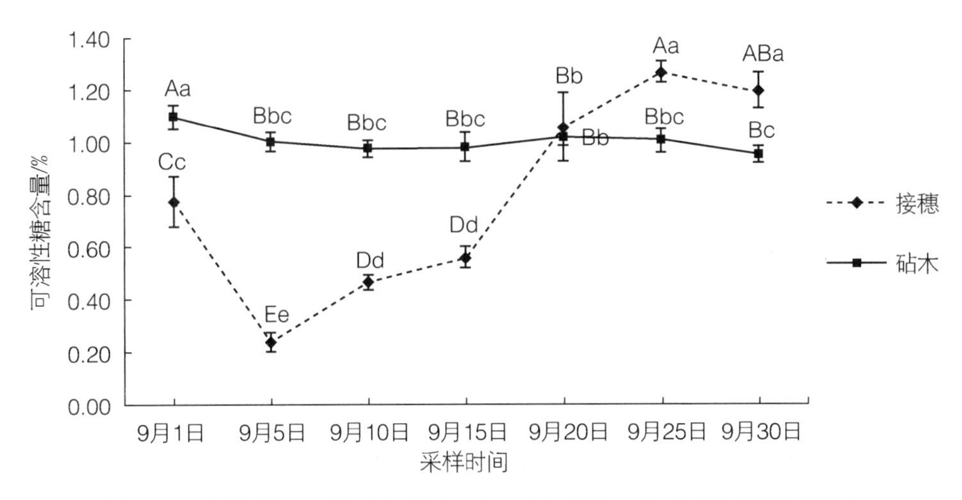


图 5－31　欧洲鹅耳枥嫁接成活过程中砧木与接穗叶片中可溶性糖含量变化

砧木接口下端最近的叶片中可溶性糖含量在0~5 d呈极显著下降趋势，在5~30 d先后进行不显著下降、不显著上升、不显著上升、不显著下降、不显著下降等趋势，在第20 d时，叶片中可溶性糖含量虽然出现较小的峰值，但与嫁接当天相比，二者差异极显著，与第5 d相比，二者差异不显著，这说明砧木叶片中可溶性糖含量在嫁接后前几天出现较快的下降趋势，后期变化不明显，基本处于稳定的水平。

接穗叶片中可溶性糖含量表现“先下降后上升，且最终含量高于嫁接最初的水平”的规律，这可能与叶片的生长活动及营养物质运输有关。嫁接后0~5 d，叶片（或接穗芽体）部位的有机物一方面向嫁接愈合部位运输，另一方面用于芽体萌发自身消耗，所以可溶性糖含量急剧下降；在5~10 d嫁接愈合部位输导组织可能尚未形成，叶片中有机物向下运输因接穗下端饱和而运输受阻，但此时新发的叶片能够通过光合作用积累有机物，使可溶性糖含量极显著上升；在10~15 d嫁接愈合部位可能部分疏导组织已具有运输能力，叶片中有机物向下运输能力在增大，致使叶片中可溶性糖积累速度下降，但其含量还在缓慢上升；在15 d以后随着叶片的生长，同化作用不断增强，致使可溶性糖含量极显著上升，最终趋于稳定水平。图中可溶性糖最终含量高于嫁接最初水平，在一定程度上也反映出接穗与砧木愈合效果较好，叶片生长比较活跃。砧木接口附近的叶片可溶性糖含量表现“先下降后稳定”的规律，与砧木愈合部位可溶性糖含量所表现的规律无直接的相关性，说明无直接的证据表明叶片中营养物质被运输到砧木接口处，因此最大可能与砧木自身的生长势有关。通常砧木被截断后，短时间内生长势弱于实生苗，叶片中可溶性糖含量下降。

c. 欧洲鹅耳枥嫁接成活过程中砧木与接穗愈合部位淀粉含量变化

对不同时间点砧木和接穗愈合部位淀粉含量进行方差分析（表5－32）显示：不同时间点，接穗愈合部位淀粉含量差异极显著（$P<0.01$）；砧木愈合部位淀粉含量也差异极显著（$P<0.01$）。说明欧洲鹅耳枥嫁接后，砧木与接穗愈合部位淀粉含量发生一定的变化。

**表5－32　欧洲鹅耳枥嫁接成活过程中不同时间愈合部位砧木和接穗淀粉含量方差分析**

| 因变量 | 变异来源 | 平方和 | 自由度 | 均方 | $F$值 | $P$值 |
|---|---|---|---|---|---|---|
| 接穗 | 时间 | 0.702 4 | 6 | 0.117 1 | 36.204 0 | 0.000 1 |
| 愈合部位 | 误差 | 0.045 3 | 14 | 0.003 2 | | |
| | 总变异 | 0.747 6 | 20 | | | |
| 砧木 | 时间 | 5.990 3 | 6 | 0.998 4 | 129.812 0 | 0.000 1 |
| 愈合部位 | 误差 | 0.107 7 | 14 | 0.007 7 | | |
| | 总变异 | 6.098 0 | 20 | | | |

图5－32显示了欧洲鹅耳枥嫁接后砧木与接穗愈合部位淀粉含量的变化。多重比较可以看出，接穗愈合部位淀粉含量在0~5 d呈极显著上升趋势，5~10 d呈不显著下降趋势，10~15 d呈极显著下降趋势，15~20 d、20~25 d和25~30 d都呈极显著上

升趋势，第 25 d 和第 30 d 淀粉含量均高于嫁接当天，说明欧洲鹅耳枥嫁接成活过程中，接穗愈合部位淀粉含量表现出“先上升后下降再上升，最终高于嫁接最初水平”的规律。

接穗愈合部位淀粉含量表现出同可溶性糖含量变化相似的规律。在 0~5 d，接穗与砧木间尚未形成输导组织，接穗中可溶性糖向下运输，在愈合部位被阻断而导致积累，可溶性糖含量上升，部分可溶性糖会在相关酶的作用下转化成淀粉进行暂时性的储藏，造成淀粉含量的上升；5~15 d 愈合部位细胞活动活跃，储藏的淀粉逐步被分解消耗，造成其含量降低；15 d 以后，随着疏导组织逐渐形成，接穗新生的叶片光合作用产生的有机物源源不断往下运输，致使接穗愈合部位淀粉含量上升，直至恢复最初水平。砧木愈合部位淀粉含量所表现的规律与可溶性糖含量变化类似，在砧穗间疏导组织尚未形成时，淀粉逐渐被分解消耗，使其含量降低，在输导组织具备运输能力后，接穗同化物向下运输，致使淀粉含量恢复至嫁接前的水平。砧木和接穗最终淀粉含量相近，一定程度上反映出二者在生理功能方面实现了统一。

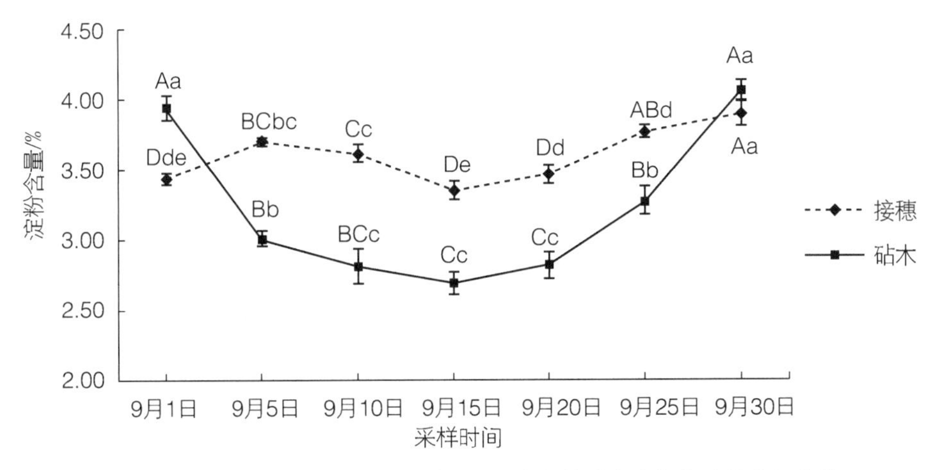


图 5－32 欧洲鹅耳枥嫁接成活过程中砧木与接穗愈合部位淀粉含量变化

d. 欧洲鹅耳枥嫁接成活过程中砧木与接穗叶片中淀粉含量变化

图 5－33 显示了欧洲鹅耳枥嫁接后砧木与接穗叶片中淀粉含量的变化。多重比较可以看出，接穗叶片（或早期芽体）中淀粉含量在 0~5 d 呈极显著下降趋势，5~10 d 呈不显著上升趋势，10~15 d 呈极显著上升趋势，15~20 d 呈不显著上升趋势，20~25 d 和 25~30 d 呈极显著上升趋势。第 15 d 以后，各时期淀粉含量均高于嫁接当天，且差异极显著，说明欧洲鹅耳枥嫁接后，接穗叶片中淀粉含量表现“先下降后逐渐上升”的规律。砧木叶片中淀粉含量在 0~15 d 略有上升，在 15~30 d 逐渐降低，但相邻时期变化都不显著，说明欧洲鹅耳枥嫁接后，砧木叶片中淀粉含量基本处于稳定的水平。

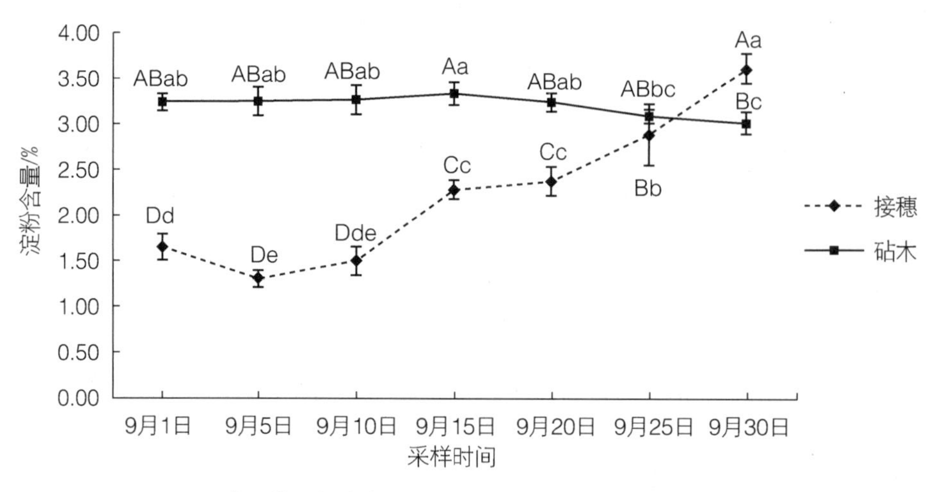


图 5－33　欧洲鹅耳枥嫁接成活过程中砧木与接穗叶片中淀粉含量变化

接穗叶片中淀粉含量表现“先下降后逐渐上升”的规律与接穗同化物的合成与运输有关。嫁接后 0~5 d，叶片（或接穗芽体）部位的有机物一方面向嫁接愈合部位运输，另一方面用于自身芽体萌发消耗，致使淀粉含量急剧下降；5 d 后，接穗芽体开始萌发长叶，能够合成有机物，淀粉积累量缓慢上升；后期由于叶片同化作用进一步增强，致使淀粉积累量不断攀升。最终淀粉积累量较高，表明叶片生长活跃，也进而说明接穗与砧木愈合的效果较好，能够接受来自砧木更多的矿质养分。砧木叶片中淀粉含量变化不明显，表明嫁接体愈合过程中砧木有机物的供给与附近的叶片无直接的关系，后期淀粉含量略有下降，可能与环境因素有关，也可能是同化物被运输到其他位置，具体原因则需要进一步研究。

e. 欧洲鹅耳枥嫁接成活过程中砧木和接穗愈合部位可溶性蛋白含量变化

图 5－34 显示了欧洲鹅耳枥嫁接后砧木与接穗愈合部位可溶性蛋白含量的变化。多重比较可以看出，接穗愈合部位可溶性蛋白含量在 0~5 d 呈不显著上升趋势，5~10 d 呈极显著上升趋势，10~15 d 和 15~20 d 呈不显著下降趋势，20~25 d 呈极显著下降趋势，25~30 d 呈不显著下降趋势，且第 25 d 和第 30 d 与嫁接当天可溶性蛋白含量差异均不显著，说明欧洲鹅耳枥嫁接成活过程中，接穗内可溶性蛋白含量表现出“先上升后下降至嫁接最初水平”的规律。

砧木愈合部位可溶性蛋白含量在 0~5 d 呈不显著上升趋势，5~10 d 呈极显著上升趋势，10~15 d 极显著下降，15~20 d 不显著下降，20~25 d 和 25~30 d 不显著上升，且第 20 d、第 25 d 和第 30 d 与嫁接当天可溶性蛋白含量差异不显著，说明欧洲鹅耳枥嫁接成活过程中，砧木愈合部位可溶性蛋白含量表现出“先上升后下降至嫁接最初水平”的规律。从图中还可以看出，接穗与砧木愈合部位可溶性蛋白变化趋势基本一致，含量最大值均在嫁接后第 15 d，说明在嫁接体愈合过程中，砧木与接穗中某些可溶性蛋白可能发挥相同的作用，如促进嫁接体疏导组织形成和营养物质的运输。此外，二者可溶性

蛋白最终含量相近，表明二者生理功能上已实现统一，嫁接体愈合的效果较好。

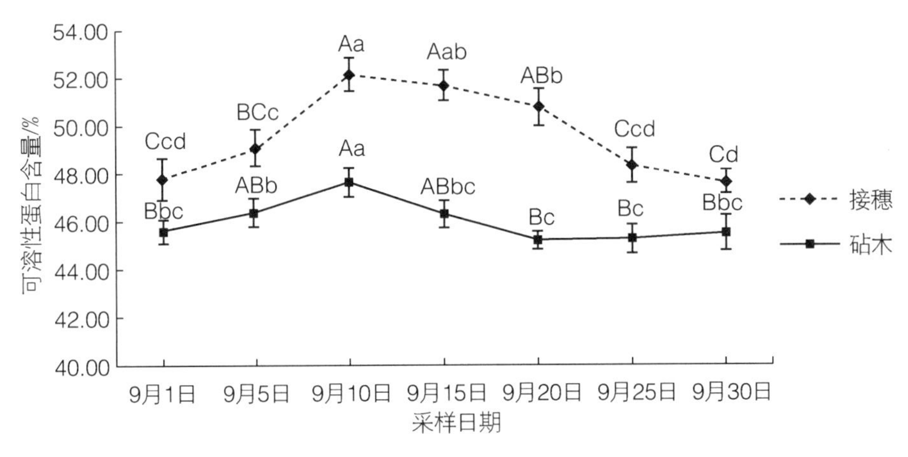


图 5－34　欧洲鹅耳枥嫁接成活过程中砧木与接穗愈合部位可溶性蛋白含量变化

f. 欧洲鹅耳枥嫁接成活过程中砧木与接穗叶片中可溶性蛋白含量变化

图 5－35 显示了欧洲鹅耳枥嫁接后砧木与接穗叶片中可溶性蛋白含量的变化。多重比较可以看出，接穗叶片中可溶性蛋白含量在 0～5 d 呈极显著下降趋势，5～10 d 呈极显著上升趋势，10～15 d 和 15～20 d 呈不显著上升趋势，20～25 d 呈极显著上升趋势，25～30 d 呈不显著下降趋势，说明欧洲鹅耳枥嫁接后，接穗叶片中可溶性蛋白含量表现出“先下降后上升”的趋势。可溶性蛋白含量在 0～5 d 的极显著下降可能是其转化成小分子物质向嫁接愈合部位运输，也有可能是用于自身生理活动的需要，转化成其他物质；在 15 d 以后，随着接穗叶片不断地生长，同化作用能力不断增强，更多的蛋白质被合成，致使可溶性蛋白含量不断上升。最终含量不低于嫁接最初水平，说明愈合后的砧木能够较好地提供养分供给叶片生长，同时也反映了嫁接体新形成的输导组织能够正常发挥运输功能。砧木叶片中可溶性蛋白含量在嫁接成活过程中始终处于稳定状态，说明砧木叶片中可溶性蛋白可能不受嫁接体愈合的影响。

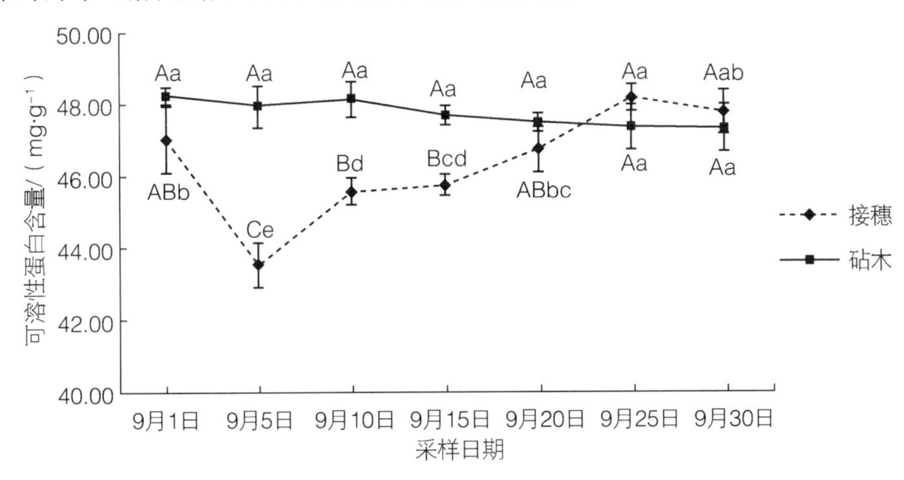


图 5－35　欧洲鹅耳枥嫁接成活过程中砧木与接穗叶片中可溶性蛋白含量变化

2）欧洲鹅耳枥嫁接成活过程中砧木与接穗酶活性变化

a. 欧洲鹅耳枥嫁接成活过程中砧木与接穗愈合部位 POD 活性变化

图 5－36 显示了欧洲鹅耳枥嫁接后砧木与接穗愈合部位 POD 活性的变化。可知，接穗愈合部位 POD 活性在 0~5 d 呈极显著上升趋势，5～10 d 呈极显著下降趋势，10～15 d 呈不显著上升趋势，15～20 d 呈极显著上升趋势，在 20 d 后基本稳定。第 20 d、第 25 d 及第 30 d 砧木中 POD 活性均高于第 10 d 和第 15 d，且差异极显著，说明从 10～30 d 期间 POD 活性出现了较为显著的上升趋势。就整个嫁接成活过程来说，接穗愈合部位 POD 活性表现出“先升后降再上升”的规律。

砧木愈合部位 POD 活性在 0~5 d 呈极显著上升趋势，5～10 d 呈极显著下降趋势，10～15 d、15～20 d、20～25 d 和 25～30 d 呈不显著上升趋势。第 20 d、第 25 d 和第 30 d 的 POD 活性均高于第 10 d，且差异极显著，说明嫁接后砧木愈合部位 POD 活性表现出与接穗愈合部位 POD 活性变化类似的规律（POD 活性先升后降再上升），不同之处在于砧木愈合部位 POD 活性后期上升趋势缓慢，接穗愈合部位 POD 活性上升趋势较快。

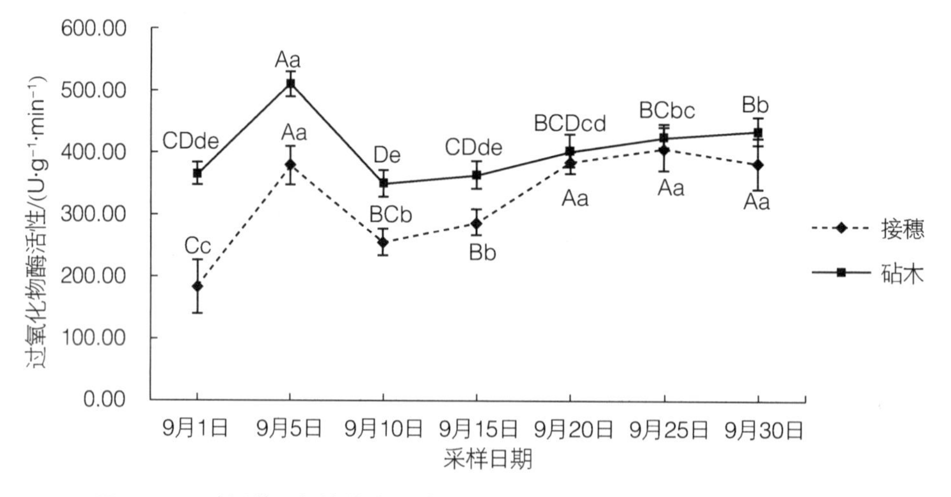


图 5－36　欧洲鹅耳枥嫁接成活过程中砧木与接穗愈合部位 POD 活性变化

POD 是广泛存在于植物体内的一种酶，它与植物的光合作用、呼吸作用，以及生长素调节等都有关系。欧洲鹅耳枥嫁接后，0~5 d 接穗和砧木愈合部位 POD 活性都极显著上升，这可能与生长素调节有关。因为嫁接后，在砧木与接穗的接触面因隔离层生成而阻断生长素的运输，导致砧木与接穗激素分布发生变化，不利于嫁接体愈合，POD 活性上升能够通过氧化吲哚乙酸实现激素含量得以平衡（高本旺，2006）。已有的研究表明，POD 通常能使组织中某些碳水化合物转化成木质素，本试验嫁接 10 d 后，砧木与接穗愈合部位 POD 活性上升可能与木质素合成有关（卢善发，2000；杨冬冬 等，2006）。因为嫁接 10 d 后疏导组织在不断地形成，活性较高的 POD 能够促进维管组织木质化。砧木与接穗中 POD 活性变化表现出一致性，这也有利于砧木与接穗的愈合，因此，POD 活性也可以作为判断欧洲鹅耳枥嫁接愈合状况的一种指标。

b. 欧洲鹅耳枥嫁接成活过程中砧木与接穗叶片 POD 活性变化

图 5－37 显示了欧洲鹅耳枥嫁接后砧木和接穗叶片中 POD 活性的变化。多重比较可以看出，接穗叶片中 POD 活性在 0~5 d 和 5~10 d 呈极显著上升趋势，10~15 d 不显著下降，15~20 d 极显著上升，20~25 d 和 25~30 d 不显著上升。第 15 d 接穗叶片中 POD 活性高于第 5 d，二者差异极显著；第 20 d 接穗叶片中 POD 活性高于第 10 d，且二者差异极显著。整个过程除第 10 d 外，接穗叶片中 POD 活性基本呈“逐步上升”的趋势。砧木叶片中 POD 活性变化较小，各相邻时间点之间差异不显著。从整个过程看，除第 10d 叶片 POD 活性比前后时间点略高外，砧木叶片 POD 活性基本呈“缓慢上升”的趋势。

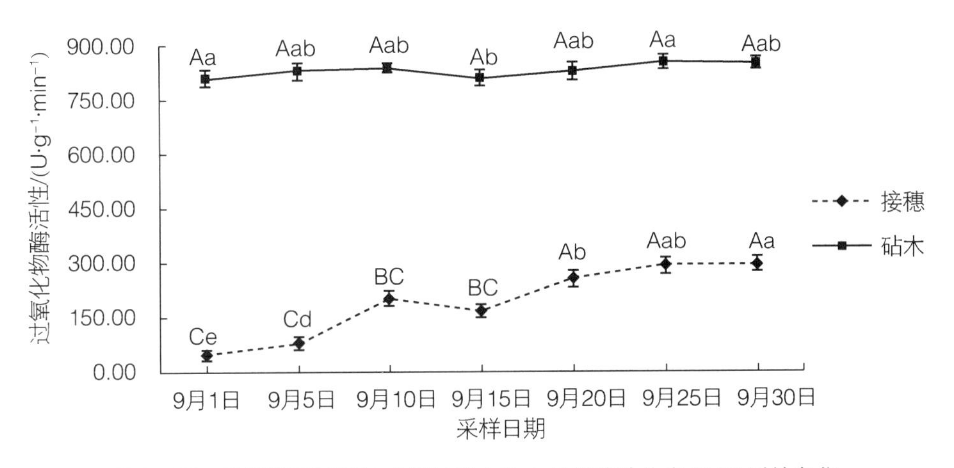


图 5－37　欧洲鹅耳枥嫁接成活过程中砧木与接穗叶片中 POD 活性变化

植物在生长发育过程中，叶片中 POD 活性不断发生变化，一般老化组织中活性较高，幼嫩组织中活性较低。欧洲鹅耳枥嫁接后，砧木和接穗叶片 POD 活性变化正好反映了叶片的生长状况。在 10 d 前，接穗叶片才开始萌动，POD 活性较低；10 d 后，叶片在快速生长，细胞活动加强，呼吸作用链中的 POD 活性增强，此外，局部组织的老化也促使了 POD 活性升高。在整个嫁接成活过程中，由于砧木叶片始终处于旺盛生长状态，所以其 POD 活性比较稳定。此外，砧木叶片 POD 活性值始终大于接穗，在一定程度上反映出砧木长势较强，这也将有利于嫁接苗的正常生长。

c. 欧洲鹅耳枥嫁接成活过程中砧木与接穗愈合部位 SOD 活性变化

图 5－38 显示了欧洲鹅耳枥嫁接后砧木与接穗愈合部位 SOD 活性的变化。可知，接穗愈合部位 SOD 活性在 0~5 d 和 5~10 d 呈极显著上升趋势，10~15 d 和 15~20 d 呈极显著下降趋势，20 d 后基本处于稳定状态，且与嫁接当天差异不显著。从整个过程看，接穗愈合部位 SOD 活性值呈“先上升后下降，最终恢复嫁接最初水平”的规律。砧木

愈合部位 SOD 活性在 0~5 d 和 5~10 d 呈极显著上升趋势，10~15 d 和 15~20 d 呈极显著下降趋势，20~25 d 呈不显著上升趋势，25 d 后基本处于稳定状态，且与嫁接当天差异不显著。从整个过程看，基本与接穗表现相同的规律，但二者不同之处在于，接穗愈合部位 SOD 活性始终高于砧木。

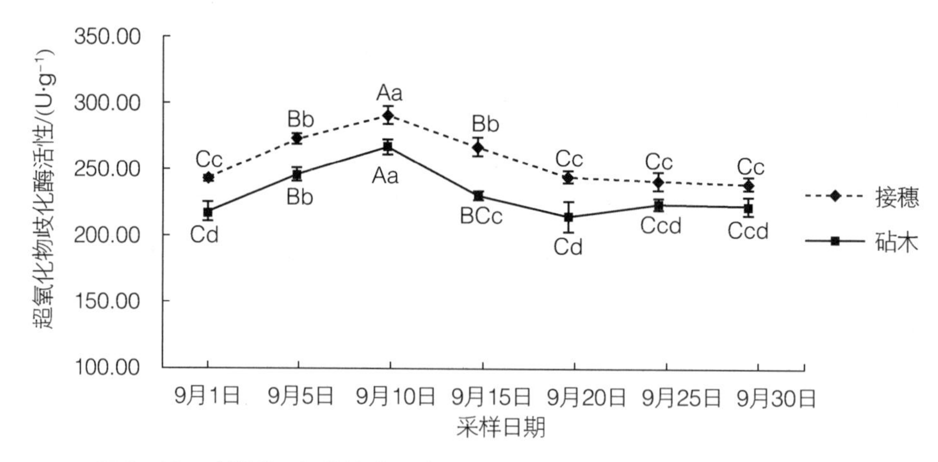


图 5－38　欧洲鹅耳枥嫁接成活过程中砧木与接穗愈合部位 SOD 活性变化

SOD 是广泛存在于植物体细胞内的一种酶，它的生理功能主要是清除代谢过程中产生的自由基，防止细胞膜脂过氧化，保护细胞膜的结构和功能（陈红 等，2006）。嫁接后的前 10 d，接穗与砧木接触面由于机械创伤破坏了细胞膜结构，导致活性氧含量增加，为抑制膜脂过氧化，植物细胞会自发调节分泌较多的 SOD 来降低活性氧含量。10 d 后，随着砧木与接穗间隔离层逐步消失，SOD 活性也逐渐降低直至嫁接最初水平。砧木与接穗愈合部位 SOD 活性变化表现出一致性，这说明砧木与接穗的愈合过程具有一定的协调性和一致性，因此，SOD 活性值也可以作为判断欧洲鹅耳枥嫁接愈合状况的一种指标。

d. 欧洲鹅耳枥嫁接成活过程中砧木与接穗叶片 SOD 活性变化

图 5－39 显示了欧洲鹅耳枥嫁接后砧木与接穗叶片中 SOD 活性的变化。多重比较可以看出，接穗叶片中 SOD 活性值在 0~5 d 呈极显著上升趋势，5~10 d 呈极显著下降趋势，在 10 d 后基本处于不显著下降趋势，且与嫁接当天的差异不显著。从整个过程看，接穗叶片中 SOD 活性值呈“早期先升后降，后期基本稳定”的规律。砧木愈合部位附近的叶片 SOD 活性在相邻时间点差异不显著，除 10~20 d 数值相对较小外，基本处于稳定的状态。从整个过程看，接穗和砧木叶片 SOD 活性变化程度都较小，但二者不同之处在于，接穗叶片 SOD 活性始终高于砧木，说明砧木叶片与接穗叶片生长状况存在着差异。

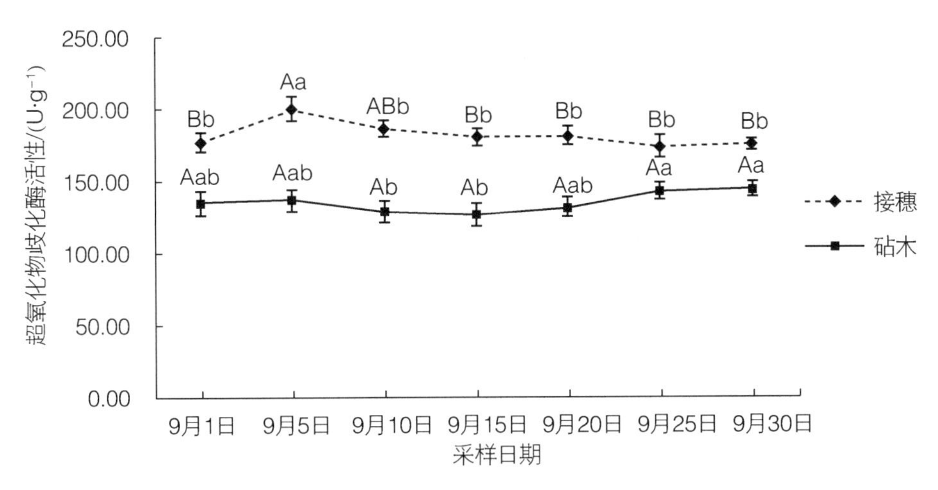


图 5－39　欧洲鹅耳枥嫁接成活过程中砧木与接穗叶片中 SOD 活性变化

#### 5.2.3.5　盆栽苗嫁接

盆栽苗嫁接情况见彩图 5－2。

#### 5.2.3.6　地栽苗嫁接

地栽苗嫁接情况见彩图 5－3。

## 5.3　组织培养

利用组织培养技术对欧洲鹅耳枥无性系繁殖进行研究，加快引种和人工栽培的步伐，培育出高质量的欧洲鹅耳枥种苗，为欧洲鹅耳枥组织培养在应用上提供技术依据和理论基础。

### 5.3.1　外植体的灭菌

污染是组织培养过程中经常遇到的问题，且难以控制，因此控制污染是组培技术首要解决的问题。本试验以一年生欧洲鹅耳枥幼苗带芽茎段为外植体，先用自来水冲洗 2h 左右，然后用 5 种不同的消毒方法消毒（表 5－33）。

表 5-33　外植体不同的消毒处理方法

| 编号 | 处理方法 |
| --- | --- |
| 1 | 75%$C_2H_5OH$ 30s+0.1%$HgCl_2$5min |
| 2 | 75%$C_2H_5OH$ 30s+0.1%$HgCl_2$10min |
| 3 | 75%$C_2H_5OH$ 30s+0.1%$HgCl_2$15min |
| 4 | 2%NaClO 15min |
| 5 | 75%C2H5OH 30s+2%NaClO 10min |

由表 5-34 可知，对外植体采用不同的处理灭菌方法时，随着升汞消毒时间的延长，外植体的污染率呈下降趋势，而褐化率则先降低后升高，萌发率则先升高后降低。处理 2 和处理 3 的污染率较其他 3 种处理要低。然而处理 3 外植体的褐化率及萌发率较处理 2 相比均有所下降。外植体使用升汞进行消毒时，当消毒时间达到 15 min 时，污染率为 2.77%，不会随消毒时间的延长而减少。此时的褐化率较高，萌发率降低。显而易见，使用 75%$C_2H_5OH$ 30s+0.1%$HgCl_2$ 10 min 处理具有很好的灭菌效果，同时外植体的萌发成活率较高。

表 5-34　不同处理方法的灭菌效果

| 处理序号 | 接种数/个 | 污染数/个 | 褐化数/个 | 萌发数/个 | 污染率/% | 褐化率/% | 萌发率/% |
| --- | --- | --- | --- | --- | --- | --- | --- |
| 1 | 36 | 14 | 4 | 16 | 38.89 | 18.45 | 73.21 |
| 2 | 36 | 4 | 3 | 29 | 11.11 | 9.39 | 90.61 |
| 3 | 36 | 1 | 12 | 16 | 2.77 | 34.09 | 45.71 |
| 4 | 36 | 20 | 6 | 10 | 55.56 | 38.89 | 63.89 |
| 5 | 36 | 17 | 7 | 6 | 47.22 | 38.10 | 60.95 |

## 5.3.2　初代培养

### 5.3.2.1　最佳基本培养基筛选

以欧洲鹅耳枥一年生幼苗带芽茎段为外植体，接种到附加 0.5 mg·$L^{-1}$BA 与 0.1 mg·$L^{-1}$ NAA 的 3 种不同的基本培养基上（MS、WPM、B5）。结果表明，WPM 培养基中的外植体长势较好，平均苗高达到 2.30 cm，植株叶色深绿，主茎较粗，外植体基部愈伤组织较少，最适合作为欧洲鹅耳枥带芽茎段的诱导（表 5-35）。

表 5-35 欧洲鹅耳枥外植体在 3 种培养基中生长结果

| 基本培养基 | 平均苗高/cm | 叶色 | 主茎粗细 | 基部愈伤 |
|---|---|---|---|---|
| WPM | 2.30a | 黄绿，叶缘焦枯 | +++ | + |
| B5 | 1.95b | 较绿 | ++ | ++ |
| MS | 1.85bc | 深翠绿 | + | +++ |

注：同一列中不同小写字母表示差异达显著水平（$P<0.05$），其中+++表示茎粗/基部愈伤组织多，+表示茎较粗/愈伤组织一般，+表示茎细弱/愈伤组织较少。

### 5.3.2.2 激素种类及浓度的筛选

经消毒的外植体带芽茎段，接种到以 WPM 为基本培养基，蔗糖浓度为 3%，琼脂含量为 0.7%，pH 值为 5.8 的分别含 TDZ（0.0 mg·L$^{-1}$、0.1 mg·L$^{-1}$、0.3 mg·L$^{-1}$、0.5 mg·L$^{-1}$），BA（0.5 mg·L$^{-1}$、2.5 mg·L$^{-1}$、5.0 mg·L$^{-1}$、7.5 mg·L$^{-1}$、10.0 mg·L$^{-1}$），KT（0.5 mg·L$^{-1}$、2.5 mg·L$^{-1}$、5.0 mg·L$^{-1}$、7.5 mg·L$^{-1}$、10.0 mg·L$^{-1}$）的培养基中。每瓶接 1 个外植体，每个处理 12 瓶，3 次重复。接种后置于 25~28 ℃，每天光照 12 h，光照强度为 2 000 lx 条件下培养，并观察记录芽的萌动与生长情况。外植体接种 4 周，统计有芽分化的外植体数，并计算诱导率。

表 5-36 不同激素种类对欧洲鹅耳枥外植体不定芽诱导的影响

| 激素种类 | 激素浓度 | 接种数/个 | 诱导率/% | 芽体长度/cm | 愈伤组织 | 芽生长状况 |
|---|---|---|---|---|---|---|
| TDZ | 0.0 | 36 | 0.00±0.00Bc | 0.00±0.00Bc | + | 无芽产生 |
| | 0.1 | 36 | 72.22±6.49Aa | 0.89±0.12Aa | ++ | + |
| | 0.3 | 36 | 68.89±10.18Aab | 0.66±0.10Ab | +++ | + |
| | 0.5 | 36 | 57.41±8.49Ab | 0.64±0.05Ab | +++ | + |
| BA | 0.5 | 36 | 90.52±4.30Aa | 2.25±0.12Aa | + | +++ |
| | 2.5 | 36 | 90.47±8.26Aa | 1.89±0.20Ab | + | ++ |
| | 5.0 | 36 | 82.00±15.72Aa | 0.69±0.57Bc | ++ | +++ |
| | 7.5 | 36 | 79.33±18.88Aa | 0.71±0.01Bc | +++ | +++ |
| | 10.0 | 36 | 76.85±22.28Aa | 0.73±0.20Bc | +++ | +++ |
| KT | 0.5 | 36 | 45.83±26.02Aa | 3.78±0.50Aa | + | +++ |
| | 2.5 | 36 | 41.67±7.22Aa | 2.70±0.48Bb | + | +++ |
| | 5.0 | 36 | 31.11±1.92Aa | 0.77±0.12Cc | + | +++ |
| | 7.5 | 36 | 27.77±6.94Aa | 0.82±0.22Cc | ++ | ++ |
| | 10.0 | 36 | 25.55±10.72Aa | 0.88±0.17Cc | ++ | ++ |

注：同一列中不同小写字母表示差异达显著水平（$P<0.05$），大写字母表示差异达显著水平（$P<0.01$）；愈伤组织和芽的生长状况以"+"表示，"+"越多表示愈伤组织越多，芽的长势越好。

由表 5－36 可知，TDZ 的 4 个处理中未添加激素的培养基没有芽诱导出。TDZ 具有较强的细胞分裂特性。使得细胞的分裂能力增强，然而能力太强使得芽体容易发生畸变。随着 TDZ 浓度的增大，不定芽的诱导率呈先升高后降低的趋势。TDZ 浓度为 0.1 mg·$L^{-1}$ 时平均诱导率较高，为 72.22%，芽体长度也较其他 2 个处理要长。但总体来说，芽体生长较差。在 BA 的 5 个处理中，对不定芽诱导率的影响不显著（$P>0.05$），外植体的诱导率随着 BA 的浓度增加而降低，但变化趋势不明显。KT 的 5 个处理中，KT 对外植体的不定芽诱导率的影响不显著（$P>0.05$），当 KT 浓度为 0.5 mg·$L^{-1}$ 时，芽体的长度在 5 个处理中最高。

综合比较发现，添加 BA 的培养基不定芽的诱导率较添加 TDZ 和 KT 的培养基都要高。KT 虽然也能提高外植体的诱导率，但是效果较 BA 差。原因可能是 KT 一般要在含 BA 的培养基中，才能发挥较好的细胞分裂作用。TDZ 诱导产生的芽，芽体矮小瘦弱，致使诱导出的无效芽较多，不利于后面的增殖培养。

TDZ、BA、KT 激素的添加对不定芽的诱导有一定的效用，但总体来说，BA 是较适合的激素。而 0.5 mg·$L^{-1}$ 的 BA 处理不定芽的诱导率较高而且芽体长度较长且生长健壮。因此，0.5 mg·$L^{-1}$ 的 BA 处理适于欧洲鹅耳枥带芽茎段的诱导。

#### 5.3.2.3 激素种类配比的确定

经消毒的外植体带芽茎段，接种到以 WPM 为基本培养基，蔗糖浓度为 3%，琼脂含量为 0.7%，pH 值为 5.8 的不同激素配比的培养基中（表 5－37），每瓶接 1 个外植体，每个处理 12 瓶，3 次重复。接种后置于 25～28 ℃，每天光照 12 h，光照强度为 2 000 lx条件下培养，并观察记录芽的萌动与生长情况。外植体接种 4 周，统计有芽分化的外植体数，并计算诱导率。

**表 5－37 欧洲鹅耳枥带芽茎段不定芽的诱导正交试验因子水平表［$L_9$（$3^3$）］**

| 水平 | 6－BA（$Y_1$）/（mg·$L^{-1}$） | KT（$Y_2$）/（mg·$L^{-1}$） | NAA（$Y_3$）/（mg·$L^{-1}$） |
|---|---|---|---|
| 1 | 0.1 | 0.1 | 0.05 |
| 2 | 0.5 | 0.5 | 0.10 |
| 3 | 1.0 | 1.0 | 0.50 |

多重比较（表 5－38）发现，不同浓度的 BA 对外植体不定芽的诱导率和诱导后不定芽的长度均有显著影响，发现 0.5 mg·$L^{-1}$ 的 BA 对不定芽的诱导和芽的长度较好，使得不定芽的诱导率达 90.10%，芽的长度为 3.58 cm。与 0.1 mg·$L^{-1}$ 与 1.0 mg·$L^{-1}$ 的芽长度分别为 1.93 cm 和 1.70 cm。

不同浓度的 KT 对不定芽的诱导影响不显著，1.0 mg·$L^{-1}$ 的 KT 使得不定芽的诱导率较高为 70.89%。然而总体来说，KT 的浓度对不定芽的诱导率没有显著性差异。但对于不定芽的长度来说，KT 的作用则较明显，能显著影响不定芽的长度。当 KT 浓度为 1.0 mg·$L^{-1}$ 时，芽的长度为 2.59 cm；当 KT 浓度为 0.5 mg·$L^{-1}$ 时，芽的长度为 2.41 cm；当 KT 浓度为 0.1 mg·$L^{-1}$ 时，芽的长度为 2.20 cm。

表 5-38　正交试验中三因素的多重比较

| 激素种类 | 浓度/（$mg \cdot L^{-1}$） | 诱导率/% | 芽长度/cm |
|---|---|---|---|
| BA | 0.1 | 56.22Bb | 1.93Bb |
| | 0.5 | 90.10Aa | 3.58Aa |
| | 1.0 | 59.03Bb | 1.70Bb |
| KT | 0.1 | 67.01Aa | 2.20Bb |
| | 0.5 | 67.46Aa | 2.41AaBb |
| | 1.0 | 70.89Aa | 2.59Aa |
| NAA | 0.05 | 67.08Bb | 2.55Aa |
| | 0.10 | 62.59Bb | 2.13Bb |
| | 0.50 | 75.69Aa | 2.53Aa |

NAA 对外植体不定芽的诱导率有显著影响，NAA 浓度为 0.05 $mg \cdot L^{-1}$ 时不定芽的诱导率为 67.08%，0.10 $mg \cdot L^{-1}$ 时不定芽的诱导率为 62.59%，0.50 $mg \cdot L^{-1}$ 时不定芽的诱导率为 75.69%。对于芽体长度而言，NAA 对芽体的生长也有显著影响。当 NAA 浓度为 0.05 $mg \cdot L^{-1}$ 时，芽平均长度为 2.55 cm；浓度为 0.10 $mg \cdot L^{-1}$ 时，芽体平均长度为 2.13 cm（彩图 5-4）；浓度为 0.50 $mg \cdot L^{-1}$ 时，不定芽的平均长度为 2.53 cm（彩图 5-5）。

因此，WPM+0.5 $mg \cdot L^{-1}$ BA+1.0 $mg \cdot L^{-1}$ KT+0.50 $mg \cdot L^{-1}$ NAA 最适合欧洲鹅耳枥带芽茎段不定芽的诱导，诱导率为 100%，芽体长度为 4.18 cm。

## 5.3.3　继代培养

外植体分化出不定芽后，在无菌条件下剪取长 2~3 cm 的芽体，分别接种到以 WPM 为基本培养基，蔗糖浓度为 3%，琼脂含量为 0.7%，pH 值为 5.8 的增殖培养基中（表 5-39），试验采用三因素四水平的正交试验，每瓶接 2 个外植体，每个处理 12 瓶，3 次重复。置于 25~28 ℃，每日光照 12 h，光照强度 2 000 lx 的条件下，测定外植体带芽茎段不定芽增殖及伸长情况。4 周增殖一次，并跟踪观察记录再生不定芽的分化与生长情况。

表 5-39　生长调节剂对不定芽增殖的影响正交试验因子水平表

| 水平 | 6-BA（$Y_1$）/（$mg \cdot L^{-1}$） | KT（$Y_2$）/（$mg \cdot L^{-1}$） | IBA（$Y_3$）/（$mg \cdot L^{-1}$） |
|---|---|---|---|
| 1 | 0.1 | 0.1 | 0 |
| 2 | 0.5 | 0.5 | 0.01 |
| 3 | 1.0 | 1.0 | 0.1 |
| 4 | 2.0 | 2.0 | 0.5 |

多重比较（表 5-40）发现，不同浓度的 BA 对丛生芽的增殖系数有极显著影响，发现 1.0 mg·$L^{-1}$ 的 BA 对丛生芽的增殖系数最高，使得丛生芽的增殖系数达 4.63。浓度为 0.1 mg·$L^{-1}$、0.5 mg·$L^{-1}$、1.0 mg·$L^{-1}$BA 处理下的丛生芽的增殖系数分别为 1.48、3.42 及 3.57。

不同浓度的 KT 对丛生芽的增殖系数有极显著影响，浓度为 2.0 mg·$L^{-1}$KT 处理的丛生芽的增殖系数最高为 3.43。浓度为 0.1 mg·$L^{-1}$、0.5 mg·$L^{-1}$、1.0 mg·$L^{-1}$KT 处理的丛生芽的增殖系数分别为 3.12、3.24 及 3.29。

**表 5-40　正交试验中三因素对不定芽增殖系数影响的多重比较**

| 激素种类 | 浓度/（mg·$L^{-1}$） | 增殖系数 |
|---|---|---|
| BA | 0.1 | 1.48Cd |
| | 0.5 | 3.42Bc |
| | 1.0 | 4.63Aa |
| | 2.0 | 3.57Bb |
| KT | 0.1 | 3.12Bc |
| | 0.5 | 3.24Bbc |
| | 1.0 | 3.29ABb |
| | 2.0 | 3.43Aa |
| IBA | 0.0 | 3.25Aa |
| | 0.01 | 3.28Aa |
| | 0.05 | 3.29Aa |
| | 0.1 | 3.27Aa |

IBA 对丛生芽增殖系数无显著影响，浓度分别为 0.0 mg·$L^{-1}$、0.01 mg·$L^{-1}$、0.05 mg·$L^{-1}$、0.1 mg·$L^{-1}$ 的 IBA 丛生芽的增殖系数分别为 3.25、3.28、3.29、3.27。因此，丛生芽增殖培养以 WPM+1.0 mg·$L^{-1}$BA+2.0 mg·$L^{-1}$KT+0.01 mg·$L^{-1}$IBA，添加 30 g·$L^{-1}$ 蔗糖的增殖效果最佳，增殖系数达 4.81（彩图 5-6）。

## 5.3.4　$GA_3$ 对欧洲鹅耳枥丛生芽继代培养的影响

增殖培养后的丛生芽一般矮小、节间短，为促进芽伸长展叶，快速生长，抑制侧芽分化，调整株型，将增殖培养后的丛生芽切成单芽，接种于添加不同浓度的 GA3（表 5-41）继代培养基上。

表 5－42 结果表明，培养基中添加不同浓度的 $GA_3$ 对欧洲鹅耳枥幼苗的高生长及苗形均有明显影响，随着处理浓度的增大，对高生长的促进作用越明显。但 $GA_3$ 浓度达 4.0 mg·$L^{-1}$ 时，苗高的平均生长量达 6.96 cm，但幼苗生长细弱、叶色发黄；而 2.0 mg·$L^{-1}$ 处理时，平均苗高达 5.03 cm，与对照相比差异极显著（$P<0.01$），而且植株正常，生长健壮，叶宽大、叶色翠绿正常。因此，$GA_3$ 的最佳处理浓度为 2.0 mg·$L^{-1}$（彩图 5－7）。

**表 5－41　$GA_3$ 对欧洲鹅耳枥丛生芽继代培养的影响**

| 编号 | $GA_3$ 浓度/（mg·$L^{-1}$） |
| --- | --- |
| $L_1$ | 0.5 |
| $L_2$ | 1.0 |
| $L_3$ | 2.0 |
| $L_4$ | 4.0 |

**表 5-42　不同浓度 $GA_3$ 对欧洲鹅耳枥不定芽生长的影响**

| $GA_3$ 质量浓度 | 接种芽数 | 平均苗高/cm | 芽苗生长状况 |
| --- | --- | --- | --- |
| 0.0 | 36 | 1.28±0.05Ee | 苗矮小，叶狭窄、叶色深绿 |
| 0.5 | 36 | 2.26±0.15Dd | 苗矮小，叶较狭窄、绿色 |
| 1.0 | 36 | 3.14±0.07Cc | 叶形基本正常，叶狭窄、翠绿色 |
| 2.0 | 36 | 5.03±0.23Bb | 植株正常、生长健壮，叶宽大、翠绿色 |
| 4.0 | 36 | 6.96±0.11Aa | 植株细长、瘦弱，叶黄绿色 |

## 5.3.5　生根培养

生长素是诱导组培苗生根最重要的影响因子，起到其他植物生长调节剂所不能代替的作用。利用 NAA、IBA 促进组培苗生根，将继代培养生长势良好植株较为强壮的试管接种到生根培养基中，20～25 d 发现有白色的根从外植体的皮部长出，待试管苗生长 60 d 时，统计生根情况。NAA、IBA 在一定范围内浓度对试管苗根的诱导率、生根条数、根的长度有促进作用，会增加诱导率、生根的条数和根的长度。

由表 5－43 可知，将继代培养的欧洲鹅耳枥植株接种于 WPM 培养基上，添加 1.0 mg·$L^{-1}$IBA 和 1.0 mg·$L^{-1}$NAA，此时生根率达最高，为 90.28%，且诱导出的不定根根多，生长健壮，同时多数不定芽为皮部生根，移栽容易成活（彩图 5－8）。

表 5-43　生根培养结果极差分析表

| 试验号 | 培养基 | IBA | NAA | 接种数 | 生根率/% | 愈伤化程度 | 根生长状况 |
|---|---|---|---|---|---|---|---|
| 1 | 1 | 1 | 1 | 36 | 35.70±4.17Dd | 愈伤较少，致密 | 根少，短粗 |
| 2 | 1 | 2 | 2 | 36 | 55.56±6.36Cc | 愈伤较少，致密 | 根较少，较健壮 |
| 3 | 1 | 3 | 3 | 36 | 90.28±2.41Aa | 愈伤适量，致密 | 根多，生长健壮 |
| 4 | 2 | 1 | 2 | 36 | 36.11±2.41Dd | 愈伤较少，致密 | 根少，较细 |
| 5 | 2 | 2 | 3 | 36 | 61.11±6.36Cc | 愈伤适量，致密 | 根较多，生长教细 |
| 6 | 2 | 3 | 1 | 36 | 31.94±2.40Dd | 愈伤适量，致密 | 根较多，生长较细 |
| 7 | 3 | 1 | 3 | 36 | 76.39±6.36Bb | 愈伤适量，致密 | 根较多，生长纤细 |
| 8 | 3 | 2 | 1 | 36 | 33.33±4.17Dd | 愈伤较少，致密 | 根少，生长纤细 |
| 9 | 3 | 3 | 2 | 36 | 80.56±6.36ABb | 愈伤适量，致密 | 根多，生长纤细 |

### 5.3.6　炼苗和移栽

将已生根的瓶苗移出培养室，放置在散射光下进行炼苗，使瓶苗得到充分的光、湿、温锻炼。移出 4 d 后拆去瓶膜线，松动瓶膜，7 d 后倒出试管苗，用水充分洗净培养基后，移栽到充分混合且经消毒的基质中，基质由珍珠岩：细炉渣：园土＝2：2：1 组成，20 d 内控制湿度、光照，试管苗的成活率在 70%以上。

## 5.4　水培繁殖

植物进行水培繁殖具有观赏性强、养护方便、少病虫害、节约土地等特点，且可同时应用于园林绿化和室内观赏，对水治理也有着良好的效果。因此，积极开发欧洲鹅耳枥水培繁殖技术无疑能优化欧洲鹅耳枥的生产方式、开拓其多功能应用，为国内观赏苗木市场提供一种新型种苗。本试验将对欧洲鹅耳枥硬枝水培技术进行系统研究，以期确定最佳的技术流程和栽培方法，在培育出高质量的欧洲鹅耳枥种苗的同时探讨水培过程中生理上的变化，为欧洲鹅耳枥在生产应用及进一步科学研究中提供技术依据和理论基础。

### 5.4.1　欧洲鹅耳枥水培生根栽培方法

选择 2~3 年生硬枝茎段，上端剪成平口，下端斜切，长 8~12 cm，保留 2 片 1/2 叶（将叶片削去一半）；用自来水冲洗切口，并用 0.1%~0.3%的多菌灵溶液浸泡 20~30 min

消毒杀菌。激素试验采用3因素3水平正交试验，选取L9（$3^3$）正交表，因素和水平见表5-44、表5-45。每个处理3个重复，每个重复20根插穗。以不加任何激素为对照。将消毒完成的枝条插激素溶液中浸泡，保证距离切口3 cm内的枝条完全浸泡在溶液中。将激素处理过的枝条插入漂浮于自来水上的泡沫板，深度1~3 cm，并通气。保证培养室内在水培前2周空气湿度不低于85%，2周后空气湿度为70%~80%，温度控制在24~26 ℃，每天补光2~3 h。每周使用0.1%~0.3%的多菌灵溶液喷洒枝条表面，每2周换水一次。

**表5-44　欧洲鹅耳枥激素处理正交试验因素和水平**

| 因素 | 激素种类（A） | 激素浓度（B）/（$mg \cdot L^{-1}$） | 处理时间（C）/h |
| --- | --- | --- | --- |
| 水平1 | IBA | 800 | 0.5 |
| 水平2 | ABT1 | 1000 | 1.0 |
| 水平3 | NAA | 1200 | 2.0 |

**表5-45　欧洲鹅耳枥激素处理正交试验表**

| 试验号 | 激素种类（A） | 激素浓度（B） | 处理时间（C） | 处理 |
| --- | --- | --- | --- | --- |
| 1 | 1 | 1 | 1 | $A_1B_1C_1$ |
| 2 | 1 | 2 | 2 | $A_1B_2C_2$ |
| 3 | 1 | 3 | 3 | $A_1B_3C_3$ |
| 4 | 2 | 1 | 2 | $A_2B_1C_2$ |
| 5 | 2 | 2 | 3 | $A_2B_2C_3$ |
| 6 | 2 | 3 | 1 | $A_2B_3C_1$ |
| 7 | 3 | 1 | 3 | $A_3B_1C_3$ |
| 8 | 3 | 2 | 1 | $A_3B_2C_1$ |
| 9 | 3 | 3 | 2 | $A_3B_3C_2$ |

#### 5.4.1.1　激素处理对水培形态指标的影响

欧洲鹅耳枥激素处理试验得到生根率、存活率、愈伤率、平均根数、平均根长、皮部生根枝条率、皮部愈伤枝条率、皮部平均根数、切口平均根数9个形态指标，各形态指标结果见表5-46，生根情况见彩图5-9。其中，9个处理中水培生根率最高$A_2B_1C_2$达60%，最低为5%，都高于对照0%。存活率最高的处理为$A_2B_1C_2$，即ABT1，800 mg/L，处理1h。愈伤组织率最高的处理为$A_1B_1C_1$和$A_2B_1C_2$，即IBA，800 $mg \cdot L^{-1}$，处理0.5 h和ABT1，800 $mg \cdot L^{-1}$，处理1 h。平均根数最高的处理为$A_2B_2C_3$，即ABT1，1000 $mg \cdot L^{-1}$，处理2 h。平均根长最高的处理为$A_2B_1C_2$，即ABT1，800 $mg \cdot L^{-1}$，处理1 h。皮部生根枝条率最高的处理为$A_3B_3C_2$，即NAA，1200 $mg \cdot L^{-1}$，处理1 h。皮部愈伤枝条率最高的处理为$A_3B_3C_2$，即NAA，1200 $mg \cdot L^{-1}$，处理1 h。皮部平均根数最高的处理为$A_1B_3C_3$，即IBA，1200 $mg \cdot L^{-1}$，处理2 h。切口平均根数最高的处理为$A_1B_2C_2$，即IBA，1 000 $mg \cdot L^{-1}$，处理1 h。

**表 5-46　欧洲鹅耳枥激素处理试验的生根性状数据表**

| 处理 | 生根率 | 存活率 | 愈伤率 | 平均根数 | 平均根长 | 皮部生根枝条率 | 皮部愈伤枝条比率 | 皮部平均根数 | 切口平均根数 |
|---|---|---|---|---|---|---|---|---|---|
| CK | 0. 00Ee | 74. 28Cbc | 57. 50ABCb | 0. 00De | 0. 00Dd | 0. 00Dd | 0. 00Ce | 0. 00De | 0. 00Dd |
| $A_1B_1C_1$ | 41. 67ABb | 78. 33BCb | 75. 31Aa | 1. 66Cd | 6. 00BCDbcd | 35. 35Cc | 26. 67Bcd | 2. 09Ccd | 1. 43BCDc |
| $A_1B_2C_2$ | 35. 24BCbc | 68. 33Cc | 45. 56BCDbcd | 2. 31BCcd | 14. 83ABa | 43. 33Cc | 38. 89Bbcd | 1. 53CDd | 2. 90Aa |
| $A_1B_3C_3$ | 5. 00Ede | 26. 67Ee | 8. 50Ee | 3. 90Aab | 2. 50CDcd | 70. 50BCb | 24. 00Bd | 5. 33Aa | 1. 00CDcd |
| $A_2B_1C_2$ | 60. 14Aa | 96. 67Aa | 75. 25Aa | 1. 50Cd | 16. 02Aa | 33. 33Cc | 32. 14Bbcd | 1. 68CDd | 1. 41BCDc |
| $A_2B_2C_3$ | 25. 25BCDc | 53. 33Dd | 30. 2DEd | 4. 50Aa | 6. 20BCDbcd | 80. 24ABab | 75. 00Aa | 5. 00ABa | 2. 50ABab |
| $A_2B_3C_1$ | 21. 67CDEc | 71. 67Cbc | 59. 00ABab | 1. 8Cd | 10. 10ABCab | 75. 25ABb | 36. 00Bbcd | 2. 07Ccd | 1. 01CDcd |
| $A_3B_1C_3$ | 15. 31DEcd | 70. 00Cbc | 35. 17CDcd | 4. 10Aab | 7. 20ABCDbc | 87. 78ABab | 43. 75Bb | 4. 56ABab | 1. 01CDcd |
| $A_3B_2C_1$ | 13. 33DEcde | 86. 67ABb | 49. 31BCDbc | 2. 50BCcd | 6. 80BCDbc | 84. 00ABab | 42. 11Bbc | 2. 67Ccd | 1. 60ABCbc |
| $A_3B_3C_2$ | 16. 67CDEcd | 78. 33BCb | 38. 33BCDcd | 3. 20ABbc | 9. 80ABCab | 100. 00Aa | 84. 21Aa | 3. 20BCbc | 0. 00Dd |

对各形态指标进行方差分析，结果表明：各处理生根率、存活率、愈伤率、平均根数、皮部生根枝条比、皮部愈伤枝条比、皮部平均根数、切口平均根数达到极显著差异，平均根长达到显著差异（表5-47）。

**表5-47　欧洲鹅耳枥激素处理试验的生根性状方差分析**

| 变异来源 | 因变量 | 平方和 | 自由度 | 均方 | *F*值 | *Sig.* |
|---|---|---|---|---|---|---|
| 处理 | 生根率 | 6 955.868 | 8 | 869.484 | 11.353 | 0.000 |
| | 存活率 | 9 866.734 | 8 | 1 233.342 | 39.006 | 0.000 |
| | 愈伤率 | 111 178.083 | 8 | 1 397.260 | 12.104 | 0.000 |
| | 平均根数 | 30.785 | 8 | 3.848 | 9.930 | 0.000 |
| | 平均根长 | 456.067 | 8 | 57.008 | 3.223 | 0.019 |
| | 皮部生根枝条率 | 14 267.914 | 8 | 1 783.489 | 10.178 | 0.000 |
| | 皮部愈伤枝条率 | 10 522.460 | 8 | 1 315.308 | 13.685 | 0.000 |
| | 皮部平均根数 | 52.397 | 8 | 6.550 | 9.036 | 0.000 |
| | 切口平均根数 | 17.804 | 8 | 2.225 | 5.164 | 0.002 |

### 5.4.1.2　激素处理对水培动态的影响

（1）激素处理对存活率动态的影响

不同激素处理对存活率动态的影响见图5-40。从7月20日至8月3日（前2周），所有处理都保持100%的存活率，随着时间的推移各处理存活率逐渐下降。8月3—17日（第3、4周），保持100%存活率的是处理9，其余都下降，其中下降速率最大的是处理5。与CK组对比，存活率高于CK的有处理4、处理6、处理8、处理9，等于CK组的有处理1和处理7，低于CK组的有处理2、处理3、处理5。

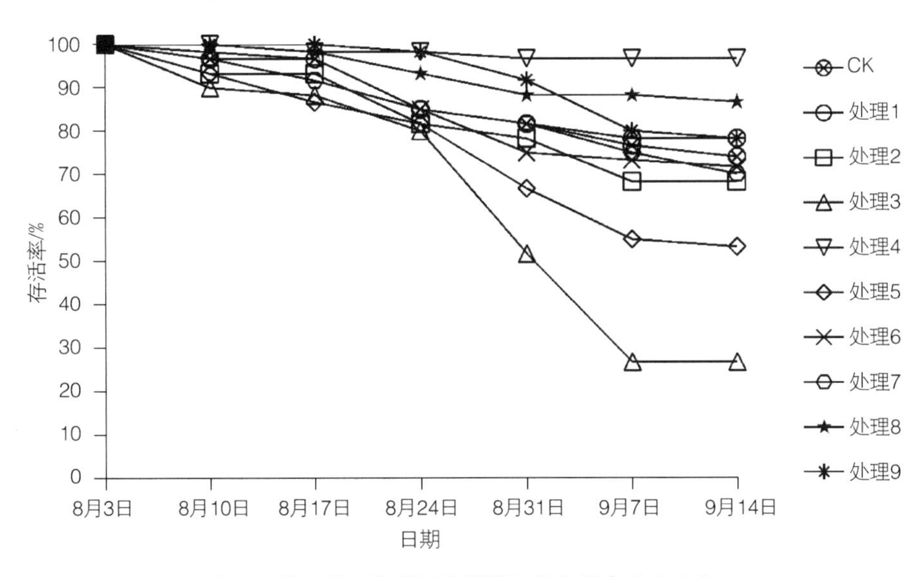

图5-40　激素处理下欧洲鹅耳枥存活率动态变化

从 8 月 17 日至 8 月 31 日（第 5、6 周），所有处理的存活率都下降，其中下降最快的是处理 3，下降最慢的是处理 4。与 CK 组对比，存活率高于 CK 组的有处理 4、处理 8、处理 9，等于 CK 组的有处理 1 和处理 7，低于 CK 组的有处理 2、处理 3、处理 5、处理 6。

从 8 月 31 日至 9 月 14 日（第 7、8 周），除处理 4 以外所有处理的存活率都下降，其中下降最快的是处理 3。与 CK 组对比，存活率高于 CK 组的有处理 1、处理 4、处理 8、处理 9，低于 CK 组的有处理 2、处理 3、处理 5、处理 6、处理 7。

综合 8 周的存活率数据发现，处理 4 表现最佳，处理 3 表现最差。大多数处理从培养第 3 周开始有死亡植株出现，主要原因是水培期间正值夏季高温，培养室开空调保持温湿度，但通风性不佳，培养初期部分遮光也导致室内霉菌生长，使水培植株受到污染。因此，在培养期内要注意每周喷洒多菌灵，每日定时给室内通风、透光，在保持较高湿度的时候可以不必避光培养。

（2）激素处理对生根率动态的影响

不同激素处理对生根率动态的影响见图 5－41。从 7 月 20 日至 8 月 17 日（前 3 周），所有处理都无生根，随着时间的推移各处理生根率逐渐上升。处理 2 和处理 4、处理 7 在 8 月 17 日（第 4 周）开始有枝条生根，处理 1、处理 3、处理 5、处理 6、处理 8、处理 9 从 8 月 24 日（第 5 周）开始有枝条生根。处理 8 和处理 9 生根率上升速度最快出现在 8 月 17 日至 9 月 24 日（第 4 周）；处理 1 和处理 2 生根率上升速度最快出现在 8 月 24—31 日（第 5 周）；处理 4、处理 5、处理 6、处理 7 生根率上升速度最快出现在 8 月 31 日至 9 月 7 日（第 6 周）；处理 3 从 8 月 24 日至 9 月 14 日一直保持缓慢上升。其中，处理 1、处理 2、处理 4、处理 5、处理 7 符合“慢—快—慢”的生长曲线。在 9 月 14 日，生根率最高的是处理 4，最低的是处理 3。

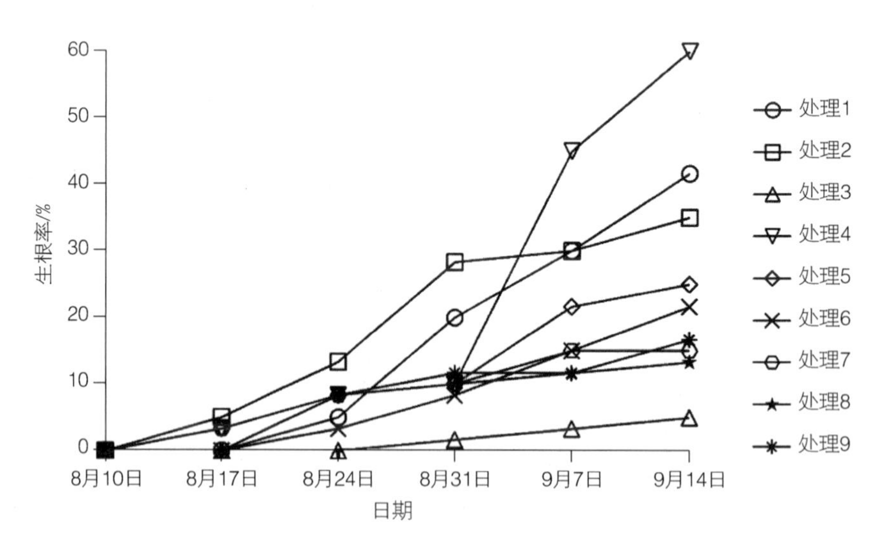


图 5－41　激素处理下欧洲鹅耳枥生根率动态变化

综合8周的生根率数据发现，处理4表现最佳，有着明显的快速生长期和最高的生根率，处理3表现最差。不同激素对生根率的影响很大，经NAA处理的处理7、处理8、处理9生根率曲线相似，经IBA处理的处理1和处理2生根率曲线相似。

（3）激素处理对愈伤组织率动态的影响

不同激素处理对愈伤组织率动态的影响见图5－42。7月20日至8月3日（前2周），所有处理都没有形成愈伤组织。8月10日（第3周）所有处理开始形成愈伤组织，其中愈伤组织率最高的是CK，最低的是处理8。在整个培养过程中，处理1愈伤组织率上升速度最快出现在8月3—10日（第2周），之后保持上升与平稳状态；处理2愈伤组织率上升速度最快出现在8月3—10日（第2周），之后保持上升和平稳，但在8月31日至9月7日（第6周）下降；处理3愈伤组织率上升速度最快出现在8月3—10日（第2周），之后基本保持平稳；处理4愈伤组织率上升速度最快出现在8月3日至8月10日（第2周），在8月24—31日（第5周）再次出现快速上升期，9月7—14日（第7周）出现下降；处理5和处理9愈伤组织率上升速度最快出现在8月3—10日（第2周），之后保持下降—上升—下降的S形曲线；处理6愈伤组织率上升速度最快出现在8月3—10日（第2周），在8月10—17日（第3周）出现下降，之后保持上升；处理8愈伤组织率一直保持上升，在8月24—31日（第5周）最快，在9月7—14日（第7周）下降。

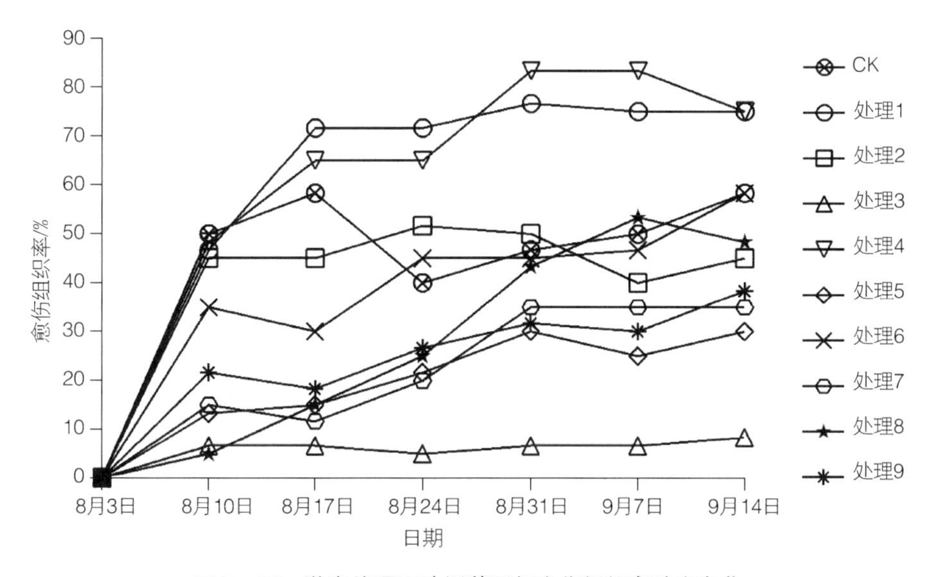


图5－42 激素处理下欧洲鹅耳枥愈伤组织率动态变化

综合整个培养过程，愈伤组织形成率一致高于CK的为处理1和处理4，最低的是处理3。除处理7和处理8，所有处理在8月3—10日上升速度最快（第2周），之后主要保持平稳和上升，但一些处理在前期（第3周和第4周）和后期（第6周和第7周）有下降，其中前期愈伤组织率下降是由于真菌污染，后期愈伤组织率下降是由于形成了根系。值得注意的是，CK虽有较高的愈伤组织率，但没有枝条生根，说明在没有激素处理的情况下，生根与愈伤组织形成并没有因果联系。

（4）激素处理对平均根数动态的影响

不同激素处理对平均根数动态的影响见图 5－43，可以分为 3 种类型。类型 1 为平均根数在早期上升，后期下降，包括处理 5、处理 6、处理 8，且 3 个处理的平均根数都在 8 月 24 日达到最大值。原因是早期主要是皮部生根，每枝条的根数多，后期为切口生根，新生根枝条量大，每枝条的根数少，故出现平均根数下降的现象；类型 2 为平均根数在早期上升，中后期基本保持平稳，包括处理 1、处理 2、处理 3、处理 7，原因是新生根枝条量与每枝条生根数达到平衡，故平均根数基本保持一致；类型 3 为平均根数出现“上升—下降—上升—下降”的 S 形曲线，包括处理 4 和处理 9，原因是处理 4（大多为切口生根）在早期为皮部生根，每枝条根数多，而后出现切口生根，每枝条生根少，故出现第一个下降，之后切口生根数量增加，出现有一个上升，最后切口生根枝条增多（生根率增加），再次出现下降。处理 9（完全皮部生根）是在早期为皮部生根，每枝条根数多，随后出现了数个枝条皮部生 1 个根，故出现第一个下降，之后每枝条根数增加出现上升，最后生根率增加速度快，每枝条生根数量少，再次出现下降。

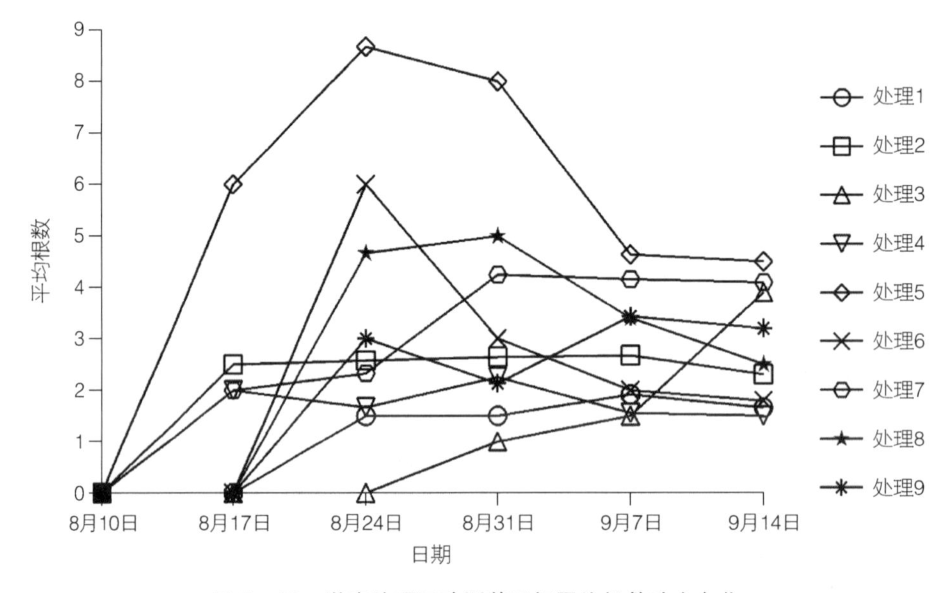


图 5－43　激素处理下欧洲鹅耳枥平均根数动态变化

（5）激素处理对皮部生根枝条率动态的影响

不同激素处理对皮部生根枝条率动态的影响见图 5－44。除了处理 1 以外，各处理在生根初期皮部生根枝条率都为 100%，完全为皮部生根。中后期可以分为 3 种类型，类型 1 为处理 9，始终皮部生根，保持 100%不变；类型 2 的皮部生根枝条率保持下降趋势，包括处理 2、处理 3、处理 4、处理 6、处理 8，原因为生根中后期大多为切口生根。其中处理 2 开始切口生根的时间为 8 月 24 日，处理 3 和处理 4 为 8 月 31 日，处理 6 为 9 月 7 日，处理 8 为 9 月 14 日；类型 3 的皮部生根枝条率先下降后上升，包括处理 5 和处理 7，原因是部分切口开始生根，故下降，之后又一批皮部生根，超过同期切口生根枝条数，故上升。处理1生根初期既有皮部生根又有切口生根，在8月31日上升为最大值，之后由于切口生根枝条数的增加而使皮部生根枝条率逐渐下降。

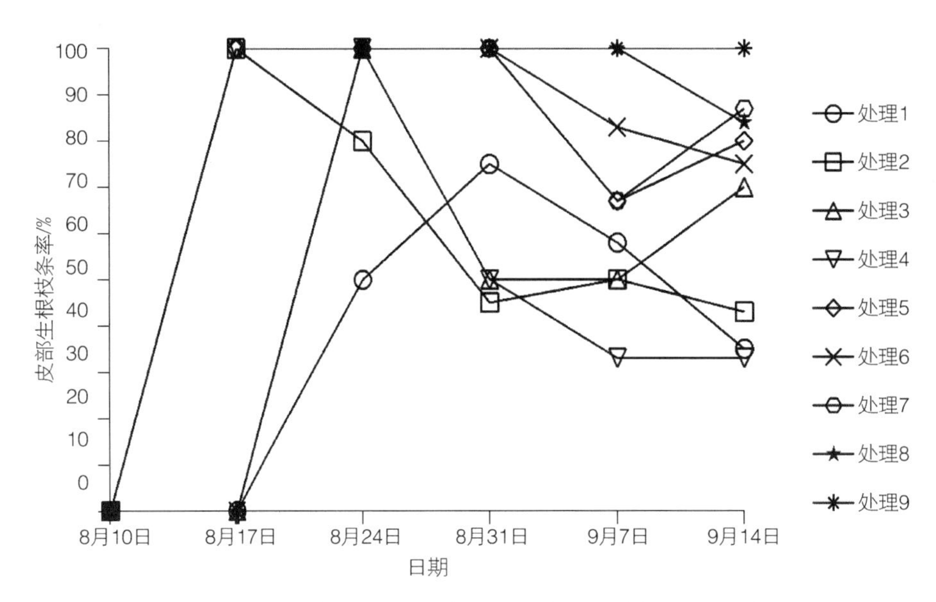


图5－44　激素处理下欧洲鹅耳枥皮部生根枝条率动态变化

## 5.4.2　抑菌剂对欧洲鹅耳枥水培生根的影响

### 5.4.2.1　抑菌剂处理对水培形态指标的影响

（1）抑菌剂处理对存活率的影响

水培插穗采集于2014年7月。选择2~3年生硬枝茎段，上端剪成平口，下端斜切，长8~12 cm，保留2片1/2叶。采后用自来水冲洗切口，并用0.1%~0.3%的多菌灵溶液浸泡20~30 min消毒杀菌。将消毒完成的枝条插入800mg·$L^{-1}$的IBA浸泡60 min，保证距离切口3 cm内的枝条完全浸泡在溶液中。将激素处理过的枝条插入泡沫板，漂浮于含有抑菌剂的自来水上，深度为1~3 cm，并通气。抑菌剂试验采用双因素试验，选取二因素三水平，因素和水平见表5－48。每个处理3个重复，每个重复20根插穗。保证培养室内在水培前2周空气湿度不低于85%，2周后空气湿度保持在70%~80%，温度控制在24~26 ℃。每周使用0.1%~0.3%的多菌灵溶液喷洒枝条表面，每2周换水一次。

欧洲鹅耳枥抑菌剂处理试验（表5－48）存活率的结果如图5－45所示，其中种类$A_1$和$A_3$明显高于$A_2$的存活率，各抑菌剂$B_2$浓度的存活率高于$B_1$和$B_3$浓度。同时选择5 mg·$L^{-1}$的硼酸（$A_1B_2$）得出最高的存活率为96%；10 mg·$L^{-1}$的高锰酸钾（$A_2B_3$）的存活率最低为73%。

**表 5－48 欧洲鹅耳枥抑菌剂筛选试验**

| 处理号 | 防腐抑菌剂种类（A） | 浓度（B）/（mg·L$^{-1}$） |
|---|---|---|
| CK（$A_1B_1$） | 硼酸 | 0 |
| $A_1B_2$ | 硼酸 | 5 |
| $A_1B_3$ | 硼酸 | 10 |
| CK（$A_2B_1$） | 高锰酸钾 | 0 |
| $A_2B_2$ | 高锰酸钾 | 2 |
| $A_2B_3$ | 高锰酸钾 | 4 |
| CK（$A_3B_1$） | 硫代硫酸钠 | 0 |
| $A_2B_2$ | 硫代硫酸钠 | 5 |
| $A_2B_3$ | 硫代硫酸钠 | 10 |

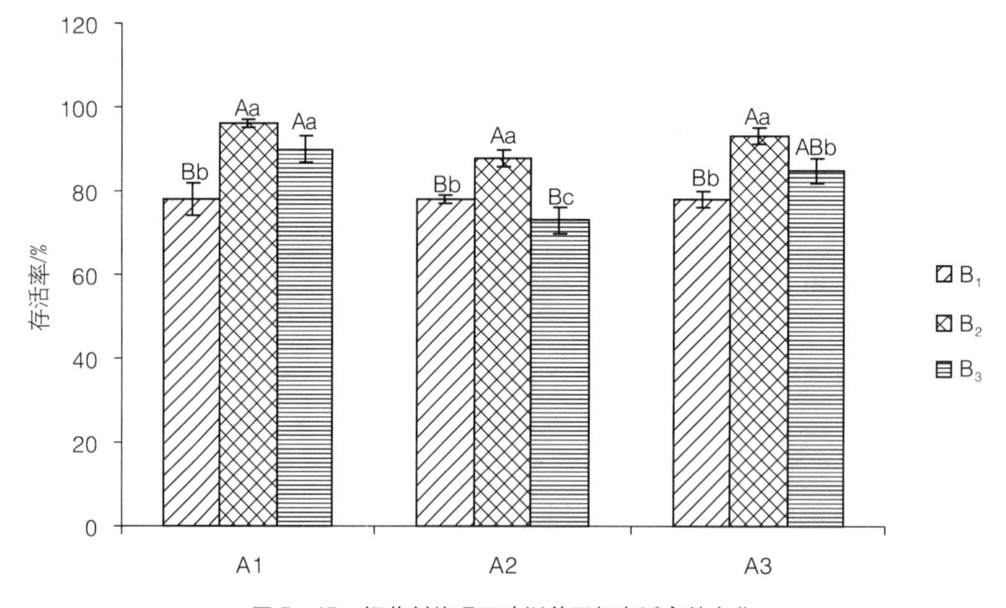


图 5－45 抑菌剂处理下欧洲鹅耳枥存活率的变化

（2）抑菌剂处理切口感染率的影响

欧洲鹅耳枥抑菌剂处理试验切口感染率的结果见图 5－46。其中种类 $A_2$ 和 $A_3$ 显著高于 $A_1$ 的切口感染率，浓度 $B_1$ 和 $B_2$ 极显著高于 $B_3$ 的切口感染率。硼酸和硫代硫酸钠处理随着抑菌剂浓度的增加切口感染率降低，高锰酸钾 $B_2$ 浓度的切口感染率高于对照和 $B_3$ 浓度。结果表明，选择 10 mg·L$^{-1}$ 的硼酸（$A_1B_3$）的切口感染率最低为 3.33%（彩图 5－10）；5 mg·L$^{-1}$ 的高锰酸钾（$A_2B_2$）的切口感染率最高为 50%。

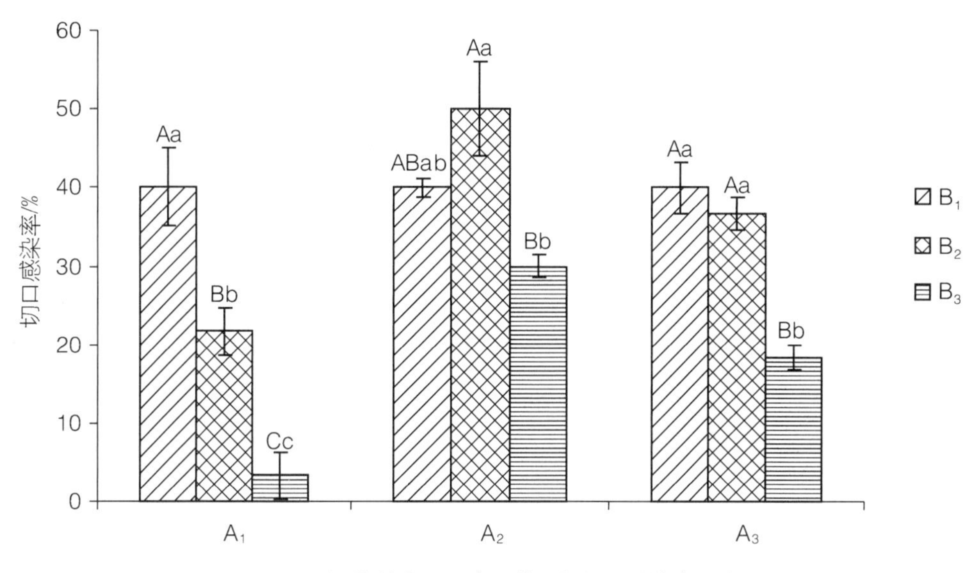


图 5-46　抑菌剂处理下欧洲鹅耳枥切口感染率的变化

（3）抑菌剂处理对愈伤组织率的影响

图 5-47 展示了欧洲鹅耳枥抑菌剂处理试验愈伤组织率的结果。其中种类 $A_1$ 极显著高于 $A_2$ 和 $A_3$ 的愈伤组织率，硼酸 $B_2$ 浓度的愈伤组织率极显著高于对照和 $B_3$ 浓度，高锰酸钾 $B_2$ 浓度的愈伤组织率极显著高于 $B_3$ 浓度。结果表明，选择 5 mg·$L^{-1}$ 的硼酸（$A_1B_2$）的愈伤组织率最高为 90%，10 mg·$L^{-1}$ 的高锰酸钾（$A_2B_3$）的愈伤组织率最低为 63%。

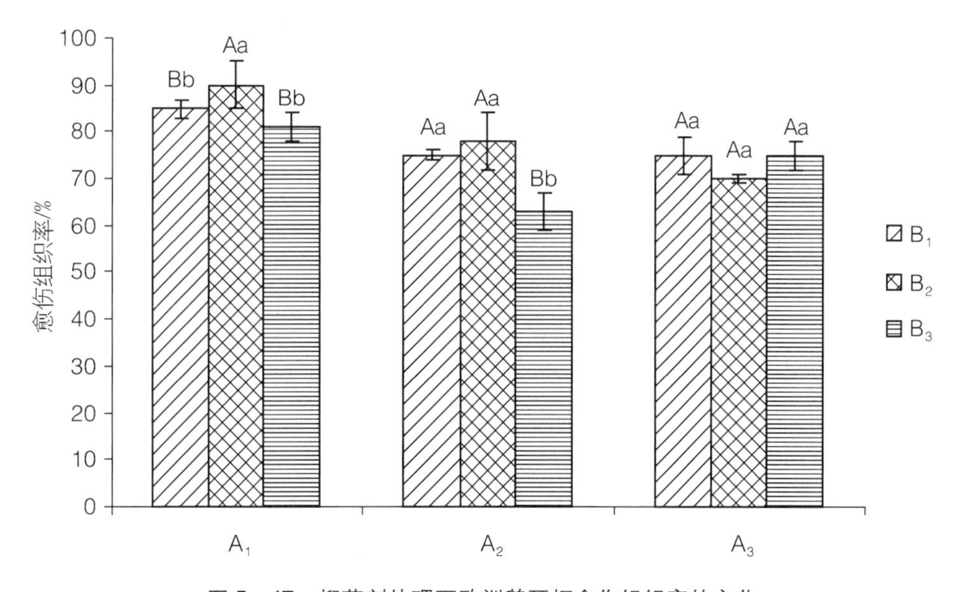


图 5-47　抑菌剂处理下欧洲鹅耳枥愈伤组织率的变化

（4）抑菌剂处理对生根率的影响

欧洲鹅耳枥抑菌剂处理试验生根率的结果见图 5 - 48。其中浓度 $B_2$ 和 $B_3$ 显著高于 $B_1$ 的生根率，各抑菌剂随着浓度的增加生根率有逐渐上升的趋势。结果表明，选择 10 mg · $L^{-1}$的硫代硫酸钠（$A_3B_3$）的生根率最高为 65%，对照最低为 42%。

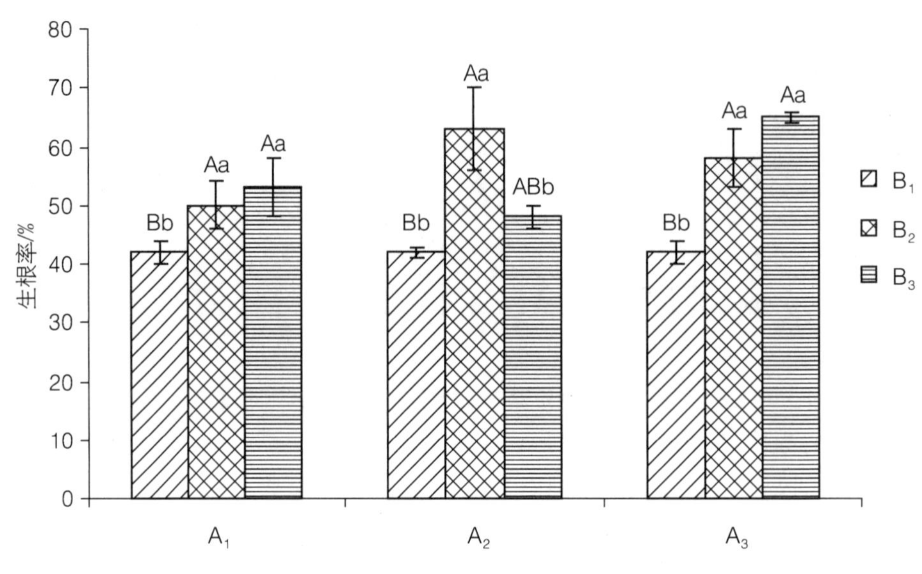


图 5 - 48　抑菌剂处理下欧洲鹅耳枥生根率的变化

（5）抑菌剂处理对平均根数的影响

欧洲鹅耳枥抑菌剂处理试验平均根数的结果见图 5 - 49。其中种类 $A_2$ 显著高于 $A_1$ 和 $A_3$ 的平均根数，各抑菌剂不同浓度趋势不明显。

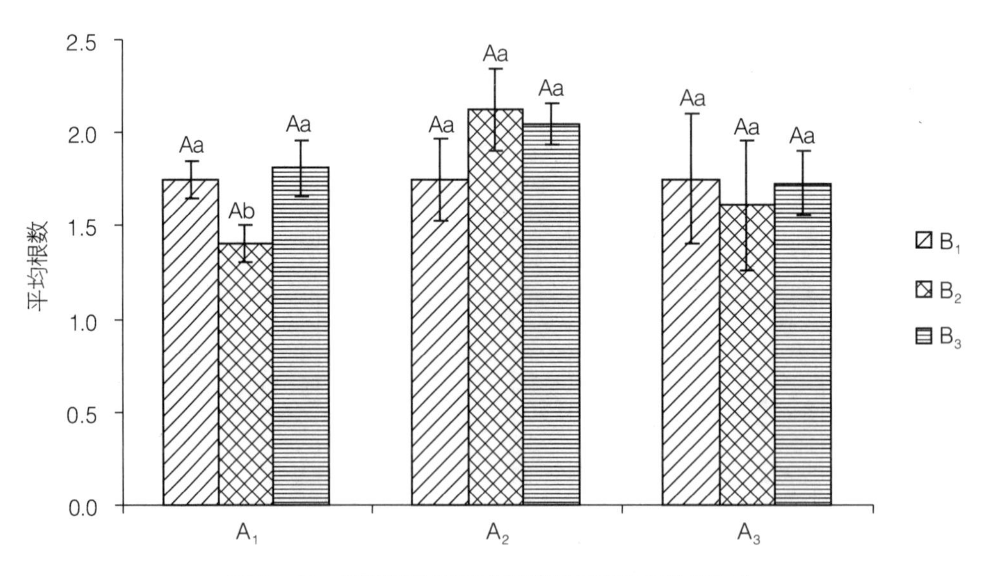


图 5 - 49　抑菌剂处理下欧洲鹅耳枥平均根数的变化

欧洲鹅耳枥抑菌剂处理试验皮部生根枝条率的结果见图 5－50。抑菌剂种类 $A_1$ 和 $A_2$ 的皮部枝条比极显著高于 $A_3$，浓度 $B_2$ 和 $B_3$ 的皮部生根枝条率极显著高于 $B_1$ 浓度。硼酸和高锰酸钾随着浓度的增加有上升趋势，而硫代硫酸钠相反。选择 10 mg·$L^{-1}$ 的硼酸（$A_1B_3$）的皮部生根枝条率最高为 67%，10 mg·$L^{-1}$ 的硫代硫酸钠（$A_3B_3$）的皮部生根枝条率最高为 23%。

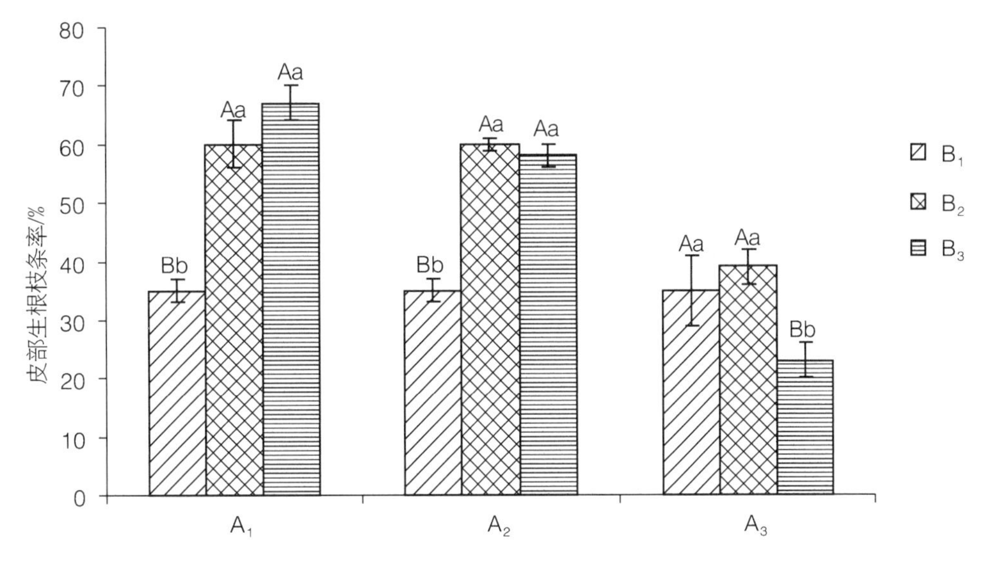


图 5－50　不同抑菌剂处理下欧洲鹅耳枥皮部生根枝条率的变化

#### 5.4.2.2　抑菌剂处理对水培动态的影响

（1）抑菌剂处理对存活率动态的影响

从图 5－51 中 8 周的存活率动态图可以看出，处理 $A_1B_2$（5 mg·$L^{-1}$ 的硼酸）表现最佳，$A_2B_3$（4 mg·$L^{-1}$ 的高锰酸钾）表现最差，且全培养周期中只有处理 $A_2B_3$ 的存活率低于无抑菌剂的对照。原因可能是高浓度的高锰酸钾腐蚀了水插枝条的基部，促进了真菌和细菌的生长。所有处理在前 2 周（7 月 20 日至 8 月 3 日）中存活率都为 100%，从第 3 周（8 月 10 日）开始出现插穗死亡，主要原因是水培期间正值夏季高温，培养室开空调保持温湿度，但通风性不佳，培养初期部分遮光也导致室内霉菌生长，使水培植株受到污染。

（2）抑菌剂处理对切口感染率动态的影响

从图 5－52 中 8 周的切口感染率动态图可以看出，处理 $A_1B_3$（10 mg·$L^{-1}$ 的硼酸）表现最佳，$A_2B_2$（2 mg·$L^{-1}$ 的高锰酸钾）表现最差，且全培养周期中只有处理 $A_2B_2$ 的切口感染率低于无抑菌剂的对照。原因可能是高浓度的高锰酸钾腐蚀了水插枝条的基部，促进了真菌和细菌的生长。所有处理在前 2 周（7 月 20 日至 8 月 3 日）中切口感染率都为 0，从第 3 周（8 月 10 日）开始出现感染，主要原因是水培室通风性不佳，培养初期部分遮光也导致室内霉菌生长，使水培植株受到污染，与存活率下降原因相同。

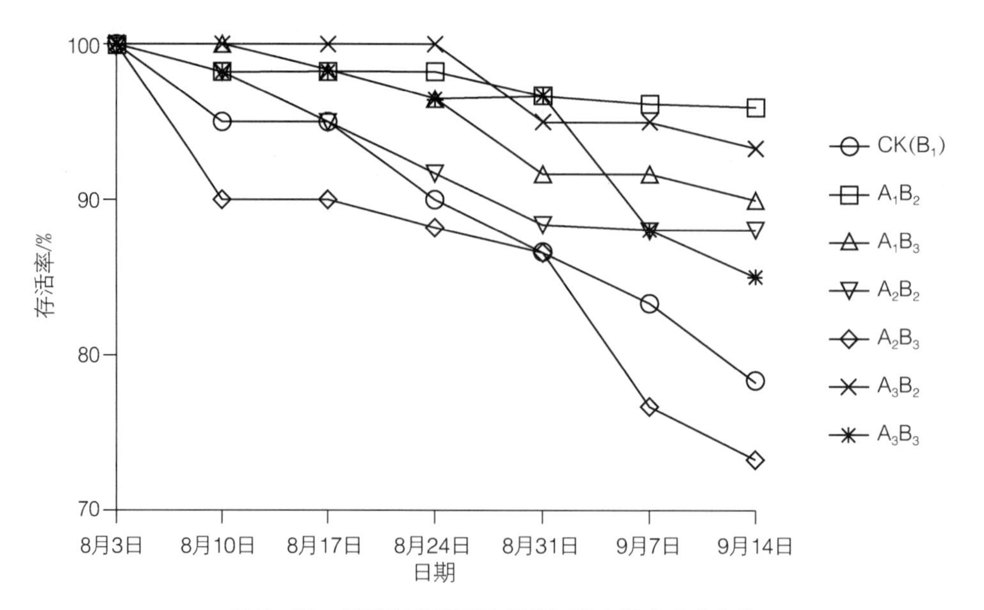


图 5－51　抑菌剂处理下欧洲鹅耳枥存活率动态变化

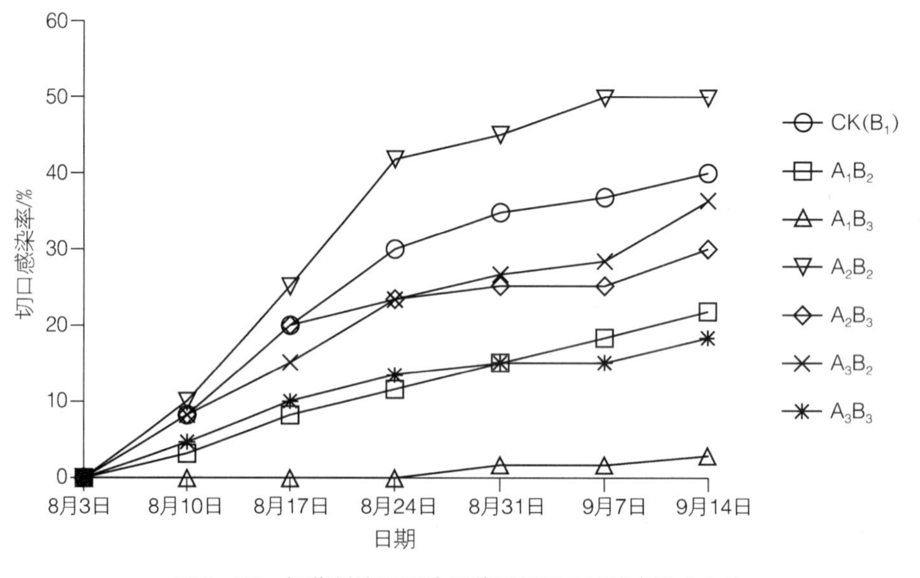


图 5－52　抑菌剂处理下欧洲鹅耳枥切口感染率动态变化

（3）抑菌剂处理对愈伤组织率动态的影响

从图 5－53 中愈伤组织率动态图可以看出，在前 7 周（7 月 20 日至 8 月 3 日），对照组的愈伤组织率都高于或等于其他各处理，在第 8 周（9 月 14 日）愈伤组织率最高的变为 $A_1B_2$（5 mg · $L^{-1}$ 的硼酸）。在前 7 周（7 月 20 日至 8 月 3 日），愈伤组织率最低的为 $A_2B_3$（4 mg · $L^{-1}$ 的高锰酸钾），在第 8 周（9 月 14 日）愈伤组织率最低的变为 $A_3B_2$（5 mg · $L^{-1}$ 的硫代硫酸钠）。所有处理在前 2 周（7 月 20 日至 8 月 3 日）中愈伤组织率都为 0，从第 3 周（8 月 10 日）开始各处理开始出现愈伤，并随着时间的推移逐渐增多或保持平稳，但处理 $A_2B_2$ 和 $A_3B_2$ 除外，原因是在第 4 周（8 月 10 日至 8 月 17 日）中，处理 $A_2B_2$ 切口受到污染，愈伤组织死亡，与同时期该处理的切口感染率下降幅度最大存在一致性；在第 8 周（9 月 7 日至 9 月 14 日），处理 $A_3B_2$ 的切口受到污染，愈伤组织死亡，与同时期该处理的切口感染率下降幅度最大存在一致性。

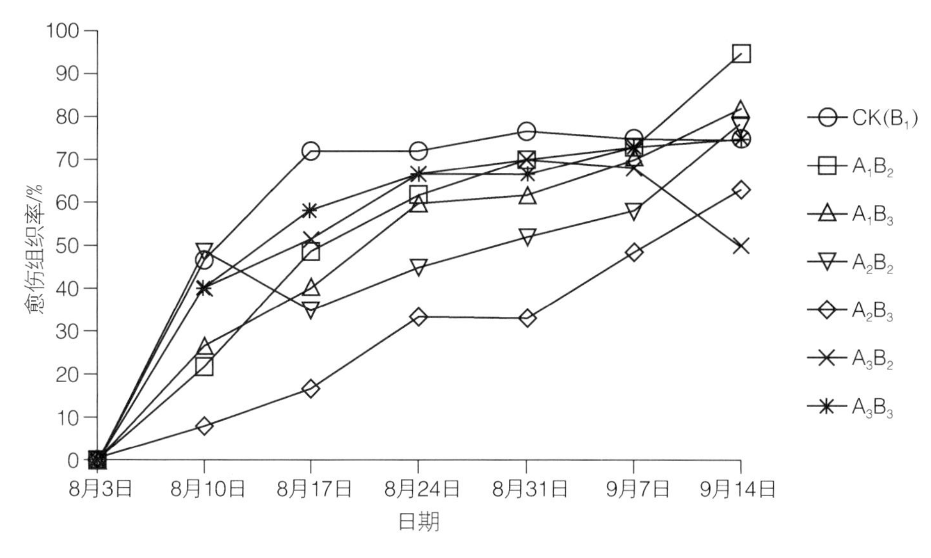


图 5－53　抑菌剂处理下欧洲鹅耳枥愈伤组织率动态变化

（4）抑菌剂处理对生根率动态的影响

从图 5－54 中 8 周的生根率动态图可以看出，各处理间差异不大，其中 $A_3B_3$（10 mg・$L^{-1}$ 硫代硫酸钠）和 $A_2B_2$（2 mg・$L^{-1}$ 的高锰酸钾）略高，对照最低，表明不同的抑菌剂对水培插穗的生根率影响不大，且适当的抑菌剂有利于生根率的提高，故在水培过程中可以选择适当种类适当浓度的抑菌剂抑制污染。所有处理在前 4 周（从 7 月 20 日至 8 月 17 日）基本没有生根，从第 5 周（8 月 24 日）开始生根，并随着时间的推移逐渐增多，该生根时间与不同激素处理的试验部分相一致，且该生长曲线与不同激素处理的试验中处理 2（800 mg・$L^{-1}$ IBA 处理 0.5 h）的结果相一致，符合抑菌剂筛选试验的方法。

（5）抑菌剂处理对平均根数动态的影响

从图 5－55 中 8 周的平均根数动态图可以看出，各处理间差异不大，其中 $A_2B_2$（2 mg・$L^{-1}$ 的高锰酸钾）$A_2B_3$（4 mg・$L^{-1}$ 的高锰酸钾）略高，$A_1B_2$（5 mg・$L^{-1}$ 的硼酸）最低，表明不同的抑菌剂和有无抑菌剂对水培插穗的平均根数影响不大，故在水培过程中可以选择适当种类适当浓度的抑菌剂抑制污染。大多数处理在第 5 周（8 月 24 日）开始形成，平均根数在 1.0~1.5，并随着时间的延长保持缓慢增长，最后保持在 1.5~2.0，该生长曲线与不同激素处理的试验中处理 2（800 mg・$L^{-1}$ IBA 处理 0.5 h）的结果相一致，符合抑菌剂筛选试验的方法。

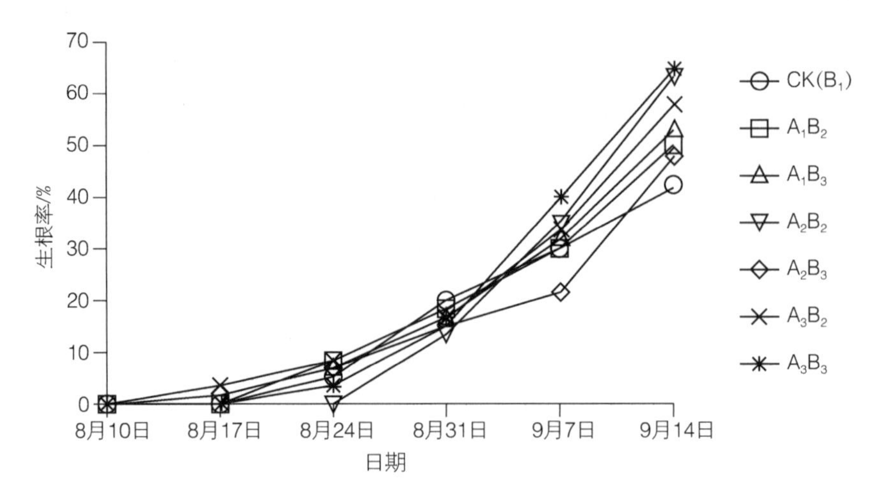


图 5－54　抑菌剂处理下欧洲鹅耳枥生根率动态变化

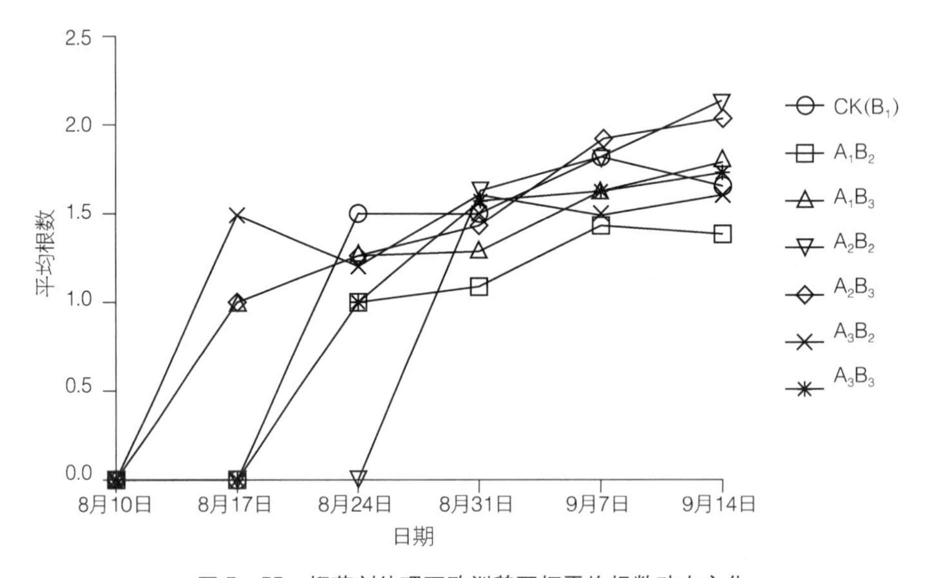


图 5－55　抑菌剂处理下欧洲鹅耳枥平均根数动态变化

（6）抑菌剂处理对皮部生根枝条率动态的影响

从图 5－56 中 8 周的皮部生根枝条率动态图可以看出，除了对照组和 $A_3B_3$ 以外，各处理在生根初期皮部生根枝条率都为 100%，完全为皮部生根。中后期可以分为 2 种类型，类型 1 为处理 $A_3B_2$，初始为皮部生根，后期切口生根数量逐渐上升；类型 2 的皮部生根枝条率 100%之后下降并出现 1～2 个上升，包括处理 $A_1B_2$、$A_1B_3$、$A_2B_2$、$A_2B_3$，原因是中期部分切口生根，故下降，之后又一批皮部生根，超过同期切口生根枝条数，故上升。对照组和处理 $A_3B_3$ 生根初期既有皮部生根又有切口生根，其中处理 $A_3B_3$ 在 8 月 24 日上升为最大值，之后由于切口生根枝条数的增加而使皮部生根枝条率逐渐下降，至 9 月 24 日又有一批皮部生根，故再次上升；不加任何抑菌剂的对照组在 8 月 31 日上升为最大值，之后由于切口生根枝条数的增加而使皮部生根枝条率逐渐下降，该生长曲线与不同激素处理的试验中处理2（800 mg·$L^{-1}$ IBA处理0.5 h）的结果相一致，符合抑菌剂筛选试验的方法；因此不同抑菌剂的处理对皮部生根枝条率有影响。

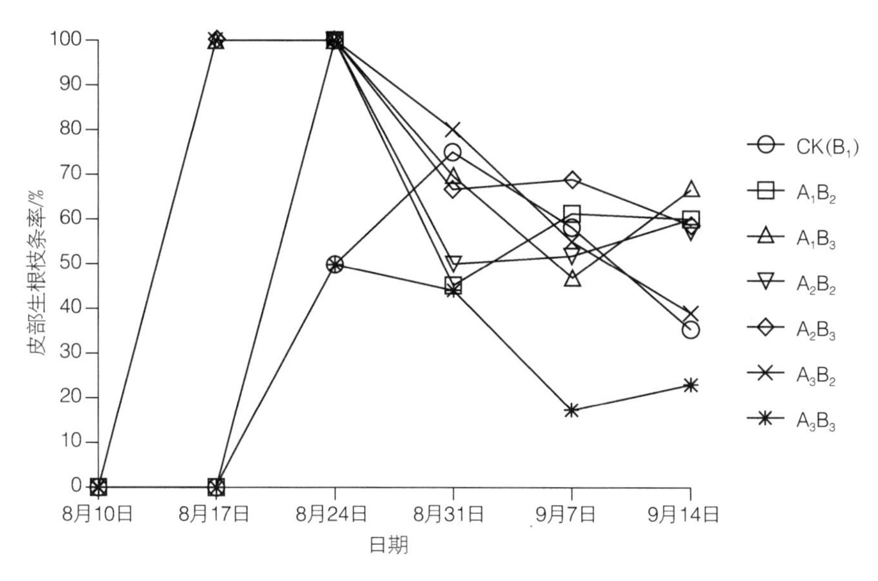


图5－56　抑菌剂处理下欧洲鹅耳枥皮部生根枝条率动态变化

#### 5.4.2.3　抑菌剂处理下各形态指标间相关性分析

抑菌剂处理下欧洲鹅耳枥水培生根性状相关性分析结论见表5－49。结果表明，所有形态指标中只有存活率与愈伤组织率、生根率的相关性存在极显著，说明在抑菌剂的处理下愈伤组织是枝条存活的基础；平均根数与愈伤组织率呈负相关，说明愈伤组织形成越多的处理平均根数反而下降，如高锰酸钾组具有较高的平均根数但愈伤形成率不高。

表5－49　抑菌剂处理下欧洲鹅耳枥水培生根性状相关性分析

| | 存活率 | 切口感染率 | 愈伤组织率 | 生根率 | 平均根数 | 皮部生根枝条率 |
|---|---|---|---|---|---|---|
| 存活率 | | | | | | |
| 切口感染率 | −0.318 | | | | | |
| 愈伤组织率 | 0.609** | −0.306 | | | | |
| 生根率 | 0.517** | −0.158 | 0.037 | | | |
| 平均根数 | −0.311 | 0.306 | −0.395* | 0.258 | | |
| 皮部生根枝条率 | 0.330 | −0.291 | 0.319 | 0.083 | 0.199 | |

#### 5.4.2.4　抑菌剂处理对水培生理指标的影响

（1）抑菌剂处理对可溶性糖的影响

欧洲鹅耳枥抑菌剂处理试验可溶性糖的结果见图5－57。其中$A_2$、$A_3$与$A_1$存在显著差异；不同浓度间存在明显差异（$P<0.01$），其中$B_1$、$B_3$与$B_2$存在显著差异。硼酸各浓度的可溶性糖含量差异不大，高锰酸钾$B_3$浓度的可溶性糖含量显著高于$B_2$，硫代硫酸钠

随着浓度的增加可溶性糖增加。结果表明，10 mg · $L^{-1}$ 的硫代硫酸钠（$A_3B_3$）的可溶性糖最高为 1.49 mg · $g^{-1}$；5 mg · $L^{-1}$ 的硼酸（$A_1B_2$）的可溶性糖最低为 1.06 mg · $g^{-1}$。

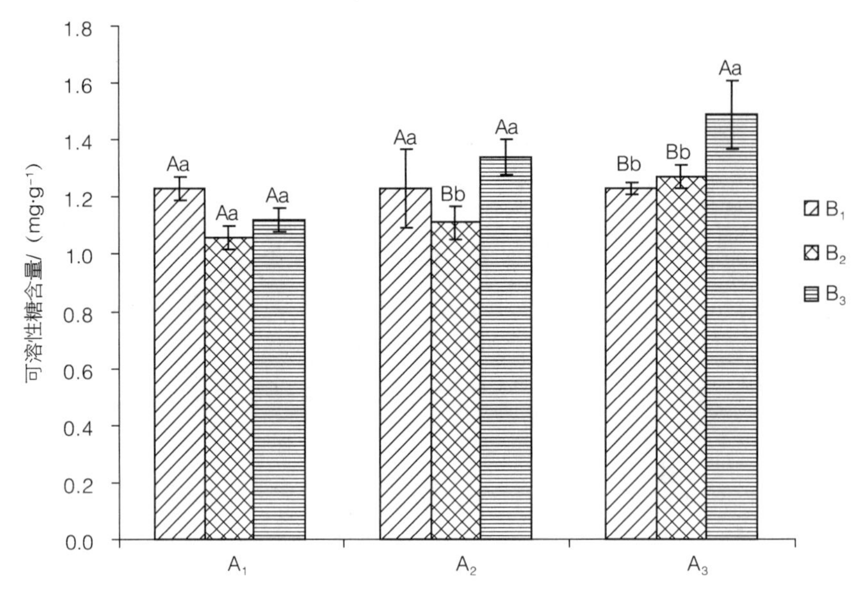


图 5－57 抑菌剂处理下欧洲鹅耳枥可溶性糖的变化

（2）抑菌剂处理对淀粉的影响

欧洲鹅耳枥抑菌剂处理试验淀粉的结果见图 5－58。其中 $A_3$ 与 $A_1$ 与 $A_2$ 存在明显差异；不同浓度间也存在差异，其中 $B_3$ 与 $B_1$ 与 $B_2$ 存在显著差异。硼酸各浓度的淀粉含量差异不大，高锰酸钾和硫代硫酸钠的淀粉含量随浓度的增加而增加，说明抑菌剂种类及其浓度对欧洲鹅耳枥淀粉的影响较大。结果表明，4 mg · $L^{-1}$ 的硫代硫酸钠（$A_3B_3$）的淀粉最高为 5.17%；对照的淀粉最低为 4.19%。

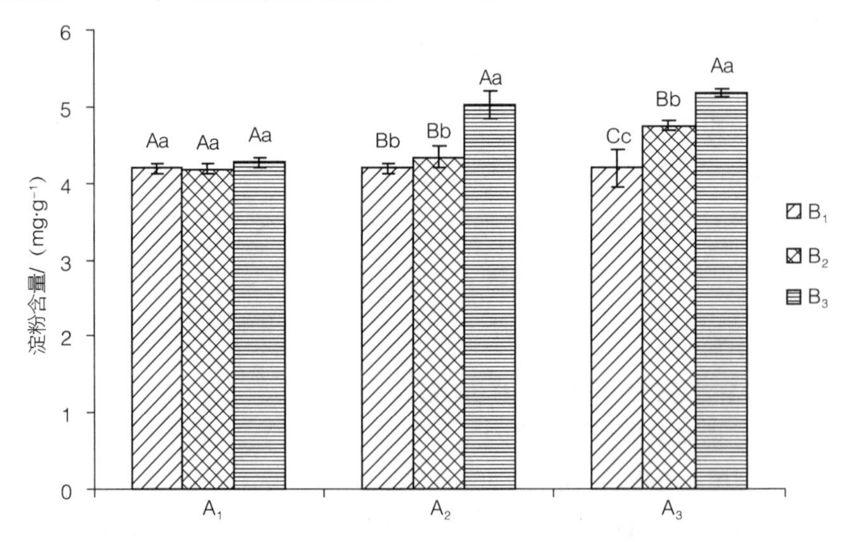


图 5－58 抑菌剂处理下欧洲鹅耳枥淀粉的变化

（3）抑菌剂处理对可溶性蛋白的影响

欧洲鹅耳枥抑菌剂处理试验可溶性蛋白的结果见图 5－59。其中 $B_1$ 与 $B_2$、$B_3$ 存在显著差异，硼酸各浓度的可溶性蛋白含量差异不大，高锰酸钾和硫代硫酸钠的可溶性蛋白含量随浓度的增加而减少，说明抑菌剂种类及其浓度对欧洲鹅耳枥可溶性蛋白的影响较大。结果表明，对照的可溶性蛋白最高为 150.50 mg·$g^{-1}$；10 mg·$L^{-1}$ 的硫代硫酸钠（$A_3B_3$）的可溶性蛋白最低为 128.08 mg·$g^{-1}$。

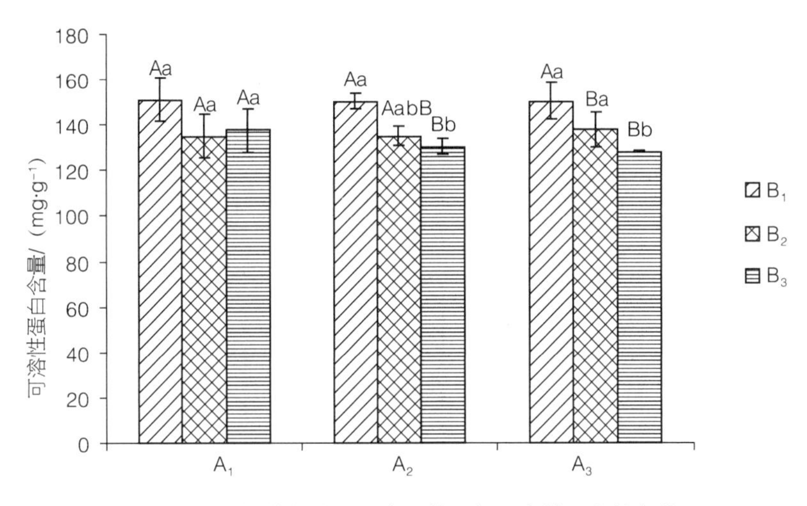


图 5－59　抑菌剂处理下欧洲鹅耳枥可溶性蛋白的变化

（4）抑菌剂处理对 POD 活性的影响

欧洲鹅耳枥抑菌剂处理试验 POD 活性的结果见图 5－60，其中 $B_1$、$B_2$ 与 $B_3$ 存在显著差异，硼酸各浓度的 POD 活性差异不大，高锰酸钾和硫代硫酸钠的 POD 活性随浓度的增加而先增加后减少。说明抑菌剂种类及其浓度对欧洲鹅耳枥 POD 活性的影响较大。结果表明，2 mg·$L^{-1}$ 高锰酸钾（$A_2B_2$）POD 活性最高为 273.33 U·$g^{-1}$·$min^{-1}$；10 mg/L 的硫代硫酸钠（$A_3B_3$）的 POD 活性最高为 160.00 U·$g^{-1}$·$min^{-1}$。

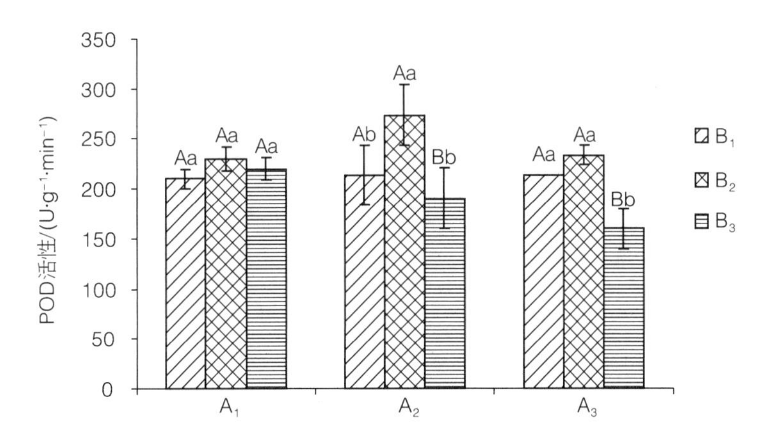


图 5－60　抑菌剂处理下欧洲鹅耳枥 POD 活性的变化

（5）抑菌剂处理对根系活力的影响

欧洲鹅耳枥抑菌剂处理试验根系活力的结果见图 5－61。$A_1$、$A_3$ 与 $A_2$ 存在显著差异；不同浓度间也存在显著差异，其中 $B_2$ 与 $B_1$、$B_3$ 存在明显差异。硼酸、高锰酸钾和硫代硫酸钠的根系活力随浓度的增加而先增后减，说明抑菌剂种类及其浓度对欧洲鹅耳枥根系活力的影响很大。结果表明，5 mg · $L^{-1}$ 的硼酸（$A_1B_2$）的根系活力最高为 85.72 ug TPF · $g^{-1}$FW · $h^{-1}$；4 mg · $L^{-1}$ 的高锰酸钾（$A_2B_3$）的根系活力最低为 39.54 ug TPF · $g^{-1}$FW · $h^{-1}$。

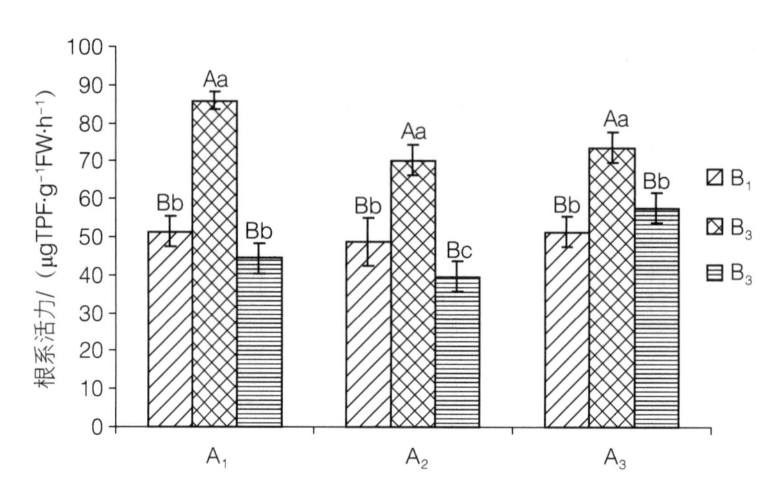

图 5－61　抑菌剂处理下欧洲鹅耳枥根系活力的变化

#### 5.4.2.5　抑菌剂处理下各生理指标间相关性分析

抑菌剂处理下欧洲鹅耳枥水培生根生理指标相关性分析结论见表 5－50，可溶性糖与淀粉存在极显著相关，POD 活性与根系活力存在显著相关；可溶性糖与 POD 活性、淀粉与可溶性蛋白存在极显著负相关，淀粉与 POD 活性存在显著负相关。

**表 5－50　抑菌剂处理下欧洲鹅耳枥水培生根生理指标相关性分析**

| | 可溶性糖 | 淀粉 | 可溶性蛋白 | POD 活性 | 根系活力 |
|---|---|---|---|---|---|
| 可溶性糖 | | | | | |
| 淀粉 | 0.741** | | | | |
| 可溶性蛋白 | -0.259 | -0.648** | | | |
| POD | -0.684** | -0.461* | 0.0530 | | |
| 根系活力 | -0.308 | -0.119 | -0.219 | 0.398* | |

### 5.4.3　营养液对欧洲鹅耳枥水培生长的影响

#### 5.4.3.1　营养液处理对欧洲鹅耳枥水培苗形态指标的影响

在营养液处理下，欧洲鹅耳枥水培苗有明显的形态变化（彩图 5－11）。且欧洲鹅

耳枥营养液（1/4 浓度 Hoagland & Anon，pH 值为 7.5）试验得到存活率、叶片数、平均根数、平均二级根数、根鲜重、根冠比、平均根长、平均根粗 8 个形态指标，各形态指标结果见表 5－51。

**表 5－51　欧洲鹅耳枥营养液试验的形态指标数据表**

| 处理 | 存活率 | 叶片数 | 平均根数 | 平均二级根数 | 根鲜重 | 根冠比 | 平均根长/cm | 平均根粗/cm |
|---|---|---|---|---|---|---|---|---|
| $A_1B_1C_1$ | 64.29Ed | 1.3Cc | 1.44Ee | 7.47Ff | 0.37ABabc | 0.58BCcd | 18.68Bb | 0.13Aab |
| $A_1B_2C_2$ | 64.29Ed | 1.32Cc | 2.00Cc | 6.09Gg | 0.43Aab | 0.66ABb | 18.07Bb | 0.12Abc |
| $A_1B_3C_3$ | 92.86Aa | 1.59Aa | 2.31Bb | 18.83Cc | 0.36ABCbc | 0.52Cd | 18.37Bb | 0.12Abc |
| $A_2B_1C_2$ | 42.86Fc | 0.8Ef | 1.33Ef | 1.99Hh | 0.25Cd | 0.37De | 16.07Cc | 0.14Aa |
| $A_2B_2C_3$ | 64.29Ed | 1.11De | 1.67Dd | 6.14Gg | 0.33ABCcd | 0.55Ccd | 18.56Bb | 0.13Aab |
| $A_2B_3C_1$ | 78.57CDc | 1.63Aa | 2.27Bb | 14.60Dd | 0.27BCd | 0.30De | 19.03Bb | 0.13Aab |
| $A_3B_1C_3$ | 83.33BCb | 1.2Dd | 1.97Cc | 19.81Bb | 0.44Aa | 0.68ABab | 18.88Bb | 0.11Ac |
| $A_3B_2C_1$ | 78.57Dc | 1.45Bb | 2.33Bb | 13.16Ee | 0.40Aabc | 0.75Aa | 20.62Aa | 0.12Abc |
| $A_3B_3C_2$ | 85.71Bb | 1.6Aa | 4.40Aa | 25.90Aa | 0.40Aabc | 0.61BCbc | 14.75Cd | 0.11Ac |

由表 5－52 不同营养液对欧洲鹅耳枥水培苗正交试验的形态指标方差分析可以看出：各处理存活率、叶片数、平均根数、平均二级根数、根鲜重、根冠比、平均根长达到极显著差异（*Sig*<0.01），平均根粗达到显著差异（*Sig*<0.05）。

**表 5－52　欧洲鹅耳枥营养液试验的形态指标方差分析**

| 变异来源 | 因变量 | 平方和 | 自由度 | 均方 | *F* 值 | *Sig.* |
|---|---|---|---|---|---|---|
| 处理 | 存活率 | 5 849.135 | 8 | 731.142 | 313.011 | 0.000 |
| | 叶片数 | 1.790 | 8 | 0.224 | 125.360 | 0.000 |
| | 平均根数 | 19.724 | 8 | 2.466 | 1 030.490 | 0.000 |
| | 平均二级根数 | 1 484.888 | 8 | 185.611 | 58 205.535 | 0.000 |
| | 根鲜重 | 0.109 | 8 | 0.014 | 5.823 | 0.001 |
| | 根冠比 | 0.506 | 8 | 0.063 | 31.294 | 0.000 |
| | 平均根长 | 71.361 | 8 | 8.920 | 19.394 | 0.000 |
| | 平均根粗 | 0.002 | 8 | 0.000 | 3.375 | 0.015 |

#### 5.4.3.2　营养液处理下各形态指标间相关性分析

由表 5－53 可知，存活率与叶片数、平均根数、平均二级根数之间存在极显著的相关性，说明叶片能否保留是欧洲鹅耳枥水培苗存活的基础，根系各部分的数量也决定水培苗存活的质量。根鲜重与根冠比有极显著的相关性，与存活率存在显著的相关性，说明根系重量是存活的关键。存活率、叶片数、平均根数、平均二级根数、根鲜重、根冠比与平均根粗存在极显著负相关，说明欧洲鹅耳枥水培苗根越粗，生长状况越差。综上所述，根系的数量、重量，以及叶片量是欧洲鹅耳枥水培苗存活的重要保证，而根系过粗不利于水培苗的存活和生长。

**表 5－53　不同营养液中的欧洲鹅耳枥水培苗形态指标相关性分析**

| 项目 | 存活率 | 叶片数 | 平均根数 | 平均二级根数 | 根鲜重 | 根冠比 | 平均根长 | 平均根粗 |
|---|---|---|---|---|---|---|---|---|
| 存活率 | | | | | | | | |
| 叶片数 | 0.836** | | | | | | | |
| 平均根数 | 0.613** | 0.644** | | | | | | |
| 平均二级根数 | 0.892** | 0.705** | 0.811** | | | | | |
| 根鲜重 | 0.454* | 0.282 | 0.275 | 0.359 | | | | |
| 根冠比 | 0.280 | 0.097 | 0.201 | 0.232 | 0.746** | | | |
| 平均根长 | 0.176 | 0.138 | −0.450* | −0.159 | 0.160 | 0.293 | | |
| 平均根粗 | −0.632** | −0.437* | −0.516** | −0.634** | −0.535** | −0.519** | 0.001 | |

#### 5.4.3.3　水培苗生理指标的影响

欧洲鹅耳枥营养液生理试验得到可溶性糖、淀粉、可溶性蛋白、POD活性、根系活力5个生理指标，各形态指标结果见表5－54。由水培生根正交试验的生根性状方差分析可以看出各处理可溶性糖、淀粉、可溶性蛋白、POD、根系活力达到极显著差异（$Sig<0.01$），具体见表5－55。

**表 5－54　欧洲鹅耳枥营养液试验的生理指标数据表**

| 处理 | 可溶性糖 | 淀粉 | 可溶性蛋白 | POD 活性 | 根系活力 |
|---|---|---|---|---|---|
| $A_1B_1C_1$ | 0.12Aa | 2.30BCbc | 19.23Df | 86.66Cc | 19.23Df |
| $A_1B_2C_2$ | 0.11ABab | 2.03BCc | 49.00Aa | 183.33Bb | 49.00Aa |
| $A_1B_3C_3$ | 0.13ABab | 2.00Cc | 38.13Bb | 40.00Cc | 38.13Bb |
| $A_2B_1C_2$ | 0.08Cc | 2.51Bb | 10.55Eg | 270.00Aa | 10.55Eg |
| $A_2B_2C_3$ | 0.08Cc | 3.04Aa | 31.68BCcd | 220.00ABab | 31.68BCcd |
| $A_2B_3C_1$ | 0.12Aa | 2.23BCbc | 35.29BCbc | 233.33ABab | 35.29BCbc |
| $A_3B_1C_3$ | 0.10ABCbc | 2.22BCbc | 31.25BCcd | 93.33Cc | 31.25BCcd |
| $A_3B_2C_1$ | 0.12ABab | 2.21BCbc | 36.88Bbc | 60.00Cc | 36.88Bbc |
| $A_3B_3C_2$ | 0.08BCc | 2.34BCbc | 28.76Cd | 220.00ABab | 28.76Cd |

表 5 - 55　欧洲鹅耳枥营养液处理试验的生理指标方差分析

| 变异来源 | 因变量 | 平方和 | 自由度 | 均方 | *F* 值 | *Sig.* |
|---|---|---|---|---|---|---|
| 处理 | 可溶性糖 | 6 935. 482 | 8 | 866. 935 | 11. 428 | 0. 000 |
| | 淀粉 | 2. 311 | 8 | 0. 289 | 6. 254 | 0. 001 |
| | 可溶性蛋白 | 35. 101 | 8 | 4. 388 | 7. 393 | 0. 000 |
| | POD 活性 | 177 962. 963 | 8 | 22 245. 370 | 22. 411 | 0. 000 |
| | 根系活力 | 2 969. 244 | 8 | 371. 156 | 38. 543 | 0. 000 |

#### 5.4.3.4　营养液处理下各生理指标间相关性分析

营养液处理下欧洲鹅耳枥水培生根生理指标相关性分析结论见表 5 - 56，结果表明，可溶性糖与淀粉、可溶性蛋白与 POD 活性之间存在极显著负相关，可溶性糖与 POD 活性存在显著负相关，淀粉与 POD 活性存在显著相关。

表 5 - 56　营养液处理下欧洲鹅耳枥水培生根生理指标相关性分析

| 项目 | 可溶性糖 | 淀粉 | 可溶性蛋白 | POD 活性 | 根系活力 |
|---|---|---|---|---|---|
| 可溶性糖 | | | | | |
| 淀粉 | -0. 544** | | | | |
| 可溶性蛋白 | 0. 136 | -0. 011 | | | |
| POD | -0. 407* | 0. 465* | -0. 516** | | |
| 根系活力 | 0. 282 | -0. 330 | 0. 278 | -0. 250 | |

#### 5.4.3.5　欧洲鹅耳枥专用营养液对水培苗形态指标的影响

欧洲鹅耳枥专用营养液试验形态指标结果见表 5 - 57，其中，9 个处理中水培存活率最高 $A_1B_3C_3$ 达 92. 86%，最低为 42. 86%。水培苗叶片数最高 $A_2B_3C_1$ 达 1. 63，最低 $A_2B_1C_2$ 为 0. 80。平均根数最高 $A_3B_3C_2$ 达 4. 40，最低 $A_2B_1C_2$ 为 1. 33。平均二级根数最高 $A_3B_3C_2$ 达 25. 90，最低 $A_1B_2C_2$ 为 6. 14。根鲜重最高 $A_3B_1C_3$ 达 0. 44 g，最低 $A_2B_1C_2$ 为 0. 25 g。根冠比最高 $A_3B_2C_1$ 达 0. 75，最低 $A_2B_3C_1$ 为 0. 30。平均根长最高 $A_3B_2C_1$ 达 20. 62，最低 $A_3B_3C_2$ 为 14. 75。平均根粗最高 $A_2B_1C_2$ 达 0. 14，最低 $A_3B_1C_3$ 和 $A_3B_3C_2$ 为 0. 11。

表 5 - 57　欧洲鹅耳枥专用营养液对水培苗形态指标的数据表

| 项目 | 霍格兰阿侬 | 日本园试 | Hewitt | 专用配方 1 | 专用配方 2 |
|---|---|---|---|---|---|
| 存活率 | 64. 29Cc | 42. 86Ee | 83. 33Bb | 93Aa | 50Dd |
| 叶片数 | 1. 3Bb | 0. 8Cc | 1. 2Bb | 1. 46Aa | 1. 29Bb |
| 平均根数 | 1. 44ABc | 1. 33BCd | 1. 97Aa | 2Aa | 1. 57Bb |
| 根鲜重 | 0. 37ABab | 0. 25Bb | 0. 44Aa | 0. 44Aa | 0. 31ABb |
| 平均根长 | 18. 68ABab | 16. 07Bc | 18. 88ABab | 20. 01Aa | 17. 1ABb |
| 平均根粗 | 0. 13ABa | 0. 14Aa | 0. 11Bb | 0. 14Aa | 0. 13ABa |

对各处理进行方差分析可以看出：5 个处理存活率、叶片数、平均根数达到极显著差异，根鲜重、平均根长、平均根粗达到显著差异（表 5 - 58）。

**表 5 - 58　欧洲鹅耳枥专用营养液试验的形态指标方差分析**

| 变异来源 | 因变量 | 平方和 | 自由度 | 均方 | *F* 值 | *Sig.* |
|---|---|---|---|---|---|---|
| 处理 | 存活率 | 5 463. 872 | 4 | 1 365. 968 | 187. 259 | 0. 000 |
| | 叶片数 | 0. 734 | 4 | 0. 184 | 49. 507 | 0. 000 |
| | 平均根数 | 1. 120 | 4 | 0. 280 | 92. 324 | 0. 000 |
| | 鲜根重 | 0. 085 | 4 | 0. 021 | 5. 157 | 0. 016 |
| | 平均根长 | 29. 107 | 4 | 7. 277 | 4. 958 | 0. 018 |
| | 平均根粗 | 0. 002 | 4 | 0. 000 | 4. 500 | 0. 024 |

#### 5.4.3.6　欧洲鹅耳枥专用营养液对水培苗生理指标的影响

欧洲鹅耳枥专用营养液生理指标试验结果见表 5 - 59，其中，9 个处理中水培可溶性糖最高 $A_1B_1C_1$ 和 $A_2B_3C_1$ 达 0. 12，最低为 0. 08。水培苗淀粉最高 $A_2B_2C_3$ 达 3. 04，最低为 2. 00。可溶性蛋白最高 $A_1B_2C_1$ 达 49. 00，最低为 34. 67。水培生根率最高 $A_2B_1C_2$ 达 270，最低为 40。水培苗根系活力最高 $A_1B_2C_2$ 达 49. 00，最低为 10. 55。

**表 5 - 59　欧洲鹅耳枥专用营养液对水培苗生理指标数据表**

| 项目 | 霍格兰阿侬 | 日本园试 | Hewitt | 专用配方 1 | 专用配方 2 |
|---|---|---|---|---|---|
| 可溶性糖 | 0. 12Aa | 0. 08Bb | 0. 10Bb | 0. 13Aa | 0. 10Bb |
| 淀粉 | 2. 30Bbc | 2. 51Bab | 2. 22Bc | 2. 55Aa | 2. 72Aa |
| 可溶性蛋白 | 36. 58Aa | 34. 67Ab | 38. 25Aa | 33. 33Bb | 37. 15Aa |
| POD 活性 | 83. 33Cc | 300. 00Aa | 96. 67Cc | 86. 67Cc | 240. 00Bb |
| 根系活力 | 2. 56Cc | 4. 16Aa | 2. 67Cc | 3. 42Bb | 2. 09Cd |

对各处理进行方差分析可以看出：5 个处理可溶性糖、淀粉、可溶性蛋白、POD、根系活力达到极显著差异（表 5 - 60）。

**表 5 - 60　欧洲鹅耳枥专用营养液对水培苗生理指标方差分析**

| 变异来源 | 因变量 | 平方和 | 自由度 | 均方 | *F* 值 | *Sig.* |
|---|---|---|---|---|---|---|
| 处理 | 可溶性糖 | 5 463. 872 | 4 | 1 365. 968 | 187. 259 | 0. 000 |
| | 淀粉 | 0. 488 | 4 | 0. 122 | 8. 602 | 0. 003 |
| | 可溶性蛋白 | 46. 854 | 4 | 11. 713 | 6. 271 | 0. 009 |
| | POD 活性 | 123 773. 333 | 4 | 30 943. 333 | 269. 072 | 0. 000 |
| | 根系活力 | 2 514. 442 | 4 | 628. 611 | 86. 266 | 0. 000 |

## 5.4.4 水培与土培对欧洲鹅耳枥的影响

### 5.4.4.1 水培与土培欧洲鹅耳枥的形态比较

欧洲鹅耳枥水培苗在营养液中培养了 60 d 后，茎与土培茎没有明显的形态差异，但叶片明显比土培苗柔软、颜色较浅。两种培养方式下植物根系有明显的形态差别：水培欧洲鹅耳枥根系白色至浅褐色，基本没有木质化，不定根长且直，二级根较少且短，缺少三级根和根毛；土培欧洲鹅耳枥根系深褐色，大多数已木质化，主根粗壮，二级根很多且弯曲，上分出三级根，根毛较多。

### 5.4.4.2 水培与土培欧洲鹅耳枥各指标比较

由表 5 - 61 至表 5 - 63 可知，欧洲鹅耳枥水培苗的根含水量极显著高于土培苗，茎含水量显著高于土培苗，而水培苗叶片中含水量比土培苗叶片中含水量略低，且差异不显著。水培苗根含水量、茎含水量分别是土培苗的 1. 90 倍和 1. 11 倍，根含水量增大的量远大于茎含水量，说明欧洲鹅耳枥诱导出的水生根系与土生根系有着很大的差别，水培苗的茎与土培苗的茎相比也有着较大的变化。

另外，欧洲鹅耳枥水培苗的根冠比（鲜重）显著比土培苗的高，而根冠比（干重）极显著比土培苗的低。可见欧洲鹅耳枥在水培过程中各器官生长量不同，根部的生长多于茎叶的生长，但根部的生长主要是含水量的提高，而不是干物质的积累。另外，欧洲鹅耳枥在营养液中生长的水培苗的根系活力显著低于土培苗的根系活力。

**表 5 - 61　欧洲鹅耳枥水培土培各生理指标试验结果**

| 项目 | 水培苗（营养液） | | | 土培苗 | | |
|---|---|---|---|---|---|---|
| | Ⅰ | Ⅱ | Ⅲ | Ⅰ | Ⅱ | Ⅲ |
| 根含水量/% | 92. 17 | 90. 97 | 92. 5 | 46. 42 | 48. 56 | 49. 85 |
| 茎含水量/% | 54. 41 | 54. 72 | 58. 04 | 47. 25 | 51. 9 | 51. 55 |
| 叶含水量/% | 53. 01 | 52. 29 | 56. 7 | 53. 55 | 52. 64 | 49. 05 |
| 根冠比（鲜重）/% | 58. 25 | 44. 48 | 67. 54 | 28. 59 | 34. 25 | 24. 31 |
| 根冠比（干重）/% | 9. 94 | 8. 76 | 11. 06 | 30. 51 | 36. 79 | 25. 99 |
| 根系活力 | 33. 3 | 32. 15 | 34. 72 | 42. 66 | 45. 58 | 39. 34 |

**表 5 - 62　欧洲鹅耳枥水培土培生理指标方差分析**

| 变异来源 | 因变量 | 平方和 | *df* | 均方 | *F* 值 | *Sig.* |
|---|---|---|---|---|---|---|
| 处理 | 根含水量/% | 2 851. 876 | 1 | 2 851. 876 | 1 562. 786 | 0. 000 |
| | 茎含水量/% | 45. 210 | 1 | 45. 210 | 8. 407 | 0. 044 |
| | 叶含水量/% | 7. 616 | 1 | 7. 616 | 1. 353 | 0. 309 |
| | 根冠比（鲜重）/% | 1 151. 489 | 1 | 1 151. 489 | 14. 441 | 0. 019 |
| | 根冠比（干重）/% | 672. 677 | 1 | 672. 677 | 43. 764 | 0. 003 |
| | 根系活力 | 125. 218 | 1 | 125. 218 | 21. 958 | 0. 009 |

表 5－63　欧洲鹅耳枥水培土培生理指标多重比较

| 处理 | 根含水量/% | 茎含水量/% | 叶含水量/% | 根冠比（鲜重）/% | 根冠比（干重）/% | 根系活力 |
|---|---|---|---|---|---|---|
| 水培苗（营养液） | 91.88Aa | 55.72Aa | 51.75Aa | 56.76Aa | 9.92Bb | 33.39Bb |
| 土培苗 | 48.28Bb | 50.23Ab | 54.00Aa | 29.05Ab | 31.09Aa | 42.52Aa |

由表 5－64 可知，根含水量与茎含水量、根冠比（鲜重）之间呈现显著的正相关，与根冠比（干重）呈现极显著的负相关，说明根与茎吸收水分一致，且根含水量远大于茎含水量，因此根冠比鲜重随着根含水量的增加而显著增加；根系活力与根冠比（干重）呈现极显著的正相关，与根含水量呈现极显著的负相关，说明根系活力依赖根内干物质的功能，水分越多酶含量越少，因此根系活力越低。

表 5－64　欧洲鹅耳枥水培土培各生理指标间相关性分析

| 项目 | 根含水量 | 茎含水量 | 叶含水量 | 根冠比（鲜重） | 根冠比（干重） | 根系活力 |
|---|---|---|---|---|---|---|
| 根含水量 | | | | | | |
| 茎含水量 | 0.845* | | | | | |
| 叶含水量 | −0.49 | −0.544 | | | | |
| 根冠比（鲜重） | 0.890* | 0.853* | −0.723 | | | |
| 根冠比（干重） | −0.958** | −0.750 | 0.300 | −0.769 | | |
| 根系活力 | −0.922** | −0.707 | 0.181 | −0.685 | 0.991** | |

# 第六章

# 观赏鹅耳枥有性繁殖研究

观赏鹅耳枥主要的有性繁殖的方法为种子繁殖。由于鹅耳枥种子具有休眠性，需要变温层积来打破休眠，而种子层积历时较长且发芽率不甚理想，这不利于观赏鹅耳枥的大规模繁殖与应用。

作者团队针对观赏鹅耳枥种子休眠习性等特点，对观赏鹅耳枥种子的休眠机理及解除休眠的方法进行了系统研究，成功探索出观赏鹅耳枥种子休眠原因及解除休眠的方法。本章叙述了观赏鹅耳枥种子处理方法、育苗基质选择以及播种方法等育苗方法，为推进观赏鹅耳枥引种、繁殖、推广及应用提供理论支撑。

# 6.1 种源与种子生物学特性

## 6.1.1 种源

本试验所用欧洲鹅耳枥种子来源于匈牙利，种子采集于2010年，由中国林木种子公司从匈牙利进口。匈牙利为欧洲鹅耳枥原产地之一，种质资源优良。

## 6.1.2 种子休眠原因及解除方法

### 6.1.2.1 欧洲鹅耳枥种子休眠原因

种子的休眠是一个十分复杂的过程，引起种子休眠的原因有种皮或果皮引起的休眠、胚的发育状况、内源抑制物和综合性休眠。欧洲鹅耳枥种子在成熟后，变得干燥，其外部会形成一层褐色的坚硬外壳。通过层积处理可以打破这些由外界条件变化引起的休眠现象。通常来说，欧洲鹅耳枥的种子需要变温处理来打破休眠。且低温层积时间不少于4个月时，发芽率相对较高。

（1）欧洲鹅耳枥种子的透水性

以购自匈牙利、新鲜饱满的欧洲鹅耳枥种子为试验材料。每组取破皮种子（取用刀片将种子的种皮划破的饱满种子，以下统称为破皮种子）、完整种子（饱满且外种皮完好，以下统称为完整种子）和空粒（经X射线拍照筛选）各50粒，设置3个重复。分别称其干重，然后放入烧杯中，加蒸馏水浸泡，在25 ℃恒温条件下吸胀，每3 h取出一次，用滤纸吸干表面水分后，用FA1004N万分之一电子天平称其湿重，直到种子恒重饱和为止，计算各自的吸水率，每个设置3个重复，计算其平均值，测定其透水性。

$$吸水率=\frac{吸水后重量（g）-吸水前重量（g）}{吸水前重量（g）}\times 100\%$$

对欧洲鹅耳枥的空粒、破皮种子及完整种子的吸水率进行测定，结果显示：随着吸水时间的增加，欧洲鹅耳枥种子吸水率逐渐升高。完整种子与破皮种子吸水率曲线变化趋势较为相似，但吸水率上：完整种子<破皮种子<空粒种子。

另外对不同类型欧洲鹅耳枥种子吸水率进行方差分析和Duncan多重比较以及欧洲鹅耳枥种子不同吸水时间的吸水率进行多重比较。分析数据可知，欧洲鹅耳枥种子吸水过程可以分为 3 个时期：快速吸水期（9 h 之前）、缓慢吸水期（9~60 h）及几近饱和期（60 h 之后）。在快速吸水期末，完整种子已完成吸水总量的 91.4%，几近饱和时，完整种子吸水率已达到 34.69%。

（2）欧洲鹅耳枥种子浸提液的生物测定

取新鲜饱满的欧洲鹅耳枥种子约 200 粒，将种皮和胚各部分开，分别磨碎，置于 100 mL 锥形瓶内，再加入 50 mL 80%甲醇溶液，混匀后放入冰箱中，在 0~4 ℃恒温条件下密闭浸提 72 h，并间隔一定时间震荡一次，以使其充分浸提，重复两次，将滤液混合后经真空旋转蒸发仪在 35 ℃下浓缩蒸干，用蒸馏水洗下，定容到 50 mL，即得到欧洲鹅耳枥种子各部分的甲醇浸提液。然后将浸提液分别稀释，使其浓度为原液浓度的 25%、50%、75%（25%浸提液：将浸提原液稀释为原浓度的 25%的溶液，50%、75%浸提液稀释原理同上）。

在 Φ12 cm 培养皿中放置滤纸，分别取不同浓度的浸提液各 5 mL 加入培养皿中，对白菜籽进行抑制物活性鉴定，以同体积蒸馏水作为对照。每个重复 100 粒白菜籽，在 25 ℃恒温光照培养箱中，进行白菜籽发芽试验，每天记录发芽数，48 h 统计白菜籽的发芽率（以露出子叶为发芽标准），72 h 测定其苗高和根长。每个浓度浸提液重复 3 次。

1）种子各部的浸提液对白菜籽发芽率的影响

许多种子的休眠是由于含有内源抑制物，通常通过测定种子不同部位的浸提液对白菜籽发芽率的影响来判定种子是否含有内源抑制物。试验证明，欧洲鹅耳枥种子种皮浸提液处理的白菜籽发芽率随着浸提液浓度的升高而呈现逐渐降低的趋势。且当种胚浸提液的浓度较低时，对白菜籽发芽率的影响不显著，而随着种胚浸提液浓度的提高，浸提液中抑制物质的含量有所增多，对白菜籽发芽率的影响也越明显。

2）不同浓度种皮浸提液对白菜苗高和根长生长的影响

研究结果显示，随着种皮浸提液浓度的升高，抑制作用逐渐增强。不同浓度种皮提取液对白菜根长生长的影响作用呈现出相同的规律性，各浓度（由低浓度至高浓度）处理的苗高分别为对照的 98.00%、83.30%、49.69%、44.00%。

对不同浓度种皮浸提液对白菜苗高和根长生长影响进行多重比较（表 6-1），可以看出欧洲鹅耳枥种子的种皮中存在抑制幼苗苗高和根长生长的物质，且当抑制物达到一定浓度时，才对幼苗生长和根长抑制作用显著。

**表 6-1　不同浓度种皮浸提液对白菜苗高和根长生长影响的多重比较**

| 白菜苗指标 | 种皮浸提液浓度 | | | | |
|---|---|---|---|---|---|
| | 100% | 75% | 50% | 25% | 0% |
| 苗高平均值/cm | 4.86Cc | 8.98Bb | 9.36ABb | 10.97ABa | 11.32Aa |
| 根长平均值/mm | 7.50Cc | 8.47Cc | 14.20Bb | 16.71Aa | 17.04Aa |

（3）欧洲鹅耳枥种子胚休眠特性检验

选取新鲜饱满的欧洲鹅耳枥种子，在无菌条件下去除种皮并将其置于含有脱脂棉的发芽盒中，脱脂棉用蒸馏水浸湿，然后置于 25 ℃，光照 12 h 的恒温气候箱内培养，观察种子的萌发情况，每天检查发芽环境的水分和温度情况，轻微发霉的种子，检出用清水冲洗后再放回发芽盒中，霉腐粒较多时，及时更换发芽床。

对欧洲鹅耳枥种子进行离体胚的休眠特性检验，30 d 内离体胚均未能萌发成苗，表明欧洲鹅耳枥的种胚本身可能存在一定的休眠特性，必须经过形态和生理后熟才能萌发。

欧洲鹅耳枥种子的种皮坚硬致密，对种子吸水具有一定影响，但完整种子与破壳种子的吸水趋势相似，均能达到吸水饱和，这说明欧洲鹅耳枥种子能够吸收水分，坚硬的种皮不是种子吸水的障碍，欧洲鹅耳枥种子具有一定的透水性。

对欧洲鹅耳枥种子各部分浸提液的生物测定结果表明，欧洲鹅耳枥种皮中含有对白菜籽发芽有抑制作用的物质，种胚浸提液对白菜籽发芽影响不明显，尚未发现种胚中存在抑制物；而欧洲鹅耳枥种子的种皮中含有抑制幼苗苗高、根长生长的抑制物，且当抑制物达到一定浓度时，对幼苗苗高及根长生长抑制作用显著。

对欧洲鹅耳枥种子离体胚进行培养，在 30 d 内无发芽成苗现象，因此判断欧洲鹅耳枥种胚存在休眠现象。

#### 6.1.2.2 欧洲鹅耳枥种子解除休眠方法

（一）材料与方法

（1）试验材料

试验材料为进口欧洲鹅耳枥新鲜种子，种子的选取采用四分法。

（2）试验设计

1）$GA_3$ 浸种处理、温水浸种处理

流程：$GA_3$ 溶液浸种→置床→发芽测定；温水浸种→置床→发芽测定。

$GA_3$ 溶液浓度设置 150 mg · $L^{-1}$、300 mg · $L^{-1}$、500 mg · $L^{-1}$ 浸种，25 ℃恒温浸种，时间设置为 24 h，清水冲洗后置床；温水温度设置为 30 ℃，浸种时间为 24h，置床。

2）变温层积

流程：变温层积→置床→发芽测定。

湿沙拌种后置于人工气候箱变温层积，首先于 23 ℃恒温条件下暖层积 30 d，然后置于 5 ℃恒温条件下冷层积 4 个月。取样时间：60 d、90 d、105 d、120 d、135 d、150 d,置床。

3）变温层积+$GA_3$ 浸种

流程：层积→$GA_3$ 溶液浸种→置床→发芽测定

$GA_3$ 浸种方法与 1）相同（区别在于层积后浸种），变温层积方法及取样时间同 2）。

4）浓硫酸+$GA_3$ 浸种处理+变温层积

流程：浓硫酸处理→$GA_3$ 溶液浸种→层积→$GA_3$ 拌种→置床→发芽测定。

将种子用浓硫酸（比重为 1.84 $g \cdot cm^{-3}$）酸蚀处理 5min 后立即置于流水中冲洗 24h；酸蚀后的种子 $GA_3$ 浸种方法和层积方法同 a、b，种子层积于两种不同的基质中，一种基质为清水浸拌的湿沙，另一种为 500mg · $L^{-1}$ $GA_3$ 溶液浸拌的湿沙，分别记为 I、II。

**表 6－2　欧洲鹅耳枥种子综合处理表**

| 处理号 | 浓硫酸处理/min | $GA_3$ 浓度/（$mg \cdot L^{-1}$） | $GA_3$ 处理时间/h | 层积基质 |
|---|---|---|---|---|
| $A_0$ | 0 | 0 | 24 | I |
| $A_1$ | 0 | 0 | 24 | II |
| $B_0$ | 5 | 0 | 24 | I |
| $B_1$ | 5 | 500 | 24 | I |
| $B_2$ | 5 | 500 | 24 | II |

（二）结果与分析

（1）$GA_3$ 浸种处理对种子萌发的影响

只用 $GA_3$ 及温水浸种处理而不进行层积处理的欧洲鹅耳枥种子，在 30 d 内种子发芽率为 0%，种皮的结构和硬度无明显变化，出现部分霉粒、腐粒。由此可见，仅用 $GA_3$ 或者温水浸种处理不能打破休眠。

（2）变温层积对种子萌发的影响

将欧洲鹅耳枥种子进行变温层积处理，在层积 60 d、90 d、105 d、120 d 及 135 d 后，欧洲鹅耳枥种子的发芽率仍维持在较低的水平，说明种子的休眠没有完全被打破，层积 150 d 后发芽率大幅度升高，可见变温层积可以解除欧洲鹅耳枥种子的休眠，但层积时间较长。

（3）变温层积+$GA_3$ 浸种对种子萌发的影响

首先对欧洲鹅耳枥种子进行变温层积处理，再使用不同浓度赤霉素浸种处理，层积过程中取样进行萌发试验，以变温层积的种子为对照组。试验发现，在不同层积时间里，3 种浓度的 $GA_3$ 处理的欧洲鹅耳枥种子发芽率均高于对照组，且在同一层积时间内，发芽率大体上呈现 150 ug · $mL^{-1}$ <300 ug · $mL^{-1}$ <500 ug · $mL^{-1}$ 的趋势。

层积 60 d 时，各处理发芽率普遍较低，说明休眠没有解除，对 90 d、105 d、120 d、135 d、150 d 进行多重比较可知（表 6－3），赤霉素处理的欧洲鹅耳枥种子均与对照成极显著差异，说明赤霉素有利于打破休眠，提高发芽率；随着层积时间的增加，150 ug · $mL^{-1}$、300 ug · $mL^{-1}$ 及 500 ug · $mL^{-1}$ 差异性减弱，120 d 后均无差异，说明层积 90 d、105 d 时，赤霉素浓度高时更能促进发芽，120 d 后 3 个浓度赤霉素对发芽率影响差异不显著。

试验表明，层积时间对欧洲鹅耳枥种子休眠的解除至关重要，欧洲鹅耳枥必须经过一定时间的层积才能解除休眠。

表 6－3　不同层级时间内赤霉素浓度对欧洲鹅耳枥种子发芽率影响的多重比较

| 赤霉素浓度/（ug·mL$^{-1}$） | 发芽率/% | | | | |
|---|---|---|---|---|---|
| | 90 | 105 | 120 | 135 | 150 |
| 0 | 0.0Bc | 0.0Cd | 0.0Bc | 2.3Bb | 34.7Bb |
| 150 | 2.3ABbc | 3.3Bc | 5.3Ab | 8.0Aa | 39.0ABa |
| 300 | 3.7ABab | 5.3Ab | 8.0Aa | 9.7Aa | 41.0Aa |
| 500 | 5.3Aa | 6.7Aa | 8.7Aa | 10.3Aa | 43.0Aa |

（4）浓硫酸+$GA_3$ 浸种处理+变温层积对种子萌发的影响

种子在用浓硫酸处理的过程中，瞬间产生剧烈高温，经浓硫酸处理后，流水冲洗24h，发现种皮变薄变软，颜色由褐色变为深黄色，切开种子观察，胚由为吸水前的蜡白色变为吸水后的乳白色，其他尚无明显变化。

将欧洲鹅耳枥进行综合处理（表 6－4），发现综合处理中 $A_1$ 打破休眠的效果较好，经 $A_0$ 与 $A_1$ 对比可以发现 $A_1$ 处理发芽率普遍高于 $A_0$，说明赤霉素拌种后层积比单独层积更利于打破休眠；$B_0$、$B_1$ 及 $B_2$ 经过浓硫酸处理后，在层积后期均出现不同程度的霉腐粒现象，可能是浓硫酸对种子造成了伤害；但是 $B_2$ 处理种子出现萌芽粒的时间早于其他处理，可见浓硫酸处理和赤霉素浸种可以缩短种子打破休眠的时间，另外浓硫酸、赤霉素的最适宜浓度及最适宜的处理时间有待进一步试验研究。

表 6－4　欧洲鹅耳枥种子综合处理表

| 处理号 | 浓硫酸处理/min | $GA_3$ 浓度/（mg·L$^{-1}$） | $GA_3$ 处理时间/h | 层积基质 |
|---|---|---|---|---|
| $A_0$ | 0 | 0 | 24 | I |
| $A_1$ | 0 | 0 | 24 | II |
| $B_0$ | 5 | 0 | 24 | I |
| $B_1$ | 5 | 500 | 24 | I |
| $B_2$ | 5 | 500 | 24 | II |

#### 6.1.2.3　结论与讨论

（1）种子的休眠原因

欧洲鹅耳枥种皮角质化、坚硬致密，通过对欧洲鹅耳枥种子吸水率进行测定，发现完整种子与破皮种子吸水趋势相似，但达到吸水饱和时破皮种皮吸水率较完整种子稍高，可见种皮在一定程度上阻碍了种子的吸水，但二者差异不显著，对吸水后的种子进行解剖，种仁已由蜡白色变成乳白色，可见其种子具有一定的透水性，种皮不是欧洲鹅耳枥种子休眠的主要原因。经对欧洲鹅耳枥种子的纵切面电镜扫描显示，欧洲鹅耳枥种子的胚结构清晰，但经过离体胚培养仍不能发芽，说明欧洲鹅耳枥种子的休眠是由于胚存在后熟现象，这是其休眠的重要原因之一。通过对欧洲鹅耳枥种胚中内源激素的测定，发现欧洲鹅耳枥种子中 ABA 含量较高，且随着层积时间的延长，呈现逐渐下降的趋势，这可能是欧洲鹅耳枥种子休眠的重要原因。

通过对欧洲鹅耳枥种子各部分进行生物测定显示，欧洲鹅耳枥种皮中含有对白菜籽发芽有抑制作用的物质，且当浸提液的浓度较低时，对白菜籽的发芽率影响不明显，随着浸提液浓度的提高，浸提液中抑制物质的含量有所增多，进而对白菜籽的发芽率影响也越明显。种胚浸提液对白菜籽发芽影响不明显，尚未发现种胚中存在抑制物。

总之，通过试验可以得出，成熟的欧洲鹅耳枥种子胚结构完整，存在生理后熟现象，这是其休眠的主要原因。且其种胚内含有较高水平的ABA，种皮坚硬且含有一定的抑制物，也是引起其休眠的重要原因。

（2）欧洲鹅耳枥种子发芽率测定

仅用$GA_3$或者温水浸种处理不能打破休眠，而变温层积60 d、90 d、105 d、120 d及135 d后，只有极少数发芽，层积150 d后发芽率大幅度升高，可见欧洲鹅耳枥只有经过一定的变温层积才能有效解除其种子的休眠。

变温层积后使用$GA_3$处理有利于打破欧洲鹅耳枥种子休眠，并提高其发芽率，在层积120 d之前，赤霉素浓度高时更能促进发芽，较500 $mg \cdot kg^{-1}$更高浓度的赤霉素是否有利于打破其休眠有待于进一步研究，而120 d后3个浓度赤霉素对发芽率影响差异不显著。

不同层积时间对欧洲鹅耳枥种子的发芽率影响达极显著差异，因此层积时间对于欧洲鹅耳枥种子休眠的解除至关重要；欧洲鹅耳枥必须经过一定时间的层积才能解除休眠。

综合处理中$A_1$打破休眠的效果较好，即赤霉素拌种后层积比单独层积更利于打破休眠；$B_0$、$B_1$及$B_2$经过浓硫酸处理后，在层积后期均出现不同程度的霉腐粒现象，可能是浓硫酸对种子造成了伤害；但是$B_2$处理种子出现萌芽粒的时间早于其他处理，可见浓硫酸处理和赤霉素浸种可以缩短种子打破休眠的时间。

## 6.2 播种繁殖技术

### 6.2.1 育苗基质选择

育苗基质的理化性质对苗木的生长起决定性的作用，一般来说，良好的基质应具有土壤肥力高，通气保水性能好等特点。试验结果显示，影响欧洲鹅耳枥苗木生长的主要是基质的容重、饱和持水量、有机质含量、基质的全氮（N）含量和全钾（K）含量等因素。一般认为，影响苗木生长的主要是基质的物理性质，而化学性状的缺陷可以通过后期管理保持苗木正常生长（周跃华 等，2005）。陈连庆等（1996）通过对在杉木育

苗基质筛选试验过程中，通过分析基质的理化性质与苗木生物量积累的相关性，提出影响杉木生长的主要是基质的物理性质的结论。容重和孔隙度是影响苗木长势的主要物理性质（杨梅 等，2007；杜佩剑 等，2008）。

合理的基质配比对于提高种子成苗率，缩短育苗周期、培育优质壮苗等具有重要的意义。不同基质对欧洲鹅耳枥生长的影响差异性明显，且随着时间的延长影响越大，育苗 1 个月内对苗高影响大于对地径生长影响，后期影响相似。不同基质处理对北美柔枝松地径的影响大于对苗高生长的影响（李玲莉 等，2010），可能与苗木本身的生长特性有关，需要进一步分析。周跃华等（2005）提出不同的基质配比会影响苗木的苗高、地径和干物质量的积累。本试验通过多目标决策法发现复合基质（园土：草炭：蛭石：珍珠岩=2：1：2：3）和（园土：草炭：蛭石：珍珠岩=1：1：1：1）是培育欧洲鹅耳枥的最佳基质配比（彩图 6－1）。

## 6.2.2 播种

试验地设在南京林业大学实验教学中心。试验材料为 2013 年 12 月购于法国的欧洲鹅耳枥种子，将种子与沙以 1：3 的比例混合后，置于人工气候箱中，经过 4 个月的湿沙变温层积（先以 25 ℃的高温层积 1 个月，后以 5 ℃的低温层积 3 个月），于 2013 年 4 月中旬露白。4 月 12 日将露白种子点播于白色塑料框（46 cm×36 cm×16 cm）中，行距 5 cm，间距 4 cm，以南京农业大学生产的商用土壤为播种基质，基质的总厚度为 12 cm。从播种期开始对播种苗生长的各项指标进行追踪研究。三框为一重复，共 3 次重复。试验期间进行常规育苗管理。

将露白的种子于基质中点播后，种子萌发情况及生长情况见表 6－5 和彩图 6－2。

**表 6－5 欧洲鹅耳枥幼苗形成阶段划分**

| 播种期 | 萌动期 | 露胚根期 | 胚芽期 | 出土期 | 幼苗形成 | 出苗时间/d |
|---|---|---|---|---|---|---|
| 4 月 12 日 | 4 月 14 日 | 4 月 16 日 | 4 月 18 日 | 4 月 19 日 | 4 月 24 日 | 7 |

从播种到子叶出土需要 7 d 时间，子叶由黄绿色转变成绿色，到第一对真叶的完全形成需要 12 d 左右（彩图 6－3）。幼苗出苗率较高，达 94. 37%，且出苗期较为一致，幼苗在出芽期间，幼茎生长较快，幼茎长至 2. 98 cm 后第一对真叶开始生长。子叶在生长季节不脱落，到休眠期才开始脱落。到 9 月末至 10 月初，冬芽大量形成。叶变色期较晚，直到 10 月下旬才开始变色，直到 12 月初变色期结束，利用皇家比色卡进行比色，得到叶色变化主要呈现出：绿色—黄绿色—黄色—暗黄色 4 个阶段（彩图 6－4）。11 月中旬叶片枯黄掉落量增大，到 12 月中旬叶片基本落完，进入休眠期。

## 6.2.3 鹅耳枥1年生播种苗的生长

### 6.2.3.1 欧洲鹅耳枥1年生播种苗苗高的年生长规律

欧洲鹅耳枥1年生播种苗苗高的年生长规律见图6-1。露白种子点播后7 d就能出苗长出真叶，幼苗的苗高年生长曲线呈S形，遵循生物学基本发展规律，且符合“慢—快—慢”的生长趋势。前期生长较慢，6月中旬生长速率逐渐加快，并保持较高生长速率，7月中旬到8月中旬的苗高平均净生长量均达到2.0 cm以上，且8月达到最大值2.03 cm，苗高长势稳定，9月中旬因受到病虫害侵扰，幼苗顶端嫩芽枯萎，及时采取措施后幼苗恢复生长，10月开始苗木长势迟缓，生长速率逐渐降低，10月中旬苗木停止生长。

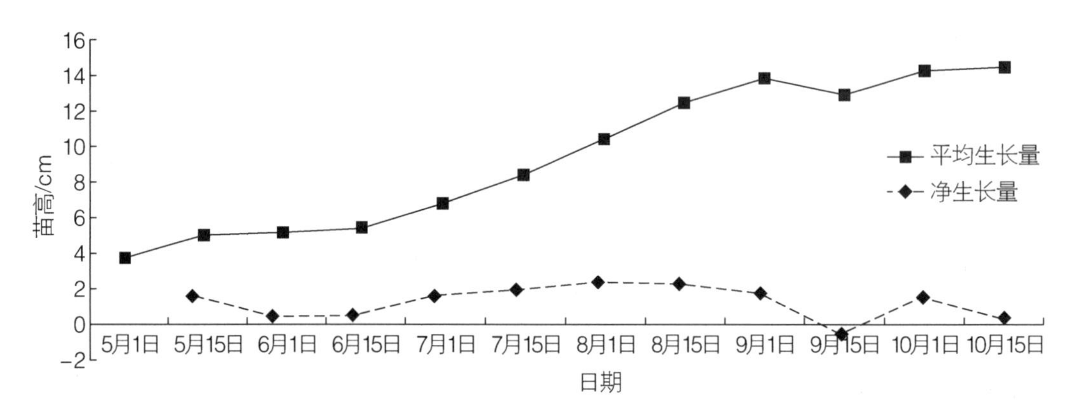


图6-1 欧洲鹅耳枥1年生播种苗苗高生长的年变化规律

### 6.2.3.2 欧洲鹅耳枥1年生播种苗的年生长周期

欧洲鹅耳枥1年生播种苗生长划分成4个时期：出苗期（4月12日至4月19日）、生长初期（4月20日至6月14日）、速生期（6月15日至10月1日）和生长末期（10月2日至10月15日）。其中苗高进入速生期和生长后期时间均早于地径，且速生期的持续时间也比地径长，速生期苗木的生长量占总生长量的一半以上。

在实际生产过程中，为培育优质苗木，应加大对速生期苗木的管理。地径净生长量在全年生长中，波动性较大，与理论上单项递增或递减有所差别，可能是受到其他因子的制约，需进一步研究探讨。欧洲鹅耳枥播种苗在生长期易受到白粉病、锈叶病的干扰，且对水分要求严格，其间需加强栽培管理，及时清除病虫害的干扰。

### 6.2.3.3 欧洲鹅耳枥地茎生长

欧洲鹅耳枥地径在生长初期数值下降，茎表面出现褶皱，透明的茎干颜色变深，可能是茎出现木质化的结果。全年地径净生长量波动性较大，年生长出现3次生长高峰期。根据理论分析，结合实际生长，可知6月11日欧洲鹅耳枥地径生长由生长初期进入速生期，7月25日达日生长速率最大点，10月15日地径生长开始进入生长后期。

## 6.2.4　鹅耳枥2年生播种苗的生长节律

### 6.2.4.1　形态学研究

植物的形态学主要是研究植物生长发育的形态和结构，根据个体发育及系统发育的规律，来解释植物的形态和结构变化的科学。植物的形态学研究的主要内容有：植物基本器官的形态与起源；个体发育过程中各个时期的形态特征；植物个体发展过程偏离的方式；叶片、种皮等表面的扫描电镜观察等。研究植物形态学的对象主要是运用历史的观点和以同源与同功的理论来解释植物形态和结构的发展，从而揭示植物之间的亲缘关系，进而阐明植物的进化趋向。同时探讨形态结构的建成机理，以便于控制植物的生长过程以及创造新的植物类型。

（1）物候观测

由于苗木较弱，为了防止其在自然环境下遭受严重冻害而死，从2011年11月中旬至2012年4月初，将其移入温室越冬。在4月初移出温室，在室外自然环境条件下栽培管理。2012年鹅耳枥幼苗的物候期情况见表6－6。

幼苗在温室内已经基本完成展叶过程。在外界自然条件下生长的大苗的芽萌动期和展叶期都滞后于在温室的小苗，说明鹅耳枥小苗需要相对较高的温度和一定的积温，才能萌发。

表6－6　2年生鹅耳枥2012年物候期观测

| 观测项目 | 芽萌动期 | 展叶期 | 落叶初期 | 落叶末期 |
|---|---|---|---|---|
| 日期 | 3月5日 | 3月18日至4月5日 | 11月12日 | 12月20日 |
| 当日气温/℃ | 3~5（室内） | 10~13（室内） | 3.7~16.9（室外） | 1.7~6.7（室外） |

苗木生长基本良好，至5月中下旬，出现了叶片枯黄的现象。主要症状表现为叶片从顶叶开始枯黄直至蔓延全株，但是其茎秆没有枯死现象，根系也没有受害。经分析认为是由于在此期间降雨量过大，苗木受梅雨季节的迫害。并且苗木栽植于穴盘中，密度过大，生长受阻。6月上旬将穴盘苗全部移栽到营养钵中。此时有红色新叶出现，直至10月中旬一直有红色新叶，但成熟的叶片都呈绿色。

2012年对鹅耳枥的物候观测结果显示，其落叶初期在10月中旬，从10月7日左右基本就没有新叶长出，红色叶也消失。落叶末期为12月25日左右，此时叶片变为深红色，初步估计是由于气温过低使叶绿素不再合成，并且分解速度加快，叶子褪去了绿色，而呈现出细胞中其他色素的颜色，比如橘色的胡萝卜素、黄色的胡萝卜醇等，这些色素的分解速度较为缓慢。

（2）苗高生长过程

苗高和地径是评价苗木的质量的重要指标，研究苗木的苗高地径，有利于苗木的经营管理（欧斌 等，2006；洑香香 等，2001）。只有掌握苗木的年生长规律，才能在苗木的不同生长阶段运用好相应的育苗技术措施，来提高苗木的质量。

对2年生鹅耳枥幼苗的全年苗高生长定期观测结果如表6-7。鹅耳枥幼苗的初期生长量较小，6月中下旬以后，苗高生长开始加快，7月中下旬出现高峰，此后的生长速度逐渐减慢，到10月苗高的生长停止。苗高的年生长呈现出“慢—快—慢”的S形曲线规律，并且具有很明显的阶段性。

**表6-7 鹅耳枥苗高定期生长观测结果**

| 时间 | 生长天数/d | 连续生长量/cm | 净生长量/cm | 时间 | 生长天数/d | 连续生长量/cm | 净生长量/cm |
|---|---|---|---|---|---|---|---|
| 4月15日 | — | 8.33 | — | 8月1日 | 107 | 34.73 | 6.74 |
| 5月1日 | 15 | 10.82 | 2.43 | 8月15月 | 122 | 40.99 | 6.26 |
| 5月15日 | 30 | 14.29 | 3.47 | 9月1日 | 138 | 47.02 | 6.02 |
| 6月1日 | 46 | 15.95 | 1.66 | 9月15日 | 153 | 50.20 | 3.18 |
| 6月15日 | 51 | 18.48 | 2.53 | 10月1日 | 168 | 50.75 | 0.55 |
| 7月1日 | 76 | 21.02 | 2.54 | 10月15日 | 183 | 50.60 | -0.15 |
| 7月15日 | 91 | 27.99 | 6.98 | | | | |

（3）地径生长过程

全年地径生长的定期观测结果如表6-8。鹅耳枥幼苗的初期生长量较小，6月中旬后，地径生长明显加快，是地径生长的一个小高峰。之后7月初的地径生长量较少，7月初到8月初地径的生长量一直在增加，直到8月中旬出现了第二次高峰。此后半个月的生长量有所减少，但到9月中旬，地径的生长出现了第三次高峰。到10月中旬地径的生长基本停止。2年生鹅耳枥地径在一年的生长过程中共出现了3次高峰，其生长停止时间基本与苗高的生长停止时间相一致，但其停止生长的速度较苗高要稍慢。

**表6-8 地径定期生长观测结果**

| 时间 | 生长天数/d | 连续生长量/cm | 净生长量/cm | 时间 | 生长天数/d | 连续生长量/cm | 净生长量/cm |
|---|---|---|---|---|---|---|---|
| 4月15日 | — | 0.153 | — | 8月1日 | 107 | 0.362 | 0.041 |
| 5月1日 | 15 | 0.179 | 0.025 | 8月15日 | 122 | 0.426 | 0.065 |
| 5月15日 | 30 | 0.194 | 0.015 | 9月1日 | 138 | 0.453 | 0.027 |
| 6月1日 | 46 | 0.209 | 0.015 | 9月15日 | 153 | 0.506 | 0.053 |
| 6月15日 | 51 | 0.254 | 0.046 | 10月1日 | 168 | 0.531 | 0.025 |
| 7月1日 | 76 | 0.278 | 0.024 | 10月15日 | 183 | 0.531 | 0.000 |
| 7月15日 | 91 | 0.321 | 0.042 | | | | |

（4）苗高、地径的生长关系

不同生长时间苗高的生长随着地径的生长而变化，且变化趋势基本一致（董太祥，1994）。通过回归分析，得到鹅耳枥苗高、地径的线性回归方程式（6－1）。

$$Y=117.89X-9.7707\ (R^2=0.9901,\ p<0.01) \quad (6-1)$$

式中：$Y$ 为苗高的生长量；$X$ 为对应时间的地径生长量。

比较实测苗高、地径的生长关系曲线和拟合苗高、地径的生长关系曲线（图 6－2）。实测关系点基本在拟合直线周围波动。且此方程的回归性达到显著水平，说明模拟曲线与实测曲线间吻合程度较高，以回归值来推测实际值的准确性较高。

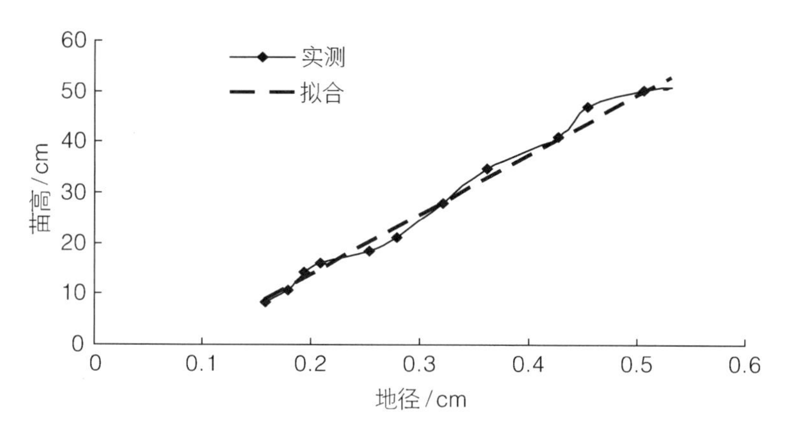


图 6－2　鹅耳枥苗高、地径关系变化与 Logistic 拟合变化

（5）苗高、地径年生长规律与气象因子的关系

苗木的生长受周围环境因子和植物自身生理的综合作用。然而不同因子对苗木生长的影响也是不一样的（邱学清　等，1989；陈春成　等，1999）。鹅耳枥幼苗的苗高、地径与气象因子的调查数据见表 6－9。

**表 6－9　鹅耳枥幼苗的苗高、地径与气象数据**

| 日期 | 苗高净生长量/cm | 地径净生长量/cm | 旬平均气压/kPa | 旬平均气温/℃ | 旬一小时降水/mm | 旬相对湿度/% |
|---|---|---|---|---|---|---|
| 4 月 15—30 日 | 2.43 | 0.025 | 1 003.796 | 18.921 | $4.588\times10^{-2}$ | 65.433 |
| 5 月 1—15 日 | 3.47 | 0.015 | 1 003.808 | 21.150 | $10.604\times10^{-2}$ | 69.730 |
| 5 月 16—31 日 | 1.66 | 0.015 | 1 006.501 | 21.459 | $2.332\times10^{-2}$ | 62.423 |
| 6 月 1—15 日 | 2.53 | 0.046 | 998.914 | 24.801 | $1.926\times10^{-2}$ | 67.659 |
| 6 月 16—30 日 | 2.54 | 0.024 | 999.285 | 25.075 | $3.315\times10^{-2}$ | 72.083 |
| 7 月 1—15 日 | 6.98 | 0.042 | 996.527 | 27.426 | $40.269\times10^{-2}$ | 80.178 |
| 7 月 16—31 日 | 6.74 | 0.041 | 1000.242 | 29.795 | $0.156\times10^{-2}$ | 66.137 |

续表

| 日期 | 苗高净生长量/cm | 地径净生长量/cm | 旬平均气压/kPa | 旬平均气温/℃ | 旬一小时降水/mm | 旬相对湿度/% |
|---|---|---|---|---|---|---|
| 8月1—15日 | 6.26 | 0.065 | 997.150 | 28.371 | $32.824\times10^{-2}$ | 75.832 |
| 8月16—31日 | 6.02 | 0.027 | 1003.367 | 26.465 | $16.762\times10^{-2}$ | 79.642 |
| 9月1—15日 | 3.18 | 0.053 | 1008.670 | 22.618 | $9.046\times10^{-2}$ | 79.768 |
| 9月16—30日 | 0.55 | 0.025 | 1009.742 | 21.123 | $9.259\times10^{-5}$ | 72.415 |
| 10月1—15日 | −0.15 | 0.000 | 1013.085 | 19.321 | 0.000 | 67.316 |

为了了解不同气象因子与鹅耳枥生长的相关性。筛选出4个主导因子。建立线性回归模型来探讨它们之间的关系（唐守正，1984）。利用SPSS软件多元回归分析得到苗高与各气象因子的关系方程见式（6－2）。

$$H=14.453-0.21X_1+0.435X_2+6.83X_3-0.014X_4 \tag{6-2}$$

式中：$X_1$ 为旬平均气压，$X_2$ 为旬平均气温，$X_3$ 为旬一小时降水，$X_4$ 为旬相对湿度，$H$ 为苗高的旬生长量。

对所建立的模型进行相关性分析，得到模型的复相关系数R为0.916，显著性概率Sig.=0.006（小于5%）。方程的拟合效果好。通过对各个气象因子的显著性检验，得到旬平均气温显著性概率为0.039（小于5%），其他气象因子的显著性概率都大于5%，所以，旬平均气温是影响国内鹅耳枥幼苗苗高生长的主导因素。

利用SPSS软件统计得到地径与各气象因子的关系方程，经t检验，其复相关系数没有达到显著水平，各气象因子与地径的偏相关系数亦没有达到显著水平，由此可见所取的4个气象因子的综合作用对国内鹅耳枥地径生长影响没有显示出较大的规律性和相关性。

（6）根长生长与苗高、地径的关系

鹅耳枥幼苗在生长初期的主根生长较快，月平均增长量达到6.63 cm，是全年主根生长的高峰，5月中旬到7月中旬主根生长有所减缓，10月前后主根生长又出现了一次高峰期。根在生长初期基本以一条主根的生长为主，随着生长盛期的到来，会出现2~3条主根，伴随多发的须根，可能是根生长有一个缓慢期的原因。到生长盛期末时，根系生长要为越冬做准备，继而出现了另一个生长高峰期。

将苗高、地径生长动态曲线与主根年生长动态相比较，可以发现主根生长与苗高、地径的生长具有一定的关系，主根生长速率较快时，苗高、地径生长速率较缓慢；主根生长速率较慢时，苗高地径生长较快，表明主根的生长与苗高和地径呈明显的交替生长现象（图6－3）。

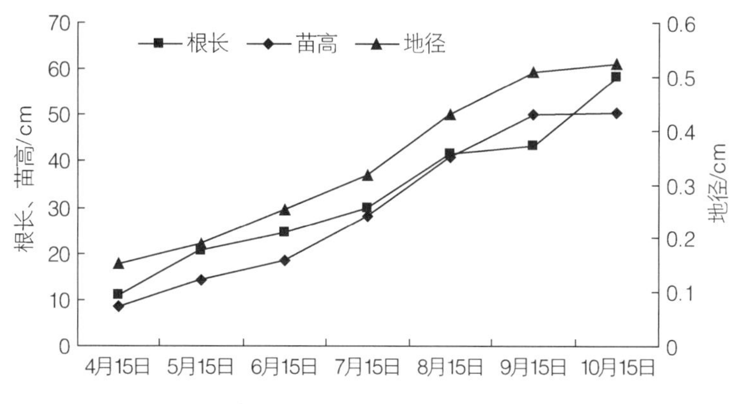


图6－3　鹅耳枥主根生长与苗高、地径的年动态变化

（7）茎基部电镜分析

鹅耳枥的木材具有极高的经济价值，本研究通过对两年生国内鹅耳枥茎基部横切面进行电镜扫描（放大倍数分别为 20 倍、40 倍和 70 倍）和测量。主要从木质部半径、内皮层和外皮层厚度来研究鹅耳枥茎的生长特点。2 年生鹅耳枥的电镜解剖结构显示（图 6－4），6—10 月初其木质部半径为 711.41 μm、973.26 μm、987.42 μm、1 390 μm、2 140 μm，每月分别增长了 36.81%、1.45%、40.77%、53.96%，比初次观测增长了 1 428.59 μm，增长率为 200.81%；内皮层各月的厚度分别为 102.82 μm、134.25 μm、113.63 μm、153.52 μm、242.02 μm，比初次观测增长了 139.2 μm，增长率为 135.38%；外皮层厚度分别为 20.81 μm、11.77 μm、11.77 μm、29.44 μm、26.66 μm，外皮层的厚度没有呈现出连续增长，而是呈现出了不断的波动性。由图可见，鹅耳枥幼

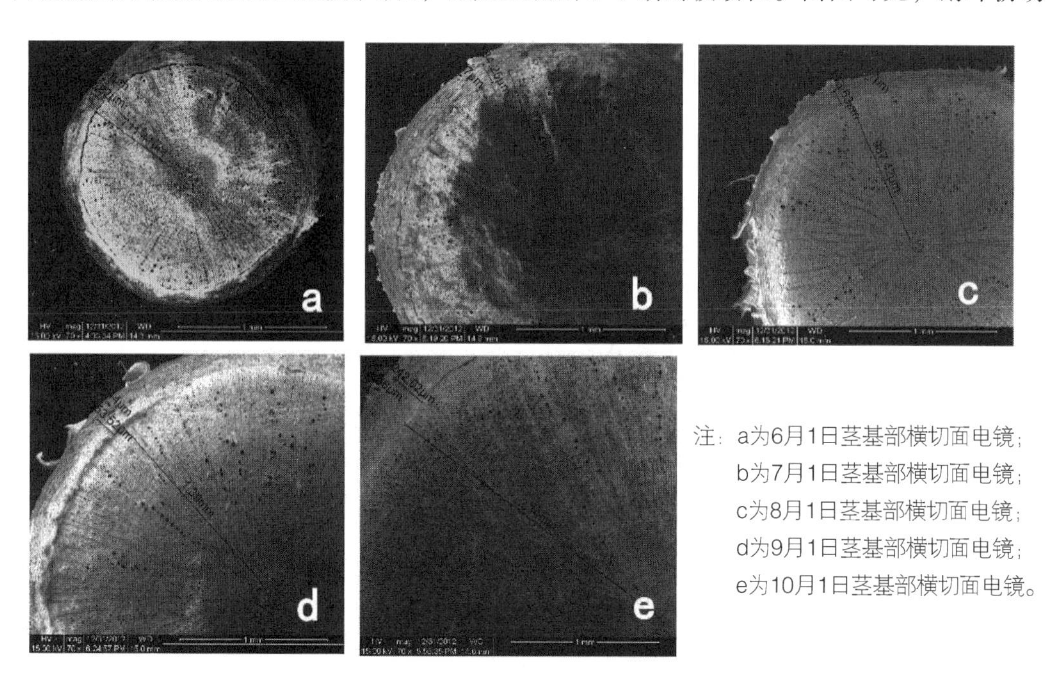


注：a为6月1日茎基部横切面电镜；
b为7月1日茎基部横切面电镜；
c为8月1日茎基部横切面电镜；
d为9月1日茎基部横切面电镜；
e为10月1日茎基部横切面电镜。

图6－4　鹅耳枥茎基部横切面年生长变化

苗茎的粗增长主要是木质部的增长，而木质部的增粗生长主要出现在8月和9月，这和地茎生长的速生期相吻合。

(8) 叶色与Lab值的年变化

幼苗叶片颜色发生变化有很多原因，生理、环境、遗传、栽培措施甚至病虫害等都有可能导致叶色的改变。其中环境因素主要是温度、水分、光照和土壤等因素。这些环境条件的变化破坏了叶绿素的合成，导致了永久或暂时性叶色变化。叶片中的色素，主要分为水溶性和脂溶性两大类。其中与叶色关的色素主要有：叶绿素、类胡萝卜素、花青素类等。

对鹅耳枥的成熟叶片、嫩叶和顶叶进行全年的拍照记录，制作色块图（彩图6-5）。2年生鹅耳枥幼苗植株上的嫩叶和老叶在生长初期有较大的差异，生长过程中逐渐变化，到接近生长后期时，基本上没有新叶长出，而原先各个部位的叶片颜色趋近至相同。鹅耳枥幼苗的红色顶叶从5月中旬出现，到10月初基本消失。

叶片颜色由明度参数（L）和两个色相参数（a和b）复合而成，其中明度参数是反映叶片的光泽度的指标，L值越大，亮度越高；色相参数a是反映叶片红色程度的指标，a值越大，叶片越红；色相参数b是反映黄色程度的指标，b值越大，黄色越深。

由图6-5可知，鹅耳枥的嫩叶和老叶的a值都很低，有时出现增大趋势，但一直在0以下。嫩叶在生长初期的光泽明亮度较高，速生期内呈现出一定的波动性，接近生长后期，光泽亮度明显降低。嫩叶的黄色程度在生长初期也较高，从6月中旬到8月中旬，黄色程度有所下降并基本保持不变，在8月底到9月黄色又有所增加，接近生长末期时下降至6—8月的水平。老叶的光泽亮度虽然有时波动较大，但在生长初期和速生期的大多数时间内其光泽亮度水平都较高。其黄色程度在4—7月都较低，在7月底时出现一个突增点，随后又立即回落到较低的水平，也就是说，老叶的黄色程度在大部分时间内是较低的。嫩叶和老叶的Lab值在9月底达到一致水平。

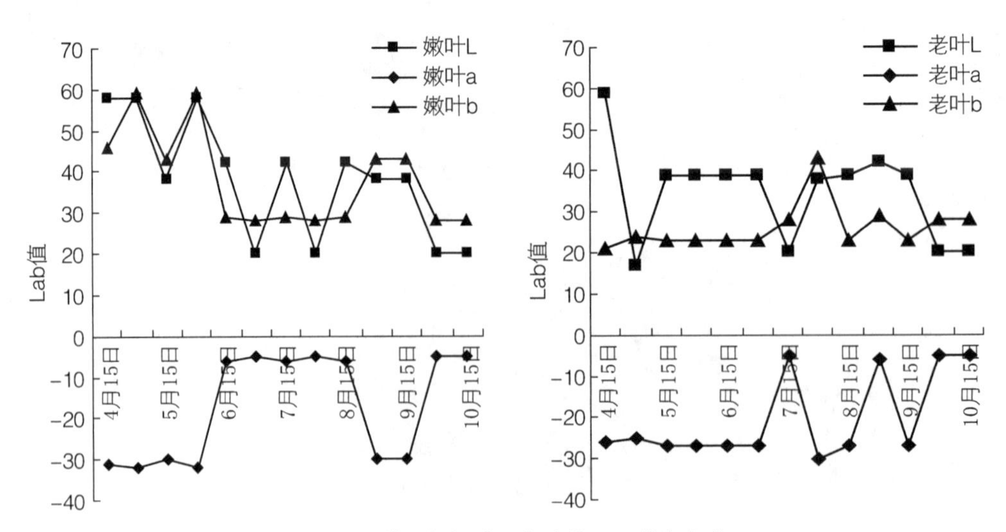


图6-5 鹅耳枥新叶和老叶的Lab值年变化

与嫩叶和老叶不同，鹅耳枥幼苗顶叶从5月中旬出现红色，如图6-6所示，其Lab值一直保持在0以上，且处于较高水平，说明其红色较深。三条折线中顶叶L与顶叶a的变化趋势较为类似，光泽亮度与红色程度可能有一定相关性。顶叶的黄色程度较低，仅在8月中旬时黄色体现得较深。到9月中旬各参数指标都有下降的趋势，而到10月初顶部红色叶基本消失。

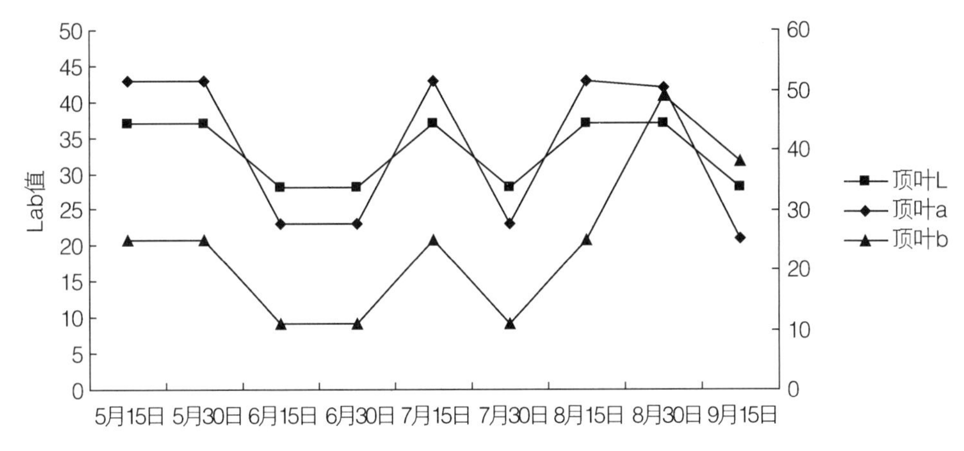


图6-6 鹅耳枥顶叶的Lab值年变化

(9) 叶面积及叶片特征值的研究

叶片是树木进行光合作用、蒸腾作用和呼吸作用的主要器官，它对树木的生长发育和其他生命活动都有重要影响。叶片大小，尤其是叶面积与植物的光合能力密切相关，叶面积的大小对光能的利用、干物质的积累和植物的经济效益都有影响。因此，我们可以根据叶面积大小来筛选优良单株。

2年生鹅耳枥叶片特征值和叶面积变化的测定结果显示（表6-10），生长初期（4月15日到6月1日左右），叶的长、宽、面积增长得都比较快，叶长×叶宽和叶形指数也呈反向变化，此间叶面积增长了约222.19%，叶长和叶宽分别增长了约77.92%、90.91%，叶宽增速稍快于叶长增长。虽然叶宽增速快于叶长，但其叶形指数始终大于1，有的甚至大于2，这说明国内鹅耳枥的叶形还是较为稳定的。生长盛期（6月初到9月底），叶面积及其长宽在刚进入速生期时有所增长，之后就在一定的范围之内变动。到生长后期，各项指标基本不再增长。

**表6-10 鹅耳枥叶片特征值及叶面积的年生长变化**

| 时间 | 叶长/cm | 叶宽/cm | 叶长×叶宽/cm² | 叶形指数 | 叶面积/cm² |
| --- | --- | --- | --- | --- | --- |
| 4月15日 | 3.08±0.09 | 1.54±0.15 | 4.73 | 2.01 | 3.38±0.07 |
| 5月1日 | 4.67±0.12 | 2.42±0.12 | 11.28 | 1.93 | 7.84±0.09 |
| 5月15日 | 5.10±0.03 | 2.58±0.13 | 13.15 | 1.97 | 8.90±0.11 |
| 6月1日 | 5.48±0.14 | 2.94±0.15 | 16.08 | 1.86 | 10.89±0.16 |

续表

| 时间 | 叶长/cm | 叶宽/cm | 叶长×叶宽/$cm^2$ | 叶形指数 | 叶面积/$cm^2$ |
|---|---|---|---|---|---|
| 6月15日 | 4.77±0.16 | 2.25±0.07 | 10.74 | 2.12 | 6.78±0.09 |
| 7月1日 | 5.32±0.18 | 2.96±0.13 | 15.74 | 1.80 | 10.11±0.08 |
| 7月15日 | 6.32±0.07 | 3.36±0.09 | 21.24 | 1.88 | 13.70±0.14 |
| 8月1日 | 6.44±0.19 | 3.31±0.18 | 21.29 | 1.95 | 16.00±0.20 |
| 8月15日 | 6.41±0.11 | 3.27±0.05 | 20.97 | 1.96 | 14.81±0.09 |
| 9月1日 | 6.76±0.16 | 3.64±0.12 | 24.58 | 1.86 | 18.19±0.04 |
| 9月15日 | 6.25±0.10 | 3.32±0.11 | 20.77 | 1.88 | 14.86±0.13 |
| 10月1日 | 6.01±0.15 | 3.12±0.10 | 18.73 | 1.93 | 13.32±0.17 |
| 10月15日 | 5.60±0.14 | 3.18±0.09 | 17.79 | 1.76 | 12.67±0.05 |

幼苗在生长初期时，各器官的生长都需要叶片进行光合作用来提供能量，为速生期的到来做准备，这就促使了叶长、宽和面积的增长。进入速生期后，叶的各项指标仍会有所增长，以保障速生期内植物体的高效运转。到生长后期前后，受遗传因子控制，同时要为自身的越冬储存能量，叶片的长、宽和面积就会保持在一定的水平（高山 等，2000；周竹青 等，2001）。

对鹅耳枥叶片比叶重及含水量的测量分析结果显示（表6－11），鹅耳枥叶片的比叶重在整个速生期过程中开始有增大的趋势，8月有所降低，之后又呈不断波动的状态。叶片含水量也处于不连续的变化状态，总的来说，8—10月的含水量较6—7月及10月后的含水量高。

**表6－11　鹅耳枥叶片比叶重及含水量年动态变化**

| 时间 | 比叶重/（g·$cm^{-2}$） | 含水量/% | 时间 | 比叶重/（g·$cm^{-2}$） | 含水量/% |
|---|---|---|---|---|---|
| 6月1日 | 0.0066 | 0.54 | 8月15日 | 0.0058 | 0.64 |
| 6月15日 | 0.0067 | 0.53 | 9月1日 | 0.0061 | 0.62 |
| 7月1日 | 0.0066 | 0.57 | 9月15日 | 0.0054 | 0.64 |
| 7月15日 | 0.0073 | 0.57 | 10日1月 | 0.0059 | 0.62 |
| 8月1日 | 0.0060 | 0.55 | 10月15日 | 0.0067 | 0.57 |

（10）生长过程中的生物量分配

苗木生物量可以较全面反映出苗木的质量，它的积累情况是苗木质量相当重要的指标。苗木的生物量随时间的变化，在不同的生长时期也在动态的变化中。生物量较大的时期生长比较健壮，且根系发达。在1年的生长进程中其各部分的生长呈现出互相促进又相互制约，同时相互交替的一个过程，了解苗木各部分的生长相关性，可以制定合理的经营措施，也能为育苗提供科学的依据（Alan，1979；秦建华 等，1983）。国内鹅耳枥在1年生长过程中的地上部鲜重、地下部鲜重、总鲜重等都随时间的变化不断增长，见表6－12。

表 6－12　鹅耳枥鲜重生物量分配

| 日期 | 地上部分鲜重/g | 地下部分鲜重/g | 总鲜重/g | 茎：根 |
|---|---|---|---|---|
| 4 月 15 日 | 0.29 | 0.14 | 0.43 | 2.14 |
| 5 月 15 日 | 0.91 | 0.48 | 1.40 | 1.89 |
| 6 月 15 日 | 1.24 | 0.80 | 2.04 | 1.55 |
| 7 月 15 日 | 2.05 | 1.76 | 3.82 | 1.17 |
| 8 月 15 日 | 6.86 | 3.23 | 10.09 | 2.13 |
| 9 月 15 日 | 8.35 | 4.10 | 12.45 | 2.04 |
| 10 月 15 日 | 14.79 | 7.67 | 22.47 | 1.93 |

茎根比反映了苗木的不同器官生长平衡状况，也是苗木质量评价的重要依据之一。一般生物量大，而茎根比较小时，苗木生长好，苗木的质量较高。苗木生长初期的生物量积累较少，茎根比也较大。随着生长时期的变化，不仅生物量得到了大量的积累，并且茎根比也随之大大减小了。当快要进入到生长后期时，其生物量积累的速度有所减缓，而且茎根比也有所增加，并趋于稳定。

苗木干物质的积累能够反映其生产力的高低，是衡量苗木吸收、同化养分能力大小的关键指标。研究苗木不同时期干物质量的积累变化，为提高苗木产量提供科学的依据。

一年的生长时期中，鹅耳枥各个器官干物质的变动幅度各不相同。根、茎、叶 3 个器官的生物量极差分别是：3.04 g、3.96 g、2.61 g。可以看出茎的变动幅度是最大的，叶的变动幅度是最小的，根、茎的干物质积累量占总量的比率较为接近。采样是从 4 月中旬开始的，进入速生期后，苗木的干物质积累与生长初期的相比都有明显的增长。整个速生期的根、茎、叶的干物质积累比生长初期的分别约增长了 444.04%、804.67%、501.06%（表 6－13）。

表 6－13　鹅耳枥各器官干物质量

| 日期 | 总干重/g | 根 | | 茎 | | 叶 | |
|---|---|---|---|---|---|---|---|
| | | 干重/g | 增长率/% | 干重/g | 增长率/% | 干重/g | 增长率/% |
| 4 月 15 日 | 0.19 | 0.06 | — | 0.04 | — | 0.08 | — |
| 5 月 15 日 | 0.57 | 0.18 | 184.12 | 0.12 | 186.05 | 0.27 | 225.64 |
| 6 月 15 日 | 0.82 | 0.30 | 68.60 | 0.15 | 21.88 | 0.37 | 37.57 |
| 7 月 15 日 | 1.81 | 0.57 | 88.20 | 0.44 | 192.22 | 0.80 | 118.23 |
| 8 月 15 日 | 3.98 | 1.08 | 89.70 | 1.12 | 156.66 | 1.78 | 121.23 |
| 9 月 15 日 | 4.36 | 1.31 | 21.86 | 1.31 | 17.04 | 1.74 | -4.3 |
| 10 月 15 日 | 9.80 | 3.10 | 136.37 | 4.01 | 206.08 | 2.69 | 54.72 |

根的干物质比例在生长初期比茎的干物质比例大，是一个生长的高峰期。到 8 月中期茎的干物质比例就大于根的干物质比例了，说明根的生长在 8—9 月比较缓慢，茎的干物质积累是一直上升的。9 月中旬两器官的干物质占总量的比例基本一致。到生长中后期，根的干物质比例又有了较为显著的上升。根在一年的干物质积累过程中出现了两个高峰期，且后一个高峰期大于前一个高峰期。根在生长后期的又一次高峰生长对幼苗的越冬和第二年春季的地上部分的生长是十分有利的。另外，根和茎的干物质量到生长后期的增量仍旧较大，可能由于根的木质化结果。叶的干物质积累除了速生期结束月有所减少之外，整个生长期都是在增长的，这有利于苗木的光合及其他器官的干物质积累。

（11）根、茎、叶各器官生物量的异速生长数学模型

植物体不同器官，如根、茎、叶等，它们的生长速度不一致是异速生长的现象，通常可以用幂函数形式来表示。异速生长现象的研究，有利于了解苗木的个体发育规律和各个器官的生长速度间的比例，还能估算各器官的生物量，对苗木培育等方面有重要意义。

根据异速生长关系公式（式 6－3），可以模拟出 2 年生鹅耳枥根与茎、根与叶、茎与叶鲜重生物量之间的异速生长数学模型，结果见表 6－14。

$$Y=ax^k \qquad (6-3)$$

式中：$Y$ 为某一器官的生物量；$a$ 为比例常数；$x$ 为另一个器官的生物量；$k$ 为异生长指数，$k=1$ 表示两种器官为等速生长，$k\neq1$ 表示两种器官异速生长。例如分析根与茎的异速生长关系时，可设根的生物量为 $Y$，茎的生物量为 $x$。

**表 6－14　鹅耳枥各器官间的异速生长数学模型**

| 项目 | 方程 | $R^2$ | 样本数 |
| --- | --- | --- | --- |
| 根生物量 $W_r$ | $W_r=0.8261W_l^{1.087}$ | 0.994 2 | 35 |
| 茎生物量 $W_s$ | $W_s=0.6966W_r^{1.1282}$ | 0.980 7 | 35 |
| 叶生物量 $W_l$ | $W_l=1.601W_s^{0.798}$ | 0.982 1 | 35 |

由表 6－14 可知，用异速生长数学模型来模拟鹅耳枥各器官的生长关系，其相关系数均达到 0.98 以上，说明异速生长数学模型是适用的。由表中可知苗木的根与叶的异速生长方程中可知指数 $k$ 为 1.087，两者的增长将近呈线性关系，叶的生长促进根系的生长，叶片生物量的增长，能增强根系吸收营养的能力，同时也能为根积累更多的干物质。茎与根的异速生长数学模型中，$k$ 达到了 1.128 2，苗木的生长偏向于茎的生长，说明鹅耳枥幼苗发枝较多。叶与茎的异速生长数学模型中，$k$ 为 0.798，但其常数系数 $a$ 为 1.601，在生长过程中茎的生长量的增加也有赖于叶的光合作用，而茎的输导等作用也促进叶的生长。

(12) 根生物量与苗高和地径的关系

利用 SPSS 软件进行根系生物量与苗高、地径的相关性（张俊生 等，1997；催长占 等，1999），结果显示（表 6－15），国内鹅耳枥幼苗的根系生物量与苗高、地径极显著相关（$P<0.01$）。

**表 6－15　鹅耳枥根生物量与苗高、地径的相关性**

| 项目 | 根生物量 | 苗高 | 地径 |
| --- | --- | --- | --- |
| 根生物量 | 1 | 0.911** | 0.901** |
| 苗高 | 0.911** | 1 | 0.998** |
| 地径 | 0.901** | 0.998** | 1 |

(13) 茎生物量与苗高和地径的关系

利用 SPSS 软件进行茎生物量与苗高、地径的相关性分析，结果显示（表 6－16），鹅耳枥幼苗茎生物量与苗高、地径极显著相关（$P<0.01$）。

**表 6－16　鹅耳枥茎生物量与苗高、地径的相关性**

| 项目 | 茎生物量 | 苗高 | 地径 |
| --- | --- | --- | --- |
| 茎生物量 | 1 | 0.867** | 0.857** |
| 苗高 | 0.867** | 1 | 0.998** |
| 地径 | 0.857** | 0.998** | 1 |

(14) 叶生物量与苗高和地径的关系

利用 SPSS 软件进行叶生物量与苗高、地径的相关性分析，结果显示（表 6－17），鹅耳枥幼苗叶生物量与苗高、地径极显著相关（$P<0.01$）。

**表 6－17　鹅耳枥叶生物量与苗高、地径的相关性**

| 项目 | 叶生物量 | 苗高 | 地径 |
| --- | --- | --- | --- |
| 叶生物量 | 1 | 0.969** | 0.965** |
| 苗高 | 0.969** | 1 | 0.998** |
| 地径 | 0.965** | 0.998** | 1 |

#### 6.2.4.2　生理学研究

植物生理学是研究植物生命活动规律的一门生物学分支学科。植物生理学主要包括：光合作用、细胞生理、呼吸代谢、水分生理、植物生长与发育、作物体内的物质运输和信息传递等一系列内容。

(1) 各器官可溶性糖含量的年动态变化

植物生长发育过程中的一系列生理活动都离不开有机营养物质，在全年的生长过程中，幼苗各器官的有机营养物质的含量会随着外界环境因子及遗传因子的双重作用而发生变化。对苗木生长各个时期各器官的营养物质进行测定和分析，有利于更好地了解苗木的营养物质及生理活动的运转。

由图6-7可知，根内的可溶性糖含量出现了两次高峰值，生长始期可溶性糖含量已相对较高，为增加根的生长量为速生期的到来做准备，7—9月根内的可溶性糖含量变化不大，到10月中旬，根内可溶性糖含量又迅速增加，再一次促进根的生长，为苗木的越冬做准备。茎内可溶性糖含量5—7月的变化不大，8月和9月的含量变少，这一阶段幼苗茎主要进行增粗生长，木质部相对生长量较多，使得等质量的茎中可溶性糖的含量相对较少，到10月，茎中的可溶性糖含量又增加了很多，此时不仅是为了满足茎本身的生长需求，也体现了可溶性糖的运输量的增加，说明此时幼苗的代谢比较旺盛。全年根和茎中的可溶性糖含量的变化趋势比较一致。叶中可溶性糖的含量较根、茎中的含量高，一方面是由于叶是有机营养物质的初始创造者，是有机营养物质代谢最旺盛的部位，另一方面是因为根、茎的单位质量中木质部所占比例较大，其可溶性糖含量在单位质量中的百分比就比叶中的少得多。叶中可溶性糖的含量开始比较低，进入速生期后一直保持在较高的水平，到速生期后期时可溶性糖含量又增加了很多，其含量是随光合强度变化而变化，主要受到光照、气温等环境条件的影响。

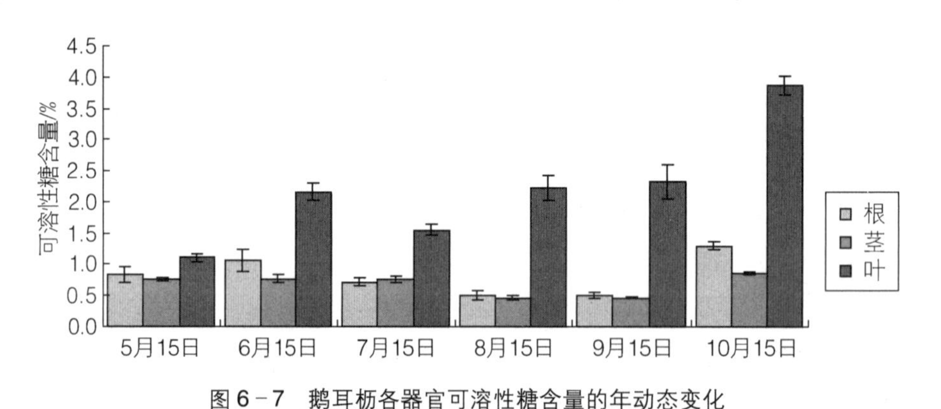


图6-7　鹅耳枥各器官可溶性糖含量的年动态变化

（2）各器官淀粉含量的年动态变化

由图6-8可知，根内的淀粉含量出现了3次高峰，分别出现在6月、8月、10月，进入生长旺盛期已经有一定的淀粉积累，在速生期内淀粉含量没有大幅度的变化，到速生末期又有一定增长，开始进行营养物质的积累，为越冬做准备。茎的淀粉含量从进入速生期开始减少，可能是在速生期内植物处于高速生长的状态，不需要淀粉的积累，多数营养物质供植物的生长代谢，到速生末期淀粉含量有所增加，开始进行有机营养物质的积累为幼苗越冬做准备。茎和根中的淀粉含量年变化基本保持一致，都是在生长盛期积累不多，在速生前期和末期的含量较大。叶片中的淀粉含量比根和茎中的含量大，其原因与叶片中的可溶性糖含量比根和茎中的大的原因相同。叶中淀粉含量开始就较高，进入速生期后有一定的波动，但也一直保持在一定水平，到速生期后期又有所增加，整个生长期内为了配合协调整株植物的生长需求而变动。

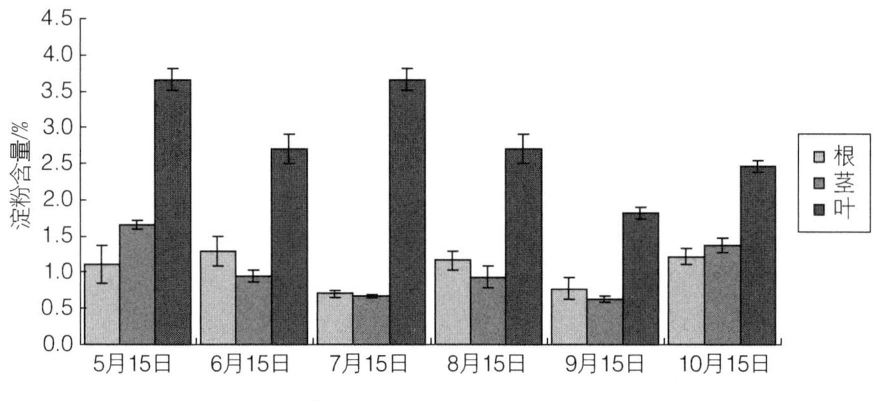


图 6－8　鹅耳枥各器官淀粉含量的年动态变化

（3）叶片色素含量变化

不同色素在外观上呈现出不同的颜色，叶绿素 a 呈蓝绿色，叶绿素 b 呈黄绿色，类胡萝卜素呈橙黄色，叶黄素呈黄色，花青苷在酸性和碱性中分别呈红色或蓝色（Shivadhar et al，1988；Coen et al，1986）。由于鹅耳枥绿叶和顶部红叶颜色差异较大，分别对鹅耳枥的绿叶和顶部红叶进行色素测定。

鹅耳枥绿叶中的叶绿素 a 和叶绿素 b 含量明显高于红叶中的含量（图 6－9）。由此可知绿叶中的叶绿素总量也高于红叶，说明绿叶的绿色深度较红叶要深。绿叶的叶绿素 a 含量和叶绿素 b 含量的变化趋势基本一致，都是由低变高，再在一定范围内波动，在 8 月下旬叶绿素含量较低，此后又增加，直至 10 月底又有下降的趋势。红叶中的叶绿素含量变化幅度没有绿叶的变化幅度大，从 5 月中旬到 7 月叶绿素含量一直在增加，7 月中旬两种叶绿素含量都有所减少，之后又有缓慢的上升趋势，到 9 月底又下降了一些。整个观测期内红叶的叶绿素含量基本较为稳定。

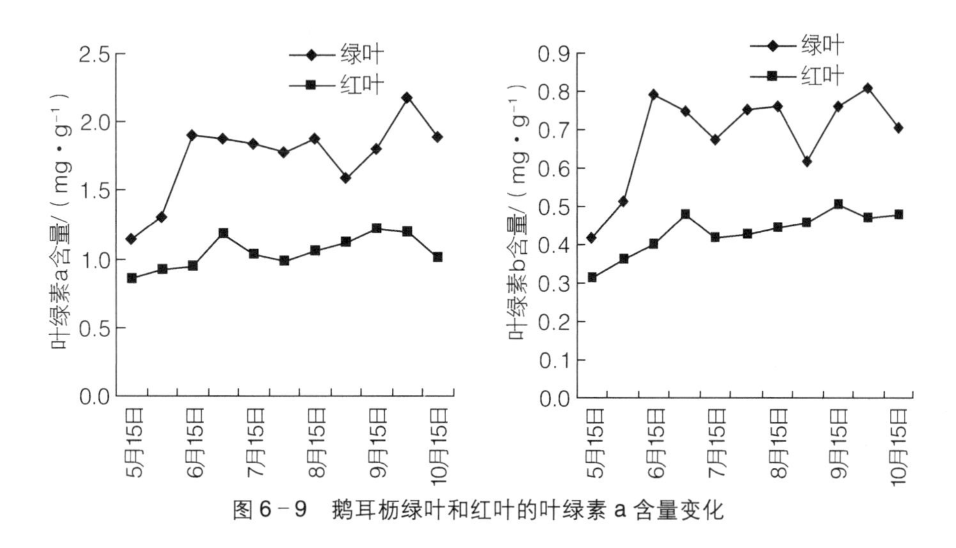


图 6－9　鹅耳枥绿叶和红叶的叶绿素 a 含量变化

鹅耳枥绿叶中的花青苷含量远远低于红叶中的花青苷含量（图 6－10）。绿叶中的花青苷含量变化幅度较小，生长初期含量较低，在 6—8 月含量稍微多些，到 9 月以后花青苷的含量又降到很小，并基本保持不变。并且，绿叶中的花青苷含量远远小于叶绿素含量，使得叶片的颜色呈现为绿色。红叶中的花青苷含量开始比较大，从 6 月中旬到 8 月初一直在降低，但其含量仍比绿叶中的高，之后有开始上升，9 月中旬有所回落，到红叶接近消失时花青苷含量仍保持在较高水平。红叶中的花青苷含量较叶绿素含量高一些，所以顶部红叶实际上呈现出的颜色既有绿色又有红色。

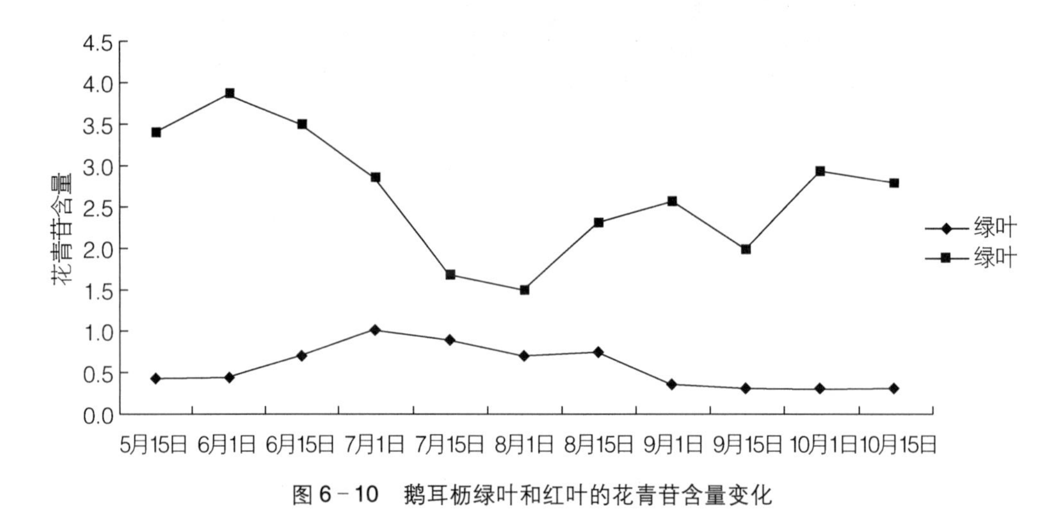


图 6－10　鹅耳枥绿叶和红叶的花青苷含量变化

（4）叶绿素荧光参数的年变化

叶绿素荧光参数是一组用于描述植物光合作用机理和光合生理状况的变量，可反映光合机构内部一系列重要的调节过程，是研究植物光合作用和环境关系的内在探针（Krause et al.，1991）。

可变荧光 Fv 与最大荧光 Fm 的比值可代表光系统 II 光化学的最大效率或光系统 II 原初光能转化效率，可变荧光 Fv 与固定荧光 Fo 的比值可代表光系统 II 活性（Asada et al.，1987）。Fv/Fm 值反映了光抑制的程度（Hsiao et al.，2000）。从图 6－11 可看出，从 5 月中旬开始 Fv/Fm 值先升高，7 月到 11 月初都保持在一定的水平。Fv/Fo 值的变化趋势与 Fv/Fm 值的变化趋势基本一致，从 5 月中旬到 8 月中旬呈上升趋势，之后到 10 月中旬变化较小，从 11 月初有下降的趋势。

ETR 代表的是表观光合量子传递效率（冯建灿等，2002）。由图 6－12 可知，鹅耳枥的 ETR 值开始时一直增高，表观光合量子传递效率一直增大，从 8 月初到 10 月中旬保持较高的效率，11 月初开始下降。ΦPSⅡ是荧光参数的重要组成部分，代表经光系统Ⅱ的线性电子传递的量子效率，常用来反映电子在 PSⅠ和 PSⅡ的传递情况（张云华，2005）。鹅耳枥的 ΦPSⅡ值的变化幅度不大。总体而言，缓慢增高到 8 月中旬达到最大，到 11 月初有所下降。

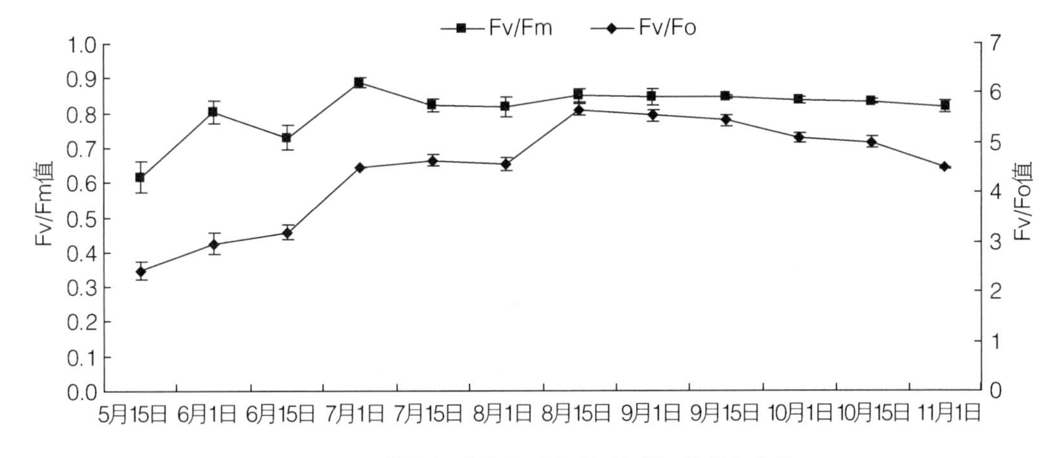


图 6-11　鹅耳枥叶片 Fv/Fm 和 Fv/Fo 值的年变化

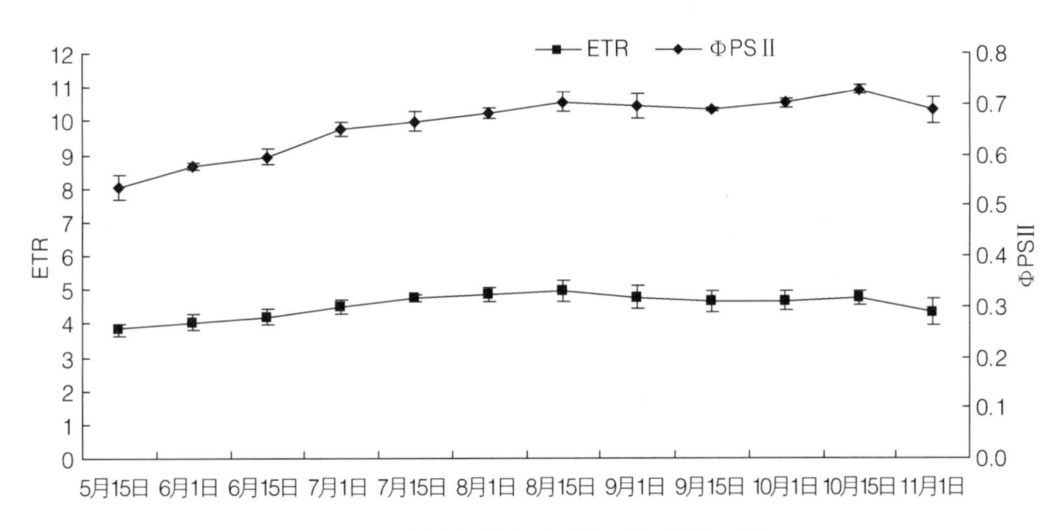


图 6-12　鹅耳枥幼苗 ETR 和 ΦPS Ⅱ 的年变化

（5）光合速率日变化

光合速率是反映光合机构运转状况的一个灵敏指标，它会受外界环境和自身内部因素的影响（庄猛 等，2006）。光合速率和植物的生长适应性存在很大的相关性，光合速率的大小能反映生长适应性的好坏（庄猛 等，2005）。虽然观测时期较晚，但鹅耳枥的光合速率日变化仍十分明显（图 6-13）。2 年生鹅耳枥实生苗的光合日变化呈现出明显的“双峰”和“午休”现象。第一个峰值出现在 9 时左右，之后光合速率缓慢下降，在 12 时左右出现“午休”现象。在 12 时以后光合速率有所上升，并在 14 时左右出现第二个峰值。之后随着光强和温度的下降，光合速率逐渐降低。

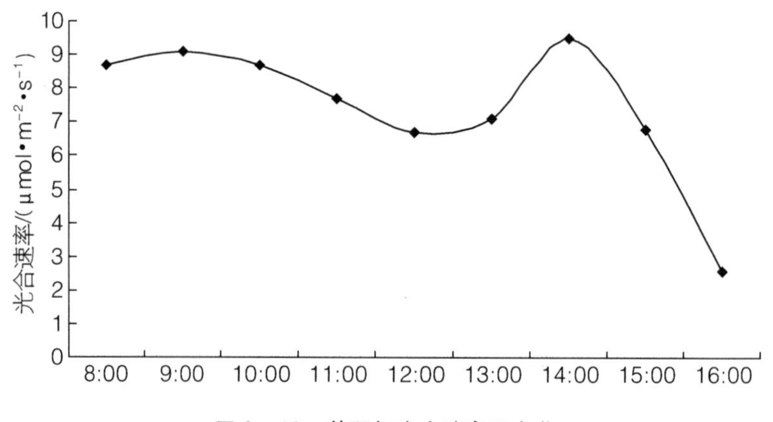


图 6－13　鹅耳枥光合速率日变化

（6）气孔导度日变化

气孔是植物与外界进行气体交换的主要结构，对光合作用和呼吸作用有着重要的影响。气孔导度体现内外气体交换的速度，一般与光合速率呈现相互平衡的变化趋势（徐坤 等，1999）。

鹅耳枥幼苗的气孔导度日变化也呈现出“双峰”变化（图 6－14）。与光合速率变化呈现出一致的变化规律，在 9 时和 14 时气孔导度最大，9 时后气孔导度开始减小，到 12 时左右气孔导度减小到最低值，随后又开始增大，14 时达到最大值 64 $mol \cdot m^{-2} \cdot s^{-1}$，14 时之后迅速减小。

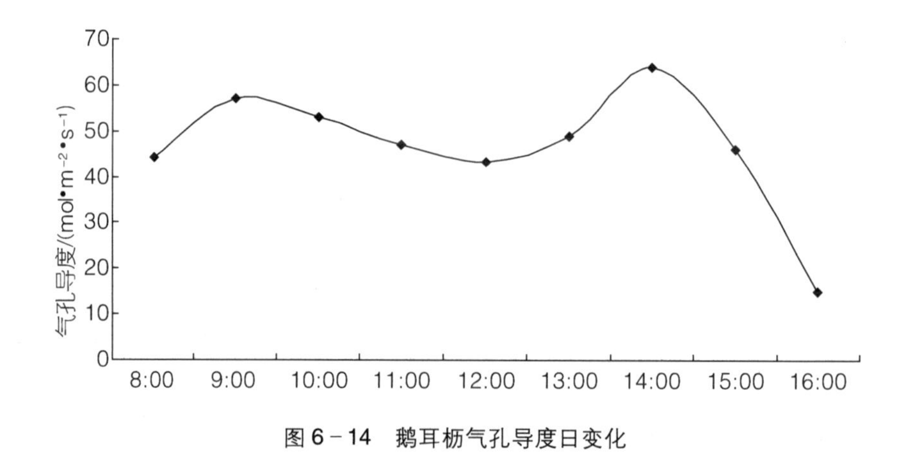


图 6－14　鹅耳枥气孔导度日变化

（7）蒸腾速率日变化

蒸腾速率是反映植物的蒸腾作用的主要指标，在一定程度上能反映植物体调节水分的能力和对外界条件的适应能力。蒸腾速率不仅受自身生物学特性的控制，而且受外界环境条件的影响。植物通过蒸腾作用来供应光合作用所需水分、调节叶面温度和运输矿物质等（宋庆安 等，2006）。由于观测时间较晚，幼苗的蒸腾速率比较低，但仍旧呈



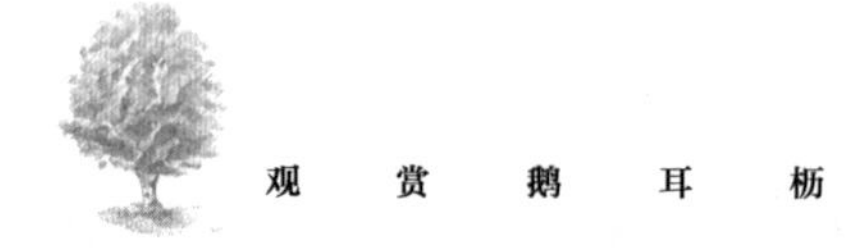

现出一定的规律性（图 6－15）。整体上看，2 年生鹅耳枥幼苗蒸腾速率日变化趋势与光合速率的日变化趋势基本一致。蒸腾速率的最高值出现在 9 时和 14 时左右，“午休”现象出现在 12 时左右。

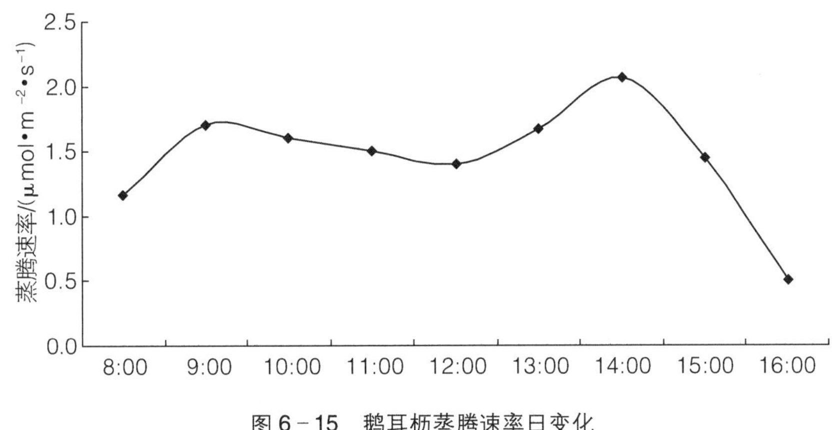

图 6－15　鹅耳枥蒸腾速率日变化

（8）细胞间 $CO_2$ 浓度

$CO_2$ 是光合作用的原料之一，是影响光合速率的重要因素之一。细胞间 $CO_2$ 浓度高低是分析叶片光合作用是否受气孔限制的重要参数（司建华 等，2008）。由图 6－16 可以看出，细胞间的 $CO_2$ 浓度日变化与光合速率、气孔导度、蒸腾速率的日变化呈现出相反的变化趋势。在 8 时左右细胞间的 $CO_2$ 浓度比较高，到 9 时左右光合速率较高时，细胞间的 $CO_2$ 浓度有所下降，之后细胞间的 $CO_2$ 浓度一直增加，到 12 时左右达到最大，在此期间光合速率一直在降低。12 时以后细胞间的 $CO_2$ 浓度又开始下降，到 14 时左右最低，此时正是光合速率的第二个高峰值。14 时之后细胞间的 $CO_2$ 浓度又开始增加，而光合速率迅速下降。

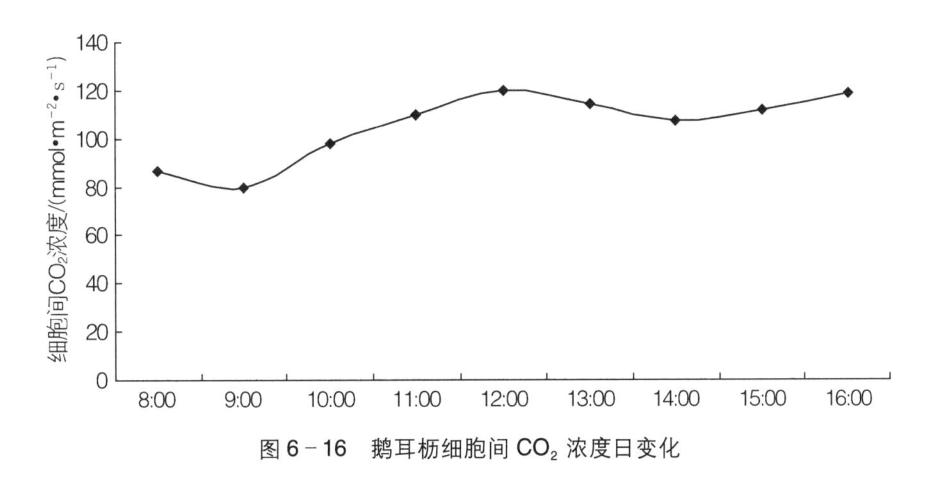

图 6－16　鹅耳枥细胞间 $CO_2$ 浓度日变化

# 第七章

# 观赏鹅耳枥栽植技术研究

育苗技术研究是苗木推广应用的重要前提之一，掌握正确的育苗技术对于优质苗木培育具有十分重要的意义。观赏鹅耳枥在我国上海、安徽芜湖等地有引种栽培，但都以国外购进大苗为主，目前我国对观赏鹅耳枥栽培管理技术及苗木培育技术缺乏系统研究。

作者团队系统开展观赏鹅耳枥栽培技术研究，在栽培技术试验基础上，揭示了不同栽培技术对观赏鹅耳枥种苗生长生理的变化规律，掌握了不同栽培技术对观赏鹅耳枥生长发育的影响规律。为观赏鹅耳枥引种驯化及优质苗木培育提供科学依据和技术支持。

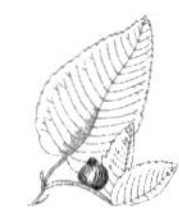

# 7.1 土壤性质对苗木生长的影响

## 7.1.1 不同育苗基质对 1 年生播种苗生长效应研究

### 7.1.1.1 试验处理方法

育苗基质的理化性质对苗木的生长起决定性的作用。欧洲鹅耳枥基质配方育苗试验中，以园土、蛭石、珍珠岩和草炭土为因子按照随机区组试验，以园土为对照，设置 10 个不同的基质配方（表 7－1）。10 个基质配方的容重、最大持水量等物理性质（表 7－2），以及 pH 值、有机质等化学性质等均有所差异。不同基质处理播种苗的成活率、苗高、地径、生物量积累、苗木质量指数以及苗木的生理指标等有所差异。

**表 7－1 10 个不同的基质配方比例**

| 基质号 | 园土体积（A） | 草炭体积（B） | 蛭石体积（C） | 珍珠岩体积（D） |
|---|---|---|---|---|
| 1 | 1 | 1 | 1 | 1 |
| 2 | 2 | 2 | 2 | 1 |
| 3 | 3 | 3 | 3 | 1 |
| 4 | 2 | 1 | 2 | 3 |
| 5 | 2 | 2 | 3 | 1 |
| 6 | 2 | 3 | 1 | 3 |
| 7 | 3 | 1 | 3 | 2 |
| 8 | 3 | 2 | 1 | 3 |
| 9 | 3 | 3 | 2 | 1 |
| 10（CK） | 1 | 0 | 0 | 0 |

**表 7－2 不同基质的物理性质比较**

| 基质号 | 容重/（$g \cdot cm^{-3}$） | 总孔隙度/% | 大小孔隙比 | 饱和持水量/% |
|---|---|---|---|---|
| 1 | 0.41b | 49.23e | 0.29 | 38.21f |
| 2 | 0.28cd | 61.47c | 0.36 | 45.29d |
| 3 | 0.26d | 46.74f | 0.40 | 35.02g |
| 4 | 0.43b | 63.63b | 0.31 | 48.62c |
| 5 | 0.38bc | 61.78c | 0.21 | 50.85b |

续表

| 基质号 | 容重/（g·cm$^{-3}$） | 总孔隙度/% | 大小孔隙比 | 饱和持水量/% |
|---|---|---|---|---|
| 6 | 0.41b | 42.98g | 0.19 | 32.34h |
| 7 | 0.48b | 52.89d | 0.33 | 44.32e |
| 8 | 0.43b | 61.14c | 0.34 | 50.47bc |
| 9 | 0.44b | 74.58a | 0.25 | 59.81a |
| 10 | 0.90a | 60.08c | 0.22 | 43.03de |

**表 7－3　不同基质的化学性质比较**

| 基质号 | pH 值 | 有机质/（mg·g$^{-1}$） | 全氮/（mg·g$^{-1}$） | 全磷/（mg·g$^{-1}$） | 全钾/（mg·g$^{-1}$） |
|---|---|---|---|---|---|
| 1 | 6.25b | 572.32 | 32.05 | 0.55b | 5.80bc |
| 2 | 5.43g | 460.93 | 25.81 | 0.35c | 7.68ab |
| 3 | 5.54f | 524.58 | 29.38 | 0.35c | 8.14a |
| 4 | 5.81e | 620.06 | 34.72 | 0.48bc | 7.99a |
| 5 | 5.59f | 333.62 | 18.68 | 0.54b | 7.85a |
| 6 | 5.46g | 540.49 | 30.27 | 0.46bc | 4.65d |
| 7 | 6.18c | 683.70 | 38.29 | 0.38c | 6.89ab |
| 8 | 5.85e | 651.88 | 36.51 | 0.49bc | 5.46bc |
| 9 | 6.10d | 429.14 | 24.03 | 0.28b | 6.17ab |
| 10 | 6.53a | 269.97 | 15.12 | 0.75a | 2.82d |

#### 7.1.1.2　不同基质处理对 1 年生欧洲鹅耳枥播种苗生长指标的影响

（1）不同基质处理对种子发芽率的影响

试验中发现经变温层积露白后的欧洲鹅耳枥种子播种后，发芽成活率很高，每个处理的成活率基本都能达到 80% 以上。由图 7－1 所示，处理 4 的播种苗发芽率达到 98.44%，而园土（处理 10）的发芽率最低，仅达 76.56%。处理 1、处理 5、处理 9 成苗率在 80%以上，处理 1 与处理 5 和处理 6 差异性显著，其余处理均在 90%以上，且彼

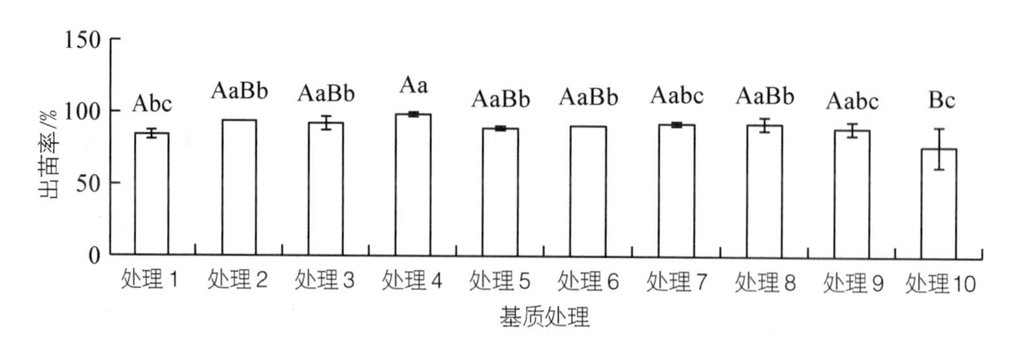


图 7－1　不同基质处理的欧洲鹅耳枥播种苗出苗率

此间的差异性不明显。在推广应用中，合理选用基质可以避免盲目播种造成种子浪费。在发芽率试验中发现死亡的幼苗主要是水分过多，导致从根颈处发生腐烂的原因造成。欧洲鹅耳枥在播种过程中，幼苗对水分要求较高，需加强管理。

（2）不同基质处理对播种苗苗高生长的影响

不同基质处理，苗高长势不同，从图 7－2 可得出，处理 1、处理 5、处理 6 和处理 10 全年苗高长势平缓，8 月中旬之前，各处理间苗木匀速生长，长势稳定，其中以处理 3 的苗高生长最高。8 月中旬到 9 月中旬，苗木增长迅速，处理 8 苗高生长最快。生长后期，处理 4、处理 8 苗高仍有迟缓生长，其他处理长势基本停止。

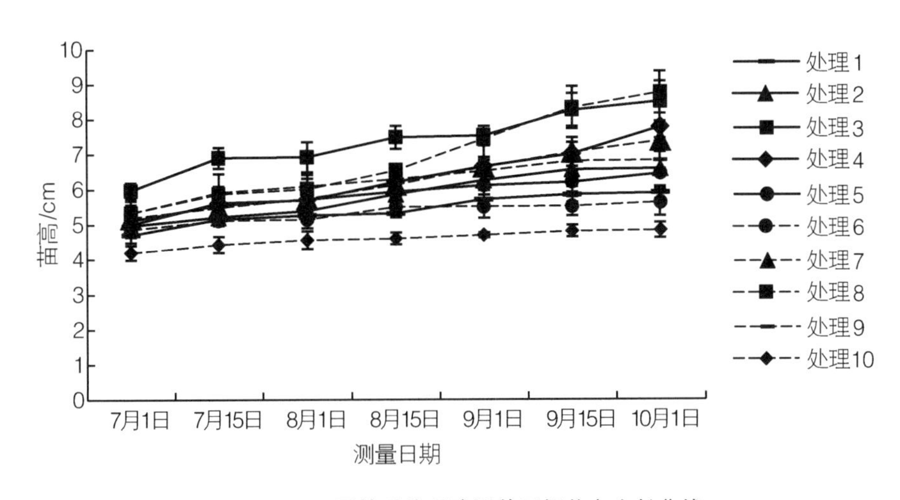


图 7－2　不同基质处理欧洲鹅耳枥苗高生长曲线

综上，处理 3 和处理 8 对欧洲鹅耳枥苗高生长最佳，分别达到 8. 51 cm 和 8. 77 cm，处理 10 对苗高长势最差，仅 4. 84 cm。

（3）不同基质处理对播种苗地径生长的影响

如图 7－3 所示，不同的基质处理，欧洲鹅耳枥幼苗的地径生长情况不同。在地径的整个生长过程中，处理 8 的地径最大，达 0. 214 cm，处理 10 地径最小，仅 0. 144 cm。7 月初到 7 月中旬，是地径的快速生长期，其中以处理 7、处理 8 和处理 10 长势最为迅速。7 月中旬到 9 月初，地径生长开始变缓，以处理 2、处理 9 相对其他处理地径长势较快。且相较于其他处理，处理 9 从 8 月中旬一直到 10 月初始终保持较高的生长趋势。幼苗的嫩茎在生长过程中，会出现颜色变深，表面出现褶皱等现象，可能与茎开始出现木质化的原因有关。9 月初到 10 月初，又是地径生长的一高峰期，处理 2、处理 8 和处理 9 生长迅速。处理 4、处理 5 和处理 10 在 9 月中下旬生长迟缓基本停止。

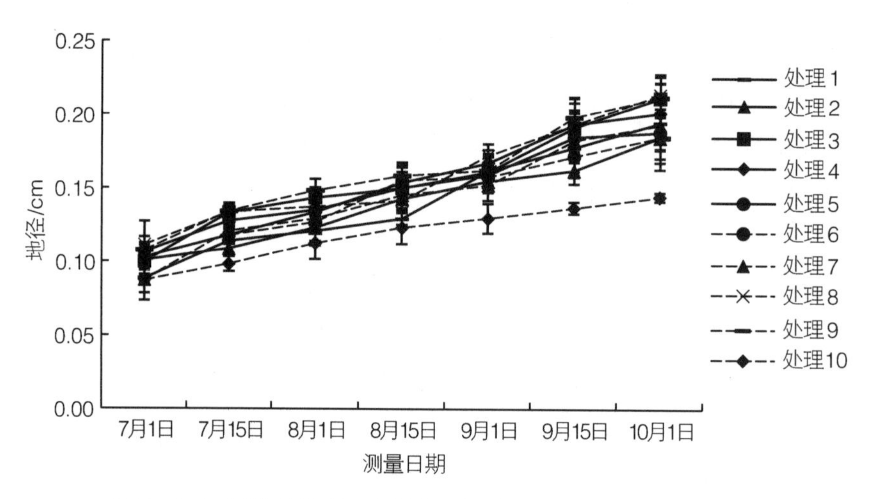


图 7－3　不同基质处理对欧洲鹅耳枥播种苗地径生长规律的影响

综上，对欧洲鹅耳枥播种苗地径生长效果最好的是处理 3、处理 4、处理 8 和处理 9，均达到 0.2 cm 以上，最大地径 0.214 cm（处理 8），处理 10 地径最小，仅 0.144 cm。对比苗高、地径的长势发现，苗高的生长曲线离散度较地径的生长曲线离散度大，间接说明不同基质对苗高生长的影响大于地径生长影响。

（4）不同基质处理对播种苗根系生长的影响

由表 7－4 可知，不同处理对播种苗的主根长和大于 5 cm 侧根数影响达显著水平（$P<0.05$），对根幅的影响不显著，不同处理间差异性不大。处理 2 和处理 3 的主根长相对其他处理差异性明显，且大于 5 cm 的侧根数的数目也较少，但是侧根总体数量较多，根幅与其他处理间无明显差异，说明根系相对其他处理也更为紧凑。处理 10 的根系相对其他处理，侧根数较少，但主根长和根幅与其他处理间差异性不大，且根系基本不见须根，根系相对其他处理要粗壮很多。

**表 7－4　基质处理对欧洲鹅耳枥播种苗根系的影响**

| 处理 | 主根长/cm | 大于 5 cm 侧根数/个 | 根幅/cm |
| --- | --- | --- | --- |
| 处理 1 | 14.2±9.899ab | 5.5±0.707ab | 4.98±0.318a |
| 处理 2 | 10.7±0.566b | 5±1.414ab | 4.15±0.354a |
| 处理 3 | 9.4±5.37b | 4±2.828b | 4.18±1.025a |
| 处理 4 | 17.0±2.121a | 7.5±3.536a | 5.38±1.237a |
| 处理 5 | 14.3±7.071ab | 6.5±2.121a | 4.10±0.212a |
| 处理 6 | 16.2±5.586a | 7.5±2.121a | 4.45±0.566a |
| 处理 7 | 19.7±9.687a | 8±0.012a | 4.13±0.389a |
| 处理 8 | 22.7±15.344a | 6.5±2.121ab | 4.13±0.46a |
| 处理 9 | 18.9±3.748a | 8.5±0.707a | 3.65±0.566a |
| 处理 10 | 16.7±1.344a | 4±1.414b | 3.95±1.414a |

（5）不同基质处理对播种苗叶片生长特性的影响

基质对欧洲鹅耳枥播种苗叶片影响见表 7－5。从叶面积上，处理 8 和处理 9 的叶面积最大，达到 4 $cm^2$ 以上，接近 4.5 $cm^2$，其次是处理 2 和处理 4，也分别达到 3 $cm^2$ 以上，叶面积最小的是处理 6，仅有 1.067 $cm^2$，比最大叶面积小了 2.983 $cm^2$，叶片长势较弱；叶干重能有效反映植物干物质量的积累，处理 2、处理 4 和处理 7 的叶干重最大，均达到 0.7 g/片，处理 10 的叶干重最小，比最大叶干重（处理 4）轻 0.104 g；不同基质处理对叶片含水量和单片叶厚影响较小，不同处理间含水量最大差值仅 16.781%，不同处理叶厚也仅相差 0.006 cm，数值之间较为接近；比叶重能有效反映叶片是否徒长，是反映叶片质量的重要指标。比叶重最大是处理 7（0.066 g），最小是处理 10 园土（仅 0.016 g）；冠幅是从形态上评价苗木质量的一个指标，欧洲鹅耳枥冠型紧凑，一般冠幅越大，代表植物的长势越好。从表可看出，处理 2、处理 4、处理 7 和处理 8 欧洲鹅耳枥幼苗的冠幅比较大，其中最大冠幅（处理 7）达到 7 cm，比最小冠幅（处理 10）长 2.6 cm。仅从叶片性状考虑，可以得到处理 4 和处理 7 最有利于欧洲鹅耳枥叶片的生长，而处理 10（园土）不利于欧洲鹅耳枥幼苗叶片的生长。

**表 7－5　基质对欧洲鹅耳枥播种苗叶片性状的影响**

| | 叶面积 | 叶干重 | 叶片含水量 | 叶厚 | 比叶重 | 冠幅 |
|---|---|---|---|---|---|---|
| 处理 1 | 2.968 | 0.069 | 60.616 | 0.013 | 0.023 | 5.90 |
| 处理 2 | 3.277 | 0.117 | 59.263 | 0.016 | 0.035 | 6.30 |
| 处理 3 | 2.623 | 0.085 | 60.460 | 0.011 | 0.033 | 5.85 |
| 处理 4 | 3.782 | 0.140 | 48.169 | 0.013 | 0.043 | 6.55 |
| 处理 5 | 2.810 | 0.076 | 58.456 | 0.015 | 0.030 | 4.88 |
| 处理 6 | 1.607 | 0.050 | 58.328 | 0.010 | 0.032 | 4.38 |
| 处理 7 | 2.315 | 0.154 | 56.559 | 0.013 | 0.066 | 7.00 |
| 处理 8 | 4.590 | 0.086 | 64.950 | 0.010 | 0.018 | 6.45 |
| 处理 9 | 4.418 | 0.082 | 57.171 | 0.012 | 0.019 | 5.55 |
| 处理 10 | 2.332 | 0.036 | 61.220 | 0.013 | 0.016 | 4.40 |

（6）不同基质处理对播种苗生物量积累的影响

不同基质处理对欧洲鹅耳枥幼苗各器官生物量的积累不同。如图 7－4 所示，不同基质处理根系的生物量的积累不同，且差异性不明显。处理 1、处理 2、处理 4、处理 5 和处理 9 的根系生物量积累水平较高，处理 2 根系积累量多达 0.146 g・株$^{-1}$，处理 10 根系生物量积累最少，仅有 0.068 1 g・株$^{-1}$。不同基质对茎的生物量积累之间的差异性明显，处理 10 相对其他处理茎生物量积累的差异性显著，处理 10 和处理 8 差异显著，其中处理 7、处理 8 和处理 9 的茎干重最大，处理 8 的茎干重达 0.090 g・株$^{-1}$。在叶片生物量积累中，不同处理间差异性显著，其中处理 7 和处理 10 之间达极显著水平，处理2、处理4和处理7的叶片干重积累最大，其中处理7的积累量达0.153 2 g·株$^{-1}$，处理10积累较少，仅0.036 g·株$^{-1}$。

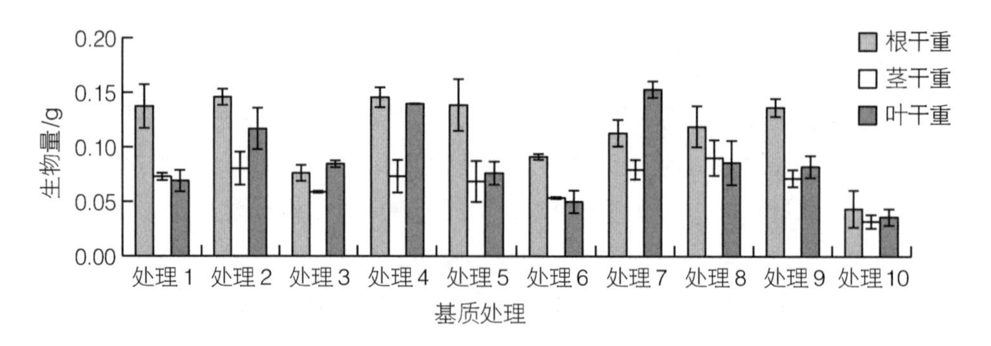


图7-4 不同基质处理对欧洲播种苗不同器官生物量积累的影响

#### 7.1.1.3 不同基质处理对1年生播种苗叶片生理指标的影响

（1）不同基质处理对播种苗叶片可溶性糖含量的影响

可溶性糖是植物生长发育过程中重要的能源物质，对植物生长意义重大。由图7-5可知，不同基质处理对欧洲鹅耳枥播种苗叶片可溶性糖的积累不同。处理4、处理10与处理2和处理3之间差异性极显著，叶片可溶性糖积累最多的是处理10（3.936%），与其他所有处理间差异性明显；其次是处理4（3.129%），与处理10、处理2和处理3之间差异性明显，且可溶性糖含量比最高含糖量少20.503%；其他处理均在2%以上，且彼此间无明显差异。处理2和处理3的可溶性糖含量最低，仅有2.4%左右，比最高含糖量减少39.024%，差值达1.536%。经过以上分析可知，处理2和处理3不利于幼苗叶片可溶性糖的积累，处理4和处理10有利于可溶性糖的积累。

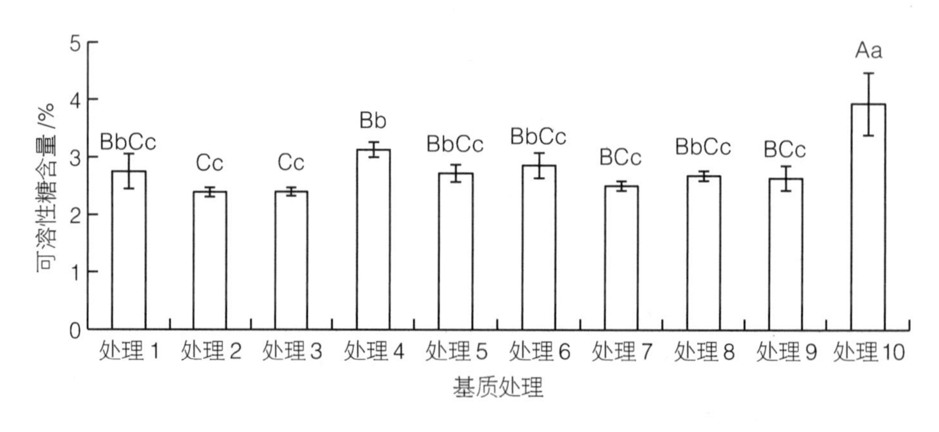


图7-5 不同基质处理对欧洲播种苗叶片可溶性糖含量积累的影响

（2）不同基质处理对播种苗叶片淀粉含量的影响

可溶性淀粉是植物光合作用过程中储存能量的主要物质之一，同时也是其他反应的前体物质，其含量的高低一般可间接反映植物的长势情况。如图7-6所示，基质对欧洲鹅耳枥叶片可溶性淀粉积累的影响极显著，且不同处理间差异明显。处理4的淀粉含

量最高（达6.803%），比处理6（淀粉含量最低）的淀粉含量高67.43%，处理6、处理7和处理9的淀粉含量只达到2%以上，而处理2、处理3、处理5和处理8的含量均接近5%。在所有基质处理中，处理4除与处理2、处理3、处理5和处理8之间淀粉含量差异性不明显外，与其他处理之间的差异性明显。故此，处理4相对其他处理更有利于欧洲鹅耳枥植物叶片可溶性淀粉的积累，而处理6、处理7和处理9不利于叶片可溶性淀粉的积累。

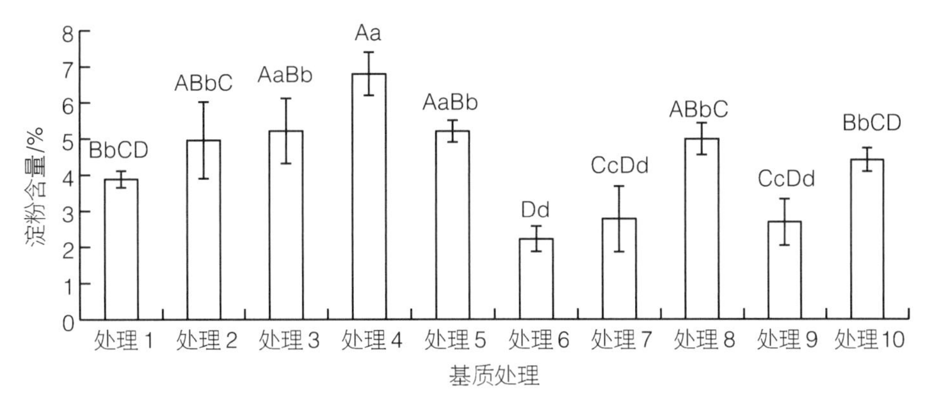


图7-6　不同基质处理对欧洲鹅耳枥播种苗叶片淀粉含量的影响

（3）不同基质处理对播种苗叶片可溶性蛋白含量的影响

可溶性蛋白是植物生长的调节物质，是反映植物生长情况的一个重要指标。如图7-7所示，不同基质对可溶性蛋白含量影响不同。其中，处理4和处理5相对其他处理，可溶性蛋白含量较高。其中，处理4和处理5差异性不明显，但是与其他处理之间差异性较大，且可溶性蛋白的含量的最高差异值达6.584 $mg \cdot g^{-1}$；处理7、处理8、处理9和处理10之间可溶性蛋白含量差异性不显著，最大差值1.22 $mg \cdot g^{-1}$，相对处理5（含量最高），差值有5.35 $mg \cdot g^{-1}$；处理1、处理2和处理3的可溶性蛋白含量最低，且处理间差异性不明显，最大差值仅0.716 $mg \cdot g^{-1}$，相对处理5，最高差值达6.584 $mg \cdot g^{-1}$。

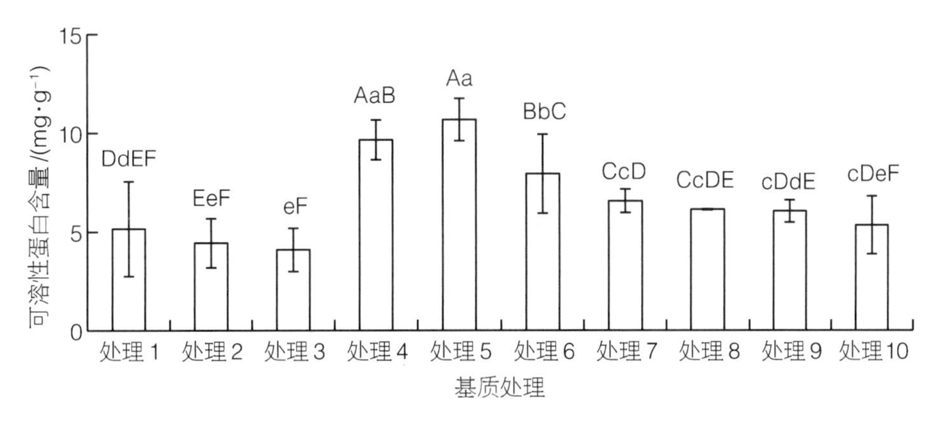


图7-7　不同基质处理对播种苗叶片可溶性蛋白含量的影响

（4）不同基质处理对播种苗叶片 SOD 活性的影响

SOD 是活性氧清除系统中重要的抗氧化酶。植物正常代谢过程和在环境胁迫下均能产生活性氧和自由基，引起植物细胞结构和功能的破坏，因此，需要启动抗氧化酶系统清除这些有害物质。如图 7-8 所示，不同基质处理对欧洲鹅耳枥幼苗生长过程中 SOD 活性影响显著，且不同处理之间差异性明显。在所有基质处理中，处理 4、处理 6 和处理 10 的 SOD 活性较低，均接近 300 $U \cdot g^{-1}$，处理 7、处理 8 和处理 9 的 SOD 活性较高，均达 400 $U \cdot g^{-1}$ 以上，最高 SOD 活性（处理 9）比最低 SOD 活性（处理 4）高 137.711 $U \cdot g^{-1}$。

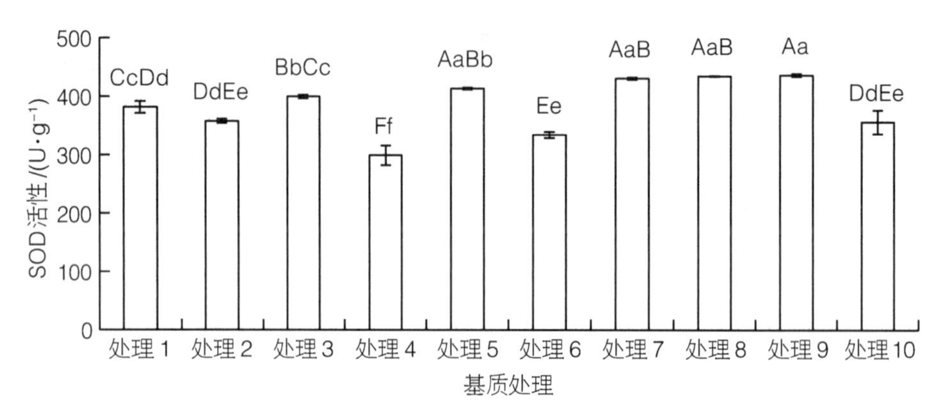


图 7-8 不同基质处理对欧洲鹅耳枥播种苗叶片 SOD 活性的影响

（5）不同基质处理对 1 年生欧洲鹅耳枥叶片 POD 活性的影响

植物体内 POD 酶的活性，能有效反映植物组织分化以及对环境的适应性情况。如图 7-9 所示。不同基质处理对 POD 活性的影响显著，且不同处理间差异性不同。处理 3 和处理 2 的 POD 活性均达到 130 $U \cdot g^{-1} \cdot min^{-1}$，其中处理 2 达到 142.5 $U \cdot g^{-1} \cdot min^{-1}$，其他基质处理的 POD 活性均在 100 $U \cdot g^{-1} \cdot min^{-1}$ 以下；处理 7 和处理 9 的 POD 活性较低，其中处理 9 的活性最低，比处理 2 低 100 $U \cdot g^{-1} \cdot min^{-1}$。

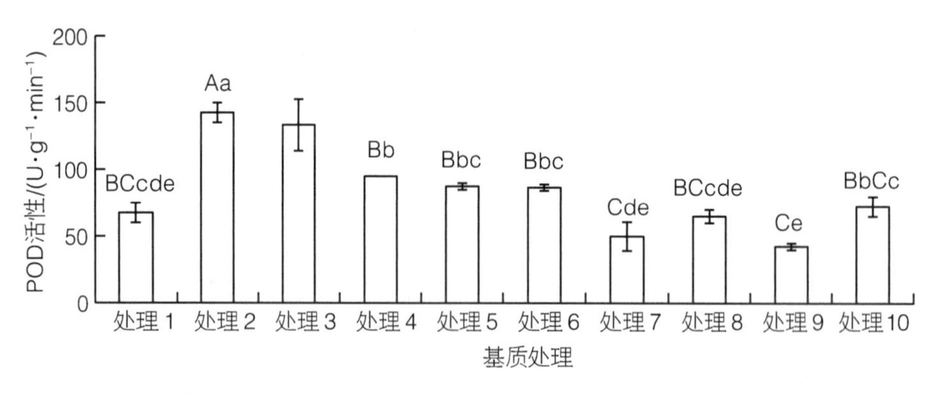


图 7-9 不同基质处理对欧洲鹅耳枥叶片 POD 活性的影响

#### 7.1.1.4　不同基质处理对1年生播种苗根系生理指标的影响

（1）不同基质处理对播种苗根系活力的影响

植物根系是水肥的重要吸收器官，参与植物体内物质的转化和合成，从某一方面而言，植物根系活动能力直接影响植物个体的生长情况（王金英　等，2003）。如图7－10所示，不同基质对播种苗根系活力的影响显著。处理4、处理9和处理10的根系活力值最大，均达到0.6 mg·$g^{-1}h^{-1}$以上，处理10根系活力>处理4根系活力>处理9根系活力，其中处理10的根系活力达到0.732 mg·$g^{-1}h^{-1}$；处理1、处理5和处理8的根系活力相对其他处理较小，仅在0.3 mg·$g^{-1}h^{-1}$的范围内波动，处理5的根系活力表现最差，仅有0.248 mg·$g^{-1}h^{-1}$。

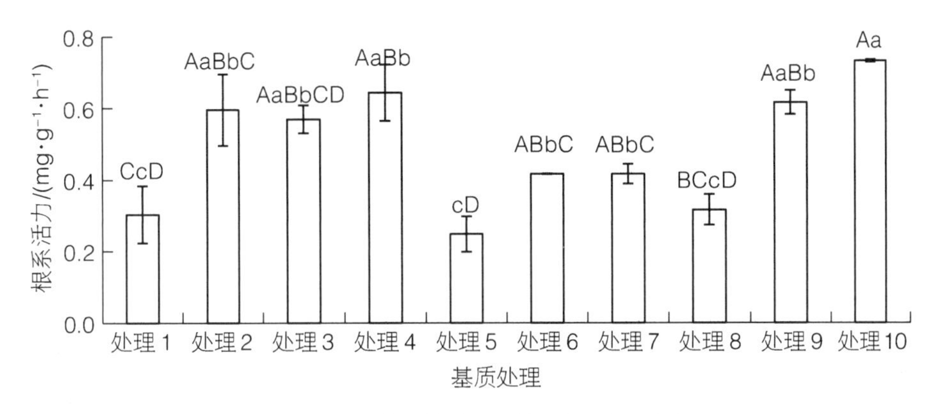


图7－10　不同基质处理对播种苗根系活力的影响

（2）不同基质处理对播种苗根系可溶性糖含量的影响

如图7－11所示，10个不同基质处理根系中可溶性糖的含量不同，基本呈现梯度下降的趋势，其中，处理1的可溶性糖含量最高，达2.807%，其次是处理4，达2.548%，糖分含量积累最少的是处理8，仅有2.103%。除处理8、处理9和处理10外，处理1与其他处理间均呈现显著差异性；同时，除处理1之外，其他处理间差异性均不明显。故此，不同基质处理对根系可溶性糖的积累相对叶片影响较小。

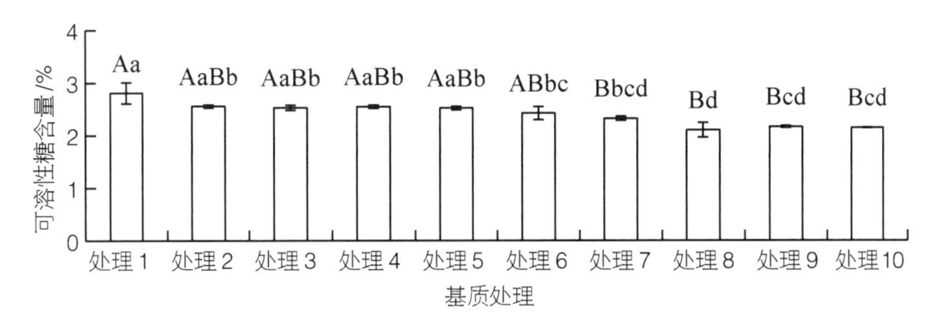


图7－11　不同基质处理对播种苗根系可溶性糖含量的影响

（3）不同基质处理对播种苗根系淀粉含量的影响

根系植物淀粉是根系有机物质积累的一种形式，影响其他反应的进行。如图 7-12 所示，不同基质处理对播种苗根系淀粉含量的影响差异性明显。其中，处理 2、处理 3 和处理 10 的淀粉含量相对高于其他的基质处理，且最大值达到 11.543%（处理 2），比处理 4（淀粉含量最低）高 3.358%，其他基质处理淀粉含量均在 10%左右波动。

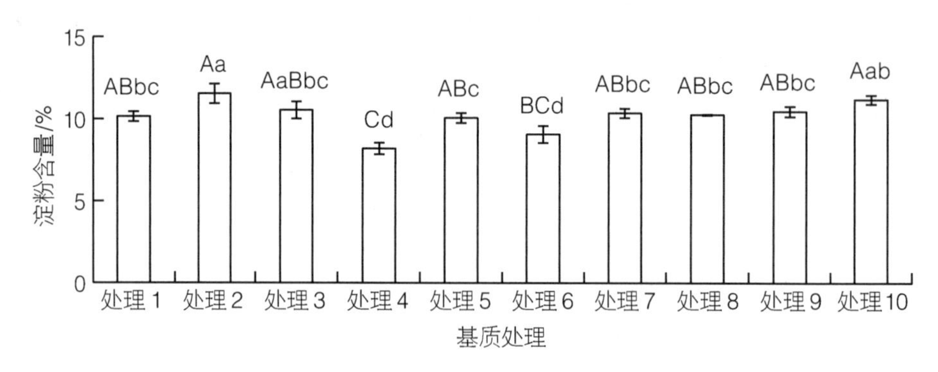


图 7-12　不同基质处理对播种苗根系淀粉含量的影响

（4）不同基质处理对播种苗根系可溶性蛋白含量的影响

如图 7-13 所示，不同基质对欧洲鹅耳枥幼苗根系可溶性蛋白含量影响有所差异。不同基质处理之间可溶性蛋白含量均达到 3%以上，其中处理 1、处理 8、处理 9 和处理 10 的可溶性蛋白含量相对较高，且最高含量（处理 8）达 3.446 $mg \cdot g^{-1}$，处理 2、处理 5 和处理 6 的可溶性蛋白含量最低，相对最高值（处理 8），最低值（处理 5）含量少 0.217%。

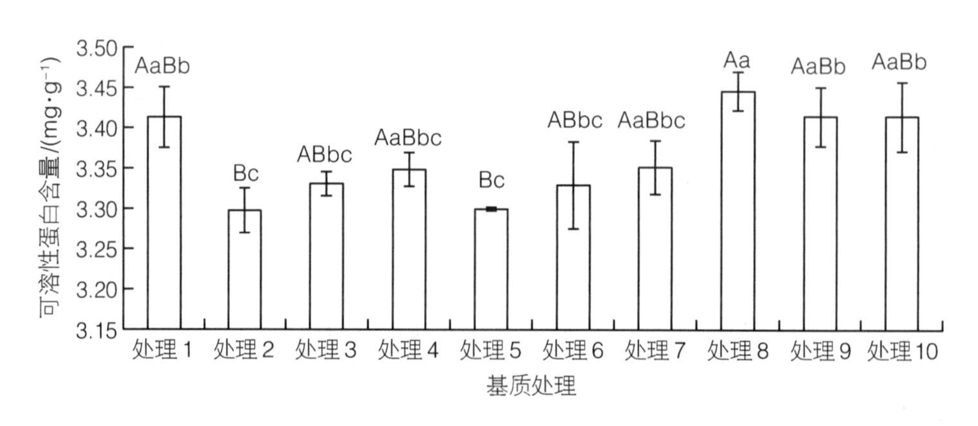


图 7-13　不同基质处理对播种苗根系可溶性蛋白含量的影响

（5）不同基质处理对播种苗根系 SOD 活性的影响

不同基质处理对植物根系 SOD 活性的影响如图 7-14 所示，不同处理间 SOD 活性有所差异。其中，处理 7 与其他处理之间根系 SOD 活性差异性显著，但是其他处理间差异性不显著。且处理 7 的根系 SOD 活性最大，达 373.626 $U \cdot g^{-1}$，比处理 5（SOD 活

性最低）高 63.971%。处理 1、处理 6 和处理 10 的 SOD 活性均在 200 U·$g^{-1}$ 以上，除处理 4（SOD 活性 148.718 U·$g^{-1}$）外，其他处理的 SOD 活性均在 150 U·$g^{-1}$ 以上。

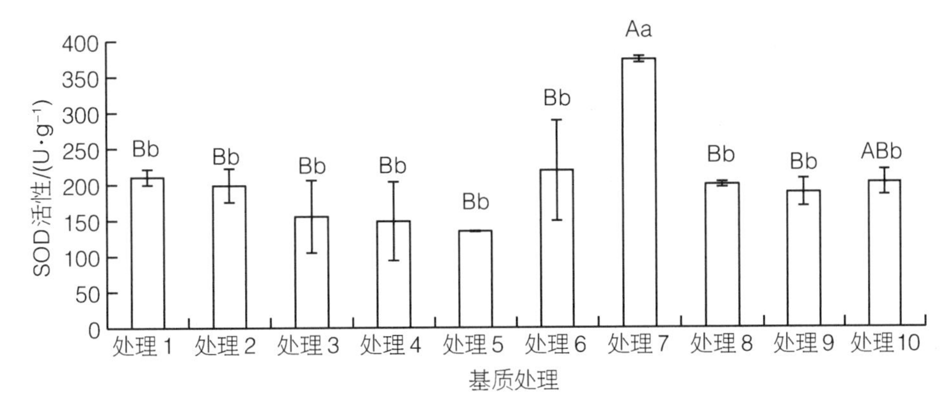


图 7-14　不同基质处理对播种苗根系 SOD 活性的影响

（6）不同基质处理对 1 年生欧洲鹅耳枥根系 POD 活性的影响

植物根系的健康生长，是保证植物茁壮生长的必要条件。不同基质处理对播种苗根系 POD 活性的影响如图 7-15 所示。其中，处理 10 的根系 POD 活性与其他处理间差异性明显，且根系 POD 活性最高，达到 127.35 U·$g^{-1}min^{-1}$。处理 2 的 POD 活性也达到 100 U·$g^{-1}min^{-1}$ 以上，其他处理均在 100 U·$g^{-1}min^{-1}$ 以下。处理 1、处理 3、处理 4 和处理 9 的 POD 活性居中，达到 90 U·$g^{-1}min^{-1}$ 以上。处理 5，除与处理 6 和处理 7 之间无明显差异外，与其他处理之间差异性明显，为 POD 活性最低，比处理 10（活性最大）要低 55 U·$g^{-1}min^{-1}$。

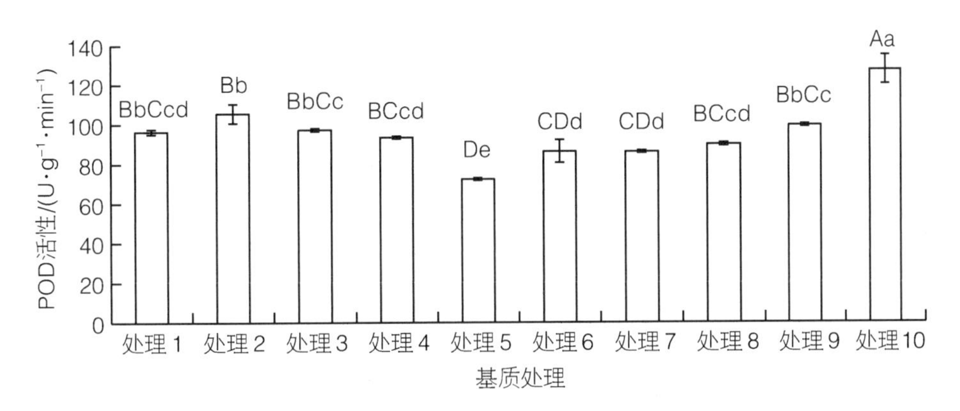


图 7-15　不同基质处理对欧洲鹅耳枥播种苗根系 POD 活性的影响

（7）不同基质处理对植株全氮（N）、全磷（P）和全钾（K）含量的影响

对欧洲鹅耳枥全株进行全 N、全 P 和全 K 含量的测定，结果如表 7-6 所示。从表中可以得出，不同基质处理对植株中全 N 含量影响不同，处理 10 的含量最高（61.46 mg·$g^{-1}$），与其他处理间含氮量差异性明显，其次是处理 1（42.05 mg·$g^{-1}$）、

处理 3（41.16 mg · $g^{-1}$）和处理 4（43.29 mg · $g^{-1}$），彼此之间差异性不显著，且与处理 6、处理 7 和处理 9 之间无明显差异，其中处理 1、处理 3、处理 7 和处理 9 之间含 N 量无明显差异，且含 N 量均达到 35 mg · $g^{-1}$ 以上。处理 5（27.59 mg · $g^{-1}$）和处理 8（24.92 mg · $g^{-1}$）的含量最低。

**表 7－6　不同基质处理对播种苗全株全 N、全 P 和全 K 含量的影响**

| 处理 | 全 N 含量/（mg · $g^{-1}$） | 全 P 含量/（mg · $g^{-1}$） | 全 K 含量/（mg · $g^{-1}$） |
|---|---|---|---|
| 1 | 42.05±3.079 Bb | 0.27±0.096 AaBb | 1.28±0.050 Bb |
| 2 | 26.70±2.521 Ce | 0.31±0.023 Aa | 1.80±0.183 Aa |
| 3 | 41.16±7.282 Bb | 0.23±0.013 AaBb | 1.36±0.329 ABb |
| 4 | 43.29±1.751 Bb | 0.21±0.007 ABbc | 1.38±0.014 ABb |
| 5 | 27.59±3.781 Cde | 0.16±0.009 Bc | 1.14±0.117 Bb |
| 6 | 32.05±0.000 BCcde | 0.20±0.000 ABbc | 1.20±0.037 Bb |
| 7 | 35.81±2.800 BbCc | 0.19±0.005 Bbc | 1.28±0.014 Bb |
| 8 | 24.92±5.041 Ce | 0.22±0.002 ABbc | 1.38±0.025 ABb |
| 9 | 37.05±3.011 BbCc | 0.23±0.004 AaBb | 1.43±0.018 ABb |
| 10 | 61.46±3.781 Aa | 0.19±0.018 ABbc | 1.34±0.108 Bb |

不同基质处理对欧洲鹅耳枥全株全 P 含量影响不同。其中，除处理 2 与处理 5、处理 7 含 P 量差异性明显外，与其他处理均无明显差异。处理 2 的全 P 含量最高，达到 0.31 mg · $g^{-1}$；其次是处理 1（0.27 mg · $g^{-1}$）、处理 3（0.23 mg · $g^{-1}$）、处理 4（0.21 mg · $g^{-1}$）、处理 6（0.20 mg · $g^{-1}$）、处理 8（0.22 mg · $g^{-1}$）和处理 9（0.23 mg · $g^{-1}$）的全 N 含量均达到 0.2 mg · $g^{-1}$ 以上；处理 5、处理 7 和处理 10 的含量最低，其中处理 10 的含量比处理 2 低 0.12 mg · $g^{-1}$。

不同基质处理对全株全 K 含量影响不同，其中处理 2 的全 K 含量最高，达到 1.80 mg · $g^{-1}$，其次是处理 3（1.36 mg · $g^{-1}$）、处理 4（1.38 mg · $g^{-1}$）、处理 8（1.38 mg · $g^{-1}$）和处理 9（1.43 mg · $g^{-1}$），植株全 K 含量均达到 1.36 mg · $g^{-1}$ 之上，彼此之间无明显差异，且与处理 1 之间差异性不显著；处理 1、处理 5、处理 6、处理 7 和处理 10 的全 K 含量最低，尤其是处理 5，含量比处理 2 低 0.66 mg · $g^{-1}$，且比对照组园土也低 0.20 mg · $g^{-1}$，说明处理 5 不利于植物体内全 K 含量的积累。

（8）不同基质处理对 1 年生欧洲鹅耳枥播种苗叶绿素含量的影响

不同基质处理对叶片色素的影响不同，如图 7－16 所示。处理 4 的叶绿素含量最高，达到 6.456 mg · $g^{-1}$，其次是处理 8 也达到 6.18 mg · $g^{-1}$；除处理 5 外，其他处理的叶绿素含量均在 5.0 mg · $g^{-1}$ 以上，且呈现出处理 10>处理 2>处理 1>处理 7>处理 3>处理 6>处理 9。处理 5 的叶绿素含量最低，比处理 4 低 1.72 mg · $g^{-1}$。

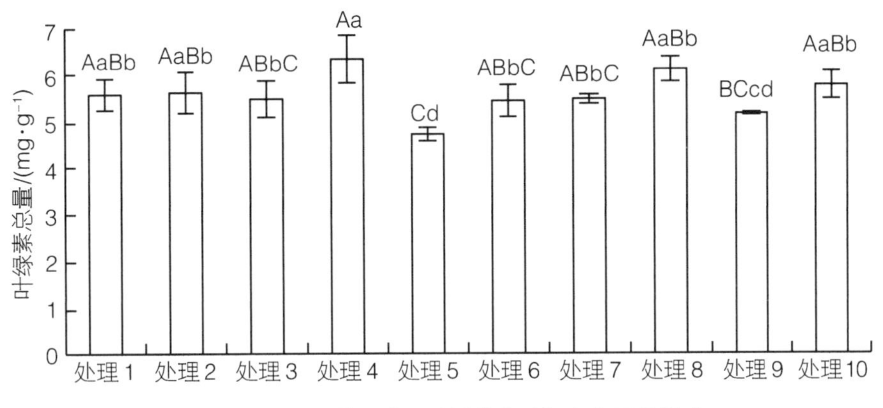


图7－16　不同基质处理对播种苗叶绿素含量的影响

#### 7.1.1.5　不同基质处理对1年生播种苗光合指标的影响

如图7－17所示，不同基质处理对幼苗的光合基本参数影响不同。净光合速率（Pn）代表植物营养物质的净积累能力，净光合速率越高，代表植物的光合作用能力越强。不同基质处理幼苗Pn值之间有差异，其中Pn值较大的是处理2、处理3、处理4、处理8和处理9，其中处理3达最大值，为4.1 $\mu mol \cdot m^{-2} \cdot s^{-1}$，明显高于常规基质处理10（园土）的Pn值，仅有1.05 $\mu mol \cdot m^{-2} \cdot s^{-1}$，且其他处理的Pn值也高于处理10。从一定程度上反映了园土不利于Pn值的积累。

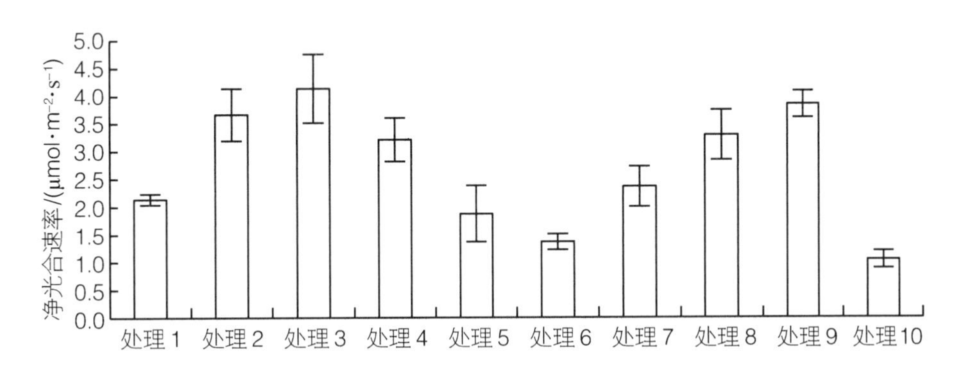


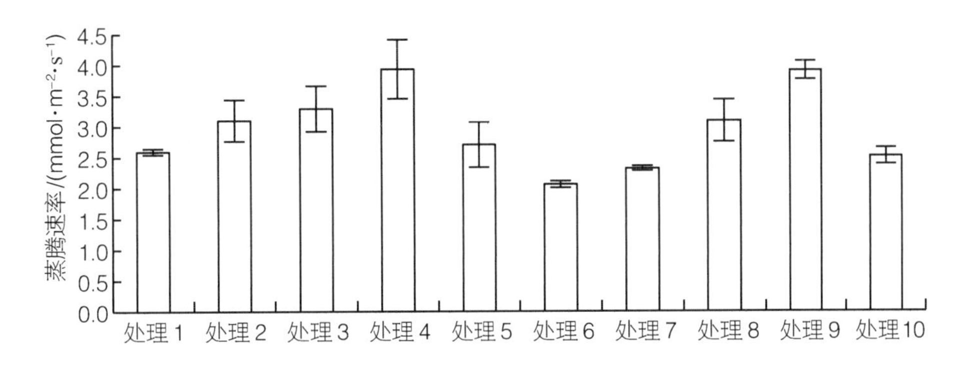

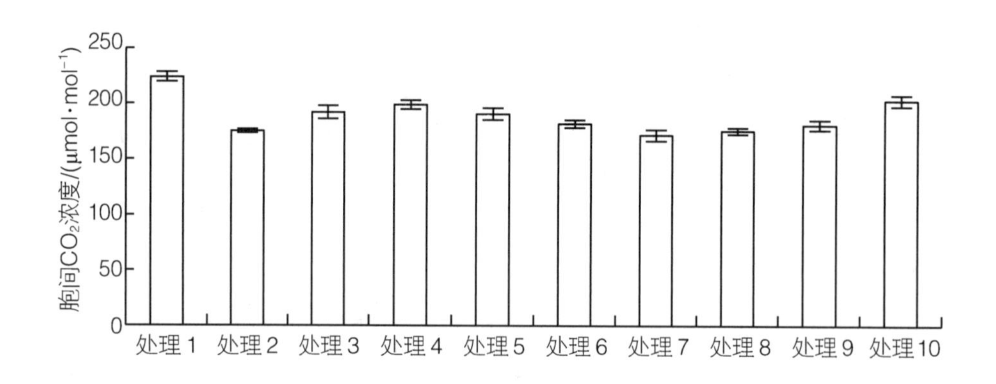


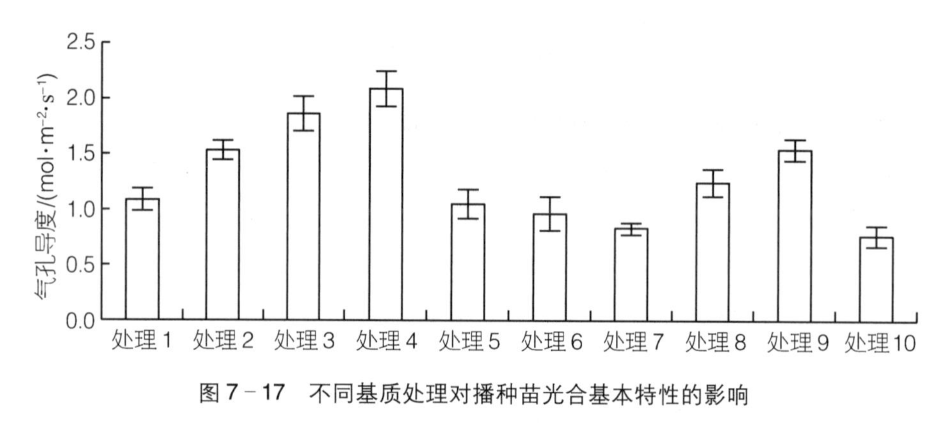


图7－17　不同基质处理对播种苗光合基本特性的影响

蒸腾速率（Tr）可反映植物调节水分的能力和对外界条件的适应情况（宋庆安等，2006）。由图可以得出不同处理间幼苗的蒸腾速率不一样，其中以处理4的Tr值最大，达3.86 mmol·$m^{-2}$·$s^{-1}$，处理6的Tr值最小，仅2.05 mmol·$m^{-2}$·$s^{-1}$。

气孔导度（Gs）表示植物叶片气孔张开的程度，是植物气体交换的孔道和控制蒸腾的结构，影响植物光合、呼吸和蒸腾作用（施曼 等，2014）。气孔导度最大的是处理4，达0.21 mol·$m^{-2}$·$s^{-1}$，是最小值处理10（0.08 mol·$m^{-2}$·$s^{-1}$）的2.6倍。各处理间Ci浓度相差不大，最大差值仅52 mol·$m^{-2}$·$s^{-1}$。

同时，由图可知，在胞间$CO_2$浓度大致相同的情形下，不同处理间的幼苗的Pn、Tr和Gs的变化趋势基本一致，也间接说明低的光合速率并不是气孔因素造成的。

#### 7.1.1.6　基质理化性质与苗木质量相关性

基质的理化性质与苗木的质量相关性如表7－7所示。其中，基质容重与主根长、叶绿素总量成正比例相关，且容重与植物全N含量成正比例极显著相关，相关系数达到0.672；但是基质容重与植株的苗高、地径及净光合速率等呈负相关，与苗高和根系可溶性糖关系显著，但是与叶片可溶性糖的积累呈极显著正相关，相关系数达到0.8。基质饱和含水量除与叶绿素总量、植物全N含量呈负相关外，与其他苗木生长指标均成正相关，尤其与苗木地径呈显著正相关。基质pH值与主根长、叶绿素总含量及植株全K含量成正比例相关，且与植株全N含量和叶片可溶性糖含量呈显著正相关。有机质含量

与苗高、地径及高径比呈显著正相关，相关系数达到0.544，但是与植株全N含量呈显著负相关。基质土壤全N含量除与主根长呈负相关外，与其他处理均呈正相关；基质全P含量与主根长、叶绿素含量成正相关，且与植株全N含量和叶片可溶性糖呈极显著正相关，相关系数分别达到0.588和0.590；基质全K含量与植株主根长、叶绿素总量和植株全N含量呈负相关，但与苗高、地径等呈正相关，尤其与净光合速率和根系可溶性糖含量呈极显著正相关，最大相关系数达到0.569。综合以上分析，可知基质的容重、饱和持水量、有机质含量、基质的全N含量和全K含量是影响欧洲鹅耳枥苗木质量的关键性因子。

**表7-7 基质理化性质与苗木质量的相关性**

| 指标 | 容重 | 饱和含水量 | pH值 | 有机质 | 基质全N含量 | 基质全P含量 | 基质全K含量 |
|---|---|---|---|---|---|---|---|
| 苗高 | -0.526* | 0.187 | -0.241 | 0.544* | 0.442 | -0.435 | 0.403 |
| 地径 | -0.376 | 0.460* | -0.408 | 0.445* | 0.093 | -0.351 | 0.383 |
| 高径比 | -0.270 | 0.095 | -0.105 | 0.525* | 0.435 | -0.221 | 0.433 |
| 主根长 | 0.250 | 0.335 | 0.200 | 0.160 | -0.017 | 0.062 | -0.096 |
| 质量指数 | -0.095 | 0.158 | -0.031 | 0.415 | 0.400 | -0.114 | 0.240 |
| 单株干重 | -0.569** | 0.323 | -0.258 | 0.343 | 0.259 | -0.400 | 0.675** |
| 叶绿素含量 | 0.081 | -0.238 | 0.091 | 0.261 | 0.367 | 0.085 | -0.002 |
| 植物全N含量 | 0.672** | -0.051 | 0.450* | -0.473* | 0.345 | 0.588** | -0.410 |
| 植物全P含量 | -0.229 | 0.243 | -0.109 | -0.221 | 0.082 | 0.075 | 0.041 |
| 植物全K含量 | -0.105 | 0.146 | 0.087 | -0.247 | 0.145 | -0.005 | 0.010 |
| 净光合速率 | -0.483* | 0.255 | -0.258 | 0.363 | 0.297 | -0.218 | 0.569** |
| 根系可溶性糖 | -0.487* | -0.412 | -0.303 | -0.190 | -0.032 | -0.284 | 0.489* |
| 叶片可溶性糖 | 0.8** | -0.139 | 0.530* | -0.370 | -0.255 | 0.590** | -0.624 |
| 根系活力 | 0.353 | 0.049 | 0.200 | 0.060 | -0.288 | 0.322 | -0.065 |

#### 7.1.1.7 不同基质配方欧洲鹅耳枥穴盘育苗成本比较

育苗成本对于苗木的产业化发展以及推广应用影响巨大，不同基质的欧洲鹅耳枥穴盘育苗成本见表7-8。所有基质每百株的育苗成本均在27~30元，其中育苗成本最高的处理10（园土），每百株成本达到29.62元，基质成本最低，但种子成本消耗过多，造成育苗成本的上升；其次是处理1，也是由于在播种过程中种子成活率相对其他处理较低造成成本的上升；处理4（每百株成本27.24元）和处理8（每百株成本27.88元）的育苗成本最低，处理4的种子成本和基质成本相对其他处理均比较低，而处理8在种子成本不占优势的前提下，基质成本较低使得总成本有所下降。

**表 7-8　不同配方欧洲鹅耳枥穴盘育苗成本比较**

单位：元・百株$^{-1}$

| 基质号 | 种子成本 | 穴盘成本 | 基质成本 | 管理成本 | 其他耗材 | 成本合计 |
|---|---|---|---|---|---|---|
| 1 | 15 | 4.2 | 1.38 | 5 | 3.5 | 29.08 |
| 2 | 13.8 | 4.2 | 1.52 | 5 | 3.5 | 28.02 |
| 3 | 14 | 4.2 | 1.6 | 5 | 3.5 | 28.3 |
| 4 | 13.2 | 4.2 | 1.34 | 5 | 3.5 | 27.24 |
| 5 | 14.45 | 4.2 | 1.46 | 5 | 3.5 | 28.61 |
| 6 | 14.21 | 4.2 | 1.32 | 5 | 3.5 | 28.23 |
| 7 | 14 | 4.2 | 1.3 | 5 | 3.5 | 28 |
| 8 | 14 | 4.2 | 1.18 | 5 | 3.5 | 27.88 |
| 9 | 14.43 | 4.2 | 1.26 | 5 | 3.5 | 28.39 |
| 10 | 16.46 | 4.2 | 0.46 | 5 | 3.5 | 29.62 |

注：草炭土 80 元・m$^{-3}$，珍珠岩 70 元・m$^{-3}$，蛭石 100 元・m$^{-3}$，园土 30 元・m$^{-3}$。

根据前面分析结果，得到不同基质处理对欧洲鹅耳枥播种苗的苗高、地径、主根长、质量指数及育苗成本等均存在一定程度的影响。为科学合理的评价不同基质的育苗效果，筛选出适宜欧洲鹅耳枥播种的育苗基质，选择苗木的生长指标、苗木的生理指标和基质的物理性质以及育苗成本等指标，应用多目标决策方法（张佳林 等，2007），以筛选出适合培育欧洲鹅耳枥的最佳育苗基质。

通过分析可知（表 7-9），除与对照组处理 10（园土）外，基质的综合目标值由大到小的排序为：处理 4、处理 3、处理 8、处理 9、处理 7、处理 2、处理 1、处理 5 和处理 6，即基质处理 4 和处理 3 是进行欧洲鹅耳枥育苗的最佳基质配方。

**表 7-9　不同基质配方的目标效益值**

| 基质号 | 目标及权重 | | | | | | | | 综合目标值 |
|---|---|---|---|---|---|---|---|---|---|
| | 苗高 | 地径 | 干重 | 质量指数 | 叶绿素含量 | 根系活力 | 净光合速率 | 育苗成本 | |
| | 0.1 | 0.08 | 0.2 | 0.12 | 0.08 | 0.1 | 0.12 | 0.2 | |
| 1 | 0.086 | 0.341 | 0.515 | 0.752 | 0.543 | 0.14 | 0.273 | 0.000 | 7 |
| 2 | 0.302 | 0.000 | 0.903 | 0.000 | 0.556 | 0.879 | 0.836 | 0.577 | 6 |
| 3 | 0.914 | 0.938 | 0.406 | 1.000 | 0.460 | 0.813 | 0.999 | 0.423 | 2 |
| 4 | 0.679 | 0.576 | 1.000 | 0.752 | 1.000 | 0.999 | 0.673 | 1.001 | 1 |
| 5 | 0.26 | 0.119 | 0.54 | 0.501 | 0.000 | 0.000 | 0.182 | 0.256 | 8 |
| 6 | 0.000 | 0.000 | 0.000 | 0.000 | 0.449 | 0.423 | 0.000 | 0.463 | 9 |
| 7 | 0.555 | 0.289 | 0.921 | 0.752 | 0.471 | 0.425 | 0.364 | 0.588 | 5 |
| 8 | 0.996 | 1.013 | 0.612 | 0.251 | 0.867 | 0.172 | 0.691 | 0.653 | 3 |
| 9 | 0.378 | 0.951 | 0.582 | 0.752 | 0.27 | 0.929 | 0.891 | 0.376 | 4 |

## 7.1.2 不同基质处理对2年生播种苗生长效应研究

### 7.1.2.1 不同基质处理对苗木生长指标的影响

(1) 不同基质处理对2年生幼苗苗高、地径生长的影响

不同基质处理对2年生幼苗苗高、地径生长的影响见表7-10。其中，处理3对成苗的苗高和地径生长最好，其苗高净生长量最大，达11.659 cm，比处理2（净生长量最小）苗高高47.28%，相对来说，处理2和处理10的苗高生长最慢，处理5、处理7、处理8和处理9的苗高生长较快。关于基质对地径生长的影响，处理3和处理9的地径生长量均达到0.2 cm以上，而处理1和处理6的地径生长量最小，只有0.15 cm左右，其他处理均在0.19 cm左右的水平。

**表7-10 不同基质处理对2年生欧洲鹅耳枥幼苗苗高、地径生长的影响**

| 处理 | 初始苗高/cm | 最终苗高/cm | 净生长量/cm | 初始地径/cm | 最终地径/cm | 净生长量/cm |
| --- | --- | --- | --- | --- | --- | --- |
| 处理1 | 7.520 | 16.117 | 8.597 Bbc | 0.182 | 0.341 | 0.159 De |
| 处理2 | 8.525 | 14.672 | 6.147 Cd | 0.181 | 0.376 | 0.195 Bbcd |
| 处理3 | 8.416 | 20.075 | 11.659Aa | 0.182 | 0.406 | 0.224 Aa |
| 处理4 | 8.655 | 17.218 | 8.563 Bbc | 0.189 | 0.368 | 0.179 Cd |
| 处理5 | 7.895 | 17.580 | 9.685 Bb | 0.184 | 0.378 | 0.194 BbCc |
| 处理6 | 8.885 | 17.175 | 8.29 Bc | 0.197 | 0.344 | 0.147 De |
| 处理7 | 8.380 | 17.865 | 9.485 Bb | 0.203 | 0.396 | 0.193 BbCc |
| 处理8 | 8.310 | 18.278 | 9.968 Bb | 0.197 | 0.377 | 0.18 Ccd |
| 处理9 | 8.135 | 17.726 | 9.591 Bb | 0.213 | 0.413 | 0.2 Bb |
| 处理10 | 7.630 | 14.270 | 6.64 Cd | 0.183 | 0.375 | 0.192 BbCc |

(2) 不同基质处理对2年生幼苗叶片生长特性的影响

不同基质处理对成苗叶片生长影响见表7-11。基质对叶片各个指标的影响均不相同。基质对叶面积的影响显著，且不同处理间差异性明显，处理7的叶面积最大，单片叶面积达10.768 $cm^2$，处理2、处理4和处理9的叶面积均达到9.4 $cm^2$以上，处理9的叶面积最大，比处理7小10.29%，处理9与处理2之间的叶面积大小无明显差异，但与处理4差异性显著，比处理4大4.32%；所有处理中，处理1的叶面积最小，比处理7小31.02%。不同基质对叶片含水量影响不同，除处理2之外，其他处理叶片含水量均达到50%以上，其中处理5的叶片含水量最大，达66.28%，比处理2（含水量最低）要高接近33.62%。叶干重最大的是处理2，单片叶重达到0.042 g，其他处理的叶干重均达0.03以上，且不同处理之间差异性显著，处理2（最大叶干重）比处理5（最小叶干重）大28.57%。基质对叶厚没有产生影响，不同基质处理之间差异性不显著，每个

处理的叶片厚度均接近 0. 02 cm，叶厚最大的是处理 9，且叶厚的最大差异值也仅在 0. 005 cm。比叶重能有效反映叶片的生长健康情况，是反映植物叶片是否徒长的一个重要指标。不同基质处理的叶片比叶重均达到 0. 003 g · $cm^{-2}$ 以上，且不同处理间具明显差异，处理 10 比叶重最大，比处理 7（比叶重最小）的要大 34%左右，处理 4 和处理 7 的比叶重最小，且彼此间无明显差异，但是苗高、地径相对其他处理生长快，间接说明了植物不同部位器官的协调生长。

**表 7 - 11　不同基质处理对幼苗叶片特性的影响**

| 处理 | 叶面积/$cm^2$ | 叶片含水量 | 叶鲜重/g | 叶干重/g | 叶厚 | 比叶重/（g · $cm^{-2}$） |
|---|---|---|---|---|---|---|
| 处理 1 | 7. 428 h | 60. 494 c | 0. 081cd | 0. 032cd | 0. 015 | 0. 0043b |
| 处理 2 | 9. 494 bc | 44. 000 f | 0. 075de | 0. 042a | 0. 017 | 0. 0044b |
| 处理 3 | 8. 676 e | 62. 921 ab | 0. 089 bc | 0. 033bcd | 0. 019 | 0. 0038d |
| 处理 4 | 9. 243 d | 59. 494 cd | 0. 079de | 0. 033bcd | 0. 016 | 0. 0034f |
| 处理 5 | 8. 008 f | 66. 279 a | 0. 086cd | 0. 030d | 0. 020 | 0. 0038cd |
| 处理 6 | 9. 442 c | 56. 250 c | 0. 080de | 0. 035bc | 0. 020 | 0. 0037cd |
| 处理 7 | 10. 768 a | 59. 551 bc | 0. 089b | 0. 036bc | 0. 020 | 0. 0033f |
| 处理 8 | 8. 655 e | 55. 696 de | 0. 079de | 0. 035bc | 0. 018 | 0. 0040c |
| 处理 9 | 9. 660 b | 62. 626 a | 0. 099a | 0. 038bc | 0. 022 | 0. 0039cd |
| 处理 10 | 7. 556 g | 50. 000 e | 0. 076e | 0. 038ab | 0. 016 | 0. 0050a |

### 7. 1. 2. 2　不同基质处理对苗木生理指标的影响

（1）不同基质处理对幼苗叶片叶绿素含量的影响

叶绿素主要参与植物体内光合作用的合成，光合作用所产生的有机物质是提供植物进行生长所必需的营养物质，所以叶绿素也是影响植物生长的重要物质之一。如图 7 - 18 所示，不同基质处理对欧洲鹅耳枥叶片叶绿素含量的影响显著。所有处理中除处理 1、处理 2、处理 4、处理 6 和处理 7 的叶绿素含量在 5. 0 mg · $g^{-1}$ 以下，其他处理的叶绿素含量均在 5. 0 mg · $g^{-1}$ 以上，尤以处理 3 和处理 5 的叶绿素含量最高，均达到 5. 5 mg · $g^{-1}$ 以上，其中，处理 5 的叶绿素含量最高，达到 5. 57 mg · $g^{-1}$，比处理 6（含量最低）高 1. 49 mg · $g^{-1}$。

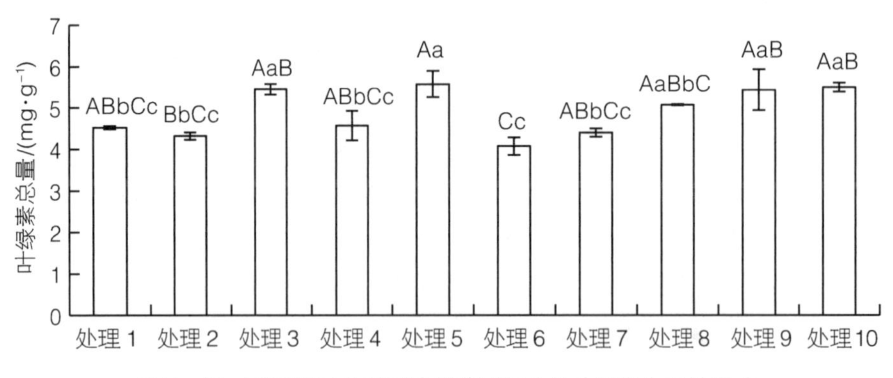


图 7 - 18　不同基质处理对欧洲鹅耳枥叶片叶绿素含量的影响

（2）不同基质处理对欧洲鹅耳枥叶片可溶性糖含量的影响

不同基质处理对叶片可溶性糖含量的影响如图 7－19 所示。所有处理中处理 7 的叶片可溶性糖含量最高，达到 3. 22%，处理 9 的叶片含量也达到 3%以上；处理 1、处理 2 的含量相对较低，分别比处理 7 少 21%和 36. 33%，其中处理 2 的含量最低，仅有 2. 05%；其他处理含量均达到 2. 6%以上，彼此之间差值较小，最大与最小差值仅有 0. 17%。

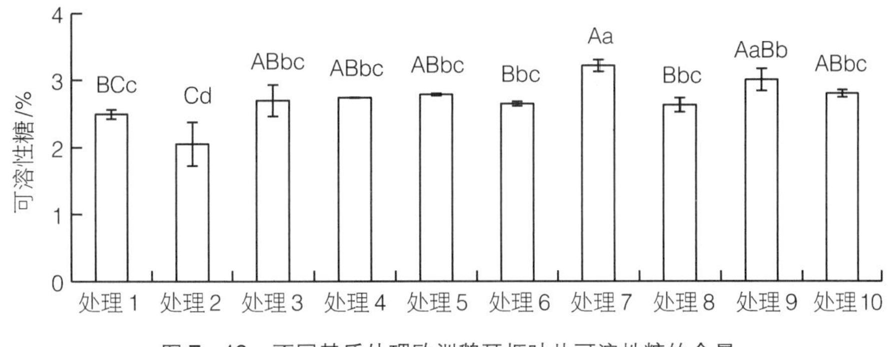


图 7－19　不同基质处理欧洲鹅耳枥叶片可溶性糖的含量

（3）不同基质处理对叶片可溶性淀粉含量的影响

基质对叶片淀粉的积累如图 7－20 所示。处理 5、处理 7、处理 8、处理 9 和处理 10 差异性不显著，且叶片淀粉含量达到 14. 02%以上；处理 1、处理 2、处理 3 和处理 4 之间淀粉含量无明显差异性，且相对其他处理淀粉含量较低。同时处理 7 和处理 9 的淀粉含量最高，处理 1 的淀粉含量最低，差值接近 2. 77%，且处理 4 和处理 9 的叶片淀粉含量均达到 14%以上，处理 2、处理 3、处理 4 和处理 6 的叶片淀粉含量达到 12%以上，除处理 1 的含量仅 11. 41%外，剩余的处理淀粉含量均有 13%以上。故此，处理 7 和处理 9 最利于叶片淀粉含量的积累，而处理 1 不利于叶片淀粉含量的积累。

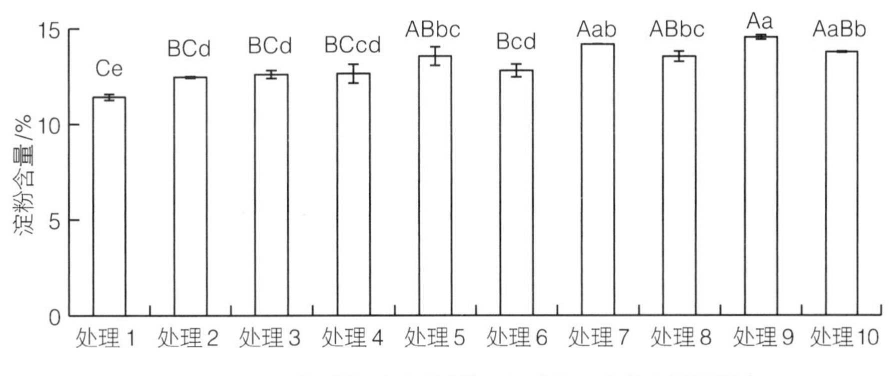


图 7－20　不同基质处理对欧洲鹅耳枥叶片可溶性淀粉的影响

（4）不同基质处理对叶片可溶性蛋白含量的影响

在不同基质处理下，叶片可溶性蛋白含量有所不同（图 7－21）。除处理 1、处理 2、处理 3 和处理 5 的可溶性蛋白含量在 3 $mg \cdot g^{-1}$ 以上，其他处理均达到 4 $mg \cdot g^{-1}$ 以上。所有处理中，处理 10 的可溶性蛋白含量最高，达到 4.85 $mg \cdot g^{-1}$，比最低值（处理 5）多 21.03%。

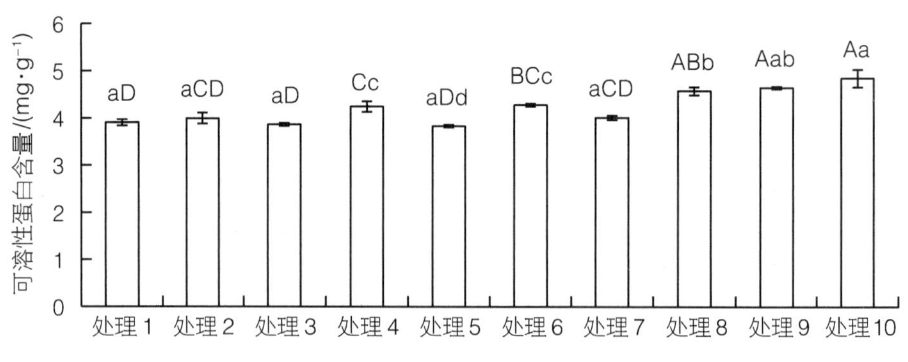


图 7－21　不同基质处理欧洲鹅耳枥叶片的可溶性蛋白含量

（5）不同基质处理对叶片 SOD 活性的影响

不同基质处理间叶片 SOD 含量有所差异（图 7－22）。所有处理中，处理 5、处理 7 和处理 9 的 SOD 活性最大，达到 300 $U \cdot g^{-1}$ 以上，处理 2、处理 6、处理 8 和处理 10 的 SOD 活性居中，达到 200 $U \cdot g^{-1}$ 以上；其他处理的 SOD 活性在 100 $U \cdot g^{-1}$ 以上。其中，处理 5 的 SOD 活性最大，达到 363.86 $U \cdot g^{-1}$，比处理 3（SOD 活性最低）要高 61.22% 以上，SOD 活性差异较大。

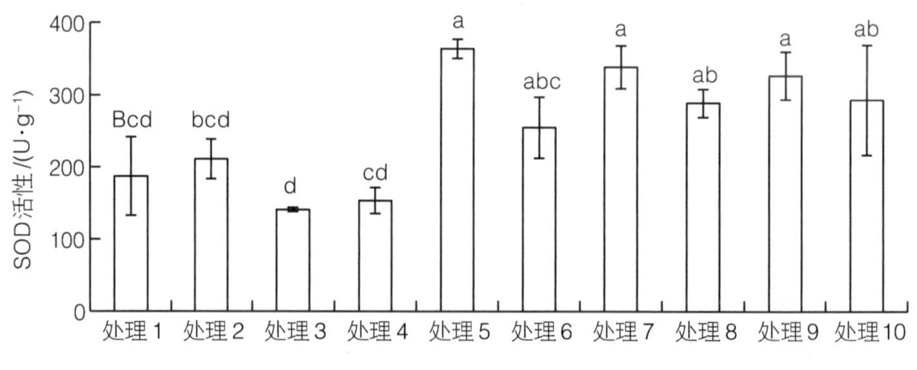


图 7－22　不同基质处理对欧洲鹅耳枥叶片 SOD 活性的影响

（6）不同基质处理对欧洲鹅耳枥叶片 POD 活性的影响

不同基质处理对欧洲鹅耳枥叶片 POD 活性的影响如图 7－23 所示。从图中可以看出，叶片 POD 活性最高的是处理 2、处理 3 和处理 4，POD 活性达到 300 $U \cdot g^{-1} \cdot min^{-1}$ 以上，其中处理 4 活性最高，达 334 $U \cdot g^{-1} \cdot min^{-1}$；其次是处理 1，处理 7 和处理 9，叶片 POD 活性也有 200 $U \cdot g^{-1} \cdot min^{-1}$ 以上；POD 活性最低的是处理 6 和处理 10，其中处理 10 的 POD 活性比处理 4 要低 63.43%左右。

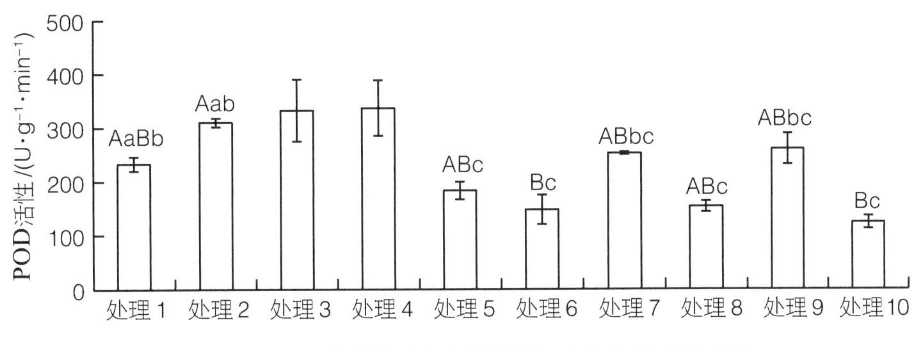


图 7－23　不同基质处理对欧洲鹅耳枥叶片 POD 活性影响

（7）不同基质处理对根系活力含量的影响

不同基质处理对欧洲鹅耳枥成苗的根系活力的影响如图 7－24 所示。处理 4、处理 6、处理 7 和处理 8 的根系活力水平最高，均达到 0.50 $mg \cdot g^{-1} \cdot h^{-1}$ 以上，其中处理 7 的根系活力最高，达 0.56 $mg \cdot g^{-1} \cdot h^{-1}$；处理 3 和处理 5 根系活力居中，达到 0.42 $mg \cdot g^{-1} \cdot h^{-1}$ 左右；除处理 10 之外，其他处理的根系活力均达 0.30 $mg \cdot g^{-1} \cdot h^{-1}$ 以上。处理 10 的根系活力最低，仅有 0.27 $mg \cdot g^{-1} \cdot h^{-1}$，比处理 4（活力最高）的活力要低 51.79%左右。

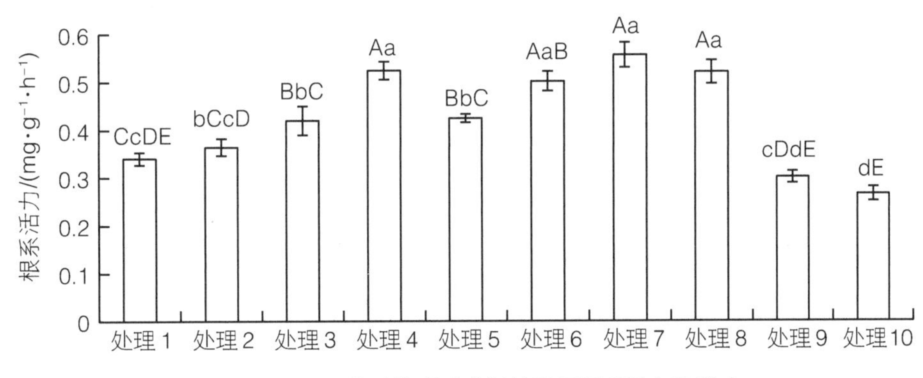


图 7－24　不同基质处理对欧洲鹅耳枥根系活力的影响

（8）不同基质处理对根系可溶性糖含量的影响

不同基质处理对欧洲鹅耳枥 2 年生苗根系可溶性糖的积累影响不同（图 7－25）。处理 4 和处理 7 的根系可溶性糖含量较多，其中处理 7 的可溶性糖含量达 1.65%；处理 1、处理 2、处理 6、处理 8、处理 9 和处理 10 的可溶性糖含量居中，均达到 1.50%以上，其中处理 1、处理 6、处理 8 和处理 9 的可溶性糖含量均达到 1.55%以上；处理 3 和处理 5 的根系含量最低，但也达到 1.48%以上。

（9）不同基质处理对根系可溶性淀粉含量的影响

不同基质处理对欧洲鹅耳枥 2 年生苗木根系淀粉含量的影响比对可溶性糖含量的影响要小（图 7－26）。除处理 8（可溶性淀粉含量达 4%以上）外，其他处理的根系可溶性淀粉含量均到 3.0%以上，其中处理 1、处理 2 和处理 4 的淀粉含量最低，均在 3.5%

以下，尤以处理 4，淀粉含量仅有 3.09%。

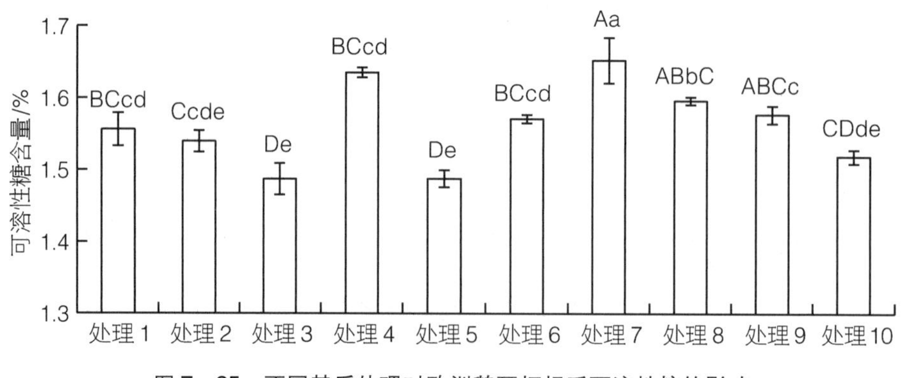


图 7－25　不同基质处理对欧洲鹅耳枥根系可溶性糖的影响

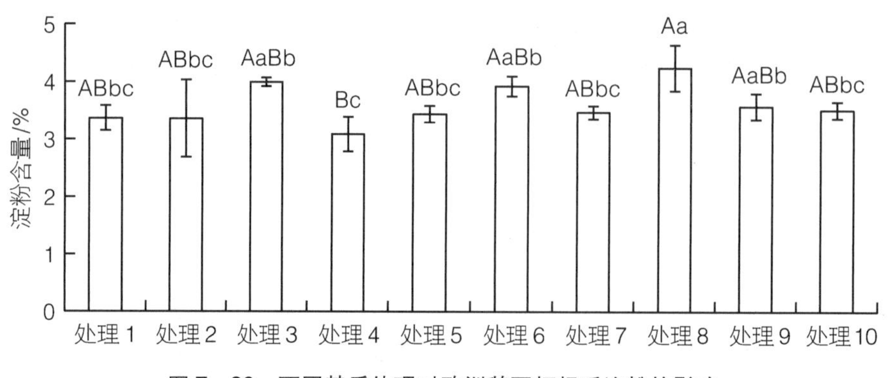


图 7－26　不同基质处理对欧洲鹅耳枥根系淀粉的影响

（10）不同基质处理对根系可溶性蛋白含量的影响

如图 7－27 所示，不同基质处理对根系可溶性蛋白含量影响不同。所有基质处理中根系蛋白含量均达到 2%以上，其中处理 4 的可溶性蛋白含量最高，达到 2.78%，其次是处理 10，含量亦达到 2.70%，处理 1 和处理 5 的含量较低，其中处理 5 的含量最低，仅有 2.38%。

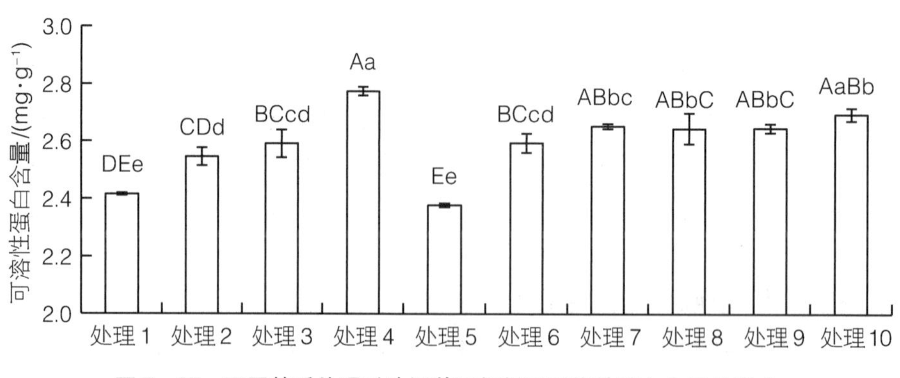


图 7－27　不同基质处理对欧洲鹅耳枥根系可溶性蛋白含量的影响

(11) 不同基质处理对根系 SOD 活性的影响

基质对欧洲鹅耳枥 2 年生苗的根系 SOD 活性影响如图 7－28 所示。其中，所有处理中，处理 1、处理 2、处理 6 和处理 10 的 SOD 活性均达到 300 U·g$^{-1}$ 以上，活性最高；处理 3、处理 4、处理 5 和处理 7 的 SOD 活性值在 200 U·g$^{-1}$ 以上；处理 8 和处理 9 的 SOD 活性最低，在 200 U·g$^{-1}$ 以下。其中处理 6 的根系 SOD 活性最大，达到 393.79 U·g$^{-1}$，比处理 8（SOD 值最低）的 SOD 活性要高 61.26%以上；其次是处理 1，SOD 活性达 358.76 U·g$^{-1}$。

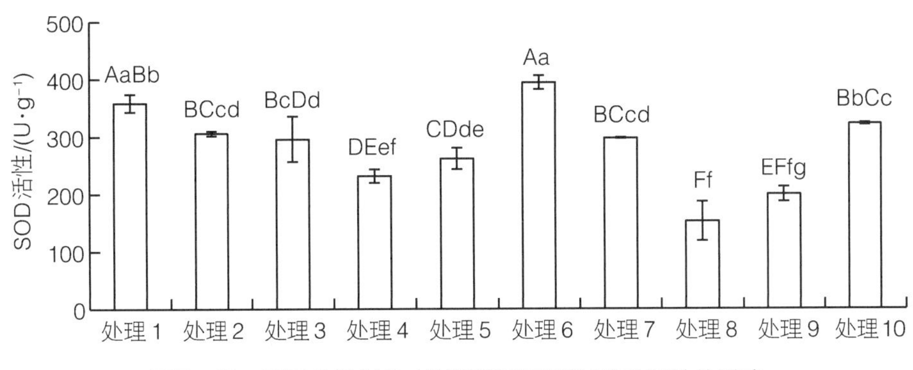


图 7－28　不同基质处理对欧洲鹅耳枥根系 SOD 活性的影响

(12) 不同基质处理对根系 POD 活性的影响

不同基质处理对欧洲鹅耳枥根系 POD 活性的影响如图 7－29 所示。其中，处理 7 的根系 POD 活性最高，达到 243 U·g$^{-1}$·min$^{-1}$，处理 2 和处理 10 的 POD 活性也达到了 200 U·g$^{-1}$·min$^{-1}$ 以上；处理 1、处理 8 和处理 9 的 POD 活性最低，在 150 U·g$^{-1}$·min$^{-1}$ 左右波动；其他处理 POD 活性数值差异不大，均在 180～200 U·g$^{-1}$·min$^{-1}$ 范围内波动。

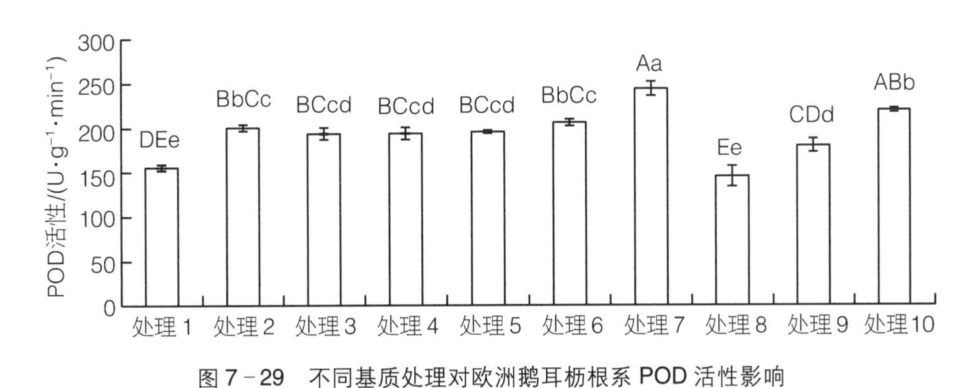


图 7－29　不同基质处理对欧洲鹅耳枥根系 POD 活性影响

(13) 不同基质处理对植株全 N、全 P 和全 K 含量的影响

不同基质处理对 2 年生欧洲鹅耳枥苗全 N、全 P 和全 K 含量的影响由表 7－12 可知，不同基质处理植株全 N 含量最高的是处理 1（40.96 mg·g$^{-1}$）、处理 3（40.96 mg·g$^{-1}$）、处理 7（41.86 mg·g$^{-1}$）和处理 8（39.38 mg·g$^{-1}$），全 N 含量最低的

是处理4（26.70 mg·$g^{-1}$）、处理5（24.24 mg·$g^{-1}$）和处理6（24.92 mg·$g^{-1}$），其他处理均在30~40 mg·$g^{-1}$之间，所有处理中，除处理1和处理5之间差异达显著性水平外（$P<0.05$），其他处理之间植株全N含量无明显差异。除处理2（0.35 mg·$g^{-1}$）、处理5（0.27 mg·$g^{-1}$）和处理9（0.39 mg·$g^{-1}$）之外，其他处理植株全P含量均达到0.40 mg·$g^{-1}$以上，且最大差值接近0.22 mg·$g^{-1}$；处理5含量最低，除与处理2全P含量无明显差异外（$P>0.05$），与其他处理之间差异性均达极显著性水平（$P<0.05$）。不同基质处理对植株全K含量差异性要高于对植株全N和全P含量，处理3（1.58 mg·$g^{-1}$）和处理7（1.69 mg·$g^{-1}$）的全K含量最高，其中处理7（含量最高）比处理2（含量最低）的全K含量要高0.68 mg·$g^{-1}$左右。不同处理之间差异性显著，处理7除与处理3差异性不明显外，与其他处理之间均有显著性差异，处理3、处理4、处理5、处理8和处理10植株之间全K含量差异不明显，且不同处理的全K含量均在1.25~1.40 mg·$g^{-1}$以上，处理1和处理2的植株全K含量最低，彼此之间差异性不明显。

**表7-12　不同基质处理对植株全N、全P和全K含量的影响**

| 基质号 | 植株全N含量/（mg·$g^{-1}$） | 植株全P含量/（mg·$g^{-1}$） | 植株全K含量/（mg·$g^{-1}$） |
|---|---|---|---|
| 1 | 40.96±5.041Aa | 0.40±0.002ABbc | 1.10±0.018cD |
| 2 | 35.61±7.562Aab | 0.35±0.012BCc | 1.01±0.009cD |
| 3 | 40.96±12.602Aa | 0.43±0.006AaBb | 1.58±0.068AaB |
| 4 | 26.70±10.082Aab | 0.49±0.029Aa | 1.32±0.013BbC |
| 5 | 24.24±0.365Ab | 0.27±0.002Cd | 1.25±0.061BbC |
| 6 | 24.92±12.606Aab | 0.40±0.039AaBbc | 1.33±0.039bCD |
| 7 | 41.85±8.822Aa | 0.41±0.035AaBb | 1.69±0.039Aa |
| 8 | 39.38±11.342Aab | 0.42±0.072AaBb | 1.34±0.126BbC |
| 9 | 33.832±12.602Aab | 0.39±0.055ABbc | 1.30±0.067BbC |
| 10 | 30.27±5.041Aab | 0.43±0.017AaBb | 1.31±0.030BbC |

#### 7.1.2.3　不同基质处理对欧洲鹅耳枥光合日变化的影响

（1）基质处理对叶片净光合速率日变化的影响

不同基质对欧洲鹅耳枥2年生苗叶片净光合速率（Pn）影响如图7-30所示。处理1、处理3、处理4和处理8的Pn值在一天中8—18时一直处于不断下降的趋势，而其他处理均呈现出先上升后下降的变化，其中处理7和处理10在14时左右Pn值达到最大，而处理2、处理5、处理6和处理9在12时左右Pn达到最大值。8—13时，处理8Pn值始终高于其他处理，且在8时左右Pn值达到最大值7.37 μmol·$m^{-2}$·$s^{-1}$，比处理5（Pn值最低）多5.1 μmol·$m^{-2}$·$s^{-1}$；12时左右，处理8的Pn值依然处于最大，数值维持在6.85 μmol·$m^{-2}$·$s^{-1}$，此时处理5和处理9的Pn增长量最大，相对于8时，分别增长 3.73 μmol · $m^{-2}$ · $s^{-1}$ 和 2.35 μmol · $m^{-2}$ · $s^{-1}$；14 时左右，处理 7 的 Pn 值上升到最大值，5.85 μmol · $m^{-2}$ · $s^{-1}$，其次是处理 8 和处理 5，也都维持在 5.0 μmol · $m^{-2}$ · $s^{-1}$；14 时之后，所有处理随着光照强度的降低，Pn 值都处于下降的状态，其中以处理 10 的下降幅度最大，到 18 时，Pn 值仅 0.85 μmol · $m^{-2}$ · $s^{-1}$，比此时处理 3 的 Pn 值要少 1.4 μmol · $m^{-2}$ · $s^{-1}$，其他处理都维持在 1.4~2.0 μmol · $m^{-2}$ · $s^{-1}$ 水平。所有处理中，以园土（对照组）的 Pn 值始终处于较低水平，说明园土不利于欧洲鹅耳枥光合作用中干物质量的积累。

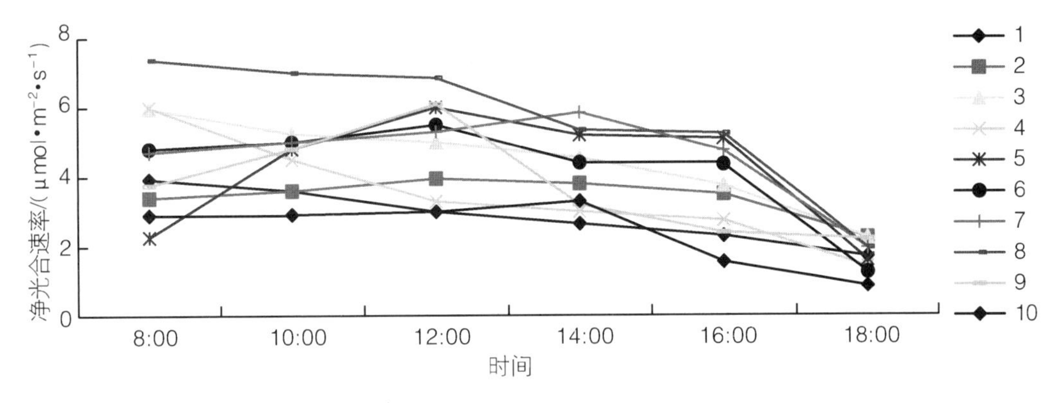


图 7-30　不同基质处理对欧洲鹅耳枥叶片净光合速率（Pn）日变化的影响

（2）基质处理对叶片气孔导度日变化的影响

植物叶片的气孔导度（Gs）的测定目的，主要是通过测定叶片的气孔的开张程度来了解植物对大气中 $CO_2$ 利用能力。从图 7-31 可看出，不同基质处理对欧洲鹅耳枥叶片气孔导度影响不同。处理 1 和处理 7 的 Gs 值在一天中呈现“上升—下降—上升—下降”的“双峰”变化趋势，且峰值分别在 10 时和 14 时左右出现；其他处理均呈“上升—下降”的“单峰”变化，处理 9 峰值在 12 时左右出现，其他处理在 10 时左右。8 时时，处理 3、处理 5 和处理 8 的叶片气孔开张程度较大，处理 10 的气孔导度最小，仅有 63 μmol · $m^{-2}$ · $s^{-1}$，比处理 5 小 87 μmol · $m^{-2}$ · $s^{-1}$；10 时左右，各个处理 Gs 值均达到峰值水平，其中处理 3、处理 5、处理 7 和处理 8 的 Gs 值最大；随着温度的升高和光照强度的加强，叶片毛孔开张程度逐渐减少，到 12 时左右，除处理 9 有所上升外，其他处理 Gs 值都有不同下降，处理 5 下降的最为厉害，减少 90.5 μmol · $m^{-2}$ · $s^{-1}$，但是处理 3 的 Gs 值仍维持在较高水平；此后，12—14 时，处理 1 和处理 7 的 Gs 值有所上升，14 时左右处理 7 的 Gs 值上升到最大值，同时处理 9 的值也迅速降到最低；14 时之后，基本所有处理的 Gs 值都处于下降状态，以处理 3、处理 7 和处理 8 的下降幅度最大；18 时左右，处理 10 的 Gs 值最低，仅有 17 μmol · $m^{-2}$ · $s^{-1}$。与 Pn 值观测结果一样，对照组（园土）的 Gs 值始终处在最低水平。

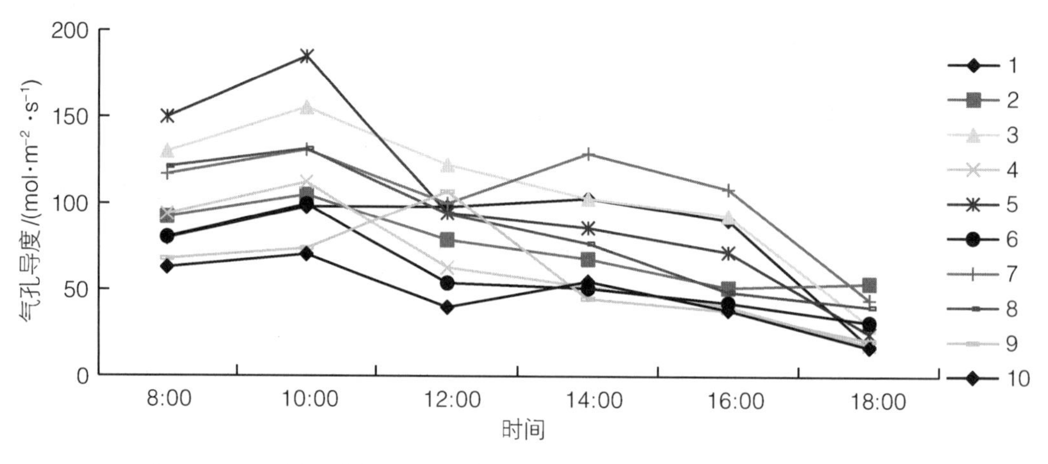


图7－31　不同基质处理对欧洲鹅耳枥叶片气孔导度（Gs）日变化的影响

（3）基质处理对叶片蒸腾速率日变化的影响

蒸腾速率（Tr）是反映植物体内水分代谢情况的重要指标，一般与光照强度呈正比例相关。如图7－32所示，不同基质处理对欧洲鹅耳枥叶片蒸腾速率的影响不同。处理2、处理5和处理9的Tr值在一天中呈现先上升后下降的“单峰”变化趋势，处理2和处理5在10时左右出现峰值，而处理8和处理9在12时左右出现峰值；其他6个处理均是“上升—下降—上升—下降”的“双峰”变化趋势，峰值在10时和14时左右。8时时，所有处理的Tr值均在2 $\mu mol \cdot m^{-2} \cdot s^{-1}$左右，随着气温的上升，在10时左右处理的Tr值均出现一个小高峰，其中处理9上升的幅度最大，与处理3和处理6都保持在3.5 $\mu mol \cdot m^{-2} \cdot s^{-1}$以上的水平；此后随着气温和光强的进一步加强，10—12时，所有处理的Tr值在气孔关闭或减少的同时，都出现一定程度的下降；10—14时，尤以处理5和处理9的下降幅度最大，到14时左右，均下降到最低水平；处理3、处理6、处理7和处理8在14时左右Tr值有一小高峰，之后虽然Tr值保持较高，但是下降幅度也是最大的，与Gs值的变化情况基本保持一致。

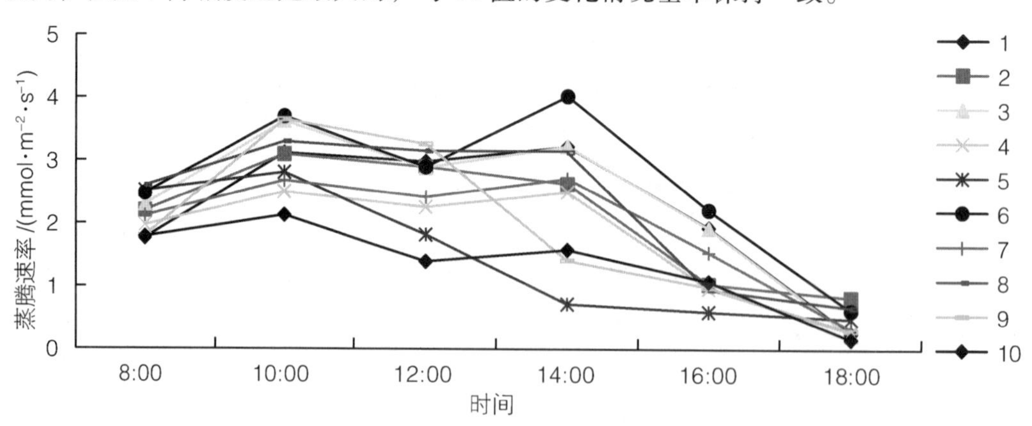


图7－32　不同基质处理对欧洲鹅耳枥叶片蒸腾速率（Tr）日变化的影响

（4）基质处理对叶片胞间 $CO_2$ 日变化的影响

胞间 $CO_2$ 浓度（Ci）是植物进行光合作用的原材料之一，一般随着植物光合作用的加强，净光合速率（Pn）的增大，Ci 会有所下降。不同基质处理对欧洲鹅耳枥叶片中 Ci 值的影响如图 7－33 所示。从图可看出，一天中不同基质处理对叶片中 Ci 值随着光合作用的加强会有所下降，变化趋势与 Pn 值变化基本一致，但是变化幅度相对较小。8—14 时，变化幅度不明显，14—16 时不同处理间 Ci 值变化明显，尤以处理 9 和处理 10 的上升幅度最大，其他处理有不同程度的上升或下降，但是变化幅度不大。18 时之后，不同处理的 Ci 值与 8 时的大小排列基本一致。通过对 Ci 值的测定可以得知，欧洲鹅耳枥胞间 $CO_2$ 浓度作为光合作用的原材料，不是影响其光合作用强弱的主要影响因素。

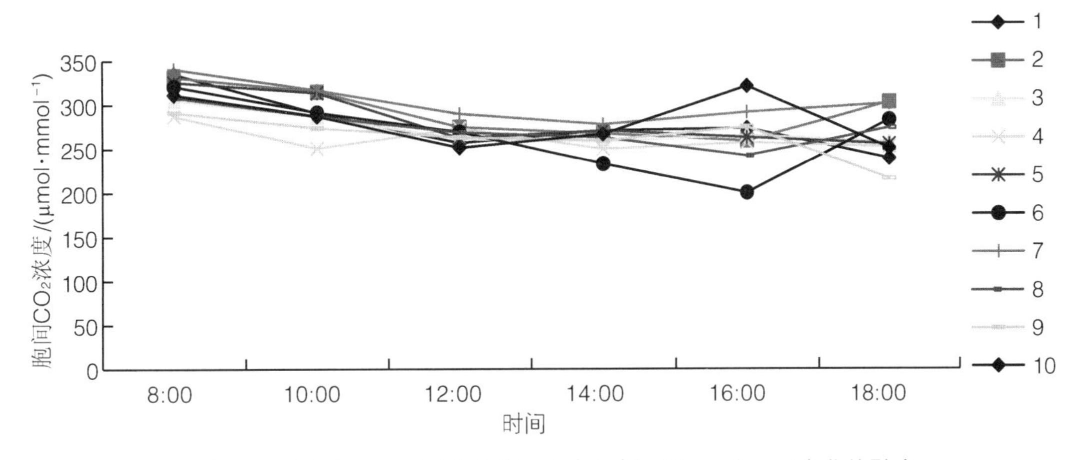


图 7－33　不同基质处理对欧洲鹅耳枥叶片胞间 $CO_2$（Ci）日变化的影响

#### 7.1.2.4　不同基质处理对欧洲鹅耳枥 2 年生苗木的品质影响的隶属函数分析

隶属函数分析，是指为使试验结果可靠，采用多个指标作为评价指标，对试验材料进行综合性评价的一种方法（许桂芳　等，2009）。本试验以苗高净生长量、地径净生长量、叶面积、叶绿素含量、叶片可溶性糖含量、叶片可溶性淀粉含量、叶片可溶性蛋白含量、叶片 SOD 活性、叶片 POD 活性、根系活力、根系可溶性糖含量、根系可溶性淀粉含量、根系可溶性蛋白含量、根系 SOD 活性、根系 POD 活性、净光合速率、植物全 N 含量、植物全 P 含量和植物全 K 含量等 19 个项目为评价指标，采用隶属函数法对不同基质处理的欧洲鹅耳枥 2 年生苗木品质情况进行综合评价。

通过分析，得到不同处理的各指标的隶属函数值得分见表 7－13。由表可知，处理 8、处理 7、处理 9 和处理 4 分别占得分的前 4 名，说明 4 个处理对苗木品质相对其他处理较好；处理 1 和处理 2 的隶属函数值最小，仅有 0.300 左右，接近只有处理 8 的一半，说明处理 1 和处理 2 相对于其他处理不利于培育优良品质的欧洲鹅耳枥苗木。

表 7-13　不同基质处理对欧洲鹅耳枥 2 年生苗木各品质指标的隶属函数值

| 评价指标 | 处理 1 | 处理 2 | 处理 3 | 处理 4 | 处理 5 | 处理 6 | 处理 7 | 处理 8 | 处理 9 |
|---|---|---|---|---|---|---|---|---|---|
| 苗高净生长量 | 0.444 | 0.000 | 1.000 | 0.438 | 0.642 | 0.389 | 0.606 | 0.693 | 0.625 |
| 地径净生长量 | 0.156 | 0.623 | 1.000 | 0.416 | 0.610 | 0.000 | 0.597 | 0.429 | 0.688 |
| 叶面积 | 0.000 | 0.619 | 0.374 | 0.543 | 0.174 | 0.603 | 1.000 | 0.367 | 0.668 |
| 叶绿素含量 | 0.301 | 0.165 | 0.916 | 0.331 | 1.000 | 0.000 | 0.218 | 0.663 | 0.909 |
| 叶片可溶性糖含量 | 0.381 | 0.000 | 0.554 | 0.589 | 0.630 | 0.512 | 1.000 | 0.496 | 0.818 |
| 叶片可溶性淀粉含量 | 0.000 | 0.331 | 0.378 | 0.389 | 0.685 | 0.442 | 0.882 | 0.680 | 1.000 |
| 叶片可溶性蛋白含量 | 0.093 | 0.204 | 0.040 | 0.512 | 0.000 | 0.554 | 0.229 | 0.914 | 1.000 |
| 叶片 SOD 活性 | 0.793 | 0.687 | 1.000 | 0.944 | 0.000 | 0.490 | 0.113 | 0.338 | 0.167 |
| 叶片 POD 活性 | 0.546 | 0.141 | 0.022 | 0.000 | 0.811 | 1.000 | 0.445 | 0.969 | 0.405 |
| 根系活力 | 0.224 | 0.361 | 0.679 | 0.875 | 0.485 | 0.787 | 1.000 | 0.861 | 0.000 |
| 根系可溶性糖含量 | 0.418 | 0.319 | 0.000 | 0.897 | 0.003 | 0.508 | 1.000 | 0.661 | 0.545 |
| 根系可溶性淀粉含量 | 0.240 | 0.234 | 0.789 | 0.000 | 0.306 | 0.725 | 0.337 | 1.000 | 0.424 |
| 根系可溶性蛋白含量 | 0.096 | 0.424 | 0.539 | 1.000 | 0.000 | 0.543 | 0.697 | 0.674 | 0.680 |
| 根系 SOD 活性 | 0.145 | 0.364 | 0.406 | 0.674 | 0.548 | 0.000 | 0.399 | 1.000 | 0.807 |
| 根系 POD 活性 | 0.886 | 0.416 | 0.502 | 0.497 | 0.479 | 0.382 | 0.000 | 1.000 | 0.638 |
| 净光合速率 | 0.000 | 0.000 | 0.485 | 0.265 | 0.353 | 0.412 | 0.412 | 1.000 | 0.353 |
| 植物全 N 含量 | 0.949 | 0.646 | 0.949 | 0.140 | 0.000 | 0.323 | 1.000 | 0.859 | 0.545 |
| 植物全 P 含量 | 0.604 | 0.368 | 0.762 | 1.000 | 0.000 | 0.625 | 0.662 | 0.680 | 0.578 |
| 植物全 K 含量 | 0.000 | 0.022 | 0.834 | 0.457 | 0.358 | 0.475 | 1.000 | 0.489 | 0.440 |
| 综合系数 | 0.330 | 0.312 | 0.591 | 0.525 | 0.373 | 0.462 | 0.610 | 0.725 | 0.594 |
| 排序 | 8 | 9 | 4 | 5 | 7 | 6 | 2 | 1 | 3 |

## 7.2　种植密度对苗木生长的影响

以不同栽培密度的 5 年生鹅耳枥 3 个品种（种）在一年中不同季节生长量变化情况为研究对象，通过对植株生长指标，生理生化指标以及土壤情况分析等进行实验分析，选择出最佳密度区组，使欧洲鹅耳枥枝叶产量达到最大，为欧洲鹅耳枥园林应用及产业开发提供技术支持和理论基础。

## 7.2.1 材料和方法

### 7.2.1.1 试验材料

本试验使用的植物材料主要是从法国引进的5年生欧洲鹅耳枥作为试验材料，栽植于南京林业大学白马基地，一共3个品种，分别为 *C. betulus*（简称原种），*C. betulus*‘Fastigiata’（简称FA）和 *C. betulus*‘lucas’（简称LU）。

### 7.2.1.2 试验设计

试验使用的欧洲鹅耳枥由下属基地移栽至南京林业大学白马基地，使用栽培基质主要为当地林地表层土、草炭土；并掺有少量复合肥。林地表层土直接在白马基地挖取，草炭土和复合肥由白马基地工作处提供。试验主要有3个欧洲鹅耳枥品种，选取生长旺盛，苗高、地径和根茎粗大致相同的树苗，以60 mm×80 mm的无纺布作为栽植容器，按照1株/盆、2株/盆、3株/盆的处理进行栽种，9个相互对照处理组，每组重复10次。试验期间盆栽的欧洲鹅耳枥于南京林业大学白马教学科研基地进行统一的水肥管理、病虫害防治和杂草防除。

## 7.2.2 不同密度对欧洲鹅耳枥生长量的影响

### 7.2.2.1 不同密度对树高的影响

从图7－34可以看出FA的3个处理中，3株盆处理的净增量为44 cm，增长最多，且3个处理的年增长幅度从高密度到低密度分别为129%、128%、119%；LU的3个处理中却是1株/盆处理增长最多，为63 cm，3个处理的年增长幅度从高密度到低密度分别为125%、132%、141%；原种的3个处理增长量大致相同，从高密度到低密度分别为44 cm、40 cm、41 cm，3个处理的年增长幅度从高密度到低密度分别为127%、124%、124%。3个品种中1株/盆处理的净增量最大，且年增长幅度也最大。在FA的3个处理中，1株/盆处理与2株/盆处理、3株/盆处理差异明显，2株/盆处理与3株/盆处理差异不明显；在LU的3个处理相互之间差异显著；在原种的3个处理中，3株/盆处理与2株/盆处理、1株/盆处理差异明显，2株/盆处理与3株/盆处理之间无明显差异性。

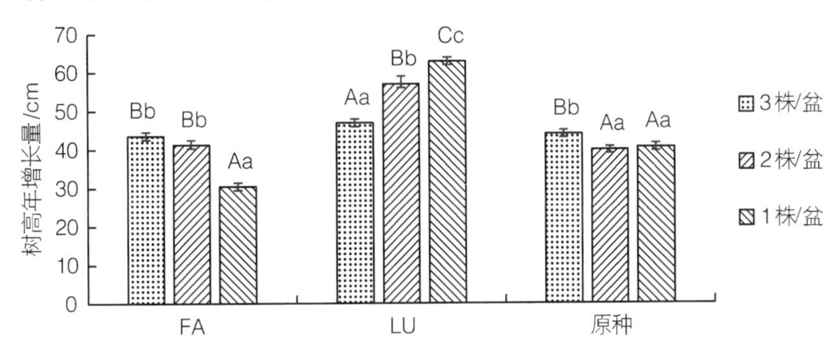


图7－34 密度对欧洲鹅耳枥树高年增长量的影响

#### 7.2.2.2 不同密度对地径的影响

通过图 7－35 可以看出，欧洲鹅耳枥 3 个品种随着种植密度的增大，其地径年平均增长量逐渐减小。在 FA 品种 3 个处理中，1 株/盆处理的年平均地径增长量为 0.997 cm，增长最多，且 3 个处理的年增长幅度从高密度到低密度分别为 143.9%、148.6%、160%；LU 的 3 个处理中 1 株/盆处理年平均地径增长量为 0.912 cm，3 个处理的年增长幅度从高密度到低密度分别为 141.3%、150.9%、154.4%；原种的 3 个处理中 1 株/盆处理年平均地径增长量为 0.977 cm，3 个处理的年增长幅度从高密度到低密度分别为 133.1%、141.4%、159.9%. 在 3 个品种，FA 品种的 1 株/盆处理平均地径增长量最多，且年增长幅度最大。此外，在 FA 中 1 株/盆与 2 株/盆、3 株/盆差异明显，3 株/盆与 2 株/盆差异显著；在 LU 品质中 1 株/盆与 3 株/盆差异显著，1 株/盆与 2 株/盆差异显著，2 株/盆与 3 株/盆差异显著；在原种的 3 个处理中，3 株/盆处理、2 株/盆处理、1 株/盆处理相互之间均展示明显的差异。

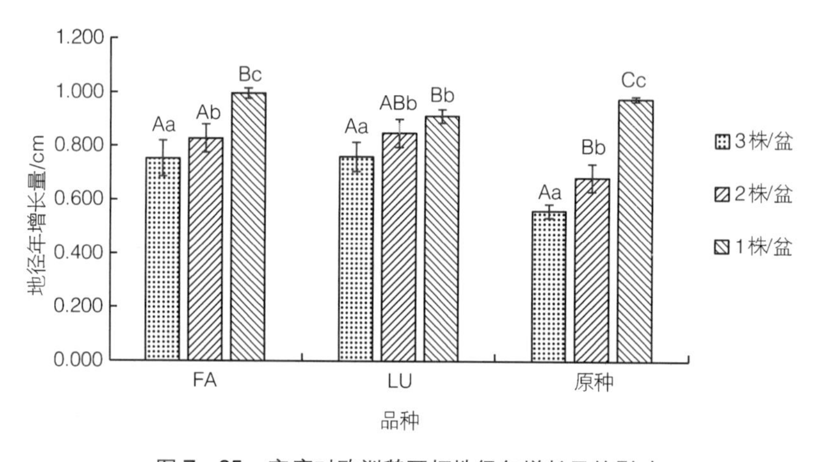


图 7－35 密度对欧洲鹅耳枥地径年增长量的影响

#### 7.2.2.3 不同密度对高径比的影响

从图 7－36 中可以看出 FA 品种和原种随着密度的增大，它们的高径比呈现增大趋势，而 LU 品种随着密度的增大，其高径比逐渐减小。在 FA 中 3 个密度处理之间存在着显著差异；在 LU 品种中，1 株/盆处理与 3 株/盆处理之间存在显著差异，2 株/盆处理与 1 株/盆处理和 3 株/盆处理之间无显著差异性；在原种中 3 个密度处理存在显著性差异。

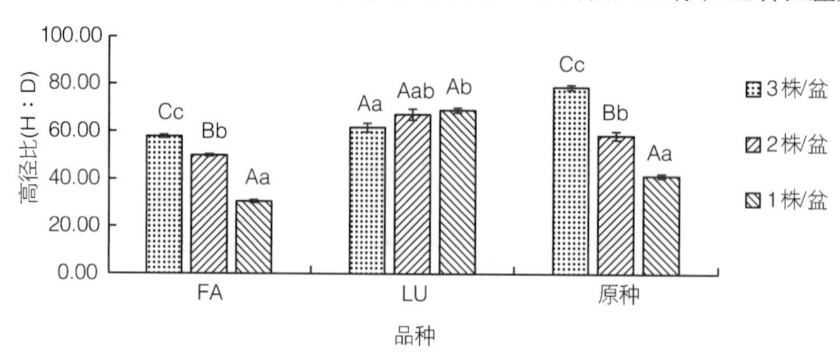


图 7－36 密度对欧洲鹅耳枥高径比的影响

### 7.2.3 不同密度对欧洲鹅耳枥树冠的影响

通过对不同种植密度下树冠的二维指标进行直观观测统计，然后通过计算得到树冠的三维指标，共同来衡量密度对欧洲鹅耳枥树冠生长的影响大小。其中二维指标主要包括冠幅、树冠率、圆满度等，二维指标主要是代表水平和垂直方向上的树冠特征；三维指标主要包括树冠表面积、树冠体积、树冠生产率等，三维指标主要显示的是在立体空间上树冠的生长状态。

#### 7.2.3.1 不同密度对冠幅的影响

通过图 7－37 可以看出，欧洲鹅耳枥 3 个品种随着种植密度的增大，其冠幅年平均增长量逐渐减少。在 FA 品种 3 个处理中，1 株/盆、2 株/盆、3 株/盆处理的年平均冠幅增长量为 26.76 cm、19.80 cm、18.71 cm，且 3 个处理的年增长幅度从高密度到低密度分别为 135.87%、138.52%、150.82%；LU 的 3 个处理中 1 株/盆年平均冠幅增长量为 17.39 cm，增长最大，3 个密度处理的年增长幅度从高密度到低密度分别为 115.0%、123.04%、126.82%；原种的 3 个处理中 1 株/盆处理年平均冠幅增长量为 28.35 cm，增长量最大，3 个处理的年增长幅度从高密度到低密度分别为 125.85%、127.05%、138.57%。在 3 个品种中，FA 品种的 1 株/盆年增长幅度最大，原种的 1 株/盆平均冠幅增长量最大。此外，在 FA 中，1 株/盆与 2 株/盆、3 株/盆差异显著，3 株/盆与 2 株/盆差异不显著；在 LU 中，1 株/盆、2 株/盆、3 株/盆相互之间差异显著；在原种中，1 株/盆与 2 株/盆、3 株/盆差异显著，而 2 株/盆与 3 株/盆处理差异不显著。

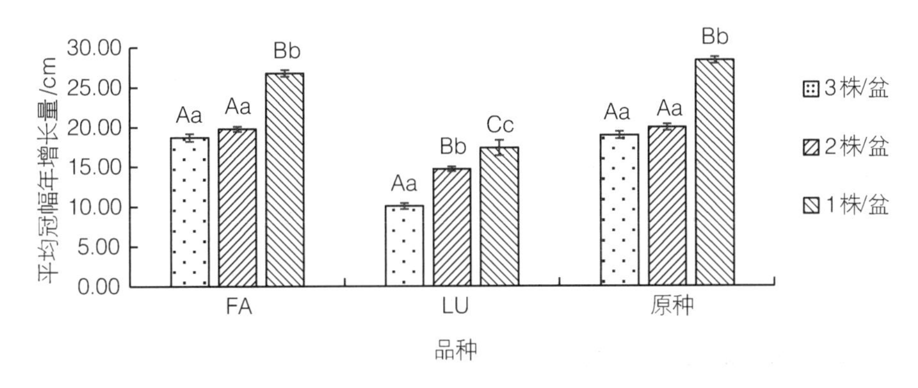


图 7－37 密度对欧洲鹅耳枥冠幅年增长量的影响

#### 7.2.3.2　不同密度对树冠长度的影响

通过图 7－38 可以看出，随着种植密度的增大，FA 和原种的树冠长度年增长量逐渐增加，LU 品种则是逐渐减少。在 FA 品种 3 个处理中，1 株/盆、2 株/盆、3 株/盆处理的树冠长度年增长量为 42.46 cm、54.29 cm、57.57 cm，且 3 个处理的年增长幅度从高密度到低密度分别为 142.4%、140.2%、129.3%；LU 的 3 个处理中 1 株/盆处理树冠长度年增长量为 71.9 cm，增长最大，3 个处理的年增长幅度从高密度到低密度分别为 131.5%、138.1%、149.4%；原种的 3 个处理中 1 株/盆处理冠幅长度年增长量为 51 cm，增长量最大，3 个处理的年增长幅度从高密度到低密度分别为 133.3%、129.96%、130%. 在 3 个品种，1 株/盆处理的树冠长度年平均增长量和年增长幅度均为最大。此外，在 FA 品种中，1 株/盆与 2 株/盆、3 株/盆差异显著，3 株/盆与 2 株/盆差异不显著；在 LU 品种中，1 株/盆、2 株/盆、3 株/盆相互之间差异显著；在原种品种中，1 株/盆与 2 株/盆、3 株/盆差异显著，而 2 株/盆与 3 株/盆处理差异不显著。

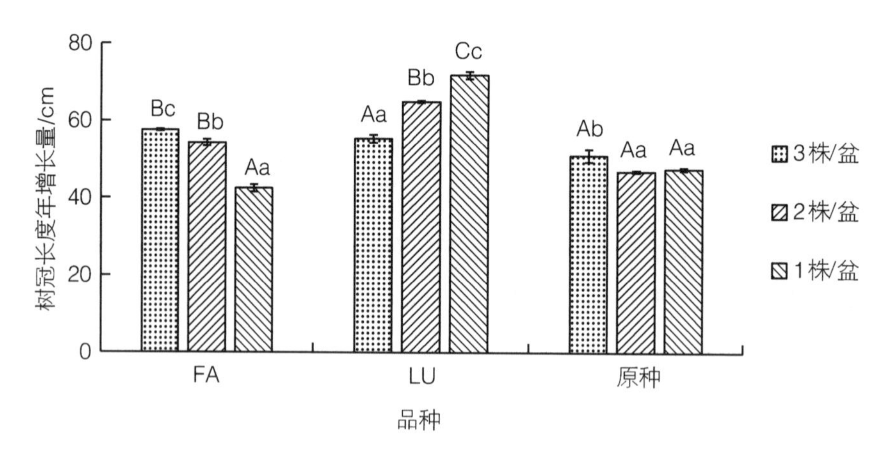


图 7－38　不同种植密度下不同种欧洲鹅耳枥树冠长度年增长的变化情况

#### 7.2.3.3　不同密度对树冠率的影响

从图 7－39 中可以看出，4—10 月，欧洲鹅耳枥的 3 个品种的树冠率变化呈现递增趋势，但是变化量不大。3 个品种在各个月份的 3 个密度处理的树冠率大致相同，相互之间均无显著差异。

#### 7.2.3.4　不同密度对圆满度的影响

从图 7－40 中可以看出，欧洲鹅耳枥 3 个品种的圆满度随着密度的增大而呈现下降趋势，并且 3 株/盆和 2 株/盆的圆满度随时间的增大呈现下降趋势，1 株/盆则是随着时间的延长呈现增大趋势。在 FA 品种中 1 株/盆处理的圆满度是明显增长的，且大于 2 株/盆与 3 株/盆的数值。4 月、6 月和 8 月，3 个处理之间均无显著差异，10 月，1 株/盆与 2 株/盆、3 株/盆存在显著差异；LU 品种 3 株/盆和 2 株/盆处理的圆满度

随着时间延长而逐渐减少，1 株/盆处理的圆满度随着时间延长先减少后增大，且 1 株/盆处理各个月份的圆满度均大于 2 株/盆和 3 株/盆处理，在 4 月和 10 月，1 株/盆与 2 株/盆、3 株/盆有显著关系，而 6 月和 8 月，3 个处理之间无显著差异。在原种里 3 株/盆和 2 株/盆处理圆满度大致相同，1 株/盆的圆满度较前两者大，但是 3 个密度处理在各个月份均无显著差异。

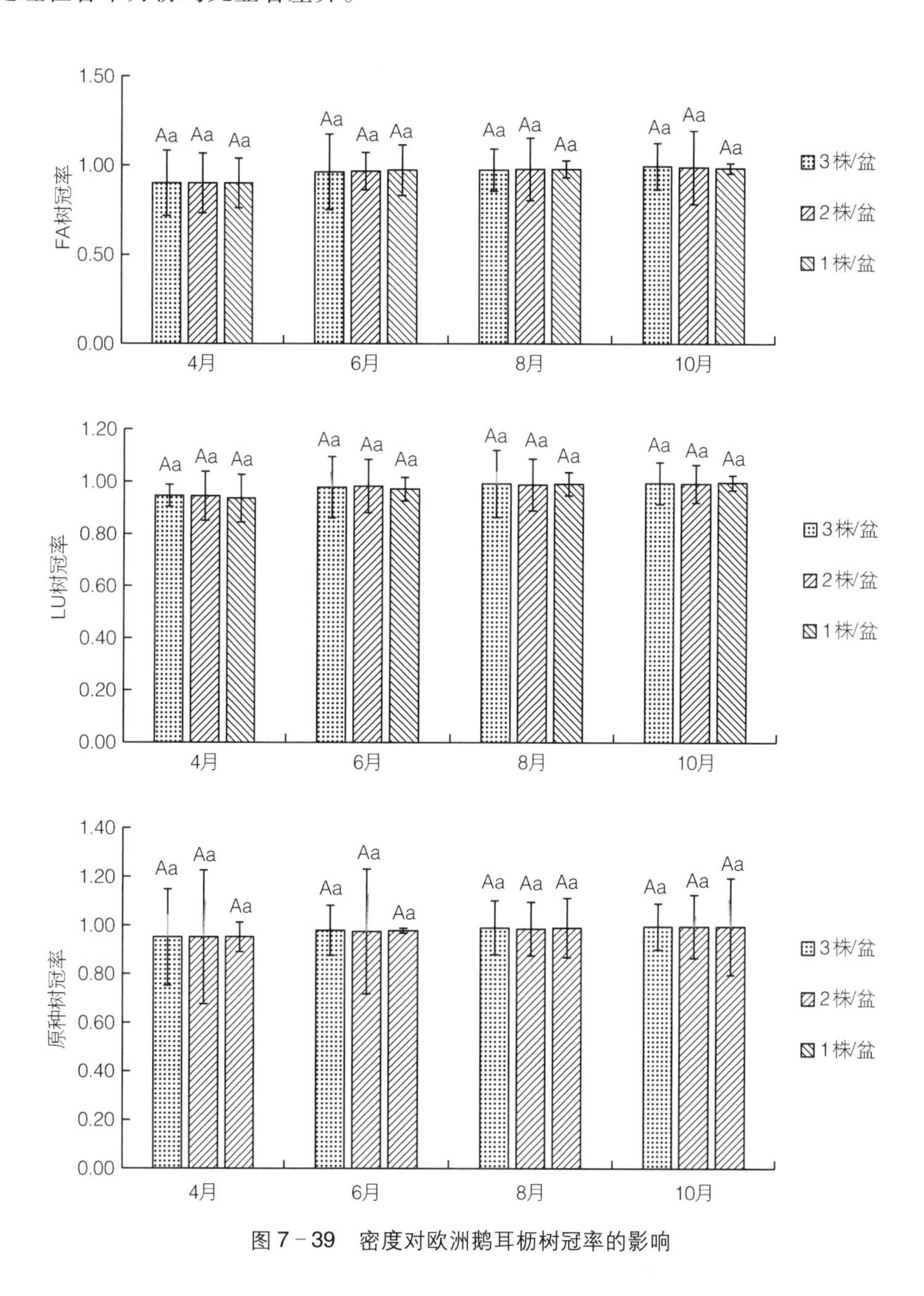


图 7－39　密度对欧洲鹅耳枥树冠率的影响

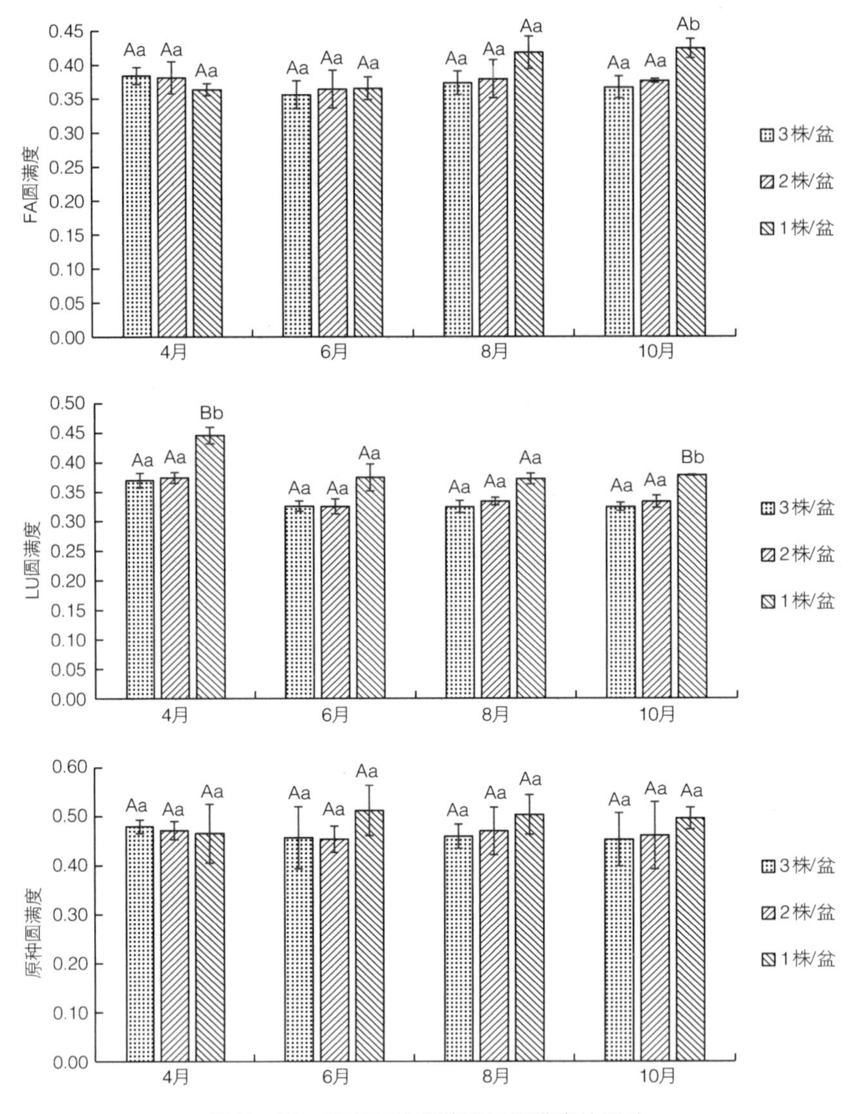


图7-40　密度对欧洲鹅耳枥圆满度的影响

#### 7.2.3.5　不同密度对树冠密度的影响

从图7-41中可以看出，随着密度的增大，FA品种的树冠密度呈现减小趋势。在4个月中，1株/盆处理都是最大，其次是2株/盆处理，最后是3株/盆处理。在4月，3个处理之间没有明显的显著性；6月，1株/盆与3株/盆之间差异显著，3株/盆与2株/盆差异不明显；8月，3株/盆与1株/盆差异显著，2株/盆与1株/盆、3株/盆无显著差异性；10月，3个处理之间没有明显的显著性；随着密度的增大，LU品种的树冠密度呈现减小趋势。在4个月份中，1株/盆处理最大，其次是2株/盆处理，最后是3株/盆处理。4月，1株/盆与3株/盆和2株/盆之间存在显著差异，2株/盆与3株/盆之间无显著差异；6月，1株/盆与3株/盆和2株/盆之间存在显著差异，2株/盆与3株/盆之间无显著差异；8月，1株/盆与3株/盆有显著的差异，2株/盆与3株/盆和1株/盆

之间无显著差异；10 月，1 株/盆处理与 2 株/盆处理、3 株/盆处理存在显著差异；在原种中随着密度的增大，其树冠密度呈现减小趋势，1 株/盆处理的树冠密度最大，其次是 2 株/盆处理，最后是 3 株/盆处理。由于 3 个密度的树冠密度差异不大，故 3 株/盆、2 株/盆和 1 株/盆之间无显著差异。

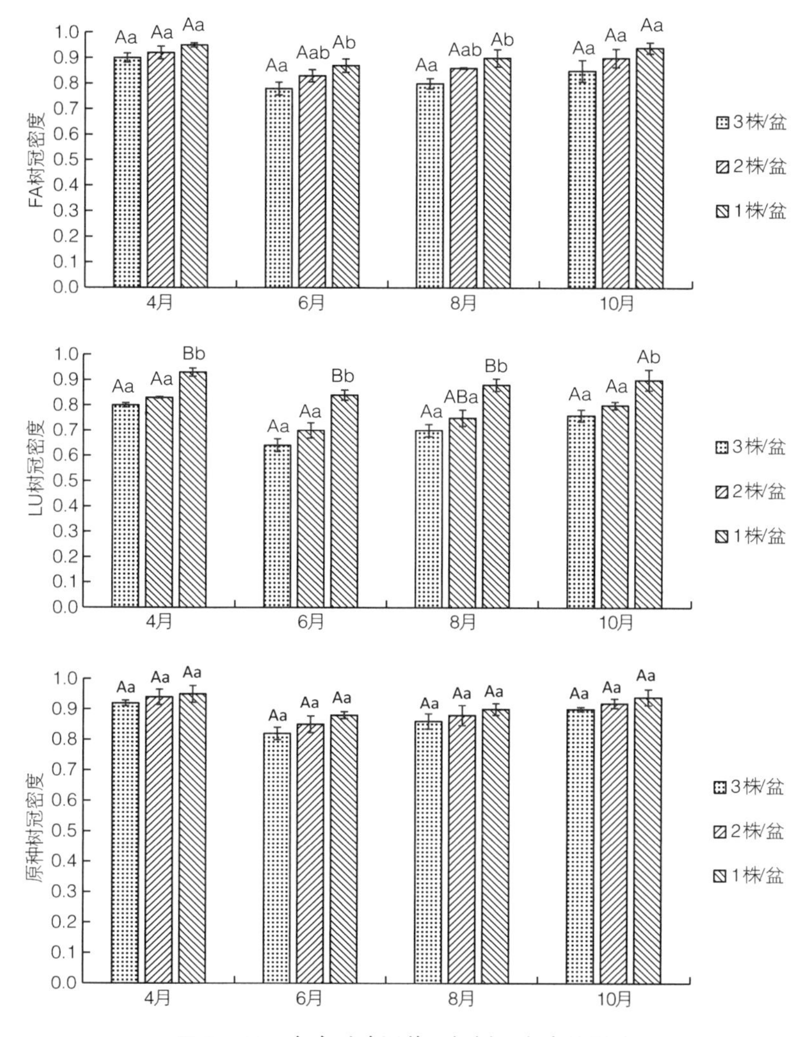


图 7－41　密度对欧洲鹅耳枥树冠密度的影响

### 7.2.3.6　不同密度对树冠表面积的影响

从图 7－42 中可以看出，欧洲鹅耳枥的 3 个品种 4—10 月树冠表面积均呈现上升趋势，10 月份达到最大，且 3 个品种随着密度的增加，其树冠表面积呈现减小趋势。在 FA 品种中 3 个密度处理中 1 株/盆处理的树冠表面积在 4 个月中均大于 2 株/盆处理和 3 株/盆处理，4 月，3 个密度之间没有显著差异，6 月，2 株/盆与 1 株/盆与 3 株/盆之间有显著差异；8 月，1 株/盆与 2 株/盆、3 株/盆有显著差异，3 株/盆和 2 株/盆之间无显著差异，10 月，1 株/盆与 2 株/盆、3 株/盆有显著差异，3 株/盆和 2 株/盆之间无显著差异；在LU品种中，4月，3个密度间无显著差异，6月，1株/盆与3株/盆有显著差异，2株/盆与3株/盆和1株/盆无显著差异；8月，1株/盆、2株/盆、3株/盆相互之间差异显著，10月，1株/盆与3株/盆有显著差异，2株/盆处理与3株/盆处理和1株/盆处理之间无显著差异；原种的3个密度处理，在4月、6月和8月，3个密度之间均无显著差异；10月，1株/盆与3株/盆之间有显著差异，2株/盆与1株/盆和3株/盆之间无显著差异。

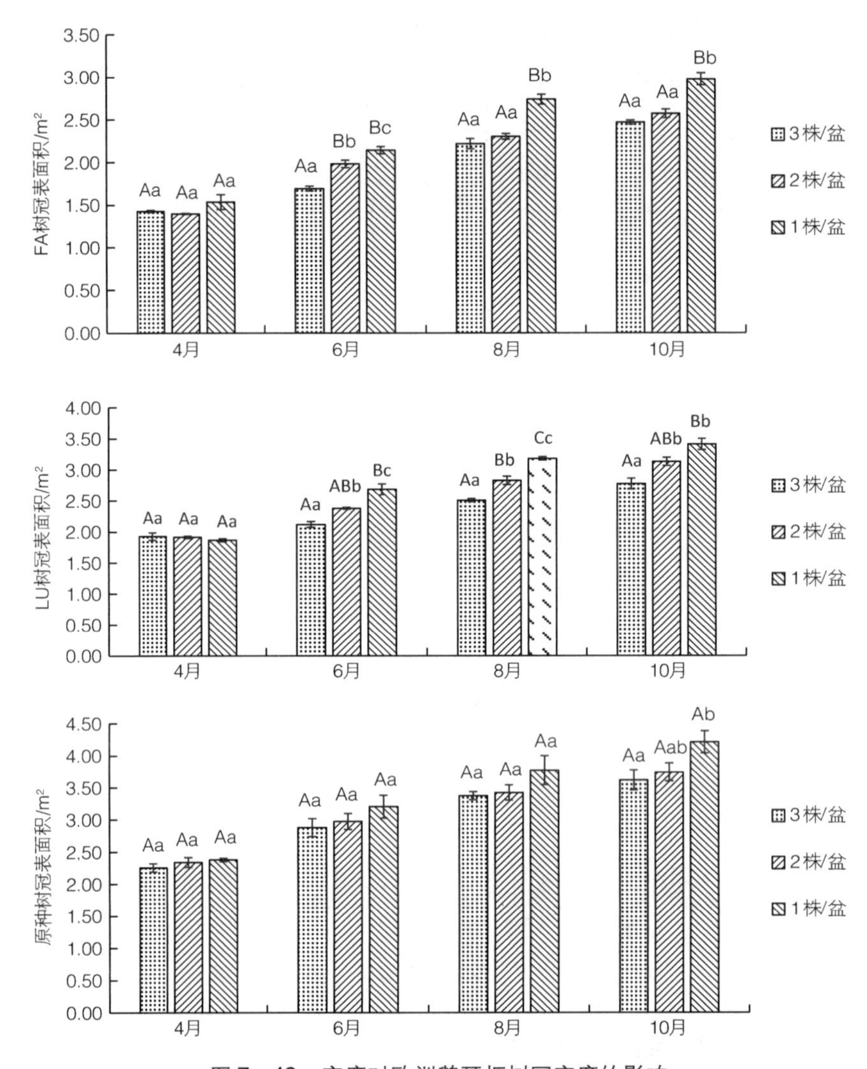


图7-42　密度对欧洲鹅耳枥树冠密度的影响

### 7.2.3.7　不同密度对树冠体积的影响

从图7-43中可以看出，4—10月欧洲鹅耳枥的3个品种的树冠体积均呈现上升趋势，于10月树冠体积达到最大，且3个品种随着密度增大其树冠体积逐渐减小。在FA品种中，3个密度处理中1株/盆处理的树冠体积在4个月均大于2株/盆处理和3株/盆处理。4月，1株/盆与2株/盆存在显著差异，3株/盆与2株/盆和1株/盆无显著差异；

6月，1株/盆与2株/盆有显著差异，3株/盆与2株/盆和1株/盆无显著差异；8月，1株/盆与3株/盆、2株/盆有显著差异，而3株/盆与2株/盆无显著差异；10月，1株/盆与3株/盆、2株/盆有显著差异，而3株/盆与2株/盆无显著差异。4—10月，LU品种中1株/盆处理的树冠体积均大于2株/盆和3株/盆处理。此外4月，LU品种的3个密度无显著差异；6月，1株/盆与3株/盆有显著差异，2株/盆与3株/盆和1株/盆无显著差异；8月，1株/盆与3株/盆有显著差异，2株/盆处理与3株/盆处理和1株/盆处理无显著差异；10月，1株/盆、2株/盆、3株/盆相互之间有显著差异。4—10月，原种中1株/盆处理的树冠体积均大于2株/盆处理和3株/盆处理。4月，原种的3个密度处理之间无显著差异；6月，1株/盆与3株/盆有显著差异，2株/盆与3株/盆和1株/盆之间无显著差异；8月，1株/盆与3株/盆和2株/盆有显著差异，而3株/盆与2株/盆无显著差异，10月，1株/盆与3株/盆和2株/盆有显著差异，而3株/盆与2株/盆无显著差异。

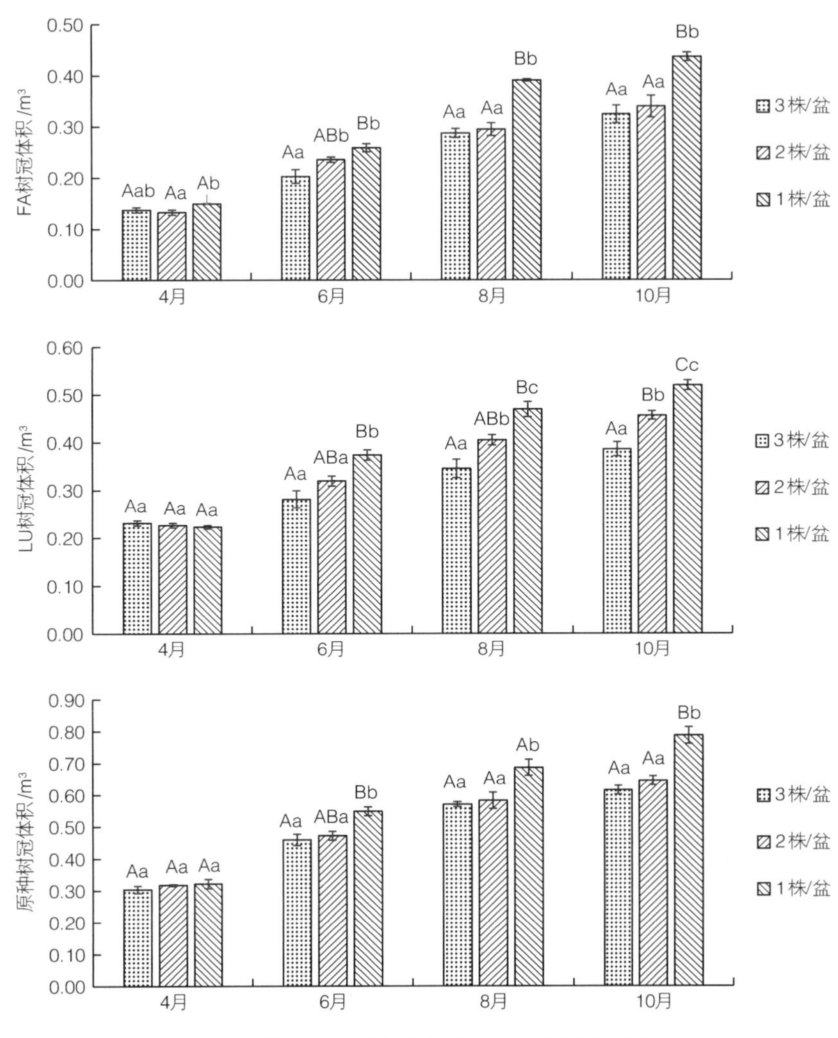


图7-43　密度对欧洲鹅耳枥树冠体积的影响

#### 7.2.3.8 不同密度对树冠生产率的影响

从图 7－44 中可以看出，树冠生产率随着时间延长而呈现减少趋势，3 个品种的树冠生产率随着密度呈增大趋势。FA 品种 4 月和 6 月 3 个密度无显著差异；8 月，1 株/盆与 3 株/盆和 2 株/盆有显著差异，2 株/盆和 3 株/盆无显著差异；10 月，3 株/盆与 1 株/盆有显著差异，2 株/盆与 3 株/盆和 1 株/盆无显著差异；LU 品种 4 个月 3 个密度差异不大，无显著差异；4 个月原种 3 个密度处理之间无显著差异。

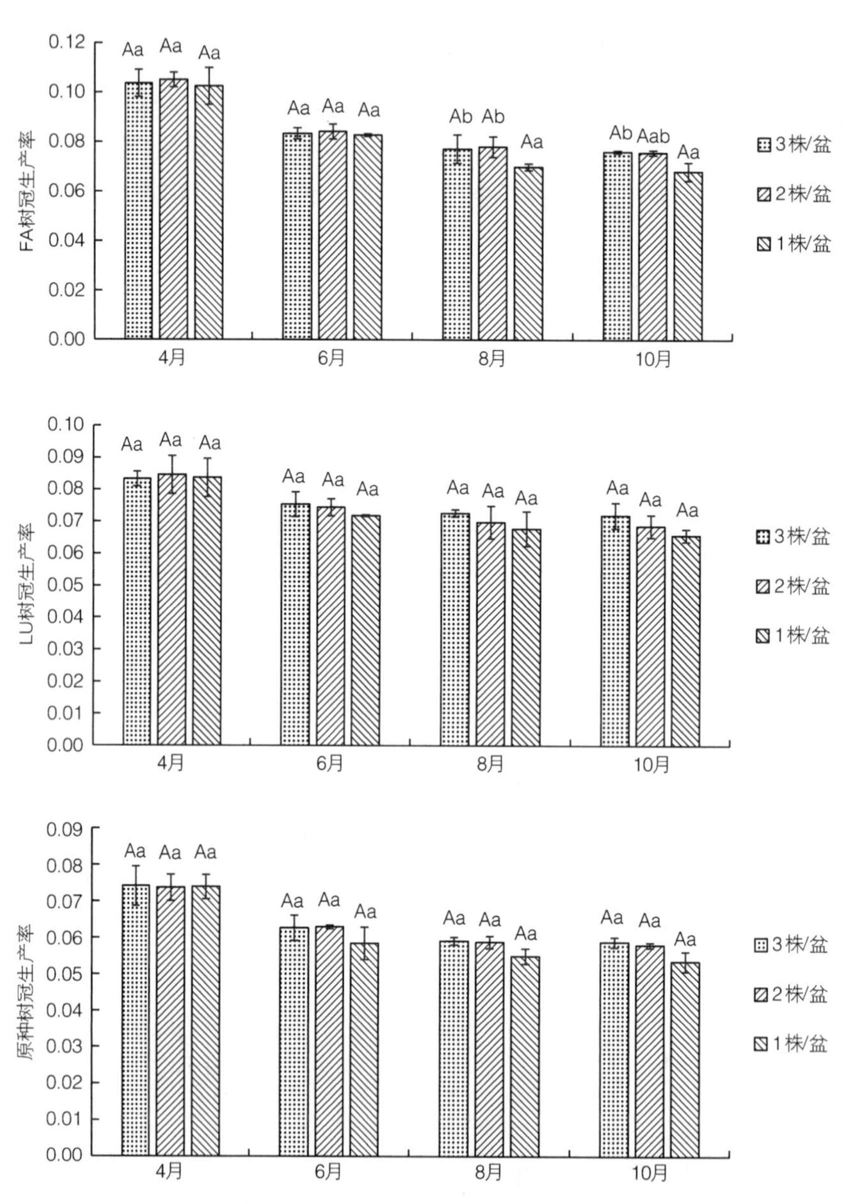


图 7－44 密度对欧洲鹅耳枥树冠生产率的影响

## 7.2.4 不同密度对欧洲鹅耳枥生理生化代谢的影响

### 7.2.4.1 密度对叶片叶绿素的影响

通过探究密度对欧洲鹅耳枥叶片中叶绿素含量的影响，反映欧洲鹅耳枥植株的生长状况。叶绿素含量的多少，直接影响欧洲鹅耳枥植株叶片的光合作用强弱、氮素吸收和干物质积累的多少，从而影响到不同密度下欧洲鹅耳枥植株的生理状态。

从图 7-45 中可以看出，3 个品种叶片中叶绿素含量变化呈现为单峰曲线，随着时间先增加后减少，在 6 月，各个品种的叶绿素含量达到最大，且各个月份的 3 个密度处理叶绿素含量大致相同。

FA 品种的叶绿素随着植株生长先增加后减少。6 月，3 株/盆处理叶绿素含量最大，为 9.5，2 株/盆处理、1 株/盆处理分别为 8.98、9.28；4—6 月，叶绿素含量的增加量 3 株/盆处理为 4.07，2 株/盆处理为 3.74，1 株/盆处理为 2.49，6—10 月，叶绿素含量的减少量 3 株/盆处理为 5.81，2 株/盆处理为 5.06，1 株/盆处理为 3.26，可以看出 1 株/盆处理叶绿素减少趋势更缓慢一些。在 4 月、8 月和 9 月，1 株/盆叶绿素含量与 2 株/盆、3 株/盆差异显著。

LU 品种中 1 株/盆处理的叶绿素含量在 6 月达到最大，为 9.83，2 株/盆处理为 9.13，3 株/盆处理为 9.66，三者含量差异不大。此外，4—6 月叶绿素含量的增加量 3 株/盆处理为 5.14，2 株/盆处理为 4.45，1 株/盆处理为 5.39，6—10 月叶绿素含量的减少量 3 株/盆处理为 5.62，2 株/盆处理为 5.79，1 株/盆处理为 6.02，可以看出 3 株/盆处理的叶绿素减少趋势更缓慢一些。此外 4 月、5 月、6 月和 7 月 3 个密度处理之间无显著差异；8 月，1 株/盆与 2 株/盆、3 株/盆差异显著；9 月，1 株/盆与 2 株/盆存在显著差异，3 株/盆与 1 株/盆、2 株/盆无显著差异。

在原种中，6 月各处理叶绿素含量达到最大，1 株/盆为 9.98，2 株/盆和 3 株/盆分别为 9.34 和 9.53。4—6 月叶绿素含量的增加量 3 株/盆为 4.42，2 株/盆为 4.15，1 株/盆为 4.01；6—10 月叶绿素含量的减少量，3 株/盆为 4.46，2 株/盆为 4.37，1 株/盆为 5.09，可以看出，2 株/盆处理叶绿素减少趋势更缓慢一些。此外在 4 月，1 株/盆与 3 株/盆之间存在显著差异；5 月、7 月和 9 月 3 个密度处理间无显著差异；6 月，1 株/盆与 2 株/盆之间有显著差异，3 株/盆与 1 株/盆和 2 株/盆无显著差异；8 月，1 株/盆与 3 株/盆差异显著。

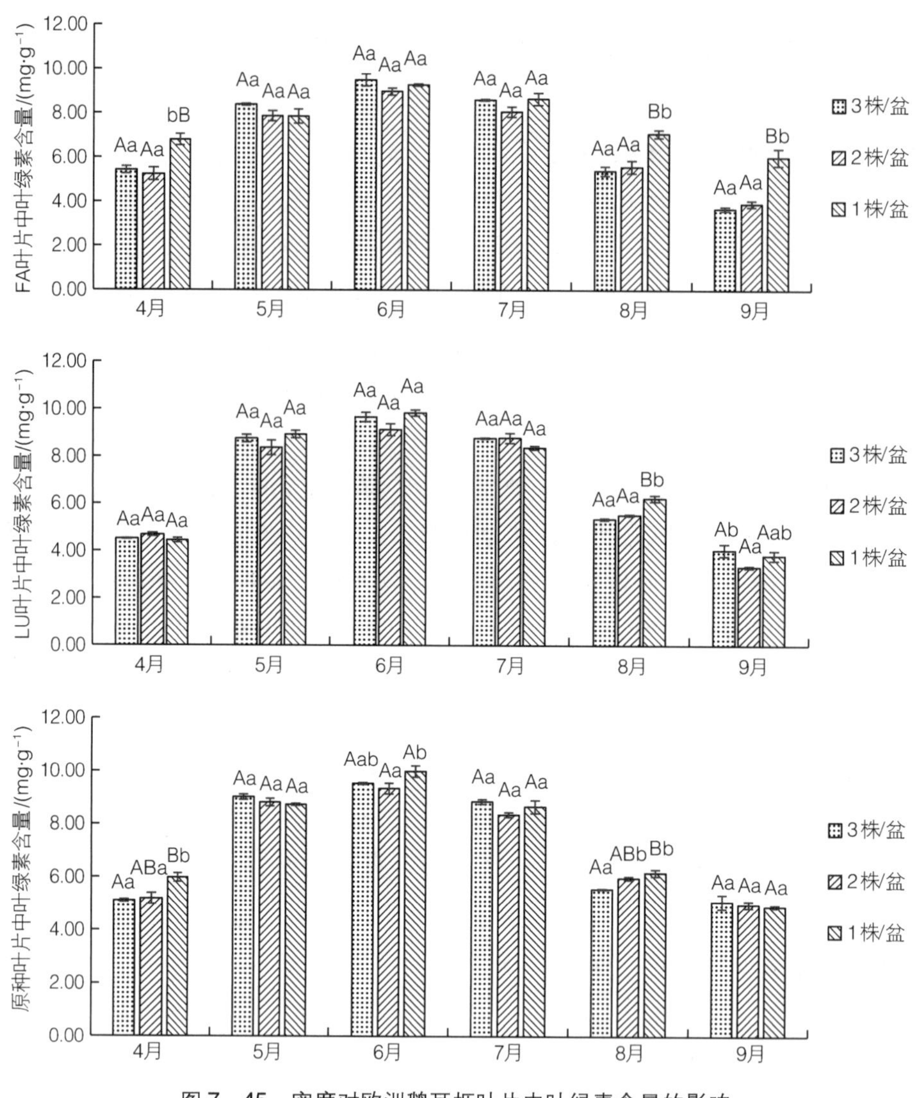


图 7－45　密度对欧洲鹅耳枥叶片中叶绿素含量的影响

#### 7.2.4.2　不同密度对欧洲鹅耳枥叶片可溶性蛋白质的影响

通过测定欧洲鹅耳枥叶片中可溶性蛋白质的含量变化情况，了解欧洲鹅耳枥植株的总代谢情况，并分析各个处理之间可溶性蛋白的差异性。

图 7－46 说明欧洲鹅耳枥 3 个品种的叶片可溶性蛋白质含量随着时间先增加后下降，呈倒勺形。8 月，3 个品种叶片中可溶性蛋白含量均急剧上升，达到最大值。在 FA 品种中 3 个密度含量差异不大，均呈现先上升后下降趋势，并且增加量最多的在 8 月，此外 4—9 月密度处理间其含量无显著差异；在 LU 品种中可溶性蛋白质含量先增加后再下降之后再增加再下降，双峰值分别于 5 月和 8 月出现，但 5 月峰值较小，8 月峰值含量达到最大。其中 5 月，3 株/盆处理与 1 株/盆处理之间有显著差异，4 月、6 月、7 月和 8 月 LU 品种的 3 个密度间含量差别不大，无显著差异性；在原种中，蛋白含量随着

时间先增加后下降，呈倒勺形。4 月，1 株/盆与 3 株/盆有着显著差异；5 月，2 株/盆与 3 株/盆之间有显著差异；9 月，3 株/盆与 2 株/盆、1 株/盆之间差异显著。

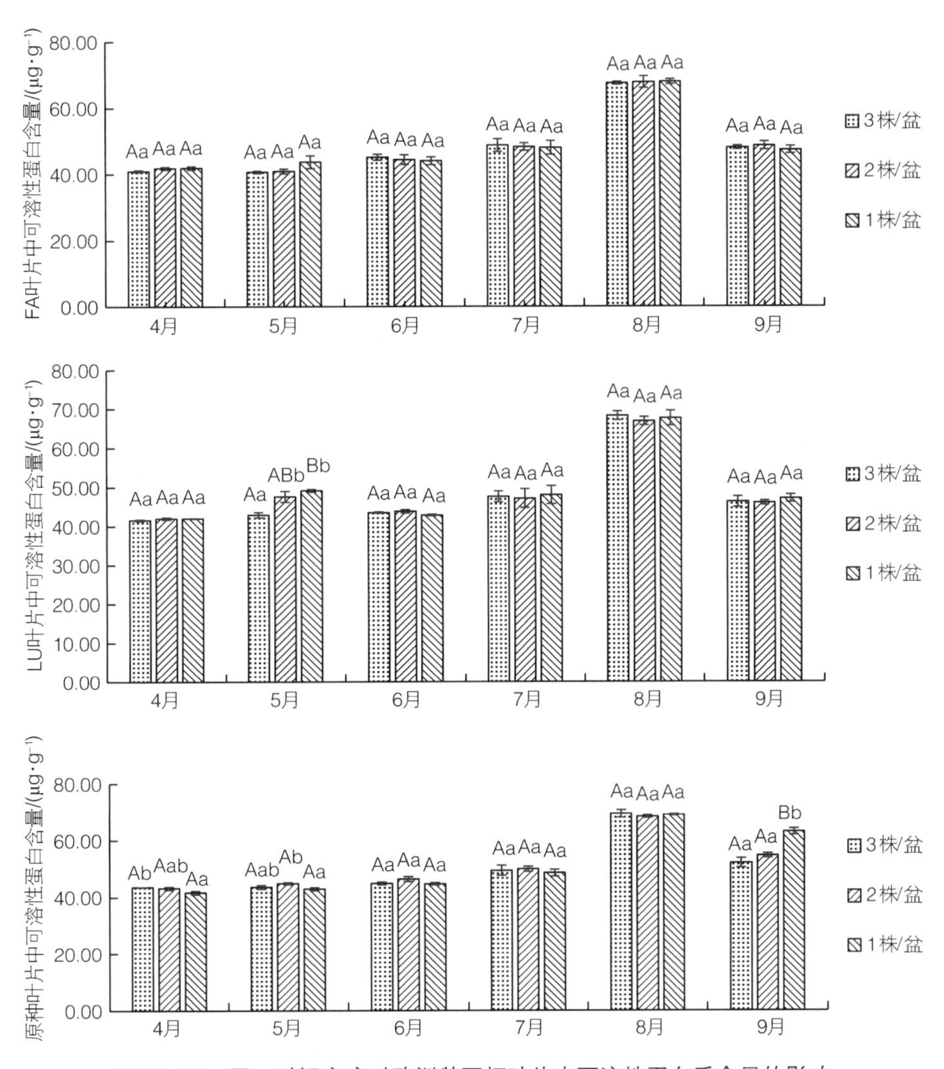


图 7-46　同一时间密度对欧洲鹅耳枥叶片中可溶性蛋白质含量的影响

### 7.2.4.3　不同密度对欧洲鹅耳枥叶片可溶性糖的影响

通过测定欧洲鹅耳枥叶片中可溶性糖含量的变化情况，了解欧洲鹅耳枥植株的总代谢情况，并分析各个处理之间可溶性糖含量的差异性。

由图 7-47 可知，欧洲鹅耳枥的可溶性糖含量先增加后减少，在 8 月急剧增加，含量达到最大，呈倒勺形。FA 叶片中可溶性糖含量先增加后减少，在 8 月达到峰值，9 月开始下降，其中在 7—8 月可溶性糖含量增加量最多。4—7 月，3 个密度处理的叶片可溶性糖含量无显著差异。8 月，3 株/盆与 1 株/盆有显著差异，2 株/盆与 3 株/盆和 1 株/盆无显著差异，9 月，3 株/盆与 2 株/盆有显著差异，1 株/盆与 3 株/盆、2 株/盆之间无显著差异；LU 叶片中可溶性糖含量变化随时间也是先增加后下降的趋势，呈倒勺形。4 月，2 株/盆与 1 株/盆、3 株/盆有显著差异；5 月，3 个密度无显著差异；6 月，1 株/盆与 3 株/盆有显著差异；7 月，1 株/盆与 3 株/盆有显著差异，2 株/盆与 3 株/盆和 1 株/盆无显著差异；8 月，3 株/盆处理与 1 株/盆处理有显著差异，2 株/盆和 3 株/盆和 1 株/盆无显著差异；9 月，3 个密度有显著差异；在原种中叶片可溶性糖随时间变化同 FA 品种和 LU 品种相同，先增加后减少，呈倒勺形，7—8 月增加最多，4 月、5 月、6 月、7 月和 8 月 3 个不同密度处理之间可溶性糖含量无显著差异，9 月，3 株/盆处理与 1 株/盆处理有显著差异。

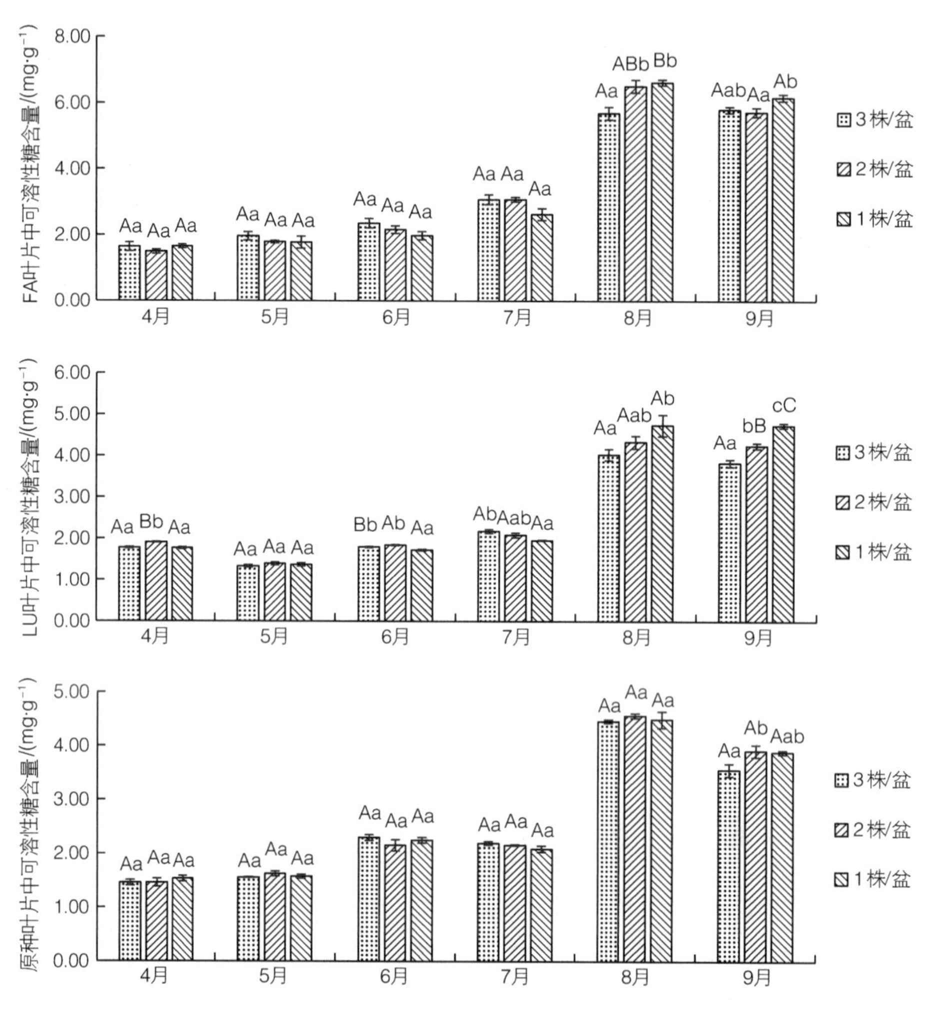


图 7-47　同一时间密度对欧洲鹅耳枥叶片中可溶性糖含量的影响

#### 7.2.4.4　不同密度对欧洲鹅耳枥叶片养分的影响

（1）不同密度对欧洲鹅耳枥叶片全氮含量的影响

从图 7-48 中可以看出，欧洲鹅耳枥的 3 个品种的全氮含量随着时间的延长而呈现减少趋势，4 月嫩叶的含氮量最高。4—6 月和 8—10 月欧洲鹅耳枥叶片中全氮含量的减少量较多，而 6—8 月全氮含量减少量较为缓和。可能主要是因为 4—6 月欧洲鹅耳枥处

于快速增长阶段，需氮量较多，导致叶片全氮含量急速下降；8—10 月全氮含量急速下降可能主要是叶片逐渐衰老，叶片组织内主要含氮物质逐渐分解，被转运至其他器官，导致叶片全氮含量下降；6—8 月全氮含量下降较少可能主要是因为欧洲鹅耳枥处于营养生长较为缓和时期，全氮含量变化不大。从图中可以看出，3 个品种中每月 3 个不同密度处理之间含氮量差别不大，相互之间无显著差异。

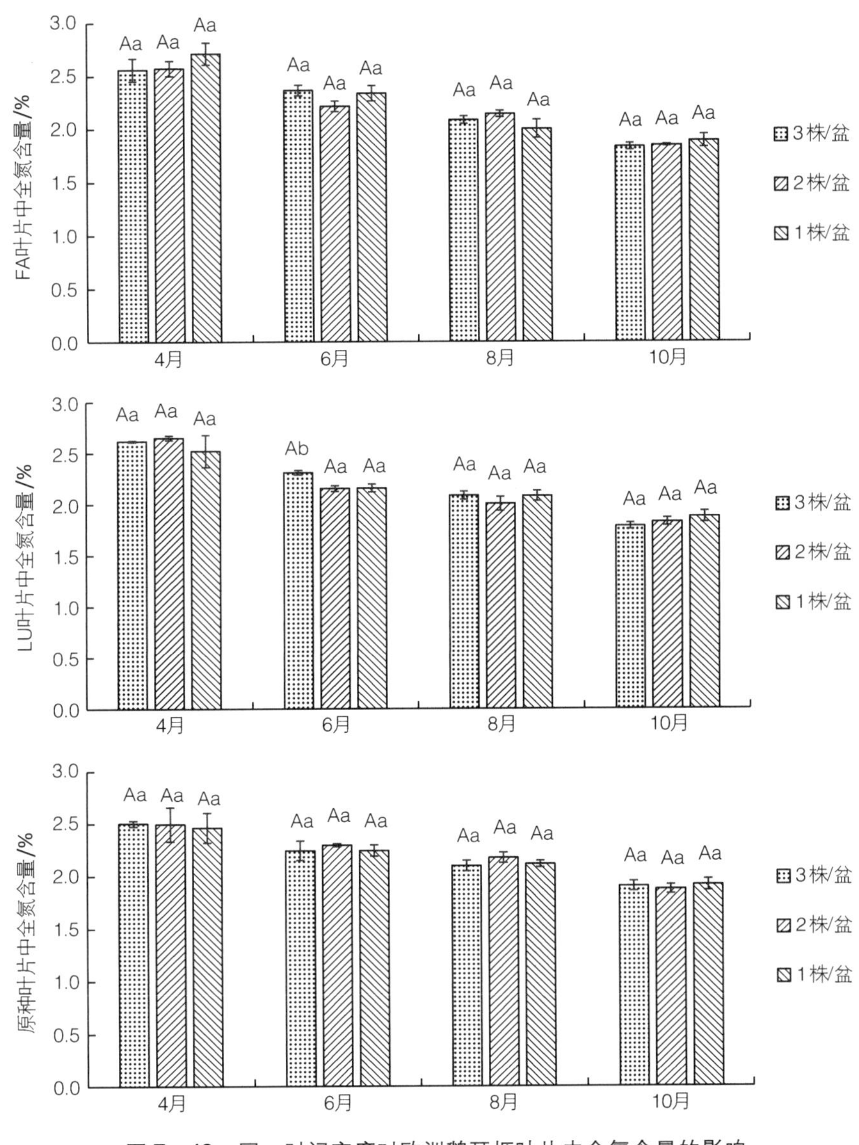


图 7－48　同一时间密度对欧洲鹅耳枥叶片中全氮含量的影响

（2）不同密度对欧洲鹅耳枥叶片全磷含量的影响

从图 7－49 中可以看出，欧洲鹅耳枥的 3 个品种的全磷含量同全氮含量具有相同变化趋势，均随着时间的延长而呈现为减少，其中 4 月嫩叶的全磷最高。其中 4—6 月的欧洲鹅耳枥叶片全磷含量减少量最多，之后是 8—10 月减少量明显，而 6—8 月减少量不明显。可能主要是因为在4—6月欧洲鹅耳枥处于快速增长阶段，叶片中的磷被运输至其他器官，导致叶片全磷含量急速下降；8—10月叶片中全磷含量急速下降可能主要是由于叶片逐渐衰老，主要含磷物质被分解，叶片组织内的磷元素被运输至其他器官，导致全磷含量急剧下降；6—8月叶片中全磷含量变化不明显可能主要是因为欧洲鹅耳枥处于营养生长较为缓和的时期，对磷元素的需求量减少，因此叶片中的全磷含量变化不大。此外从图中可以看出，3个品种中每月的3个不同密度处理之间含磷量差别不大，相互之间无显著差异。

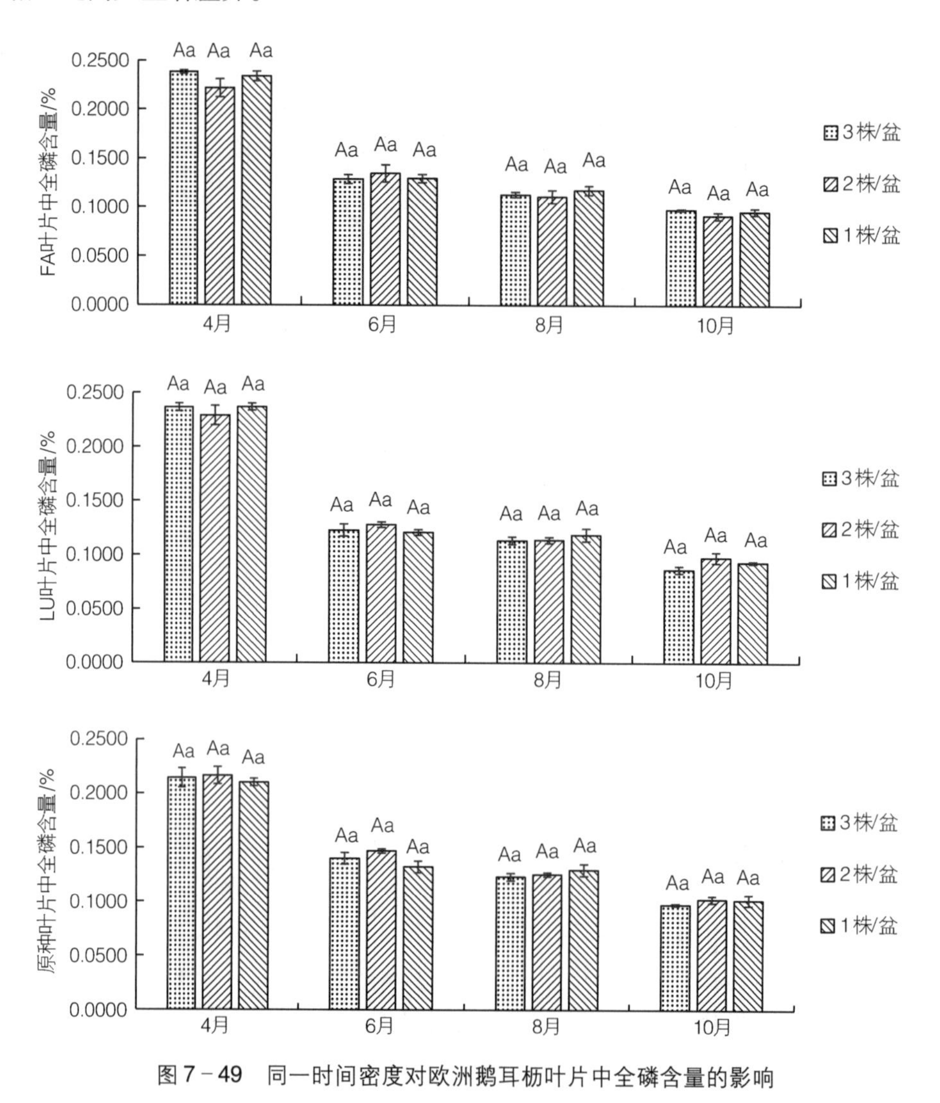


图7-49　同一时间密度对欧洲鹅耳枥叶片中全磷含量的影响

（3）不同密度对欧洲鹅耳枥叶片全钾含量的影响

从图7-50中可以看出，欧洲鹅耳枥的3个品种的全钾含量随着时间的延长，呈现为先增加后下降的趋势，在6月钾含量达到最大。4—10月，FA品种叶片中全钾含量呈现先增加后减少的趋势，在6月达到峰值。其中3个密度之间的全钾大致相同，变化不大。在4月、6月和8月3个密度无显著差异，10月，1株/盆与3株/盆存在显著差异，

2 株/盆处理与 1 株/盆处理和 3 株/盆处理之间无显著差异；在 LU 品种中，叶片的全钾含量也随着时间延长，呈现先增加后减少的趋势，在 6 月达到最大值。4 月，3 株/盆与 2 株/盆存在显著差异，1 株/盆与 3 株/盆和 2 株/盆无显著变化，6 月，1 株/盆与 2 株/盆存在极显著差异，3 株/盆与 2 株/盆和 1 株/盆无显著差异，8 月和 10 月，3 个密度间差异显著。在原种中，全钾含量的变化情况与 FA 品种和 LU 品种相似，随时间延长呈现先增加后降低趋势。其中在 4 月，原种的 2 株/盆处理与 3 株/盆处理存在极显著差异，1 株/盆处理与其他 2 个处理间无显著差异。6 月，3 个密度处理之间存在极显著差异，3 株/盆处理的全钾含量最大，2 株/盆处理次之，1 株/盆处理含量最小。而 8 月和 10 月 3 个密度处理之间全钾含量大致相同，无明显差异性。全钾含量的动态变化主要和欧洲鹅耳枥的不同生长时期和生长速度有关。通过图中可以看出密度对全钾含量还有一定的影响。在 LU 品种中，6 月的全钾含量中 1 株/盆处理的钾元素含量较高，也与树高净增高等指标一致。

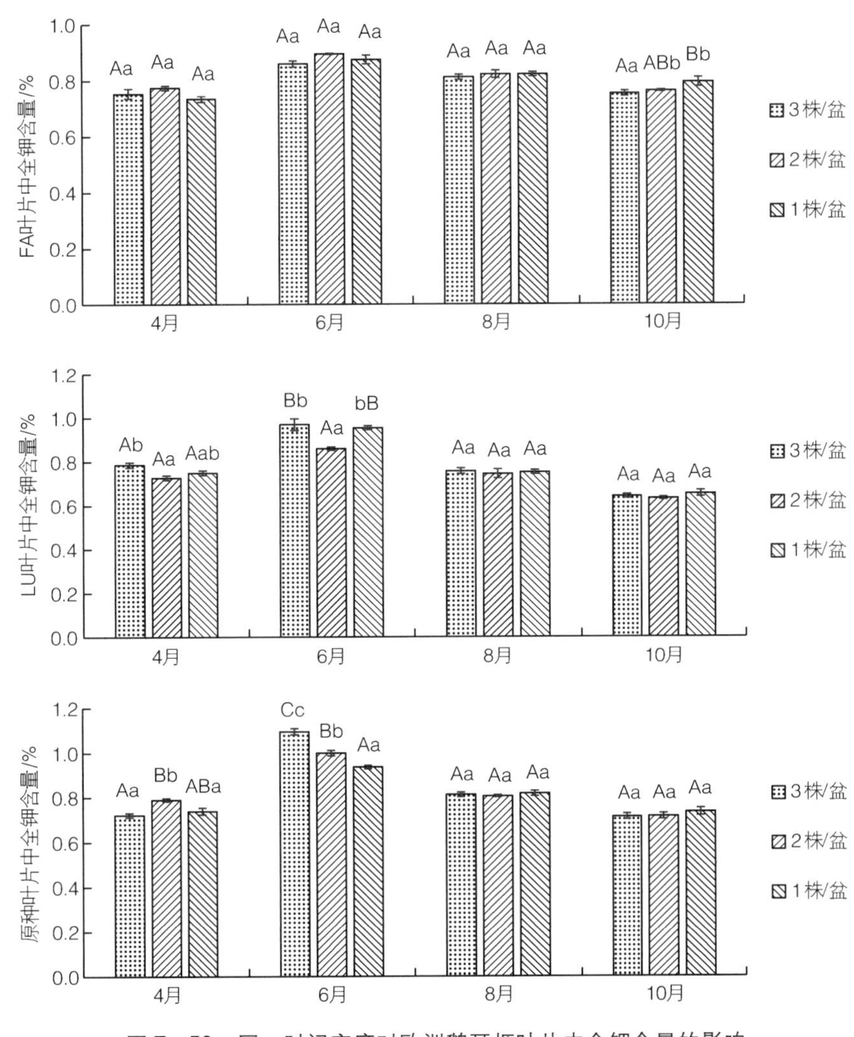


图 7－50　同一时间密度对欧洲鹅耳枥叶片中全钾含量的影响

## 7.2.5 不同密度对土壤养分含量的影响

作者团队于10月底从欧洲鹅耳枥3个品种的不同密度处理中采取土壤，并进行各项养分分析，包括土壤全氮、全磷、全钾以及碱解氮、速效钾、有效磷。通过土壤养分含量的变化来显示不同栽植密度不同品种之间的相互关系，也侧面反映不同密度下欧洲鹅耳枥的生长情况。

### 7.2.5.1 不同密度对土壤氮素含量的影响

由图7－51可知，土壤全氮和碱解氮（水解性氮）含量均随密度的增大而减少，且每个品种之间含量都有所差异。在FA品种中土壤全氮含量随着密度的增大而逐渐减少，1株/盆的全氮含量达到最高，为1.94 mg・$g^{-1}$，2株/盆处理为1.83 mg・$g^{-1}$，3株/盆处理为1.74 mg・$g^{-1}$，3个密度存在显著差异；此外在FA品种的碱解氮中3株/盆为0.232 mg・$g^{-1}$，在3个密度里最高，2株/盆与1株/盆的碱解氮含量较低些，其中1株/盆与2株/盆和3株/盆存在显著差异，2株/盆与3株/盆有显著差异。在LU品种，3个不同密度处理的全氮变化趋势与FA品种类似，1株/盆处理的全氮为1.824 mg・$g^{-1}$，相较于FA品种的1株/盆较低些，且2株/盆和3株/盆均低于1株/盆，分别为1.762 mg・$g^{-1}$、1.688 mg・$g^{-1}$，此外3个密度处理之间存在显著差异；LU品种的3个密度处理下1株/盆的碱解氮在3个品种中最高，为0.249 mg・$g^{-1}$，2株/盆处理和3株/盆处理分别为0.225 mg・$g^{-1}$、0.165 mg・$g^{-1}$，3个处理之间的土壤碱解氧含量相差也较大，存在显著差异。在原种中的全氮和碱解氮变化趋势与前两个品种相同，均随密度增大而降低。1株/盆处理的土壤全氮含量最高，2株/盆次之，3株/盆最低，3个密度间相差较大，有着显著差异；1株/盆处理的含量最高，为0.212 mg・$g^{-1}$，但是同2株/盆处理与3株/盆处理的含量相差不大，三者之间无明显的差异性。

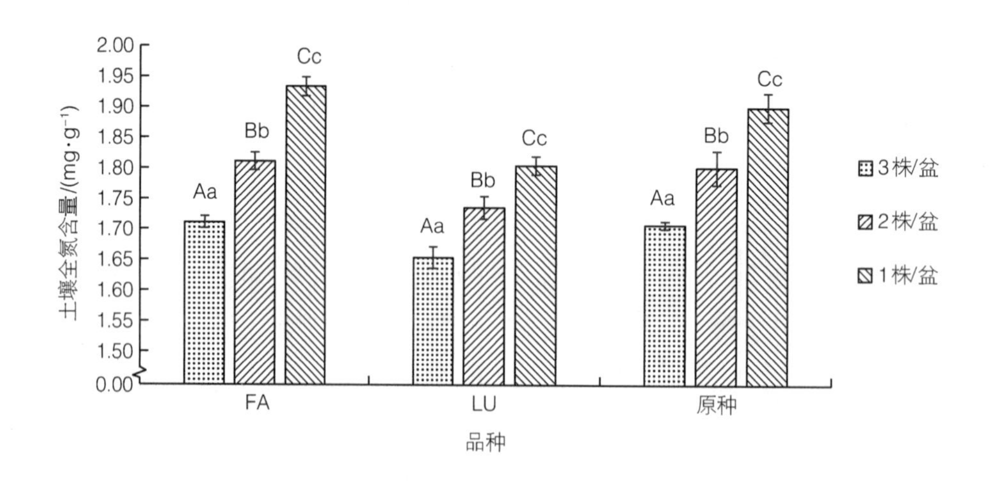

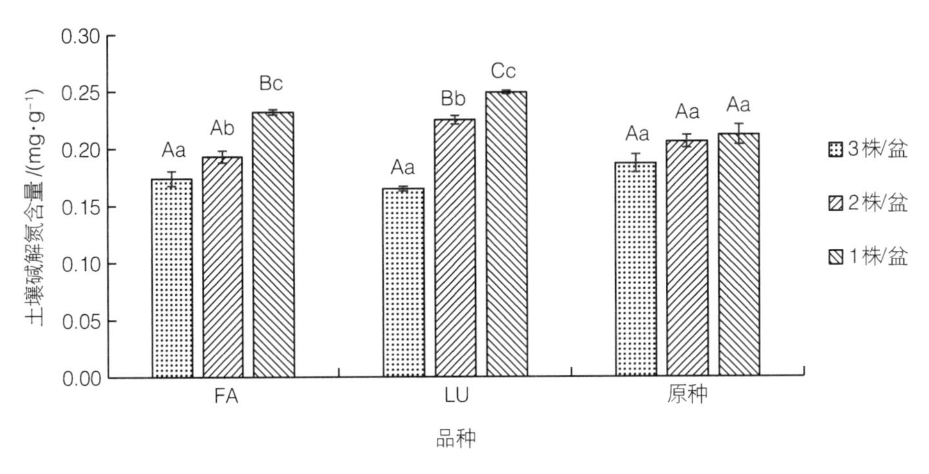


图 7-51 欧洲鹅耳枥种植密度对土壤氮素的影响

#### 7.2.5.2 不同密度对土壤磷素含量的影响

由图 7-52 可知，土壤全磷和有效磷均随着密度的增大而逐渐降低，其中 3 个密度处理间土壤全磷含量的差异较小，有效磷含量则差异较多。FA 品种中土壤全磷变化趋势，1 株/盆达到最大，为 0.296 $mg \cdot g^{-1}$，2 株/盆处理和 3 株/盆处理分别为 0.265 $mg \cdot g^{-1}$ 和 0.238 $mg \cdot g^{-1}$，其中 1 株/盆与 3 株/盆存在显著差异，而 2 株/盆与 3 株/盆和 1 株/盆无显著差异；在有效磷中，1 株/盆处理的土壤有效磷含量明显高于 2 株/盆处理和 3 株/盆处理，达到了 40.5 $mg \cdot kg^{-1}$，而 2 株/盆处理与 3 株/盆处理含量分别为 24 $mg \cdot kg^{-1}$、18 $mg \cdot kg^{-1}$，1 株/盆与 2 株/盆和 3 株/盆存在显著差异，2 株/盆处理与 3 株/盆处理有显著差异。LU 品种的土壤全磷含量和有效磷含量变化趋势也同 FA 品种相同，随着密度的增加而逐渐降低。在 LU 品种的全磷中，1 株/盆明显高于 2 株/盆和 3 株/盆，3 个密度间具有显著差异，其中 1 株/盆处理、2 株/盆处理、3 株/盆处理的全磷含量分别是 0.318 $mg \cdot g^{-1}$、0.284 $mg \cdot g^{-1}$、0.257 $mg \cdot g^{-1}$；在 LU 品种的有效磷中可以看出 3 个密度处理随密度的增加，其逐渐降低。其中 1 株/盆处理的含量最大，为 30.5 $mg \cdot kg^{-1}$，2 株/盆处理和 3 株/盆处理分别为 20 $mg \cdot kg^{-1}$、12 $mg \cdot kg^{-1}$，3 个密度间存在显著差异。在原种中，土壤全磷含量和有效磷含量的变化趋势与前两个品种大致相同，但是部分处理之间相差不大。在土壤全磷中，1 株/盆略高于 2 株/盆和 3 株/盆，含量达到了 0.295 $mg \cdot g^{-1}$，1 株/盆处理与 3 株/盆处理有显著差异，而 2 株/盆与 1 株/盆和 3 株/盆间无显著差异；可以看出原种的各处理下土壤有磷含量的规律：2 株/盆和 1 株/盆均明显大于 3 株/盆，而 2 株/盆与 1 株/盆间的含量相差不大，3 株/盆与 2 株/盆和 1 株/盆间存在显著差异，而 2 株/盆与 1 株/盆间无显著差异。

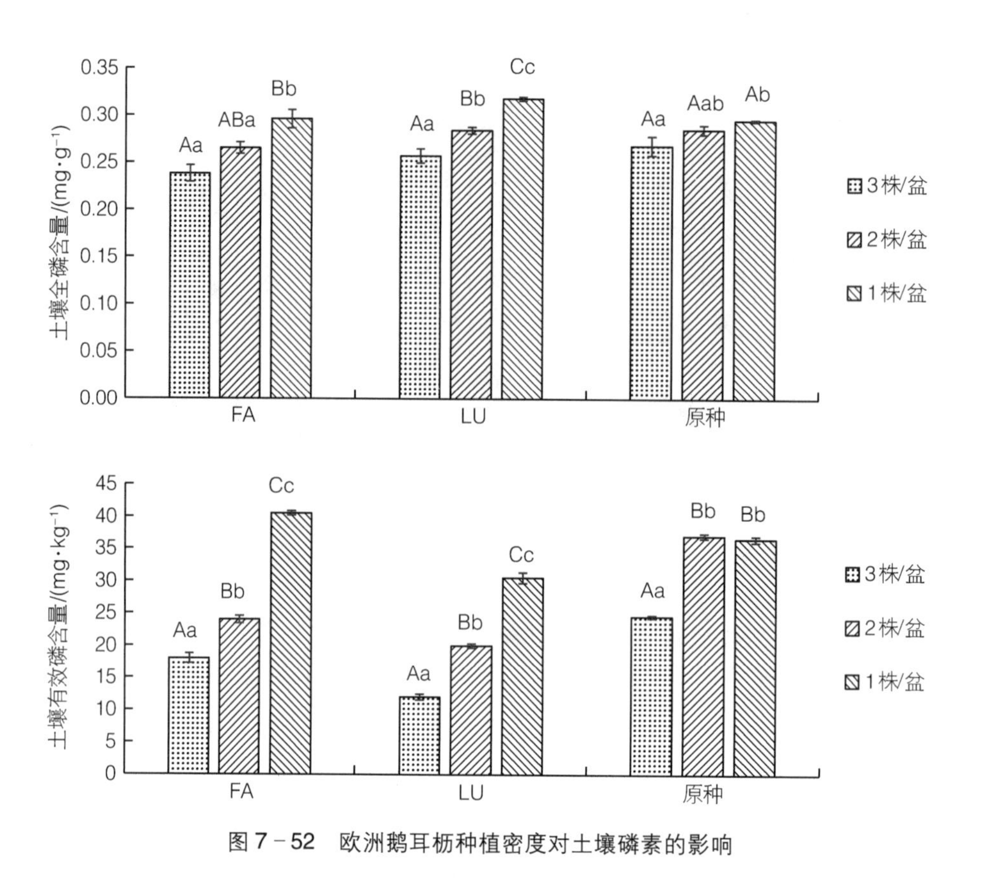


图 7－52　欧洲鹅耳枥种植密度对土壤磷素的影响

### 7.2.5.3　不同密度对土壤钾素含量的影响

从图 7－53 中可以看出，土壤全钾含量和速效钾含量均随着密度的增大而逐渐降低，3 个品种的不同处理之间土壤全磷含量和速效钾含量差异明显。FA 品种 1 株/盆处理下土壤全钾含量为 15.5 mg·g$^{-1}$，2 株/盆处理和 3 株/盆处理的土壤全钾含量分别为 13.1 mg·g$^{-1}$ 和 11.8 mg·g$^{-1}$，1 株/盆与其他处理间存在显著差异，2 株/盆与 3 株/盆无显著差异；FA 品种的土壤速效钾含量变化规律同土壤全钾一致，1 株/盆处理下土壤速效钾含量最高，为 0.314 mg·g$^{-1}$，2 株/盆处理和 3 株/盆处理土壤速效钾含量较低，分别为 0.231 mg·g$^{-1}$、0.213 mg·g$^{-1}$，3 个处理间均存在显著差异。品种中土壤全磷与速效磷均随着密度的增大而逐渐呈现降低趋势。其中土壤全钾含量中 1 株/盆处理的含量达到最大，2 株/盆处理次之，3 株/盆处理最小，1 株/盆处理与 3 株/盆处理之间存在显著差异，2 株/盆处理与 3 株/盆处理和 1 株/盆处理之间无显著差异；1 株/盆处理的土壤有效磷含量最高，达到 0.17 mg·g$^{-1}$，2 株/盆和 3 株/盆的土壤有效磷含量较低，分别为 0.1540 mg·g$^{-1}$、0.131 mg·g$^{-1}$，其中 1 株/盆处理与其他两个处理间均存在显著差异，2 株/盆处理与 1 株/盆处理和 3 株/盆处理之间无显著差异。在原种中土壤全磷与有效磷含量均随密度的增加而呈现减少趋势。在土壤全磷中，1 株/盆处理的含量达

到最大，2 株/盆处理次之，3 株/盆处理最小，分别为 0.295 mg·g$^{-1}$、0.285 mg·g$^{-1}$、0.268 mg·g$^{-1}$，1 株/盆与 2 株/盆和 3 株/盆间有显著差异，2 株/盆与 1 株/盆和 3 株/盆间无显著差异；2 株/盆处理的土壤有效磷含量最大，1 株/盆次之，3 株/盆最小，分别为 0.365 mg·g$^{-1}$、0.370 mg·g$^{-1}$、0.245 mg·g$^{-1}$，3 株/盆与 2 株/盆和 1 株/盆差异显著，而 2 株/盆与 1 株/盆间有显著差异。

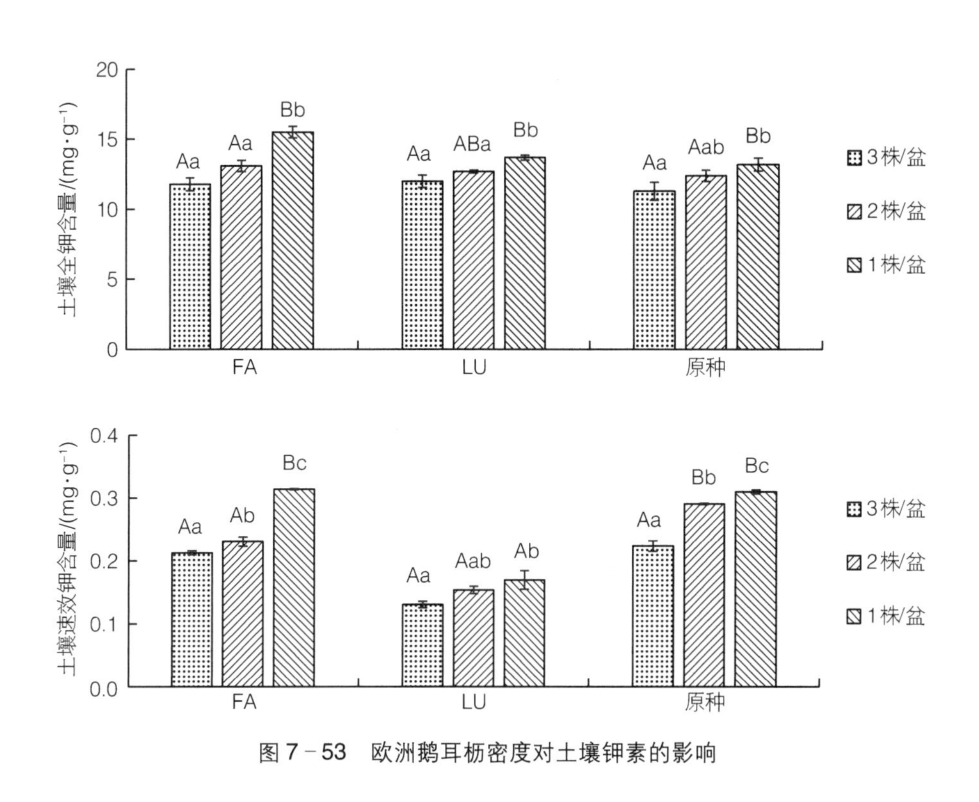


图 7－53　欧洲鹅耳枥密度对土壤钾素的影响

## 7.2.6　不同密度对枝叶产量的影响

### 7.2.6.1　不同密度对叶片产量的影响

不同的栽植密度不仅会导致植物对水平空间和垂直空间的竞争，而且还会大幅度增加其对阳光、水分以及养分的竞争激烈程度。在这些逆境环境中，植株的叶片数量就会发生变化。本研究通过对鹅耳枥 4 月、6 月、8 月和 10 月的叶片数量以及 6 月的单叶质量和叶片产量进行观测，利用方差分析来研究各个处理之间的相关性，以期得到密度对叶片数量、质量以及产量的影响。

从图 7－54 中可以看出，每个品种的 3 个处理之间 6 月单叶重差异不大，相互之间差异显著；此外原种 3 个密度处理的平均单叶重为 0.353 8 g、LU 品种平均单叶重 0.340 5 g、FA 品种平均单叶重为 0.240 7 g，原种单叶重最大，LU 品种次之，FA 品种的单叶重最小。

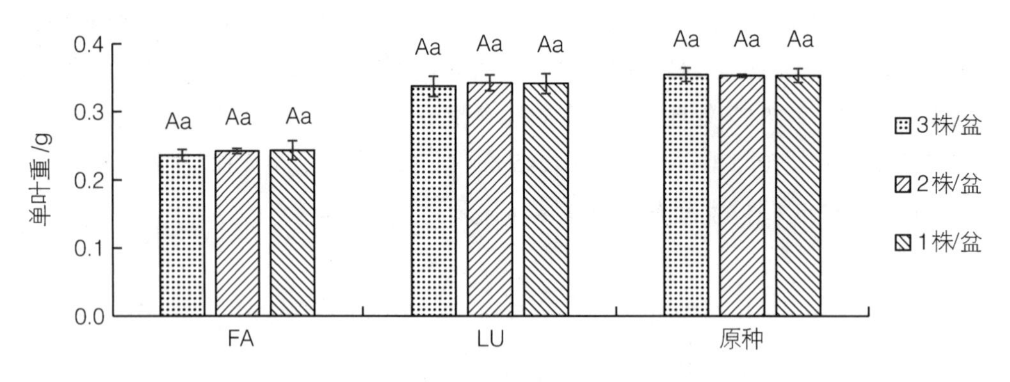


图 7-54 密度对 6 月单叶重的影响

从图 7-55 中可以看出，3 个品种 6 月叶片产量随栽植密度的变化不尽相同。在 FA 中其密度与 6 月产量呈正相关关系。3 个密度处理的产量从高到低分别为 0.315 kg（3 株/盆）、0.286 kg（2 株/盆）、0.235 kg（1 株/盆）。LU 品种 6 月叶片产量随着密度变化没有明显的规律性，1 株/盆处理的叶片产量最大，为 0.499 kg，3 株/盆处理次之，为 0.438 kg，2 株/盆处理最小，为 0.396 kg。原种各密度处理间 6 月叶片产量差异不大，1 株/盆处理叶片产量为 0.309 kg，2 株/盆处理为 0.291 kg，3 株/盆处理为 0.325 kg。

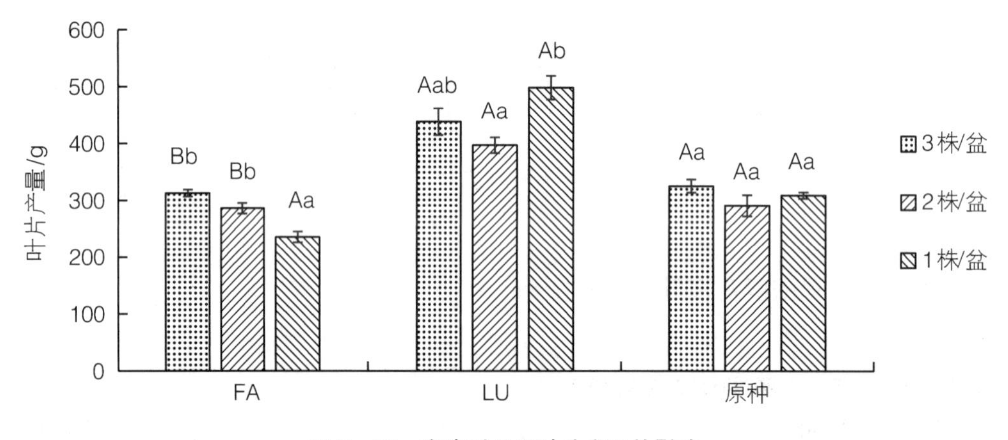


图 7-55 密度对 6 月叶片产量的影响

#### 7.2.6.2 不同密度对枝条数量的影响

首先对鹅耳枥的枝条进行径级分类，主要分为 5 类：小于 10 mm，10~30 mm，30~50 mm，50~70 mm，70 mm 及以上。

从图 7-56 中可以看出，FA 品种的小于 10 mm 径级的枝条在总枝条中占据较大比例，且随着时间的延长其数量先增加后减少，在 6 月达到最大。10~30 mm 径级枝条在总枝条中所占的比例仅次于小于 10 mm 径级的枝条，且随着时间的延长其数量逐渐增加，且在 10 月达到最大值。30~50 mm 径级枝条在总枝条中所占的比例处于第 3 位，且

随着时间的延长其数量呈增加趋势，在 10 月达到最大。50~70 mm径级枝条在总枝条中所占的比例处于第 4 位，且随着时间的延长其数量呈增加趋势，在 10 月达到最大。70 mm 以上径级枝条在总枝条中所占的比例最小，且随着时间的延长其数量呈增加趋势，在 10 月达到最大。

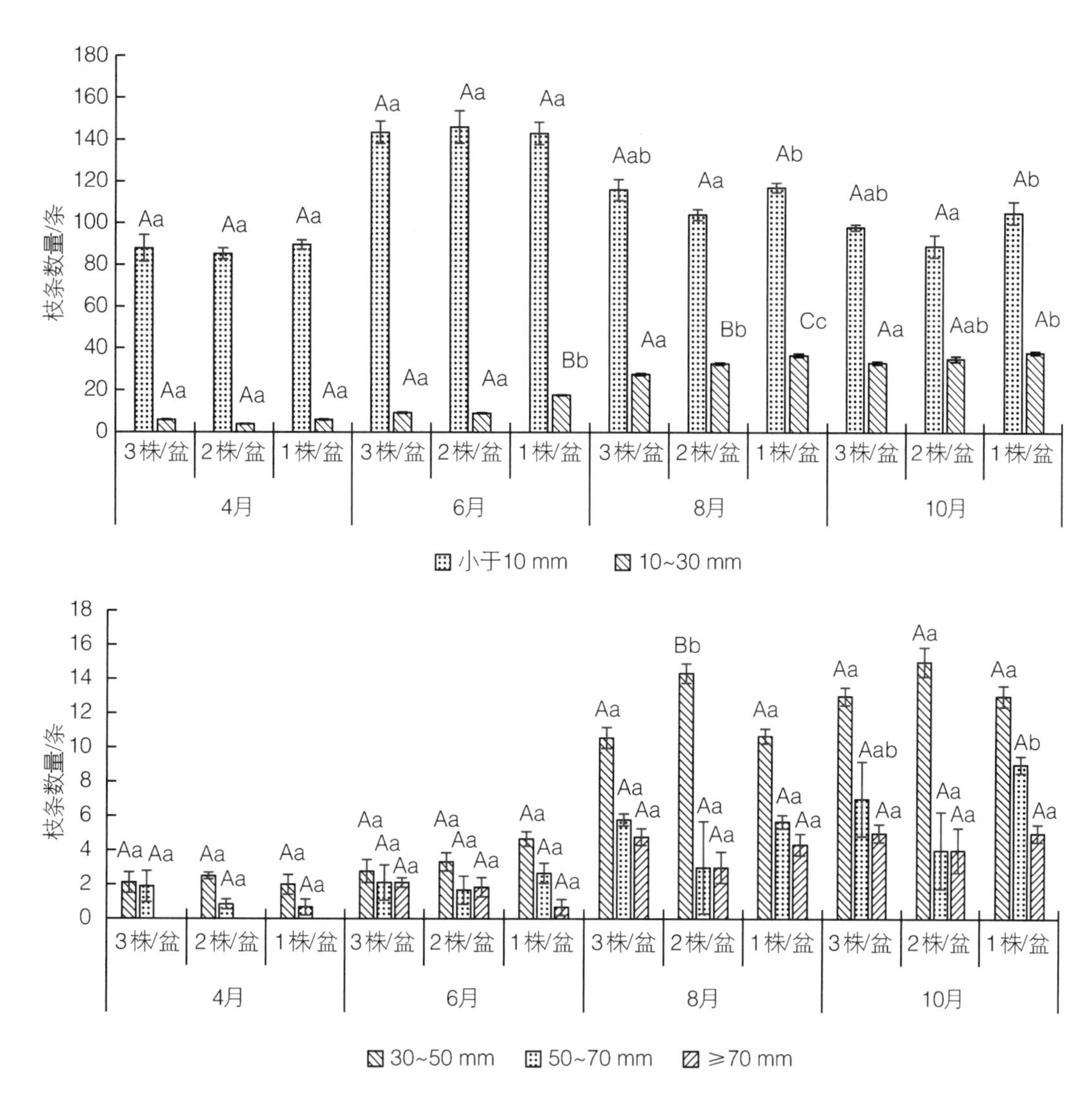


图 7－56　密度对不同径级枝条数量的影响

从图 7－57 中可以看出，LU 品种的小于 10 mm 径级的枝条在总枝条中占据较大比例，且随着时间的延长其数量先增加后减少，在 6 月达到最大。10~30 mm 径级的枝条在总枝条中占据仅次于小于 10 mm 径级的枝条，且随着时间的延长其数量持续增加，在 10 月达到最大。30~50 mm 径级的枝条在总枝条中占据的比例处于第 3 位，且随着时间的延长其数量持续增加，在 10 月达到最大。50~70 mm 径级的枝条在总枝条中占据的比例处于第 4 位，且随着时间的延长其数量持续增加，在 10 月达到最大。70 mm 及以上径级的枝条在总枝条中占据的比例最小，但随着时间的延长其数量持续增加，在 10 月达到最大。

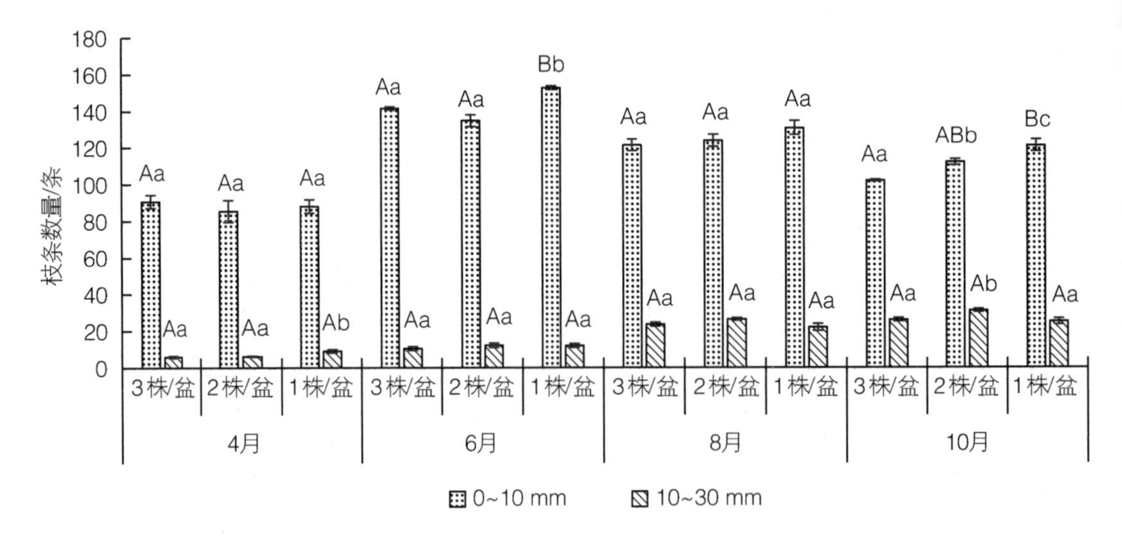


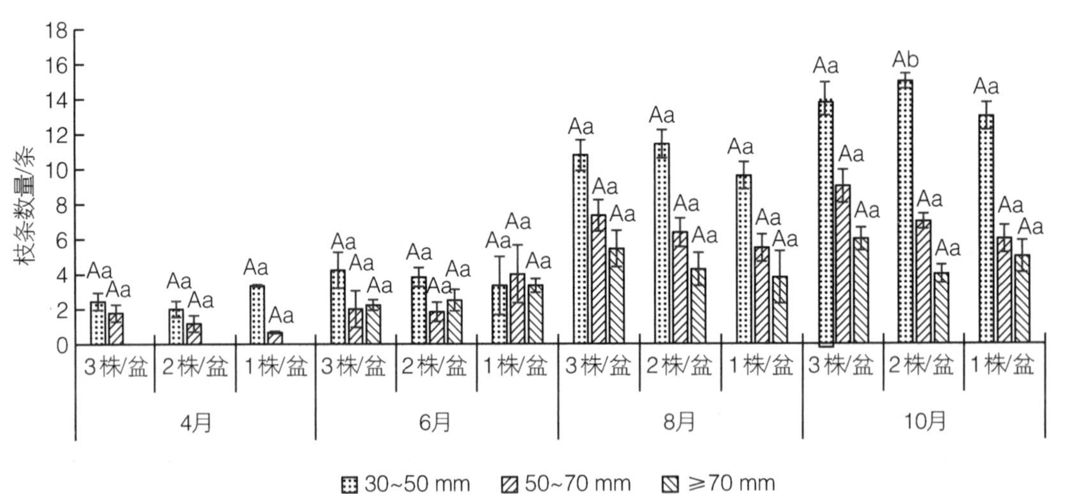


图 7－57　密度对不同径级枝条数量的影响

从图 7－58 可看出，原种中的小于 10 mm 径级的枝条在总枝条中占据了较大比例，且随着时间的延长其数量先增加后减少，在 6 月达到最大。10～30 mm 径级的枝条在总枝条中占据仅次于小于 10 mm 径级的枝条，且随着时间的延长其数量持续增加，在 10 月达到最大。30～50 mm 径级的枝条在总枝条中占据第 3 位，且随着时间的延长其数量持续增加，在 10 月达到最大。50～70 mm 径级的枝条在总枝条中占据第 4 位，且随着时间的延长其数量持续增加，在 10 月达到最大。70 mm 及以上径级的枝条在总枝条中占据第 4 位，且随着时间的延长其数量持续增加，在 10 月达到最大。

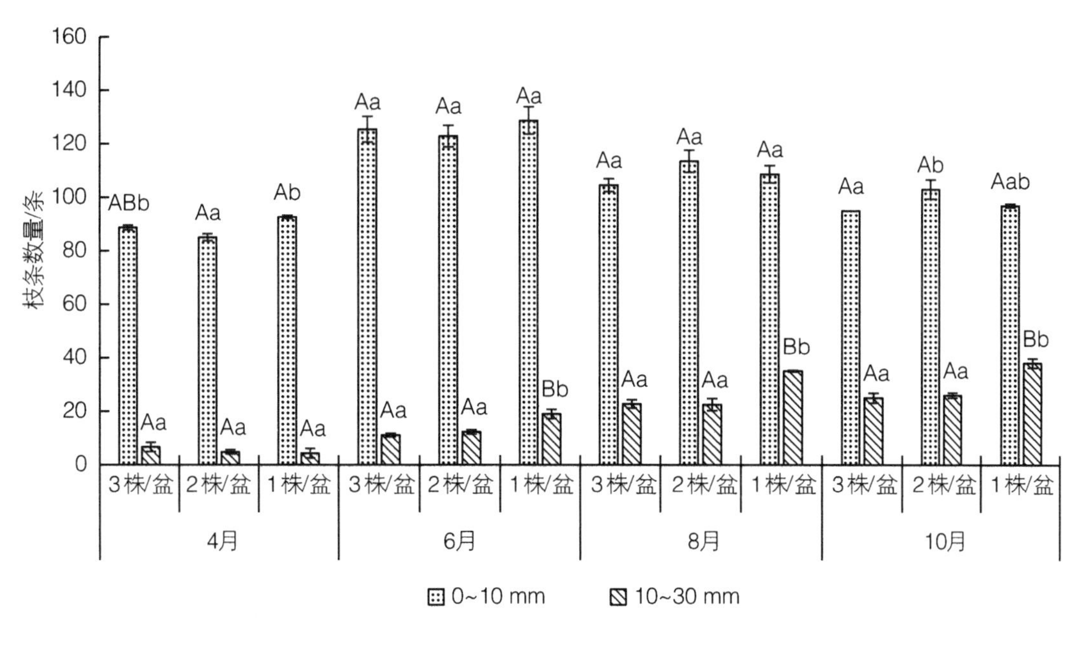


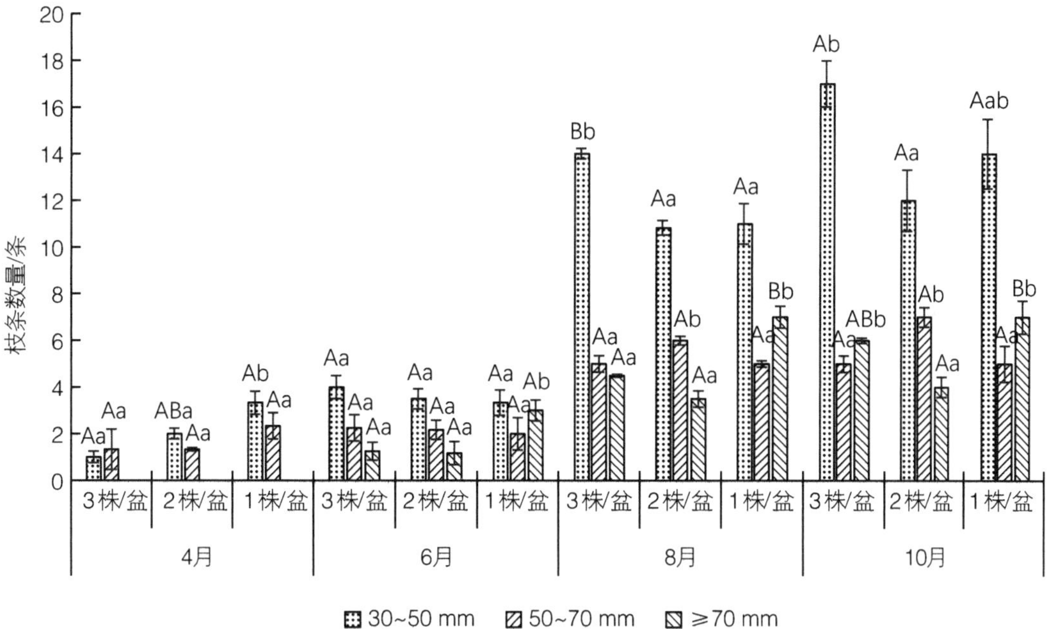


图 7－58　密度对不同径级枝条数量的影响

# 第八章

# 观赏鹅耳枥叶提取物测定及生物活性研究

观赏鹅耳枥富含丰富的生物活性物质，在生物医药领域具有广阔的应用前景。然而我国鹅耳枥提取物成分检测及活性作用却少见报道。作者团队研究发现鹅耳枥叶片具有脱镁叶绿酸 a 和类黄酮等物质，建立了鹅耳枥的脱镁叶绿酸 a、黄酮类有效成分含量测定的高效液相色谱分析法。

本章系统叙述了观赏鹅耳枥活性物质提取、组织分布及积累规律，阐述了鹅耳枥脱镁叶绿酸 a 和总黄酮提取物的抗炎活性和抗肿瘤活性，为其产业化开发及抗肿瘤药物研制提供理论支持。

# 8.1 观赏鹅耳枥叶提取物内含物测定

中国作为鹅耳枥属植物的分布中心，目前对鹅耳枥属的研究仅局限在某些种类上，尤其是在对鹅耳枥活性成分的提取及活性作用的检测方面更是少见报道。仅国外一些学者进行相关研究，其中包括 Chang 等（2004）对来自中国、韩国、日本的千金榆属 5 个品种中的黄酮类化合物分别进行研究，从中分离出了 9 种黄酮类化合物（黄酮醇、木樨草素、山奈酚、槲皮素、芹黄素等）；Han 等（2010）在 RAW264.7 细胞和 HaCaT 角质细胞上对昌化鹅耳枥提取物抑制炎性细胞因子和趋化因子的产生机制进行研究，结果表明小鼠巨噬细胞 RAW264.7 受到脂多糖刺激后能抑制 TNF，IL－1b，IL－6 的产生，从而显示昌化鹅耳枥具有抑制炎症趋化因子和细胞因子的作用，可以作为一种用于改善过敏性皮炎的有效资源。

## 8.1.1 不同品种鹅耳枥脱镁叶绿酸 a（PHA）含量变化

选用 6 种鹅耳枥作为实验材料，分别于 3—10 月进行鹅耳枥叶片和枝条内 PHA 含量测定。

由图 8－1 可知，鹅耳枥叶片采集时间的不同，其各品种提取物中的 PHA 含量也呈现出不同趋势，其中 3—10 月，各品种鹅耳枥叶片内 PHA 含量均呈现先增加后减少的趋势，在同一月份采集的鹅耳枥叶片，品种不同，PHA 含量也不同，年变化范围是 0.012～1.063 $mg \cdot g^{-1}$，其中 5 月采集的 *C. betulus* ‘Fastigiata’ 叶片 PHA 量高达 1.063 $mg \cdot g^{-1}$，在所采集的各品种中含量最高；其次是 *C. turczaninowii* 叶片 PHA 含量达 0.987 $mg \cdot g^{-1}$。

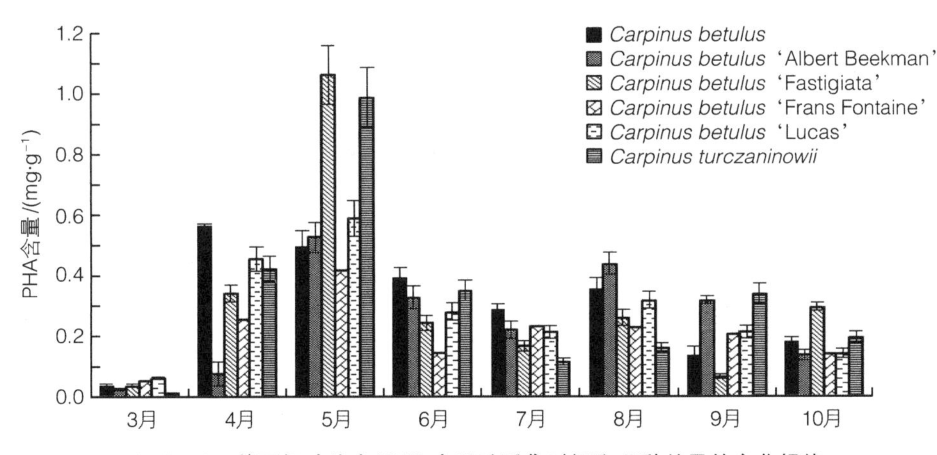


图 8－1 鹅耳枥叶片中 PHA 含量随采集时间和品种差异的变化规律

由图 8－2 可知，相比鹅耳枥叶片内 PHA 含量，鹅耳枥各品种枝条内 PHA 含量在各月份中差异显著，3—10 月整体上呈现先增加后减少再增加再减少的趋势，其中在 5 月达到最高值，年变化范围是 0. 029～0. 344 $mg \cdot g^{-1}$，但总体上枝条中 PHA 含量不及叶高，最高含量仅为 0. 344 $mg \cdot g^{-1}$。可见，包括 *C. betulus* 原种在内的各品种中 *C. betulus* 'Fastigiata' 叶片内 PHA 含量最高。

对不同采集时间鹅耳枥枝条、PHA 含量进行方差分析，得出鹅耳枥在年周期生活史中其枝条生长变化小，更新速度慢，枝条内含物含量变化范围小，而鹅耳枥枝条内含物在各品种之间的差异较大。

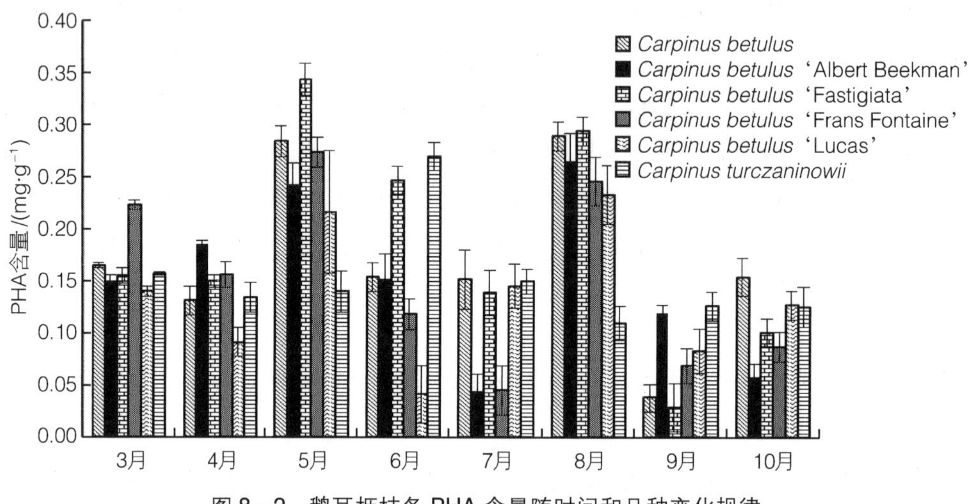

图 8－2　鹅耳枥枝条 PHA 含量随时间和品种变化规律

对各品种在不同采集月份的 PHA 含量进行多重比较，可看出在各月采集的各品种之间的 PHA 含量均有不同程度的差异。对鹅耳枥叶片和枝条两种营养器官内 PHA 含量进行比较（表 8－1），结果显示两种营养器官内 PHA 含量差异极显著（$P<0.01$），因采集时间不同 PHA 含量也呈现极显著差异（$P<0.01$），而在两种营养器官体内的 PHA 含量却均保持在一定范围内，均比较稳定，且在各品种间差异不显著。以上分析说明对 PHA 含量影响最大的因素是器官和采集时间。

**表 8－1　鹅耳枥两种营养器官 PHA 含量随采集时间和品种不同的方差分析**

| 变异来源 | 平方和 | 自由度 | 均方 | *F* 值 | *P* 值 |
|---|---|---|---|---|---|
| 校正模型 | 0. 043 | 13 | 0. 003 | 23. 326 | 0 |
| 截距 | 0. 128 | 1 | 0. 128 | 900. 470 | 0 |
| 月份 | 0. 034 | 7 | 0. 005 | 34. 301 | 0 |
| 品种 | 0. 002 | 5 | 0 | 2. 134 | 0. 062 |
| 器官 | 0. 004 | 1 | 0. 004 | 29. 963 | 0 |
| 误差 | 0. 035 | 243 | 0 | | |
| 总计 | 0. 204 | 257 | | | |

以上结果显示：鹅耳枥叶 8 个月间的 PHA 含量差异均达极显著水平（$P<0.01$），而枝条 PHA 含量在年生活史上差异不显著。鹅耳枥叶片的 PHA 含量显著高于枝条内，说明 PHA 主要储存于鹅耳枥叶片内。鹅耳枥叶片的叶绿素含量远高于枝条内，而 PHA 是叶绿素在相关酶系统作用下转化产生的次级代谢产物，因此叶绿素含量高的营养器官 PHA 含量多。5 月采集的 *C. betulus*‘Fastigiata’叶片 PHA 量高达 1.063 $mg \cdot g^{-1}$，在所采集的各品种中含量最高；其次是 *C. turczaninowii* 叶片 PHA 含量达 0.987 $mg \cdot g^{-1}$。

## 8.1.2 不同品种鹅耳枥总黄酮含量变化

### 8.1.2.1 鹅耳枥不同营养器官黄酮类含量大小

采用分光光度法通过进行总黄酮含量和黄酮类成分含量的测定，结果表明，鹅耳枥不同营养器官均含有黄酮类物质，但是不同部位这种物质的含量均存在显著差异。其中，叶片的总黄酮含量最高，且在 6 月嫩叶期含量达到最高，为 123.78 $mg \cdot g^{-1}$，枝条的总黄酮含量次之，在已进行的预实验中测定的鹅耳枥花序和果实中的总黄酮含量最低。

### 8.1.2.2 不同品种鹅耳枥总黄酮含量变化

从鹅耳枥总黄酮在各月份的积累情况看（图 8-3），鹅耳枥叶片采集时间的不同，其各品种提取物中的总黄酮含量也呈现出不同，3—10 月各品种鹅耳枥叶片内总黄酮含量整体上呈现先增加后减少的趋势，尽管在同一月份采集的鹅耳枥叶片，品种不同，总黄酮含量也不同，鹅耳枥叶片中总黄酮含量的年变化规律显著，含量变化在 18.50~123.28 $mg \cdot g^{-1}$。枝条中总黄酮含量的年变化规律不显著（图 8-4），含量变化在 20.60~40.65 $mg \cdot g^{-1}$，其中 5 月的 *C. betulus*‘Albert Beekman’最高，达 40.65 $mg \cdot g^{-1}$。可见，本试验研究的鹅耳枥 6 个品种中 *C. betulus*‘Fastigiata’叶片内总黄酮含量最高。

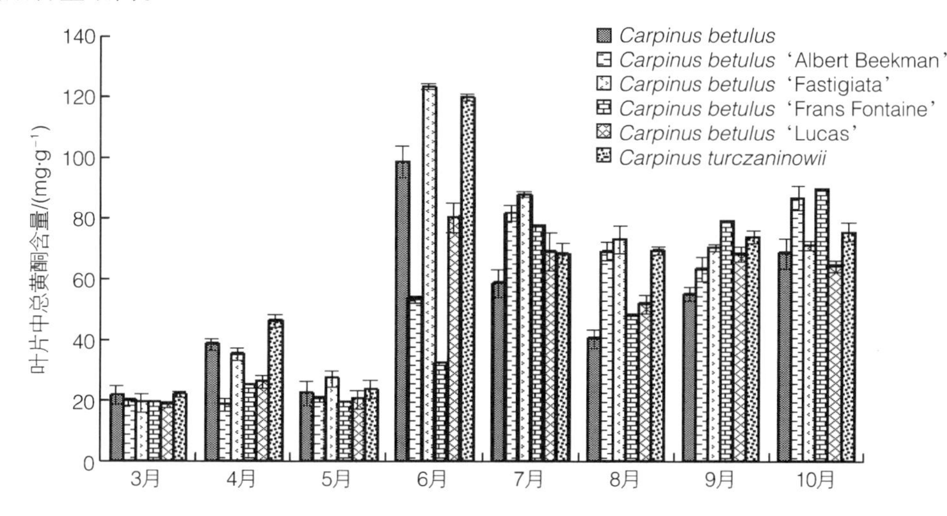


图 8-3 鹅耳枥叶片中总黄酮含量随采集时间和品种不同的变化规律

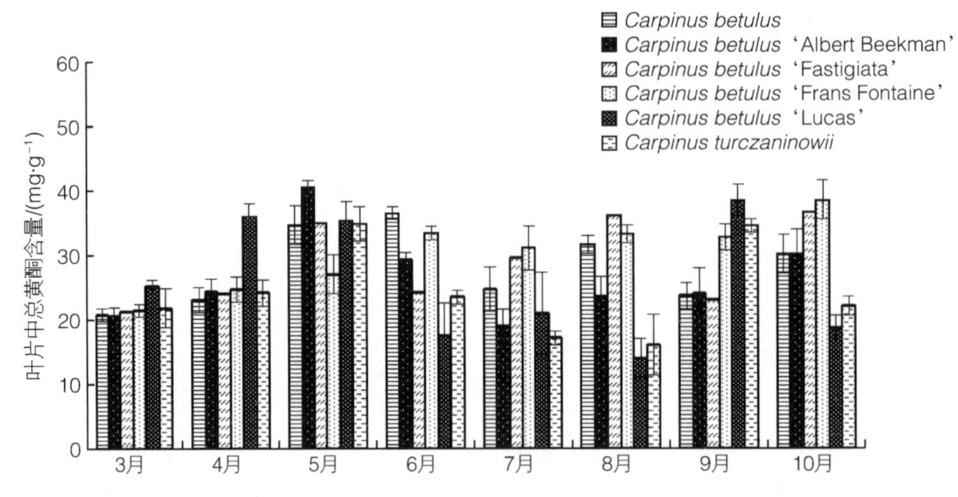


图 8－4　鹅耳枥枝条中总黄酮含量随采集时间和品种不同的变化规律

不同月份鹅耳枥叶片中总黄酮含量差异极显著（$P<0.01$），所采集的各品种鹅耳枥总黄酮含量差异不显著，说明鹅耳枥在年周期生活史中其枝条生长变化小，更新速度慢，枝条内含物含量变化范围小，而鹅耳枥枝条内含物在各品种之间的差异较大。对各品种在不同采集月份的鹅耳枥总黄酮含量差异的多重比较，可看出在各个月份采集的各品种之间的鹅耳枥叶片 PHA 含量均有不同程度的差异。

## 8.1.3　不同品种鹅耳枥酮类成分含量

### 8.1.3.1　不同品种鹅耳枥叶芦丁含量变化

选用 6 种鹅耳枥作为实验材料，分别测定 3—10 月其叶片和枝条中芦丁含量，得出不同品种鹅耳枥随着采集月份的增加芦丁含量呈现先增加后减少的趋势，鹅耳枥叶片中芦丁含量的年变化规律显著，总体上叶片内芦丁含量高于枝条，其中在 6 月采集的 *C. betulus* 'Fastigiata' 叶片中芦丁含量最高，且高达 29.34 mg · $g^{-1}$（图 8－5、图 8－6）。

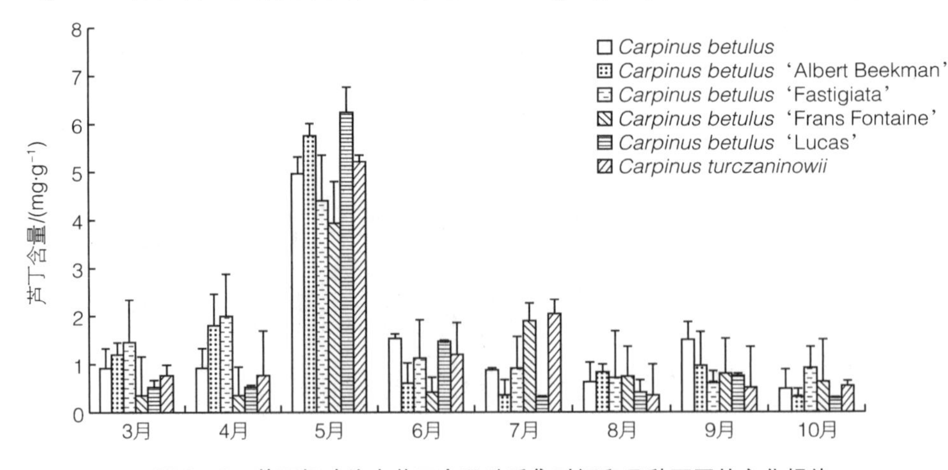


图 8－5　鹅耳枥叶片中芦丁含量随采集时间和品种不同的变化规律

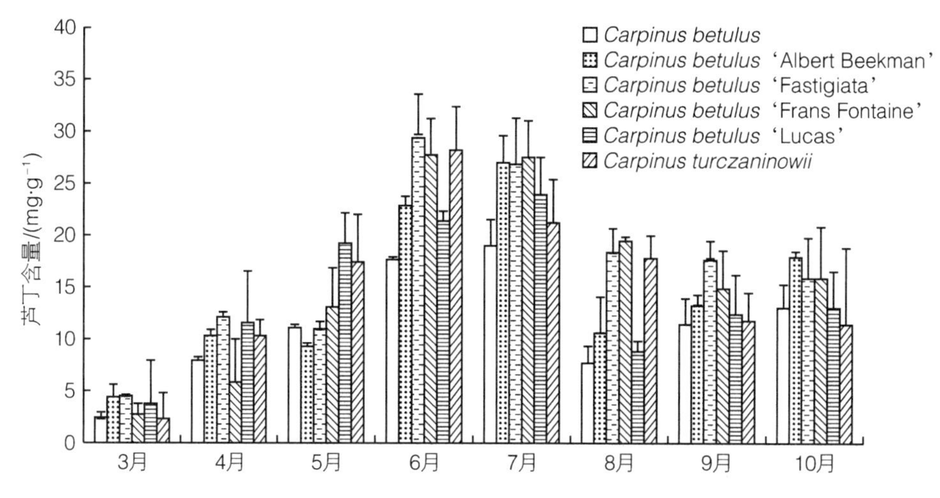


图 8-6　鹅耳枥枝条中芦丁含量随采集时间和品种差异的变化规律

#### 8.1.3.2　不同品种鹅耳枥槲皮素含量变化

选用 6 种鹅耳枥作为实验材料，分别测定 3—10 月其叶片和枝条中槲皮素含量，得出结论：不同品种鹅耳枥随着采集月份的增加槲皮素含量呈现先增加后减少的趋势：同一月份采集的鹅耳枥叶片，品种不同，槲皮素含量也不同；鹅耳枥叶片中槲皮素含量的年变化规律显著，总体上叶片内槲皮素含量高于枝条（图 8-7、图 8-8）。

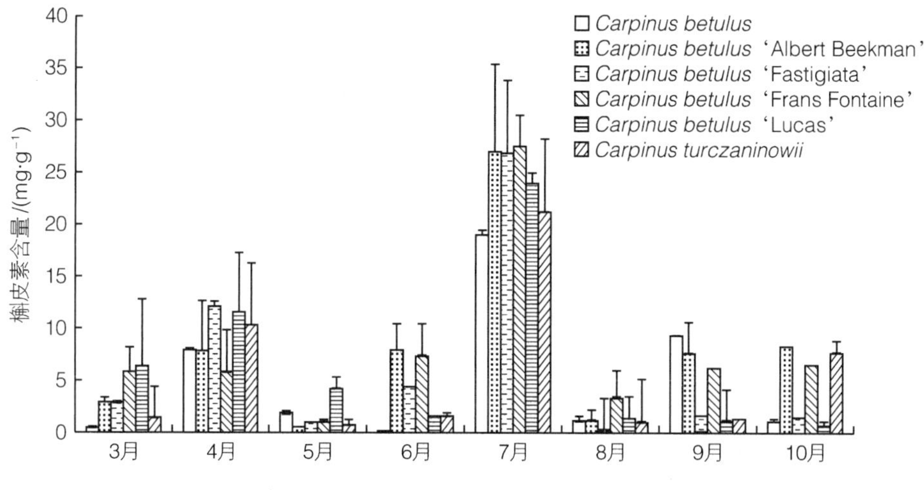


图 8-7　鹅耳枥叶片中槲皮素含量随采集时间和品种变化规律

#### 8.1.3.3　不同品种鹅耳枥山奈酚含量变化

如图 8-9 和图 8-10 所示，鹅耳枥两种营养器官在各采集月份间山奈酚含量差异极显著（$P<0.01$），所采集的各品种鹅耳枥山奈酚含量呈现出显著差异（$P<0.05$），说明在不同采集时间采集的鹅耳枥营养器官山奈酚含量差异较大。

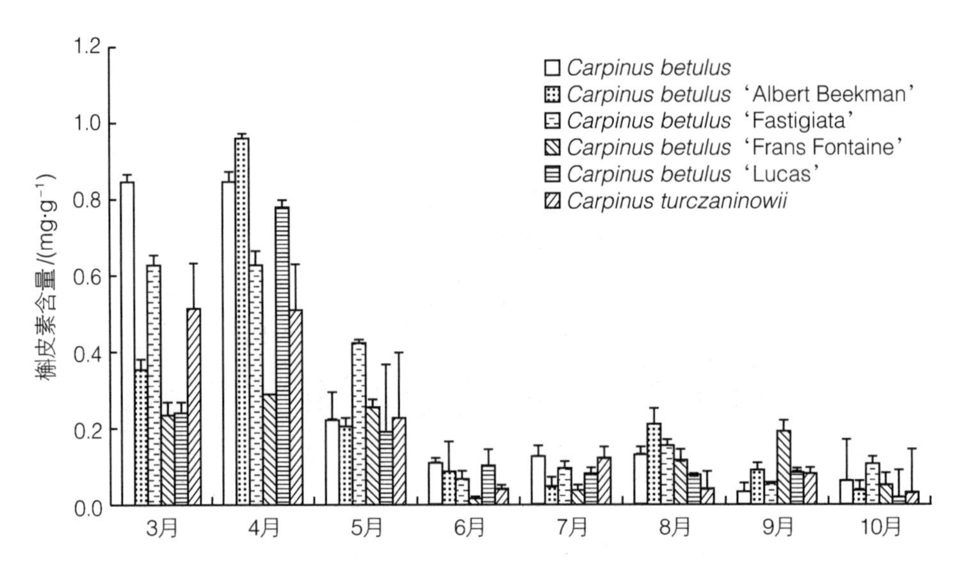


图 8-8　鹅耳枥枝条中槲皮素含量随采集时间和品种变化规律

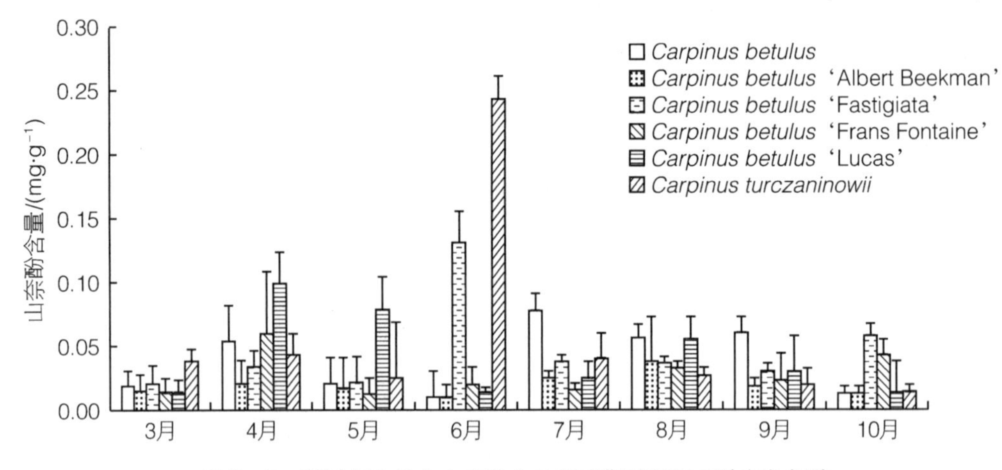


图 8-9　鹅耳枥叶片中山奈酚含量随采集时间和品种变化规律

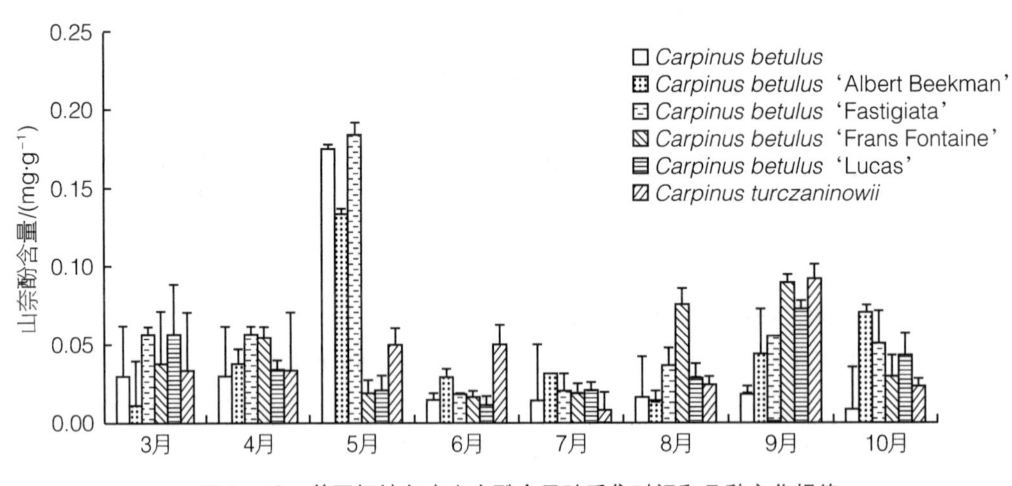


图 8-10　鹅耳枥枝条中山奈酚含量随采集时间和品种变化规律

#### 8.1.3.4 不同品种鹅耳枥异鼠李素含量变化

如图 8－11 和图 8－12 所示，不同品种鹅耳枥随着采集月份的增加异鼠李素含量差异不显著，尽管在同一月份采集的鹅耳枥叶片，品种不同，异鼠李素含量也不同，鹅耳枥叶片中异鼠李素含量的年变化规律不显著，但总体上叶片内异鼠李素含量高于枝条，其中在 3 月采集的 *C. betulus*‘Fastigiata’叶片中含有的异鼠李素含量最高，为 1.813 $mg \cdot g^{-1}$，其次是在 9 月采集的 *C. betulus*‘Frans Fontaine’枝条内异鼠李素含量，为 1.35 $mg \cdot g^{-1}$，其中各品种间随着采集器官和月份的不同对异鼠李素含量的影响极显著（$P<0.01$）。

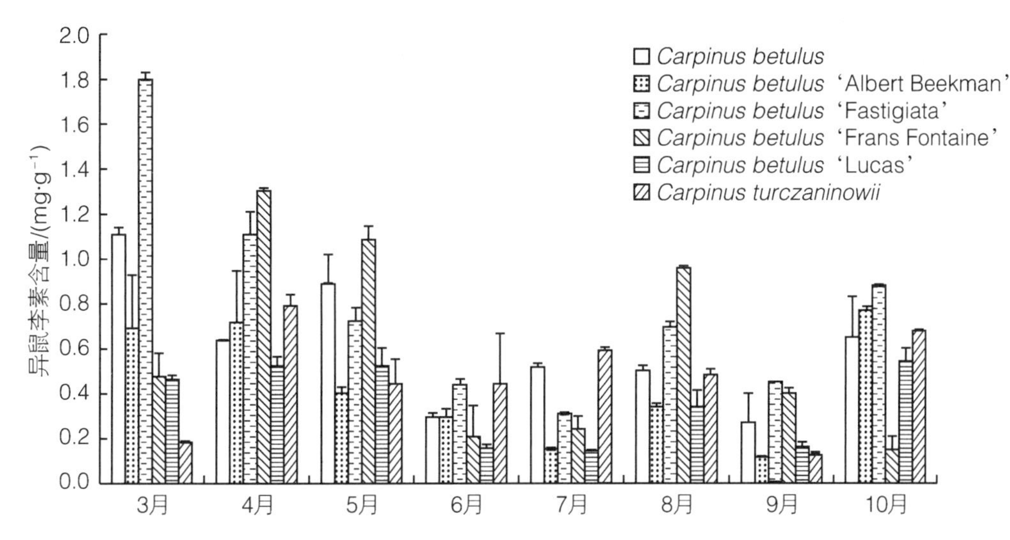


图 8－11　鹅耳枥叶片中异鼠李素含量随采集时间和品种变化规律

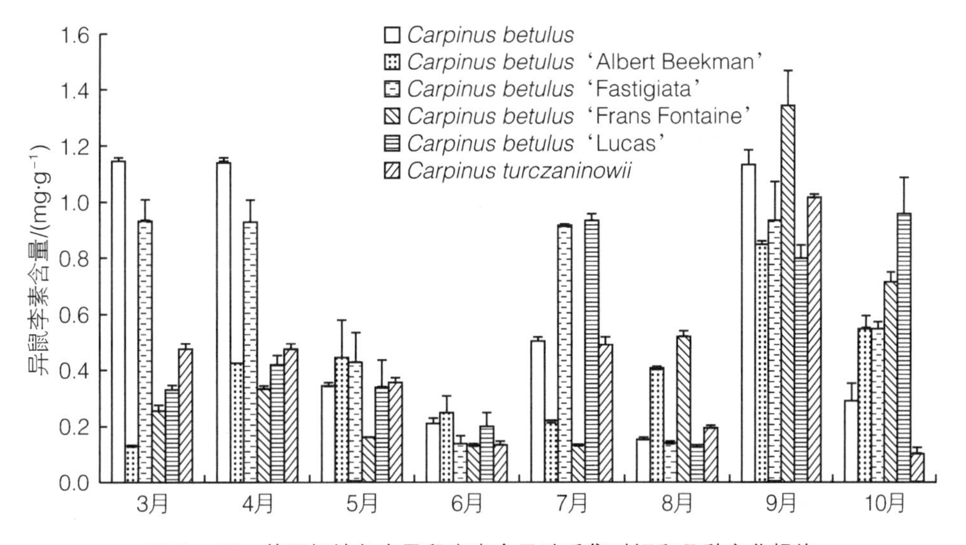


图 8－12　鹅耳枥枝条中异鼠李素含量随采集时间和品种变化规律

# 8.2 观赏鹅耳枥叶提取物生物活性研究

## 8.2.1 鹅耳枥叶提取物抗炎活性

### 8.2.1.1 脱镁叶绿酸 a（PHA）对 Con A 诱导的 T 淋巴细胞增殖的影响及细胞毒性

图 8-13 所示，PHA 对 Con A 活化的 T 淋巴细胞的增殖有显著的抗炎作用，且呈现出剂量依赖的抑制作用，在浓度 10 μM 时，抑制率达到 74.7%，但是在 0~10 μM 浓度内，采用 MTT 检测法发现 PHA 对 T 淋巴细胞并无细胞毒性。

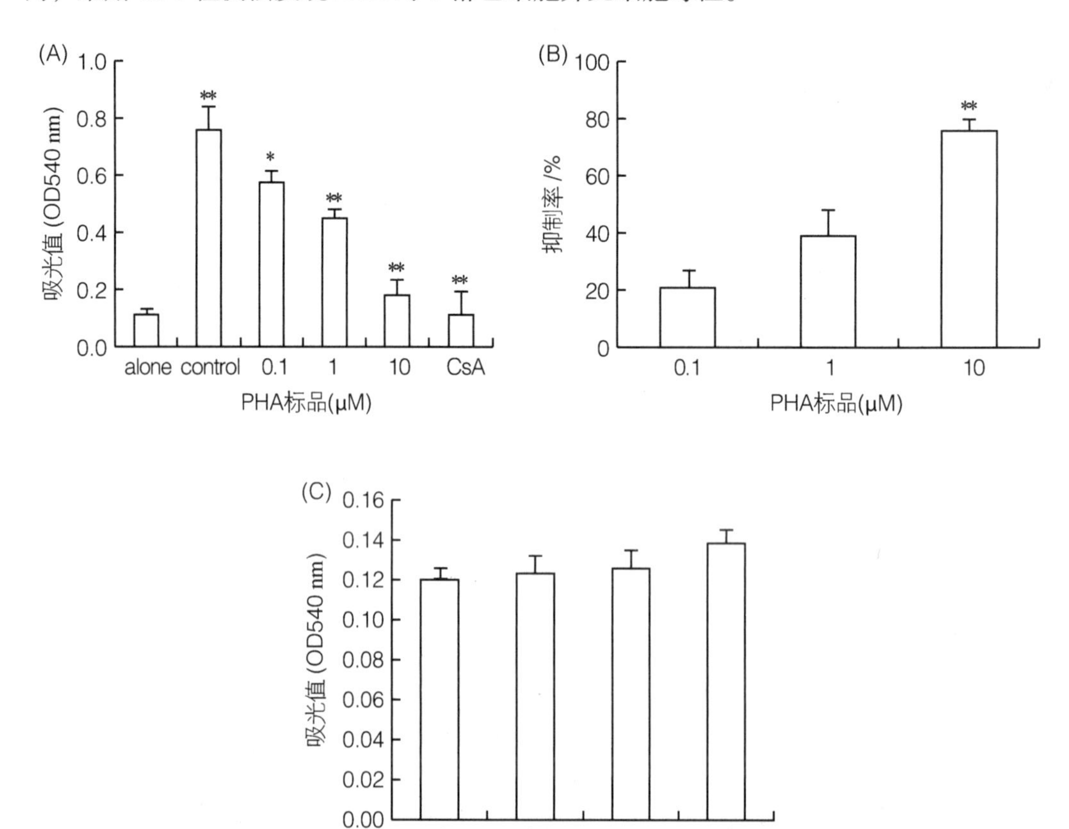


图 8-13 PHA 对 Con A 诱导的 T 淋巴细胞增殖的影响及细胞毒性分析

注：A 为 PHA 对 Con A 诱导的原初细胞增殖活化的影响；B 为 PHA 对 Con A 诱导的 T 淋巴细胞增殖的抑制率；C 为 PHA 对原初 T 淋巴细胞增殖的影响。使用 MTT 检测法在 540nm 下检测细胞活力。检测值用平均值±标准误表示，样品重复 3 次，* 表示 $P<0.05$，** 表示 $P<0.01$。

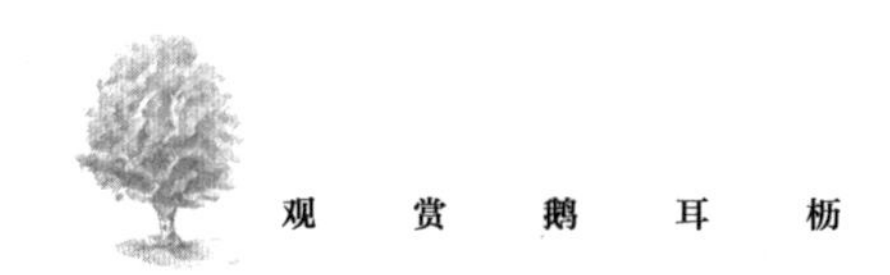

#### 8.2.1.2 PHA 对 Con A 诱导的 T 淋巴细胞增殖的影响

图 8－14 显示出 PHA 提取物对 Con A 活化的 T 淋巴细胞增殖显示出剂量依赖作用，5 月采集的样品中，100 μg・mL$^{-1}$ 的 *C. betulus*‘Fastigiata’（FA），*C. betulus*‘Frans Fontaine’（FF），*C. betulus*‘Lucas’（LU）抑制率分别为 90.17%，85.97%，74.5%（图 8－14 A、B）；而采集于 5 月、7 月、9 月的 *C. betulus*‘Fastigiata’在 100 μg・mL$^{-1}$ 浓度下抑制率分别为 88%，74.5%，71.45%（图 8－14 C、D）。根据前文，不同品种鹅耳枥 PHA 含量变化试验我们发现提取物中 PHA 含量越高，其抗炎活性也越高。

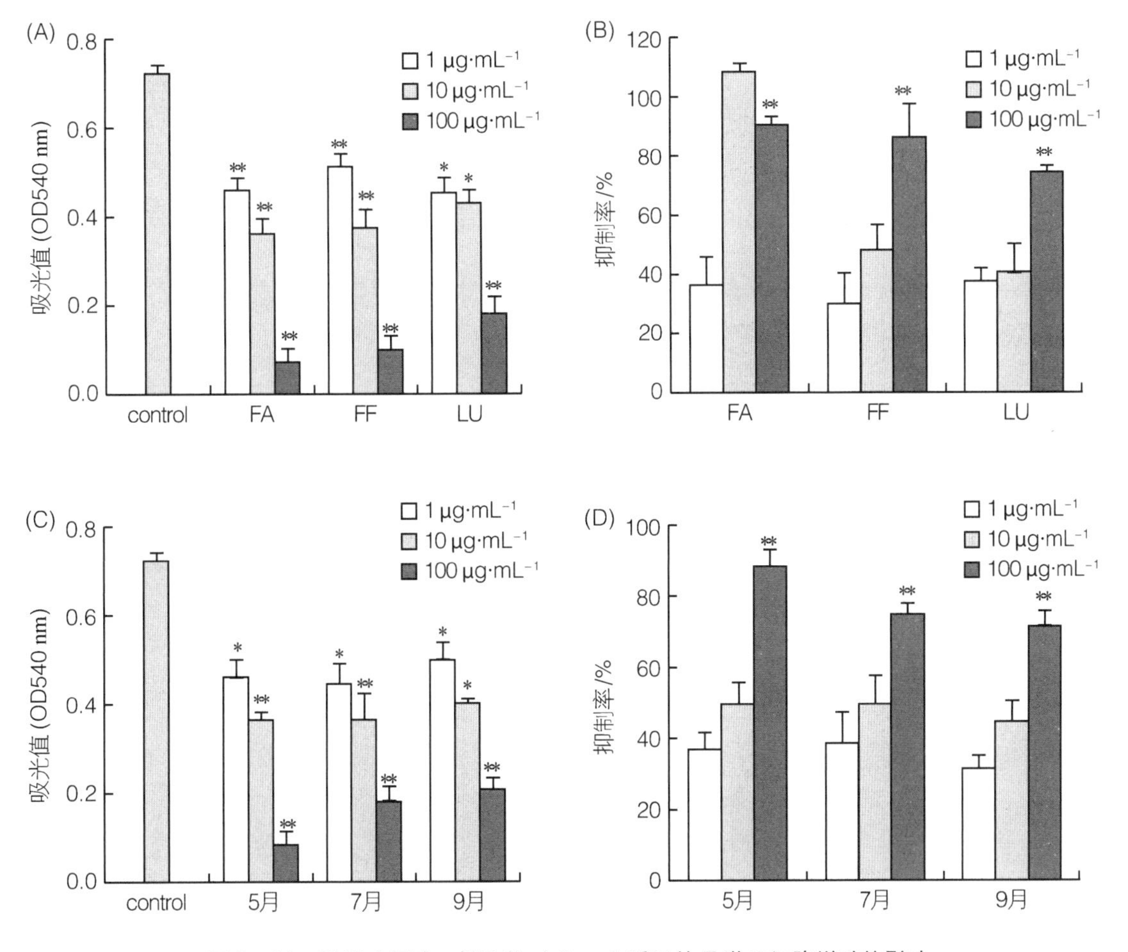


图 8－14 脱镁叶绿酸 a 提取物对 Con A 诱导的 T 淋巴细胞增殖的影响

注：A 为 PHA 提取物对 T 淋巴细胞增殖活化的影响；B 为 5 月 3 个品种 PHA 提取物对 Con A 诱导的 T 淋巴细胞增殖的抑制率；C 为 5 月、7 月、9 月 *C. betulus*‘Fastigiata’（FA）PHA 提取物对 Con A 诱导的 T 淋巴细胞增殖的影响；D 为 5 月、7 月、9 月 *C. betulus*‘Fastigiata’（FA）PHA 提取物对 Con A 诱导的 T 淋巴细胞增殖的抑制率。使用 MTT 检测法在 540 nm 光照下检测细胞活力。检测值用平均值±标准误表示，样品重复 3 次，＊表示 $P<0.05$，＊＊表示 $P<0.01$。

### 8.2.1.3 总黄酮对 Con A 诱导的 T 淋巴细胞增殖的影响

图 8－15 表示叶总黄酮提取物对 Con A 活化的 T 淋巴细胞增殖显示出剂量依赖作用，6 月采集的样品中，100 μg · mL$^{-1}$ 的 *C. betulus* 'Fastigiata'，*C. betulus*，*C. betulus* 'Frans Fontaine'，抑制率分别为 69.93%、62.4%、42.6%（图 8－15 A、B）；而采集于 6 月、8 月、5 月的 *C. betulus* 'Fastigiata' 在 100 μg · mL$^{-1}$ 浓度下抑制率分别为 69.9%、68.1%、65.7%（图 8－15 C、D）。根据第三章叶总黄酮提取物中的总黄酮含量分布，我们发现叶总黄酮提取物中黄酮含量越高，其抗炎活性也越高。

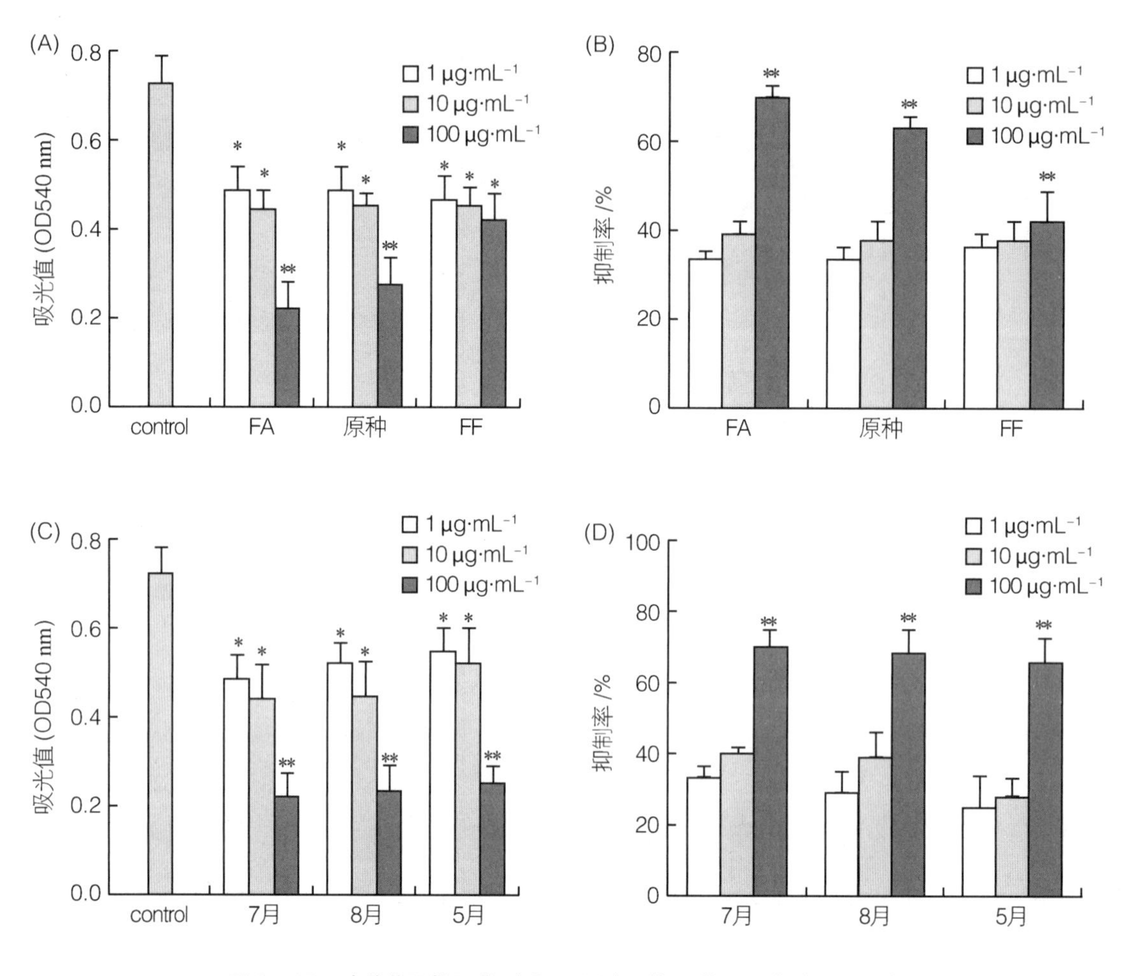


图 8－15 叶总黄酮提取物对 Con A 诱导的 T 淋巴细胞增殖的影响

注：A 为总黄酮提取物对 T 淋巴细胞增殖活化的影响；B 为 6 月 3 个品种总黄酮提取物对 Con A 诱导的 T 淋巴细胞增殖的抑制率；C 为 7 月、8 月、5 月 *C. betulus* 'Fastigiata'（CBF）总黄酮提取物对 Con A 诱导的 T 淋巴细胞增殖的影响；D 为 7 月、8 月、5 月 *C. betulus* 'Fastigiata'（CBF）总黄酮提取物对 Con A 诱导的 T 淋巴细胞增殖的抑制率。使用 MTT 检测法在 540 nm 下检测细胞活力。检测值用平均值±标准误表示，样品重复 3 次，* 表示 $P<0.05$，** 表示 $P<0.01$。

#### 8.2.1.4　鹅耳枥叶提取物 PHA 与总黄酮的抗炎活性

本研究研究了 5 月采集的鹅耳枥 PHA 提取物中 PHA 含量的高、中、低 3 个剂量组（*C. betulus*‘Fastigiata’、*C. betulus*‘Frans Fontaine’、*C. betulus*‘Lucas’），和6 月采集的叶总黄酮提取物中黄酮含量的高、中、低 3 个剂量组（*C. betulus*‘Fastigiata’、*C. betulus*、*C. betulus*‘Frans Fontaine’）的抗炎活性，探讨不同活性物质剂量组、不同药物浓度对细胞免疫的影响。

研究发现，这 6 个剂量组均抑制 ConA 刺激的脾脏 T 淋巴细胞增殖和增加小鼠脾脏抗体形成细胞，且抑制作用显著（$P<0.05$），由此可以推测鹅耳枥 PHA 和黄酮类提取物主要通过作用于脾脏增强小鼠的特异性免疫能力，说明其具有一定的抗炎生理活性。其中以 *C. betulus*‘Fastigiata’的提取物对 Con A 活化的 T 淋巴细胞增殖具有显著的抑制作用（分别是 90. 17%、69. 93%），且差异显著（$P<0.05$），同时其叶片中 PHA 和黄酮含量也是位于各品种和各月份中含量最高位置，原因是 PHA 和黄酮化合物均是属于植物次生代谢产物，其中 PHA 主要是由叶绿素经过相关酶降解之后的产物，而黄酮化合物参与诸如植物色素沉积、紫外线防御、抵抗病虫害以及花粉发展等多个植物生长和发育过程，这些过程主要是在植物叶片中进行，因此叶片是决定 PHA 和黄酮含量的关键器官。

以 *C. betulus*‘Fastigiata’为例，分别研究了在不同季节采集的 PHA 提取物（5 月、7 月、9 月）和叶总黄酮提取物（5 月、6 月、8 月）的抗炎活性，发现不同季节采集的 *C. betulus*‘Fastigiata’抗炎活性有显著差异。其中 PHA 提取物的活性以 5 月为最高（88%），叶总黄酮提取物以 6 月为最高（68. 1%）。而其他月份活性相对较低。这说明鹅耳枥的生长周期中，就抗炎活性成分而言，5 月和 6 月是其最佳采集时间。

### 8. 2. 2　鹅耳枥叶提取物抗肿瘤活性

#### 8.2.2.1　叶提取物对小鼠黑色素瘤细胞 B16F1 增殖抑制效果

光照条件下用不同浓度的 PHA 对小鼠黑色素瘤细胞 B16F1 处理后，抑制率随着浓度的增加而增大，当浓度达到 320 μM 时候，对小鼠黑色素瘤细胞 B16F1 的抑制率在 24 h和 48 h 分别达到 54. 59%、53. 75%；而不同浓度的 PHA 提取物、叶总黄酮提取物对小鼠黑色素瘤细胞 B16F1 处理后，抑制率随着浓度的增加而增大，呈现剂量依赖关系，当浓度达到 320 $\mu g \cdot mL^{-1}$ 时，PHA 提取物对小鼠黑色素瘤细胞 B16F1 的抑制率在 24 h 和 48 h 分别达到 26. 69%、20. 8%，叶总黄酮提取物对小鼠黑色素瘤细胞 B16F1 的抑制率在 24 h 和 48 h 分别达到 28. 81%、22. 93%，浓度为 2. 5~320. 0 $\mu g \cdot mL^{-1}$ 时与阴性对照组相比作用均为显著（$P<0.05$），PHA 与两种提取物中，PHA 的抑制效果最好，在试验给药浓度内，呈浓度依赖性。

黑暗条件下用不同浓度的 PHA 对小鼠黑色素瘤细胞 B16F1 处理后，抑制率随着浓度的增加而增大，当浓度达到 320 μM 时候，对小鼠黑色素瘤细胞 B16F1 的抑制率在

24 h和48 h分别达到50.95%、53.31%；而不同浓度的PHA提取物、叶总黄酮提取物对小鼠黑色素瘤细胞B16F1处理后，抑制率随着浓度的增加而增大，呈现剂量依赖关系，当浓度达到320 μg・mL$^{-1}$时，PHA提取物对小鼠黑色素瘤细胞B16F1的抑制率在24 h和48 h分别达到15.72%、19.94%，叶总黄酮提取物对小鼠黑色素瘤细胞B16F1的抑制率在24 h和48 h分别达到18.78%、21.91%，浓度为2.5~320 μM或2.5~320.0 μg・mL$^{-1}$时与阴性对照组相比作用均为显著（$P<0.05$），PHA与两种提取物中，PHA的抑制效果最好，在试验给药浓度内，呈浓度依赖性。

光照条件下各同等浓度的PHA、PHA提取物、叶总黄酮提取物对小鼠黑色素瘤细胞B16F1抑制作用高于黑暗条件下，研究表明，PHA在光作用下活性被激活，具有较高的生物活性。且24 h的抑制率高于48 h，说明小鼠黑色素瘤细胞B16F1在24~48 h给药过程中，细胞内部出现生长不适、增殖紊乱等状况，只有在24 h内细胞生长正常，能够正确反映出3种药物对小鼠黑色素瘤细胞的抑制作用。

#### 8.2.2.2 叶提取物对人大肠癌细胞SW116增殖抑制效果

光照条件下用不同浓度的PHA对人大肠癌细胞SW116处理后，抑制率随着浓度的增加而增大，当浓度达到320 μg・mL$^{-1}$时，对人大肠癌细胞SW116的抑制率在24 h和48 h分别达到57.63%、56.44%；而不同浓度的PHA提取物、叶总黄酮提取物对人大肠癌细胞SW116处理后，抑制率随着浓度的增加而增大，呈现剂量依赖关系，当浓度达到320 μg・mL$^{-1}$时，PHA提取物对人大肠癌细胞SW116的抑制率在24 h和48 h分别达到20.36%、26.66%，叶总黄酮提取物对人大肠癌细胞SW116的抑制率在24 h和48 h分别达到15.27%、11.45%，浓度为2.5~320.0 μg・mL$^{-1}$时与阴性对照组相比作用均显著（$P<0.05$），PHA与两种提取物中，PHA的抑制效果最好，在试验给药浓度内，呈浓度依赖性。

#### 8.2.2.3 叶提取物对人骨肉瘤细胞U－2OS增殖抑制效果

光照条件下用不同浓度的PHA对人骨肉瘤细胞U－2OS处理后，抑制率随着浓度的增加而增大，当浓度达到320 μg・mL$^{-1}$时，对人骨肉瘤细胞U－2OS的抑制率在24 h和48 h分别达到56.81%、55.72%；而不同浓度的PHA提取物、叶总黄酮提取物对人骨肉瘤细胞U－2OS处理后，抑制率随着浓度的增加而增大，呈现剂量依赖关系，当浓度达到320 μg・mL$^{-1}$时，PHA提取物对人骨肉瘤细胞U－2OS的抑制率在24 h和48 h分别达到28.08%、23.12%，叶总黄酮提取物对人骨肉瘤细胞U－2OS的抑制率在24 h和48 h分别达到24.14%、28.26%，浓度为2.5~320 μg・mL$^{-1}$时与阴性对照组相比作用均为显著（$P<0.05$），PHA与两种提取物中，PHA的抑制效果最好，在试验给药浓度内，呈浓度依赖性。

#### 8.2.2.4 叶提取物对人膀胱癌细胞BIU87增殖抑制效果

光照条件下用不同浓度的PHA对人膀胱癌细胞BIU87处理后，抑制率随着浓度的增加而增大，当浓度达到320 μg・mL$^{-1}$时，对人膀胱癌细胞BIU87的抑制率在24 h和48 h分别达到68.64%、71.73%；而不同浓度的PHA提取物、叶总黄酮提取物对人膀

胱癌细胞 BIU87 处理后，抑制率随着浓度的增加而增大，呈现剂量依赖关系，当浓度达到 320 μg・$mL^{-1}$ 时，PHA 提取物对人膀胱癌细胞 BIU87 的抑制率在 24 h 和 48 h 分别达到 51. 36%、52. 99%，叶总黄酮提取物对人膀胱癌细胞 BIU87 的抑制率在 24 h 和 48 h 分别达到 42. 75%、50. 35%，浓度为 2. 5~320 μg・$mL^{-1}$ 时与阴性对照组相比作用均为显著（$P<0.05$），PHA 与两种提取物中，均呈现出较好的抑制效果，且在试验给药浓度内，呈浓度依赖性。

采用 MTT 法观察不同浓度的 PHA、PHA 提取物及叶总黄酮提取物体外抑制肿瘤细胞中，PHA 小鼠黑色素瘤细胞 B16F1、人大肠癌细胞 SW116、人骨肉瘤细胞 U-2OS 及人膀胱癌细胞 BIU87 这 4 种肿瘤细胞均有较好的抑制作用，而 PHA 提取物及叶总黄酮提取物对人膀胱癌细胞 BIU87 也有较好的抑制效果，但对其余 3 种肿瘤细胞无杀伤作用，表明 PHA 提取物及叶总黄酮提取物的特异性显著，为其在靶向抗肿瘤药物的研制中提供了科学依据。

#### 8.2.2.5 鹅耳枥叶脱镁叶绿酸 a 和总黄酮的抗肿瘤活性评价

不同浓度 PHA 提取物及叶总黄酮提取物对 4 种肿瘤细胞的体外抑制作用，试验对小鼠黑色素瘤细胞 B16F1 采用光照和黑暗处理方法，结果表明，脱镁叶绿酸 a 对照品在黑暗下对小鼠黑色素瘤细胞 B16F1 的抑制率是 50. 95%，而在光照下抑制率高达 56. 93%，说明对肿瘤细胞的处理使用光照处理效果较好。

在光照试验基础上，采用光照处理 4 种肿瘤细胞，检测细胞毒性，结果表明两种提取物在一定浓度范围内对 4 种肿瘤细胞均有一定的抑制作用。其中以对照品脱镁叶绿酸 a 的抑制效果最好，尤其是对人膀胱癌细胞 BIU87 有显著的抑制作用，24 h 抑制率达 68. 64%，48 h 抑制率达 71. 73%，同时对各浓度组药物处理后的 BIU87 细胞进行检测，显示各组浓度药物组细胞的抑制率均显著高于对照组（$P<0.05$），且随着时间的延长，抑制率逐渐增加。其次是脱镁叶绿酸 a 提取物，对人膀胱癌细胞 BIU87 的抑制率在 24 h 是 51. 36%，48 h 是 52. 99%，最后是黄酮类提取物，对人膀胱癌细胞 BIU87 的抑制率仅在 48 h 达 50. 35%，再 24 h 时低于 50%，且与阴性对照组相比抑制作用显著（$P<0.05$），表明脱镁叶绿酸 a 提取物和黄酮类提取物对人膀胱癌细胞 BIU87 均具有一定的抑制作用，且在 24 h 的细胞抑制较 48 h 低。

此外，PHA 提取物及叶总黄酮提取物对 4 种肿瘤细胞的抑制作用差异显著（$P<0.05$），其中对人膀胱癌细胞 BIU87 有较好的抑制效果，但对其余 3 种肿瘤细胞基本无杀伤作用，表明 PHA 提取物及叶总黄酮提取物的特异性显著，为其在靶向抗肿瘤药物的研制中提供了科学依据。

# 参考文献

Alan R EK, 1979. A model for estimating branch weight and branch leaf weight in biomass studies [J]. Forestry Science, 25 (2): 29 - 31.

Avanzato D, Atefi J, 1997. Walnut grafting by heating the graft-point directly in the field [J]. Acta Hort, 442: 291 - 293.

Asada K, Takahashi M, 1987. Production and scavenging of active oxygen in photosynthesis [J]. Photoinhibition, 227 - 287.

Bjorkman O, Powles S B, 1984. Inhibition of photosynthetic reactions under water stress: interactions with light level [J]. Planta, 161: 490 - 504.

Baly E C, 1935. The kinetics of photosynthesis [J]. Proceedings of the Royal Society of London Series B: Biological Sciences, 117 (804): 218 - 239.

Chang C S, Jeon J I, 2004. Foliar flavonoids of the most primitive group, sect. Distegocarpus within the genus *Carpinus* [J]. Biochemical Systematics and Ecology, 32: 35 - 44.

Cieckiewicz E, Angenot L, Gras T, et al, 2012. Potential anticancer activity of young *Carpinus betulus* leaves [J]. Phytomedicine International Journal of Phytotherapy & Phytopharmacology, 19 (3/4): 278 - 283.

Coen E S, Carpenter R Martin C, 1986. Transposable elements generate novol spatial patterns of gene expression in Antir-rhiniummajus [J]. Cell, 47: 285 - 297.

Croxton P J, Franssen W, Myhill D G, Sparks T H, 2004. The restoration of neglected hedges: a comparison of management treatment [J]. Biological Conservation, 5: 19 - 23.

Goldsmitha F B, 1988. Threats to woodland in an urban landscape: A case study in Greater London [J]. Landscape and Urban Planning, 11: 221 - 228.

Han S C, Kang G J, Kang H K, 2010. *Carpinus tschonoskii* extracts inhibit the production of inflammatory cytokines and chemokines in RAW264.7 cells and HaCaT keratinocytes [J]. Cytokine, 52: 17 - 34.

Hediye S, Ismail T, Susumu T, 2007. Differential responses of antioxidative enzymes and lipid peroxidation to salt stress in salt-tolerant Plantago maritime and salt-sensitive Plantago media [J]. Physiologia Plantarum, 131: 399 - 411.

Hsiao TC, Xu LK, 2000. Sensitivity of growth of root sversus leaves to water stress: Biophysical analysis and relation to water transport [J]. Journal of Experimental Botany, 51 (350): 1595 – 1616.

Jeon J I, Chang C S, 1997. Reconsideration of *Carpinus* L. (Betulaceae) of Korea primarily based on quantitative characters [J]. Plant Taxon, 27: 157 – 187.

Koerselman W, Meuleman A F M, 1996. The vegetation N: P ratio: a new tool to detect the nature of Nutrient limitation. Journal of Applied Ecology [J], 33: 1441 – 1450.

Krause GH, Weis F, 2003. Chlorophyll fluorescence and photosynthesis: the basics [J]. Annual Review Plant Biology, 42 (1): 313 – 349.

Levitt, 1975. Response of plant to environmental stress [J]. New York: Springer, 23 – 46.

Li PQ, Skvortsov AK, 1999. Flora of China 4 [M]. Beijing: Science Press: 286 – 313.

Maynard BK, Bassuk NL, 1991. Stock plant etiolation and stem banding effect on the auxin doseresponse of rooting in stem cuttings of *Carpinus betulus* L. 'Fastigiata' [J]. Plant Growth Regulation, 10: 305 – 311.

Maynard BK, Bassuk NL, 1992. Stock plant etiolation, shading, and banding effects on cutting propagation of *Carpinus betulus* [J]. Journal of the American Society for Horticultural Science, 117 (5): 740 – 744.

Petrooshina M, 2003. Landscape mapping of the Russian Black Sea coast [J]. Marine Pollution Bulletin, 6: 187 – 192.

Ribeiro M V, Deuner S, Benitez L C, et al, 2014. Betacyanin and antioxidant system in tolerance to salt stress in *Alternanthera phioxeroides* [J]. Agrociencia, 48 (2): 199 – 210.

Richard T T F, Bjorn R, Anna M H, 2002. Road traffic and nearby grassland bird patterns in a suburbanizing landscape [J]. Environmental Management, 29 (6): 782 – 800.

Sheng Q Q, Fang X Y, Zhu Z L, et al, 2016. Seasonal variation of pheophorbide a and flavonoid in different organs of two *Carpinus* species and its correlation with immunosuppressive activity [J]. In Vitro Cellular & Developmental Biology

(Animal), 52 (6): 654－661.

Shivadhar S S S, Omprakash, 1988. Photosynthetic and non-photosynthetic pigments in croton varieties [J]. Journal of the Andamon Science Association, 4 (1): 77－78.

Srinivasulu D, Kondasula P R, Prabhakar B, et al, 2015. Endosonographic assessment of azygous vein in portal hypertension [J]. Journal of Clinical and Experimental Hepatology, 5 (2): S33－S34.

Tessier J T, Raynal D J, 2003. Use of nitrogen to phosphorus ratios in plant tissue as an indicator of Nutrient limitation and nitrogen saturation [J]. Journal of Applied Ecology, 40: 523－534.

Thornley J H M, 1976. Mathematical Models in Plant Physiology [M]. London: Academic Press: 86－110.

Vaknin H, BAR-AKIVA, Ovadia R, et al, 2005. Active anthocyanin degradation in *Brunfelsia calycina* (yesterday-today-tomorrow) flowers [J]. Planta, 222: 19－26.

Ye Z P, 2007. A new model for relationship between light intensity and the rate of photosynthesis in *Oryza sativa* [J]. Photosynthetica, 45 (4): 637 - 640.

Zanabonia A, Lorenzonia G G, 1989. The importance of hedges and relict vegetation in agroecosystems and environment reconstitution [J]. Agriculture, Ecosystems & Environment, 11: 155－161.

敖红，王昆，等，2002. 长白落叶松插穗的内源激素水平及其与扦插生根的关系 [J]. 植物研究，22 (2): 190－195.

陈春成，陈彩聆，1999. 杉木播种苗生长量和生物量动态研究 [J]. 福建林业科技，26 (3): 73－75.

陈红，王永清，袁媛，等，2006. 茄子/番茄嫁接体发育过程中的蛋白质含量、POD、CAT 和 SOD 活性及其同工酶研究 [J]. 四川农业大学学报，24 (2): 144－147.

陈连庆，韩宁林，1996. 马尾松、杉木容器苗培育基质研究 [J]. 林业科学研究 (2): 165－169.

陈秀晨，王士梅，朱启升，等，2010. 水稻品种耐热性与相关生化指标的关联分析 [J]. 农业环境科学学报，29 (9): 1633－1639.

陈之端，1991. 桦木科植物的花粉形态研究［J］. 植物分类学报，29（6）：494－503.
陈之端，1994. 桦木科植物的系统发育和地理分布［J］. 植物分类学报，32（1）：1－31.
陈之端，张志耘，1991. 桦木科叶表皮的研究［J］. 植物分类学报，29（2）：156－163.
程龙霞，2015. 欧洲鹅耳枥育苗技术研究［D］. 南京：南京林业大学.
傕长占，黄传林，于国名，等，1999. 小黑杨扦插苗生长规律的研究［J］. 高师理科学刊，19（2）：37－39.
戴静，孙柏年，解之平，等，2009. 云南腾冲上新统 *Carpinus miofangiana* 的发现及古气候意义［J］. 地球科学进展（9）：1024－1032.
戴维·乔伊斯，2001. 景观植物整形艺术与技巧［M］. 乔爱民，盛爱武，郑迎冬译. 贵阳：贵州科技出版社，2001，12：6－126.
丁志彬，2017. 欧洲鹅耳枥盆栽密度效应研究［D］. 南京：南京林业大学.
董太祥，1994. 华北落叶松播种苗当年生长规律的研究. 河北农业大学学报，17（1）：44－49.
杜铃，欧艳林，廖美兰，2010. 不同接穗对红花羊蹄甲嫁接成活率的影响［J］. 林业实用技术（3）：45.
杜佩剑，徐迎春，李永荣，2008. 浙江楠容器育苗基质的比较和筛选［J］. 植物资源与环境学报，17（2）：71－76.
额尔特曼，1962. 花粉形态与植物分类［M］. 王伏雄，钱南芬，译. 北京：科学出版社：427－429.
方连玉，2011. 盐胁迫对欧洲赤松光合作用的影响及耐盐性评价［D］. 哈尔滨：东北林业大学.
冯大伟，张洪霞，刘广洋，等，2013. 黄河三角洲盐胁迫对不同品种菊芋幼苗生长及生理特性的影响［J］. 中国农学通报，（36）：155－159.
冯建灿，胡秀丽，毛训甲，2002. 叶绿素荧光动力学在研究植物逆境生理中的应用［J］. 经济林研究，20（4）：14－18.
傅立国，2003. 中国高等植物（第四卷）［M］. 青岛：青岛出版社.
洑香香，方升佐，汪红卫，等，2001. 青檀一年生播种苗的年生长规律［J］. 南京林业大学学报，25（6）：11－14.
高本旺，2006. 核桃方块芽接愈合体形态特征调查［J］. 经济林研究，24（2）：5－8.
高山，洪晓波，尹光，等，2000. 中国李叶片特征值与叶面积及平均果重的相关回归分析［J］. 安徽农业科学，28（3）：359－360.
郭杰，2008. 不同种源苦楝种苗特性和耐盐能力差异的研究［D］. 南京林业大学.
郭世荣，2005. 固体栽培基质研究、开发现状及发展趋势［J］. 农业工程学报，21（增刊）：1－4.
何倩倩，2021. 两个鹅耳枥属物种的遗传结构与种群历史［D］. 南京：南京林业大学.
洪丽，2008. 槭幼树叶色变化的生理学研究［D］. 哈尔滨：东北林业大学.
胡利明，2007. 柑橘光合特性研究 $C_4$ 光合途径的初步探讨［D］. 武汉：华中农业大学.
胡先骕，1964. 中国鹅耳枥属（*Carpinus* L.）志资料［J］. 植物分类学报，9（3）：281－298.
黄广远，2012. 盐胁迫对臭椿生长和生理的影响［D］. 南京：南京林业大学.
霍仕平，晏庆九，1995. 玉米抗旱鉴定的形态和生理生化指标研究进展［J］. 干旱地区农业研究，（9）：67－73.
火艳，2016. 欧洲鹅耳枥水培技术研究［D］. 南京：南京林业大学.
嘉颖，2002. 漫话鹅耳枥［J］. 花木盆景（花卉园艺），（10）：62.
金纯子，2013. 两个种源鹅耳枥两年生幼苗年生长规律研究［D］. 南京：南京林业大学.
金建邦，2014. 欧洲鹅耳枥组织培养及生根机理研究［D］. 南京：南京林业大学.
李芳兰，包维楷，2005. 植物叶片形态解剖结构对环境变化的响应与适应［J］. 植物学通报，22（增刊）：118－127.
李国雷，孙明高，夏阳，等，2004. NaCl 胁迫下黄栌、紫荆的部分生理生化反应动态变化规律的研究［J］. 山东农业大学学报（自然科学版），35（2）：173－176.
李玲莉，李吉跃，郭素娟，2010. 北美柔枝松容器苗的基质筛选及年生长规律研究［J］. 西北林学院学报，25（4）：87－91.

李明，王根轩，2002. 干旱胁迫对甘草幼苗保护酶活性及脂质过氧化作用的影响 [J]. 生态学报，22（4）：503－507.
李沛琼，郑斯绪，1979. 中国植物志：第21卷 [M]. 北京：科学出版社：58－62.
李世军，1996. 无土栽培原理与技术 [M]. 中国农业出版社.
李文漪，梁玉莲，1981. 河北黄骅上新世孢粉组合及其古植物和古地理意义 [J]. 植物学报，23（6）：478－486.
李修鹏，俞慈英，吴月燕，等，2010. 普陀鹅耳枥濒危的生物学原因及基因资源保存措施 [J]. 林业科学，46（7）：69－76.
李彦强，方升佐，姚瑞玲，等，2007. NaCl胁迫对不同种源青钱柳幼苗离子分配、吸收与运输的影响 [J]. 植物资源与环境学报，16（4）：29－33.
李颖岳，2005. 引进台湾青枣品种设施栽培的对比研究 [D]. 北京：北京林业大学.
李勇，2007. 超氧化物歧化酶（SOD）的应用研究进展 [J]. 攀枝花学院学报，24（6）：9－11.
林庆梅，2013. 欧洲鹅耳枥扦插繁殖技术及生根机理的研究 [D]. 南京：南京林业大学.
梁士楚，1992. 贵州喀斯特山地云贵鹅耳枥种群动态研究 [J]. 生态学报，12（1）：53－60.
梁书宾，赵法珠，1991. 山东鹅耳枥属一新种 [J]. 植物研究，11（2）：33－34.
林富平，周帅，马楠，等，2013. 4个桂花品种叶片挥发物成分及其对空气微生物的影响 [J]. 浙江农林大学学报，30（01）：15－21.
刘克旺，林亲众，1986. 湖南鹅耳枥属一新种 [J]. 植物研究，6（2）：143－145.
刘利刚，2009. 盆栽芍药研究 [D]. 北京：北京林业大学.
刘延青，2010. 仿栗扦插繁殖技术及其生根机理的研究 [D]. 长沙：中南林科技大学.
陆阿飞，2015. 不同地区不同种马先蒿总黄酮含量的比较研究 [J]. 黑龙江畜牧兽医，5：126－127.
卢善发，2000. 番茄/番茄嫁接体发育过程中的过氧化物酶同工酶 [J]. 园艺学报，27（5）：340－344.

马进，2009. 3 种野生景天对逆境胁迫生理响应［D］. 南京林业大学.

马婷，陈宏伟，熊新武，等，2012. 砧木、接穗的选择对美国山核桃嫁接成活率及生长的影响［J］. 西北林学院学报，27（4）：141－143.

穆丹，付建玉，刘守安，等，2010. 虫害诱导的植物挥发物代谢调控机制研究进展［J］. 生态学报，30（15）：4221－4233.

聂二保，王煜倩，张金屯，2009. 太行山南段峡谷区小叶鹅耳枥群落数量分析［J］. 中国农业大学学报，14（2）：32－38.

欧斌，王波，卢清华，等，2006. 26 种乡土树种苗木生长规律及育苗技术的系统研究［J］. 江西林业科技，（5）：10－16.

钱燕萍，2014. 欧洲鹅耳枥幼苗施肥效应研究［D］. 南京：南京林业大学.

秦建华，姜志林，钱能智，1983. 福建洋口杉木生物量估测模型的选择［J］. 南京林业大学学报，21（3）：19－21.

邱学清，江希钿，1989. 回归积分在树木生长与气候关系中的应用［J］. 福建林学院学报，9（4）：418－422.

森下义朗，大山浪雄，1988. 植物扦插理论与技术［M］. 李云森，译. 北京：中国林业出版社，1988：1－2.

圣倩倩，2016. 鹅耳枥提取物 PHA 和黄酮含量测定及其生物活性研究［D］. 南京：南京林业大学.

圣倩倩，2019. 园林植物对大气 $NO_2$ 消减能力的实践评价与耐受机理试验研究［D］. 南京：南京林业大学.

施曼，2015. 欧洲鹅耳枥区域化试验［D］. 南京：南京林业大学.

施曼，程龙霞，祝遵凌，2014. 欧洲鹅耳枥光响应曲线模型拟合与应用［J］. 福建林学院学报，34（4）：349－355.

司建华，常宗强，苏永红，等，2008. 胡杨叶片气孔导度特征及其对环境因子的响应［J］. 西北植物学报，28（1）：125－130.

宋庆安，童方平，易霭琴，等，2006. 虎杖光合生理生态特性研究［J］. 中国农学通报，22（12）：71－76.

孙博，陶君容，王宪曾，等，1992. 山旺植物群［M］. 济南：山东科学技术出版社.

唐守正，1984. 多元统计分析方法 [M]. 北京：中国林业出版社.
汤章城，1984. 逆境条件下植物脯氨酸的累积及其可能的意义 [J]. 植物生理学通讯，1：15－21.
汪佳晴，2018. 观赏鹅耳枥病虫害的综合防治 [D]. 南京：南京林业大学.
汪坤，2014. 欧洲鹅耳枥嫁接繁殖技术及嫁接成活生理生化研究 [D]. 南京：南京林业大学.
王伏雄，1995. 中国植物花粉形态 [M]. 北京：科学出版社：3－13.
王荷生，1999. 华北植物区系的演变和来源 [J]. 地理学报，54 (3)：1－13.
王金英，敖红，张杰等，2003. 植物生理生化实验技术与原理 [M]. 东北林业大学出版社.
王飒，2013. 欧洲鹅耳枥幼苗对遮阴、干旱胁迫的生理响应 [D]. 南京：南京林业大学.
王涛，田雪瑶，谢寅峰，等，2013. 植物耐热性研究进展 [J]. 云南农业大学学报，28 (5)：719－726.
王文采，1992. 东亚植物区系的一些分布式样和迁移路线 [J]. 植物分类学报，30 (1)：1－24.
王文采，1992. 东亚植物区系的一些分布式样和迁移路线（续）[J]. 植物分类学报，30 (2)：97－117.
王志刚，包耀贤，2000. 12 个树种耐盐性田间比较试验 [J]. 防护林科技，12 (4)：9－12.
武海霞，刘丽婷，廖柏勇，等，2012. 20 种桉树及杂交种的花粉形态分析及分类学意义 [J]. 中南林业科技大学学报，32 (3)：29－36.
吴成龙，周春霖，尹金来，等，2006. NaCl 胁迫对菊芋幼苗生长及其离子吸收运输的影响 [J]. 西北植物学报，26 (11)：2289－2296.
吴明江，于萍，1994. 植物过氧化物酶的生理作用 [J]. 生物杂志，(4)：14－16.
吴驭帆，2016. 观赏鹅耳枥叶色变化的生理学研究 [D]. 南京：南京林业大学.
徐坤，康立美，1999. 香椿光合特性研究 [J]. 园艺学报，26 (3)：180－183.
许桂芳，张朝阳，向佐湘，2009. 利用隶属函数法对 4 种珍珠菜属植物的抗寒性综合评价 [J]. 西北林学院学，24 (3)：24－26.

许园园，2012. 欧洲鹅耳枥种子休眠机理及解除方法研究［D］. 南京：南京林业大学.

杨冬冬，黄丹枫，2006. 西瓜嫁接体发育中木质素合成及代谢相关酶活性的变化［J］. 西北植物学报，26（2）：290－294.

杨梅，刘建军，李世栋，等，2007. 基质配方和施肥量对厚皮甜瓜幼苗生长及生理特性的影响［J］. 西北农林科技大学学报（自然科学版），35（4）：168－174.

杨廷桢，高敬东，王骞，等，2005. 苹果育苗中两种芽接方法的应用试验［J］. 中国农学通报，21（7）：308－310.

杨燕，刘庆，林波，等，2005. 不同施水量对云杉幼苗生长和生理生态特征的影响［J］. 生态学报，25（9）：2152－2158.

姚瑞玲，项东云，陈健波，等，2009. 邓恩桉同砧长枝嫁接育苗新技术［J］. 林业实用技术，（7）：32－33.

易同培，1992. 四川鹅耳枥属一新种［J］. 植物研究，1992，12（4）：335－337.

张超强，杨颖丽，王莱，等，2007. 盐胁迫对小麦幼苗叶片 $H_2O_2$ 产生和抗氧化酶活性的影响［J］. 西北师范大学学报，43（1）：71－75.

张朝阳，许桂芳，2009. 利用隶属函数法对 4 种地被植物的耐热性综合评价［J］. 草业科学，26（2）：57－60.

张川红，沈应柏，尹伟伦，等，2002. 盐胁迫对几种苗木生长及光合作用的影响［J］. 林业科学，38（2）：27－31.

张纪林，李淑琴，1990. 树木生长速增性的数学模型探讨［J］. 林业科技通讯，（3）：8－11.

张佳林，尉晓君，2007. 基于多目标决策方法的优选模型及其应用研究［J］. 财经理论与实践，28（145）：116－119.

张俊生，刘建民，杨久廷，等，1997. 欧美杨类新无性系苗期生长模型及灰色关联度分析［J］. 辽宁林业科技，（5）：18－20.

张乐华，孙宝腾，周广，等，2011. 高温胁迫下五种杜鹃花属植株的生理变化及其耐热性比较［J］. 广西植株，31（5）：651－658.

张乃燕，王东雪，江泽鹏，等，2010. 金花茶嫁接繁殖试验研究［J］. 北方园艺，（21）：34－36.

张仁福，王伟，刘海洋，等，2017. 多异瓢虫对油菜叶片挥发物行为反应的测定［J］. 新疆农业科学，54（05）：893－899.
张云华，2005. 水分胁迫对甘薯叶绿素荧光和光合特性的影响［J］. 中国农学通报，(8)：208－210.
章英才，2006. 不同盐浓度环境中几种植物叶的比较解剖研究［J］. 安徽农业科学，34（21）：5473－5474，5509.
章元明，盖钧镒，1994. Logistic 模型的参数估计［J］. 四川畜牧兽医学报，（2）：47－52.
赵儒楠，2021. 天台鹅耳枥遗传多样性与生态适宜性研究［D］. 南京：南京林业大学.
郑炳松，刘力，黄坚钦，等，2002. 山核桃嫁接成活的生理生化特性分析［J］. 福建林学院学报，22（4）：320－324.
周琦，2014. 两种鹅耳枥盐胁迫响应及耐盐机理研究［D］. 南京：南京林业大学.
周跃华，聂艳丽，赵永红，等，2005. 国内外固体基质研究概况［J］. 中国生态学报，13（4）：40－43.
周竹青，张清良，2001. 小麦品种（系）叶绿素含量变化及其与光合叶面积关系研究［J］. 孝感学院学报，21（6）：5－8.
庄猛，姜卫兵，马瑞娟，等，2005. Rutgers 桃（红叶）与百芒蟠桃（绿叶）光合生理特性的比较［J］. 南京农业大学学报，28（4）：26－29.
庄猛，姜卫兵，宋宏峰，等，2006. 紫叶李与红美丽李（绿叶）光合特性的比较［J］. 江苏农业学报，22（2）：154－158.

# 插图

河南露宝寨鹅耳枥纯林

辽宁大孤山千金榆

安徽天柱山石缝间的雷公鹅耳枥

浙江清凉峰山顶的鹅耳枥

峨眉山悬崖边上的峨眉鹅耳枥

贵州山间川黔千金榆幼苗

贵州黔灵山贵州鹅耳枥

贵州东山的贵州鹅耳枥

岩石上着生的鹅耳枥

陡坡上的鹅耳枥

野外生境中自然萌发的鹅耳枥幼苗

彩图 1-1　野外鹅耳枥属植物生长状况

彩图 1-2　浙江舟山的普陀鹅耳枥

彩图 1-3　浙江天台山的天台鹅耳枥

彩图 1-4　雷公鹅耳枥的叶片及果实（徐永福摄）

彩图 1-5　瑞士河边自然生长的欧洲鹅耳枥

彩图 1-6　阿尔卑斯山脉的欧洲鹅耳枥林

丛生灌木状

散生灌木状

彩图 1-7　自然生长呈灌木状的欧洲鹅耳枥

彩图 1-8 雷公鹅耳枥花序

彩图 1-9 小叶鹅耳枥花序

彩图 1-10 欧洲鹅耳枥果穗

鹅耳枥全株

树干

叶

彩图 1-11 野生状态下的鹅耳枥

彩图 1-12　瑞士小镇欧洲鹅耳枥中篱

彩图 1-13　法国凡尔赛宫欧洲鹅耳枥高篱

彩图 1-14　欧洲鹅耳枥绿墙

彩图 1-15　修剪整齐的欧洲鹅耳枥

彩图 1–16　瑞士少女峰山下的欧洲鹅耳枥

彩图 1–17　公园门口孤植的欧洲鹅耳枥

彩图 1-18　新西兰基督城植物园入口列植的欧洲鹅耳枥

南京林业大学种植的欧洲鹅耳枥

南京中山植物园种植的普陀鹅耳枥

彩图 1-19　引种栽培的观赏鹅耳枥

彩图 1-20　上海音乐广场欧洲鹅耳枥秋季景

彩图 1-21　南京中山植物园保存的普陀鹅耳枥

彩图 1-22　杭州植物园群植的昌化鹅耳枥

彩图 1-23　奥地利服务区孤植的欧洲鹅耳枥

彩图 1-24　绿地中孤植的观赏鹅耳枥

彩图 1-25　对植的观赏鹅耳枥

彩图 1-26　列植的观赏鹅耳枥

彩图 1-27　道路边丛植的观赏鹅耳枥

彩图 1-28　公园绿地中的观赏鹅耳枥

彩图 1-29　瑞士河流两侧观赏鹅耳枥林带

彩图 1-30　观赏鹅耳枥绿篱

彩图 1-31　观赏鹅耳枥绿墙

彩图 1-32　观赏鹅耳枥容器苗

彩图 1-33　鹅耳枥盆景

柱形

拱门型

屏风型

直立型

彩图 1-34　观赏鹅耳枥各种造型形式

彩图 1-35　自然式造型的观赏鹅耳枥

彩图 1-36　几何造型的观赏鹅耳枥

彩图 1-37　独干树造型的观赏鹅耳枥

彩图 1-38　拱形门造型的观赏鹅耳枥

彩图 1-39　编结和绑扎造型的观赏鹅耳枥

彩图 1-40　春夏季欧洲鹅耳枥

彩图 1-41　秋季欧洲鹅耳枥

彩图 1–42　欧洲鹅耳枥与北美红枫搭配

彩图 1–43　欧洲鹅耳枥与枫香、鸡爪槭搭配

彩图 1-44　不同体量的观赏鹅耳枥组团配置

彩图 1-45　园路两边高大的观赏鹅耳枥

彩图 1-46　千金榆短木段种植灵芝与黑木耳

欧洲鹅耳枥　　贵州鹅耳枥

彩图 2-1　乔木状观赏鹅耳枥

欧洲鹅耳枥

鹅耳枥

彩图 2-2　灌木状观赏鹅耳枥

彩图 2-3　观赏鹅耳枥裸露的根系

彩图 2-4　观赏鹅耳枥树干

彩图 2-5　自然生长的贵州鹅耳枥

彩图 2-6　欧洲鹅耳枥造型

彩图 2-7　雷公鹅耳枥叶片及嫩芽

彩图 2-8　雷公鹅耳枥新叶红色

彩图 2-9　普陀鹅耳枥叶片

彩图 2-10　昌化鹅耳枥叶片

彩图 2-11　川黔千金榆叶片

彩图 2-12　千金榆叶片及果穗

彩图 2-13　峨眉鹅耳枥叶片及果实

彩图 2-14　云南鹅耳枥叶片及果实

雄花序

雌花序

彩图 2-15　观赏鹅耳枥花果形态

彩图 2-16　小叶鹅耳枥花药

彩图 2-17　雷公鹅耳枥花药

果苞

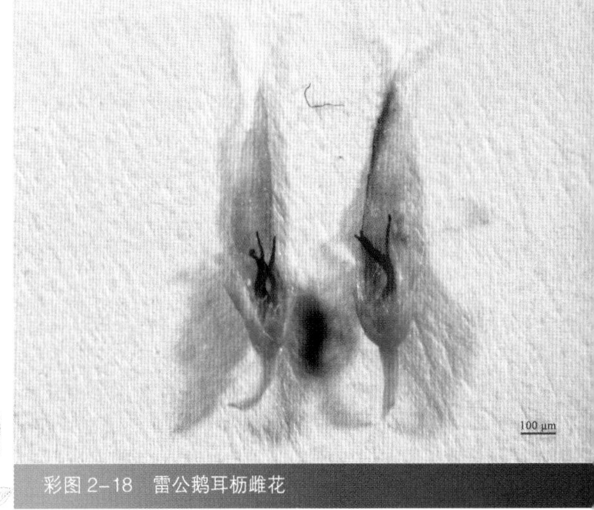

彩图 2-18　雷公鹅耳枥雌花

彩图 2-19　普陀鹅耳枥苞鳞

彩图 2-20　小叶鹅耳枥花序

雷公鹅耳枥花序

贵州鹅耳枥变异花序

彩图 2-21　观赏鹅耳枥花序

贵州鹅耳枥果序

欧洲鹅耳枥果序

彩图 2-22　观赏鹅耳枥果序

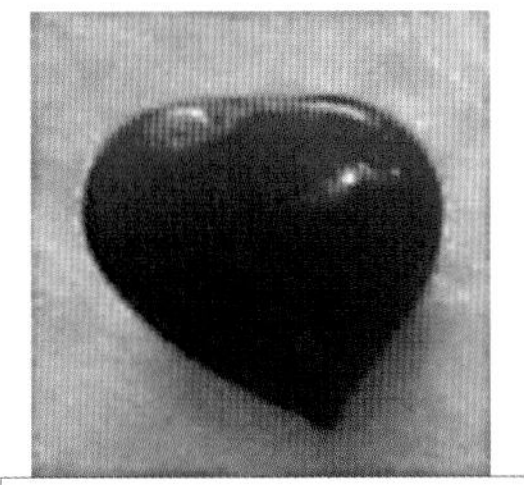
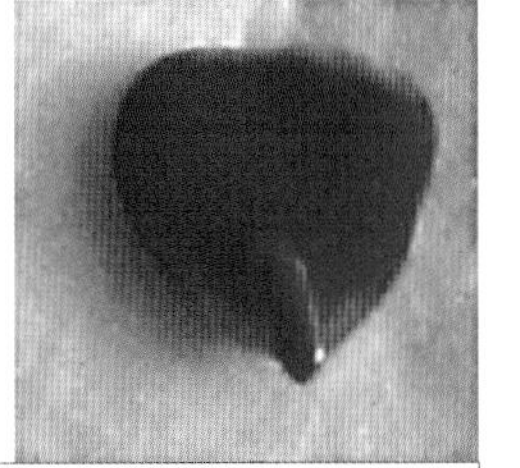
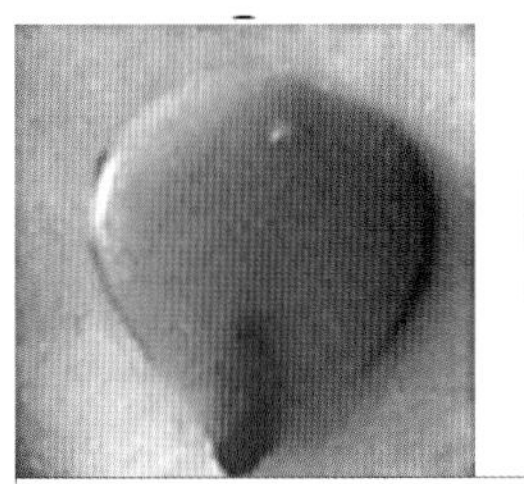
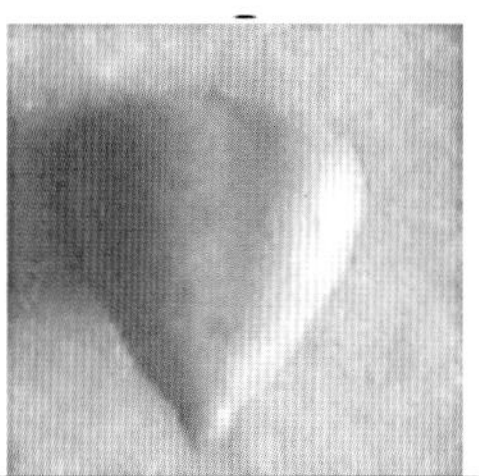

有生活力的种子　　无生活力的种子

彩图 2-23　欧洲鹅耳枥种子生活力测定

深红色 4 月 1　深红色 4 月 10　暗红色 4 月 20　褪色 4 月 30　返绿 5 月 10

浅绿色 4 月 1　鲜绿色 4 月 10　鲜绿色 4 月 20　绿色 4 月 30　深绿色 5 月 10

彩图 2-24　鹅耳枥春季叶色变化情况

CK 10 月 20　CK 10 月 30　CK 11 月 10　CK 11 月 20　CK 11 月 30　CK 12 月 10

彩图 2-25 欧洲鹅耳枥原种在不同光照处理下随时间的变色情况

彩图 2-26 ‘Albert Beeckman’在不同光照处理下随时间的变色情况

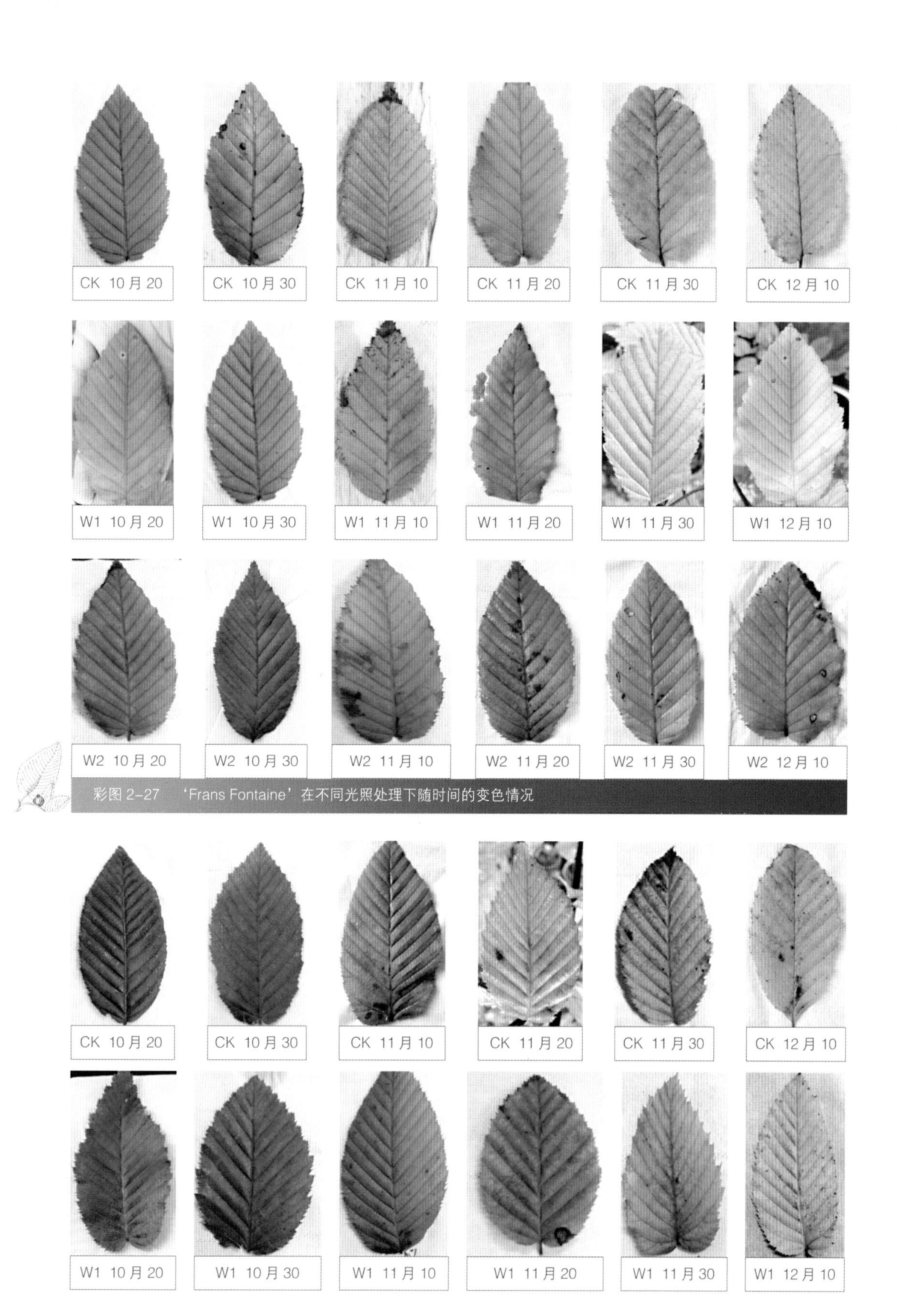


彩图 2-27 'Frans Fontaine'在不同光照处理下随时间的变色情况

W2 10月20

W2 10月30

W2 11月10

W2 11月20

W2 11月30

W2 12月10

彩图 2-28 'Lucas' 在不同光照处理下随时间的变色情况

普陀鹅耳枥 *C. putoensis*

川陕鹅耳枥 *C. fargesiana*

云贵鹅耳枥 *C. pubescens*

千金榆 *C. cordata*

昌化鹅耳枥 *C. tschonoskii*

雷公鹅耳枥 *C. viminea*

天台鹅耳枥 *C. tientaiensis*

湖北鹅耳枥 *C. hupeana*

欧洲鹅耳枥 *C. betulus*

*C. betulus*‘Globosa’

*C. betulus* 'Fastigiata'

*C. betulus* 'Vienna Weeping'

*C. betulus* 'Marmorata'

*C. betulus* 'Lucas'

*C. betulus* 'Albert Beekman'

*C. betulus* 'Frans Fontaine'

彩图 3-1　本团队引进的部分观赏鹅耳枥品种

南京林业大学园林实验中心

南京林业大学下蜀林场

北京基地

靖江基地

彩图 3-2　欧洲鹅耳枥区域化试验

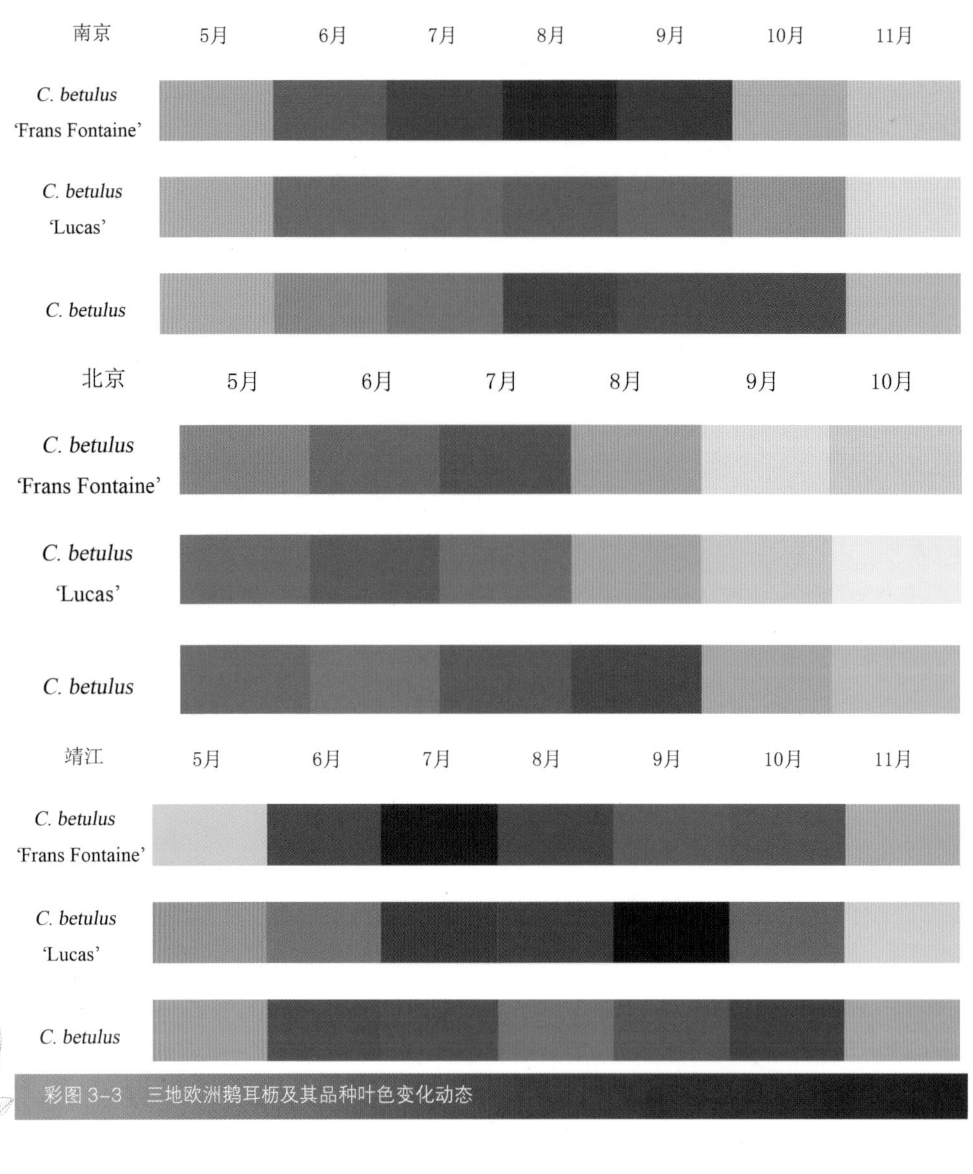


彩图 3-3　三地欧洲鹅耳枥及其品种叶色变化动态

盐胁迫 7d

盐胁迫 28d

盐胁迫 42d

彩图 4-1　盐胁迫 7d、28d、42d 欧洲鹅耳枥叶片生长情况

注：图片从左到右分别表示欧洲鹅耳枥在 0%、0.1%、0.2%、0.3%、0.4%、0.5%NaCl 胁迫下叶片生长情况。彩图 4-2 中鹅耳枥处理同本图一致。

盐胁迫 7d

盐胁迫 28d

盐胁迫 42d

彩图 4-2　盐胁迫 7d、28d、42d 鹅耳枥叶片生长情况

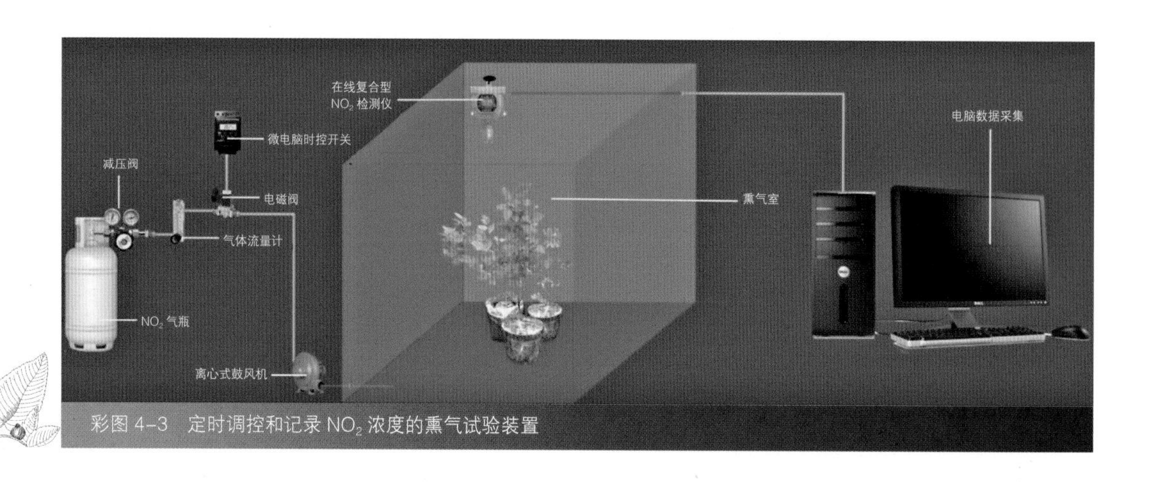


彩图 4-3　定时调控和记录 $NO_2$ 浓度的熏气试验装置

欧洲鹅耳枥

普陀鹅耳枥

彩图 4-4　不同 $NO_2$ 胁迫处理时间和恢复后两种观赏鹅耳枥叶片伤害症状

注：采用实验室人工熏气试验，进行高浓度短时间 $NO_2$ 熏气处理，设置 $NO_2$ 气体胁迫浓度为 12.0 mg/m$^3$，超标 60 倍（$NO_2$ 国家 24 h 污染浓度标准为 0.2 mg/m$^3$），熏气时间分别为 1 h、6 h、12 h、24 h、48 h 和 72 h。本组图片分别为对应 $NO_2$ 熏气时间后植株的形态变化。Recovery 组为 $NO_2$ 熏气后，放于室温条件下，不加 $NO_2$，常规条件管养，植株自我恢复后的形态。

欧洲鹅耳枥蚜虫危害

欧洲鹅耳枥蛾类危害

欧洲鹅耳枥病害

彩图 4-5　欧洲鹅耳枥病虫害现象

素馨黄粘板加诱芯

三角型粘板加诱芯

诱芯

桶型诱捕器诱捕小地老虎

船型诱捕器诱捕蛾类

粘板诱捕器诱捕蚜虫

彩图 4-6　混合组分诱芯诱捕器诱捕 3 类鹅耳枥常见害虫

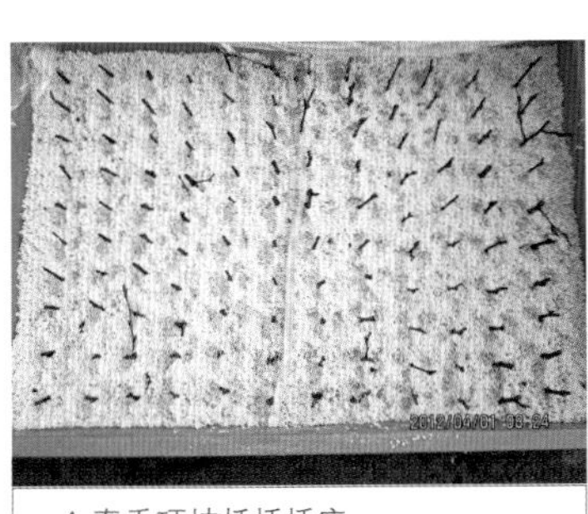
A 春季硬枝扦插插床

B 春季硬枝愈伤组织

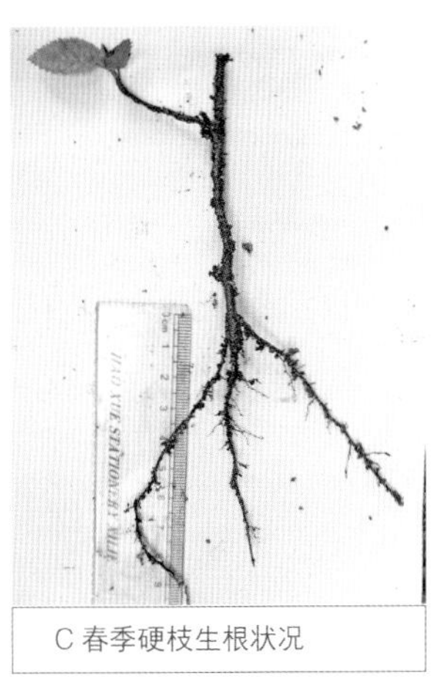
C 春季硬枝生根状况

D 夏季嫩枝扦插插床

E 夏季嫩枝愈伤组织

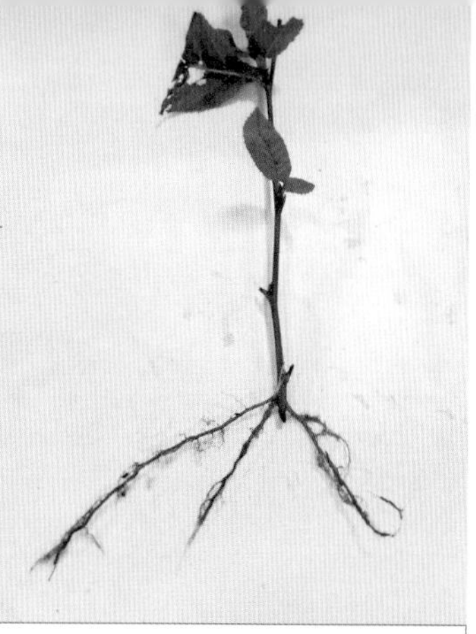
F 夏季嫩枝生根状况

G 秋季嫩枝扦插插床

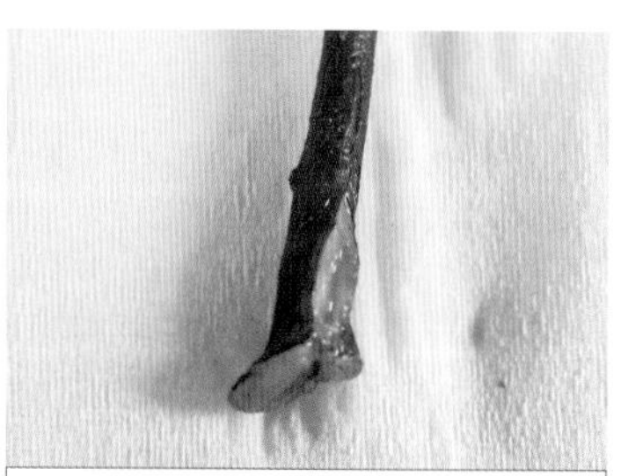
H 秋季嫩枝愈伤组织

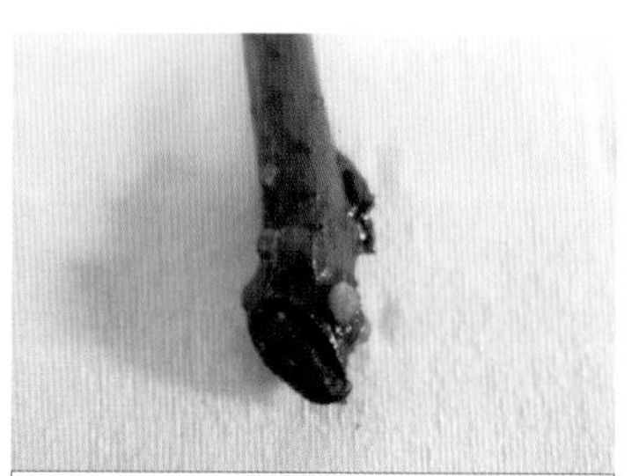
I 秋季嫩枝皮部白点

J 秋季嫩枝生根状况

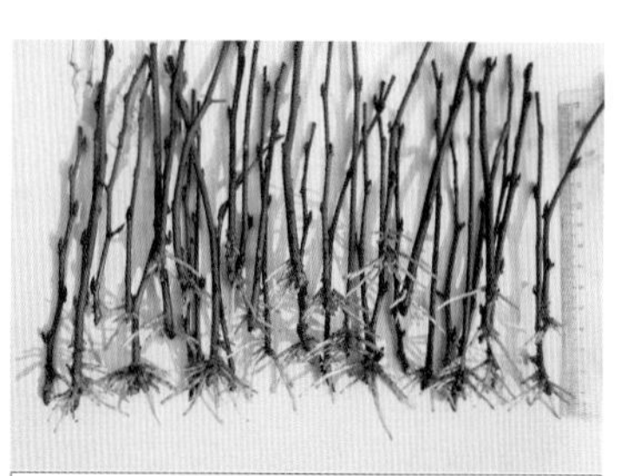
K 秋季嫩枝生根状况

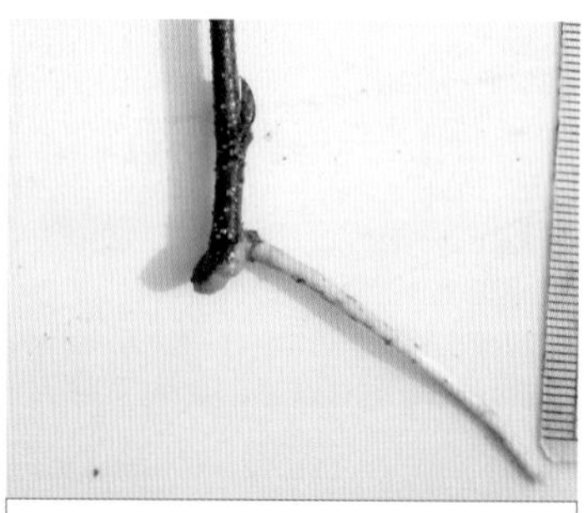
L 愈伤组织生根状况

彩图 5-1　欧洲鹅耳枥扦插生根过程外部形态观察情况

刚嫁接

嫁接后接穗萌动

嫁接后 30d

嫁接后 50d
嫁接后 60d
嫁接后半年
嫁接后 10 个月
嫁接苗愈合部位结构图

彩图 5-2 欧洲鹅耳枥盆栽苗嫁接示意图

砧木切口
接穗
绑扎
接穗萌芽
接穗成活
成活植株

彩图 5-3 欧洲鹅耳枥地栽苗嫁接示意图

彩图 5-4　WPM+0.5 mg · $L^{-1}$BA+1.0 mg · $L^{-1}$KT+0.05 mg · $L^{-1}$NAA 诱导的欧洲鹅耳枥不定芽

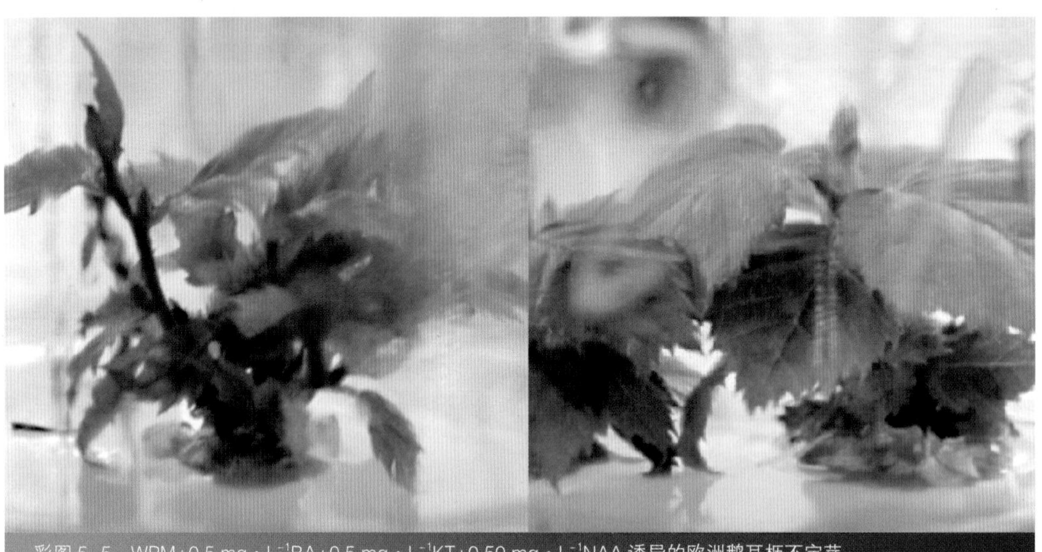

彩图 5-5　WPM+0.5 mg · $L^{-1}$BA+0.5 mg · $L^{-1}$KT+0.50 mg · $L^{-1}$NAA 诱导的欧洲鹅耳枥不定芽

彩图 5-6 WPM+1.0 mg · $L^{-1}$BA+2.0 mg · $L^{-1}$KT+0.01 mg · $L^{-1}$IBA 增殖的欧洲鹅耳枥不定芽

彩图 5-7 2.0 mg · $L^{-1}$ $GA_3$ 对欧洲鹅耳枥不定芽生长及伸长的影响

图 5-8 WPM+1.0 mg · $L^{-1}$ IBA+1.0 mg · $L^{-1}$ NAA 培养基诱导出的欧洲鹅耳枥不定根

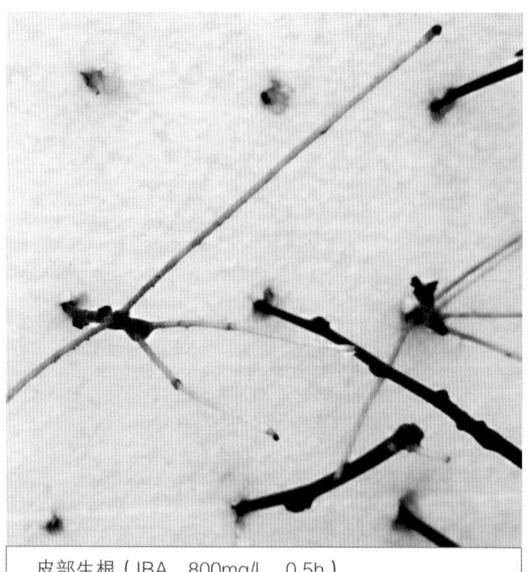

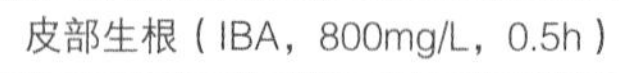

皮部生根（IBA，800mg/L，0.5h）

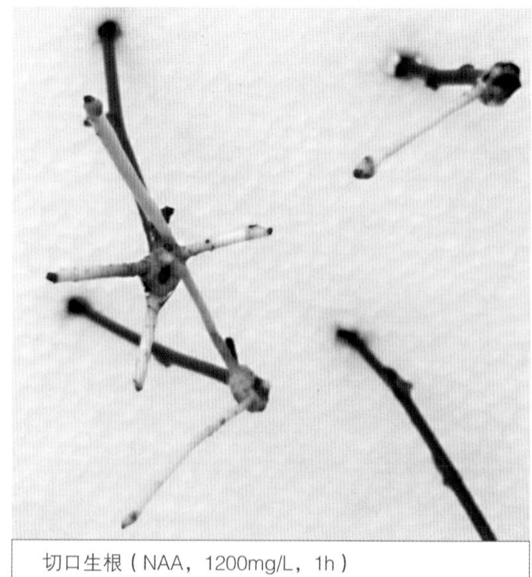

切口生根（NAA，1200mg/L，1h）

平均根数多（ABT1，1000mg/L，2h）

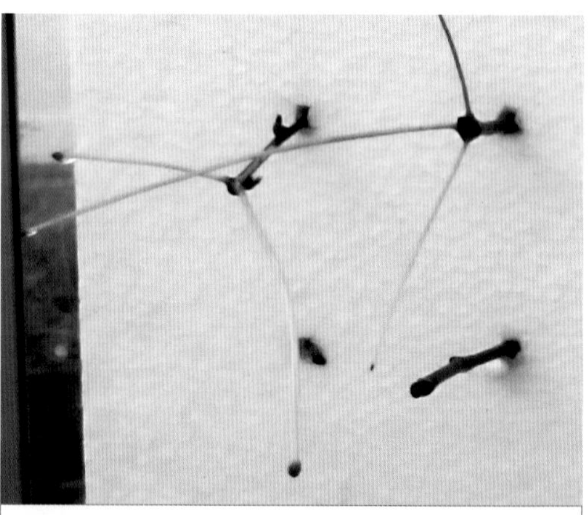

切口平均根数多（IBA，1000mg/L，1h）

彩图 5-9　欧洲鹅耳枥激素处理试验的生根情况

彩图 5-10　10 mg・$L^{-1}$ 硼酸处理下欧洲鹅耳枥切口感染情况

营养液培养前

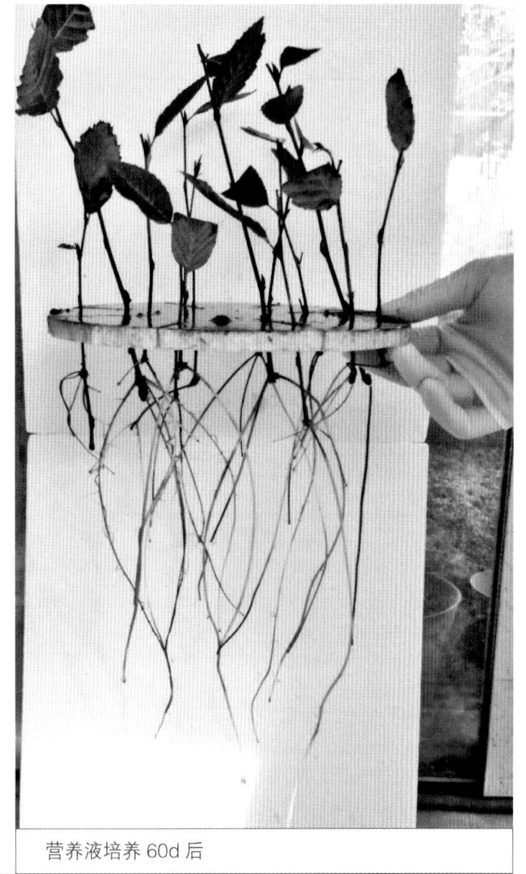

营养液培养 60d 后

彩图 5-11　营养液处理对欧洲鹅耳枥水培苗的影响

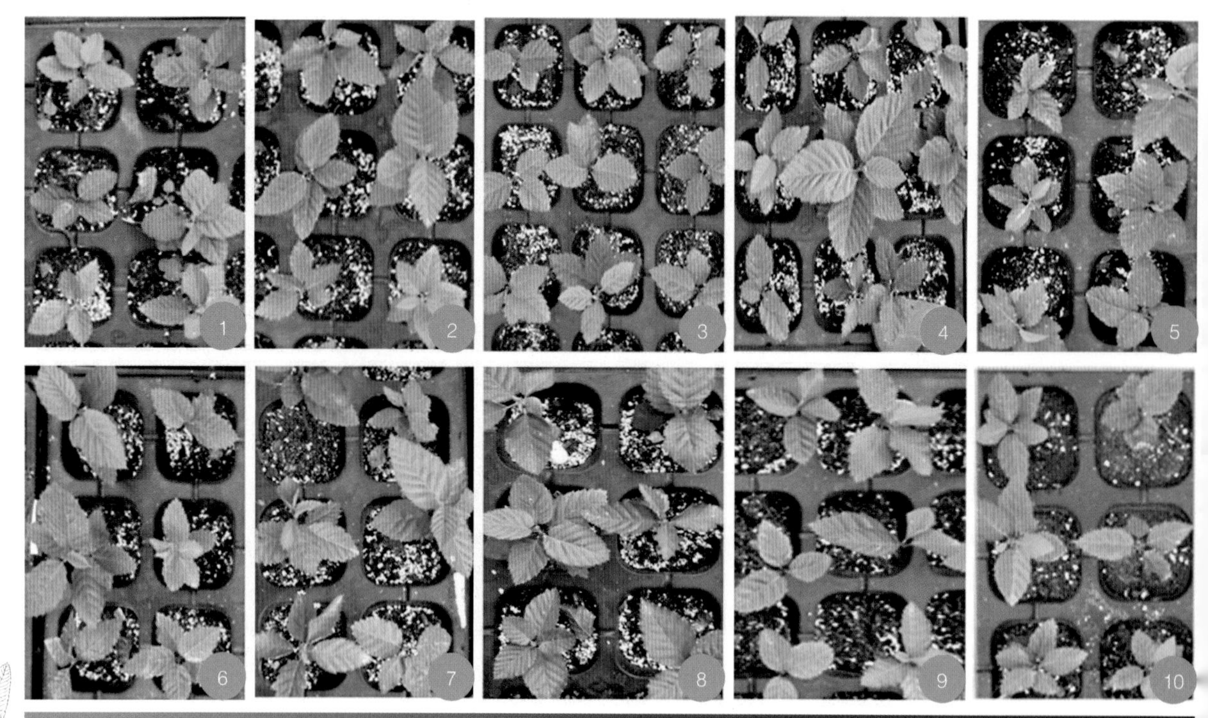


彩图 6-1　不同基质处理对欧洲鹅耳枥 1 年生播种苗生长的影响

胚根突破种皮

胚根生长

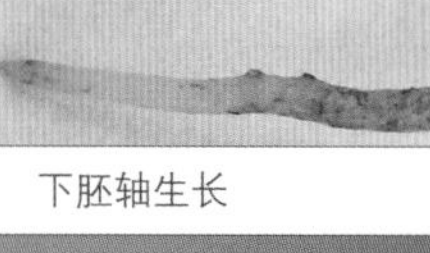

下胚轴生长

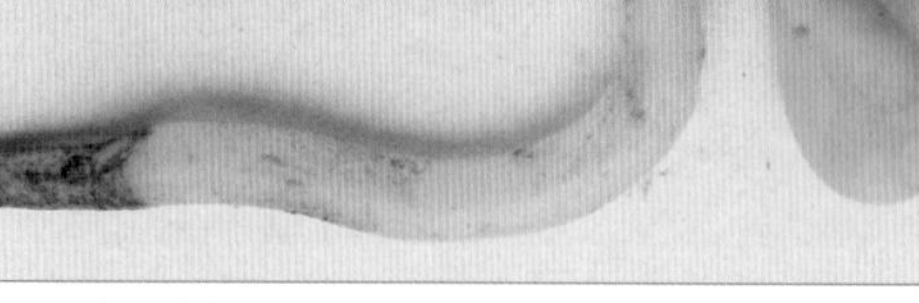

子叶开始变绿

彩图 6-2　欧洲鹅耳枥种子萌发过程

点播

出苗期：子叶展开

真叶生长

四片真叶

生长初期

速生期

秋季变色

生长末期

彩图 6-3　欧洲鹅耳枥年动态生长情况

彩图 6-4　欧洲鹅耳枥秋季叶色变化

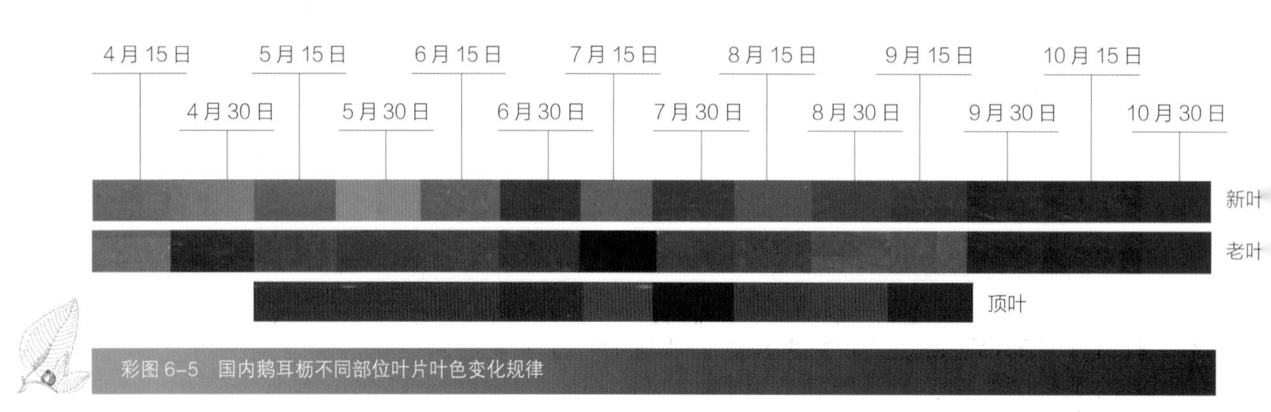


彩图 6-5　国内鹅耳枥不同部位叶片叶色变化规律

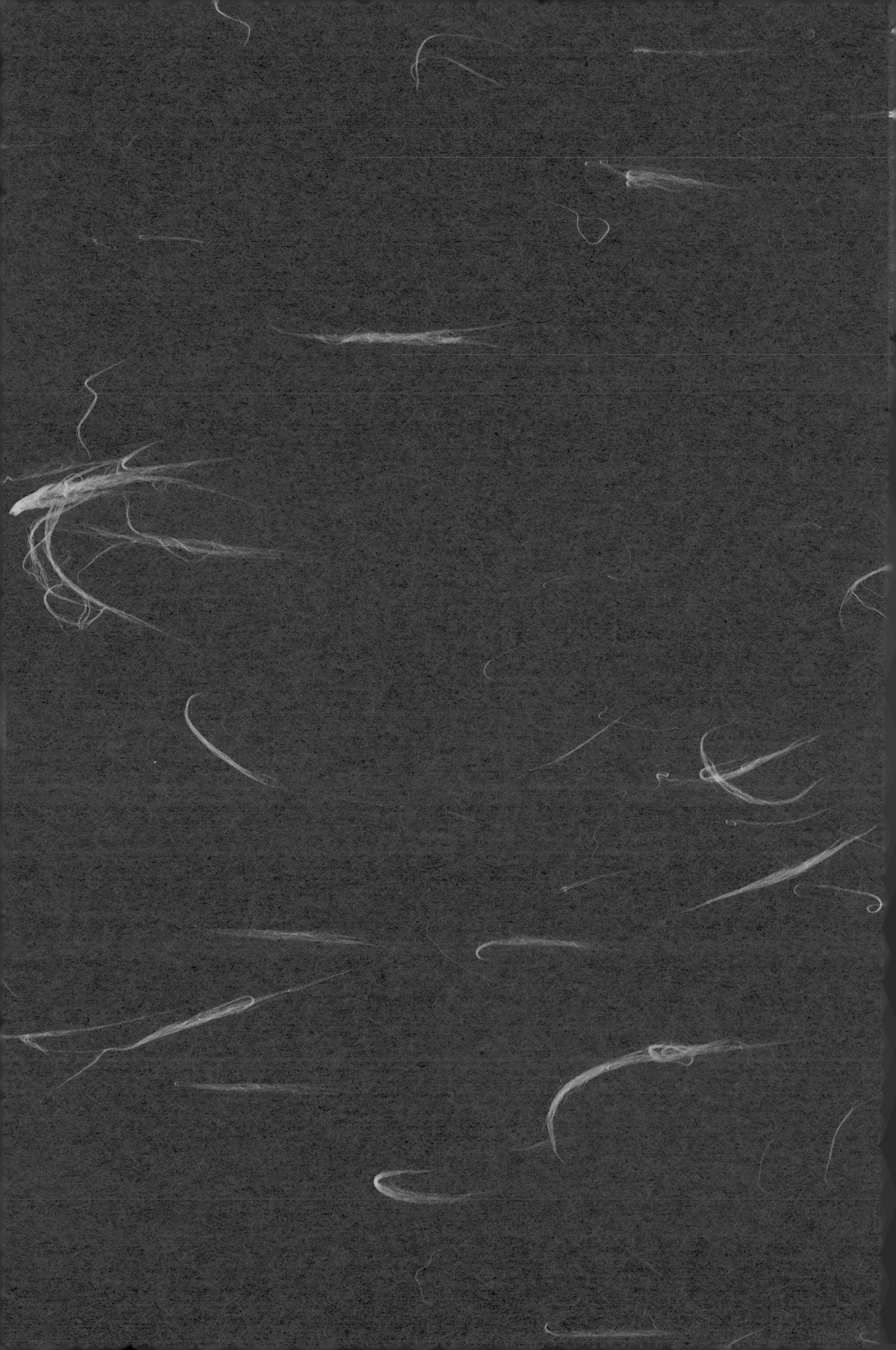